中国西北地区煤与煤层气资源勘查开发研究

王 佟等 著

科 学 出 版 社

北 京

内 容 简 介

本书建立了西北地区陆相含煤盆地典型的赋煤构造样式，进一步揭示了不同构造样式对煤炭、煤系气资源的控制作用，形成了煤炭与煤层气及煤系页岩气等煤系能源资源协同勘查技术与评价技术体系，评价了绿色煤炭资源与煤系气资源潜力，并列举了典型的煤炭和煤层气协同勘查应用的实例，建立了复杂条件下煤炭与煤层气资源的开发模式。

本书可供从事煤炭地质勘查开发的科技人员和科研院所师生参考。

审图号：GS（2018）2678号

图书在版编目（CIP）数据

中国西北地区煤与煤层气资源勘查开发研究 / 王佟等著. —北京：科学出版社，2018.10

ISBN 978-7-03-055896-1

Ⅰ. ①中… Ⅱ. ①王… Ⅲ. ①煤矿-地质勘探-研究-西北地区 ②煤矿-资源开发-研究-西北地区 ③煤层-地下气化煤气-地质勘探-研究-西北地区 ④煤层-地下气化煤气-资源开发-研究-西北地区 Ⅳ. ①P618.11

中国版本图书馆 CIP 数据核字（2017）第 306419 号

责任编辑：周 丹 沈 旭 冯 钊 / 责任校对：杨聪敏 王 瑞

责任印制：张克忠 / 封面设计：许 瑞

科学出版社 出版

北京东黄城根北街 16 号

邮政编码：100717

http://www.sciencep.com

河北鹏润印刷有限公司印刷

科学出版社发行 各地新华书店经销

*

2018 年 10 月第 一 版 开本：787×1092 1/16

2018 年 10 月第一次印刷 印张：30 1/2

字数：721 000

定价：198.00 元

（如有印装质量问题，我社负责调换）

序

我国富煤贫油少气的能源资源禀赋特点决定了在未来相当长的时间内煤炭作为我国主体能源的地位不会改变，“煤为基础，多元发展”的能源方针不会改变。习近平总书记在阐述推动能源消费、能源供给、能源技术和能源体制四方面的“革命”，全方位加强国际合作的同时，强调指出，我们正在压缩煤炭比例，但国情还是以煤为主，在相当长一段时间内，甚至从长远来讲，还是以煤为主的格局，只不过比例会下降，我们对煤的注意力不要分散。我国煤炭资源丰富，在发展新能源、可再生能源的同时，还要做好煤炭这篇文章。美国能源发展重点是页岩气，我们则要重视资源丰富的煤炭。加大我国煤炭和与煤伴生能源资源勘查力度，提高勘查精度，科学规划开发利用煤炭及共伴生能源资源，保障国家能源安全稳定供应具有重要意义。

随着我国煤炭资源开发规模的扩大和开发强度的提高，东部矿区资源逐渐枯竭，深部资源受经济、安全、环境等因素的制约，已经不适宜大规模开采。中部地区开发强度大，生态环境约束不断强化。因此，《煤炭工业发展“十三五”规划》在“十二五”规划提出“控制东部、稳定中部、发展西部”的基础上，进一步提出了“限制东部、控制东部和东北、优化西部”的规划指导思想。我国西北地区煤炭资源丰富，占我国煤炭资源总量的40%左右，而且煤层气等煤系气（煤层气、页岩气、天然气水合物）资源潜力巨大，加快西部地区煤炭与煤系气资源勘查与评价，深入开展地质构造发育及其演化规律、构造控煤模式、煤层气赋存规律等基础性研究，是当前科学规划与开发利用我国西北地区能源资源，优化能源生产结构，提高煤炭和煤共伴生资源安全高效绿色智能化开发与清洁高效低碳集约化利用水平的重要任务，也是我国煤炭资源开发向西部战略转移的必然选择。

中国煤炭地质总局王佟等同志在我国西北地区赋煤区煤田构造特征和构造控煤系统研究方面取得了许多创新性成果，并撰写了《中国西北地区煤与煤层气资源勘查开发研究》，从区域构造格架研究入手，论述了不同构造样式和层序地层格架相互作用下的控煤、控气作用，建立了不同含煤区的构造控煤模式，厘定了煤系气与煤炭资源的成藏共生关系，建立了“多位一体”的成藏模式，并对西北各省区的绿色煤炭资源及煤系气资源进行了系统评价。相信该书的出版对促进我国煤炭地质科学发展，对我国西北地区煤炭与煤层气资源勘查开发与清洁高效利用起到积极的推动和指导作用！

王显政

2017年8月31日于北京

前　言

西北地区作为我国的能源战略接替区，煤炭煤层气资源丰富，煤炭占我国资源总量的40%左右，煤层气占我国资源总量的30%左右，但西北地区煤炭煤层气资源勘探与开发利用程度较低，特别是资源勘探力度不够，煤炭地质与资源特征的研究程度偏低，查明程度低，对地质构造发育及其演化规律、地质构造对煤炭煤层气资源形成与赋存的控制作用、构造控煤控气模式等的研究还比较薄弱，其研究程度尚难以满足煤矿高效、安全生产的需要。因此，亟待加大西北赋煤区勘探力度，开展构造发育规律和构造控煤控气研究，查明煤系后期的变形特征，剖析控煤构造样式，加强煤层气资源评价研究。同时，我国煤炭工业的快速发展，引发了环境改变和大气质量变差的问题，应对气候变化的压力不断增大，清洁发展水平亟待提高，煤炭资源的清洁利用正在成为社会广泛关注的问题。《煤炭工业发展“十三五”规划》明确提出了坚持绿色开发与清洁利用相结合的原则，要做到煤炭的清洁利用，资源质量是基础，开展绿色煤炭资源的相关研究，对于实现“生态文明”战略意义重大。总之，开展煤炭、煤层气协同勘查评价开发技术研究对于指导下一步西北地区煤炭煤层气资源勘查开发、服务我国能源战略西移意义重大。

本书通过多年对西北地区赋煤区煤田构造特征和构造控煤作用的系统研究，建立了不同含煤区的构造控煤模式，丰富了西北地区煤田地质构造的研究内容，并对西北地区的煤系气（煤层气、页岩气、天然气水合物）成藏条件进行了研究，计算了相关资源量，在此基础上总结了西北地区典型煤田煤炭与煤层气资源的勘查与开发实践成果，研究了绿色煤炭资源评价技术，建立了绿色煤炭资源评价指标，并对西北各省区的绿色煤炭资源进行了总体评价。

本书主要依托国家重点基础研究发展计划（973计划）项目“西部煤炭高强度开采下地质灾害防治与环境保护基础研究”课题一“侏罗-白垩系富煤区域地层结构与水沙动力学特征”（2013CB227901）、中国煤炭工业协会科技指导计划“中国主要煤盆地非常规煤层气资源评价与勘查技术研究”与“中国主要煤盆地煤系共伴生矿产资源赋存区划研究”，以及新疆维吾尔自治区煤田地质局、中国煤炭地质总局青海煤炭地质局、中国煤炭地质总局第一勘探局、中国煤炭地质总局航测遥感局等单位开展的有关资源勘查工程实践。

本书总体思路和基本架构由王佟提出，全书由王佟审定。本书各章节执笔和参加人员为：第一章，王佟、夏玉成、谢志清；第二章，王佟、刘天绩；第三章，王佟、李瑞明、林中月；第四章，王佟、林中月、夏玉成、韦波；第五章，王佟、韦波、江涛、尹淮新；第六章，王佟；第七章，江涛、刘占勇、王佟；第八章，傅雪海、杨曙光；第九章，王庆伟、冯帆、林中月；第十章，王庆伟、文怀军、刘天绩、李永红；第十一章，王佟、谢志清、韦波、芦俊、左明星、文怀军；第十二章，王庆伟、韦波、潘军、王遂正、谢祥军、王佟；第十三章，来兴平、王宁波、李辉。

本书的研究与出版得到了中国煤炭工业协会王显政会长的精心指导，并在百忙之中亲自作序，在此特别表示感谢！在研究过程中得到了彭苏萍院士、蔡美峰院士、武强院士、王双明院士、曹代勇教授、邵龙义教授等的关心与指导，在此表示由衷的感谢！本书的研究与书稿撰写过程中也得到了中国煤炭地质总局、新疆维吾尔自治区煤田地质局有关专家和同事的支持与帮助，在此一并致谢！

由于著者水平所限及写作时间仓促，书中难免存在疏漏，恳切希望广大同行专家与读者批评指正。

王　佟

2017 年 9 月 1 日

目　录

第一章 煤与煤系气综述

第一节 区域资源概况

本书对西北地区煤与煤系气资源的研究范围包括贺兰山—六盘山一线以西、昆仑山—秦岭以北的广大地区，涵盖新疆的全部，甘肃的大部，青海北部，宁夏和内蒙古西部，面积约 270 万 km^2（图 1.1）。该区域发育不同规模的沉积盆地 60 余个，蕴藏着丰富的煤炭和煤系气资源。成煤时代以早、中侏罗世为主，同时发育石炭纪煤炭资源，早—中侏罗世的聚煤作用在西北赋煤区广泛而强烈，所形成的煤炭资源在该区占绝对优势，尤其是在新疆境内，含煤性最好。西北地区全区在大规模发育的煤炭资源的基础上，煤层气、煤系页岩气、天然气水合物等与煤炭资源共存的煤系气（王佟等，2014）亦在各盆地中广泛发育。

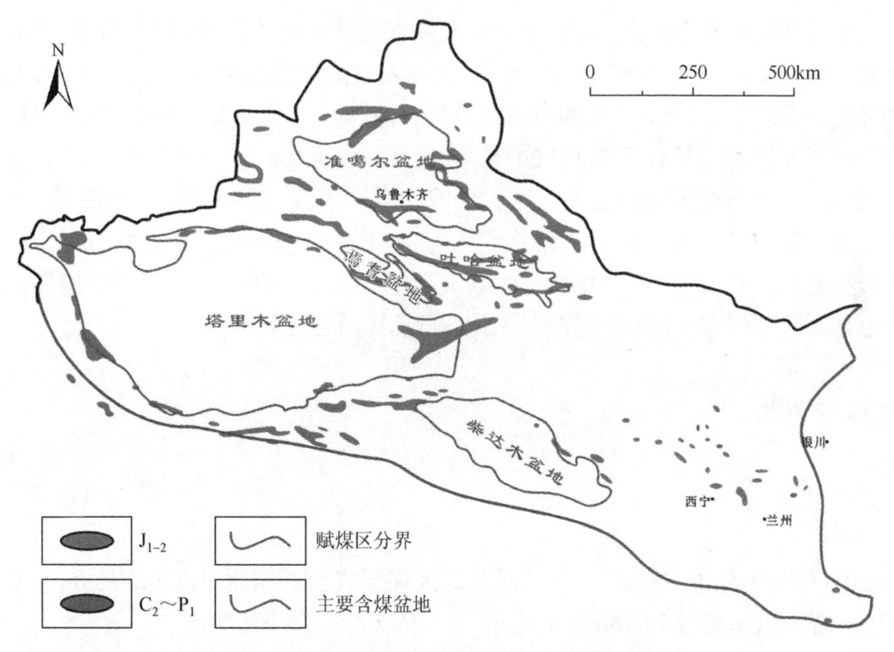

图 1.1 西北地区煤炭资源分布图（据中国煤炭地质总局，2017）

多年来，地质工作者在西北地区开展了大量基础性地质工作，尤其是对造山带的形成演化及其与区域成矿作用的关系、煤系地层分布及其沉积环境研究等方面取得了许多很有价值的研究成果。然而，该区煤炭总资源量虽然很大，但煤田地质研究程度低，资源勘探力度不够，查明程度低，以新疆为例，能够进入煤矿建设准备阶段（详查与勘探）的资源量不足全区资源量的 1%。西北赋煤区地质条件复杂，构造变形强烈，倾角大于 35°的倾斜和急倾斜煤层占 60%左右，逆冲推覆构造广泛发育，但对地质构造发育及其演化规律、地质构造对煤炭资源形成与赋存的控制作用、构造控煤模式等的研究还比较薄弱，其研究程度尚难以满足煤矿高效、安全生产的需要。

随着西部大开发的深入和新疆大型能源基地建设的全面推进，西北地区将成为我国未来矿产资源开发的重要承接地。由于煤矿区地质构造是控制煤层和煤系矿产资源形成、形变和赋存的首要地质因素，在煤炭资源和煤系矿产资源勘探和开发工作中，地质构造研究是一项贯穿始终的重要地质任务。在煤与煤系及煤盆地多种与煤共伴生矿产勘查方面要树立“探煤为主、同步探气、协同勘查、综合评价”的多能源及共伴生矿产协同勘查理念。将煤系作为一个系统进行整体研究、立体勘探、合理开发，做好煤、煤系气、地下水、砂岩型铀矿及煤系“三稀”金属矿产、黏土矿产、铝土矿产等其他共伴生矿产资源能源的协同勘查，这不仅可以节约勘探时间，提高开发效率和效益，更重要的是改变了单纯勘查煤炭资源的传统模式，实现煤系多目标多功能矿产综合勘查。因此，加大西北地区勘探力度，开展构造发育规律和构造控煤研究，查明煤系后期的变形特征，是进行煤炭资源和煤系矿产资源高效开发利用的必要手段。

一、煤炭资源

西北地区煤炭资源量巨大，据2010年全国煤炭资源潜力评价数据显示，西北地区煤炭资源累计探获量达2454.79亿t，占全国累计探获量的12.21%；保有资源量2424.86亿t，占全国保有资源量的12.46%；尚未利用资源量1716.06亿t，占全国尚未利用资源量的11.13%。其中侏罗纪煤炭资源累计探获量达 2415.18 亿 t，占西北地区的 98.8%，保有资源量达2386.68亿t，该区的煤炭资源绝大多数为侏罗纪煤炭资源。

西北五省份预测资源总量17108.63亿t，其中0～1000m预测资源量9041.81亿t，占全国浅部预测总量的62.87%；1000～2000m预测资源量8066.82亿t，占全国深部预测总量的33.03%。但由于交通和经济条件限制，开发利用程度较低。

二、煤系气资源

（一）煤层气资源

据2010年新一轮油气资源评价，西北地区煤层气资源量为96250.2亿m^3，本书估算2000m以浅煤层气资源量为78012.4亿m^3。

按省份分布统计，煤层气资源主要分布在新疆、青海、甘肃等地，其中新疆地区为76829.4亿m^3，占西北地区的98.5%。

按时代划分，以早、中侏罗世的新疆低级变质煤区，柴北低级变质煤带，祁连山中、高级变质煤带，昆仑山—积石山变质带（其中昆仑山为中高级变质煤、积石山为中低级变质煤）四个煤化作用区的煤层气资源为主；同时发育石炭纪、二叠纪中级变质烟煤和晚三叠世中高级变质区的煤层气资源。大部分煤层气资源赋存在低煤阶的长焰煤与褐煤中，占全国低煤阶煤层气资源总量的53.1%。

按含煤盆地划分，煤层主要分布在准噶尔盆地（38169.2亿m^3）、吐哈盆地（24541.9亿m^3）、天山系列盆地地区（11147.6 亿 m^3）、塔里木盆地（2970.9 亿 m^3）、柴达木盆地地区（818.5 亿 m^3）、河西走廊地区（364.5 亿 m^3）。

按资源埋藏深度划分，0～600m 以浅占 4.9%，600～1000m 以浅占 22.99%，1000～1500m 以浅占 34.68%，1500～2000m 以浅占 37.43%。

（二）页岩气资源

准噶尔盆地、塔里木盆地、吐哈盆地和柴达木盆地四大聚煤盆地煤系地层（石炭系、二叠系、三叠系、侏罗系）广泛发育陆相页岩气烃源岩，且具备良好的储集条件。准噶尔盆地、吐哈盆地、塔里木盆地与美国中西部落基山前陆盆地地质条件类似，柴达木盆地与美国密执安盆地地质条件相类似。通过类比分析法统计可得，我国西北地区主要含煤盆地煤系地层页岩气资源量约为 10.19 万亿 m^3，占我国页岩气总资源量的 33%。其中准噶尔盆地 58310.0 亿 m^3、塔里木盆地 3258.7 亿 m^3、吐哈盆地 39386.7 亿 m^3、柴达木盆地 960.0 亿 m^3。

（三）陆域天然气水合物

冻土带是天然气水合物发育的重要地质环境之一，我国西北地区的木里地区是祁连山冻土区的核心，除局部地段外，多年冻土连续分布，木里地区也是实钻揭示天然气水合物存在的研究区。由于多年冻土区天然气水合物资源评估较为复杂，迄今为止尚无一个国家对本国多年冻土区的天然气水合物资源进行完整的评估。

本书通过“煤炭理论产气量与实际煤层气产量之差为潜在的可能形成天然气水合物的资源量”“测井曲线估算天然气水合物体积”“冻土带估算天然气水合物稳定带体积”三种方法对木里地区的天然气水合物潜在资源量进行了计算，预测为 3000 亿 m^3 左右，显示了重要的资源潜力。

第二节 区域构造背景

西北赋煤区一直是国内外地质学家关注的热点地区，并先后应用槽台、地质力学、地洼、多旋回、板块等大地构造观点进行研究，在地壳结构和深部构造、造山带、区域构造格局及形成机制等方面已取得丰硕成果，对地质规律的认识和矿产资源的勘探起到了重要指导作用。西北区域沉积盆地镶嵌于造山带之间或内部，其形成演化和后期变形受造山带活动制约，使得不同构造区具有独特的构造演化特征和变形形式。

一、大地构造位置

西北赋煤区地处欧亚大陆腹地，在现代全球板块构造格局中位于欧亚板块中南部，南侧与青藏高原及印度板块-欧亚板块碰撞缝合带毗邻。但在中生代早期，这里曾经是三大古板块的汇聚地带——以塔里木古板块为主体，北部包括哈萨克斯坦古板块的东南角和西伯利亚古板块的西南缘。新疆是显生宙洋盆聚散，大陆岩石圈板块俯冲、碰撞及褶断成山的典型地带，地质构造非常复杂。整个地区表现为相对稳定的盆地镶嵌在不同地质历史时期的古大陆边缘褶皱带（含古俯冲带和古板块缝合带）之间，构成现代沿北西、北西西向绵延起伏的高山（褶皱带）与长轴近东西的大型菱形盆地相间排列的特殊构造地貌，是研究亚洲大陆地质构造和各类矿产资源的关键地域。

二、古板块构造

在西北赋煤区内发现三条重要的晚古生代板块缝合带（图 1.2）：一为达拉布特（西准噶尔）—卡拉麦里（东准噶尔）缝合带，二为南天山缝合带，向东与卡拉麦里缝合带交汇（肖序常等，1992），三为昆仑山—秦岭晚古生代缝合带（姜春发等，1992）。以前两条缝合带为界，西北地区境内在晚古生代主要存在的古板块为：达拉布特—卡拉麦里缝合带以北的西伯利亚古板块；达拉布特—卡拉麦里缝合带与南天山缝合带之间的哈萨克斯坦古板块；南天山缝合带以南的塔里木古板块；秦岭晚古生代缝合带则是塔里木古板块与中、新生代青藏地体群的分界。塔里木古板块、哈萨克斯坦古板块、西伯利亚古板块的大地构造演化及主要地质特征各有不同，并且对中生代以来的大地构造格局及各区域的地质特征产生了深远影响（夏玉成和侯恩科，1996）。

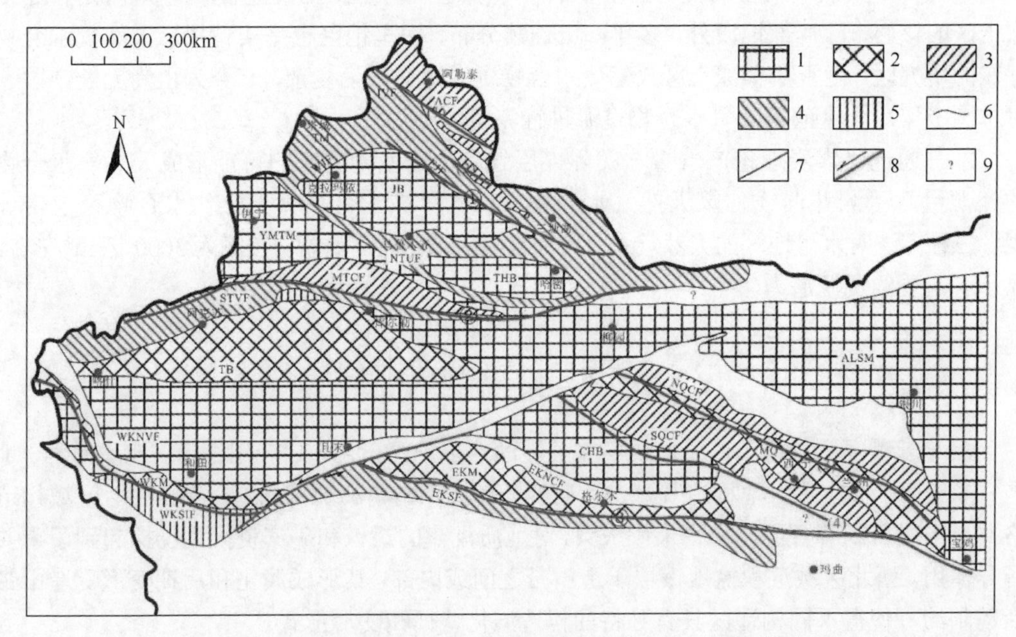

图 1.2　西北地区古板块构造（据王鸿祯和莫宣学，1996 修改）

1-前长城纪基底；2-前寒武纪基底；3-加里东褶皱带；4-海西褶皱带；5-印支褶皱带；6-构造分区边界；7-断层；8-走滑断层；9-构造性质不明地带或有争议地区。第一带：ACF-阿尔泰加里东褶皱带。第二带：IVF-额尔齐斯华力西褶皱带、WJF-西准噶尔加里东—海西褶皱带；EJF-东准噶尔加里东—海西褶皱带、NTUF-北天山海西褶皱带。第三带：NQCF-北祁连加里东褶皱带、SQCF-南祁连加里东褶皱带、EKNCF-东昆仑北带（加里东褶皱带）；MTCF-东天山加里东褶皱带。第四带：EKSF-东昆仑南带（海—印支褶皱带）。第五带：WKSIF-西昆仑南带（印支褶皱带）。第Ⅰ块体：JB-准噶尔稳定块体（盆地）、THB-吐哈微型块体（盆地）、YMTM-伊犁—中天山微型块体；第Ⅱ块体：TB-塔里木稳定块体（盆地）；第Ⅲ块体：CHB-柴达木稳定块体（盆地）。①-达拉布特—卡拉麦里晚古生代缝合带；②-南天山晚古生代缝合带；③-昆仑山—秦岭晚古生代缝合带。
(1)-额尔齐斯早古生代俯冲带；(2)-阿尔曼泰晚古生代俯冲带；(3)-北祁连早古生代俯冲带；
(4)-南祁连晚古生代俯冲带

（一）西伯利亚古板块

西伯利亚古板块是亚洲最大的一个古大陆板块，其大部分在俄罗斯和蒙古境内，延入西北地区的只是其西南缘的一小部分，包括阿尔泰、北塔山及准噶尔盆地东缘。西伯利亚古板块的核心部位（即古陆核）出露于俄罗斯境内的阿尔丹地区和阿纳巴尔地区，由前文德纪（相当于我国的前震旦纪）结晶杂岩组成。自元古宙晚期至古生代早期，在西伯利亚古板块南侧，曾有中亚—蒙古洋盆发育。由于洋壳多次向北俯冲，古陆核一次又一次向南增生，面积扩大，自北向南形成贝加尔—叶尼塞晚元古代陆缘褶皱带、萨彦—蒙古早古生代陆缘褶皱带，我国境内的阿尔泰山区位于这条早古生代陆缘褶皱带的西南侧。洋盆在石炭纪最后消减闭合，西伯利亚板块与哈萨克斯坦板块沿达拉布特—卡拉麦里一线碰撞在一起。

（二）哈萨克斯坦古板块

哈萨克斯坦古板块东北以卡拉麦里—斋桑缝合带为界与西伯利亚古板块相接，其南部和西部以南天山—东乌拉尔缝合带为界，分别与塔里木和东欧两个古板块相邻，其主体在哈萨克斯坦和俄罗斯境内。天山、西准噶尔界山及准噶尔盆地等构成哈萨克斯坦板块的东南角。和其他古板块不同，哈萨克斯坦古板块没有统一的古陆核，而是由一些大小不等的微板块拼合而成。早古生代末完成了微板块之间的拼合，晚古生代早期成为准噶尔洋和南天山洋之间一个以早古生代褶皱基底为核心的独立板块。到中泥盆世末及晚泥盆世末，准噶尔洋和南天山洋先后关闭，到石炭纪末，区内海域完全消失，哈萨克斯坦古板块与西伯利亚古板块和塔里木板块分别沿达拉布特—卡拉麦里缝合带及南天山缝合带发生陆-陆碰撞，自此以后新疆境内三大古板块连成一体，成为欧亚板块的一部分。

（三）塔里木古板块

塔里木古板块是于晚元古代形成的古大陆板块，其陆核由前长城纪结晶基底构成，北以南天山缝合带与哈萨克斯坦古板块相接，南以昆仑山—西秦岭缝合带与我国西南地区的青藏地体群毗邻。石炭纪末，塔里木古板块与哈萨克斯坦古板块碰撞拼合而成为古欧亚大陆板块的南缘；二叠纪—三叠纪，随着其南侧的古特提斯洋向北俯冲消减，羌塘微板块与塔里木古板块南缘碰撞，古欧亚大陆板块继续向南扩展。

上述三大古板块的划分及其演化状况是西北赋煤区晚古生代时的古板块构造格局。随着三大古板块间的陆-陆碰撞，到石炭纪末，西北地区北部海域完全消失，西北赋煤区成为古欧亚大陆板块的一部分，并从二叠纪开始全面进入碰撞期后陆内造山阶段，主要表现为山脉的隆升和盆地的沉陷，“五带三块”的构造格局逐步形成。

三、地壳及上地幔结构

从新疆独山子—泉水沟地学断面的资料可见，准噶尔盆地、天山、塔里木盆地和昆仑山等西北赋煤区不同地区的地壳及上地幔存在明显的不均一性，包括结构构造的不均一性以及物质成分的不均一性（刘训，2005）。

刘训（2005）认为，中国西北不同地区岩石圈结构的不均一性在纵向上表现为从地壳表层向下到岩石圈底具有不同的分层；横向上表现为不同地区岩石圈的结构构造有着明显的差异。从图 1.3 和图 1.4 可以看出天山、昆仑山地壳结构的这种不均一性。除了地壳厚度等方面的不同外，其物质组成等方面也有所不同（图 1.5）。正是地壳和上地幔这种不均一性导致形成了目前地表的盆山结构面貌。

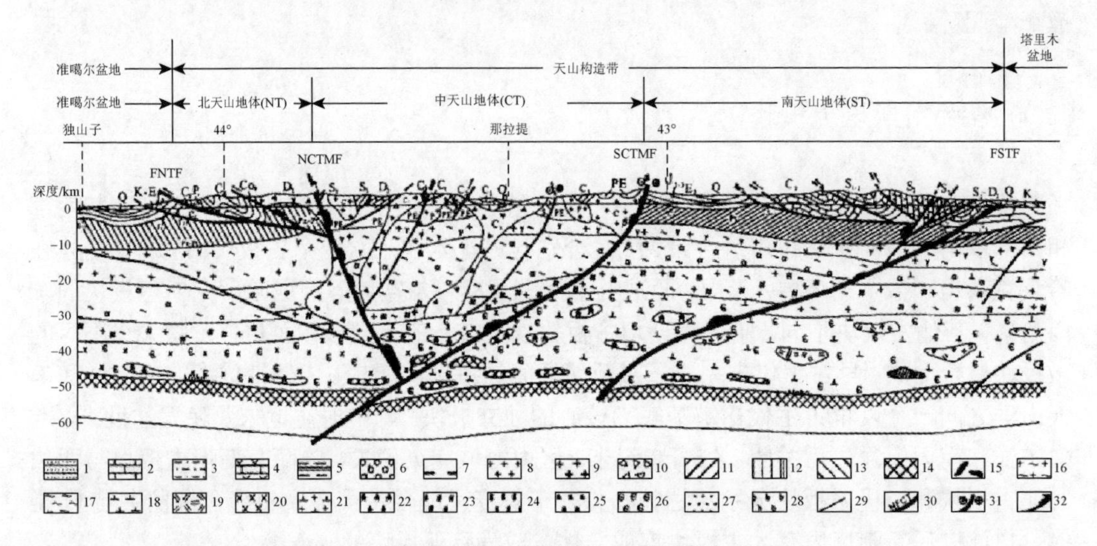

图 1.3　天山地区的地壳结构型式（据刘训，2005）

NT-北天山地体；CT-中天山地体；ST-南天山地体；FNTF-北天山山前断裂；NCTMF-中天山北缘断裂；SCTMF-中天山南缘断裂；FSTF-南天山山前断裂；1-浅水陆棚碎屑沉积；2-陆棚-台地碳酸盐沉积；3-陆坡-陆隆碎屑沉积；4-弧后盆地沉积；5-深水洋盆硅泥质沉积；6-前陆盆地磨拉石沉积；7-内陆河湖盆地碎屑沉积；8-与岩浆弧有关的酸性侵入岩；9-后造山（不协调）花岗岩；10-中基性火山岩；11-早元古代末固结的陆壳基底（＞1800Ma）；12-晚元古代末固结的陆壳基底（＞800Ma）；13-古生代固结的陆壳基底（＞230Ma）；14-地幔岩（橄榄岩类岩石）；15-超镁铁质岩；16-花岗片麻岩；17-中基性片麻岩；18-闪长岩；19-粒变岩；20-辉长岩；21-花岗闪长岩；22-榴辉岩；23～28 为叠加花纹：23-糜棱岩化及破碎建造；24-绿片岩相变质作用；25-角闪岩相变质作用；26-粒变岩相变质作用；27-榴辉岩相变质作用；28-蓝片岩相变质作用；29-断裂；30-地体边界断裂及名称；31-左旋走滑断裂；32-逆断层及逆掩断裂

四、区域地球物理场

由于地块（板块）的稳定基底埋藏较深，钻井较少，地震资料虽然有反映但多借助地表露头资料进行推测，因此，重力、航磁、大地电磁法（MT）等物探手段是研究基底与深部构造特征的有效途径，既能分析区域构造格局又能结合地质和钻井资料进行地质、构造属性研究。

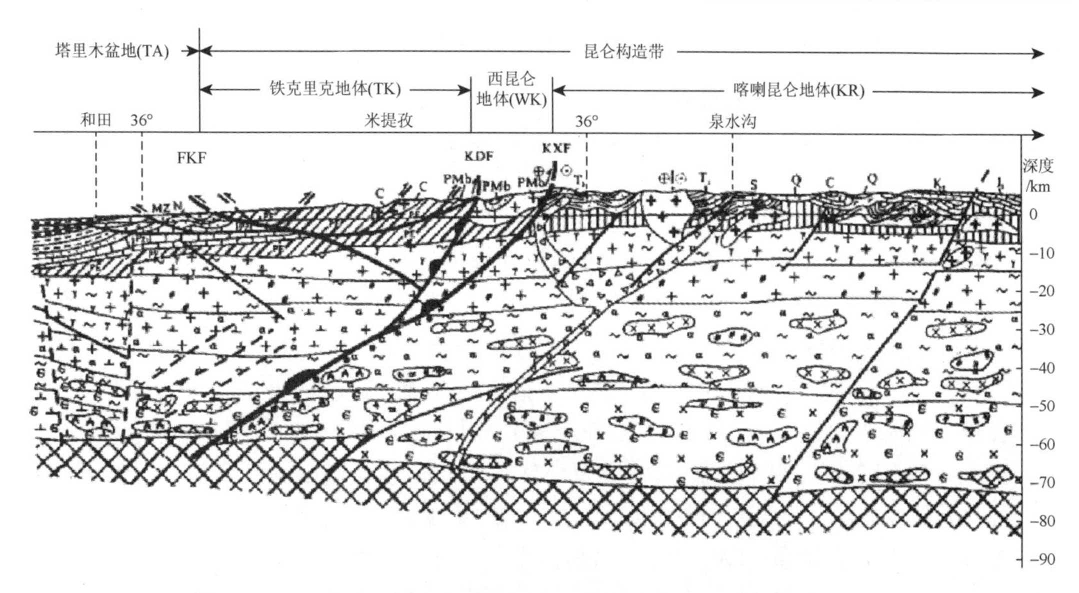

图 1.4　西昆仑地区的地壳结构型式（据刘训，2005，图例同图 1.3）

FKF-昆仑山前断裂；KDF-库地断裂；KXF-康西瓦断裂

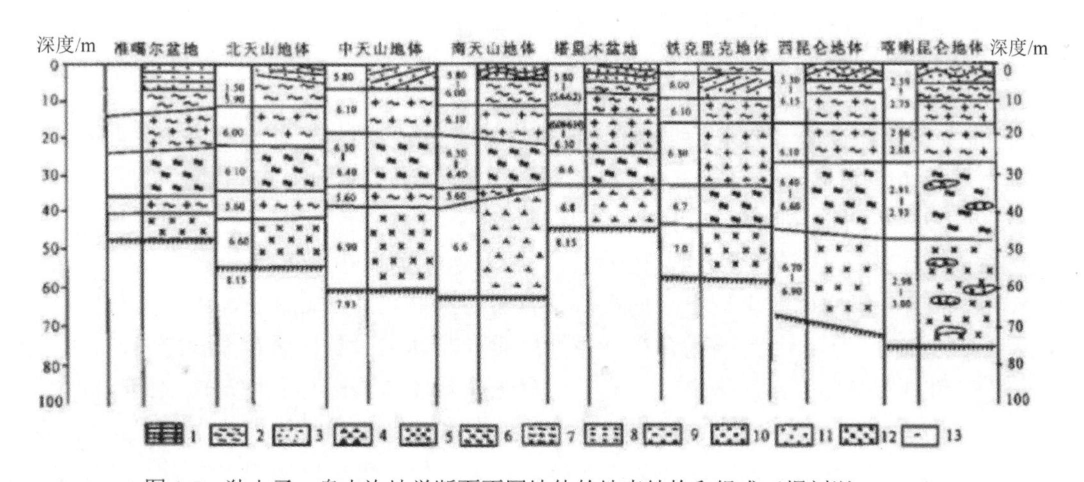

图 1.5　独山子—泉水沟地学断面不同地体的地壳结构和组成（据刘训，2005）

1-沉积岩；2-变质基底；3-酸性火山岩；4-中基性火山岩；5-花岗质岩石；6-中基性片麻岩；7-花岗片麻岩；8-花岗闪长岩；9-闪长岩；10-辉长岩；11-粒变岩；12-榴辉岩；13-橄榄岩

（一）重力场特征

西北赋煤区以阿尔金断裂带为界，划分为东、西两大布格重力异常区，西部塔里木盆地–125～–200mGal①，东部柴达木盆地–250～–450mGal。阿尔金断裂带为中国西部非常清晰的串珠状重力高异常带，其 NE 向重力异常走向与塔里木盆地 NW 向重力异常走向存在明显的差异。该带自昆仑山到北山延伸长达 1500km，宽 150～200km；北界与塔里木盆

① 1mGal=1×10^{-3}cm/s^2。

地之间为重要的异常分区线，是车尔臣—星星峡断裂的位置；东南界为非常显著的重力异常梯度带，梯度带向 NE 方向延伸至北山地区与北祁连重力梯度带相接。从异常等值线图上看出，北山地区的异常面貌与银额地区和天山地区都存在差异，可能是阿尔金断裂带作用的结果。

以阿尔金重力异常为界，东西面貌存在很大差异。西部重力异常南北高低分带性显示了造山带与稳定地块相间分布的特点，重力异常等值线总体呈 NW 向和 NWW 向展布。西北赋煤区最为显著的特点是各前陆盆地发育区均表现出比盆地内部重力异常值高的特点，且具有走向分段的特点。库车前陆盆地的重力异常东高西低，准噶尔盆地南缘重力异常东高西低，塔西南前陆盆地在山前的 NW 向重力异常低值被 NE 向异常高带分隔，说明前陆盆地冲断带的构造变形方式和特点在走向分段性上具有深部构造背景。

阿尔金断裂带以东可划分为两大重力异常区，北祁连及其以南地区为重力低异常背景，异常等值线主要呈 NWW 向展布，柴达木盆地是重力低异常背景中的相对高值区，特别是盆地南、北存在两条 NW 向的重力高值带。北祁连以北的阿拉善—银额地区表现为 NE 向串珠状的变化剧烈的异常等值线，这与该区发育火山岩有关。需要特别提出的是，该区还存在近 EW 向的异常特征，反映该区不同方向盆地叠合后的现今表现。

（二）航磁特征

西北赋煤区航磁异常的东、西分区性比重力异常更为清晰，阿尔金断裂带的航磁异常等值线表现为 NEE 向，车尔臣—星星峡断裂和敦煌南的阿尔金南缘断裂均表现为明显的航磁异常分区线，断裂带内异常等值线变化平缓。

阿尔金断裂带以西的新疆地区磁异常变化较大，为–200～200nT，存在塔里木盆地中部、哈密南—伊宁南两大近 EW 向高磁异常带，最高可达 200nT。高磁异常体的存在可反映两方面的内容：一是该区存在高磁性地质异常体，二是该区存在稳定基底。结合地质资料和前人研究成果，伊宁南、哈密南高磁异常体是该区存在稳定地块的反映，航磁异常向上延拓图反映了相同的结果。塔中地区存在的高磁异常体被认为是震旦纪裂陷的反映。因此，塔里木盆地的基底南、北存在较大差异，塔中以南较塔中以北基底具有更强稳定性。最为引人注目的是，塔西南地区的高磁异常带呈 NE 向展布，存在四大 NE 向高磁异常带。

阿尔金断裂带以东的阿拉善-柴达木地区与西部相比整体表现为相对平缓的异常区，可划分为两个次级异常区，龙首山以南的祁连—柴达木地区整体表现为 NW 向宽缓磁异常，以北为变化较剧烈的 NE 向磁异常，银额地区以负异常背景为主要特征，阿拉善地区为 NE 向正磁异常区，显示两地区基底的差异性。地质资料说明阿拉善地区北部为海西期末的造山带，南部为较稳定的地块。

五、主要构造分区与能源盆地

西北聚煤区的主体由 5 条褶皱带及其间所夹的 3 个稳定块体组成。第一褶皱带为阿尔泰加里东褶皱带（ACF）；第二褶皱带由额尔齐斯海西褶皱带（IVF）、西准噶尔加里东—海西褶皱带（WJF）、东准噶尔加里东—海西褶皱带（EJF）、南天山海西褶皱带（STVF）组成；第三褶皱带由北祁连加里东褶皱带（NQCF）、南祁连加里东褶皱带（SQCF）、东昆仑北带加里东褶皱带（EKNCF）构成；第四褶皱带为东昆仑南带海西—印支褶皱带（EKSF）；第五褶皱带为西昆仑南带印支褶皱带（WKSIF）。第一个稳定块体包括准噶尔稳定体（盆地）（JB）、吐哈微型块体（盆地）（THB）、伊犁-中天山微型块体（YMTM）；第二个稳定块体为塔里木稳定体（盆地）（TB）；第三个稳定块体为柴达木稳定体（盆地）（CHB），如图 1.2 和图 1.6 所示。

准噶尔—吐哈构造区属于哈萨克斯坦—准噶尔板块群构造发育区，NW 向、NE-NNE 向、近 EW 向三组构造控制了准噶尔盆地和吐哈盆地的发育演化，经历了晚古生代、中生代和新生代盆地演化阶段，NW 向和近 EW 向构造是该区的特征构造线。塔里木盆地受周缘天山造山带、阿尔金断裂带和西昆仑造山带发育演化控制，NW 向、NE-NNE 向、近 EW 向构造控制盆地的结构和构造特征，经历了古生代大型海相盆地、中生代以山前带为沉积中心的陆内或海陆交互相盆地以及新生代挤压挠曲盆地三大演化阶段。构造变形的纵向分层和横向分区特征体现了盆地多旋回演化与受多个动力学环境控制的特点。北山—阿拉善—祁连构造区的显著特征是在古造山带和地块基础上发育了中、新生代中小盆地群，经历了 NW-近 EW 向构造控制的早—中侏罗世断陷盆地、NE 向构造控制的早白垩世断陷盆地以及 NW 向构造控制的新生代挤压挠曲盆地三大盆地演化阶段，盆地叠合使该区构造特征复杂化，形成了不同于其他地区的下白垩统烃源岩系。柴达木盆地受阿尔金断裂带、东昆仑造山带和祁连造山带构造活动控制，经历了中生代、古近纪和新近纪等不同的盆地演化阶段，形成了不同于其他构造区的古近纪和新近纪地层。

上述四大构造区形成的含煤岩系等各具特征，其特征差异受到天山—兴蒙造山带、阿尔金断裂带和祁连造山带等重要构造区划线控制。西北区域四大构造区的盆地构造特征受邻区造山带和断裂带控制，由于盆地多类型、多期叠合发育，盆地构造变形具有成带性、纵向分层和横向分区的特征。成带性，表现在盆地在造山带前的构造变形成排成带，一般具有 2～3 排断裂-褶皱带。纵向分层的变形特征可归纳为两种类型：一种类型是盆地内存在塑性层，对盆地的构造变形具有调节作用，如塔里木盆地库车地区、塔西南地区的古近系膏岩层的存在对其上、下岩层的构造变形具有重要调节作用；另一种类型是构造旋回使得上下构造变形具有差异性。准噶尔盆地二叠纪—三叠纪以 NE 向构造为特征，中生代—新生代盆地以 NW 向和近 EW 向构造为特征；塔里木盆地早古生代形成的盆内构造和中、新生代盆地山前构造在纵向上形成对比；柴达木古近纪盆地近 EW 向构造和新近纪盆地的 NW 向为主的构造形成鲜明对比；酒泉早白垩世盆地 NE 向构造和新生代盆地 NW 向构造在纵向上形成差异。

天山—兴蒙造山带以北的准噶尔盆地周缘受北天山造山带、西准噶尔造山带、克拉美丽造山带、博格达造山带围限。盆地主要发育 NE-NNE 向、NW 向和近 EW 向构造，NE-NNE 向构造主要控制二叠纪—三叠纪盆地的形成演化，二叠纪盆地的结构主要表现为自西向东排列呈 NE 向展布的隆、拗格局。准噶尔盆地西北缘冲断带和盆地内的 NE-NNE 向冲断带被侏罗纪—白垩纪盆地叠合覆盖。侏罗纪沉积除主要受 NW 向和近 EW 向构造

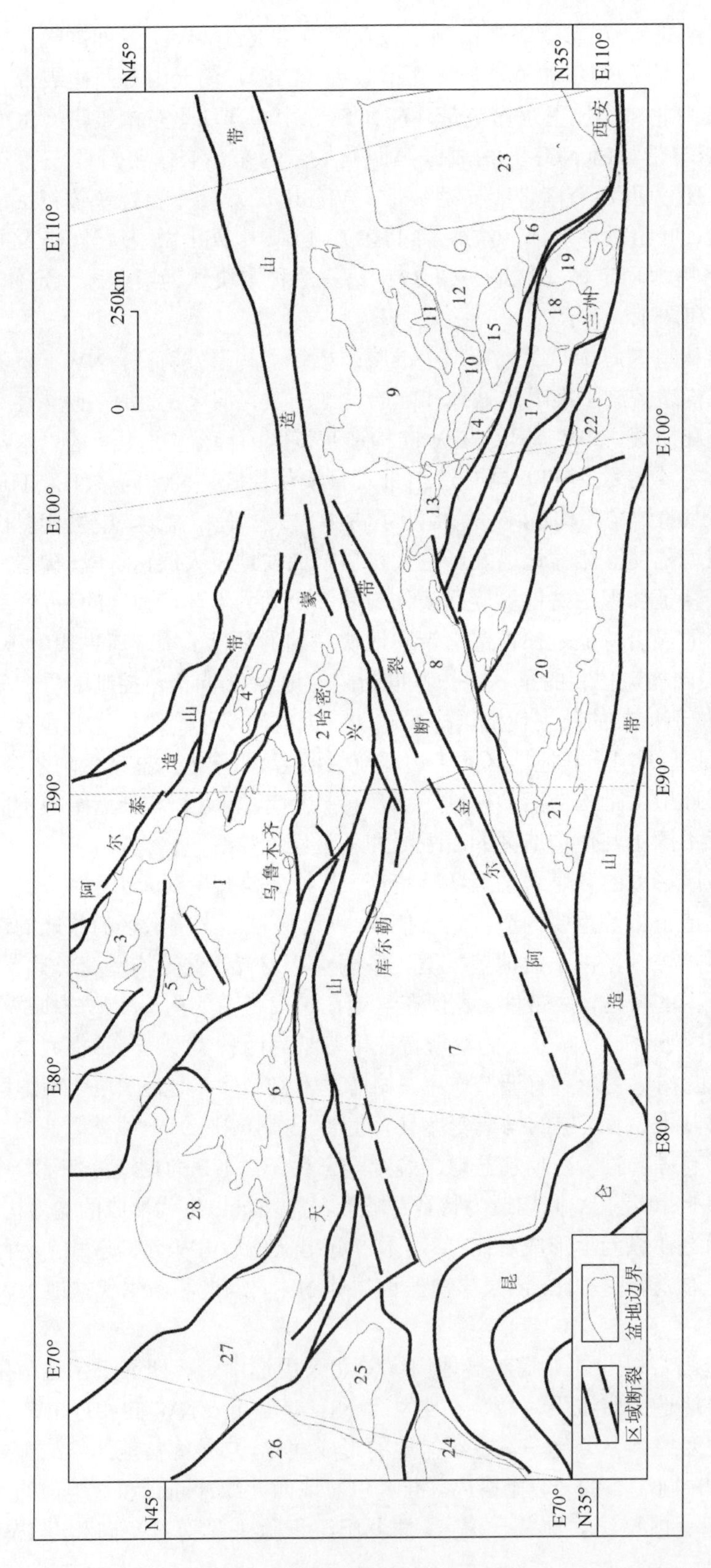

图 1.6 中国西北及邻区大地构造与盆地分布图（据潘桂堂等，2009 修改）

1-准噶尔盆地；2-吐哈盆地；3-斋桑盆地；4-三塘湖盆地；5-塔城盆地；6-伊犁盆地；7-塔里木盆地；8-敦煌盆地；9-银额盆地；10-潮水盆地；11-邪念布赖盆地；12-巴彦浩特盆地；13-酒泉盆地；14-民乐盆地；15-武威盆地；16-六盘山盆地；17-西宁盆地；18-民和盆地；19-西吉—双临盆地；20-柴达木盆地；21-库木库里盆地；22-共和盆地；23-鄂尔多斯盆地；24-塔吉克盆地；25-费尔干纳盆地；26-锡尔河盆地；27-楚河—萨雷盆地；28-巴尔喀什盆地

控制外，也受三叠纪末形成的古隆、拗格局控制，是含煤岩系的聚集期，侏罗纪末的构造运动形成了该区不同于二叠纪—三叠纪的另一套构造系统，其与二叠纪—三叠纪构造系统在垂向上、横向上的叠加和复合为煤与煤系气的聚集及煤系气的运移提供了条件并对早期构造进行叠合改造。白垩纪—第四纪准噶尔盆地为向北天山山前倾伏的拗陷，盆地内的隆拗格局消失，新生代盆地南北造山带复活，在准噶尔盆地南缘、北部山前带、博格达山山前发育了逆冲断裂、褶皱带，准噶尔盆地南缘形成了西向北天山造山带收敛，东向盆地撒开、变形逐渐变弱的三排断裂-褶皱带，后期构造变形和盆地改造使得侏罗纪煤系埋深变浅，易于开发。

吐哈盆地和准噶尔盆地具有类似的形成和演化特征，后期的 NW 向和近 EW 向构造与早期的 NE-NNE 向构造叠加构成盆地的主要构造特征。盆地具有南北分带和东西分块的构造特征。东西分块主要表现在两个方面：一方面，盆地内 NE 向和 NNE 向构造控制的隆拗格局和拗陷内断裂褶皱带形成的东西分区特征；另一方面，东西分块特征是盆地内发育的调整构造，主要表现为 NNE-NE 向的陡倾断裂构造，在盖层内的表现特征多样，断裂断面可近直立或倾斜或弯曲，但一般多为高角度，在盆地沉积盖层内成群成带发育，发育规模虽有差异但其规律性显示调整构造存在，另外还表现为对盖层的一些断裂、褶皱构造的走向等限制或表现为盆地边缘山界的平错和两侧的盆山结构关系不同。盆地构造的南北分带表现为博格达山山前和觉罗塔格山山前发育的近 EW 向断裂-褶皱构造带成排成带发育。

塔里木盆地是西北最大、经历多期后期改造的复杂叠加-复合型盆地，垂向构造差异和横向构造分区构成盆地的总体构造特征。塔里木盆地地层垂向构造变形差异主要由于大型叠加、复合盆地的多期成盆和多期改造。早古生代末的盆地改造在盆地周缘形成向 NE 方向突出的月牙形隆起，盆地内部形成由东向西倾伏的塔中低凸起，NW-NWW 向和 NE-NEE 向断裂构造发育，控制了隆拗构造格局的形成并被后期盆地叠合覆盖；中、新生代时盆地受天山造山带和西昆仑造山带的控制作用逐渐加强并在山前加里东构造改造期产生的隆起剥蚀区基础上形成最大拗陷，盆地内的塔中、塔北古隆起消失，形成巴楚断隆。盆地沉积的塑性地层主要为寒武系和古近系—新近系的膏岩和三叠系—侏罗系煤系，这些地层在盆地后期改造过程中使得上下构造变形存在较大差异，上下构造组合不同。塔里木盆地的横向变形特征表现为塔里木盆地的南北分带和东西分区特征。南北分带主要显示为塔西南拗陷、中央隆起、北部拗陷、塔北隆起和库车拗陷，实际是盆地构造格局的综合表现。中央隆起带的塔中低凸起和塔北隆起是前中新生代古隆起，而中央隆起带的巴楚断隆、塔西南拗陷和库车拗陷则主要表现为中新生代的隆起和拗陷。断裂构造对盆地分带、分区也具有重要控制作用，存在近 EW 向、NW 向和 NE 向三组断裂，三组断裂交织构成盆地的分区、分带特征。近 EW 向、NW 向断裂对盆地南北分带的形成具有重要作用，主要发育在隆起和拗陷区。NE 向和 NW 向断裂使得隆起和拗陷结构在走向上表现为分段的复杂特征，塔西南拗陷、中央隆起带、塔北隆起、库车拗陷走向上的结构变化是分区构造控制的结果。

北山—阿拉善—河西走廊—祁连山地区早古生代主要表现为地块裂离和聚合，盆地构造特征复杂，识别困难，晚古生代—三叠纪在阿拉善—河西走廊—祁连山地区主要为陆内拗陷盆地，盆地构造相对简单，三叠纪末的强烈隆升和剥蚀以及侏罗纪中小盆地群的形成使得该区的构造复杂化。目前易于识别的盆地结构、构造以中、新生代为主，并具有纵向叠合过程。侏罗纪盆地构造主要受 NWW-近 EW 向构造控制，在北山地区和祁连山地区的控盆构造主要沿古造山带展布，而阿拉善和中祁连地块上的侏罗纪盆地将地块解体，在稳定地块和山前接合部位形成的盆地亦受到古构造的控制，因此盆地的形成具有成带、成群发育特征。早白垩世盆地受 NE 向断裂构造控制，是海拉尔—二连—银额—酒泉白垩纪裂陷带在本区的表现，形成了一系列 NE 向展布的断陷湖盆群，可划分为北山—银额—酒泉和潮水—雅布赖—巴彦浩特两大构造区。祁连造山带在新生代构造活动再次活跃，形成了 NW 向的挤压盆地，叠加在早期的侏罗纪、早白垩世盆地之上。

柴达木盆地是赋存在稳定地块上的中、新生代盆地，盆地构造变形在纵向上划分为四个构造变形层：深层、中层、中浅层和浅层，四个构造变形层发育的断裂构造在纵向上既有交叉性又各具特征。深层构造变形层发育于侏罗系-白垩系，以 NW 向、近 EW 向构造为特征，在盆地北部形成多个沉积、沉降中心。中层构造变形层主要是指古近系，具有多个近 EW 向展布的沉积中心，受近 EW 向构造控制，盆地内发育的陡倾逆冲断裂构造大多断至上干柴沟组，褶皱变形较弱。中浅层构造变形层主要发育于古近系上部和新近系，表现为 NW 向展布的褶皱和断裂构造，盆地北缘和盆地西南地区还发育滑脱褶皱与滑脱断裂构造。浅层构造变形层发育于盆地表层，以褶皱构造核部斜列展布的小正断层为特征，这组构造展布在盆地南部和盆地北部存在差异，以小梁山—大风山北—里沟—里坪—伊克雅乌汝—北陵丘一线为界，北侧背斜核部主要发育 NW 向或近 SN 向断层，南侧背斜核部主要发育 NE 向断层。柴达木盆地经历了 NW-近 EW 向、近 EW 向和 NW 向构造三次立交桥式纵向叠合过程，盆地形成具有规律性特征：古近纪盆地拗陷首先在阿尔金山前形成，然后向东部扩展，拗陷受正断裂控制；新近纪阿尔金山前隆起、拗陷向东迁移，受逆断裂控制，显示出阿尔金断裂带的活动方式控制了盆地构造特征。

第三节　区域构造演化

一、大地构造演化

西北地区在不同地质历史时期处于不同大地构造背景，从而形成了不同特征的沉积盆地和造山带。震旦纪—古生代该区域处于古亚洲构造域，以板块（地块）之间的开、合和盆地的形成、消亡为特征；中生代该区域为欧亚大陆边缘的组成部分，盆地、山脉的形成受特提斯构造域影响；新生代该区域受印度板块与欧亚板块碰撞产生的远距离效应影响，导致该区稳定地块向古造山带陆内俯冲，形成现今盆地-山脉构造的地貌格局。

震旦纪—泥盆纪、石炭纪—早二叠世是古亚洲洋洋壳、过渡性洋壳盆地或板缘盆地与造山带之间的转换时期。震旦纪—古生代早期，中国西北地区古大陆解体，形成众多小地块及其间的深海盆或海底裂陷带。在地块“开”的过程中，陆内裂陷盆地、陆间裂陷盆地、洋壳盆地、过渡性洋壳盆地或板缘盆地和克拉通盆地以及伸展山岭形成。盆地的形成演化又有其规律性。自震旦纪—寒武纪开始拉开的有限洋或陆间裂陷，有以唐巴勒超基性、基性岩带为代表的北疆地区，发育大陆裂陷型海相火山岩的北祁连地区，发育超基性、基性岩带的西昆仑塔什库尔干—柯岗—库地地区。柴达木地块与中祁连地块在中寒武世分离形成南祁连裂陷。伊犁地块与塔里木板块在奥陶纪分离并逐渐形成南天山有限洋，在这种伸展构造背景中形成了伸展盆山体系。奥陶纪—志留纪，随着有限洋的形成和洋壳向地块下俯冲，地块之间由裂离向会聚转化，整体构造背景也转化为挤压构造背景，盆地性质发生转化。志留纪晚期—泥盆纪，祁连造山带、北昆仑造山带、南天山造山带形成。在挤压构造背景下，塔里木盆地形成向 NE 凸出的月牙形隆起和盆地内由东向西倾伏的塔中低凸起，志留纪—泥盆纪该盆地是挤压构造背景中的板内拗陷盆地。北祁连山前形成志留纪—泥盆纪前陆盆地。北疆地区经历了奥陶纪末的俯冲闭合后，泥盆纪又经历了伸展断陷和含基性火山岩盆地的形成与消亡过程。

石炭纪—早二叠世，西北地区进入新的构造演化阶段，整体处于伸展构造背景中，大陆的裂离主要发生在北疆—北山和昆仑—西秦岭地区。准噶尔盆地南缘山前石炭纪基性、超基性岩带，博格达山和觉罗塔格山及北山地区石炭纪—早二叠世基性火山岩带，西昆仑石炭纪玄武岩和东昆仑玄武岩的发育是伸展构造作用的结果。塔里木盆地早二叠世基性火山喷发作用显示出盆地为伸展性质。早二叠世晚期以后，西北地区各地块发生会聚，裂陷关闭，整体处于挤压构造背景，古造山带形成，西昆仑造山带山前、西准噶尔造山带山前和北天山山前等形成挤压前陆盆地并向陆内盆地转化。古特提斯洋关闭和西伯利亚板块向南的挤压作用形成了西北地区晚二叠世—三叠纪陆内挤压盆山体系。在这种背景下，准噶尔地区和哈萨克斯坦地区的应力调整作用形成陆内晚二叠世—三叠纪断陷盆地。

侏罗纪—古近纪，西北地区处于陆内弱伸展盆山构造体系，这与大陆南缘的开合作用有关。早、中侏罗世，西北地区整体处于造山挤压后的应力松弛背景。在这种背景下形成的湖盆地星罗棋布，山脉和盆地高差不大并主要沿山前带或古造山带内形成，稳定地块内则形成大型拗陷盆地。早白垩世，西北区域仍处于伸展构造背景。沉降区主要在稳定地块和山前带形成，塔西南沉降强烈，海水侵入。祁连山以北地区成为海拉尔—二连—酒泉裂陷带的组成部分，形成了与其他地区走向不同的断陷盆地。印度板块向欧亚大陆的碰撞作用首先在西部构造结部位发生，这种作用使得塔里木地块向北、向东运动，导致阿尔金断裂带发生右旋走滑，在断裂带东南侧形成柴达木古近纪断陷盆地，塔里木古近纪亦处于一种弱的伸展构造背景。

西北地区现今的盆山结构，是新近纪以来印度板块与欧亚板块碰撞后持续挤压的陆内效应。持续挤压作用于新近纪传播到西北区域，造成盆地周边古老造山带和边界断层的再次活动。随着山脉急剧隆升，盆地快速沉降，在沉降中心沉积了厚度不等的陆相碎屑岩。

由上可见，西北地区不同时期处于不同的地球动力学背景，形成了不同的盆山构造体系，震旦纪—早二叠世形成的伸展或挤压盆山构造体系的特点是形成了与广海相通的非汇水盆地，并主要受古亚洲洋开合作用控制。进入陆内演化阶段后，伸展或挤压盆山构造体系的形成主要受特提斯洋开合作用的控制。

西北赋煤区大型沉积盆地特别是阿尔金断裂带东、西两大部分的柴达木盆地、塔里木盆地和准噶尔盆地的特征及其形成、演化和热结构特征存在明显差异，这种差异除与板块间的构造作用、基底结构密切相关外，西北地区深部构造的差异亦具有重要的控制作用。深部构造对沉积盆地的作用主要表现在两个方面：一是盆地深部构造与盆地结构之间的耦合作用关系；二是盆地深部构造和造山带深部构造的相互作用关系及其与浅层盆地和造山带之间相互作用关系的耦合。

不同地区造山带深部与盆地深部构造之间的相互关系也存在差异，这种差异体现了浅层盆地和造山带之间耦合的多样性。天山造山带的壳-幔间是以多个薄层过渡的，塔里木盆地北缘与准噶尔盆地的壳-幔间不具有这种特点，其壳-幔间主要表现为一级间断面。但是，位于天山造山带和昆仑造山带之间的塔里木盆地，表现为塔里木地壳向两侧造山带的陆内俯冲作用，可能发育一个岩石圈尺度的剪切断裂，这是造成塔里木盆地南北缘造山带向盆地内强烈逆冲推覆而准噶尔盆地南缘造山带山前出现雁列状的冲断构造组合的主要原因之一。

二、赋煤盆地演化

西北地区能源盆地的发育是众多地块（板块）和造山带演化及其相互作用的结果，存在地块裂离-聚合和海相盆地构造演化以及地块拼合后的陆内盆地构造演化两大阶段。盆地类型和演化阶段及其能源地质意义在准噶尔—吐哈、塔里木、北山—阿拉善—祁连和柴达木四个构造区存在明显差异。

（1）地块裂离-聚合和海相盆地构造演化阶段。该阶段的明显特点是赋存在稳定地块上的陆表海盆地和地块之间的有限洋广泛相连，形成非汇水盆地，经历了中、新元古代—早古生代和晚古生代两大旋回演化过程。震旦纪—早中奥陶世是西北地块裂离断陷盆地和克拉通内拗陷盆地的形成演化阶段。

石炭纪—早二叠世开始新的构造旋回，海盆与地块并存。准噶尔—吐哈、塔里木、北山—阿拉善—祁连和柴达木四个构造区的盆地演化有共性也存在差异。准噶尔地块与吐哈地块的裂离形成断陷盆地，盆地内发育的玄武岩证实伸展断陷盆地存在。石炭纪是塔里木陆表海盆地重要的发育期，形成了重要的碎屑岩、碳酸盐岩建造。早二叠世塔里木盆地基性玄武岩发育则指示伸展断陷盆地形成。鄂尔多斯地块、阿拉善地块、祁连地块在石炭纪—早二叠世连为一体，形成华北克拉通盆地，与柴达木盆地以裂陷相隔，以阿尔金断隆的形式与塔里木盆地相望，稳定的构造环境和潮湿的海陆交互环境在该区形成了重要的含煤岩系。

石炭纪—早二叠世，柴达木地块南、北存在差异，北缘为海陆交互相和浅海相含煤岩系，南缘则为以碳酸盐岩为主的建造。早二叠世末的构造运动在该区沉积盆地的形成和演化历史中具有划时代意义，结束了西北区域非汇水海相沉积盆地演化史，西北区域的稳定地块（板块）被其周缘变形的海盆沉积物拼接统一，从此进入陆内盆地形成演化阶段。

（2）地块拼合后的陆内盆地构造演化阶段。从晚二叠世到第四纪，是西北地区陆内盆地演化阶段，准噶尔—吐哈、塔里木、北山—阿拉善—祁连和柴达木四个构造区在不同阶段的演化特征及对能源盆地形成的地质作用各具特色。

晚二叠世—三叠纪，四大构造区的构造背景有所差异，盆地构造类型及其演化亦不相同，北疆地区的准噶尔盆地为陆内走滑拉分断陷盆地演化阶段。三叠纪末的挤压构造运动使盆地发生反转变形。一般认为，晚二叠世—三叠纪塔里木盆地形成于挤压构造背景。晚二叠世盆地主体在塔西南地区，而三叠纪的烃源岩系沉积主要在北部南天山山前的库车地区，其发育整体上具有由南向北迁移的特征。

北山—阿拉善—祁连地区在晚二叠世—三叠纪处于陆内克拉通背景，形成拗陷盆地，为河流相、湖泊相沉积建造，早期的潮湿环境形成了有工业价值的煤层。南部为与海盆相连的海陆过渡相盆地，海水逐渐向南迁移。柴达木地块的主体部位至今没有发现三叠系存在，一般认为该时期主体为隆升剥蚀期，其东部是西秦岭有限洋的西延部分，以碎屑岩为主的建造。

从侏罗纪开始，西北区域盆地的形成演化处于统一的构造背景，经历了多阶段多盆地类型的演化。早—中侏罗世是西北地区断陷盆地普遍发育阶段，也是西北侏罗纪煤层与生烃岩系的重要形成期：北疆地区形成了准噶尔盆地、吐哈盆地、柴达木盆地等重要能源盆地；塔里木盆地周缘山前形成了系列断陷盆地，为煤系地层的保存提供了合适的构造环境；阿尔金断裂带以东地区众多的中小断陷盆地在该时期普遍发育。晚侏罗世挤压构造背景结束了该时期的盆地旋回演化。

早白垩世是西北区域新的断陷盆地演化阶段，塔西南地区、中祁连、河西走廊、阿拉善、北山等地区都形成了重要的断陷盆地，并分别位于阿尔金断裂带的左侧南端点和右侧北端点，可能与阿尔金断裂带的活动方式相关。准噶尔盆地和塔里木库车地区可能为拗陷盆地发育期。晚白垩世，塔里木盆地西南部为海相盆地，准噶尔盆地继承了早期盆地的演化特点，其他地区盆地消亡，柴达木、塔里木的库车、中祁连、河西走廊、阿拉善、北山等大部地区均处于隆升剥蚀状态。

古近纪西北区域处于弱伸展构造背景，塔里木盆地、准噶尔盆地、柴达木盆地等盆地表现出断陷盆地性质。新近纪以来，受印度板块向欧亚大陆俯冲、碰撞作用的影响，西北地区的各造山带复活，在稳定地块内形成了大型沉积盆地并经历了南造山带向盆地的挤压改造过程。

综上所述，西北地区虽然都经历了海相盆地和陆内盆地两大演化阶段，但主要赋煤盆地的形成演化既有统一的地球动力学背景也受到各构造区的区域构造环境控制，各构造区的盆地演化阶段和主要盆地发育期存在明显差异。塔里木盆地的早古生代、准噶尔盆地的晚古生代、河西走廊地区的晚中生代和柴达木盆地的中、新生代等是西北地区能源盆地重要的发展演化时期。

第四节　区域构造特征

一、区域构造格局

古生代以来，西北赋煤区形成了造山带与盆地相间分布的区域构造格局。造山带在燕山期、喜马拉雅期的重新活动对前陆盆地的形成和盆地后期改造起着重要作用，断裂的多期活动和新生成的区域性深大断裂对盆地的分布和地质特征也具有控制作用。

西北赋煤区最为显著的特征是小地块、多期开合、多期拼合、造山带后期活动强烈，这就决定了该区盆地形成演化及后期改造的复杂性。区域性深大断裂性质、活动历史构建了不同构造单元之间的相互配置关系，因此区域构造格架的认识是建立在区域深大断裂研究基础之上的。根据重力、航磁和区域地质资料，综合前人的研究成果，认为该区域主要发育三组形成时代不同、多期活动明显的深大断裂，即近 EW 向、NWW 向、NE-NEE 向和 NW 向。根据不同地区断裂的发育特点将中西部的断裂发育特征进行分区。

天山以北的准噶尔、中亚的巴尔喀什、穆云库姆等地区以发育 NW 向断裂构造带为主要特征，这组断裂向南与天山断裂系相交，在各地块的西北缘发育 NE 向断裂。

天山造山带主要呈舒缓波状近EW向展布。从西部的中亚到东部的阴山延伸达3500km，在南天山、中天山和北天山等发育一系列深大断裂，近 EW 向断裂系将中国北疆与南部不同的构造特征分割开来。

阿尔金断裂带总体呈 NE 向展布，宽 150～200km，发育阿尔金南缘断裂、三危山断裂、且末断裂、车尔臣断裂等数条主要断裂。沿阿尔金断裂带分布有中、晚元古代、早古生代、晚古生代的基性岩、超基性岩岩体，显示其复杂的演化史。该断裂系将天山以南的塔里木和东部的柴达木、祁连、阿拉善地区分成了不同构造区。

柴达木、祁连地区以发育 NWW 向断裂构造为特征，阿拉善地区由于后期改造强烈，除发育 NWW 向断裂外，NE 向断裂也较发育。如金川—民勤—吉兰泰深断裂西起金川镇，向 NE 呈弧形经过吉兰泰继续延伸，区内长 340km。该断裂在磁异常图中为两大磁场的分区界线，分隔雅布赖正负变化磁异常区和阿拉善中部平静磁异常区并呈现为磁异常梯度带；在重力异常图上，其表现特点与磁异常相似，为重要的异常分区线和重力异常梯度带。

贺兰断裂构造带发育于阿拉善地块与鄂尔多斯地块之间，呈近 SN 向展布，形成时间早（晚元古代为三叉裂谷系）、活动频繁，侏罗纪晚期表现为向鄂尔多斯地块逆冲推覆，目前表现为新生代断陷。该构造带将活动性较大的阿拉善地块与稳定性较强的鄂尔多斯地块分开。

根据断裂发育特点，可将其划分为两类：一类为与造山带的方向一致、发育于造山带与板块（或地块）的接合部位，大部分对中新生代的盆地演化、后期改造具有重要控制作用；另一类为横切盆地与造山带的深大断裂，对中新生代盆地的形成演化和油气分布也具有重要控制作用，这一组断裂在重力异常图上表现明显。

二、聚煤期同沉积构造特点

构造作用是控制煤系和煤层形成、形变和赋存的首要地质因素，其中，与聚煤作用同步发生的同沉积（期）构造活动自始至终都与聚煤作用密切相关，直接影响聚煤作用的进行，既控制沉积相带的展布和含煤地层的分布，又直接影响煤层的厚度和结构，并将其活动特征直接或间接地记录在盆地沉积物中（黄克兴和夏玉成，1991）。

早—中侏罗世聚煤期发生的同沉积构造活动，既有陆块的水平运动，又有陆块内部的差异升降运动，但对聚煤作用影响最大、在地层记录中得以保存的是后者。开展西北地区侏罗纪煤田构造控煤研究，揭示聚煤盆地基底的同沉积差异升降运动对聚煤强度的控制作用，将为西北侏罗纪陆相煤炭资源的勘查和开发提供理论指导，同时进一步丰富和深化构造控煤的研究内容，具有重要的理论意义和实际应用价值。

石炭纪晚期，西北地区北部的准噶尔、北天山及南天山等小洋盆和陆间残余海盆相继关闭，原来被分离的西伯利亚古板块、哈萨克斯坦古板块、塔里木古板块汇聚碰撞在一起，从二叠纪开始，作为欧亚板块的一部分，进入板内构造演化时期（黄汲清等，1977；肖序常等，1992；何国琦等，2005）。中生代以来，新疆南侧先后出现古特提斯洋、中特提斯洋和新特提斯洋，分别经历了从洋盆扩展→洋壳俯冲→洋盆闭合→与欧亚板块碰撞的全过程（中英青藏高原综合地质考察队，1990；崔军文等，1992）。从古特提斯洋、中特提斯洋和新特提斯洋的构造演化（表 1.1）可见，虽然特提斯—喜马拉雅地球动力学体系对西北及其邻区的地球动力学作用以挤压为主，但在早—中侏罗世是挤压应力松弛，甚至出现区域拉张应力的时期，为早—中侏罗世聚煤作用创造了良好的构造环境；晚侏罗世以后随着中特提斯洋和新特提斯洋的逐步闭合及陆-陆碰撞，西北及其邻区受到越来越强烈的构造挤压应力，山脉快速隆升、盆地加速沉降，使早—中侏罗世各种成因的聚煤盆地全部转化为压陷盆地，同时导致聚煤作用终止。

表 1.1　特提斯洋的构造演化

特提斯洋	晚三叠世末	早—中侏罗世	晚侏罗世—早白垩世	晚白垩世—始新世
古特提斯洋	闭合			
中特提斯洋	扩张	扩张达到顶峰	自东向西逐步闭合	
新特提斯洋		迅速扩张	开始向北俯冲	自东向西逐步闭合
区域构造应力	挤压-拉张	拉张	挤压	挤压

同沉积构造的运动学特征，由于构造作用控制聚煤作用的实质是建立或打破升降运动速度与造煤物质堆积速度之间的平衡，因而对于聚煤作用来说，各种构造作用形式所导致的垂向（升、降）效应乃是最为重要的（黄克兴和夏玉成，1991）。在陆相沉积盆地均衡补偿沉积条件下，盆地充填物的厚度可以代表盆地基底的沉降幅度或速度。一般而言，聚煤盆地中含煤岩系厚度越大，说明盆地基底的同沉积期沉降幅度越大，或沉降速度越快；含煤岩系厚度差异越大，说明差异升降运动越强烈。

以新疆地区侏罗纪盆地沉积的空间分布及其厚度变化（图 1.7）为例，推断在侏罗纪时西北地区内差异升降运动强烈，剥蚀区与沉积区的差异升降幅度大于千米，最大可达 4000m 以上（莽东鸿，1994）。发育在稳定地块上的盆地（前陆-克拉通盆地），同沉积构造活动主要表现为同期褶皱运动，反映拗陷盆地的特征，但在盆地边缘受同沉积断裂控制。其中，准噶尔盆地在天山北缘同沉积断裂控制下，发育成为南深北浅的箕状盆地，沉积岩相和地层厚度主要反映为南北方向的变化；塔里木盆地总体为近于对称的长轴近东西向展布的椭圆形盆地，沉积岩相和地层厚度大体呈环带状分布，但在天山南缘同沉积断裂控制下，库拜煤田成为另一个更大的沉积中心。虽然在早—中侏罗世聚煤期，剥蚀区与前陆-克拉通盆地的总体升降幅度差异较大，但同沉积构造活动表现为一个长期而缓慢的过程，因而在某个时间段古地形差异比较小，相对隆升的天山尚属于低山丘陵，其南北两侧虽有同沉积断裂发育，却在沉积区形成深水黏土沉积。

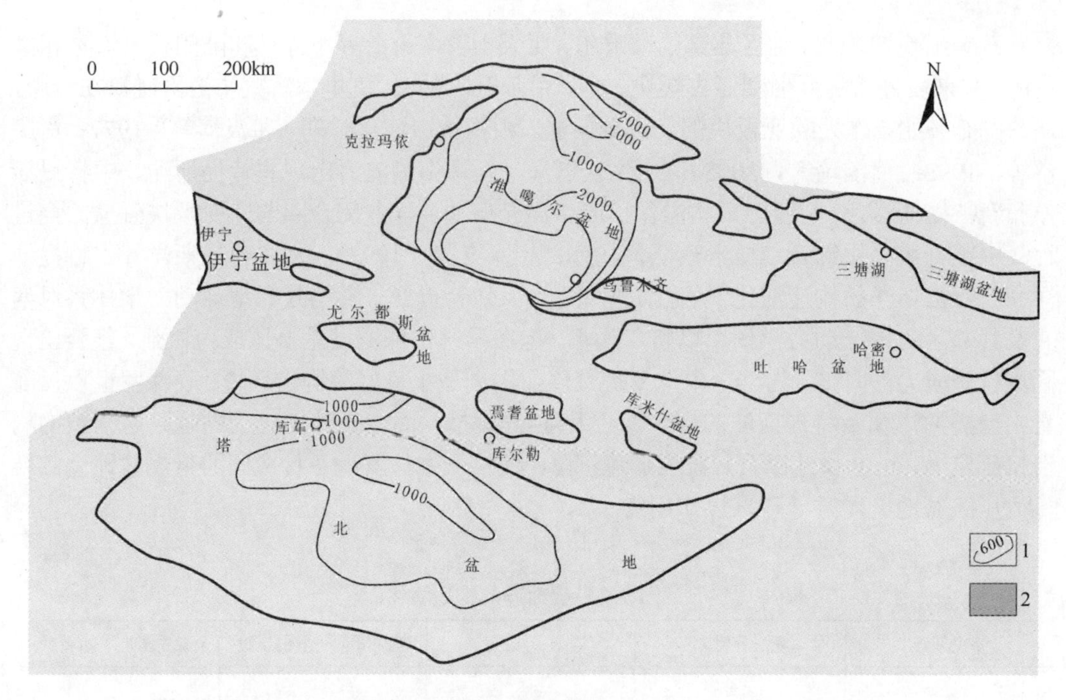

图 1.7　新疆中北部侏罗纪盆地沉积-构造示意图（据莽东鸿等，1994 修改）

1-地层等厚线/m；2-剥蚀区

发育在褶皱带及其中“中间地块”（稳定微地块）上的盆地（山间盆地），同沉积构造活动主要表现为同沉积断裂运动，反映断陷盆地的特征。这些盆地一般面积较小，盆地充填物以粗碎屑为主。

由此可见，同沉积断裂是造成西北地区早—中侏罗世聚煤盆地基底升降速度与幅度明显差异的主要构造活动方式。早—中侏罗世聚煤期的同沉积断裂有两种类型，其一为同沉积逆断层，如准噶尔盆地西北缘冲断带和天山北缘逆冲断裂；其二为同沉积正断层，以准南煤田硫磺沟与乌鲁木齐矿区之间的同沉积正断层最为典型。

同沉积逆断层在西北地区普遍发育，以准噶尔盆地西北缘冲断带为例，晚石炭世—三叠纪发育起来的大型叠瓦冲断系统，被北西向横断层由西南向东北分割为南北向的红车断裂带、北东向的克乌断裂带与北东东-东西向的乌夏断裂带 3 段。

从地震剖面（图 1.8）可见，红车断裂带断面较陡，推覆特征不明显。在侏罗纪时，红车断裂停止活动；小拐断裂活动较弱，但上盘石炭系处于隆升剥蚀状态，构成了准噶尔盆地的西部边界；车 16 井断裂活动较强，在其控制下，断层上下盘的侏罗系沉积厚度差异巨大（何登发等，2004）。

克拉玛依断裂为克乌断裂带的前锋断裂，石炭系推覆体被剥蚀，上为三叠系不整合覆盖；三叠纪期间，克拉玛依断裂为同沉积逆断层；侏罗纪时该断裂带活动减弱，但断层活动仍造成了侏罗系沉积厚度和岩相的明显差异。

乌夏断裂带在三叠纪晚期—侏罗纪仍在活动，其中的乌兰林格断裂同样对侏罗系沉积厚度和岩相产生了明显的控制作用。

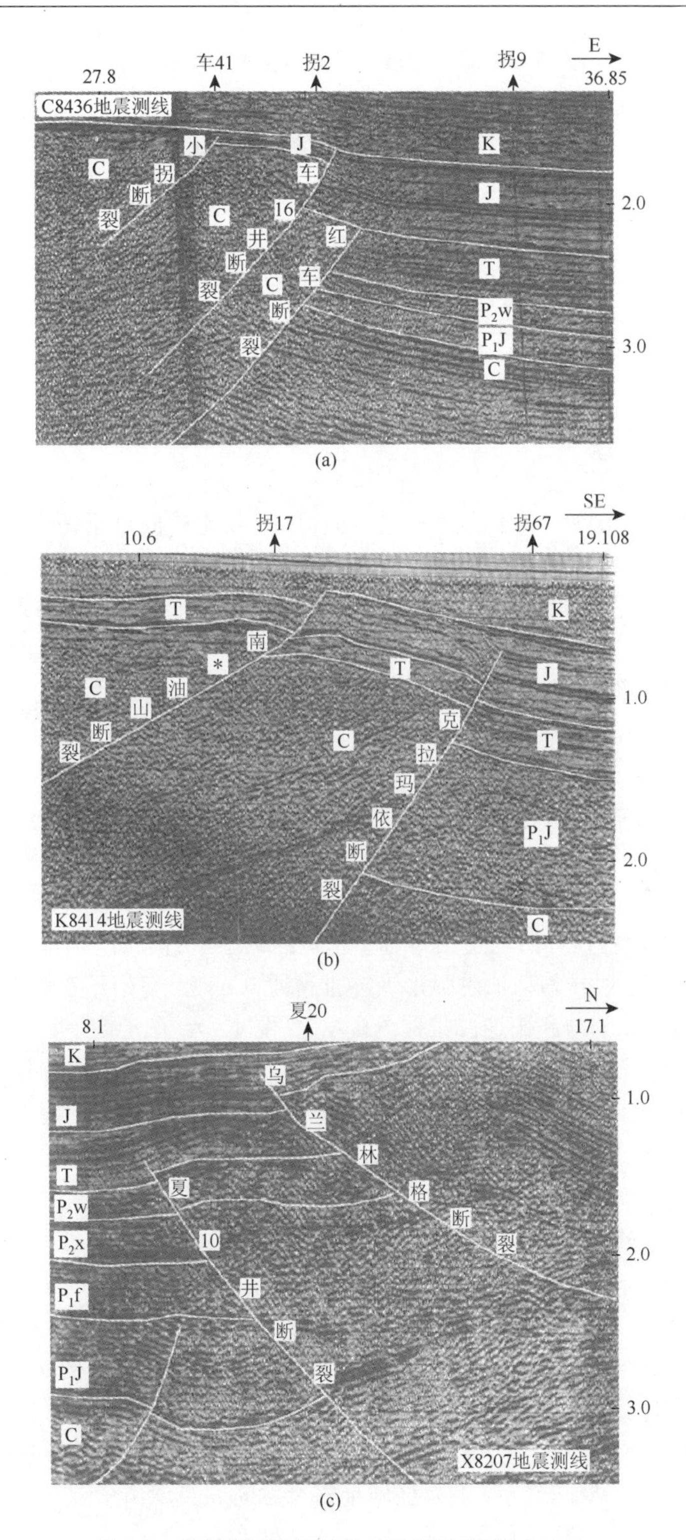

图 1.8　地震剖面地质结构（据何登发等，2004）

（a）红车断裂带北段剖面地质结构；（b）克拉玛依断裂带中段剖面地质结构；（c）夏 10 井冲断推覆体与乌兰林格冲断推覆体过渡部位的剖面地质结构

盆地内部发生的同沉积正断层对沉积环境和聚煤作用同样有不同程度的控制作用。如准南煤田硫磺沟与乌鲁木齐矿区之间的同沉积断裂上升盘一侧含煤岩系厚度较小，煤层厚度也相对较小，但煤层稳定程度较高，下降盘一侧则反之。准噶尔盆地早—中侏罗世聚煤期煤层富集最有利的地区正是位于该同沉积断裂下降盘一侧的乌鲁木齐一带（张韬，1995）。

与此类似，天山含煤区的伊犁、吐鲁番、哈密、尤路都斯、焉耆、库米什以及祁连山的木里、江仓等一系列中-小型山间盆地，普遍受引起造山带内部差异性升降的同沉积断裂控制，往往属单边断陷盆地，同沉积断裂的控煤作用也比较典型。

三、构造变形分区性

西部地区盆地在山前带普遍存在一组与造山带、盆地走向近于垂直的断裂构造，这组构造在盆地的形成演化或后期构造变形中具有重要调节作用，称为调整断裂。调整断裂可划分为两类：一类为前陆冲断期，由于构造活动的差异而形成，发育普遍；另一类形成时间早，具有古构造、多期活动特点。两类构造对盆地演化、煤与煤系气的发育及分布都进行制约，如塔西南前陆盆地、库车前陆盆地、吐哈盆地、柴达木盆地北缘、鄂尔多斯盆地西缘等发育的调整断裂对煤与煤系气的赋存具有明显的控制作用。

（一）前陆冲断期形成的调整构造

这类构造在塔西南前陆坳陷、库车前陆坳陷和酒泉盆地的山前冲断带发育。塔西南前陆坳陷的山前带由于存在一组与造山带近于垂直的构造，山前带的构造特征在走向上具有分段性，自西向东可划分为乌泊尔弧形逆冲推覆段（A_1）、齐姆根走滑挤压段（A_2）、柯柯亚-桑株逆冲段（A_3）与和田逆冲推覆段（A_4）（图1.9）。在走向上，各段构造类型存在较大差异。酒泉盆地除白垩纪构造与新生代构造近于垂直外，在盆地的祁连山前存在一组与NW向断裂垂直的断裂（图1.10）。NW向断裂在这组调整构造的两侧，其发育特征、规模、组合等均有较大不同。

（二）具有古构造多期活动特点的调整构造

这类构造在柴达木盆地北缘、库车盆地、酒泉盆地、准噶尔盆地等前陆盆地都有发育。柴达木盆地的北缘存在一组近EW向的构造，这组构造目前在地震剖面上难以识别，但侏罗纪坳陷受到该组构造的控制作用（图1.11）。由于该组构造的存在，柴达木盆地北缘侏罗系形成了昆特依、一里坪、赛什腾、伊北等厚度较大区，这些凹陷区与平台、冷湖六号、冷湖七号、马海等凸起相间分布。酒泉盆地早白垩世断裂与造山带近于垂直且控制了盆地的沉积、沉降特征。吐哈前陆盆地存在一组近SN向断裂，断裂两侧的构造变形特征存在较大差异。在地震剖面上，断裂两侧的波阻特征差异较大，该组构造与吐哈盆地的托克逊、台北、台南、哈密等凹（坳）陷的演化具有相关性。

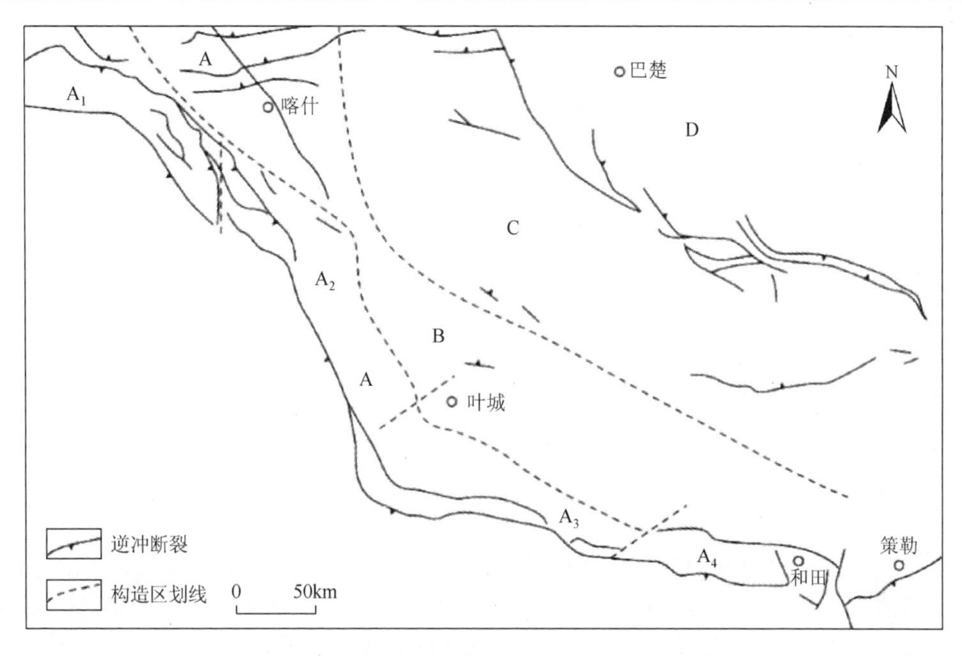

图 1.9　塔西南前陆拗陷构造格局示意图（据王桂梁等，2007）

A-前陆冲断带；B-前陆拗陷；C-前陆斜坡；D-前陆隆起；A_1-乌泊尔弧形逆冲推覆段；A_2-齐姆根走滑挤压段；A_3-柯柯亚-桑株逆冲段；A_4-和田逆冲推覆段

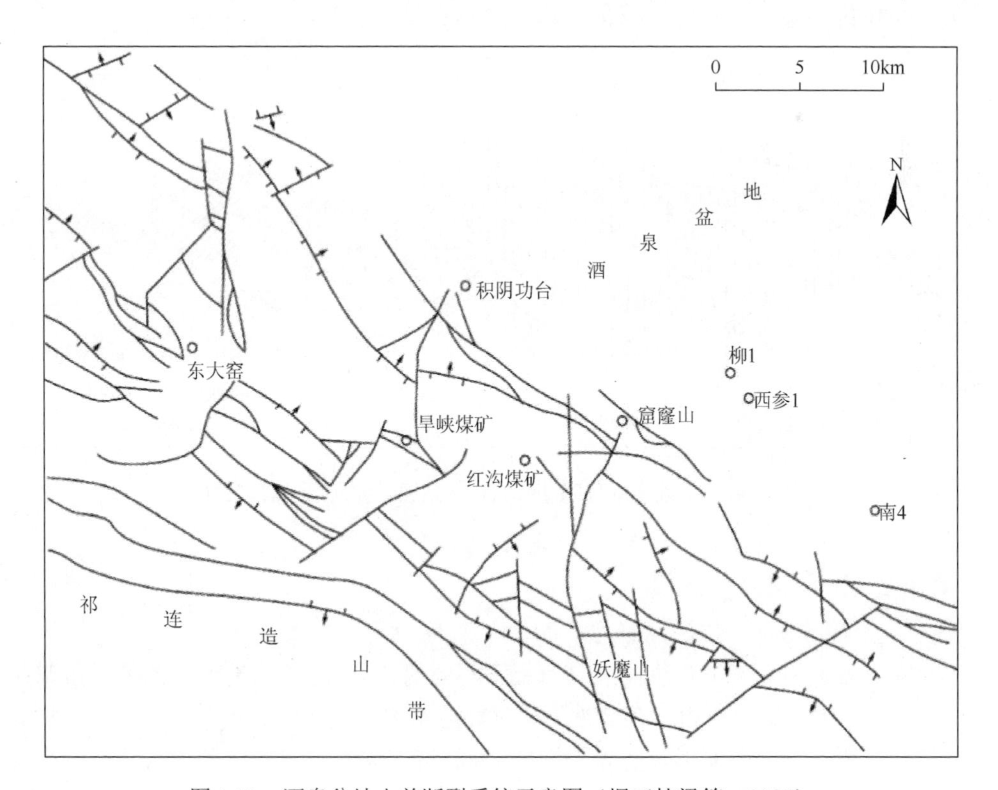

图 1.10　酒泉盆地山前断裂系统示意图（据王桂梁等，2007）

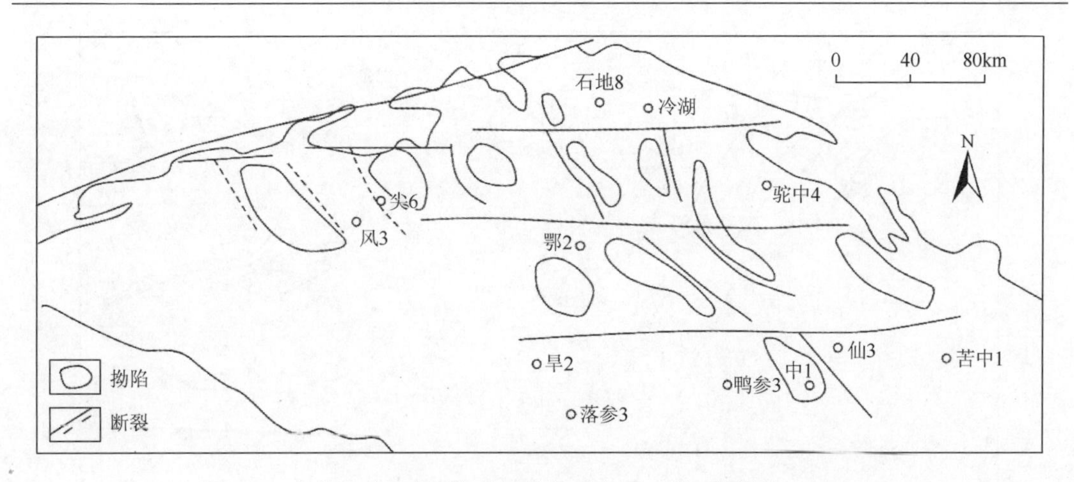

图 1.11　柴达木盆地侏罗纪构造格局示意图（据王桂梁等，2007）

库车前陆盆地以库车 NE 向基底断裂为界，东、西存在较大差异，西部基底由岩浆岩、沉积岩组成（图 1.12），东部存在古老变质岩系。与基底差异相对应，侏罗系、三叠系与造山带的关系存在差异：东部，盆地与造山带的断裂接触关系清楚，三叠系、侏罗系、白垩系被新生界覆盖，造山带冲于新生界之上；西部，造山带山前三叠系、侏罗系与造山带表现为不整合接触。这隐含着三叠纪、侏罗纪盆地古构造结构在断裂东、西存在差异。由于该断裂的存在，盆地的后期变形东、西存在较大差异，西部的构造变形较东部复杂。

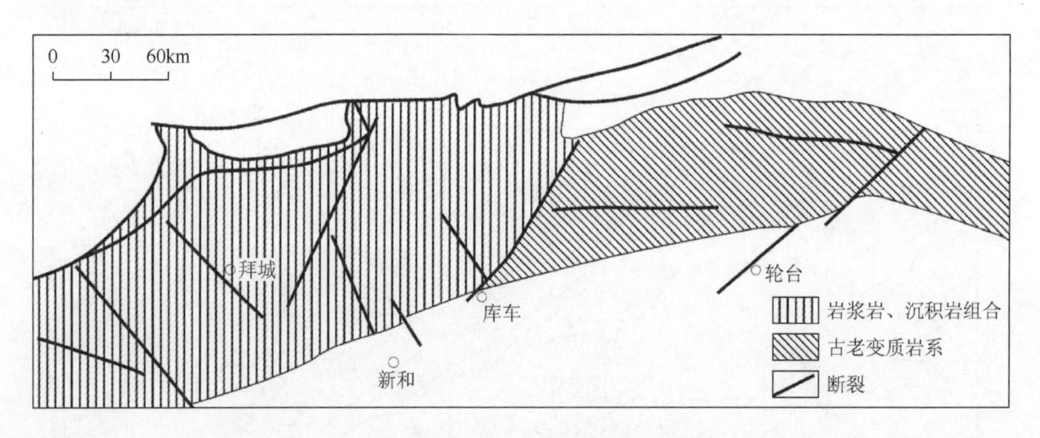

图 1.12　库车前陆盆地坳陷基底结构示意图（据何登发等，2009）

四、构造变形分层性

西北赋煤盆地构造变形在纵向上具有上下不同的特点，这种构造变形的差异可归纳为两种类型：一种类型是盆地内存在塑性层，对盆地的构造变形具有调节作用；另一种类型是构造旋回使得上下构造变形具有差异性。两种类型造成的上下构造差异对盆地的煤与煤系气勘探均具有重要意义。

塑性地层的发育导致上下构造变形差异，塑性地层主要是指煤层、泥岩层、膏岩层、盐岩层和页岩层。这些地层不仅是良好的盖层，且常常成为构造滑脱层，顺滑脱层形成断坪，切穿脆性层形成断坡。大规模的逆冲推覆发生在区域性滑脱面之上。西北地区盆地中的煤层是十分重要的区域性滑脱层，在盆地边缘形成了规模不等的推覆构造体，发育能力沿盆地边缘向内部递减，形成了由盆缘向内盆内的环带状挤压构造。

多期不整合和多期变形导致构造变形差异，这种构造变形的差异在西北地区盆地中普遍存在，主要表现为控制早期盆地的主构造线与控制晚期盆地的构造线不一致，使得上下构造层变形特征不同。如柴达木盆地的深、浅层构造存在差异，古近系主要受近EW向断裂控制，在阿尔金山前发育近SN向、NNW向断裂，两组断裂对阿尔金山前构造发育具有控制作用。

第五节　聚煤作用与赋煤单元

一、主要煤系地层及其分布

（一）石炭纪—二叠纪含煤地层

1. 柴达木—祁连山区

该区从早石炭世到晚二叠世都有沉积，以地台型沉积为主，海相碳酸盐岩相、海陆交互相、过渡相的含煤地层，陆相碎屑岩及火山碎屑岩、变质岩等都有发育，岩性岩相较为复杂。在北祁连山、河西走廊等地区，石炭系包括下统前黑山组、臭牛沟组、靖远组，上统红土洼组、羊虎沟组及太原组的下部；二叠系包括下统太原组的中上部、山西组、大黄沟组，上统窑沟组和肃南组。在中、南祁连山地区，缺失石炭系，二叠系包括下统的山西组（局部有分布）、勒门沟组、草地沟组，上统的哈吉尔组和忠什公组。在柴达木盆地的北缘含煤地区，石炭系包括下统穿山沟组、城墙沟组、怀头他拉组，上统克鲁克组、扎布萨尕秀组下部；二叠系只见下统的扎布萨尕秀组的上部。

该区含煤地层主要是海陆交互相的含煤沉积类型（如太原组、羊虎沟组和红土洼组），次为滨海过渡相沉积类型（如山西组），可分祁连山—河西走廊及柴达木两个地层分区。

2. 天山—兴蒙区

该区晚古生代地壳活动强烈，海陆变迁频繁，早石炭世至晚二叠世均有含煤沉积，但分布零星，含煤性普遍较差，含可采煤层的有石炭系的黑山头组、太勒古拉群，二叠系的下芨芨槽子群、阿其克布拉克组、珍子山组和乌尔禾群。阿克莎克组、巴塔玛依内山组、科古琴山组、酒局子组等含薄煤层（线）。

3. 塔里木区

石炭纪—二叠纪地层出露于西南天山和南疆等塔里木盆地周缘地区。据近年来的勘探资料分析，盆地中、西部地区均有石炭纪—二叠纪海相及陆相地层发育，且有零星露头。

岩性为碳酸盐岩、碎屑岩及火山岩、火山碎屑岩等，属于较稳定的地台型沉积。含煤地层为盆地西南缘的比京他乌组，盆地西北缘的库普库兹满组和开派兹雷克组，这几个组均以碳酸盐岩为主夹碎屑岩，含薄煤层，偶见可采，意义不大。

（二）三叠纪含煤地层

三叠纪含煤地层主要分布于青海南部，其赋煤构造划分属于青藏—滇西赋煤区，该区与西北赋煤区相邻且含煤性较差，近年来青海煤炭地质局等有关地质单位对本区开展了较为系统的研究，为便于读者概略了解在这里也予以叙述。

中三叠世含煤地层分布于甘肃的河西走廊地区，为南营儿群含煤建造，分布范围广，主要在九条岭到靖远王家山一带，局部含煤 10 层以上，但多为薄煤层和煤线，天祝一带最大煤厚 11.71m 划分为三个组，上部主要为灰白色和灰绿色细砂岩及薄层状透镜体砾岩，中部为灰褐色泥岩、粉砂岩夹薄层细砂岩及炭质泥岩和煤层，下部为深灰色与灰白色薄层砂岩夹薄层泥岩煤线，总体厚度为 927.91～1180.28m。

青海南部玉树地区零星分布晚三叠世含煤地层尕毛格组（藏北称巴贡组或土门格拉组，滇西称麦初箐组）。尕毛格组分布在青海南部扎曲河两岸，为结扎群最上部的一个组，岩性为砾岩、硬砂岩、石英砂岩、粉砂岩，夹泥岩及板岩，含薄煤层（线）10～16 层，多不可采，呈鸡窝状。与下伏肖恰错组连续沉积。

（三）侏罗纪含煤地层

早—中侏罗世聚煤盆地遍布西北地区各地，聚煤强度也比石炭纪—二叠纪和晚三叠世大得多，其中以新疆地区最为发育。该时代的煤占全区煤炭资源总储量的 90%左右，占全国同时代煤总储量的 70%以上。根据早—中侏罗世含煤地层的沉积特征，将下—中侏罗统的空间分布分为：中天山—准噶尔、南天山—塔里木北缘、塔里木南缘、昆仑—喀喇昆仑、柴达木—秦祁等早—中侏罗世含煤地层分布区，其中前四区主要分布于新疆地区（表 1.2）。

表 1.2　新疆早—中侏罗世含煤地层对比

<table>
<tr><th colspan="2" rowspan="2">中天山—准噶尔</th><th colspan="2" rowspan="2">南天山—塔里木北缘</th><th colspan="2" rowspan="2">塔里木南缘</th><th colspan="2">昆仑—喀喇昆仑</th></tr>
<tr><th>东昆仑西部</th><th>喀喇昆仑地区</th></tr>
<tr><td rowspan="2">水西沟群</td><td>西山窑组（J_2x）</td><td rowspan="2">克拉苏群</td><td>克孜勒努尔组（J_2k）</td><td rowspan="2">叶尔羌群</td><td>塔尔尕组（J_2ter）
杨叶组（J_2y）</td><td rowspan="2">叶尔羌群（$J_{1-2}y$）</td><td>龙山组（J_2l）</td></tr>
<tr><td>三工河组（J_1s）
八道湾组（J_1b）</td><td>阳霞组（J_1y）
阿合组（J_1a）
塔里奇克组（J_1t）</td><td>康苏组（J_1k）
莎里塔什组（J_1sh）</td><td>巴工布兰莎群（J_1b）</td></tr>
</table>

1. 中天山—准噶尔早—中侏罗世含煤地层分布区

在中天山及其以北的准噶尔盆地、巴里坤盆地、三塘湖盆地、伊犁盆地、吐哈盆地等处，含煤岩系为早—中侏罗世水西沟群（$J_{1-2}s$）。水西沟群（$J_{1-2}s$）分为三个组：下统八道湾组（J_1b）、三工河组（J_1s），中统西山窑组（J_2x）。主要含煤地层为西山窑组和八道湾组。

1）八道湾组（J_1b）

八道湾组（J_1b）为河湖沼泽相含煤沉积，岩性主要为灰色、灰白色砾岩、砂岩、粉砂岩、灰绿色，深灰色泥岩，炭质泥岩夹煤层，菱铁矿薄层或透镜体。

2）三工河组（J_1s）

三工河组（J_1s）一般为湖相沉积。岩性在全区比较稳定，为灰色、灰绿色、灰黄色砂岩、粉砂岩、泥岩夹砂砾岩、叠锥灰岩，部分地区夹炭质泥岩、煤线甚至薄煤层。

3）西山窑组（J_2x）

西山窑组（J_2x）主要为河、湖、泥炭沼泽相沉积，岩性为灰色、灰绿色、灰白色砂岩、砂砾岩、粉砂岩、泥岩、灰黑色炭质泥岩夹煤层和菱铁矿薄层。该组为该区主要含煤层组。

2. 南天山—塔里木北缘早—中侏罗世含煤地层分布区

早—中侏罗世含煤岩系分布在塔里木盆地与天山交接地带的焉耆盆地、库车盆地、罗布泊盆地等处。含煤地层为下—中侏罗统克拉苏群（$J_{1-2}k$），分为四个组：下统塔里奇克组（J_1t）、阿合组（J_1a）、阳霞组（J_1y）；中统克孜勒努尔组（J_2k）。其中塔里奇克组、阳霞组、克孜勒努尔组为含煤岩组。

1）塔里奇克组（J_1t）

塔里奇克组（J_1t）下部为河流沼泽相的绿灰色、灰白色中、细粒砂岩、砂砾岩、砾岩；上部为灰绿色、深灰色泥岩、炭质泥岩、页岩、浅灰色泥质粉砂岩夹煤层，为沼泽相沉积，含 A 煤组。

2）阿合组（J_1a）

阿合组（J_1a）为河流相的深灰色粗砂岩与砾状砂岩，不含煤。

3）阳霞组（J_1y）

阳霞组（J_1y）为河流沼泽相沉积，由灰白色、黄灰色粗砂岩与灰绿色粉砂岩、灰黑色泥岩、炭质泥岩及煤层组成，含 B 煤组。

4）克孜勒努尔组（J_2k）

克孜勒努尔组（J_2k）为湖泊沼泽相沉积，岩性为灰绿色粉砂岩、黑色炭质页岩、灰白色石英砂岩互层夹煤层及黄铁矿结核，含 C 煤组。

3. 塔里木南缘早—中侏罗世含煤地层分布区

分布在塔里木盆地西南缘和东南缘的早—中侏罗世含煤地层为叶尔羌群（$J_{1-2}y$），分为四个组：下统莎里塔什组（J_1sh）、康苏组（J_1k）；中统杨叶组（J_2y）、塔尔尕组（J_2ter）。其中康苏组、杨叶组为含煤岩组。

1）莎里塔什组（J_1sh）

莎里塔什组（J_1sh）为河流相夹沼泽相沉积，岩性为灰色、灰绿色砂岩、泥岩、砾岩，夹炭质泥岩。

2）康苏组（J_1k）

康苏组（J_1k）为河流沼泽相沉积，但比莎里塔什组细，为含煤组，岩性为灰色、灰绿色砂岩、砂砾岩与泥岩互层，夹炭质泥岩及煤层。在康苏一带煤层发育最好。

3）杨叶组（J_2y）

杨叶组（J_2y）为湖泊沼泽相沉积，岩性主要为灰色、灰绿色、黄绿色泥岩、砂岩夹炭质泥岩、煤、泥灰岩及菱铁矿透镜体，主要分布在库什拉甫及喀拉吐孜矿区一带。

4）塔尔尕组（J_2ter）

塔尔尕组（J_2ter）为灰色、灰绿色、棕红色泥岩、砂岩及少量砾岩、灰岩和泥灰岩。

4. 昆仑—喀喇昆仑早—中侏罗世含煤地层分布区

在东昆仑西部的喀拉米兰一带，早—中侏罗世含煤地层与塔里木盆地南缘相同，为叶尔羌群（$J_{1-2}y$）。喀喇昆仑地区下侏罗统巴工布兰莎群（J_1b）为海陆交互相沉积；中统龙山组（J_2l）为浅海相碳酸盐岩夹碎屑岩沉积，含薄煤层或煤线。

5. 柴达木—秦祁侏罗纪含煤地层分布区

柴达木—秦祁侏罗纪含煤地层主要分布于甘、青两省的大部及陕西西南部。除柴达木盆地外，多为中小型山间盆地沉积。区内主要含煤地层为中侏罗统，下侏罗统基本不含煤，大西沟组仅在兰州水岔沟含局部可采煤层，小煤沟组在柴达木盆地北缘含局部可采煤层。根据含煤地层发育的差异，分为南、北两带。

1）龙凤山组

龙凤山组为北带的主要含煤地层，全组岩性从粗到细可分三个旋回。底部为砾岩，下部为主要含煤段，有厚至巨厚煤层，中部相对较细，含薄煤，上部粒度变粗，有砾岩，含局部可采煤层。全组含煤 2～6 层，单层厚 0.3～46.27m，平均厚 1.5～24m，结构复杂。组厚百米左右，与下伏刀楞山组假整合或不整合接触。由靖远向西至武威九条岭、山丹大马营长山子、玉门旱峡等地，粗碎屑岩含量增加，主要煤层位于下部或中下部，多为巨厚煤层，但稳定性差。

南带包括柴达木盆地北缘早侏罗世早期的小煤沟组，晚期的甜水沟组，中侏罗世大煤沟组，大通河流域的中侏罗世窑街组、木里组，以及东昆仑—西秦岭地区的含煤地层。

2）小煤沟组

小煤沟组底部为砾岩，下部为砂砾岩夹粉砂岩、炭质泥岩，上部为含砾砂岩与粉砂岩互层。在全吉大煤沟和西大滩夹局部可采煤 1 层，厚 0～8.17m。组厚 93m，与下伏地层呈不整合接触。

3）甜水沟组

甜水沟组岩性为油页岩、页岩与细—中粒杂砂岩的互层，夹局部可采煤层 1～2 层，单层厚度 0～15.13m，在西大滩井田煤层平均厚达 7.55m。组厚 212m，与下伏小煤沟组连续沉积。

4）大煤沟组

大煤沟组由中—粗粒砂岩、细砂岩、粉砂岩与杂色泥岩、煤层、炭质泥岩等组成，可分为三个旋回，主要煤层位于最上一个旋回的顶部。在全吉煤田一般含可采煤层1～2层，单层煤厚0.85～22.96m，一般厚2.65～16.64m，稳定至较稳定。组厚543m，与下伏甜水沟组呈假整合接触。

5）窑街组

窑街组岩性一般分五个段（三、四段有时难以划分），二段为含煤段，砂页岩夹厚煤层或特厚煤层，但时有分叉，四段以油页岩为主夹泥岩、细砂岩，五段为砂泥岩段，夹炭质泥岩及煤线。全组含煤1～6层，窑街—海石湾一带含煤3层，单层厚0～98.17m，平均1～24m；炭山岭含煤3层，单层厚0～28.79m，平均0.58～6.55m；大滩含煤6层，单层厚0～32.09m，平均0.85～7.17m。

6）其他含煤地层

西宁大通的元术尔组与窑街组相当，组厚103m，为泥质粉砂岩、泥岩夹细砂岩、炭质泥岩，含局部可采煤层2层，平均厚度分别为4.77m和8.2m，变化大，不稳定。大通河上游的木里组也相当于窑街组，岩性可以对比，主要厚煤层都靠近下部，上部油页岩层位亦相当，但木里组油页岩夹较多的粉砂岩、泥岩及薄煤，发育较差。在木里的江仓和孤山矿区含煤8～10层，单层煤厚0.73～25.9m，一般多大于2m，属稳定和较稳定煤层。此外，东昆仑—西秦岭地区中—下侏罗统含煤地层分布零散，主要有陇东的龙家沟群和陕南的沔县群等，大多无稳定可采煤层。

二、主要聚煤期构造格架与聚煤作用

（一）晚古生代古构造格局与聚煤作用

从太古宙至早古生代，中国地壳经历了漫长的地质演化过程和多期构造运动。加里东期，祁连褶皱带的形成使塔里木地台与华北地台连为一体，成为统一的塔里木—华北大陆；海西运动早期，古蒙古洋洋壳的俯冲消减作用，使西伯利亚—蒙古大陆、塔里木—华北大陆分别向南和向北增生并逐渐靠近，最终于早二叠世末完成全面对接，形成中国北部大陆，古地理则表现为由海向陆的逐步演化，构成了晚古生代聚煤作用的构造古地理格局。

北祁连—河西走廊盆地位于阿拉善古陆与中祁连古陆之间，柴达木北缘盆地位于柴达木古陆的北东缘，二者的基底均为祁连山加里东褶皱带。两盆地早石炭世初期的粗碎屑岩沉积（前黑山组和穿山沟组的底部）与早期裂陷作用有关，随着裂陷的发展和海水的入侵，早石炭世形成一套海相碳酸盐岩夹碎屑岩的沉积岩系（北祁连—河西走廊盆地的臭牛沟组、靖远组，柴达木北缘盆地的城墙沟组、怀头他拉组），局部有泥炭沼泽发育，无可采煤层形成。晚石炭世裂陷作用有所缓和，为聚煤作用提供有利条件。滑石板期至达拉期的含煤岩系，在北祁连—河西走廊盆地的羊虎沟组以宁夏碱沟山、土坡含煤较好，含可采及局部可采煤层5～11层，可采总厚4.74～10.2m，景泰黑山、山丹花草滩、玉门东大窑等地偶夹不稳定煤层1～2层；在柴达木北缘盆地为克鲁克组，分布于石灰沟、石底泉滩、欧龙布鲁克山、牦牛山一带，厚度212～696m，含煤20层，可采或局部可采5层，可采总厚 4.15m，以西部的石灰沟矿区含煤最好。马平期至早二叠世龙吟期海水向东退却，潟湖、潮坪沉积广泛发育，聚煤范围向东扩展，形成北祁连—河西走廊盆地的主要含煤地层太原组和柴达木北缘盆地的扎布萨尕秀组，太原组厚数十米至 200m，宁夏下沿河组最厚达 453m，东、西部厚而中部薄，含煤最多达 25 层，其中可采 3～9 层，单层厚度一般 1～3m，最厚达 20m，可采总厚度 1.25～33.52m，一般 2～6m，一般具有煤系越厚，旋回越多，煤层也越多，含煤性越好的特点。扎布萨尕秀组厚 369m 以上，含煤 10 层，其中可采或局部可采 3～8 层，以东部尕秀矿区含煤最好。北祁连—河西走廊盆地在栖霞期的沉积（山西组）范围明显缩小，地层厚度一般 20～60m，最厚 169.1m，普遍含可采煤层 1～2 层，厚度多为 1～2m，山丹花草滩达 15.29m。茅口期以后，该盆地的隆起加剧，海水全部退出，以内陆河湖沉积（大黄沟组）为主，由于气候干旱，无煤层形成。

总之，北祁连—河西走廊盆地与柴达木北缘盆地具有相同的基底和盆地类型，盆地演化也有一定的相似性。不同之处是，栖霞期以后，北祁连—河西走廊盆地为内陆河湖相，而柴达木北缘盆地为海相；北祁连—河西走廊盆地聚煤作用的迁移是由东向西，而柴达木北缘盆地正好相反。

（二）中生代古构造格局与聚煤作用

早—中三叠世全球气候干燥，无聚煤作用发生，晚三叠世气候转为潮湿，西北—华北沉积聚煤域为温带半干旱、半潮湿气候，仅在鄂尔多斯盆地和准噶尔盆地发育次要的陆相含煤岩系。

早—中侏罗世西北—华北沉积聚煤域为温带潮湿气候区，加上有利的构造条件，成为重要的聚煤区域。聚煤作用首先在准噶尔盆地发生，逐步向南和向东扩展。中、晚侏罗世—早白垩世，大部分地区气候干旱，构造条件不利，西北区域聚煤作用终止。

准噶尔盆地位于新疆北部，周缘均为大型冲断带或逆冲推覆构造带，古流系统具有向心特征。侏罗纪的沉积范围比三叠纪略有增大。八道湾组（图 1.13）沉积时，盆地北缘大致有四个冲积扇裙复合体，河流相区分布于盆地四周（张泓等，1998）。河流相区包括曲流河和辫状河沉积体系，其前缘还包括湖泊三角洲体系的沉积，沉积中心位于玛纳斯以北。三工河组沉积时，盆地被湖泊沉积所占据，古地理条件不利泥炭沼泽的形成。西山窑组沉积时的岩相古地理面貌与八道湾组沉积时相似，湖盆水体较浅，河流体系和湖泊三角洲体系沉积发育，为泥炭沼泽的形成创造了有利条件。总之，准噶尔盆地早—中侏罗世沉积地理的演化特征是在最初浅水沉积的基础上，经历一次大规模的水进后，湖盆又被淤浅，煤层主要发育在废弃的河流体系和湖泊三角洲体系之上。与湖泊三角洲体系密切相关的西山窑组上部煤层厚度小（0.8～2m），富硫；而形成于废弃西山窑组下部及八道湾组的煤层为低硫煤，二者形成鲜明的对比。盆地南缘的煤层总数在 100 层以上，其中可采 30～60 层，单层最厚达 64m，可采总厚 70～240m，从盆地南缘向北，煤层层数减少，总厚度变薄；盆地的西北部和东北部与南缘相似，但可采煤层一般为 15～30 层，总厚 30～40m。主要富煤带位于盆地南部，大致沿乌苏—玛纳斯—阜康一线呈东西向展布，富煤中心在乌鲁木齐附近。

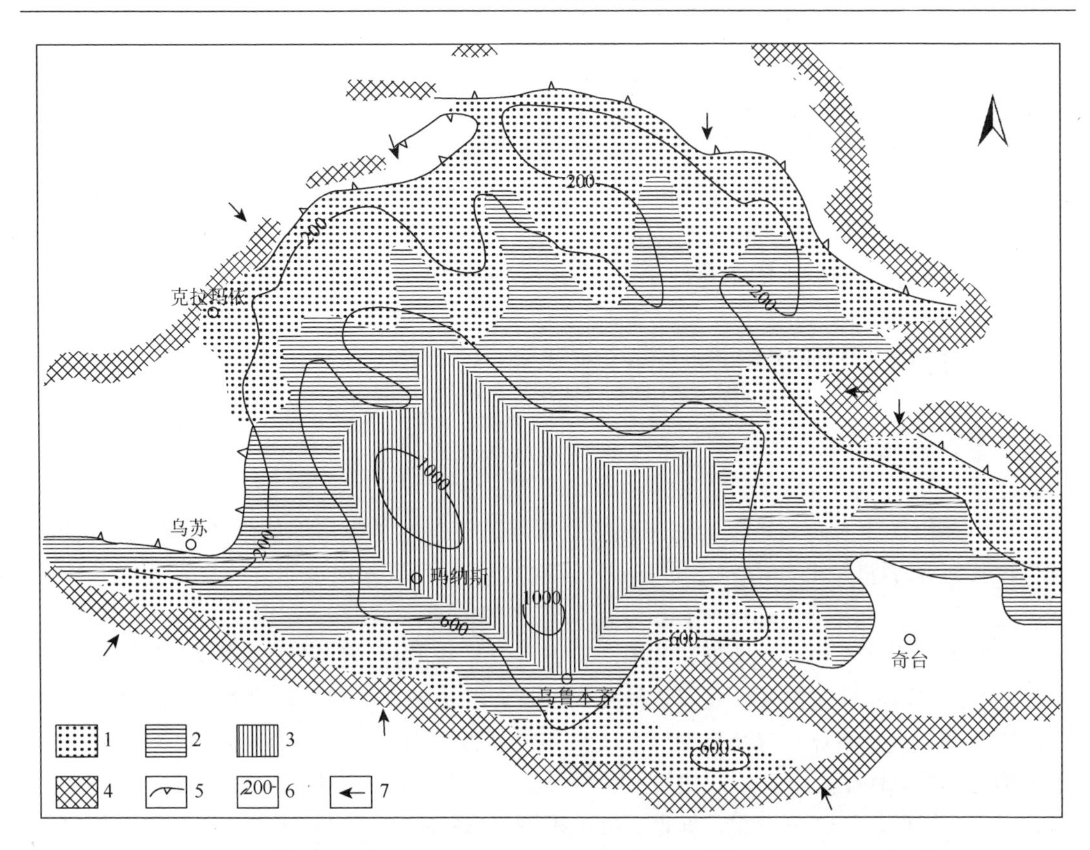

图 1.13　准噶尔盆地八道湾组沉积时岩相古地理图（据张泓等，1998 修改）

1-冲积扇相区；2-河流相区；3-湖泊相区；4-剥蚀区；5-现今地层保存界线；6-地层等厚线/m；7-陆源碎屑供应方向

伊犁盆地与准噶尔盆地不同的是早—中侏罗世沉积的深湖相不发育，有利于泥炭沼泽的广泛发育。煤层的形成与河流体系和湖泊三角洲沉积体系密切相关。据盆地边缘部分的煤田地质资料和盆地核部的石油勘探成果，盆地内煤层总数在 50 层以上，煤层总厚达 120m，有的单层厚达 34m。八道湾组富煤带在霍城和伊宁之间，含煤 3～9 层，总厚 36.37～62.88m，煤层自北东向南西变薄。西山窑组富煤带在苏阿苏一带，盆地南东部含煤较好，煤层 3～9 层，总厚 33.6～46.6m。

吐哈盆地表现为北东向延伸的了墩隆起和东西走向的沙尔湖凸起带，缺失早—中侏罗世沉积，并将吐哈盆地分割为吐鲁番凹陷、哈密凹陷和大南湖凹陷。盆地早—中侏罗世含煤地层的粒度自下而上呈现粗（八道湾组）—细（三工河组）—粗（西山窑组）的变化，聚煤作用从早侏罗世到中侏罗世逐渐加强，含煤层段和富煤带自西而东抬高和迁移。早侏罗世的聚煤作用主要发生在盆地西部的吐鲁番凹陷，富煤带位于艾维尔沟—克尔碱和七泉湖附近，但分布范围不大；中侏罗世早期的富煤中心位于吐鲁番凹陷南缘的艾丁湖附近，而艾维尔沟、克尔碱、桃树园、七泉湖及哈密凹陷、大南湖凹陷仅有薄煤层发育；中侏罗世晚期，除盆地西端的艾维尔沟和东段的野马泉以外，全区都有重要的工业煤层形成，富煤中心位于大南湖凹陷。吐哈盆地的侏罗纪煤层层数多，厚度大，桃树圆—七泉湖一带“大槽煤组”由 30 余层组成，总厚达 45m；大南湖地区含煤 50 余层，总厚度 190 多米；沙尔湖附近含煤 12～60 层，总厚 10.4～180.5m，单层最厚达 145m，这些煤层与扇三角洲有关。

柴达木盆地的侏罗系由两大沉积旋回组成，下部旋回自下而上经历了冲积扇—扇三角洲—湖泊等体系的演化；上部旋回自下而上的沉积序列是冲积扇体系—河流体系—湖泊体系。泥炭沼泽的发育与河流体系密切相关。茫崖—冷湖凹陷的煤层发育很差。柴北凹陷的富煤带位于鱼卡—柏树山的东北部，富煤中心在大头羊—大煤沟一带。

三、赋煤盆地与主要煤田

（一）聚煤规律

煤炭聚积规律的研究是煤炭资源预测的重要基础，也是煤田地质学的重要课题之一。随着现代沉积学和盆地分析理论的发展，在含煤岩系沉积古地理研究方面取得了巨大进展，尤其是层序地层理论的应用，提高了聚煤规律的研究程度。

煤的聚积受古植物、古地理、古构造和古气候系统的控制，表现出明显的周期性和阶段性。各因素随着板块的不断运移、演化而变迁，沉积聚煤域也不断发生变化。晚古生代以特提斯洋、古秦岭洋（古特提斯洋北支）和古蒙古洋为界，划分为冈瓦纳、华南、塔里木—华北、西伯利亚四个沉积聚煤域；中生代以古昆仑山—古秦岭—古大别山和古阴山为界，划分为华南、西北—华北、东北三个沉积聚煤域；古近纪为西环太平洋—新特提斯沉积聚煤域。晚古生代，北祁连—河西走廊和柴达木盆地北缘以发育克拉通之上的大型陆表海盆地的聚煤作用最佳。早石炭世含煤岩系主要分布在滇湘赣、唐北—昌都盆地；晚石炭世主要分布于华北、北祁连—河西走廊、柴达木盆地北缘盆地；早二叠世煤系形成于华北盆地和华南盆地的东南部，晚二叠世聚煤作用广泛发生在华南盆地的扬子地台区、桂湘赣裂陷区和华北盆地的南华北区。

印支运动以后，海水从我国大部分地区退出，聚煤盆地以内陆湖盆充填为主。早、中三叠世普遍无聚煤作用，晚三叠世在华南川滇盆地、湘赣粤盆地形成聚煤区。早—中侏罗世聚煤盆地广泛分布于西北和华北地区，以大型湖盆与小型湖盆群并存为特征。早白垩世在我国东北地区形成以断陷盆地为主的聚煤盆地群。

1. 晚古生代富煤带的时空迁移及控制因素

加里东运动使塔里木地台和华北地台、扬子地台和南海—印支地台连为一体，为晚古生代乃至中生代聚煤盆地的形成奠定了基础，稳定的地台及其间的加里东褶皱带，控制着富煤带的分布。晚古生代存在的西伯利亚、塔里木—华北和华南沉积聚煤域，由于所处的古纬度和基底活动性不同，聚煤强度差异很大，以塔里木—华北及华南沉积聚煤域聚煤条件较好。

祁连—河西走廊盆地的加里东基地不稳定，盆地内煤系厚度薄而且变化大，煤层不稳定，含煤性相对较差。山间盆地发育在海西褶皱带上，由于构造活动显著增强，火山活动频繁发生，沉积厚度变化较大，聚煤作用差。

2. 中生代富煤带的时空迁移及控制因素

印支运动是我国大地构造演化的重要转折期，南北大陆的碰撞、对接标志着中国大陆的初步形成，并进入以陆内造山运动为基本特征的板内构造阶段。后印支阶段，由于库拉—太平洋板块的俯冲，中国东部进入环太平洋构造域，改变了印支运动以前以东西向为主的构造面貌，代之以东西分异的新格局。

由于联合古大陆的形成，早、中三叠世的干燥气候带明显扩大，几乎没有聚煤作用发生。晚三叠世，华南地区的亚热带潮湿气候为其聚煤作用的发生提供了适宜的条件。太平洋板块俯冲，川滇前陆盆地和赣湘粤聚煤盆地形成。滇西、攀西发生裂谷作用，后期形成薄煤层。由于受松潘地块的侧向挤压作用，形成了川滇盆地西缘的龙门山逆冲断裂带。海侵作用由西北向东南发生，盆地东部提供物源，陆缘物质由东向西不断进积，海湾盆地不断淤浅，由东向西依次为冲积体系、滨岸体系和海湾体系，富煤带主要同冲积、滨岸体系有关，并由东向西迁移。晚三叠世的富煤带位于成都—绵阳—宝兴一带，沿龙门山断裂带分布。赣湘粤盆地的海水来自西南，卡尼早期的聚煤作用主要发生在江西萍乡以南地区，卡尼晚期—诺利期的聚煤作用发生在萍乡—乐平一带，含煤性由西向东变差，富煤带分布于滨岸地带，随海水的进退而迁移。秦岭—大别山以北为干旱—半干旱气候区，仅在鄂尔多斯盆地的局部地区形成以河流相为主的含煤岩系。

早—中侏罗世是我国最重要的聚煤期，聚煤作用主要发生在西北—华北沉积聚煤域，分布在秦祁昆褶皱带与阴山之间。早侏罗世普林斯巴赫期，在吐哈盆地、准噶尔盆地、伊犁盆地、柴达木盆地、库车—满加尔盆地等地区形成聚煤中心。中侏罗世阿连期—巴柔期，由北疆地区向南和向东两个方向，聚煤中心发生迁移。其中南迁距离约为400km。到达南疆且末—民丰盆地与托云—和田盆地之后，含煤层位抬高，聚煤作用迅速减弱，至新特提斯的北岸聚煤作用在理论上终止。向东迁移越过西北广大地域直达鄂尔多斯盆地，再向东到渤海和黄海之滨，聚煤作用呈现强→弱→强→弱的变化，含煤层位逐步抬高。聚煤域内部聚煤强度的变化，主要受控于盆地的基底构造和盆地形成的大地构造环境，层位的变化主要与气候变化和成盆期的早晚有关。

准噶尔盆地为前陆盆地，主体坐落在准噶尔地块之上，受南部大型逆冲断裂的控制，富煤带位于盆地南部，沿盆地的周缘分布，与河流体系和三角洲体系有关，煤层向盆地中心分叉变薄。吐哈盆地为近东西向的狭长盆地，古地理演化表现冲积扇的进积和退积，煤层的形成同扇三角洲有关，聚煤作用自西向东抬高迁移，煤层层数多，厚度大。伊宁盆地以伊宁地块为基底，三面环山，呈一楔形浅湖盆地，泥炭沼泽的发育与河流及湖泊三角洲体系有关，形成厚度巨大的煤层。盆地的中心可能是赋煤带的位置所在。满加尔—库车盆地的富煤带呈东西向展布，位于阳霞、库车、拜城一线，富煤中心位于库尔阿肯—俄霍布拉附近。且末—民丰盆地与托云—和田盆地二者的盆地类型不同，然而聚煤特征相近，主要为大型砾质扇沉积。盆地内的煤层层数较多，但厚度薄，横向变化大，不稳定。早—中侏罗世，新疆的聚煤盆地主要为与造山带有关的大型内陆湖泊盆地，古地理的演化为湖泊初始充填、湖泊扩张和湖泊淤浅三个阶段，盆地构造及基底活动性的差异控制着沉积体系类型和特征，富煤带多与冲积扇、扇三角洲、河流和湖泊三角洲体系有关，随着古地理的变迁而发生相应的迁移。

（二）赋煤构造单元划分

西北赋煤构造区处于特提斯构造域和环西伯利亚构造域中、新生代复合造山作用区，形成了复杂的盆-山结构，盆地镶嵌于天山—兴蒙造山带、祁连造山带、昆仑造山带、阿尔泰造山带和阿尔金断裂带之间或内部，造山带（或断裂带）对盆地构造发育和演化具有区域控制作用，各分区盆地类型和构造变形特征存在差异，具有独特的演化特征和变形形式。天山—兴蒙造山带和昆仑造山带在该区具有南、北分带特征，阿尔金断裂带对该区具有东、西分区特征。西北地区现今盆、山面貌是不同时期、不同构造背景的盆地在相互叠置及其与造山带相互作用中最终形成的。

从煤炭资源形成时代、聚煤特点、构造演变等因素综合分析，我国共划分为东北、华北、华南、西北及滇藏赋煤区。西北赋煤区属Ⅰ级赋煤单元。为了有利于反映煤炭资源的基本特征及其勘查开发前景，根据西北赋煤区聚煤规律、聚煤作用与古地理环境和古构造的关系，可将其划分为外准噶尔、准噶尔、天山、塔里木、柴达木、祁连山和昆仑山七大含煤区（Ⅱ级），煤炭资源主要赋存在 17 个赋煤盆地（Ⅲ级，图 1.6）之中，已发现的煤田（煤产地或煤矿点，Ⅳ级）72 个，详见表 1.3。

表 1.3　西北赋煤区赋煤构造单元划分

<table>
<tr><th>赋煤区（Ⅰ级）</th><th>含煤区（Ⅱ级）</th><th>盆地（Ⅲ级）</th><th>煤田（煤产地、煤矿点）（Ⅳ级）</th><th>矿区（Ⅴ级）</th><th>大地构造位置</th></tr>
<tr><td rowspan="18">西北赋煤区</td><td rowspan="18">外准噶尔含煤区</td><td rowspan="2">福海盆地</td><td rowspan="2">和布克赛尔—福海煤田</td><td>和布克赛尔东矿区</td><td rowspan="9">西准噶尔界山褶皱带</td></tr>
<tr><td>福海矿区</td></tr>
<tr><td rowspan="4">托里盆地</td><td rowspan="4">托里—和什托洛盖煤田</td><td>和布克赛尔矿区</td></tr>
<tr><td>额敏矿区</td></tr>
<tr><td>托里矿区</td></tr>
<tr><td>克拉玛依北矿区</td></tr>
<tr><td></td><td>喀尔交煤矿点</td><td></td></tr>
<tr><td></td><td>吉木乃煤矿点</td><td></td></tr>
<tr><td></td><td>塔城煤矿点</td><td></td></tr>
<tr><td rowspan="4">巴里坤盆地</td><td rowspan="2">卡姆斯特煤田</td><td>富蕴矿区</td><td rowspan="9">东准噶尔界山褶皱带</td></tr>
<tr><td>福海东矿区</td></tr>
<tr><td rowspan="2">巴里坤煤田</td><td>木垒矿区</td></tr>
<tr><td>巴里坤矿区</td></tr>
<tr><td rowspan="2">三塘湖盆地</td><td>三塘湖煤田</td><td></td></tr>
<tr><td>淖毛湖煤田</td><td></td></tr>
<tr><td rowspan="2">卡拉塔斯盆地</td><td rowspan="2">青河煤矿点</td><td>北翼矿区</td></tr>
<tr><td>南翼矿区</td></tr>
<tr><td></td><td>喀拉通克煤矿点</td><td></td></tr>
</table>

续表

赋煤区（Ⅰ级）	含煤区（Ⅱ级）	盆地（Ⅲ级）	煤田（煤产地、煤矿点）(Ⅳ级)	矿区（Ⅴ级）	大地构造位置
西北赋煤区	准噶尔含煤区	准噶尔盆地	克拉玛依煤田	和布克赛尔南矿区	准噶尔盆地西北缘
				克拉玛依矿区	
			准南煤田	四棵树矿区	准噶尔盆地南缘
				玛纳斯矿区	
				乌鲁木齐矿区	
				阜康矿区	
				水西沟矿区	
			准东煤田	滴水泉矿区	准噶尔盆地东北缘
				五彩湾矿区	
				大井矿区	
				将军庙矿区	
				西黑山矿区	
				老君庙矿区	
				彩南矿区	
				北庭矿区	
	天山含煤区	柴窝堡盆地	达坂城煤田		北天山褶皱带
		阿什里—后峡谷地	后峡煤田	南玛纳斯矿区	
				呼图壁矿区	
				昌吉矿区	
				后峡矿区	
				黑山矿区	
		吐哈盆地	艾维尔沟煤产地	艾维尔沟矿区	
				鱼儿沟矿区	
				二道沟矿区	
			托克逊煤田	托克逊北矿区	
				吐鲁番北矿区	
			鄯善煤田	科克牙矿区	
				科克牙东矿区	
				地湖矿区	
				地湖东矿区	
			吐鲁番煤田	托克逊矿区	
				吐鲁番矿区	
				鄯善矿区	
			沙尔湖煤田		
			哈密煤田	哈密矿区	
				木垒东矿区	

续表

赋煤区（Ⅰ级）	含煤区（Ⅱ级）	盆地（Ⅲ级）	煤田（煤产地、煤矿点）（Ⅳ级）	矿区（Ⅴ级）	大地构造位置
西北赋煤区	天山含煤区	吐哈盆地	大南湖—梧桐窝子煤田	大南湖矿区	北天山褶皱带
				大南湖西矿区	
				大南湖东二矿区	
				大南湖东三矿区	
				大南湖东一矿区	
				梧桐窝子矿区	
			野马泉煤矿点		
		伊犁盆地	伊宁煤田	伊宁东矿区	中天山褶皱带
				霍城矿区	
				伊宁矿区	
				察布查尔矿区	
			尼勒克煤田	湖吉尔台矿区	
				塘坝矿区	
				可尔克矿区	
				阿拉斯坦矿区	
			新源—巩留煤田	新源矿区	
				巩留矿区	
			昭苏—特克斯煤田	昭苏矿区	
				特克斯矿区	
			温泉煤矿点		
			库铁尔煤矿点		中天山褶皱带
		尤路都斯盆地	巴音布鲁克煤田	巴音布鲁克西矿区	中—南天山褶皱带
				巴音布鲁克东矿区	
			巩乃斯煤产地		
		焉耆盆地	焉耆煤田	和静矿区	
				和硕矿区	
				焉耆矿区	
				库尔勒矿区	
				博湖矿区	
		库米什盆地	库米什煤田	库米什一矿区	
				库米什二矿区	
				库米什三矿区	
				库米什四矿区	
	塔里木含煤区	库车—满加尔盆地	温宿—包孜东煤田	苛岗矿区	塔里木盆地北缘
				阿托依纳克矿区	

续表

<table>
<tr><th>赋煤区（Ⅰ级）</th><th>含煤区（Ⅱ级）</th><th>盆地（Ⅲ级）</th><th>煤田（煤产地、煤矿点）（Ⅳ级）</th><th>矿区（Ⅴ级）</th><th>大地构造位置</th></tr>
<tr><td rowspan="31">西北赋煤区</td><td rowspan="28">塔里木含煤区</td><td rowspan="12">库车—满加尔盆地</td><td rowspan="2">温宿—包孜东煤田</td><td>博孜墩矿区</td><td rowspan="12">塔里木盆地北缘</td></tr>
<tr><td>破城子矿区</td></tr>
<tr><td rowspan="9">库拜煤田</td><td>铁列克一矿区</td></tr>
<tr><td>铁列克二矿区</td></tr>
<tr><td>铁列克三矿区</td></tr>
<tr><td>铁列克四矿区</td></tr>
<tr><td>铁列克五矿区</td></tr>
<tr><td>铁列克六矿区</td></tr>
<tr><td>铁列克七矿区</td></tr>
<tr><td>阿艾一矿区</td></tr>
<tr><td>阿艾二矿区</td></tr>
<tr><td>阳霞煤田、罗布泊煤田、沙井子煤矿点</td><td></td></tr>
<tr><td rowspan="14">托云—和田盆地</td><td rowspan="4">乌恰煤田</td><td>沙里拜矿区</td><td rowspan="12">塔里木盆地西南缘</td></tr>
<tr><td>其克里克矿区</td></tr>
<tr><td>康苏矿区</td></tr>
<tr><td>黑孜苇矿区</td></tr>
<tr><td rowspan="4">阿克陶煤田</td><td>霍峡尔矿区</td></tr>
<tr><td>赛斯特盖矿区</td></tr>
<tr><td>阿帕勒克矿区</td></tr>
<tr><td>库斯拉甫矿区</td></tr>
<tr><td rowspan="5">莎车—叶城煤田</td><td>坎地里克矿区</td></tr>
<tr><td>喀拉吐孜矿区</td></tr>
<tr><td>格仁拉矿区</td></tr>
<tr><td>许许矿区</td></tr>
<tr><td>普萨矿区</td><td rowspan="2">塔里木盆地西南缘</td></tr>
<tr><td>布雅煤矿点、杜瓦煤矿点、依格孜牙煤矿点</td><td></td></tr>
<tr><td rowspan="2">民丰—且末盆地</td><td>民丰—且末煤田</td><td></td><td rowspan="2">塔里木盆地东南缘</td></tr>
<tr><td>普鲁煤矿点</td><td></td></tr>
<tr><td>柴达木含煤区</td><td></td><td>若羌煤矿点、白干湖煤产地、阿羌煤矿点、伊吞泉煤矿点、嘎斯煤矿点、阿牙库煤矿点</td><td></td><td>阿尔金山—柴达木盆地西北缘</td></tr>
<tr><td rowspan="2">祁连山含煤区</td><td rowspan="2"></td><td>潮水煤田、北山煤田</td><td></td><td>北山—阿拉善断陷</td></tr>
<tr><td>肃南煤田、山丹—永昌煤田、天祝—景泰—香山煤田、靖远煤田</td><td></td><td>河西走廊逆冲-拗陷</td></tr>
</table>

续表

赋煤区（Ⅰ级）	含煤区（Ⅱ级）	盆地（Ⅲ级）	煤田（煤产地、煤矿点）（Ⅳ级）	矿区（Ⅴ级）	大地构造位置
西北赋煤区	祁连山含煤区		中祁连煤田、祁连煤田、木里煤田、门源煤田、西宁煤田、阿干煤田		祁连对冲-拗陷
	昆仑山含煤区		吐拉煤矿点、喀拉米兰煤矿点、半西湖煤矿点、鲸鱼湖煤矿点、平湖煤矿点		昆仑褶皱带东段
			叶城 203 煤矿点、库牙克煤矿点		昆仑褶皱带西段（喀喇昆仑）
合计	7	16	73	—	—

（三）主要含煤区概述

1. 外准噶尔含煤区

外准噶尔含煤区指达拉布特（西准噶尔）—卡拉麦里（东准噶尔）古板块缝合带以北的西伯利亚古板块在新疆境内的部分，包括阿尔泰褶皱带、西准噶尔界山褶皱带、东准噶尔界山褶皱带分布的区域，在古生代属于西伯利亚板块。

阿尔泰褶皱带，即现今的阿尔泰山脉，呈北西-南东向带状延伸。在加里东运动形成的褶皱带上，于地势低洼处零星沉积二叠纪和中—新生代陆相磨拉石建造。

西准噶尔界山褶皱带呈北东-南西向带状延伸，在加里东—海西期形成的褶皱带上发育小型断陷或拗陷盆地，接受侏罗纪含煤岩系，形成具工业价值的煤田，如和布克赛尔—福海煤田、托里—和什托洛盖煤田等。

东准噶尔界山褶皱带呈北西-南东向带状延伸，在加里东—海西期形成的褶皱带上发育拗陷盆地，形成具工业价值的侏罗纪煤田，如卡姆斯特煤田、巴里坤煤田、三塘湖煤田、淖毛湖煤田等。在青河县境内卡拉塔斯盆地内的青格里河北岸发现早—中侏罗世含煤沉积（青河煤矿点），形成具有工业价值的煤炭资源。

2. 准噶尔含煤区

准噶尔盆地是晚海西期（始于二叠纪）到第四纪发展起来的中、新生代大陆板内盆地（亦称大型内陆盆地），为中央地块型复合叠加盆地、前寒武系结晶岩系和下古生界浅变质岩系构成盆地的双层基底。古生代及其以前处于哈萨克斯坦古板块、西伯利亚古板块与塔里木古板块交接地带，属于准噶尔弧盆系；海西晚期盆地基底形态具隆凹相间、南北分带、东西分块的构造格局；经印支期的充填补齐，盆地由原分散的拗陷，形成统一大盆地和配置有序的沉积环境，在适宜成煤的古构造、古地理、古气候和古植物条件下，形成早—中侏罗纪含煤建造，其聚煤作用广泛而强烈，以煤层层数多、煤层总厚度大、屡屡出现巨厚的单层煤层为特征。

克拉玛依煤田位于准噶尔盆地的西北缘，呈北东向展布，煤田西北部为达拉布特深断裂（古板块缝合带）。煤层层数多，厚度较小，结构简单-较简单，煤层较稳定。

准南煤田位于天山北麓的准噶尔盆地南缘，是新疆聚煤强度最大、煤炭资源丰度最高、煤炭地质研究程度最高的煤田。

准东煤田北界山体为北西走向的克拉麦里山，与卡拉麦里深断裂（古板块缝合带）相邻。准东煤田煤层厚、煤质好、资源丰度高、开发条件良好，外部环境优越，资源潜力巨大。

3. 天山含煤区

天山含煤区包括北天山海西褶皱带、中天山加里东褶皱带和南天山海西褶皱带所在区域。除了发育在北天山海西褶皱带上的后峡、达坂城煤田外，在北天山的吐哈盆地、中天山的伊犁盆地、中—南天山的尤路都斯盆地、焉耆盆地、库米什盆地均为新疆重要的煤炭聚集区。

吐哈盆地位于北天山褶皱带东段，是具有前长城纪结晶基底的微型陆块，二叠纪开始盆地发育历史，早—中侏罗世接受含煤建造，丰富的煤炭资源赋存在艾维尔沟煤产地、托克逊煤田、鄯善煤田、吐鲁番煤田、沙尔湖煤田、哈密煤田、大南湖—梧桐窝子煤田及野马泉煤矿点。

伊犁盆地位于中天山褶皱带西段，也具有前长城纪结晶基底，中生代形成沉积盆地，接受早—中侏罗世含煤建造。主要煤田有伊宁煤田、尼勒克煤田、尼勒克煤田、新源—巩留煤田、昭苏—特克斯煤田等。

尤路都斯盆地和焉耆—库米什盆地位于中天山—南天山褶皱带，主要煤田有巴音布鲁克煤田、焉耆煤田、库米什煤田等。

4. 塔里木含煤区

塔里木盆地是一个具有前长城纪和前寒武纪古老基底的稳定陆块，是古生代塔里木古板块的主体，中—新生代发育成为大型克拉通盆地。下—中侏罗统含煤岩系形成于塔里木稳定陆块与相邻褶皱山系交界地带的线状断陷盆地中。因此，主要煤田均分布在塔里木盆地的周缘，如北缘的温宿—包孜东煤田、库拜煤田、阳霞煤田、罗布泊煤田等，西南缘的乌恰煤田、阿克陶煤田、莎车—叶城煤田等，东南缘的民丰—且末煤田等。

5. 柴达木含煤区

在阿尔金山以东，东昆仑山褶皱带以北，属于柴达木盆地的一部分，目前只发现少量煤矿点，应划归柴达木含煤区。柴达木含煤区的主体位于青海境内，其在新疆境内只是一小部分，且含煤性差，研究程度很低。

6. 祁连山含煤区

该区位于青海北部高海拔地区，呈 NW 向展布。其北界在甘肃省河西走廊北侧的马宗山—龙首山一带，南界为土尔根大坂山—疏勒南山—大通山—拉鸡山，向东延入甘肃省的雾宿山一带，西侧以阿尔金山断裂带为界。区内断裂发育，规模较大的有阿尔金断裂、阿拉善南缘断裂、北祁连北麓断裂、北祁连南麓断裂、六盘山断裂和贺兰山断裂等。该区主要含煤地层为早中侏罗世，构造比较复杂，主要断裂走向为NW-SE向，且多为逆冲性质，褶皱形态较为紧密，煤系被破坏较严重。

7. 昆仑山含煤区

该区位于新疆西南部及南部。在喀喇昆仑褶皱带，目前发现2个中侏罗统浅海相含煤岩系煤矿点。在昆仑褶皱带东段（新疆境内）为结构复杂的加里东—海西褶皱带。印支期—燕山期在祁曼塔格有火山喷发，形成断陷型上叠火山盆地。在晚三叠世及早—中侏罗世于低洼拗陷有湖沼相薄煤层、煤线、劣质煤生成。该区含煤性差，研究程度低。

除宏观上造山带与盆地显示出相间分布外，盆地内部的构造变形特征也显示出隆拗相间的构造格局。在造山带山前形成的前陆盆地紧邻造山带，后期变形较强，断裂和背斜成带展布，各前陆盆地的山前带至少发育2排断裂-背斜构造带。这些构造带的重要特点是由造山带向盆地内部构造变形逐渐变弱，褶皱构造逐渐变得完整。

第二章　柴达木含煤区聚煤作用与构造特征

第一节　区域构造格局

一、构造背景

柴达木盆地位于青藏高原东北部，属于塔里木—中朝板块的南部地块，是我国第三大内陆盆地，经历了漫长的演化阶段和复杂的发展历程，与周缘板块的发展演化密切相关。柴达木盆地处在特提斯—喜马拉雅构造域与古亚洲构造域与结合部位，是西域板块的组成部分，与周围的构造单元均以大型断裂相隔。东以鄂拉山断裂为界与西秦岭造山带相邻，西以阿尔金山为界与塔里木盆地紧邻，南以昆北断裂为界与东昆仑造山带相接，北以宗务隆山—青海南山断裂为界，与南祁连褶皱系相连（图 2.1）。其主体部分被厚层中新生界地层所覆盖，良好的基岩只在盆地的北缘出现。

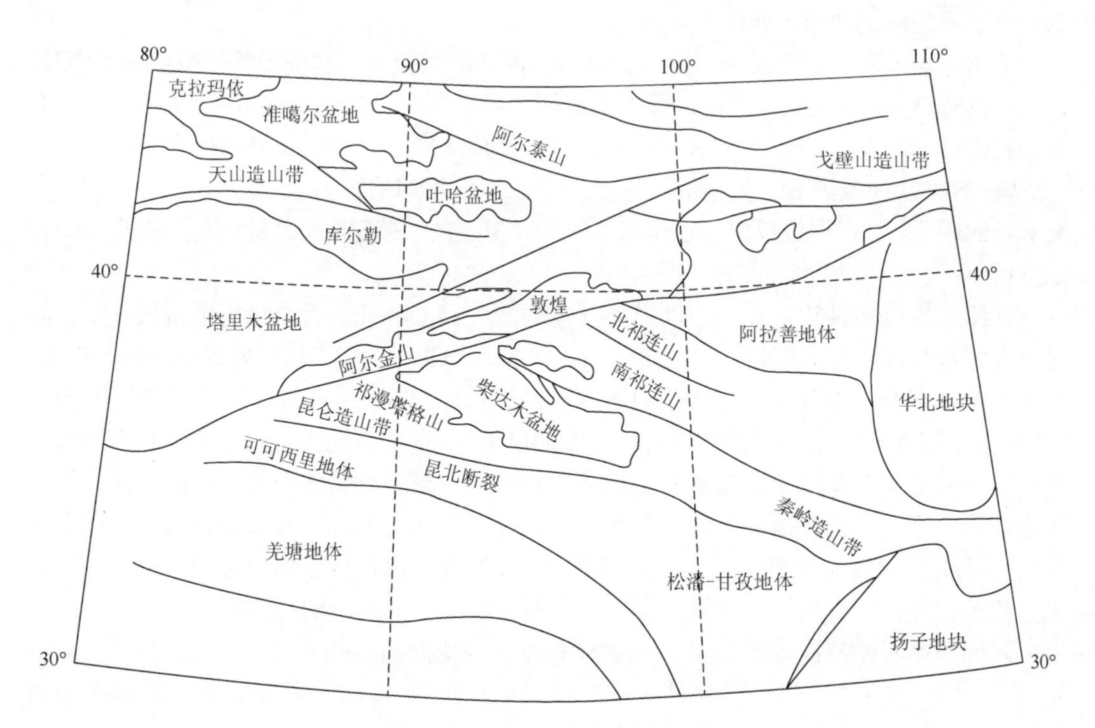

图 2.1　柴达木盆地区域地质构造环境（据刘天绩等，2013）

柴达木盆地地壳平均厚度为 55km，岩石圈平均厚度为 100km（高锐，1995），平均海拔 3000m。与此相比，南、北两侧的昆仑山和祁连山以及西侧的阿尔金山地壳厚度可达

70km，平均海拔大于 5.5km，与西藏高原海拔基本一致。与柴达木相邻的塔里木盆地地壳厚度为 40～45km，平均海拔 1000m（滕吉文，1991）。因此，相比之下，柴达木盆地地壳厚度明显较大，并且新生代沉积厚度也明显大于塔里木盆地同期沉积地层。

柴达木盆地的形成和发展始终与特提斯—喜马拉雅构造域的强烈活动密切相关。特提斯洋壳向古欧亚大陆的俯冲和挤压作用，造成一系列微型板块与古欧亚大陆在柴达木地块以南地区发生一次次的拼贴，最后欧亚板块与印度板块碰撞，导致昆仑山至喜马拉雅山等一系列山系由老到新依次出现，同时青藏高原大幅度隆起。在这种特定的大地构造背景下，柴达木盆地逐渐形成和发展起来。

二、断裂系统

柴达木盆地为围限于阿尔金山褶皱带、祁连山褶皱带和东昆仑山之间的负向构造单元，是在早侏罗世柴达木板块基础上发育起来的中、新生代陆内沉积盆地。晚三叠世末，三大造山系之间的柴达木陆块相对下沉并产生向造山带下的陆内俯冲。燕山早期，祁连山和昆仑山两大山系向盆地逆冲，形成各自的断裂体系，阿尔金的左旋融入其中，盆地内构造变形达到高潮，不仅造成盆地内部普遍的断裂和褶皱变形，而且使早期构造得到进一步加强，奠定了盆地的构造格局，对柴达木盆地中、新生代以来构造演化、构造组合及其变形产生了极为深刻的影响和控制作用。

柴达木盆地周边构造发育、组合形式、空间展布、规模大小和变形特征虽然各有差异，但它们具有许多相似之处，其中最显著的特征是以压性或压剪性构造为主，无论野外还是显微构造分析，都充分表现出这一特征。另外，构造展布方向也具有较好的一致性，以 NW 向、NWW 向或近 EW 向构造为主体。这些都反映盆地周边构造演化在成因机制上具有有机的联系，是在周边板块构造作用下形成和发展的，对盆地构造的演化具有重要的控制作用。

盆缘构造以压性构造为主，以逆冲推覆构造为典型特征。受盆缘构造挤压作用，盆内发育一系列浅层逆冲断层。构造走向以 NW 向和 NE 向为主，局部发育近 NS 向构造。自印支末期以来，最主要的构造作用可以明显地分为早晚两大期次，早期挤压方向为 NNW 向（印支期），晚期为 NNE 向（燕山期以来）。在燕山期内，J_1 时期柴北缘中部开始拗陷，沉积了以湖相泥岩为主的 J_1 沉积；J_2 时期，柴北缘整体上升，露出水面，但受祁连山造山带上盘逆冲加载作用，在赛什腾山前岩石圈局部挠曲而形成拗陷，沉积了以河流沼泽相为主的 J_2 沉积；而 J_3～K 时期，受祁连山造山带挤压作用影响，柴北缘明显发生褶皱抬升，缺失 J_3～K 地层。喜马拉雅期基本继承了燕山期挤压作用的特点，产生了一系列 NW-NWW 向构造变形。阿尔金断裂及盆地内部一些 NW-NNW 向断层（如冷湖四号、鄂博梁 I 号）在挤压逆冲基础上叠加了左行平移运动，正是这种区域构造应力场转变和作用的结果。

陵间断裂带、埃南断裂带、昆中断裂带及昆南断裂带，影响到加里东期、海西期的超基性岩，表明这些深大逆冲断裂带至少在海西期已经有了雏形，到了印支期、喜马拉雅期才发生大规模的位移和推覆。

祁连山—柴达木盆地北缘断裂系统、东昆仑山—柴达木盆地南缘断裂系统主要表现为NW-NWW向逆冲断裂系统，自北向南将柴达木盆地划分为多个狭窄条带。阿尔金断裂系统、鄂拉山走滑断裂系统及甘森—小柴旦断裂系统表现为NE向、NW向走滑-逆冲断裂系统，自西向东将柴达木盆地划分为多个断块。柴达木盆地构造单元的划分多以此为依据，它们都经历了长期演化过程，是不同时期、不同地质体之间的重要边界，长期控制柴达木盆地及相邻地区的发展演化，构成了柴达木盆地的基本构造格局。

第二节　煤 田 构 造

柴达木盆地北缘地区位于盆地的东北部，西起阿尔金山前的冷湖三号，东到德令哈凹陷的大浪—土尔岗构造带的东端鄂拉山断裂，北界为赛什腾山北—达肯大坂—宗务隆山山前断裂带，南界为冷湖—陵间—埃南断裂（或称柴北缘断裂带），东西长约440km，南北宽约65km，面积约30000km^2。

柴达木盆地北缘地区主体构造展布方向为NW-NWW，组成明显的三条隆起带，南部为锡铁山—埃姆尼克山隆起带，中部为绿草山—欧龙布鲁克山—牦牛山隆起带，北部为赛什腾山—达肯大坂山—宗务隆山隆起带，由此分隔三条凹陷带，由南向北为赛昆凹陷、鱼卡—乌兰凹陷、德令哈凹陷。受西侧阿尔金左行走滑断裂的影响，自西向东，构造形迹多呈反“S”形展布，并控制其间的次级断裂构造体系。这些构造对盆地构造演化、煤系赋存状况起到至关重要的控制作用。

通过野外调查和对搜集到的第一手资料分析整理，编制了柴达木盆地北缘构造纲要图（图2.2）。根据构造纲要可分析柴达木盆地北缘断裂及褶皱的构造形态、展布特征及其对煤田构造格局的控制规律。其总体构造规律是：走向逆冲断层构成主体构造格架，多具压扭性，平面上呈平行、雁行、反“S”形排列，成带分布，剖面上具叠瓦扇组合特征，被小规模斜向断裂切错具分段性。褶皱以背斜构造为主，规模一般较小，多为短轴褶皱，轴向与断裂平行，褶皱形态不完整，两翼多被断裂破坏或与断裂相伴生，与其具有成因联系。

柴达木盆地北缘地区发育多组断裂构造和褶皱系统，它们以不同方式、不同程度地控制着柴达木盆地北缘侏罗系煤田的展布和构造格局。根据断裂和褶皱的走向及其对煤田构造格局的影响，可分为以下三类。

一、走滑断裂构造系统

研究区内一级断裂系统鄂拉山走滑断裂（NW）、阿尔金断裂走滑断裂（NE），以及受其影响所形成的次一级构造系统，如马海-南八仙断裂（NE）、红山-锡铁山断裂（NE）等，具有明显走滑断裂特征。它们构成了柴北缘地区东西分块的基本构造格架，其中鄂拉山走滑断裂（NW）、阿尔金断裂走滑断裂（NE）为柴达木盆地北缘东西边界，将其与周围的构造单元分割。

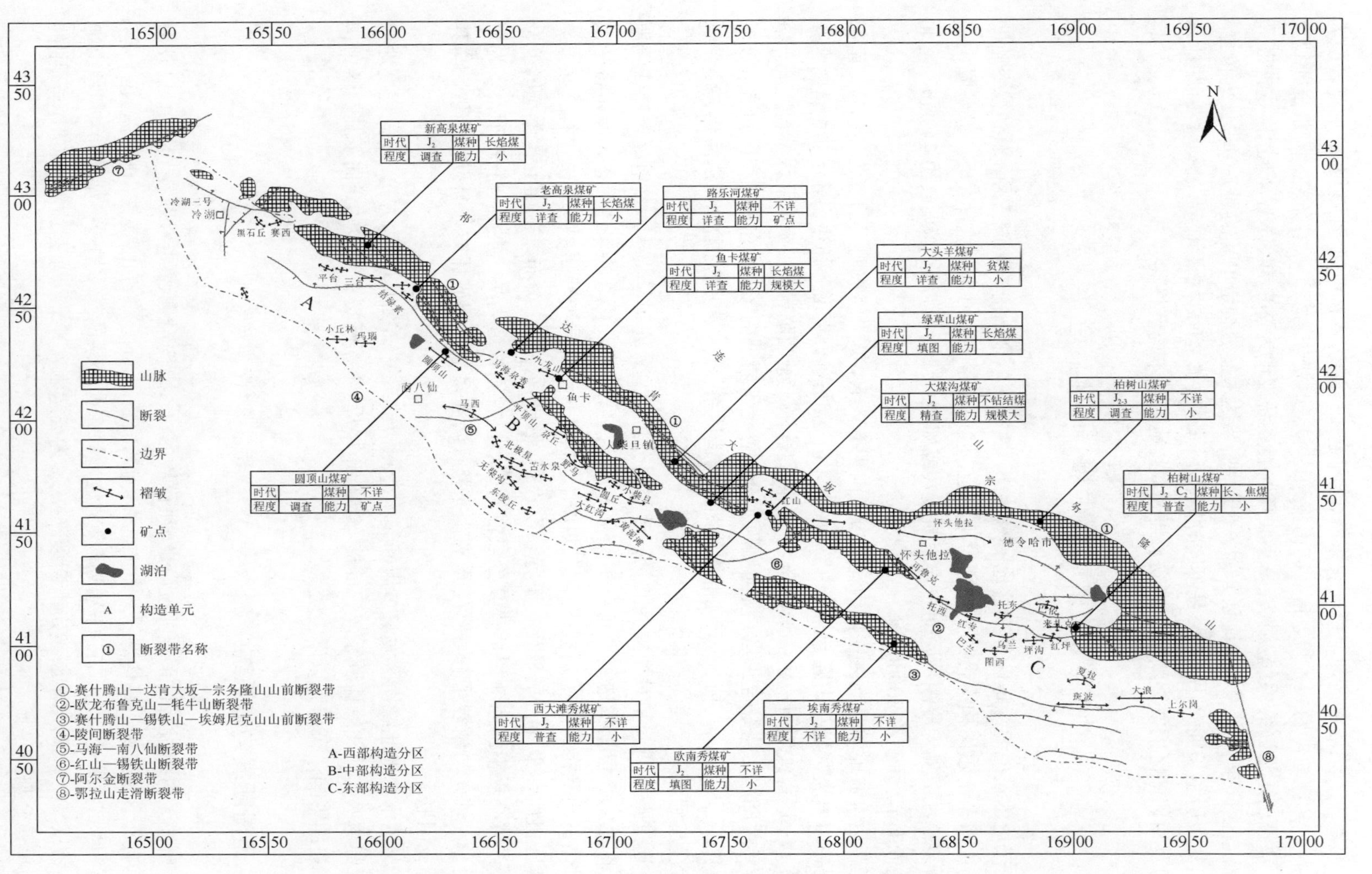

图2.2 柴达木盆地北缘煤田构造纲要图（据刘天绩等，2013）

二、逆冲推覆构造系统

赛什腾山北—达肯大坂—宗务隆山山前断裂带、赛什腾山—锡铁山—埃姆尼克山山前断裂带、欧龙布鲁克山—牦牛山断裂带是柴北缘块断带内的一级断裂系统，控制了该区内的基本构造格局，断裂走向以北西向、北西西向为主。其中赛什腾山北—达肯大坂—宗务隆山山前断裂、赛什腾山—锡铁山—埃姆尼克山山前断裂分别构成了柴达木盆地北缘逆冲推覆构造带的南北边界，它们控制着研究区内的隆凹格局和煤系地层的展布，如新高泉矿、老高泉矿、大头羊矿、埃南矿、欧南矿、柏树山矿等都沿逆冲推覆构造的前锋带展布。由于受走滑断裂影响，研究区内断层普遍具压扭性质，故区内断裂、褶皱形态多以雁行式排列和反“S”形展布。

由图 2.3 和图 2.4 可见，柴达木盆地北缘块断带以由北向南的逆冲推覆构造为主，伴随由南向北的逆冲推覆构造活动，构成南北对冲构造格局。逆冲推覆构造多以叠瓦状产出，在南北向强烈的挤压构造应力作用下，夹持于断层中的断夹块，普遍抬升，多以断-褶形态出现。

在沉积早期（C、J），可见明显的张性断层（图 2.4），在此基础上，形成了一系列的断陷盆地（如赛昆凹陷、鱼卡凹陷等），表明研究区早期伸展构造的性质，由于后期构造应力场变化，发生构造反转、叠加，形成一系列逆冲推覆构造。

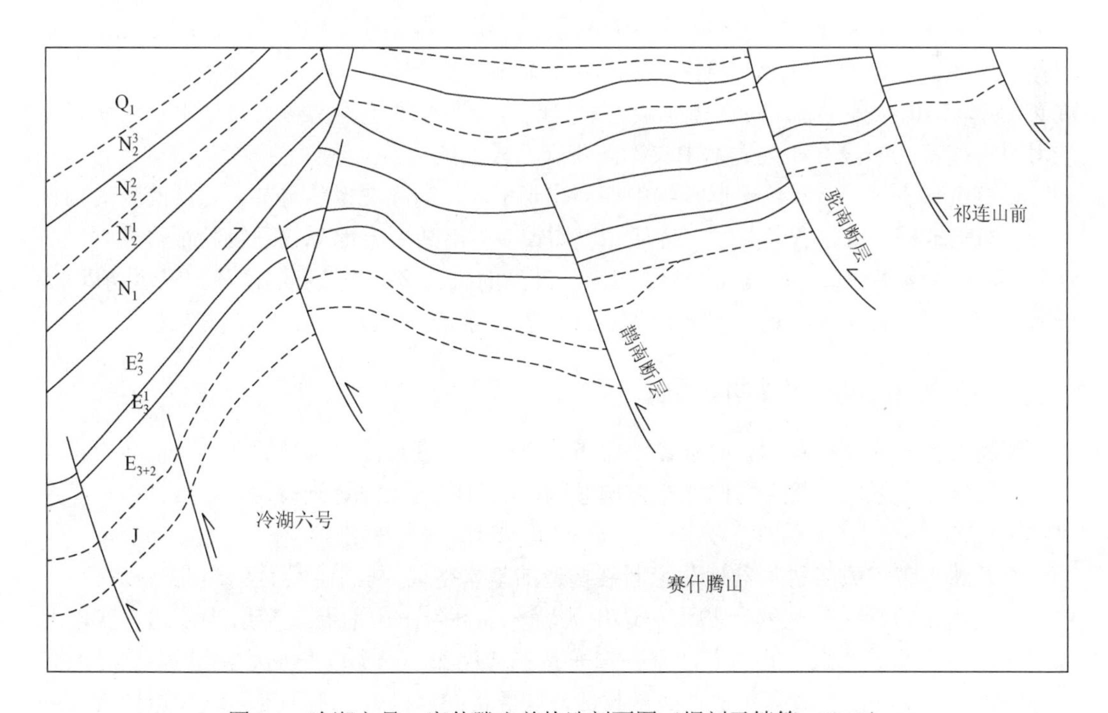

图 2.3　冷湖六号—赛什腾山前构造剖面图（据刘天绩等，2013）

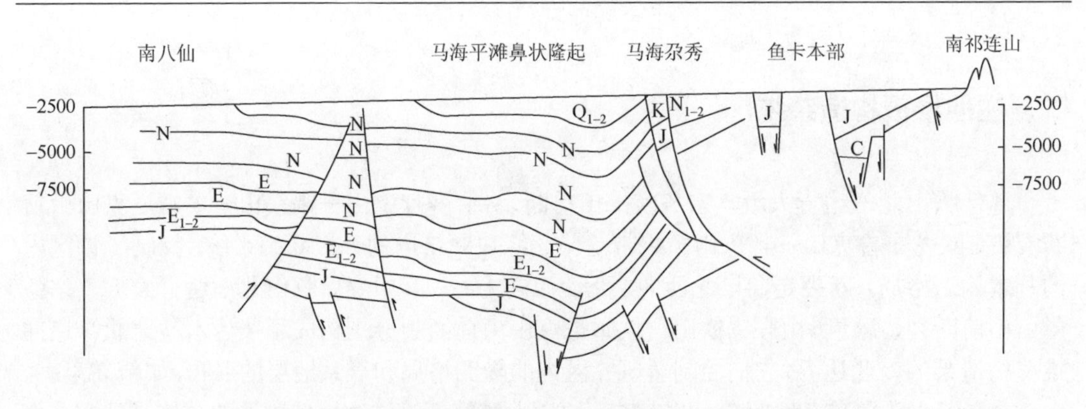

图 2.4　南八仙—鱼卡构造剖面图（据汤济广等，2007 修改）

1. 赛什腾山北—达肯大坂—宗务隆山山前断裂带

该断裂西起阿尔金山前，向东经赛什腾山北麓、达肯大坂山，一直延伸至东部宗务隆山，止于鄂拉山走滑断裂，由一系列叠瓦状逆冲推覆断层组成，断层面向北东方向倾斜，倾角较缓，断裂切割较深，构成柴北缘逆冲推覆构造带的北界。

该断裂带形成时期较早，受后期多次构造作用影响，尤其是燕山期大规模逆冲推覆构造活动的影响，导致早期形成断裂构造与后期断裂构造相互复合叠加，时序难以辨认。

2. 赛什腾山—锡铁山—埃姆尼克山山前断裂带

该断裂带西起阿尔金山前，向东经赛什腾山北麓、绿梁山、锡铁山、埃姆尼克山，止于都兰地区，全长约 700km，倾向北东，倾角较缓。断裂呈北西向、北西西向反“S”形展布，略呈锯齿状外形。该断裂构成柴达木盆地北缘逆冲推覆构造带与柴达木盆地北缘前陆滑脱拆离带（西段）和柴达木中央拗陷带（东段）的分界。

现有资料表明，该断裂于奥陶纪中期即已形成，是南隆北拗的分界。北侧的晚奥陶世发育，断陷地槽、火山岩、基性、超基性岩均较多。沿断裂带地球物理场特征显著，呈线性延伸的负异常带，重力梯度带明显；南侧为升高的磁力区和重力区。喜马拉雅运动以来，该断裂带复活，古生界、前震旦系地层逆冲于新近系地层之上。

3. 欧龙布鲁克山—牦牛山断裂带

该断裂带沿西部绿草山，向东经欧龙布鲁克山，一直延伸至东部牦牛山。该断裂带由一系列次级断裂组成，断层面向北东方向倾向，倾角由浅至深逐渐变缓，自西向东，呈反“S”形展布。

三条断裂带组成柴达木盆地北缘断裂构造的基本格局。其中，赛什腾山北—锡铁山—埃姆尼克山山前断裂带与赛什腾山—达肯大坂—宗务隆山山前断裂带组成柴达木盆地北缘逆冲推覆构造带的南、北边界，呈西窄东宽趋势展布。三条主干断裂沿北西-北北西方向延伸，由一系列次级断裂组成，西部收敛，呈帚状向东撒开。由于受区域构造作用及后期构造应力场复合叠加作用的影响，并受阿尔金走滑断裂的影响，导致柴达木盆地北缘断裂带呈雁形斜列和反“S”形构造形态展布。

三、褶皱构造系统

柴达木盆地北缘块断带内背斜构造极为发育，轴向以北西-南东向为主，受走滑断层的影响，表现出扭动构造的性质，单个褶皱的规模较小，组合成雁行斜列和反“S”形产出（赵文智，2000）（图 2.5）。

根据地震解译资料，该区内的背斜构造多与断裂构造相伴生，以断-褶形态产出。褶皱构造按其构造形态可分为四类：纵弯背斜、生长背斜、断展背斜以及由于冲起构造作用形成的纵弯背斜。断裂构造多以逆冲推覆构造为主，伴随对冲构造格局，这是柴北缘褶皱构造的一大特点。受断层切割、控制，褶皱构造的规模均较小，且多发育于逆冲推覆构造的前陆滑脱拆离带内，变形程度相对较弱。

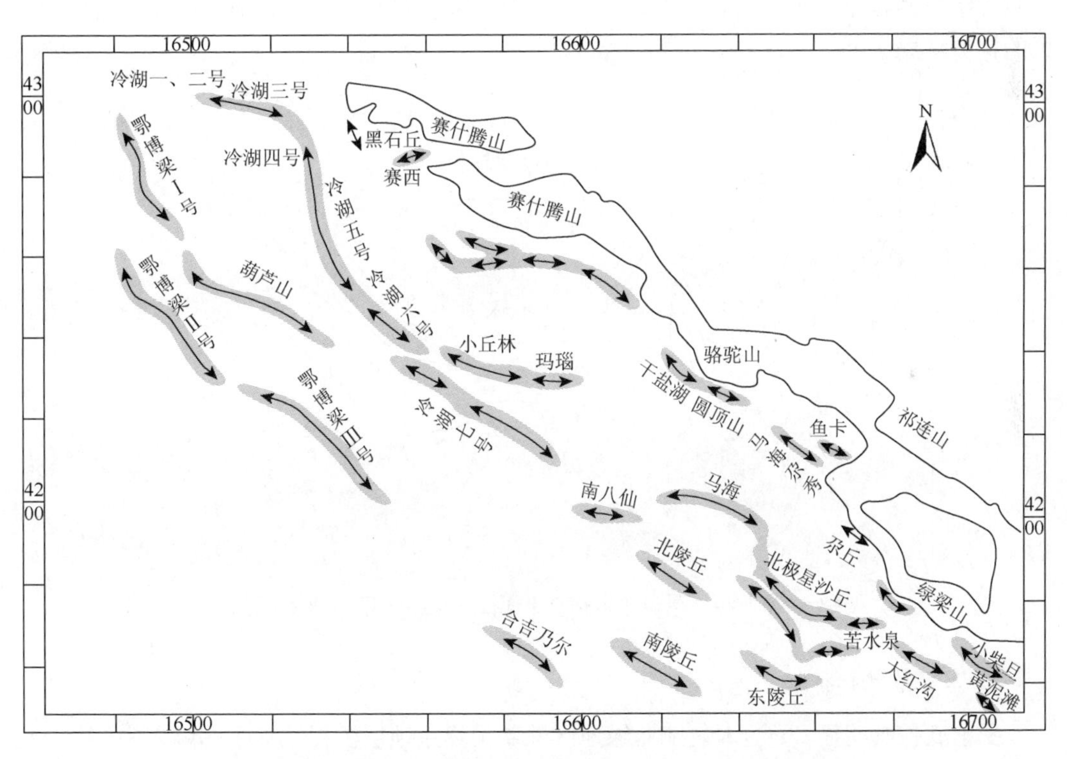

图 2.5　柴达木盆地北缘主要背斜构造展布图（据赵文智，2000 修改）

第三节　构 造 单 元

一、划分依据

前人对柴达木盆地构造单元的划分方案较多，但多是立足于油气勘探的基础对盆地构造单元的划分，针对煤田构造及其展布特点进行构造单元的划分方案尚未见。本书立足于分析煤田构造特征的基础上，结合柴北缘基底特征、柴北缘主干断裂构造、侏罗系煤系地层沉积特点及含煤岩系展布特征，建立柴北缘煤田构造单元划分方案。

北部块断带基本构造特征为南北分带（隆、凹相间）、东西分区的特点，本书以煤系赋存状况为出发点，根据研究区沉积、断裂构造的展布特点，以走滑断裂为界，将柴达木盆地北缘地区由东至西划分为三个重要的变形区：东部构造分区、中部构造分区、西部构造分区，在构造单元划分上可归为三级构造单元，并进一步划分为11个四级构造单元。

1. 基底构造特征

前已述及，柴达木盆地北缘地区基底起伏，隆、凹相间排列，断裂构造发育，严格控制着柴达木盆地北缘侏罗纪沉积地层的展布，导致柴达木盆地北缘地区东西向上存在多个厚度沉积中心（如德令哈凹陷、鱼卡—乌兰凹陷、赛昆凹陷等）（图2.6）。另外，由于基底断裂系统的存在，尤其是NW向和NEE向断裂构造发育，控制着柴北缘地区的分带分区的构造格局。

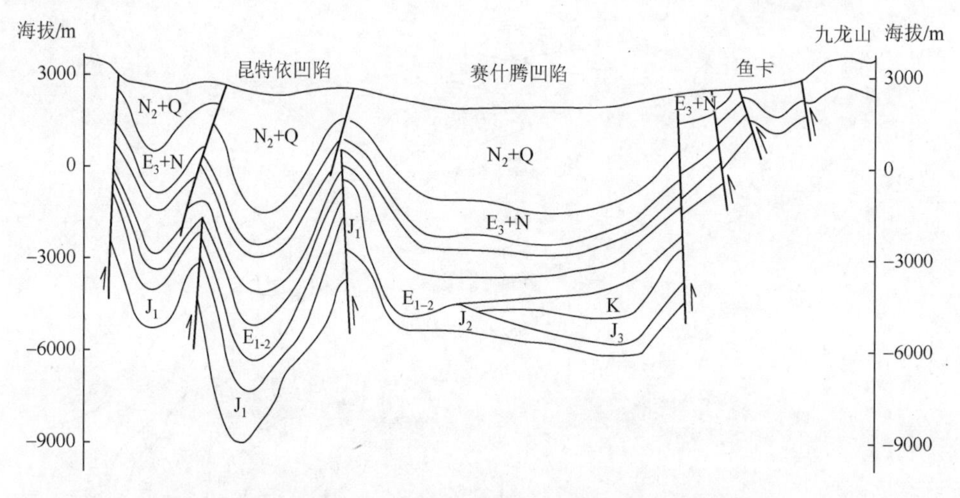

图2.6　鄂博梁Ⅰ号—鱼卡构造剖面图（据赵文智，2000修改）

2. 侏罗系沉积特征

受基底控制明显，柴达木盆地北缘地区侏罗纪煤系地层沉积在多个凹陷之中。由于受后期大规模逆冲推覆构造作用，加之阿尔金走滑断裂的影响，柴达木盆地北缘地区的侏罗纪煤系地层发生强烈的构造变形，多以断-褶状产出，其展布呈现明显的规律性。三条隆起带上，煤系地层抬升变浅，但多遭受断裂破坏；三条凹陷带内煤系地层大范围沉积，但埋藏较深。

3. 断裂、褶皱构造特征

前已论述了区域主断裂对煤田构造格局的影响和控制作用，总体来讲：北西西-南东东向、北西-南东向构造系统对柴达木盆地北缘地区具有南北分带作用，北北东-南南西向、北东-南西向构造系统对其具有东西分区作用。同时，研究区内褶皱分布呈现明显条带性

（图 2.5），①达肯大坂—祁连山前带：九龙山、红山、怀头他拉等；②欧龙布鲁克—牦牛山带：可鲁克、乌兰、红坪等；③赛什腾山—锡铁山带：赛西、平台、园顶山、平顶山、小柴旦等；④埃姆尼克山带：斑波、大浪、土尔岗等；⑤南八仙带：由北向南分别为马西—北极星—大红沟背斜构造带和南八仙—东陵丘背斜构造带。

4. 含煤岩系展布特征

从柴达木盆地北缘煤田构造纲要图（图 2.2）可见，柴达木盆地北缘地区含煤岩系分布特征呈现出明显的规律性，受区域构造格局控制，呈北西西-南东东向展布。三条隆起带上，煤系抬升埋藏较浅，有利于开采，现有煤矿或勘探区多沿隆起带山前分布，但受构造破坏显著，含煤块段连续性较差，面积一般较小，因而煤矿规模多为小型。凹陷带内煤系埋藏一般较深，仅鱼卡一带埋藏相对较浅，形成大面积勘探开发区块。柴北缘煤田大体以马海—南八仙断裂和红山—锡铁山断裂为界，含煤块段赋存呈现明显差异。

马海—南八仙断裂以西，含煤层位为中侏罗统大煤沟组，下侏罗统仅在潜西地区有分布，但不含煤，称为湖西山组。煤矿床沿赛什腾山及其山前分布，包括新高泉矿、老高泉矿、园顶山矿等。

马海—南八仙断裂与红山—锡铁山断裂之间，侏罗纪地层发育较全，除中侏罗统大煤沟组为主要含煤层位之外，下侏罗统小煤组在大煤沟—西大滩地区也含可采煤层。该地区是目前柴达木盆地北缘含煤区煤田资源赋存最丰富的区段，大煤沟露天矿、鱼卡煤矿等较大规模的生产矿井均分布在该区段，形成南、北两个含煤条带，北部条带包括沿达肯大坂山前（南祁连山）分布的路乐河矿、大头羊矿、绿草山矿、西大滩井田、大煤沟矿，以及鱼卡—红山凹陷西部的鱼卡煤田。南部条带展布于绿梁山南麓，煤系支离破碎、分布零星。

红山—锡铁山断裂以东，发育三个赋煤条带，由北向南分别是：北带沿宗务隆山逆冲推覆构造前锋，包括柏树山矿；中带沿欧龙布鲁克山—牦牛山逆冲断裂带展布，包括欧南矿、旺尕秀矿等；南带沿埃姆尼克山山前展布，包括埃南矿等。该区主采煤层为大煤沟组，含煤性相对较差，后期构造变形强烈，煤矿规模均小。

二、划分方案

在前人工作的基础上，根据柴达木盆地北缘构造的分区分带性以及煤田构造特征（刘天绩等，2013），对柴达木盆地北缘构造单元进行重新划分，划分方案如图 2.7 和表 2.1。

该区内三条隆起带及其间的凹陷盆地在柴达木盆地北缘南北向上表现出明显的分带特征，尤其在东部构造分区内，表现得更为完整和突出。划分的五个凹陷之间具有一定的连续性和相关性，组成三条北西-南东向展布的凹陷带，由南向北，依次为赛南凹陷、鱼卡—乌兰凹陷、德令哈凹陷，呈斜列式展布，构成柴达木盆地北缘块断带三隆三凹的构造格局。

1. 东部构造分区

分区南部为绿梁山—锡铁山—埃姆尼克山隆起带，北部为宗务隆山隆起带，中间为欧龙布鲁克山—牦牛山隆起带，三条隆起带较为完整，将东部构造分区由南向北分割为两个凹陷盆地：乌兰凹陷、德令哈凹陷，呈现出三隆夹两凹的构造面貌。

2. 中部构造分区

欧龙布鲁克山—牦牛山隆起带在羊肠子沟一带与北侧的达肯大坂隆起带逐渐归并，在该区中部显示出两隆两凹的构造格局。南侧柴达木盆地边缘的绿南凹陷，属低应变区，褶皱构造较为发育。北侧鱼卡—红山凹陷为柴北缘主要的含煤区段。

3. 西部构造分区

锡铁山—埃姆尼克山隆起带与赛什腾山隆起带逐渐归并，构造面貌表现出一隆一凹的构造特点，其山前的赛南凹陷位于柴达木盆地边缘，侏罗纪沉积较深，为绿南凹陷向西延伸部分。

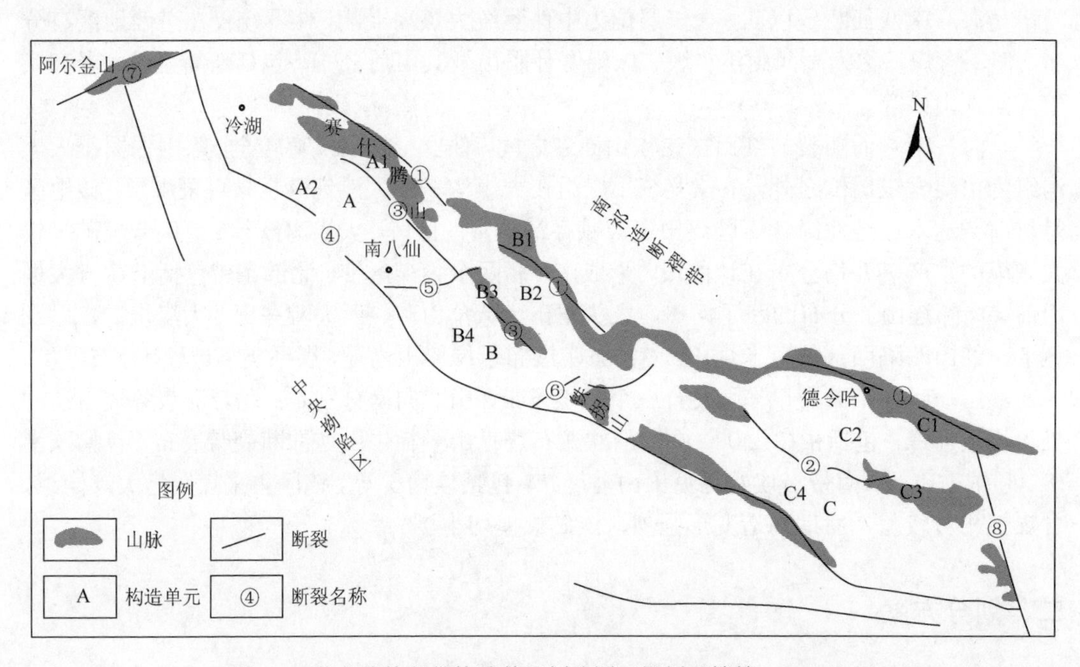

图 2.7　柴北缘块断带构造单元划分图（据刘天绩等，2013）

①-赛什腾山北—达肯大坂—宗务隆山山前断裂带；②-欧龙布鲁克山—牦牛山断裂带；③-赛什腾山—锡铁山—埃姆尼克山山前断裂带；④-陵间断裂带；⑤-马海—南八仙断裂带；⑥-红山—锡铁山断裂带；⑦-阿尔金断裂带；⑧-鄂拉山断裂带。A-西部构造分区；B-中部构造分区；C-东部构造分区

表 2.1　柴达木盆地北缘块断带及邻区构造单元划分表

一级单元	祁连山构造带	柴达木盆地构造带			
二级单元	南祁连断褶带	北部块断带			中央拗陷区
三级单元	……	A 西部构造分区	B 中部构造分区	C 东部构造分区	……
四级单元	……	A_1 赛什腾山逆冲推覆带	B_1 达肯大坂逆冲推覆带	C_1 宗务隆山逆冲推覆带	……
		A_2 赛南凹陷	B_2 鱼卡—红山凹陷	C_2 德令哈凹陷	

续表

四级单元	……		B3 绿梁山逆冲推覆带	C_3欧龙布鲁克—牦牛山逆冲断裂带	……
			B4 绿南凹陷	C_4乌兰凹陷	
				C_5埃姆尼克山逆冲断裂带	

第四节　聚 煤 规 律

一、聚煤作用

祁连山褶皱系形成于早古生代，是柴达木地块、北祁连地块北缘洋盆俯冲、消减作用的结果。我国西部地区聚煤盆地均为内陆盆地，其形成和演化与古生代褶皱带的再造山运动密切相关，总体上处于南北向挤压应力背景下。聚煤盆地是在挤压应力背景下形成的。

侏罗纪煤系在柴达木盆地不同地区的厚度和发育程度变化很大。柴达木盆地大煤沟组是主要含煤层位，分布较为广泛，西起马海，经鱼卡、大头羊、绿草山、大煤沟，向东延伸至柏树山一带，其中大煤沟附近最为发育。

印支运动后，现今的柴达木盆地当时曾上隆为古陆，在这一古陆的北侧发育一系列侏罗纪盆地群，其中一些曾发育较强的聚煤作用。含煤地层主要为中、下侏罗统，包括下侏罗统小煤沟组、甜水沟组及中侏罗统大煤沟组、石门沟组，其中小煤沟组和大煤沟组是主要的含煤层段，聚煤盆地主要为山间盆地型。

冷湖—马海山间盆地：其北界为赛什腾山和阿尔金山，南界为鄂博梁—南八仙隆起带，略呈菱形。向东与鱼卡、小柴旦一带的小型山间盆地相连，向西与红柳沟—金鸿山断陷为邻，该山间盆地为一陆相中生代沉积区。煤田主要分布于赛什腾山一带，如新高泉、老高泉等地。成煤时代为中侏罗世，但煤层主要赋存于下部大煤沟组。

该盆地受柴达木盆地北部断陷带控制，盆地内部由三个次级断陷组成（赛什腾断陷、冷湖断陷、昆特依断陷）：北部为赛什腾断陷带，中部为冷湖断陷带，南部为昆特依断陷带。其中，北部赛什腾断陷带沉积以河流-沼泽相为主，属于成煤有利地段。

鱼卡—德令哈山间盆地群：该盆地位于柴达木古陆东北部，成西宽东窄的趋势沿宗务隆山南缘呈帚状撒开。整个盆地西起鱼卡以西的滩间山，南以绿梁山—锡铁山—欧姆尼克山为界，东端中止在牦牛山一带。由北向南、自东向西各盆地（断陷）大致排成三列，其间被一些断隆分割，基底起伏程度明显增大，中生代及侏罗纪沉积范围及厚度相应缩小，岩性及沉积环境复杂多变。据资料分析表明，下侏罗统小煤沟组仅见于大煤沟、西大滩及大头羊矿区。中侏罗统下部大煤沟组的沉积范围有所扩大，但仍局限于大柴旦湖、小柴旦湖、尕海湖一线以北的小盆地中。只有中侏罗统上部石门沟组及上侏罗统和下白垩统才广泛出露于所有的山间盆地中。

海西运动和印支运动之后，乌兰原型盆地受到了强烈的改造，一方面形成了北西-

南东走向的隆拗相间的构造格架，另一方面沿着宗务隆南缘断裂产生了近东西向的左行走滑作用和由北向南的挤压作用。所以，至晚三叠世和侏罗纪，沉积作用呈现出由西向东、由北向南逐步推进的态势，成煤作用向同一方向迁移和扩散，从而形成如下四个基本相带。

盆地群东北缘河流-沼泽相带：主要分布在门合沟盆地、柏树山断陷合泽令沟盆地中，典型代表为大头羊煤矿、门合沟煤矿、柏树山煤矿、红山煤矿。以中侏罗统大煤沟组为主体的含煤地层，主要由灰白色石英质砾岩和中、粗粒石英砂岩组成，成熟度一般较高，并具有典型的河床相单斜层理和河漫滩相斜波纹层理。大煤沟组主要煤层厚度巨大，可达10～30m，但常有分叉现象，在后期挤压强烈的地段则呈透镜状。

盆地群西部湖泊沼泽相带：主要分布在鱼卡盆地和全吉盆地之中，推断大柴旦盆地中也存在本相带。其典型代表为鱼卡西部、绿草山和大煤沟。该带下侏罗统小煤沟组、甜水沟组分布不广。大煤沟组为主要含煤层位，煤层厚度巨大，可达 7～40m，但仅分布于隆起边缘的局部拗陷中。

盆地群东部浅湖相带：本带以德令哈盆地为主体，可能包括小柴旦盆地和欧南盆地的东南部。该相带的特点是上侏罗统—下白垩统分布广，其厚度巨大且难以详细分层。中侏罗统仅在盆地边部的羊肠子沟、欧龙布鲁克山南麓及尕海东侧的北滩出露，均属于石门沟组。煤层仅在古隆起之间的小拗陷中形成，虽然局部厚度较大，但结构复杂，且沿走向、倾向均有变薄尖灭的趋势。盆地中心拗陷很深，最深的石油钻孔（德参一井）为 4466.70m，尚未钻透上侏罗统。预计中侏罗统以湖相沉积为主，与其西端羊肠子沟探煤钻孔中所见相似。

盆地群东南部滨湖相带：主要分布在埃姆尼克山、牦牛山等盆缘隆起带边部。以埃南煤矿和旺尕秀煤矿为代表，其特点是仅有中侏罗统石门沟组沉积，且厚度很薄，粒度相对较细，以细粒砂岩、粉砂岩和泥岩为主。煤层环绕古隆起边缘分布，向深部及浅部很快尖灭。

综上所述，鱼卡—德令哈山间盆地群的成煤有利地段主要位于其西部和北部，向东、向南成煤作用减弱，但在一些古地理环境较好的小拗陷或古隆起边缘地带仍可形成可采煤层，只是其储量规模一般较小，上覆地层厚度加大。

二、聚煤模式

1. 不同沉积体系下煤层发育特征与聚煤模式

在各种沉积体系下，煤的沉积模式是综合大量翔实的资料和研究成果，经科学概括提炼而成的理想化的成煤简化形式（张鹏飞，1997）。它可以反映煤层的空间、时间变化规律，以及和沉积环境的成因联系，进而对煤炭资源预测和评价起到指导作用。柴达木盆地北缘主要聚煤沉积体系包括辫状河及辫状河三角洲体系、曲流河三角洲体系和湖泊沉积体系（刘天绩，2013），其聚煤特征分述如下：

（1）辫状河及辫状河三角洲体系主要发育于构造活动期，沉积环境不稳定，一般不利于成煤。但在构造相对宁静期，辫状河冲积平原或辫状河三角洲废弃后，在河漫滩和分流间湾上会有泥炭沼泽发育而成煤，如构造稳定时间长、基准面（湖平面）上升速度与泥炭堆积速度平衡时间长且没有陆源碎屑影响，则可在辫状河冲积平原或辫状河三角洲上形成横向连续、厚度稳定的巨厚煤层。柴达木盆地北缘大煤沟矿区 F 煤组即形成于此种沉积环境，F 煤组整体位于一个三级湖平面上升半旋回。该旋回下部为一套巨厚的辫状河冲积平原砂砾岩，自下而上粒度变细，在大煤沟剖面厚 194m，对应于低位体系域；中部以煤层和碳质泥岩为主，厚约 100m，对应于湖侵体系域；上部为滨浅湖泥岩、粉砂岩，局部因上部河流的冲刷而减薄或缺失，其厚度变化较大，对应于高位体系域。

（2）曲流河三角洲体系中，河流上三角洲平原以河流作用为主，河道边缘沼泽是最重要的聚煤场所，成煤环境可分为岸后沼泽和泛滥盆地沼泽。岸后沼泽通常呈线状，位于天然堤的外侧，并平行于河道展布。随着基准面（湖平面）的不断升高，岸后沼泽面积逐渐扩大，最终形成泛滥盆地沼泽。这种环境下形成的煤层厚度一般较大，层数较少，横向上较连续。若聚煤期由多个基准面旋回组成，则每一旋回都可能形成具有工业价值的煤层。上三角洲聚煤环境煤层厚度沿河道走向较稳定，但垂直于河道方向厚度变化大，一般呈透镜状，向河道方向尖灭，有时还会因决口扇发育而造成无煤带和煤层分叉。此外，聚煤作用发生后如果基准面（湖平面）下降，河道的侧向迁移还会进一步冲蚀煤层，破坏其连续性。上三角洲环境煤层顶板因聚煤后基准面（湖平面）升降变化而不同，若基准面（湖平面）升高，则煤层顶板以泛滥盆地细碎屑岩为主；若基准面（湖平面）下降，则煤层顶板主要为河流相粗碎屑岩，有时河道砂岩与煤层直接接触。总之，在河流上三角洲平原区沼泽形成堆积条件可持续较长时间，是较理想的聚煤环境。柴北缘大头羊矿区煤 1～煤 6 和老高泉煤 4 与煤 5 即属于此种聚煤环境。

下三角洲平原与上三角洲平原的主要区别在于河道显著分叉，分流间湾发育。早期煤层仅能沿分流河道发育不好的、狭窄的堤岸发育。在河流作用占优势的下三角洲平原的河道通常是直的，并朝沉积倾向迅速向前推进，因此，发育于这种环境中的煤层沿沉积倾向有较好的连续性，而平行于沉积走向则不连续，被分流间湾所取代。但如果基准面（湖平面）上升速度较慢，且沉积物供应充分，则分流间湾很容易充填、於迁、沼泽化，进而形成大面积分布的、横向变化稳定的煤层。但在此环境中，由于湖水的经常涉入而破坏了泥炭沼泽的持久性，下三角洲平原形成的煤层一般较薄，煤层顶板多为湖相黏土岩和粉砂岩等细碎屑岩。大煤沟矿区 G 煤组、鱼卡地区煤 5、老高泉煤 6 等即主要形成于此种环境。

（3）在内陆湖盆中，湖泊成煤模式主要表现为湖泊淤浅沼泽化。随着基准面（湖平面）下降或湖泊不断被充填，造成沉积环境可容空间降低，浅湖、滨浅湖或湖湾都可以淤浅而沼泽化。基准面升降变化主要与古气候、区域构造运动等因素有关，而湖泊的充填与植物大量繁殖生长、陆源碎屑的注入及火山碎屑的降落等因素有关（张鹏飞，1997）。

湖侵过程中古隆起或断陷台地的淤浅沼泽化是柴北缘最有利的聚煤模式，前者以鱼卡地区煤 7 为代表，后者以老高泉地区煤 7 为代表。此种聚煤模式通常容易形成全区发育的煤层，煤层一般厚度大、结构简单，但横向煤层的厚度受基底地形影响较大。在古隆起和断陷台地上煤层下部地层一般发育较差，有些煤层直接发育在古生代或元古代老地层之上。

此外，西大滩第三段沉积期 D 煤组为典型的滨浅湖、湖湾淤浅沼泽化成煤，煤层底板一般为滨浅湖粉砂岩、泥岩或湖湾油页岩，向上过渡为煤层，煤层顶板又是滨浅湖粉砂岩、泥岩或湖湾油页岩。此种环境下易发育厚煤层，但煤层厚度、结构及稳定性受基底地形和陆源碎屑的注入影响较大。

综上所述，柴北缘早中侏罗世最有利的成煤环境为湖侵过程中古隆起、断陷台地和废弃的辫状河冲积平原，其次为曲流河下三角洲平原，再次为湖湾和滨浅湖环境，上述几种成煤环境的含煤性及成煤特征见表 2.2。

2. 柴达木盆地北缘聚煤作用控制因素分析

根本上讲，煤层形成的基本条件为成煤植物的生长、植物死亡后的堆积、埋藏和保存三个因素，不同地区由于聚煤时期、区域构造和沉积背景的差异，对成煤植物的生长、埋藏、堆积的控制因素各不相同。本节针对影响柴达木盆地北缘早、中侏罗世聚煤作用的主要因素进行讨论，以期对研究区煤炭资源的聚集规律有更深刻的认识并对有利聚煤区的预测起到指导作用。

表 2.2 柴达木盆地北缘早、中侏罗世主要成煤环境聚煤特征及含煤性比较

类型	成煤环境	煤层层数	单层厚度	煤层结构	煤厚稳定性	实例
辫状河冲积平原	废弃冲积平原	少	巨厚	简单	横向连续、厚度稳定	大煤沟矿区 F 煤组
辫状河三角洲	河漫滩和分流间湾沼泽	少	中-厚	简单-较复杂	沿河道方向较连续，厚度稳定；垂直河道较连续，厚度变化大	西大滩 C 煤组
曲流河上三角洲平原	岸后沼泽和泛滥盆地沼泽	多	薄-厚层	较复杂-复杂	沿河道方向较连续，厚度稳定；垂直河道较连续，厚度变化大	大头羊煤 6、煤 5，老高泉煤 5
曲流河下三角洲平原	分流间湾沼泽	多	薄-中	简单-较复杂	横向连续、厚度较稳定	鱼卡煤 5，老高泉煤 6
湖泊沉积体系	滨浅湖和湖湾	少-多	薄-厚	简单-较复杂	厚度较稳定，横向较连续-不连续	鱼卡煤 4、煤 3，西大滩 D 煤组
	湖侵古隆起和断陷台地	少	巨厚	简单-较复杂	横向较连续，厚度变化大	老高泉煤 7

1）古气候对聚煤作用的影响

古气候环境最终控制着成煤植物的生长和繁殖，是聚煤作用发生的前提条件，温暖潮湿气候有利于成煤植物的生长繁殖，而炎热干旱气候不利于成煤植物生长繁殖。纵向看，柴达木盆地北缘早、中侏罗世以温暖潮湿气候为主，沉积物为一套灰黑色、灰色或灰白色潮湿气候下的陆源碎屑岩，为柴达木盆地北缘主要聚煤期；而到晚侏罗世后，随着全球气候变得炎热干燥，侏罗纪聚煤作用随之停止，沉积物为一套红色、紫红色或杂色干旱气候下的陆源碎屑岩，与早中侏罗世地层形成明显差异。

此外，由于早、中侏罗世内部不同时期古气候环境的差异，其聚煤作用也不同。早、中侏罗世依次经历了早侏罗世赫塘期、辛涅缪尔期、普林斯巴期、托阿尔期和中侏罗世阿连期、巴柔期、巴通期、卡洛期。其中，早中侏罗世前三个时期为温暖潮湿性气候，因此小煤沟组第一段至第三段沉积期均有不同规模的聚煤作用发生；而到早侏罗世末托阿尔期由于气候变的炎热干燥，聚煤作用停止；中侏罗世气候环境主要为温暖、潮湿或半干旱气候，因此，除中侏罗世初阿连期由于沉积环境不稳定没有发生聚煤作用外，其他三个时期均有不同规模的聚煤作用发生。

2）区域构造活动与沉积环境对聚煤作用的影响

早侏罗世处于断陷盆地形成早期，沉积范围较小，但水体较深。当时沉积中心位于柴北缘西段冷湖、鄂博梁地区，以深水沉积环境为主，不利于聚煤作用的发生。早侏罗世末至中侏罗世初由于塔里木地块相对柴达木地块大规模的向北迁移和顺时针旋转，造成柴达木西端冷湖—南八仙以南以西地区抬升，北沿出现中侏罗世早期较短期的拉张环境，并形成以赛什腾山—宗务隆山板块边沿断裂为主要控制断层的新的断陷沉积，大煤沟—鱼卡断陷盆地形成。伴随着沉积水体向东、向北较大规模的迁移，聚煤作用首先在大煤沟地区开始，小煤沟组第一段沉积期由于处于断陷盆地形成初期，成煤基底地形变化大，在辫状河三角洲平原上形成的 A 煤组和 B 煤组厚度小，横向稳定性也较差；经过第一段沉积期的填平补齐作用和构造运动的减弱，小煤沟组第二段和第三段沉积期处于构造活动间的相对平静期，在辫状河三角洲平原与滨浅湖和湖湾环境形成了早侏罗世具有工业价值的 C 煤组和 D 煤组；到小煤沟组第四段沉积期，由于气候变得炎热干旱，早侏罗世聚煤作用也随之而停止。总体看，早侏罗世聚煤作用主要发生在早侏罗世末的大煤沟地区，沉积范围和聚煤规模均较小。

到中侏罗世，伴随着塔里木地块向北、向东继续移动，柴北缘西部由早侏罗世的伸展构造环境转变为挤压环境，造成冷湖、鄂博梁地区继续抬升和沉积水体继续向北、向东迁移。鱼卡断陷也开始接受沉积，总体上形成了以大煤沟、鱼卡为沉积中心并向四周绿梁山、赛什腾凹陷、平台突起超覆的早断陷后拗陷的沉积特征。自此，柴北缘开始了大规模的聚煤作用。如前所述，中侏罗世包括三个中期基准面（湖平面）沉积旋回（分别对应于层序 6、层序 7 和层序 8），其中聚煤作用主要发生在前两个沉积旋回。在第一个沉积旋回（层序 6，大煤沟组沉积期）基准面（湖平面）上升初期，在古地形平坦的大煤沟矿区废弃的辫状河冲积平原，鱼卡凹陷古隆起和老高泉断陷台地上发育了柴北缘最具工业意义的 F 煤组（大煤沟矿区）和煤 7（鱼卡、老高泉），随后在基准面上升半旋回末在曲流河上三角洲平原（大头羊）、下三角洲平原（鱼卡、老高泉）沉积了煤 6。第二个沉积旋回（层序 7，石门沟组下段沉积期）在基准面（湖平面）上升半旋回初期下三角洲平原（鱼卡）和上三角洲平原（老高泉、大头羊）形成了全区重要可采煤层煤 5，随后在基准面上升半旋回中—末期在上三角洲平原（大头羊、老高全）和滨浅湖环境形成的局部发育、局部可采的煤 4、煤 3 等煤层。在大煤沟矿区，由于沉积环境水体较深，从第二个沉积旋回开始已基本不再发育可采煤层。

3）基底沉降和沉积环境对聚煤作用的影响

为了反映不同构造位置、不同沉积环境煤层厚度的变化，本书参照邵龙义对吐哈盆地西山窑组和八道湾组煤层研究的做法，选取了西大滩小煤沟组第三段、鱼卡大煤沟组上段、鱼卡石门沟组下段和老高泉大煤沟组上段地层进行参数统计分析。统计参数包括煤层厚度、地层厚度和砂岩 + 砾岩含量（图 2.8～图 2.11），并分别绘制它们之间的三维关系图。

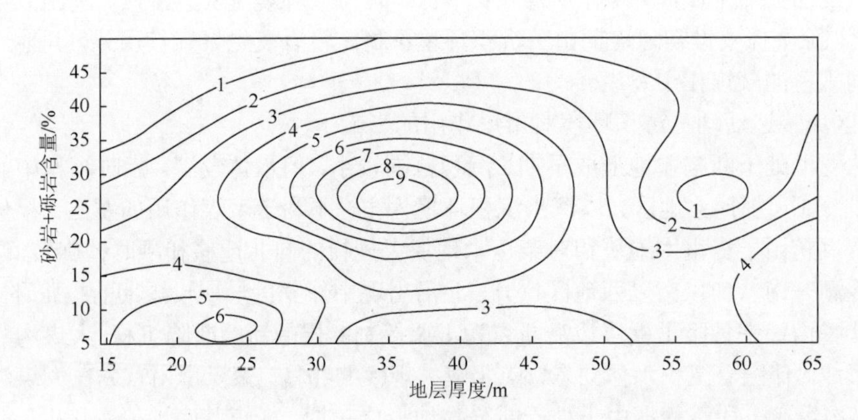

图 2.8　西大滩小煤沟组第三段煤层厚度、地层厚度和砂岩 + 砾岩含量关系图（据刘天绩等，2013）

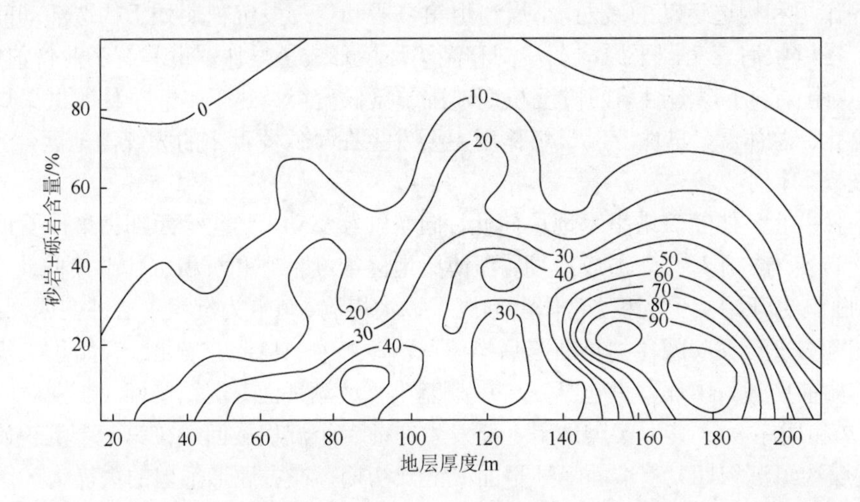

图 2.9　鱼卡大煤沟组上段煤层厚度、地层厚度和砂岩 + 砾岩含量关系图（据刘天绩等，2013）

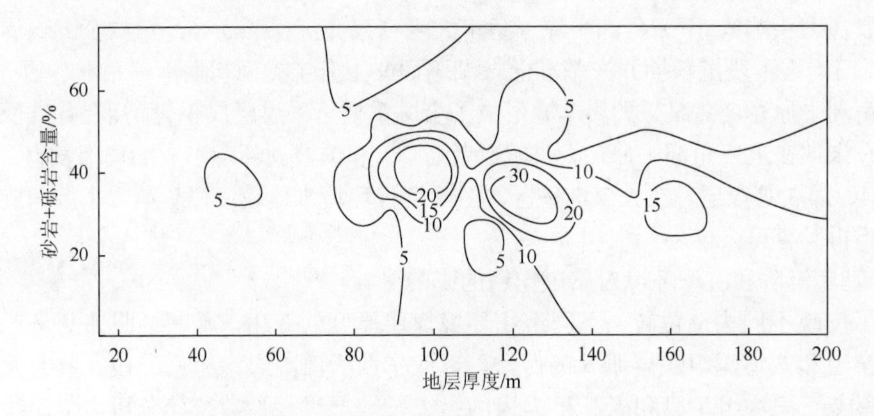

图 2.10　鱼卡石门沟组下段煤层厚度、地层厚度和砂岩 + 砾岩含量关系图（据刘天绩等，2013）

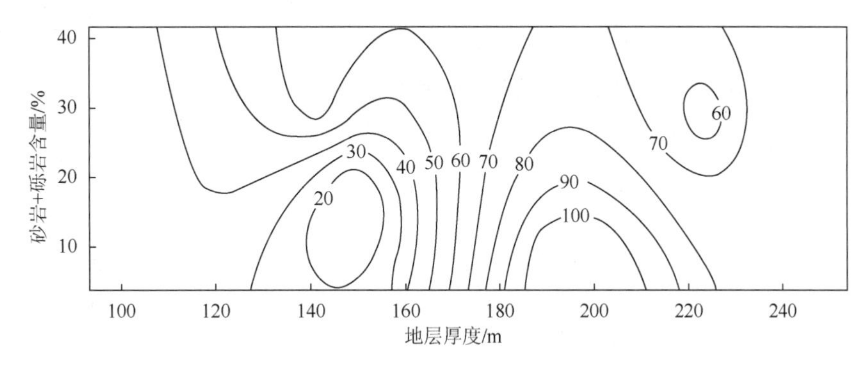

图 2.11　老高泉大煤沟组上段煤层厚度、地层厚度和砂岩＋砾岩含量关系图（据刘天绩等，2013）

4）基准面（湖平面）变化对聚煤作用的控制

基准面（湖平面）变化是区域构造活动和沉积环境背景的具体表现之一。前人建立的大量成煤模式表明，在滨岸、河流-三角洲、冲积扇、砂质辫状河、湖泊以及碳酸盐台地等沉积环境中都出现了具有经济价值的煤层，也就是说这些沉积环境具有相同或相似的控制聚煤作用的最根本因素，那就是泥炭的堆积和保存需要水位足够的高以覆盖正在腐烂的植物并阻止其被氧化，同时水位又要足够的低以确保活着的植物不被淹死。这说明成煤植物生长、堆积和保存所需要的可容空间是在一定范围内变化的，不同成煤植物生长、繁殖所需的最大可容空间是不同的，但泥炭的堆积和保存所需的最小可容空间是一定的，即基准面的变化速率必须与泥炭沉积速率保持某种平衡关系，以维持变化在一恒定范围内的可容空间，这样才有利于成煤植物长期生长、堆积和保存。一般认为，泥炭堆积速度为每 4～100 年堆积 1mm，即泥炭堆积速度是处于一定范围内的，因此，煤层形成的条件为在存在适合成煤植物生长、保存的变化在一定范围内的可容空间的前提下，基准面的变化速率与泥炭沼泽的堆积速率长时间保持在一定范围内。

影响基准面变化的因素是多方面的，盆地沉降相对稳定时期，在水体注入盆地速率一定的情况下，基准面的上升速率取决于古地理面貌。湖平面上升过程中，随着湖平面逐渐扩大（尤其是在遇到一些大的古隆起、断陷台地时），湖平面的上升速率下降，可容空间变化速率变缓，因而也最容易出现满足成煤的条件——泥炭生成、堆积的速率与基准面抬升速率之间保持较长时间的平衡。因此，柴北缘地区中侏罗世有利聚煤区也主要分布在湖侵过程中这些地形平坦的古隆起、断陷台地和冲积平原上，鱼卡矿区、老高泉矿区和大煤沟矿区的 M7、F 煤组即是很好的验证。

第五节　控煤构造特征

柴北缘地区煤炭资源丰富，煤炭种类齐全，侏罗纪含煤地层限于中、下侏罗统，沿阿尔金山、赛什腾山、绿梁山、欧龙布鲁克山一线，展布有一系列侏罗纪含煤盆地。柴北缘侏罗系聚煤条带总长约 470km，自西向东有柴水沟、小西沟、石圈滩、新高泉、老高泉、园顶山、鱼卡、大头羊、绿草山、西大滩、大煤沟、柏树山、欧南、埃南、旺尕秀等十几处煤矿点。

根据研究区早、中侏罗世成煤时期来看，整个柴北缘地区基本处于伸展构造环境之下。早侏罗世期，柴达木地块、华北地块均发生了较大规模的向北运移，且华北地块运移速度和距离较柴达木地块要大，势必在两者之间形成伸展构造环境。中侏罗世延续了早侏罗世构造运动特点，柴达木地块与华北地块之间持续的差异性运动，导致柴北缘地区仍处于伸展构造环境。与此同时，由于柴达木地块自身顺时针方向的旋转，以及阿尔金走滑断裂的综合影响，柴北缘西部地区由早侏罗世的伸展构造环境转变为挤压构造环境，并导致冷湖、鄂博梁地区抬升，沉积水体向东、北方向迁移，形成了以大煤沟、鱼卡为沉积中心，向绿梁山、赛什腾凹陷等四周超覆的沉积特点；另外，也使断陷活动中心向东迁移，由西北赛南凹陷、经鱼卡地区到东南方向大煤沟地区，构造伸展作用增强而挤压作用减弱。

由于东、西部地区构造环境的差异（东部伸展、西部挤压），尤其是西部地区构造环境的转变（伸展→挤压），加之柴达木地块自身的旋转和阿尔金走滑断裂的影响，导致柴北缘断裂系统呈反“S”形和雁行斜列展布的特征，由此形成整个柴北缘地区由西至东呈帚状撒开之势。

一、柴北缘煤田构造分带分区特征

柴北缘地区构造背景复杂，各含煤区受各级构造单元及断裂带控制，并遭受成煤期后强烈的构造改造，煤盆地的形态和空间位置均不同程度地发生了变化（占文峰等，2008），从而导致侏罗纪沉积环境多变，煤系分布极不均匀，煤层厚、薄相间分布。

从沉积角度看，由柴北缘东西沉积相连井对比可见，研究区含煤系地层以中侏罗统大煤沟组为主，下侏罗统小煤沟组只见于柴北缘中、东部的地区的大头羊矿区、大煤沟矿区和欧南矿区，西部地区未见小煤沟组沉积地层，这与西部地区在中侏罗世遭受抬升剥蚀有关（表2.3）。

表2.3　柴北缘早、中侏罗世东西部沉积特点对比表

地区 时代	西部地区		中部地区		东部地区	
	沉积中心	盆地类型	沉积中心	盆地类型	沉积中心	盆地类型
J_1	赛什腾	断陷盆地		断陷盆地		断陷盆地
J_2		凹陷盆地	鱼卡、大煤沟	凹陷盆地		断陷盆地

早侏罗世，柴北缘在伸展构造环境下，接受下侏罗统小煤沟组沉积，沉积中心位于西部的赛什腾地区。中侏罗世，西部地区发生构造应力场反转，地层抬升剥蚀，沉积水体向东、北方向迁移，形成了以大煤沟、鱼卡为沉积中心，向绿梁山、赛什腾凹陷等四周超覆的沉积特点。

从构造角度看，早、中侏罗世，柴北缘东、西部地区构造环境存在差异。东部地区以伸展构造为主，西部地区经历了由伸展向挤压构造应力场的转变，中部地区则处于二者之间的过渡地带，因此三者之间的构造变形也存在差异。

反映在盆地性质上，鱼卡以东大煤沟地区以伸展断陷盆地为主，表现为强烈的断陷沉降特点；西北赛什腾凹陷、老高泉地区表现为早期断陷而后期凹陷，构造沉降较小，而位于老高泉、大煤沟之间的鱼卡地区也表现为早期断陷、后期凹陷，但构造沉降幅度介于前两者之间。

通过对西、中、东部构造分区内典型矿区构造沉降史特征对比分析，表明柴北缘盆地沉降历程的差异性在时间和空间上均十分明显，反映在沉降史曲线类型的多样性上，如东部变形区中生代沉降幅度的显著性，中部变形区中生代沉降幅度次之，西部变形区中生代沉降幅度最小。

根据柴北缘煤系地层沉积特点、构造变形特征以及煤田展布特征，将柴北缘自西向东划分为三个构造分区。

西部构造分区：矿区（点）主要分布于赛什腾山前一带，主要包括新高泉、老高泉等地，属于赛什腾山—达肯大坂—宗务隆山逆冲推覆构造前锋带。北侧为赛什腾山，南侧为柴北缘前陆滑脱拆离带，西侧为阿尔金断裂与塔里木盆地相邻，向东与鱼卡、小柴旦一带的小型山间盆地相连，成煤时代为中侏罗世。潜西地区发育下侏罗统湖西山组，但不含煤，煤层主要赋存于大煤沟组，该区侏罗系分布较广，成煤较厚，属于成煤有利地段，但分布极不均匀，多沿老山前出露。如新高泉矿，可见单层厚度达 32～54m 的巨厚煤层；老高泉矿，共含可采煤层五层，总厚度约 17m。

自中生代以来，主要受北东-南西向构造应力场控制，因此构造线以北西向为主，加之受阿尔金走滑断裂作用明显。线性构造解译表明，该区构造较为复杂，多发育于表层，断裂多具压扭性质，褶皱规模较小，如赛西背斜、平台背斜、东台背斜等，多被断层所切割。

中部构造分区：矿区主要包括鱼卡、大头羊、绿草山、西大滩、大煤沟等地，成西窄东宽的趋势沿达肯大坂山南缘呈帚状撒开。基底起伏程度明显加大，侏罗系沉积范围及厚度相应缩小，沉积环境复杂多变。中、下侏罗统均有发育，但各具局限性。下侏罗统小煤沟组仅见于大煤沟、西大滩及大头羊矿区。中侏罗统下部大煤沟组的沉积范围有所扩大，在各主要矿区均有发育，成煤性较好。

区内地层分布总的方向为北西、北西西向，表现出两隆两凹的构造格局。南部隆起带为绿草山—欧龙布鲁克山，北部隆起带为达肯大坂山。达肯大坂山、绿草山均由锡铁山群下部眼球状片麻岩所组成，欧龙布鲁克山由眼球状片麻岩组成。

断裂在大煤沟地区发育，可分为两组：一组为 NWW-NNW-NWW 向，规模大，曾多次活动，表现为压性、压扭性，倾向北，倾角 60°～70°，两条隆起带的南部均有这样的断裂；另一组为 NNW 向或 NNE 向的断层，与 NWW-NNW-NWW 向断层斜交，此组断裂规模较小，表现为张扭性，羊肠子沟及西大滩都存在这样的断层。

褶皱在中生界及新生界地层中较为发育，轴向 NWW、NNW 或 NWW-NNW-NWW，向斜南翼倾角缓，北翼倾角陡，背斜南翼倾角陡，北翼倾角缓，如绿草山—欧龙布鲁克山隆起带与达肯大坂山隆起带之间的红山向斜、红山北背斜。

综上所述，可以看出区域特点在构造线上表现为南北相互平行的呈斜列的 NWW-NNW-NWW 的反“S”形构造体系。按该区所处的大地构造位置，若整个柴达木盆地为第一级构造，则其中呈雁形斜列的隆起、拗陷为第二级构造，每个二级构造又有几个次级的雁形斜列的构造体系所组成，即第三级构造，而且它们之间存在着挨次控制的关系。

东部构造分区：区内发育三个赋煤条带，由北向南分别是北带沿宗务隆山逆冲推覆构造前锋，包括柏树山矿；中带沿欧龙布鲁克山—牦牛山逆冲断裂带展布，包括欧南矿、旺尕秀矿等；南带沿埃姆尼克山山前展布，包括埃南矿等。该区主采煤层为大煤沟组，含煤性相对较差，后期构造变形强烈，煤矿规模均小。其中东部的德令哈煤田成煤时代为中侏罗世，东南部乌南煤田为石炭纪—侏罗纪成煤特点。

三条隆起带及其间的凹陷盆地，在区内表现得尤为明显。北侧为宗务隆山隆起带，中部为欧姆尼克山隆起带，南侧为锡铁山—埃姆尼克山隆起带。埃姆尼克山主要由志留系—泥盆系硬砂岩、板岩组成，中部为石炭系地层，南侧为侏罗系及古近系、新近系地层，由锡铁山—埃姆尼克锡铁山群片岩所组成。

该区基底较为稳定，断裂和褶皱构造主要发育在欧龙布鲁克、德令哈地区，且构造线方向以近东西向为主。由于受到马海—南八仙断裂、红山—锡铁山断裂两条断层的影响，阿尔金构造对东部地区的影响逐渐减小。

二、柴北缘构造演化史

以区域构造演化史分析为基础，结合构造应力场分析、沉降史和平衡剖面分析结论，认为宜将柴达木盆地自中生代以来的演化史划分为以下 5 个阶段（表 2.4，图 2.12）。

1. 前中生代盆地基底形成阶段

柴达木盆地经历了加里东、海西、印支多期构造改造运动。吕梁期（2300Ma）地质事件结束了早元古代沉积历史，使其回升、褶皱，并产生区域动力热流变质作用，形成了中高级变质岩系，构成柴达木地块的结晶基底。基底岩性具有明显分区性质，主体部分为元古界结晶岩系的古老陆块，在此基础上，古生代接受了超覆型的边缘陆架沉积，部分地区发育了陆缘碎屑和海岸碳酸盐超覆体系。加里东运动使盆地遭受近南北向挤压形成近东西向大型宽缓背斜，海西运动则主要使盆地产生垂直升降运动，印支运动使近东西向大型宽缓背斜进一步发育，整个盆地处于挤压应力状态中，地层整体沿着北东东方向展布。印支运动后期彻底地结束了柴达木盆地海浸的历史，海水全面退出，湖泊的出现标志着柴达木盆地进入到一个全新的陆相盆地演化时期，地层整体沿着北东东方向展布。

2. 早中侏罗世，伸展-沉降阶段

早、中侏罗世柴北缘经历了印支运动和燕山运动Ⅰ幕和燕山运动Ⅱ幕构造运动影响，使盆地在 NNE-SSW 向拉张应力场控制下，进入初始裂陷阶段，在各构造分区沉积了早、中侏罗世地层。其中，东部构造分区的乌兰凹陷、中部构造分区的鱼卡—红山凹陷和绿南凹陷以及西部构造分区的赛南凹陷有早侏罗统的沉积，而且尤以西部构造分区的赛南凹陷沉积最厚，中侏罗统的沉积在东部构造分区有很大的继承性和扩展性，东部构造分区中侏罗统的沉积除在乌兰凹陷外在欧龙布鲁克—牦牛山逆冲断裂带上也有沉积；而中部构造分

区仅体现了继承性，中侏罗统地层继续在鱼卡—红山凹陷和绿南凹陷；西部构造分区却表现出了与早侏罗世沉降中心的不同，中侏罗统的沉积缺失仅分布在赛南凹陷的北部（新高泉和老高泉），没有继续在赛南凹陷沉积，反映了沉降中心的迁移。

3. 晚侏罗世—白垩纪挤压抬升剥蚀阶段

盆地经历燕山运动Ⅲ、Ⅳ和Ⅴ幕，使盆地总体上一直处于遭受挤压抬升剥蚀状态。但由于受柴达木地块自身旋转和阿尔金走滑断裂以及鄂拉山走滑断裂的影响，造成柴北缘东部构造分区、中部构造分区和西部构造分区之间存在差异，体现在东部构造分区沉积了晚侏罗世地层而白垩系和古新系、始新系被完全剥蚀；中部构造分区白垩系被全部剥蚀掉而保留了晚侏罗世地层；西部构造分区沉积了白垩系却缺失了晚侏罗世地层。

表 2.4　柴北缘构造演化特征简表

<table>
<tr><th rowspan="2">构造演化阶段</th><th colspan="3">地质年代</th><th rowspan="2">构造运动</th><th rowspan="2">主要构造-沉降事件</th></tr>
<tr><th>代</th><th>纪</th><th>世</th></tr>
<tr><td rowspan="3">Ⅴ</td><td rowspan="6">新生代</td><td rowspan="2">新近纪</td><td></td><td rowspan="3">晚喜马拉雅运动</td><td rowspan="3">盆地受挤压控制，接受新近系强烈沉积</td></tr>
<tr><td>上新世</td></tr>
<tr><td></td><td>中新世</td></tr>
<tr><td rowspan="3">Ⅳ</td><td rowspan="3">古近纪</td><td>渐新世</td><td rowspan="2">早喜马拉雅运动</td><td rowspan="3">盆地受挤压控制，接受 E_3 强烈沉积</td></tr>
<tr><td>始新世</td></tr>
<tr><td>古新世</td><td rowspan="6">燕山运动Ⅴ
燕山运动Ⅳ
燕山运动Ⅲ
燕山运动Ⅱ
燕山运动Ⅰ
印支运动
海西运动
加里东运动</td></tr>
<tr><td rowspan="2">Ⅲ</td><td rowspan="4">中生代</td><td>白垩纪</td><td>白垩世</td><td rowspan="2">盆地遭受挤压抬升剥蚀夷平，大部分地区缺失 K 沉积</td></tr>
<tr><td rowspan="3">侏罗纪</td><td>晚侏罗世</td></tr>
<tr><td rowspan="2">Ⅱ</td><td>中侏罗世</td><td rowspan="2">盆地在近南北向拉张应力场控制下，发生断（拗）陷作用，沉积了 J_1～J_2 地层</td></tr>
<tr><td>早侏罗世</td></tr>
<tr><td>Ⅰ</td><td>前中生代</td><td></td><td></td><td>经历多期构造活动，遭受多次挤压抬升剥蚀夷平和沉积作用后形成盆地的基底</td></tr>
</table>

4. 古新世～渐新世，新生代强烈挤压阶段

该时期盆地经历了早喜马拉雅运动的强烈挤压作用，盆地总体处于挤压作用状态，尤其是 E_3 期间的挤压最为强烈。E_3 期间 NNE-SSW 方向的斜向挤压作用，在不对称盆地内拗陷中沉积了始新世～渐新世地层。其中，东部构造分区在 E_3 期沉降速率最小，而中部构造分区沉降最大，西部构造分区最小。

5. 新近纪以来，盆地定型阶段

盆地主要受晚喜马拉雅运动作用的影响，受 NNE-SSW 方向强烈挤压造成上新统巨厚沉积，柴北缘盆地也最终定型。

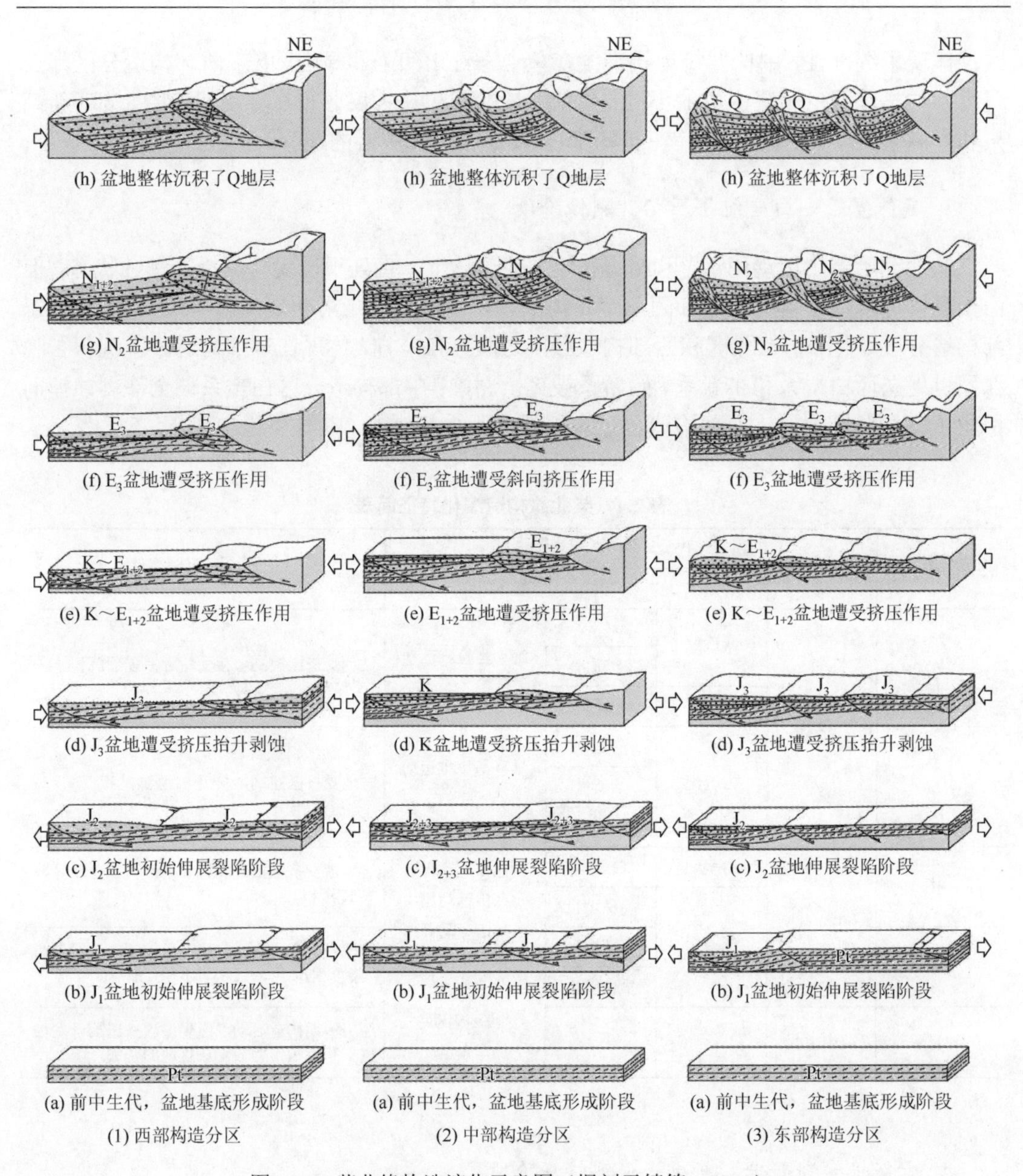

图 2.12　柴北缘构造演化示意图（据刘天绩等，2013）

第三章　天山含煤区聚煤作用与构造特征

第一节　含煤区煤田构造特征

天山含煤区主要含煤盆地包括吐哈盆地、伊犁盆地、焉耆盆地以及尤路都斯盆地、库米什盆地等。天山含煤区具隆凹相间、南北分带、东西分块的总体构造格局。在东西方向上，含煤区东西两端构造相对简单，中部构造相对复杂，焉耆煤田发育多层次推覆构造，位于天山含煤区东段的吐哈盆地，自西向东构造变形强度有降低的趋势；在南北方向上，规模较大的盆地内部呈现出成排分布的东西向构造分带，构造变形强度和构造复杂程度自盆地的南北边缘向内部逐步减弱。

天山含煤区各盆地构造横剖面的总体形态表现为南北两侧造山带向盆内逆冲的对冲构造样式。由于南北边界断裂向盆内的相向逆冲挤压，盆地内部形成主要构造线走向近东西的断褶带，次级褶皱构造发育，形成不对称状复式向斜赋煤构造。区域内断裂构造发育，其中近东西向断裂规模最大，数量最多，断裂性质均为压性，断裂多与褶皱伴生，多数出现在复式褶皱带内向斜与背斜邻接带；NW 向、NE 向断裂规模小，性质多为扭性、压扭性。

晚侏罗世开始，区域挤压构造应力场逐渐增强，盆缘造山带向盆内逆冲推覆使天山含煤区各盆地的性质由伸展断陷型盆地向挤压逆冲型前陆盆地转化，在伴随着天山隆起的同时，差异升降活动加剧，盆缘断层性质发生由正断层向逆冲断层的构造反转，盆缘山地全面隆起并向盆地逆冲，导致盆地范围收缩。

第二节　吐 哈 盆 地

一、含煤地层及煤层

1. 含煤地层

吐哈盆地位于新疆东部，包括吐鲁番、哈密地区。侏罗系是盆地内发育最全、分布最广的唯一含煤地层，盆地周边及中央拗陷一带均有出露，主要为河、湖相的碎屑岩与河沼、湖沼相煤系建造，岩性主要为砂砾岩、砂岩、泥岩及煤层，与下伏地层呈整合或假整合接触。下侏罗统分为八道湾组和三工河组；中侏罗统分为西山窑组、头屯河组（三间房组和七克台组），中侏罗世晚期的一套碎屑岩在吐哈盆地北部目前划定为三间房组和七克台组，在南部为头屯河组；上侏罗统分为齐古组和喀拉扎组。中下侏罗统八道湾组、三工河组与西山窑组合称水溪沟群，通常认为是吐哈盆地的侏罗纪煤系地层，在盆地内分布最广。

1）下侏罗统八道湾组（J_1b）

该组露头主要见于盆地西北部的伊拉湖、克尔碱、桃树园、七泉湖、柯柯亚等地。根据物探和钻孔资料分析，八道湾组的隐伏区仅分布于吐鲁番凹陷和哈密凹陷中部，尤以托克逊凹陷最为发育，多连续沉积于上三叠统之上。

该组为一套下粗上细的含煤碎屑沉积，垂向上交替重叠呈湖沼相煤系与砂岩的互层，岩性主要为黄褐色、灰白色、灰绿色砾岩、砂砾岩、砂岩及灰绿色、灰色、灰黑色粉砂岩、砂质泥岩、炭质泥岩的不均匀互层，夹煤层、煤线及菱铁矿，其底部有多层砾岩、砂砾岩。盆地内该组沉积主要发育河流相的扇三角洲沉积体系，包括辫状河三角洲和曲流河三角洲，凹陷的中心部位有湖沼相沉积。盆地北缘向南，岩性由粗变细，沉积物主要来自南部的觉罗塔格山。

地层厚度变化较大，在北部边缘一带，西部的克尔碱厚480m，中部桃树园厚43m、七泉湖厚325m，东部柯柯亚厚368m，呈现两头厚、中部薄的特点。另据石油资料，八道湾组在台北凹陷内最大厚度达800m，托克逊凹陷厚200～400m，哈密凹陷厚度达700m。八道湾组是在盆地不断向外扩张的背景下所接受的一套以粗碎屑岩为主的含煤沉积。印支运动曾使盆地基底抬升，导致了盆地沉降之后所沉积的八道湾组厚度的不均一性。

就整个北部而言，由于基底隆起，沉积缺失，煤层稳定性稍差。克尔碱含煤4～12层，煤层总厚8.5～18.13m；桃树园只含薄层煤及煤线；七泉湖含煤2层，煤层总厚24m；柯柯亚含煤4～7层，煤层总厚14.75m。

2）下侏罗统三工河组（J_1s）

其分布范围与八道湾组大体一致，略有扩大，主要出露于北部克尔碱、桃树园、七泉湖、柯柯亚和中部的红胡子坎—五道沟一带，南部在艾丁湖西南、沙尔湖东北也有零星出露，多数地区表现为与八道湾组连续沉积，仅在北部边缘局部地段及南部超覆不整合于石炭系、二叠系之上。

岩性为以灰色调为主的湖相砂泥岩，夹有煤线或薄煤层，其下部为浅灰色砂岩、砂砾岩、砾岩，上部为灰绿色、灰黄色粉砂质泥岩夹叠锥灰岩及菱铁矿透镜体，风化后呈褐色夹黄色条带，似虎皮色，俗称“虎皮层”。北部地区岩性粒度较粗，中下部多块状砂砾岩和砂岩，向上变细，其余地区总体较细。该组岩性稳定，在柯柯亚、桃树园、煤窑沟一带比较相似，为暗灰色粉砂岩、砂泥岩夹细砂岩；红胡子坎—五道沟以砂岩为主夹粉砂岩、泥岩，局部含砾岩；三道岭则为砂泥岩互层夹薄煤层；沙尔湖东北上部为土黄色—灰绿色细砂岩、粉砂岩、泥岩，中下部为红色—黄绿色粉砂岩、泥岩互层夹薄层砾岩，局部发育薄层叠锥灰岩、菱铁矿透镜体和同生菱铁质结核，底部为一套较稳定的杂色复成分砾岩。大南湖中部鲁能勘查区（深部）上部为湖相深灰色、灰绿色泥岩与细砂岩互层，下部为河流相深灰色砾岩、中粗粒砂岩夹粉砂岩、泥岩。

地层厚度以北部柯柯亚至煤窑沟一带最大，厚293～368m，向西、向东、向南厚度变小，西部艾维尔沟厚163～213m，克尔碱厚76～158m，七泉湖厚117m，东部三道岭一带厚59～180m。中部红胡子坎厚80～120m。南部的沙尔湖厚200m，大南湖厚大于128m。

三工河组沉积期吐哈盆地湖泊大规模扩张期，湖泊范围扩大，沉积物范围也扩大。三工河组以层次清楚、颜色混杂（虎皮层）岩性稳定、厚度变化不大、分布普遍为其特征，为地层对比的良好标志。

3）中侏罗统西山窑组（J_2x）

该组是吐哈盆地分布范围最广泛的一套侏罗纪地层，也是盆地内的主要含煤地层，露头主要见于盆地的边缘地区和中部凸起，如西部的伊拉湖、克尔碱，北部的桃树园、七泉湖、煤窑沟、柯柯亚，中部的苏巴什、鄯善、七克台，东部的三道岭，南部的艾丁湖、沙尔湖、大南湖、骆驼圈子及东部的梧桐窝子、野马泉。在吐鲁番拗陷连续覆于三工河组之上，在哈密凹陷、沙尔湖凹陷—大南湖凹陷一带超覆于上古生界之上。

该组为一套河流、湖泊以及三角洲沼泽相碎屑沉积，岩性以灰色、浅黄绿色、灰绿色、灰白色砂岩、粉砂岩、泥岩互层及暗色泥岩、炭质泥岩和煤层为主，夹砾岩与菱铁矿。岩性一般较稳定，由北向南变细。北部山麓地带及盆地边缘地区碎屑颗粒较粗，砾岩、粗砂岩较多。中部火焰山地区岩性较细，以泥岩、砂质泥岩及粉砂岩为主。东部野马泉、梧桐窝子一带也较粗。南部艾丁湖含多层砂砾岩和粗砂岩，向东至沙尔湖、大南湖变细。该组厚度变化较大（表 3.1），为 670.17～1561m，总体呈北薄、南厚，西薄、东厚的趋势。吐哈南部预查区内西山窑组地层厚度普遍较大（表 3.2）。

表 3.1　吐哈盆地西山窑组地层厚度表

地段	克尔碱	七泉湖	七克台	三道岭	梧桐窝子	野马泉	大南湖	沙尔湖	艾丁湖
厚度/m	1200.06	919	940	670.17	＞866.07	1561	1125	914.6	971.5

表 3.2　吐哈盆地南部预查区西山窑组地层厚度表

地段	伊拉湖—艾丁湖预查区		库木塔格—沙尔湖预查区		大南湖—野马泉预查区			
	伊拉湖	艾丁湖	库木塔格	沙尔湖	大南湖西	大南湖东	梧桐窝子	骆驼圈子
厚度/m	＞408.74	＞793.06	873.01	914.6	＞604.21	＞1034.2	＞866.1	＞647.6

大部分地区该组岩性大体可分为下、中、上三段，中段为主要含煤段，上、下段含煤性差，不含煤或含煤线、薄煤层及零星可采煤层。三段的颜色在中部的红胡子坎、南部的沙尔湖、大南湖有较明显的区别，上段一般呈灰绿、黄绿及褐黄色；中段一般呈灰白色、浅灰色、灰色、深灰色及浅灰绿色；下段色调较杂，呈浅灰绿色、灰白色、红褐色、灰色、深灰色。中、下段普遍含菱铁质结核、条带或透镜。三段底部均以较粗碎屑岩如砾岩、砂砾岩或粗砂岩或含砾中砂岩与下部地层为界。

大南湖东、西预查区：该组岩性组合特征及岩性段的划分基本与中部的大南湖鲁能勘查区一致，只是两区下段未控制或在边缘发育不全，大南湖东预查区上段岩性偏粗，以砾岩、粗砂岩为主，夹砂质泥岩、泥质粉砂岩，含煤性差，局部夹有薄煤层或煤线。大南湖西区揭露地层厚 181.51～604.21m，含煤 2～15 层，煤层平均总厚 20.63m；大南湖东区揭露地层厚 40.66～1034.29m，含煤 2～44 层，煤层平均总厚 52.67m；骆驼圈子揭露地层厚 193.18～647.6m，含煤 2～3 层，煤层平均总厚 5.49m；梧桐窝子揭露地层厚 336.78～

866.07m，可能埋藏深，含煤性有待进一步验证。大南湖东、西区总体显示中部地层厚，含煤性好，东西两端地层薄，含煤性较差。

4）中侏罗统头屯河组（J_2t）

该组分布于沙尔湖及大南湖一带，为一套河湖相杂色碎屑岩，与下伏中侏罗统西山窑组呈整合接触。

沙尔湖组：该组下部为黄绿—灰白色与紫红色细砂岩、泥质粉砂岩、泥岩互层，间夹砾岩、砂砾岩、粗砂岩；上部为紫红、褐红色泥质粉砂岩夹灰白色砂砾岩，泥质粉砂岩内含少量炭屑。厚度 42.02～365.72m，由北向南，地层由厚变薄。

大南湖组：该组下部为杂色泥岩、泥质粉砂岩互层，夹中细砂岩，底部夹灰白色泥灰岩；上部为褐黄色、紫红色砾岩、泥岩互层。厚度 36.72～230m。

2. 煤层

吐哈盆地分布有 7 个煤田（煤产地、煤矿点），含煤性均较好。含煤地层为中下侏罗统水溪沟群，根据聚煤时代早、中、晚分为 A、B、C 三个煤组。其中 A 煤组为早侏罗世八道湾组期成煤，煤层局部发育，其厚度变化较大；B 煤组为早侏罗世三工河组期成煤，煤层层数及厚度变化大，资源量有限；C 煤组为中侏罗世西山窑组期成煤，全区发育，煤层层数多，煤层厚度大且较稳定，是主要的开采煤组。

1）A 煤组

A 煤组主要分布在艾维尔沟煤产地、托克逊煤田、鄯善煤田、哈密煤田等区域，煤层产于八道湾组上部和下部，各煤田在地层厚度、煤层层数及煤层厚度上差异较大，但具有一定的规律性。地层厚度一般为 67～670.48m，最厚处在哈密煤田为 670.48m。含煤 1～17 层，艾维尔沟煤产地为 14 层，托克逊煤田为 1～17 层，鄯善煤田为 5 层，哈密煤田为 6～7 层。煤层厚度一般为 0～81.86m，最薄为鄯善煤田，最厚在艾维尔沟煤产地。可采煤层层数一般为 1～12 层，可采厚度为 0.7～75.63m，最薄在鄯善煤田，最厚在艾维尔沟煤产地。煤层结构简单-较简单，局部为复杂结构，含夹矸为 0～16 层，一般为炭质泥岩、粉砂岩。煤层属稳定到较稳定性煤层，局部为不稳定性煤层。煤层顶底板以粉砂岩为主，其次为炭质泥岩、细砂岩。各煤田（煤产地）含煤特征见表 3.3。

表 3.3　吐哈赋煤带八道湾组含煤特征一览表

煤田	地层厚度/m	煤层数	煤层厚度/m	可采层数	可采厚度/m
艾维尔沟煤产地	78.28～492.68	14	3.63～81.86	12	1.03～75.63
托克逊煤田	250～460	1～17	0.79～29.48	1～10	0.79～28.80
鄯善煤田	100	5	0～10.55	1	0.7～10.55
哈密煤田	67～670.48	6～7	0～33.58	2～4	0.7～27.80

煤层在各煤田分布规律各不相同，煤层发育较好的煤田为哈密煤田和艾维尔沟煤产地，其煤层厚，煤层较稳定，结构较简单，在走向和倾向上有一定的变化但变化不大，是勘查和开采的主要煤田。而其他煤田，煤层薄，煤层厚度稳定性较差，结构也较上述两个煤田复杂。

2）B 煤组和 C 煤组

煤组分布范围广，全区发育，煤层较稳定，是主要的可采煤层组。煤层产于西山窑组，地层厚度一般为 205.27～786m，最薄处在吐鲁番煤田，为 205.27m，最厚处在大南湖—梧桐窝子煤田，为 786m。含煤 1～43 层。煤层厚度一般为 0.2～314.53m。可采煤层数 1～25 层，可采厚度一般为 0.83～314.53m。煤层结构简单-较简单，局部复杂。煤层顶底板岩性以泥岩、粉砂岩为主，局部为细砂岩。

各煤田（煤产地）煤层稳定性较好，全区基本为可采煤层，煤层厚度大，范围广，资源量丰富。各煤田（煤产地）含煤特征见表 3.4。

表 3.4　吐哈赋煤带西山窑组含煤特征一览表

煤田	地层厚度/m	煤层数	煤层厚度/m	可采层数	可采厚度/m
艾维尔沟煤产地	739.54	15	0.2～6.38	2～3	0.83～6.38
托克逊煤田	322～500	＞9	10～28.80	4	4.09～18.93
鄯善煤田	450	8	3～88.33	4～6	4～31.85
吐鲁番煤田	205.27～534.56	4～5	12.57～27.89	1～2	5.74～20.50
沙尔湖煤田	415.84～601.08	6～43	7.21～314.53	8～25	2.00～314.53
大南湖—梧桐窝子煤田	786	1～35	36.47～148.72	20	28.48～133.12

二、赋煤规律

1. 吐哈煤盆地沉积相展布

早、中侏罗世，陆相沉积盆地的广泛发育，以褶皱回返的主要山系昆仑山、天山及阿尔泰山作为主要的剥蚀区，是各含煤盆地的主要物源区。在新疆地区分布的侏罗纪聚煤盆地有准噶尔盆地、吐哈盆地、伊犁盆地、三塘湖盆地、库车盆地、满加尔盆地、尤路都斯盆地、焉耆盆地、叶城—和田盆地以及且末—民丰盆地等。

1）早侏罗世早期（八道湾组沉积期）沉积相展布

吐哈盆地是海西构造运动末期发展起来的大型中生代内陆山间拗陷盆地。早、中侏罗世，盆地北部为博格达—巴里坤中-低山区、丘陵区，是盆地北部碎屑沉积的主要物源区；盆地南侧的隆起剥蚀区主要是依连哈比尔尕山和觉罗塔格山；盆地中央长期存在一条由大南湖北侧至鄯善呈近东西向的次一级隆起带。该带不作为主要剥蚀区并可能时常被水淹没，沉积了中侏罗世部分地层。该隆起带对盆地南部和北部的沉积分异以及能够在全区发生大面积的聚煤作用起到了重要作用。

八道湾组以粗碎屑岩含煤为特征，主要为灰色、灰白色、浅灰色砾岩、含砾中粗粒砂岩、细砂岩、粉砂岩及灰黑、黄绿色砂质泥岩，夹炭质泥岩和煤层。该组主要分布于托克逊凹陷、台北凹陷及哈密凹陷，在这些凹陷之间存在沼和泉隆起与了墩隆起。盆地南部大南湖、沙尔湖及艾丁湖一带缺失八道湾组沉积。该组厚度为 0～570m，一般为 100～500m。八道湾组沉积期为吐哈盆地重新沉降初期，盆缘断裂活动较强烈，地形高低悬殊，因此，沉积物普遍较粗，主要是辫状河三角洲及曲流河三角洲体系沉积。

该组形成于盆地沉降初期，为沿断裂活动强烈期的冲积和湖泊环境。当时的沉积相展布单元主要有冲积平原、上三角洲平原、下三角洲平原、水下三角洲和滨浅湖等。该期沉积体系以三角洲为主，包括辫状河三角洲和低弯度曲流河三角洲。

该期主要的沉积相展布单元有冲积平原、上三角洲平原、下三角洲平原、水下三角洲和滨浅湖等，当时吐哈盆地八道湾组沉积期凹陷内部主要为三角洲沉积，包括辫状河三角洲和曲流河三角洲。三角洲朵体的沉积物来自盆地南侧与北侧。沉积物来自盆地南侧的三角洲朵体主要有七克台三角洲、觉罗塔格山—七泉湖三角洲、疙瘩台三角洲。沉积物来自盆地北侧的三角洲朵体有柯柯亚三角洲、克尔碱三角洲、艾维尔沟三角洲（部分层段）三角洲等地带。哈密凹陷三角洲的沉积物来自南、西、东三个方向。哈密凹陷北部一带为当时湖泊所在地。需指出的是，觉罗塔格山—七泉湖大型三角洲的沉积物源来自盆地南侧，它占据了台北凹陷西部的广大地区。

2）早侏罗世晚期沉积相展布

吐哈盆地三工河组以灰绿色、褐灰色及灰黑色页岩为特征，局部夹砂岩、砾岩及极薄层状泥灰岩（叠锥灰岩），含菱铁矿结核和条带，含动物化石。该组为典型的开阔湖沉积，未见或少见煤层，厚 50～230m。三工河组在吐哈盆地主要分布于托克逊凹陷、台北凹陷及哈密凹陷中，在大南湖凹陷中有极薄地层分布。从地层等厚线图可以看出，三工河组沉积期存在着沼和泉隆起、了墩隆起及南湖隆起，但隆起的范围比八道湾组有所缩小，此外，大南湖凹陷从三工河期开始接受沉积。台北凹陷三工河组岩性可分为上下两段，下段为厚层到巨厚层状砾岩、含砾粗砂岩和砂岩等，发育大型交错层理及包卷层理；上段为褐灰色、绿灰色泥岩和页岩，发育水平层理。桃树园一带还见叠锥灰岩。

三工河组沉积期为吐哈盆地大规模湖泊扩张期，在三工河组沉积期湖侵过程中，八道湾组沉积期发育的一些大型河流三角洲多已退缩或规模减小，所以砂砾岩分布范围也变得局限。三工河组沉积早期主要发育一些水进型三角洲，晚期则主要为湖泊沉积。三工河组沉积期盆地北侧的三角洲有克尔碱三角洲、桃树园三角洲、七泉湖三角洲、柯柯亚三角洲等，南侧的三角洲仅剩下台参、陵深和疙瘩台三角洲。与八道湾组沉积期相比，该期三角洲规模大大减小，水体明显加深，并且多为水进型水下三角洲。

3）中侏罗世早期沉积相展布

西山窑组主要由深灰色、浅灰色砂岩、含砾砂岩、粉砂岩及灰绿色泥岩与灰黑色泥岩、炭质泥岩和煤等组成。西山窑组是在充填三工河期扩张了的湖盆过程中沉积的，因为当时吐哈盆地盆缘构造活动已基本处于平静期，地形坡度比较平缓，所以西山窑组沉积物一般偏细。根据垂向上的岩性组合特征，西山窑组又进一步划分为四段，西一段由深灰色、浅灰色的砂岩、含砾砂岩及灰绿色泥岩组成，与下伏三工河组整合接触或超覆到老地层之上；西二段由浅灰色砂岩、灰黑色泥岩、炭质泥岩及煤组成，是西山窑组主要含煤段；西三段由浅灰色砂岩、粉砂岩与深灰色泥岩不等厚互层，局部夹棕褐色泥砾岩组成；西四段由灰色块状砂岩、含砾砂岩及灰绿色泥岩组成，与上覆三间房组杂色泥岩整合接触。其中西二段是该组也是该盆地的主要含煤段。

地层分布范围较三工河沉积期要大，盆地内的沼和泉隆起与了墩隆起之上也都有地层分布，南部艾丁湖、沙尔湖及大南湖等地也接受了西山窑组含煤沉积。西山窑组总厚为200～1300m，各个凹陷内厚度又有较大变化。托克逊凹陷最大地层厚度达 500～770m，最大沉降地区位于南部，台北凹陷最大厚度达 1300 余米，由西向东有变厚趋势。鄯勒地区以东一般都在 700m 以上，最厚地区鄯勒地区据陵深 1 井、勒 2 井揭露这一带厚 1000m 以上。

台北凹陷西部地层有北厚南薄的趋势。哈密凹陷西山窑组地层厚度为 200～670m，最大厚度位于三堡一带，据石油三堡 1 井揭露厚度为 672.8m。沙尔湖—大南湖西山窑组地层厚度为 250～880m，最大厚度分别在沙尔湖和大南湖两个次级凹陷中心。当时的隆起区有了墩隆起（西山窑晚期沉没）、塔克泉隆起和南湖隆起。

西山窑组沉积早期既有南物源也有北物源，托克逊凹陷和台北凹陷北物源三角洲较多，但规模都较小，影响范围也较小，仅限于山前地带，而南部物源的三角洲虽仅有艾丁湖—胜南三角洲和鄯勒—丘东三角洲，但发育规模及影响范围明显大于北部物源三角洲。哈密凹陷和大南湖凹陷北部物源三角洲较为发育，沙尔湖矿区只是在沼泽发育过程中偶尔发育三角洲。

西山窑组沉积晚期的湖泊分布区在托克逊凹陷南部和西部，在台北凹陷主要位于凹陷北部山前一带，在哈密凹陷则位于北部边缘、沙尔湖和大南湖矿区湖泊主要分布在两矿区之间及其南部。

2. 吐哈盆地聚煤规律及控制因素

1）煤层分布及变化规律

吐哈盆地含煤地层亦为中、下侏罗统，煤层多集中于八道湾组以及西山窑组下段。煤系地层总厚一般为 380～1500m，野马泉及七泉湖—七克台以北厚度大于 1500m。八道湾组煤层总厚度一般为 10～40m，西山窑组煤层厚度一般为 10～100m。

八道湾组在艾维尔沟有可采煤层 12 层，较稳定，煤质好；在克尔碱，煤层层数由西向东减少且多变薄尖灭，煤层总厚为 1.5～28.48m。西山窑组也普遍发育，在艾维尔沟多以薄煤为主，稳定可采者少，在克尔碱则发育 3～6 层可采煤层，平均可采煤层总厚为16.64m，含煤性优于八道湾组。

八道湾组煤层以七克台以东地区最发育，总厚度最大可达 43m，桃树园及柯柯亚地区含煤性较差。西山窑组煤层普遍发育，可采总厚为 0.8～62m，一般为 13～30m。

三道岭地区八道湾组含煤性差；西山窑组含煤性较好，煤层总厚为 2.85～42.53m，含多层可采煤层。

南部艾丁湖—大南湖一带，无八道湾组沉积。西山窑组普遍含煤，地层厚度最厚达

1000 余米，煤层总厚为 30～95m，富煤带主要分布在艾丁湖、沙尔湖和大南湖。以东部大南湖一带最厚，平均可采厚度约 63m，可采煤层达 13 层。

东部野马泉、梧桐窝子一带，八道湾组煤层总厚平均为 14.81m，含煤性稍差；西山窑组煤层多而厚，含煤 72 层，煤层总厚为 13.18～100.65m，平均含煤系数为 7.5%。

2）聚煤规律及控制因素

吐哈盆地早中侏罗世气候温暖潮湿，有利于植物生长，在构造稳定沉降的基础上形成了一套巨厚的含煤岩系。以沉降为主的间歇性振荡运动是盆地区域构造活动的主要特点，是影响聚煤作用的重要因素，在此基础上，成煤环境的好坏更多地受古地理环境的影响。盆地中部的次级水下隆起与盆地的长轴方向大致平行，使其南北两侧相对低凹区不至于拗陷过深，而极易形成浅沼泽，并可形成广阔的泥炭沼泽，七泉湖至三道岭一带和艾丁湖至大南湖一带，其有利的聚煤条件皆与此有关。

隆起带交汇处的内侧拗陷区也往往是有利的成煤场所，如东部野马泉地区、西部艾维尔沟一带都处于该构造古地理环境内，充足的碎屑补给、隆起与拗陷相互制约，使沉积速度与拗陷速度容易达成平衡，为泥炭堆积、赋存提供了良好的构造和地理条件，由此而形成较大的富煤带。

由于吐哈盆地古地理环境较复杂，在地形上次级隆起与次级拗陷交互出现，相带分布不具备环状结构，煤层在平面上的连续性稍差。八道湾组沉积中心分别位于艾维尔沟—克尔碱一带、柯柯亚—七克台附近、野马泉一带，聚煤中心位于艾维尔沟、七克台、三道岭及野马泉。西山窑组沉积中心分别位于艾维尔沟、柯柯亚、野马泉、艾丁湖、沙尔湖和大南湖，此时期聚煤中心位于克尔碱、桃树园—柯柯亚、七克台以东、艾丁湖、沙尔湖、大南湖和野马泉。

从聚煤中心与沉积中心的相对位置看，煤层沉积与地层沉积的强度具复杂的相关关系。研究表明，吐哈盆地聚煤作用强烈地受构造沉降和沉积环境双重因素控制。分别对八道湾组和西山窑组第一段和第二段煤层炭质泥岩厚度与地层厚度及砂岩、砾岩百分含量进行三维相关分析，分析结果表明，煤层厚度与砂砾岩含量呈负相关关系，即砂砾岩含量越少，煤和炭质泥岩厚度越大；煤层厚度与地层厚度的关系比较复杂，随地层厚度增大，煤层厚度先是增大，然后再减小，当地层厚度分别为 300～700m（八道湾组）和 400～600m（西山窑组第一段和第二段）时，煤层厚度最大。上述特征反映出有利于煤聚积的环境是沉降幅度小、砂砾岩含量相对较少的三角洲间湾和湖湾以及下三角洲平原地区。

三、构造单元划分

（一）基底构造

吐哈盆地基底是典型的海西优地槽褶皱带，海西构造层主要由巨厚的中基性和酸性火山岩、火山碎屑岩以及碎屑岩、石灰岩等组成。早二叠世新源运动使该区全面隆起并褶皱成山，地槽发展史结束。三叠纪为充填式沉积，侏罗纪才开始大幅度沉降形成盆地。

（二）聚煤期构造

侏罗纪沉积在吐鲁番及哈密南、北侧，拗深 2000m，与盆地呈同方向的东西向拗陷，哈密西侧五堡拗陷呈北东向。据物探资料，哈密地区的侏罗纪拗陷与古生界基底拗陷一致。

八道湾组为一套含煤较稳定的河流相、湖相沉积，砂岩、砂质泥岩、炭质泥页岩互层，夹菱铁矿透镜体，厚 270～540m，含煤广泛，可采煤层 3～15 层（总厚 6～32m）。

西山窑组与下部三工河组整合接触，部分地区超覆于古生代变质岩之上，为河流-湖泊相沉积，主要岩石为泥岩、砂岩及砾岩，夹菱铁矿透镜体，厚 380～1000m，含煤广泛，可采煤层 2～48 层（煤层总厚为 10～60m）。

下、中侏罗统的含煤沉积稳定，无同期火山活动，同生断裂较少。

早侏罗世早期（八道湾组沉积期），盆地下降，覆水面积扩大，除盆地西南觉罗塔格山北麓外，其余地区普遍接受沉积。沉积中心可能在柯柯亚以南，吐鲁番至鄯善以北地带。早侏罗世晚期（三工河组沉积期），下降速度较快，水盆迅速加深，由原来的河流沼泽相渐变为较深湖泊相，大部分地区无煤沉积。中侏罗世早期（西山窑期），盆地又缓缓上升，湖水变浅，并向南、东扩展，涉及艾丁湖南及哈密以东的恰特卡尔苏泉等地，出现与早侏罗世早期相似的沉积条件和地理环境，河流沼泽又重新发育，由于运动的不均衡性，形成了多个凹陷。盆地西部的沉积中心位于柯柯亚南，东部的沉降中心位于五堡附近，沉陷幅度达数千米；南部艾丁湖附近，据现有资料推断亦是沉积中心。

含煤区分布于盆地边缘、水下隆起斜坡浅水拗陷的滨湖、沼泽发育地带，如艾丁湖、柯柯亚和大南湖。

（三）煤系后期改造

燕山运动和喜马拉雅运动对盆地的主要作用是形成东西向构造带，同时喜马拉雅运动产生中部凸起以及西部断块隆起，凸起处煤系遭受剥蚀。煤系总体走向近东西，盆地东西两端稍有偏转。

博格达山向盆内逆掩，产生一些规模较大的逆断层和宽缓褶皱，部分煤系受断层切割，形成地堑或阶梯状断块。盆缘地带变形较强烈，如位于盆地西端边缘的艾维尔沟煤矿区，主体构造为一北西西向展布的不对称向斜，北翼倾角东缓、西陡，南翼被断层破坏，逆断层较发育，呈向南倾斜的叠瓦状。位于盆地东段、距盆缘较远的三道岭煤矿区，煤系呈较宽缓的向斜、背斜、局部发育断距为 90～500m 的逆断层。

（四）构造单元划分

天山、准噶尔、吐哈、北山广泛发育的石炭纪双峰式火山沉积岩系、富碱中酸性侵入岩，以及早二叠世含铜镍矿的幔源基性-超基性侵入杂岩，在新生代受印度板块与欧亚大陆板块碰撞影响，在西北地区形成了独特的走滑挤压背景下的盆山格局。

吐哈赋煤带位于新疆东部、天山山脉之中，呈近东西向狭长扁豆状，面积约 49000km^2，是我国海拔最低的内陆山间盆地。含煤地层与准噶尔盆地相同，主要煤矿区为哈密、三道岭和艾维尔沟。盆地以北天山海西褶皱带为基底，北部构造复杂，边缘具推覆构造，南部构造较简单。侏罗纪拗陷幅度西深东浅，北深南浅，自北而南，隆、拗相间，自西而东，波台相连，大型断裂分布在北部。依据区域地质构造特征，将其归纳为如表 3.5 所示的构造单元。

表 3.5　吐哈盆地构造单元、赋煤区、赋煤带及煤田对应关系表

构造单元	赋煤带	评价煤田（煤产地、煤矿点）	矿区（Ⅳ级）
天山—兴蒙褶皱系	吐哈赋煤带	艾维尔沟煤产地	艾维尔沟矿区
			鱼儿沟矿区
			二道沟矿区
		托克逊煤田	托克逊北矿区
			吐鲁番北矿区
		鄯善煤田	柯柯亚矿区
			柯柯亚东矿区
			地湖矿区
			地湖东矿区
		哈密煤田	哈密矿区
			木垒东矿区
		吐鲁番煤田	托克逊矿区
			吐鲁番矿区
			鄯善矿区
		沙尔湖煤田	
		大南湖—梧桐窝子煤田	大南湖矿区
			大南湖西矿区
			大南湖东二矿区
			大南湖东三矿区
			大南湖东一矿区
			梧桐窝子矿区
		野马泉煤矿点	
		库牙克煤矿点	

赋煤带主体构造线为东西向，总体显示为一个大的箕状向斜构造。北部边缘区可见到不完整的次级背斜和向斜褶曲，拗陷内褶皱、断裂构造不发育。北缘大断裂和东部断陷南缘断裂为基底断裂，侏罗纪表现为同沉积断裂，后期多次活动，尤其是北缘大断裂向南逆

掩推覆。根据电磁重震等资料，可将盆地划分为吐鲁番盆地、哈密盆地两个次级盆地和一些次级构造，两个次级盆地分别深 6000～7000m 和 4000～5000m。北部凹陷为吐哈盆地主要聚煤区之一，侏罗系厚千米以上，基盘凹凸不平，中部凸起，侏罗纪时与北部凹陷共同接受沉积，侏罗系厚千米以上，含煤性也较好，中、新生代地层发育较完整，凸起是喜马拉雅运动的产物，从上新世开始，形成中央背斜带，由数个背斜组成，背斜南翼多受逆冲断层切割。艾丁湖斜坡也是吐哈盆地的主要聚煤区之一，侏罗系厚千米左右，合煤性很好，由于斜坡凹凸不平，各处沉积厚度不尽相同，并有多个沉积中心。托克逊地区侏罗系厚度大于 2000m，中、新生代地层发育完整，呈宽缓单斜，地层之间多为整合接触。

四、变形特征

（一）概述

吐哈盆地呈 EW 向条带状展布，盆地南、北分别为觉罗塔格造山带、博格达造山带，在大地构造位置上位于哈萨克斯坦—准噶尔板块的最东端，是在被造山带围限的地块基础上发育的沉积盆地。盆地经历了多年勘探、开发和研究工作，对盆地的认识取得了重要成果，认为该盆地为多旋回演化的叠合盆地，盆地沉积地层为石炭系、二叠系、三叠系、侏罗系、白垩系、古近系和新近系，侏罗系为主要煤系。盆地的形成、演化受博格达造山带和南边觉罗塔格造山带演化的控制，盆地在不同时期表现出不同的规模和构造特征。根据盆地地层赋存特征划分为吐鲁番坳陷、了墩隆起、哈密坳陷等构造单元（王桂梁等，2007）（图 3.1）。

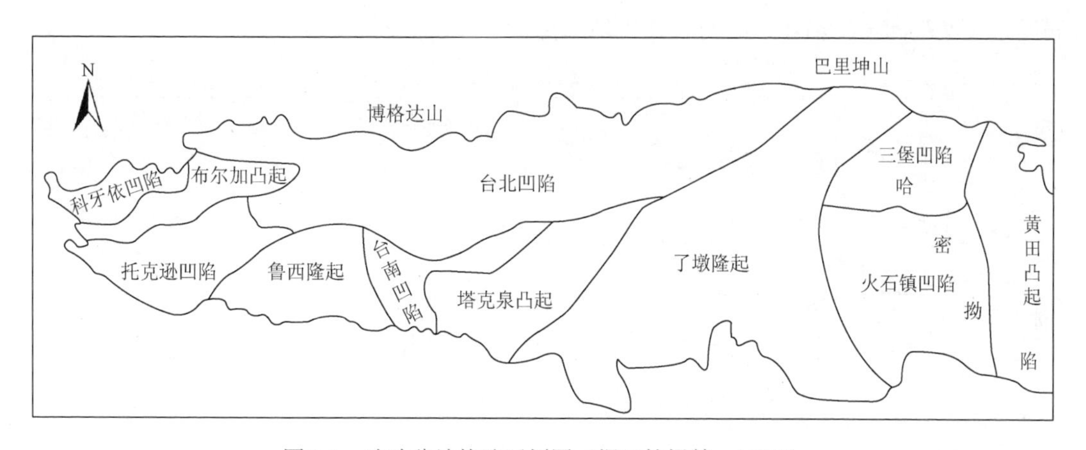

图 3.1　吐哈盆地构造区划图（据王桂梁等，2007）

（二）盆地地质结构

吐哈盆地南、北缘分别为海西期的造山带，该盆地与两大造山带的关系是研究盆地构造特征的重要内容。地表地质显示，吐哈盆地周边大面积出露石炭系，二叠系—侏罗系则出露局限并主要表现为其与石炭系的不整合接触，新生代地层向南、北造山带披盖。对吐哈盆地的认识主要在两个方面，一是盆地是否位于稳定地块之上，二是盆地从何时开始形成，这直接涉及对深层资源的地质评价问题。

对于前一内容，研究人员存在很大争议，归纳起来有两种观点：一种观点认为吐哈盆地存在稳定基底；另一种观点认为吐哈盆地不存在结晶基底，为发育在天山造山带内的盆地，具有洋壳基底。近年研究成果显示，吐哈盆地南部存在稳定的前寒武纪基底，北部为褶皱基底。重力和航磁资料显示，吐哈盆地北部基底埋藏深、南部基底埋藏浅，重力异常等值线总体呈近 EW 向展布。哈密—托克逊一线以南为宽阔的向北降低的重力梯度带，反映盆地基底为一个向北倾斜的斜坡（王桂梁等，2007）。

盆地内揭示二叠系、三叠系的钻井很少，上二叠统为一套正常的碎屑岩沉积，下二叠统为火成岩和沉积岩互层，火成岩以安山岩、玄武岩、凝灰岩和火山角砾岩为主。北部露头区为典型的海陆交互相沉积，以泥岩和泥灰岩为主。南部沉积岩主要为陆相沉积，岩性以黑色泥岩为主。觉罗塔格韧性挤压带被下二叠统不整合覆盖，该时期的盆地基底应为向北倾伏。中、新生代地层总体表现为向北逐渐增厚的楔形体，为博格达造山带向盆地冲断形成的前陆盆地结构。

（三）盆地变形特征

1. 盆地变形的分带特征

吐哈盆地存在三组方向的断裂-褶皱带，即近 EW 向、NWW 向、NE-NEE 向，近 SN 向断裂为盆地内重要的调整断裂。近 EW 向断裂-褶皱构造带主要发育在盆地边缘的造山带前，NWW 向、NE-NEE 向断裂在盆地内部最为发育（图 3.2）。

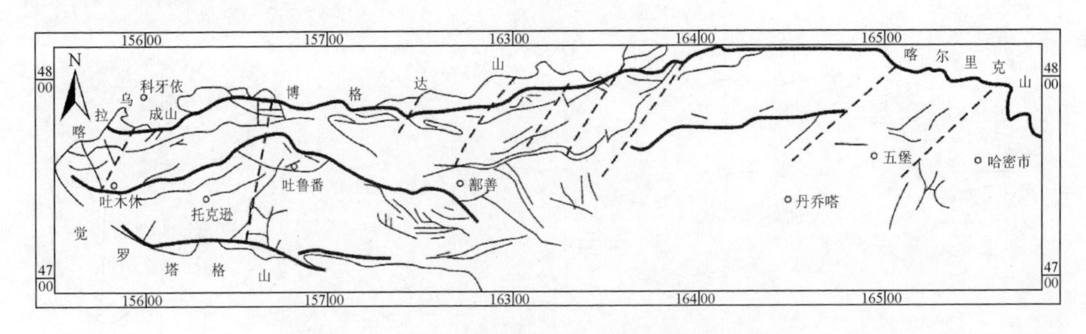

图 3.2　吐哈盆地断裂系统图（据王桂梁等，2007）

近 EW 向断裂-褶皱构造带主要分布于博格达山前和觉罗塔格山前，北部博格达山前的断裂-褶皱带与现今地形山脉近于平行，在吐鲁番拗陷的北缘，包括塔尔朗、七泉湖、恰勒坎、鄯勒、照南、红旗坎等构造带，存在叠瓦状、背冲式和三角构造带等构造类型。觉罗塔格逆冲断裂构造带分布于觉罗塔格山前北缘，由觉罗塔格造山带向北高角度逆冲形成，构造带平行于山势分布，自东向西发育了卡尔、南坎等构造带。构造带由西南节节抬高的断块组成，主要形成于燕山早期，燕山中晚期继承性发育。

NWW 向断裂-褶皱带在吐鲁番拗陷中部最为发育，主要为火焰山南、北缘断裂带、鄯善南北断裂带。火焰山断裂带由西段的胜南—神泉、神北、神东、玉北、鲁克沁构造带和东段的红连—马场南、东湖等构造带组成，两段分别受到 NWW 和 NE-NEE 两个方向断裂控制。西段火焰山断裂是控制该构造带的主要断裂。

2. 构造变形的分块特征

吐哈盆地变形的东、西分块特征表现在以下两个方面。

（1）一种表现是 NE-NEE 向构造。了墩隆起在盆地内为向 NE 向倾伏的隆起，NE 向展布的断裂-褶皱带在东、西两大拗陷内发育。在吐鲁番拗陷，该方向的构造带有托克逊拗陷西北缘依拉湖构造带、依南构造带、七克台构造带、照壁山构造带，这些构造带中发育的断裂主要表现为由 NW 向 SE 逆冲而形成的断裂褶皱带。构造变形东西分块的另一个特征是盆地内发育的 SN 向断裂，主要表现为 NNE-NE 向的陡倾断裂构造，在盖层的表现特征多样，若为断裂，则断面可近直立或倾斜或弯曲，但一般多为高角度，在盆地沉积盖层内成群成带发育，发育规模虽然有差异但其规律性显示调整构造存在。

（2）另一种表现是对盖层的一些断裂、褶皱构造的走向等的限制或表现为盆地边缘山界的平错和两侧盆山结构关系不同。在地震剖面上，调整构造的两侧地层厚度可能有明显变化，或表现为垂向的反射杂乱带。吐鲁番拗陷自西向东发育科牙依、吐鲁番西、葡北—七泉湖、胜北—恰勒坎、陵南、丘东、小草湖、疙西等 NE-NNE 向断裂带。这些断裂的存在使得台北凹陷东西分块的特征十分明显，西侧胜北凹陷发育三排背斜带，三排背斜带以外的大部分地区构造和缓、变形微弱；东侧的丘东凹陷断裂十分发育，形成了多排褶皱构造，构造变形明显比胜北凹陷强烈。丘东凹陷自侏罗纪后未遭强烈深埋，中、下侏罗统保存完好。

五、构造演化

（一）成煤前古构造演化

吐哈盆地所在位置属于海西期的优地槽区，分别属于博格达—哈尔里克构造、依连哈比尔尕—觉罗塔格构造的一部分，其形态主要受博罗科努—阿其克库都克断裂、准噶尔南缘断裂、吐哈盆地中央断裂控制。主要构造有博格达—喀尔力克一带的紧闭线型褶皱和与之相伴的东西向弧形断裂，依连哈比尔尕—觉罗塔格一带的断块、推覆体和叠瓦状构造，断层面和褶曲轴面均向南倾。到了二叠纪的早期或晚期，地槽演化在吐哈盆地逐步结束。从三叠纪开始，该盆地进入了山间拗陷沉积期，以断块差异性升降运动为主要特征。

（二）成煤期构造演化

海西期后，吐哈盆地就进入中新生代陆相拗陷盆地发展阶段。虽然在印支期盆地北部因北缘断裂活动性明显，升降运动较强烈，而南部则因断裂活动性较差，主要以觉罗塔格隆起区为主。不管是在拗陷区还是在隆起区，经印支期后，次级凹陷和凸起仍很发育，并成为早、中侏罗世含煤建造的基底。在早侏罗世早期，由各洼地形成的聚煤中心有艾维尔沟、克尔碱、桃树园、东西柯柯亚、三道岭、梧桐窝子、野马泉等。沉积中心则集中在盆地的西端，含煤岩系厚达3440～1628m，反映了当时断裂活动性强，沉降幅度大，沉积速度快等特征。在中侏罗世早期，随着断裂活动的加剧，尤其是受中央断裂的影响，沉降范围逐步扩大，到了中侏罗世早期末，达到最大范围，至中侏罗世晚期又开始逐渐萎缩。当时沉积范围已扩大到觉罗塔格隆起的北缘，形成了一系列各自独立的聚煤中心，主要有沙尔湖、大南湖、野马泉等地。盆地的北部，中侏罗世早期的聚煤中心基本上与早侏罗世早期的相同，个别几个地段如三道岭、艾维尔沟等地因构造运动上升或下降，沉积作用发生改变，不利于聚煤作用，使该区成为非聚煤中心。

（三）成煤后期的构造演变

吐哈盆地经过短暂的构造相对稳定期后，又进入燕山运动时期。在燕山期，盆地北缘断裂活动强烈，各地段均以上升运动为主，沉积范围逐步缩小，沉积建造也由北向南呈山麓-河流-湖泊相分带展布。到了燕山期末期，部分含煤建造已遭受剥削，尤其是在边缘和北东向、北西向的凸起构造上。

喜马拉雅运动时期是盆地发生翻天覆地变化的时期，也是现代地貌景观的基础。它以剧烈的升降运动和普遍发育的各种类型的褶皱及断裂为特征。该期运动使得在盆地北部以博格达—哈尔里克断裂为主体，辅之一系列北东向、北西向次生断裂组联合控制着北部的各煤田构造形变和改造作用。原来东西向的向斜盆地变为北东东向斜列展布，并因北缘断裂向南逆冲，形成推覆构造，使煤系地层呈叠瓦状往南排列。盆地的中部，由于受中央断裂的影响，形成了火焰山隆起和其北侧的北西西-东西-北东东向弧形展布的负向褶曲构造带，并对煤层后期赋存有一定的保护作用。东部的哈密煤田由于后期构造改造作用，形成了南西向的三道岭背斜、长垣构造和柳树沟向斜构造。煤田构造总体上看，向西为凹陷隐伏区，为东西向的开阔型向斜构造，向东为隆起区，在哈密市附近为倾向南西的复式倾伏背斜构造，不利于煤层赋存，使煤层缺失。盆地的南部，受博罗科努—阿其克库都克断裂的控制，成为长期稳定的隆起区。成煤后期构造形变主要是斜坡带，使煤系地层呈倾向北的单斜构造，向东西两侧延伸略有起伏，并形成北西向的开阔型向斜构造，以后又被北西、北东两组断裂所分解（一般来说对煤层破坏不是很大）。另外，在盆地东端的野马泉煤田，由于受南缘断裂的影响，形成了北东东向并列式狭窄的断陷向斜构造，有的地段构造破坏严重，含煤地层倾角陡立，深部还发育水平断裂，使煤层层间滑动剧烈。盆地西端的艾维尔沟煤产地受北西西向的依连哈比尔尕断裂、东西向的喀拉乌成断裂的联合控制，使煤系地层形成北西西向展布、南西向倾斜的紧闭向斜，其西南翼被断层切割使古生代地层向北逆冲在中生代侏罗纪地层之上，为叠瓦状的推覆构造。

第三节　伊犁盆地

伊犁盆地是西北地区盆山构造格架中的一个三角形山间叠合盆地，其处于西天山构造带内，夹持于南北天山褶皱带之间，东端在南、北天山交汇处收敛，西与楚河萨雷苏盆地为邻。伊犁盆地由于中部地势较高东西部较低，因而形成伊宁拗陷和新源拗陷两个拗陷区。

一、含煤地层及特征

伊犁盆地自下而上为三层结构，即由中上元古界变质基底、中下石炭统裂谷火山岩系褶皱变形基底和二叠纪以来的盆地沉积盖层三大构造层组成。伊犁盆地沉积盖层主要有中、上三叠统小泉沟群，下—中侏罗统水西沟群，上白垩统和上新统。

侏罗系分为中下侏罗统水西沟群与中上侏罗统艾维尔沟群。水西沟群分布较广，主要为河流-沼泽相的含煤地层，按岩性又可分为下统八道湾组、三工河组和中统西山窑组，是主要的含煤地层。

1. 八道湾组（J_1b）

八道湾组在区内分布较广，在喀什河流域、巩乃斯河上游、昭苏河流域均有出露。岩性主要由灰色、深灰色、灰黑色泥岩、粉砂质泥岩、页岩、粉-细砂岩、砂岩、含砾粗砂岩及煤层或煤线组成。该区八道湾组按岩性、岩相、含煤性可分为上、下两段。

下段岩石组合特征：主要有砾岩、砂岩、粉砂岩、泥质岩、煤层及菱铁矿组成，总厚111m，含12种重矿物，与下伏三叠统祁家沟组为连续沉积，填隙物为粗砂及黏土，或中砂及菱铁质。

上段岩石组合特征：下部以粗砂岩为主，由砾岩及砂岩组成，中部及上部以细碎屑为主，由砂岩、粉砂岩及泥质岩组成，中部有炭质泥岩及煤层，填隙物有石英、长石、岩屑、菱铁质及黏土，其中石英及岩屑大小不等，分选差，黏土以高岭石为主，其次为伊利石，菱铁矿呈晶粒状，胶结程度差。

2. 三工河组（J_1s）

三工河组以含有较多的砂岩、砂砾岩和湖相泥岩为特征，煤层少见，经常在泥岩或粉砂质泥岩中夹细砂岩、砂岩或砂砾岩透镜体。盆地北缘沉积较厚，为104～177m，岩性较粗。南缘沉积薄，为37～55m，岩性较细，厚度稳定。除个别地段含1～2层薄煤外，其余均不含煤。早侏罗世晚期，湖水大面积分布不利成煤，后期湖水后退，形成大面积沼泽，为中侏罗统西山窑组成煤创造了有利条件。

3. 西山窑组（J_2x）

西山窑组是伊犁盆地主要含煤地层，以巨厚煤层为主，煤层稳定且集中，便于全区对比。岩性主要是中-薄层状细砂岩、砂岩，厚层含砾砂岩、块状砂砾岩、黑色粉砂质泥岩、页岩及煤线。其中煤层经自燃后变为棕红色、砖红色细粒烧结岩，露头和遥感影像均较明显。该区西山窑组按岩性、岩相、含煤性可分上、下两段。

下段岩石组合特征：厚 127m，岩性由砾岩、砂岩、粉砂岩、泥质岩、菱铁岩及煤层组成，含 20 种重矿物，与下伏下侏罗统三工河组为连续沉积，胶结物以菱铁矿为主，个别为方解石，以凝块式胶结为主。

上段岩石组合特征：厚 72m，岩性由砂岩、粉砂岩、泥质岩及煤层组成，含 21 种重矿物，填隙物以隐晶质富高岭石为主，以孔隙式或孔隙-基底式胶结为主。

二、沉积环境

早侏罗世，盆地气候温暖潮湿，以蕨类植物为主的植物群落和少量淡水生物构成煤的原始材料。由于古地理环境适宜，盆地持续缓慢下降与植物残骸的堆积保持均衡，堆积了比较丰富的泥炭层。早侏罗世晚期，盆地沉积由河流相向湖泊相演化。此时，伊宁盆地湖水较深，仅局部地段有薄煤聚集。中侏罗世早期，盆地出现大面积的泥炭沼泽，盆地沉降与泥炭堆积速度长期保持均衡，故而沉积了丰富的泥炭堆积。中侏罗世晚期（即头屯河期），古地理环境由沼泽、泥炭沼泽向泛滥平原、冲积洪积相转变，干旱气候相应出现，表明盆地内含煤岩系堆积作用基本结束。

1. 早侏罗世八道湾组沉积期

该拗陷区基底形态为北低南高的箕状，凹陷中心在东部位于伊宁市一带，西部位于边境线的伊犁河一带。该期沉积环境以河流相为主，三角洲冲积平原是该时期煤层聚积的主要场所。新源拗陷区的相带分布特征是中部的小范围浅水湖泊，向外围环状分布着大面积的河流相及南北边缘的冲积相；伊宁拗陷区的岩相分布呈明显的环带状，相应的相带分布为西部的半深湖，向外围依次为湖滨相、广阔的三角洲及河流相环境以及北缘的洪冲积相。该时期伊宁拗陷区沉积了多层厚-巨厚煤层。

2. 早侏罗世三工河组沉积期

该时期盆缘构造活动处于相对微弱的阶段，随着隆起区的不断剥蚀以及水体的扩大，堆积速度明显小于盆地沉降速度，湖区扩大，除盆地边缘的河流粗碎屑沉积外，广大地区以湖相泥质岩以及滨浅湖细碎屑岩沉积为主，并夹有不完整的三角洲砂岩沉积。该时期在伊宁拗陷区的北部沉积了 2～3 层煤层，其中一层厚度可达 2 米多，且分布较稳定，属湖滨沼泽化的产物。

3. 中侏罗世西山窑组沉积期

由于填平补齐作用，使盆地基底更加平坦，沼泽环境非常发育且稳定，形成了优于北缘的多次厚至巨厚层煤层。该时期，浅湖环境位于伊宁市以西至国境线北侧地区，短暂的水体变化形成了少量薄煤层，伊宁拗陷区北部河流及三角洲环境广泛发育，并多次演化为具有一定规模的沼泽及泥炭沼泽区。由于该时期北缘断裂的频繁活动，使泥炭沼泽常被破坏或发育时间较短，故该地区形成的煤层以层数多而相对较薄为特点，煤层分布的连续性不如八道湾组煤层。

三、赋煤规律

盆地南部西山窑组聚煤期聚煤作用比较强，因为经过三工河组时期的沉积作用后，盆地内地形变得较为平缓，盆地内外高差相对变小，尤其是伊什基里山的剥蚀夷平，加之构造活动比较微弱，使得盆地环境比较稳定，在滨浅湖及三角洲过渡地带形成了厚至巨厚层煤层。

早侏罗世早期（八道湾组沉积期）是该盆地的主要聚煤期，以伊宁盆地北缘含煤性最好。伊宁盆地北缘含煤地层厚223～457m，沿走向有厚薄相间的特点，富煤带在霍城和伊宁县之间，含煤3～11层，厚36.37～71m，含煤性比盆地南缘好；南缘含煤地层厚34～260m，沿郎卡一带沉积厚度较薄，在地势上表现为水下隆起，其东西两侧厚，煤层受盆地基底古地貌形态的影响，含煤2～6层，煤层总厚4.0～51.9m。

中侏罗世早期（西山窑组沉积期），湖水减退，泥炭沼泽逐渐发育，泥炭的堆积速度较快，形成了多层厚至巨厚层煤层。该期盆地北缘含煤性不如南缘好，北缘含煤地层总厚145～219m，在盆地北缘的东部，含煤层数多且稳定，共计有8层煤，煤层总厚28～36m，往西至铁厂沟一带，含煤性较差，含煤6～7层，总厚10～12m，含煤性东好西差。盆地南缘沉积厚度57～178m，岩性分布比较稳定，含煤特征由东往西为：达拉地含煤3～8层，煤层总厚33.6m；苏阿苏含煤5～9层，煤层厚46.6m；西部章吉斯台一带含煤5～7层，煤层总厚36m；富煤带在苏阿苏一带。

四、构造特征

伊犁盆地位于北天山和南天山两个褶皱构造带之间（图3.3）。北以尼勒克深断裂与博罗霍洛复背斜为界，南以那拉提深断裂与哈尔克山复背斜为界，南部阿拉克尔它乌和伊什基力克山隔开伊宁盆地与昭苏盆地（刘俊霞和钱承康，1996）。伊犁盆地（包括昭苏盆地）是具前长城纪古老地块依托的中新生代山间盆地。自二叠纪以来的盆地演化可划分为5个成盆期，见表3.6。

伊犁盆地内中下侏罗统广泛发育巨厚沉积，而上侏罗统不发育或完全缺失，侏罗纪地层普遍遭受构造变动，反映中生代燕山运动从早期的扩张转为中后期强烈的挤压构造作用。伊犁盆地位于天山造山带中，除显著变形外，随同整个天山山脉在燕山运动末期强烈隆升而普遍缺失上侏罗统—白垩系。整体看，伊犁盆地因抬升而使K～E地层发育较差。

伊宁凹陷由于南北边界断裂相向向盆内的高角度逆冲和推覆，使凹陷的不对称状向斜及盆内次级褶皱构造等形成或进一步加强，其他断陷盆地也都从扩张转为挤压，沿边缘断裂发生反转构造，形成向盆内相向的逆冲挤压，同时盆内的NW向和NE向断裂活动显著叠加，使侏罗纪地层发生强弱不等的构造变形。昭苏盆地内东西向构造带是最大的构造形迹，横贯全区，受北西向、北东向构造的改造，部分地段可见右旋和左旋扭转形迹。

新疆地区新生代构造作用强烈而频繁，造成天山造山带强烈急剧抬升和盆地剧烈拗陷，形成新疆目前的山盆结构。伊犁盆地位于天山之中，现今仍随着天山的隆起而差异升降。据钻探和物探资料，伊犁盆地内新近系在各凹陷内普遍分布且厚度大，超过 2000 余米，地表各盆地边缘断层的活动强烈，表明渐新世到上新世又是伊犁盆地扩展断陷拗陷的一个重要发育期。新近系发生的显著变形，显示在上新世末期伊犁盆山接触地带有强烈的断陷逆冲活动，但总体以周边断裂的挤压和剪切活动为其主要形式，终成今日之山盆河谷地貌景观。

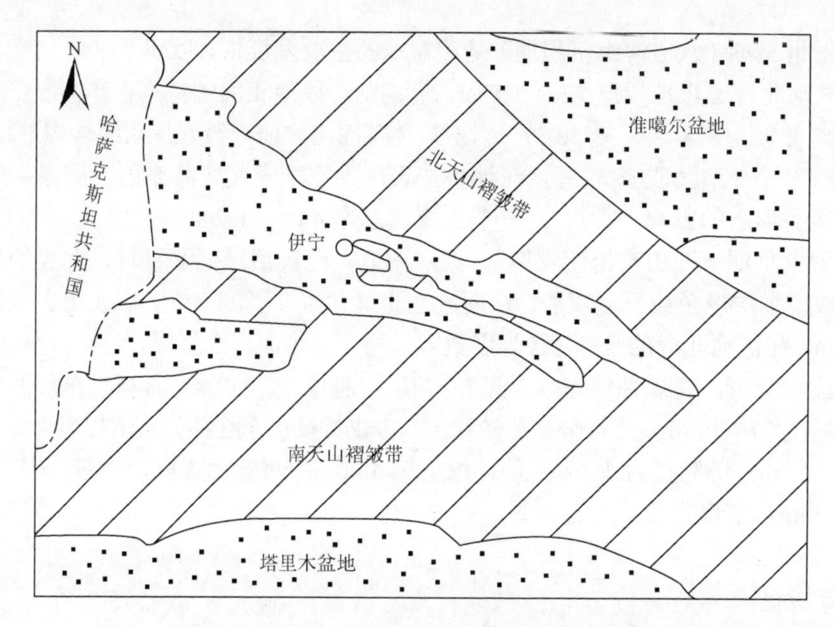

图 3.3 伊犁盆地大地构造位置图（据刘俊霞和钱承康，1996）

表 3.6 伊犁盆地的主要成盆期

构造运动期	时代	构造性质	特点	主要成盆期
喜马拉雅期	Q	总体隆升，相对于天山沉降	抬升剥蚀、河流沉积	5
	N	断陷、断拗陷、构造变形	超覆断拗陷	
	E	局部断陷、拗陷	抬升剥蚀	
燕山期	K	挤压隆升	萎缩隆升、抬升剥蚀	4
	J	断陷、断拗陷、构造变形	断陷、超覆、拗陷	
印支期	T	萎缩拗陷	中心拗陷	3
海西期	P_2	拗陷、构造变形	超覆拗陷	2
	P_1	裂陷、构造变形	裂陷地堑	1
	C	裂谷	地垒地堑组合	

伊犁盆地南北两侧为东西向逆冲深断裂，总体为复式向斜含煤构造，伴生规模不等的纵、横、斜向逆断层。伊犁盆地划分为以下次级山盆构造单元：①伊宁—巩乃斯断拗陷叠合盆地；②尼勒克断陷盆地；③昭苏断陷盆地；④恰普恰勒（察布查尔）扇形挤压推覆山地；⑤阿吾勒拉隆起断块（张国伟等，1999），简称“二山三盆”（图3.4）。

伊犁盆地剖面结构的总特点是：自下而上为3层结构，即由中上元古界变质基底、中下石炭统裂谷火山岩系褶皱变形基底和二叠纪以来的盆地沉积岩系三大构造层组成。

自南而北的横剖面总体形态为一南北两侧造山带（科古琴—博罗科努带和哈尔克—那拉提带）相对向盆内逆冲的对冲构造几何样式。伊宁凹陷中央东西向构造剖面显示伊宁凹陷可划分出察布查尔背斜、回民庄倾伏背斜、砍北背斜、英塔木背斜等构造单元。

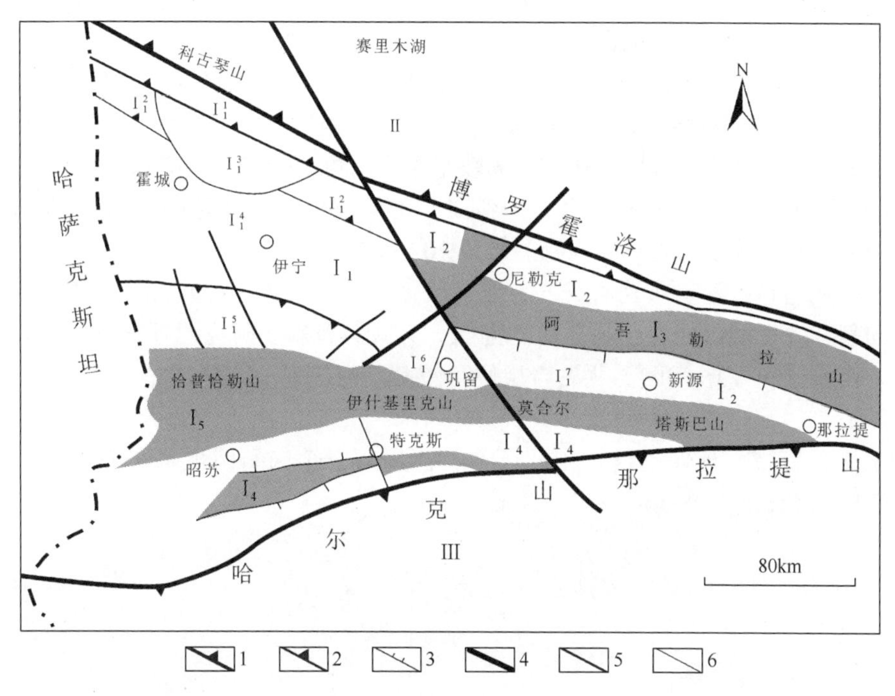

图3.4　伊犁盆地构造分区图（据张国伟等，1999）

I-伊犁盆地；I_1-伊宁—巩乃斯叠合断拗陷；I_1^1-北缘坡折带；I_1^2-北缘同生断陷带；I_1^3-霍城断凸区；I_1^4-中央洼陷带；I_1^5-南部斜坡带和南缘逆冲断阶带；I_1^6-雅马渡—白石墩凸起；I_1^7-巩乃斯凹陷；I_2-尼勒克断陷；I_3-阿吾勒拉断块隆起；I_4-昭苏断陷；I_5-恰普恰勒山逆冲推覆山地；II-科古琴—博罗科努早中古生代陆内造山带；III-哈尔克—那拉提早中古生代活动陆缘碰撞造山带；1-一级逆冲断层；2-二级逆冲断层；3-三级正断层；4-一级断层；5-二级断层；6-三级断层

区域内断裂构造发育，断裂构造有近EW向、NW向、NE向三组。其中近EW向断裂规模最大，数量最多，断裂性质均为压性，断裂多与褶皱伴生，多数出现在复式褶皱带内向斜与背斜邻接带。NW向、NE向断裂规模小，性质多为扭性、压扭性。

伊宁凹陷北界是科古琴-博罗科努陆内造山带南缘向盆地的逆冲断裂，南界是恰普恰勒山北缘向盆地的高角度逆冲推覆断裂，东界是阿吾勒拉山西端的赛-莫断裂及盆内隐伏的NE向白尼断裂，总体是在前石炭纪基底和石炭纪裂陷火山岩基底上由二叠纪以来上古生界和中新生界岩层构成的一个近EW向的向斜盆地。向斜轴部在伊宁市南的东西一线，呈不对称状，北翼短，南翼长。伊宁凹陷作为伊犁盆地二级构造单元可划分为以下几个三级单元：①北缘断坡带，局部有 P_2 超覆覆盖；②北缘同生断陷带，先是同生断陷，后反转逆冲，致使其中一部分逆冲抬升而成为霍城断凸；③霍城断凸区，三叠纪—侏罗纪地层出露地表；④中央凹陷带，发育次级构造高点和平缓褶皱；⑤南部斜坡带和恰普恰勒山北缘逆冲推覆断阶带，南缘三叠纪—侏罗纪出露地表；⑥雅马渡—白石墩凸起。伊宁凹陷现今由于南北侧山脉相向逆冲夹持成一不对称宽缓向斜构造，东端以赛-莫断层与阿吾勒拉断块山对应，越过雅马渡—白石墩断凸与巩乃斯凹陷连通。巩乃斯凹陷现今是近 EW 向的狭长断陷盆地，南侧是伊什基里克山向北的高角度逆冲断层，北侧是阿吾勒拉山南缘正断层。受恰普恰勒山前和阿吾勒拉山前断裂控制，与伊宁凹陷于侏罗纪初共同断陷下落，但因雅马渡—白石墩断块凸起，使之与伊宁凹陷分割，后因断凸下沉潜伏，两凹陷又连通。

伊犁盆地在南北方向上也具有构造分带性。

第一排构造带：自东向西由尼勒克、喀什河向斜及伊宁背斜等次一级构造所组成，EW 延伸约 200km，系由一系列 NEE 向的短轴背、向斜所组成，皆系不对称的开阔褶皱，褶皱轴呈 280°～290°方向延伸，褶皱北翼较平缓，倾角 10°～20°，南翼较陡，倾角 30°～60°。西部褶皱较为开阔，往东，背、向斜被一系列 NWW 向的逆断层切割，形成一系列叠瓦式构造，断裂面南、北倾向均有，倾角 70°～80°。

第二排构造带：沿伊犁河谷分布。自东往西由巩乃斯河上游向斜、章吉斯台向斜、野马渡向斜、吐克敏巴能背斜、达拉地向斜、苏阿苏背斜、阿克巴斯向斜组成，多为短轴褶皱，南翼倾角 10°～20°，北翼岩层倾角较陡，为 30°～40°，背斜轴长 10～20km，宽 3～4km。

第三排构造带：延伸不远，由昭苏、特克斯等三个向斜组成，呈左列排列，轴向 NWW-SEE，褶皱长 7～8km，宽 3～4km。

第四节 焉 耆 盆 地

一、含煤地层及聚煤特征

焉耆盆地位于南天山褶皱系东部，处于塔里木盆地、吐哈盆地、准噶尔盆地三大盆地之间，面积约 13000km^2，盆地基底由前中生代地层组成，盖层由中生界三叠系中上统、侏罗系中下统、新生界古近系、新近系、第四系组成。钻井揭示侏罗系最大厚度 2040m（博南 1 井），自下而上依次为下侏罗统八道湾组、三工河组和中侏罗统西山窑组，为一套砂砾岩、泥岩、煤及炭质泥岩互层的陆相含煤地层。

八道湾组代表了焉耆盆地早期山间谷地充填演化阶段的沉积，厚 104～272m，以冲积扇和扇三角洲相砂砾岩为主，该组共含煤 3～11 层，煤层累积厚 0.82～20.06m。三工河组为晚期山间湖盆充填演化阶段的沉积，厚 515～1038m，属滨湖三角洲和湖泊沉积，该组共含煤 9～86 层，煤层累积厚度为 2.27～64.84m，主要可采煤层位于该组中下部。

该盆地早侏罗世和中侏罗世均有较好的聚煤作用，聚煤程度以中侏罗世较高，两者所形成的富煤部位不一致。早侏罗世聚煤背景为山间谷地的冲积平原沼泽，在八道湾一带形成富煤带；中侏罗世早期，盆地由山间谷地演化为山间湖盆，岩相分带呈环带状分异。盆地边部的滨湖三角洲相带具有较强烈的聚煤作用，有厚-巨厚煤层发育，在三工河地区形成富煤带，含煤6～13层，煤层累积厚度可达60余米，煤层的稳定程度较八道湾组煤高。

二、沉积环境

焉耆盆地在早侏罗世早期沉积了一套含煤粗碎屑岩系——八道湾组。从早侏罗世晚期到中侏罗世早期，沉积范围不断扩大，湖盆由高山深谷转为广阔浅水盆地，中侏罗统塔什店组就是在这种背景下形成。通过对早中侏罗世煤系的岩性、岩相及古地理特征的研究，确定出以下7种类型的沉积相类型：冲积扇、扇三角洲、辫状三角洲、碎屑流沟道、滨浅湖相、半深湖-深湖相和湖岸平原（沼泽）等（姜在兴等，1999）。

盆地内八道湾组和三工河组的古地理分布特征为在盆地北缘缓斜坡带主要发育辫状河-辫状三角洲-湖泊（浊积扇）体系；南缘陡坡带主要发育冲积扇-扇三角洲-较深湖（水下扇）体系。半深湖-深湖体系主要在盆地中央围绕种马场一带发育。以此为背景，沿种马场、宝浪苏木构造带发育碎屑流湖底扇水道体系；沼泽沉积则主要在盆地东南缘较平坦地区，围绕湖泊发育（姜在兴等，1999）。

1. 八道湾组（J_1b）

下侏罗统八道湾组可以分为下、中、上三段。其地层主要分布在博湖坳陷，焉耆隆起南部有少量残余，和静坳陷则完全缺失。八道湾组沉积早期，河流-辫状三角洲沉积体系相对发育，湖泊沉积环境较为局限。八道湾组沉积中期，湖平面开始上升，发生湖侵。根据单井、露头及岩性-速度解释结果，八道湾组下段主要发育湖泊、河流-辫状三角洲、扇三角洲及湖泊沟道碎屑流沉积。八道湾组上段，八道湾组沉积晚期，湖平面变化逐渐由快速上升趋于稳定。该段基本继承了前期的沉积特征，湖平面由快速上升趋向于稳定缓慢地上升，主要发育湖泊、河流-辫状三角洲、扇三角洲及湖泊沟道碎屑流沉积体系，垂向剖面上少见高水位期上部湖平面缓慢下降时期的沉积。

2. 三工河组（J_2x）

三工河组的沉积基本继承了八道湾组沉积时期的古地理格局，垂向上总体表现为向上变细的水进序列，主要发育辫状河-辫状三角洲、扇三角洲、较深湖背景下的沟道碎屑流、浅湖背景下的水下扇及湖岸平原沼泽等沉积体系。

三工河组下段主要发育辫状河-辫状三角洲、湖泊及低位水下冲积扇等沉积，早期沉积背景和沉积特征与八道湾组沉积晚期相似，三工河组上段主要发育湖泊、河流-辫状三角洲、扇三角洲及碎屑流沟道沉积。从三工河组沉积的早期到晚期是一个湖盆面积乃至沉积面积不断扩大、碎屑沉积供应不断减少的过程。

3. 西山窑组（J_1s）

中侏罗统西山窑组的沉积继承了三工河组沉积晚期的沉积格局，地层分布与三工河组沉积基本一致。由于经历了三工河组沉积期的湖盆快速充填与淤浅，加上气候条件由干旱型转为温暖潮湿型，湖盆边缘形成了沼泽广布的古地理面貌，因而西山窑组煤层极其发育。湖盆近物源的粗碎屑体系较发育，与三工河组相似，发育北部缓坡带的河流-辫状三角洲-湖泊沉积体系与南部陡坡带的扇三角洲-湖泊沉积体系。但是与前者相比，粗碎屑物质的供应量减少，碎屑颗粒的粒度变小，地层砂岩含量降低。经过西山窑组沉积期的沉积物充填之后，焉耆盆地的古地理格局发生了较大的变化，高山深谷已经不复存在，地形变得相对平坦，因而沉积速率大大降低。此时，盆地内的两大断裂体系对盆地内沉积过程的控制大大减弱，断槽几乎被填平，它对碎屑物质的疏导作用也大大减弱了。

三、构造特征

焉耆盆地是一个中新生代复合型山间盆地。自南向北由博湖拗陷、焉耆隆起、和静拗陷 3 个一级构造单元组成，其中博湖拗陷进一步划分为南部凹陷、种马场低凸起和北部凹陷次一级构造单元（刘新月，2005）。

盆地主要发育北西西向（近东西向）、北西向两组逆断裂。北西西向断裂规模大、延伸远，一般贯穿盆地，为控制盆地隆起和拗陷的主干断裂，以南倾为主，如盆地边界断裂及盆地内的种马场断裂、焉耆断裂等。北西向断裂多夹持于北西西向断裂之间，规模小，受北西西向断裂的限制（不能切穿北西西向断层），为北西西向断裂的从属断裂，具雁列式排列，多与近东西向构造复合，呈反“S”形。断裂在平面上主要为两种组合形式：“入”字形组合和雁列式组合。平面上构造变形表现为南北分带、东西分块的特征。盆地南北向剖面上，断裂向下产状一般变缓，向下汇入前中生界的基底软弱面中，断裂以南倾为主，在剖面上断裂的组合主要为叠瓦式、背冲式、对冲式和正花状组合（刘新月，2005）。

焉耆盆地北西西向（近东西向）的构造带具左行压扭性，北西向构造带具右行压扭性，起主导变形作用的为压扭作用，力源主要来自于盆地南南西方向的挤压。北西西向逆断裂规模大，延伸远，几乎贯穿全盆地，控制着拗陷和隆起形态，使得北西西向褶皱呈现南北向拗隆相间排列，表现南北分带性。逆断裂是由挤压力产生，北西西向逆断裂和褶皱的形成由与北西西向接近正交的挤压力，即南南西向的挤压力形成。北西西向断裂和褶皱变形强度从南到北逐渐减弱，即南倾断裂断距从南到北逐渐减小，北西西向褶皱隆起幅度南部大于北部，且北西西向逆断裂以南倾焉耆为主，逆断裂呈南倾叠瓦状排列，因此可以推断力源主要来自于盆地南部（不排除来自北部的挤压力，但不是主要的）。

焉耆盆地先后经历了燕山运动晚期和喜马拉雅运动期继承性挤压反转，变形南强北弱，挤压应力来自南部特提斯构造域（姜在兴等，1999）。挤压应力来自南部，和区域受力状态一致，自晚侏罗世到古近纪，阿尔金断裂以西的新疆地区，构造应力场的主压应力方向为近南北向夹持于北西西向断裂带之间的北西向断裂带，控制凹陷内部次一级构造的背斜和向斜（次凹）分布，凹陷内背斜和向斜长轴轴向平行于北西向断裂带，呈反“S”形、雁列式排列，这种变形形态是由压扭力产生的。同时，盆地在北西向构造带（宝浪苏木构造带）发育正花状构造，这也是由于压扭应力作用形成的。因此可以推断，来自于盆地南部的挤压力与北西西向不是正交，而是存在一定的角度，使得该挤压力在北西西向上有一个走滑分力，北西西向断裂具左行压扭性，北西向断裂具右行压扭性。

第五节　其他煤田的构造基本特征

天山含煤区的侏罗纪煤盆地除伊犁盆地和吐哈盆地以及焉耆盆地外，尤路都斯盆地、库米什盆地以及后峡煤田和达坂城煤田等均为新疆重要的煤炭赋存区。由于这些赋煤盆地位于天山褶皱构造带之上，因此它们含煤区的煤系、煤层所遭受的后期构造变形更加强烈。

后峡煤田位于北天山依连哈比尔尕山东段山间断陷洼地中，受区域差异升降运动的控制，古生界的泥盆系、石炭系形成中高山系，中生界则赋存在相对下降的低洼处，区域剧烈的构造运动，使侏罗纪煤系地层发生了强烈的构造变形，紧密的线状褶皱和走向断裂构造发育，构造线的方向与区域构造线的方向一致，多呈 NW-SE 向。煤田构造由一系列 NW 向的向、背斜和断裂组成，中间发育次一级近东西向展布的断裂构造。达坂城煤田为一走向近东西的复式向斜构造，伴有走向及斜交断裂。巴音布鲁克及焉耆煤田区域构造的基本形态均为复向斜构造，南、北边缘为近东西向区域逆断裂夹持。焉耆煤田介于南侧的库尔勒大断裂、北缘的虎拉山大断裂之间，煤田内具两拗一隆的构造格局，自南向北依次为博湖拗陷、焉耆隆起、和静拗陷。在焉耆煤田的塔什店矿区，褶皱开阔，但发育多层次推覆构造。

第四章　准噶尔含煤区聚煤作用与构造特征

第一节　准噶尔盆地煤田构造格局

一、概述

准噶尔盆地是北疆地区最大的含煤盆地，面积约 13 万 km^2。盆地四周被造山带所围限，西北边界为西准噶尔造山带，东北边界为阿尔泰和克拉美丽造山带，南界为北天山造山带和博格达造山带，通过多年的勘探、开发和研究，已获得以下认识：①盆地基底为稳定的前寒武纪地层，基底为地块拼合体，拼合于泥盆纪末的克拉美丽有限洋盆关闭。②盆地沉积地层为石炭系、二叠系、三叠系、侏罗系、白垩系、古近系、新近系，侏罗系为重要含煤岩系。③侏罗系煤层厚、埋藏浅，易于开发利用。④盆地为多期构造演化的叠合盆地，其形成、演化明显受周缘造山带的控制，盆地在不同时期表现出不同的规模和构造特征（图 4.1）。目前煤炭勘探主要集中在周缘及其隆起区。

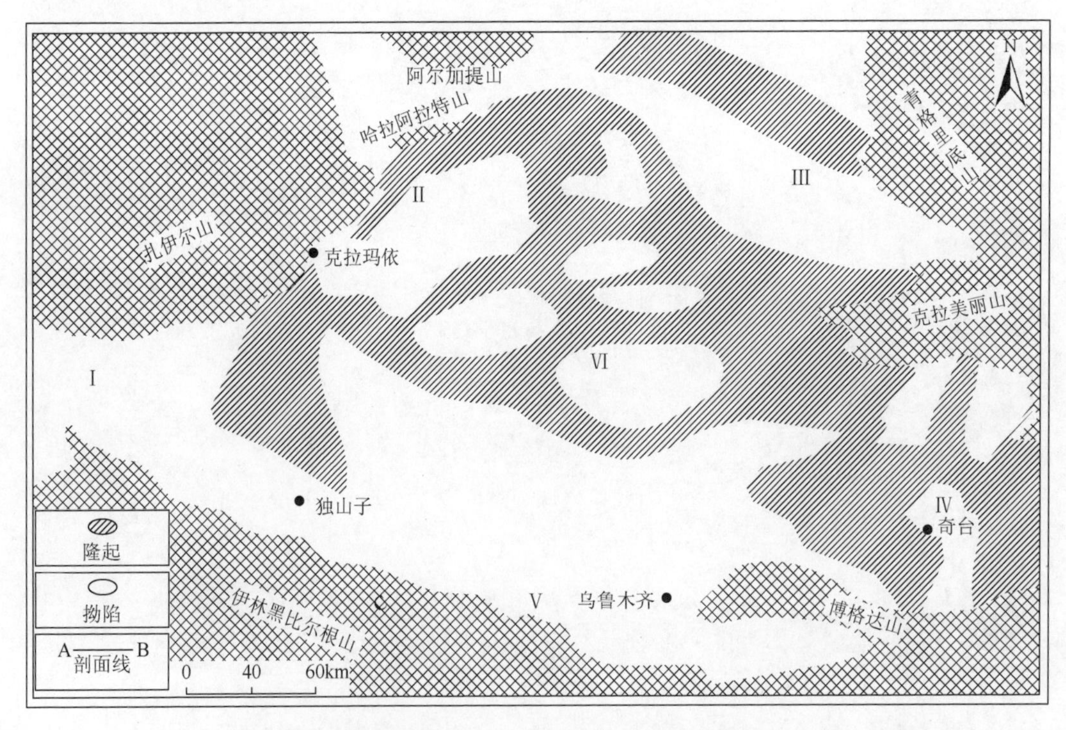

图 4.1　准噶尔盆地构造区划示意图（据新疆石油管理局勘探开发研究院，2000）

I -西部冲断推覆构造区；II -西北部冲断推覆构造区；III-东北部冲断推覆构造区；IV-东部冲断构造区；V-南部冲断推覆构造区；VI-中央隆拗构造区

二、盆地结构

准噶尔盆地被造山带所围限，盆地在不同发育时期具有不同的结构特征，对石炭系的认识目前仍然研究较少，分布不清楚。二叠纪时该盆地主要受 NE 向和 NNE 向构造控制，沉积整体表现为由东、北向西、南增厚。二叠系、三叠系的增厚区均呈 NE 向展布。

侏罗纪时该盆地的结构表现为南、北分带，形成了北天山山前拗陷、陆梁隆起和乌伦古拗陷两拗夹一隆的构造格局，沉积地层表现出从陆梁隆起向北、南增厚的特征。

白垩纪—第四纪整体表现为向北天山山前倾斜的箕状拗陷，陆梁隆起和乌伦古拗陷均不存在。

盆地这种演化特征的改变显示出不同时期不同构造具有不同的活动强度，二叠纪—三叠纪时盆地主要受到西准噶尔造山带和盆地相关断裂活动的控制，侏罗纪时盆地则主要受 NW 向造山带（北天山、阿尔曼太—扎河坝）活动控制，白垩纪以后则主要表现为与北天山造山带的强烈活动相关。

三、盆地周缘构造变形特征

准噶尔盆地周缘造山带的活动特点，对盆地的演化和后期变形起着重要作用。盆地的复杂构造主要位于以下几个构造部位：北天山造山带前、西准噶尔造山带前、陆梁隆起（为克拉美丽造山带向盆地内的延伸部分）、乌伦古拗陷北缘。

1. 准噶尔盆地西北缘

准噶尔盆地西北缘属于西部隆起区，构造变形主要表现为逆冲断裂，形成西缘冲断带，由多条断裂组合而成，在平面上可划分为三段，即红车段、克乌段和乌夏段，各段的构造组合特征及其展布存在差异（图 4.2）。

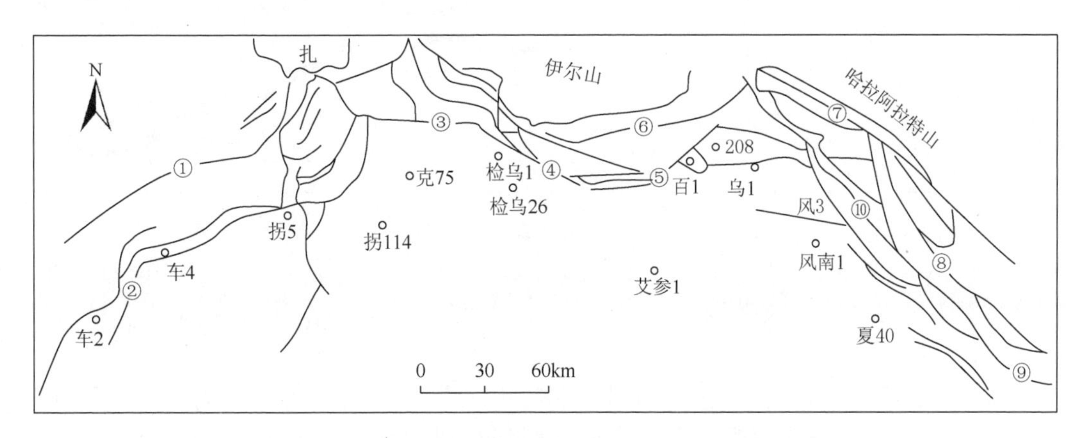

图 4.2　准噶尔盆地西北缘断裂体系分布示意图（据马辉树等，2002）

①-车前断裂；②-红车断裂；③-克拉玛依断裂；④-白碱滩断裂；⑤-百口泉断裂；⑥-白百断裂；⑦-达尔布特断裂；⑧-乌兰北断裂；⑨-乌兰林格断裂；⑩-夏红北断裂

准噶尔盆地西北缘的构造变形在走向上具有分段性，在构造活动特征上表现为自SW向NE方向水平推覆作用越来越强，在剖面上表现为几条断裂组成的断阶带，褶皱构造变形较弱，断裂的主要活动时代较早。据马辉树等（2002）的研究成果，不同时期断裂的不同区段的活动强度存在差异。二叠纪以乌夏段活动最为强烈，克乌段活动相对较弱，红车段的活动最弱；三叠纪时三段的活动强度总体相差不大；侏罗纪时克乌段活动强烈，红车段活动次之，乌夏段的活动最弱；白垩纪及其以后该区主要表现为区域性沉降。

2. *准噶尔盆地南缘*

根据准噶尔盆地南缘的构造变形特征和构造走向，以乌鲁木齐为界划分为西段和东段。西段的构造变形与北天山造山带的活动相关，东段则与博格达构造带的活动相关。

1）准噶尔盆地南缘西段

准噶尔南缘西段，东起乌鲁木齐，西至四棵树，属准噶尔南缘前陆冲断带，北部紧邻前陆拗陷，发育三排断裂-褶皱构造带。地质学家一直非常重视该区的勘探和研究，但对该区发育的断裂-背斜构造带的划分和演化目前仍存在争议。新疆石油管理局勘探开发研究院（2000）在前人研究的基础上，应用基础资料对三排构造带进行了重新划分（图4.3和图4.4）。三排背斜带与北天山造山带山前断裂带呈小角度相交，平面上呈雁列式展布，在剖面上，具有不同的构造特征（蔡忠贤等，2000）。

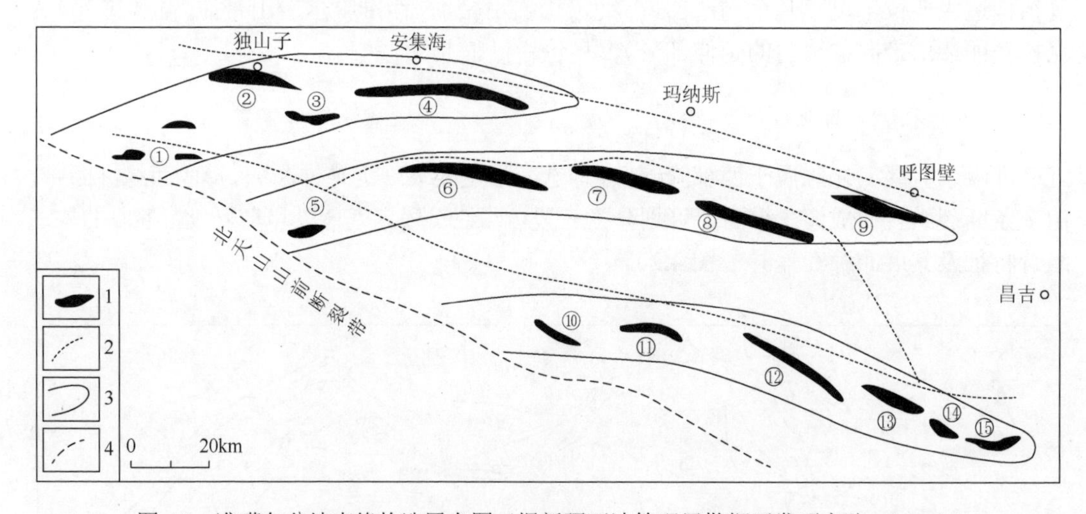

图4.3　准噶尔盆地南缘构造展布图（据新疆石油管理局勘探开发研究院，2000）

1-背斜；2-前人背斜带划分线；3-本书划分方案；4-大断裂；①-托斯台背斜群；②-独山子背斜；③-独南背斜；④-安集海背斜；⑤-南安集海背斜；⑥-霍尔果斯背斜；⑦-玛纳斯背斜；⑧-吐谷鲁背斜；⑨-呼图壁背斜；⑩-南玛纳斯背斜；⑪-清水河背斜；⑫-齐古背斜；⑬-昌吉背斜；⑭-阿克屯背斜；⑮-喀拉扎背斜

第一排断-褶带自东向西包括喀拉扎、阿克屯、昌吉、齐古、清水河背斜及与背斜相关的断裂构造，背斜核部出露为侏罗系三工河组和头屯河组、白垩系，顶部遭受剥蚀。北翼发育逆冲断裂，且产状较南部陡。阿克屯背斜、昌吉背斜顶部宽缓，齐古背斜较其变形强烈，核部断裂发育，反映越靠近北天山造山带背斜越复杂。

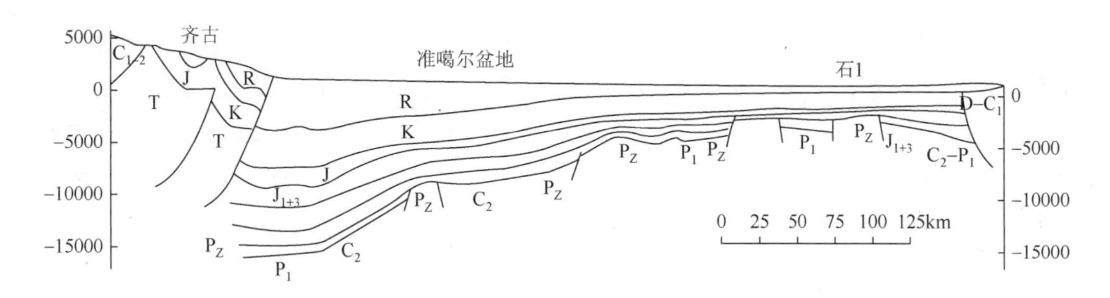

图 4.4　准噶尔盆地南缘构造变形综合模式图（据新疆石油管理局勘探开发研究院，2000）

第二排裂-褶带自东向西为呼图壁、吐谷鲁、玛纳斯、霍尔果斯和南安集海背斜及相关断裂等，背斜核部发育由南向北的逆冲断裂，平面上断裂呈雁列式展布。

断裂-褶皱带的特征以浅层滑脱断裂面为界发育深、浅两组断裂、背斜构造。地震资料显示，深层表现为基底卷入断裂、相关的断层传播褶皱，背斜较宽缓，两翼倾角基本对称。浅层的滑脱断裂在深部背斜主体部位冲断。吐谷鲁背斜、玛纳斯背斜和霍尔果斯背斜在浅层表现为紧闭褶皱，背斜两翼南缓北陡，不对称，北翼被滑脱断裂切割，滑脱面上、下的背斜形态明显不协调。

准噶尔盆地南缘至少存在三套软弱滑脱层，侏罗系中、下统的一套含煤岩系、白垩系下统巨厚的泥岩和砂泥岩系以及古近系。古近系是盆地新生界沉积中粒度最细的一套地层，并在第二排构造带部位的霍尔果斯、玛纳斯地区最细，为大套泥岩沉积。这些地层为滑脱构造的形成奠定了基础。霍尔果斯、玛纳斯地区沿古近系形成滑脱构造，东部的呼图壁地区沿白垩系形成滑脱构造。

第三排断-褶带是盆地南缘西部的断裂带，自东向西为安集海背斜、独山子背斜、托斯台背斜群及其相关的断裂。背斜核部在东部安集海背斜出露新近系上新统，西部托斯台背斜群为中生界、古近系、新近系。该组断褶带褶皱构造的北翼均发育基底卷入型冲断裂，褶皱强度由东向西逐渐增强。安集海背斜为最东部的 EW 向背斜，北翼陡、南翼缓，受北翼断裂控制，发育背冲断裂。

综上所述，准噶尔南缘的构造变形特征如下：①三排构造带并没有与北天山造山带平行展布，而是与其存在小角度夹角；②每一排背斜带的构造变形均由东向西增强；③盆地与造山带的接触关系不是简单的断裂冲断接触，由造山带向盆地方向石炭系至新近系依次被剥蚀出露，老地层由南向北逆冲于新地层之上。各时代地层的不整合接触关系明显。

上述构造的组合特征显示准噶尔盆地南缘的构造变形并非正向的挤压作用形成的，而是于挤压构造背景中在北天山山前断裂的右旋作用下形成的。

2）准噶尔盆地南缘东段

准噶尔南缘东段是指乌鲁木齐以东地区，与博格达造山带相邻，沿该带发育一组近 EW 向舒缓波状展布的逆冲断裂，这组断裂在北缘向北逆冲，对准噶尔盆地进行改造。

博格达造山带与准噶尔盆地的接触关系东、西有别，在乌鲁木齐—吉木萨尔段表现为向盆地方向的逆冲推覆，推覆规模由乌鲁木齐向吉木萨尔一带逐渐减弱。在乌鲁木齐—阜康段，山前断裂带呈 NE 向展布，由 3～4 条断裂组成叠瓦状逆冲推覆构造，在断夹片之间形成一组背斜构造带。在阜康—吉木萨尔段，断裂构造主要为 NW 向-近 EW 向，与断裂相关的褶皱构造不发育，主要表现为冲断断块构造。从吉木萨尔向东，盆地基底抬升，地表表现为新生界不整合于石炭系、下二叠统之上，盆山接触关系不明确。

3. 乌伦古坳陷北缘

乌伦古坳陷北缘被新生界覆盖，边界由 2～3 条规模较大的断裂组成，断裂走向为 NW-NWW 向，表现为向北抬升的断阶带，以陡倾的冲断为主要特征。断裂的主要活动时期为三叠纪和侏罗纪，白垩纪活动减弱，但对侏罗纪地层具有明显的控制作用。

四、盆地内构造变形特征

准噶尔盆地内部与周缘相比构造变形较弱，特别是乌伦古坳陷和中央坳陷区，分别表现为向北、向南倾斜增厚的地层楔形体。盆地内部隆起区构造较为复杂。

1. 准噶尔盆地腹部

许多研究结果均显示，克拉美丽造山带发育的泥盆纪基性、超基性带是地块间的拼贴带，该拼贴带向准噶尔盆地延伸即为陆梁隆起，钻井资料也证实了这一点。陆梁隆起和中央坳陷的走向为 NWW 向-近 EW 向，主要控制白垩系以下地层的沉积和分布，白垩系及其以上地层整体表现为向北天山山前增厚的楔形体（蔡忠贤等，2000；王桂梁等，2007）。

该区的褶皱构造不发育，主要为断裂构造，存在 NW、NE、近 EW 和 SN 等方向的断裂，根据断裂的发育层位可分为上、下两大构造变形层。

下构造变形层为三叠系及其以前地层，地层厚度受断裂控制明显，厚度变化较大，发育逆冲断裂、正断裂。陆梁隆起北缘的 NW 向、近 EW 向断裂规模较大，是乌伦古坳陷的分界断裂。NE 向断裂在准噶尔盆地腹部最为发育。这组断裂对盆地腹部的次级构造单元进行 NE 向分隔，如白家海断裂、石南 2 号西断裂、莫北 2 号西断裂、达巴松 1 号断裂等都对次级凹陷的展布具有控制作用（图 4.5），使得断凸、断凹呈 NE 向或 NEE 向展布并控制二叠系和三叠系。

上构造变形层主要指侏罗系及其以上层位的构造特征，也是以断裂构造为主要特征，既有正断裂也存在逆断裂，逆冲断裂的规模较大，主要为 NE 向和近 EW 向，正断裂规模较小，主要表现为 NE 向，对侏罗系具有明显的控制作用。

2. 盆地东部隆起区

盆地东部隆起区夹于克拉美丽造山带和博格达造山带之间，西与中央坳陷相邻，面积约 24000km^2。该区从中石炭世开始一直是以沉降沉积为主的地质单元，自下而上沉积了石炭系、二叠系、三叠系、侏罗系、白垩系、古近系和新近系。石炭系为基性火山岩、火

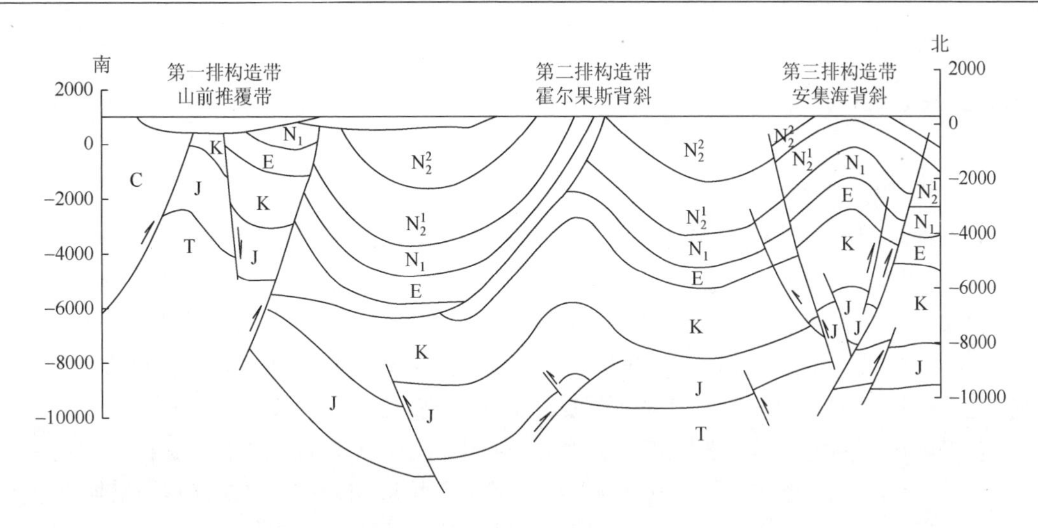

图 4.5　准噶尔盆地构造模式图（据蔡忠贤等，2000）

山碎屑岩和海相碎屑岩夹煤线，勘探程度较低，分布不清。下二叠统为以海相碎屑岩为主的建造，上二叠统及其以上地层为内陆湖泊沉积。侏罗系发育煤系地层，埋藏较浅，有利于煤炭开采利用。

根据地层变形和断裂发育的特征，在纵向上可划分为前石炭系、石炭系—三叠系、侏罗系、白垩系—新近系等构造层系。三叠系及其以下层位断裂构造发育，地层变形主要表现为冲断褶皱变形；侏罗系构造明显受下部古构造控制；白垩系和新生界则主要表现为区域沉降沉积，构造变形较弱。

断裂在平面上主要有 NE-NNE 向两组，NE-NNE 向断裂在三叠系及其以下层位最为发育。这组断裂主要有帐东断裂、吉木萨尔西北缘断裂、古城拗陷西缘断裂和梧桐窝子拗陷断裂，其共同特点是由西向东逆冲，使得凹陷表现为西断东超的构造格局，对上二叠统—三叠系具有重要的控制作用，在拗陷之间形成断降带。西部的帐东断褶带夹于中央拗陷和石树沟拗陷、吉木萨尔拗陷之间。

NWW 向断裂主要发育在北部的石树沟拗陷—石浅滩拗陷，为拗陷内部发育的断裂。该组断裂在拗陷边缘主要形成于侏罗纪末期，被白垩系不整合覆盖，控制侏罗系分布。

综合准噶尔盆地内部和东部的构造特征，NE 向构造对二叠系—三叠系的分布和下侏罗统的隆、拗格局具有重要控制作用。侏罗系的沉积受到古构造格局控制，但侏罗纪末的构造运动形成了该区的另一套断裂系统。

第二节　含煤地层与煤层

不同地区含煤地层其沉积类型可不相同，同一地区的含煤地层沉积类型也有所差异，同一沉积类型在不同地区的含煤地层特征和分布规律也不尽相同。下面按含煤地层时代顺序、分组由老到新、由北向南对含煤地层特征及分布规律进行叙述。

一、含煤地层

1. 北部含煤地层

岩石地层区划为北疆—兴安地层大区北疆地层区阿勒泰地层分区、北准噶尔地层分区。含煤地层分布在准噶尔盆地北部的阿勒泰地区、塔城地区及克拉玛依市的部分地区。含煤地层为下二叠统卡拉岗组和中、下侏罗统水西沟群西山窑组与八道湾组。

二叠纪含煤地层南、北疆均有出露，在北疆一般多见于西准噶尔界山的北部，以喀尔交矿区、扎河坝矿区为代表；南疆则主要见于柯坪地区的沙井子煤矿。

含煤地层主要为中、下侏罗统八道湾组和西山窑组，岩性以灰白色、灰绿色、灰黑色砂岩、泥岩、炭质泥岩夹煤层组成，以泥炭沼泽和湖相沉积为主，主要分布在塔城地区的托里县铁厂沟、和丰县、和什托洛盖与克拉玛依市等地区。

2. 南部含煤地层

南部含煤地层主要包括准南煤田，准南煤田地层从古生界到中、新生界均有分布，含煤岩系主要为中生界侏罗系，按第三次全国煤炭预测区划方案和新疆地质构造、聚煤特征，准南煤田赋煤区划属中生代西北赋煤区（Ⅰ级），准噶尔盆地南部赋煤带（Ⅱ级），包括准南煤田、大坂城煤田、后峡煤田3个Ⅲ级赋煤单元，其含乌苏四棵树、玛纳斯、乌鲁木齐、阜康、吉木萨尔县水西沟、南玛纳斯、呼图壁、昌吉、后峡、黑山10个矿区（Ⅳ级），含煤地层为早—中侏罗世的水西沟群的八道湾组和西山窑组。

3. 东部含煤地层

东部含煤地层位于新疆北部准噶尔盆地的东部，包括昌吉州的阜康市、吉木萨尔县、奇台县、木垒县及阿勒泰地区的福海县和富蕴县，属北疆地层区，分为2个煤田（卡姆斯特煤田、准东煤田）10个矿区（富蕴矿区、福海东矿区、滴水泉矿区、五彩湾矿区、大井矿区、将军庙矿区、西黑山矿区、老君庙矿区、彩南矿区、北庭矿区），煤层均赋存于中生代侏罗系水西沟群中，是典型的内陆盆地沉积。岩石组合主要为各种粒级的碎屑岩、泥岩夹少量的泥灰岩、菱铁矿、石膏及天青石化学岩，普遍含可采煤层。由于各盆地发育时间不统一及后期构造运动改造，地层保存的完整情况及厚度有差异，但有工业价值的煤层均发育于早侏罗世早期八道湾组（J_1b）、三工河组（J_1s）及中侏罗世中期的中侏罗统西山窑组（J_2x）沉积地层中。

1）下侏罗统八道湾组（J_1b）

八道湾组地表出露于盆地北缘沙丘河背斜轴部及帐篷沟背斜两翼、卡姆斯特煤田东部。根据二维地震勘查和煤田钻探资料显示，准东煤田各含煤区的深部均发育该组地层，为一套河湖相沉积，岩性以灰色、深灰色、灰绿色的泥质粉砂岩、粉砂质泥岩、细砂岩、泥岩为主夹少量的粗砂岩、中砂岩、炭质泥岩、煤层、煤线及菱铁矿、泥灰岩透镜层。底部具巨厚层状含玛瑙砾岩与下伏的三叠系地层呈角度不整合接触，局部直接超覆于古生界之上，地层厚度6.60～294.85m。地层厚度沿走向由西向东有减薄的趋势，沿倾向由盆地边缘至盆地中心厚度增大，粒度变细。博格达山前拗陷中八道湾组含煤 5～18 层，累积厚度达 26.65m；克拉麦里山前拗陷中，八道湾组含煤 1～4 层，累积厚度 7m；沙帐凸起构造单元中含煤性好于东部。

2）下侏罗统三工河组（J_1s）

三工河组地表沿盆地北部边缘呈连续条带状展布，二维地震及钻探勘查成果表明各煤矿区该组地层稳定，是一套以湖泊相为主的细碎屑岩及少量化学岩的不含煤沉积。岩性以泥质粉砂岩、粉砂岩为主夹细砂岩、泥灰岩、菱铁矿、叠锥灰岩、煤线、薄煤层，岩层中平行微细薄层理发育。底部为一层砾岩或含砾粗砂岩，与下伏八道湾组地层超覆平行不整合接触，局部地段直接超覆于三叠系或古生界之上，地层厚度 69.74～190.67m。该组地层以厚度稳定，特殊的细碎屑岩性组合及平行微细层理划分侏罗系上、下含煤组为特征。

3）中侏罗统西山窑组（J_2x）

西山窑组地表仅在盆地北缘三工河组地层内侧出露，但在整个煤田各含煤区内均发育，是准东煤田最主要的含煤地层，为一套河流沼泽相沉积，主要岩性为浅灰色、灰白色、灰绿色粉砂岩、泥质粉砂岩、粉砂质泥岩、细砂岩、中砂岩、煤层，韵律性不明显互层夹泥岩、菱铁矿透镜体。在西北部沙丘河地段和东部老君庙地段局部呈红色、褐红色杂色色调。下段粒度较细夹泥岩、含炭泥岩及薄煤层，煤层多不具工业价值。中段以粉砂岩为主，工业煤层主要赋存于该段，含 1～7 层可采煤层。各煤矿区煤层的层数和厚度差异较大，含煤性最好的区段是克拉麦里拗陷中段的大井矿区，煤层层数少，但单层厚度大，单层厚度达 70～90m；向东虽然煤层层数增加，但单层厚度变薄；南部的北庭矿区含煤 3 层，累积厚度 5.25m，含煤性明显差于克拉麦里拗陷中诸煤矿区。上段为中砂岩、含砾砂岩、粉砂质泥岩及炭质泥岩、薄煤层或煤线，煤层也多不具工业价值。底部具有一厚层状砾岩、砂砾岩或砂岩与下伏的三工河组地层呈整合接触，局部可见冲刷接触，控制地层厚度 15.00～290.35m，具由盆地边缘至盆地中心粒度变细、地层厚度增大的规律。

二、煤层发育特征

（一）准北赋煤带含煤特征

准北赋煤带分布有 6 个煤田（煤产地、煤矿点），其中含煤性较好的有托里—和什托洛盖煤田、克拉玛依煤田 2 个煤田。和布克赛尔—福海煤田属隐伏煤田，没有勘查资料，其他 3 个煤矿点属石炭纪—二叠纪煤层，规模很小。

含煤地层为中下侏罗统水西沟群，根据聚煤时代早、中、晚分为 A、B、C 3 个煤组。其中 A 煤组为早侏罗世八道湾组期成煤，煤层局部发育，其厚度变化较大；B 煤组为早侏罗世三工河组期成煤，煤层层数及厚度变化大，资源量有限；C 煤组为中侏罗世西山窑组期成煤，全区发育，煤层层数多，煤层厚度大且较稳定，是主要的开采煤组。

1. A 煤组

主要分布在托里—和什托洛盖煤田、克拉玛依煤田，煤层产于八道湾组上部和下部，各煤田在地层厚度、煤层层数及煤层厚度上差异较大，但具有一定的规律性，地层厚度一般为14.0～978.98m，最厚处在托里—和什托洛盖煤田为41.77m。该煤组含煤1～30层，克拉玛依煤田为1～7层，托里—和什托洛盖煤田为10～30层。煤层厚度一般为0.8～41.77m，克拉玛依煤田较薄，托里—和什托洛盖煤田较厚。可采煤层层数一般为2～15层，可采厚度为2.7～30.18m，克拉玛依煤田较薄，托里—和什托洛盖煤田较厚。煤层结构简单-较简单，局部为复杂结构，含夹矸0～28层，一般为炭质泥岩、粉砂岩。煤层属稳定到较稳定性煤层，局部为不稳定性煤层。煤层顶底板以粉砂岩为主，其次为炭质泥岩、细砂岩。

各煤田分布规律各不相同，煤层发育较好的煤田为托里—和什托洛盖煤田中部，煤层厚，较稳定，结构较简单，在走向和倾向上有一定的变化，但变化不大，是勘查和开采的主要煤田。而克拉玛依煤田不仅煤层较薄且厚度稳定性较差，结构较复杂。A煤组各煤田（各煤产地）含煤特征见表4.1。

表4.1　准北赋煤带八道湾组含煤特征一览

煤田	地层厚度/m	煤层层数	煤层厚度/m	可采层数	可采厚度/m
托里—和什托洛盖煤田	110～978.98	10～30	8.99～41.77	2～15	2.85～30.18
克拉玛依煤田	14～157	1～7	0.8～30	2～6	2.7～9.8

2. C煤组

主要分布在托里—和什托洛盖煤田、克拉玛依煤田2个区域，分布范围广，煤层稳定，全区发育，煤层较稳定，是主要的可采煤层组。西山窑组地层厚度一般为6～1083m，最薄处在克拉玛依煤田，为6m，最厚处在托里—和什托洛盖煤田，为1083m，含煤2～34层。煤层厚度一般为4.3～45.08m。可采煤层数7～13层，可采煤层厚度一般为12.79～37.88m，煤层结构简单-较简单，局部复杂。煤层顶底板岩性以泥岩、粉砂岩为主，局部为细砂岩。各煤田（煤产地）煤层稳定性较好，全区基本为可采煤层，煤层厚度大，范围广，资源量丰富。C煤组各煤田（煤产地）含煤特征见表4.2。

表4.2　准北赋煤带西山窑组含煤特征一览

煤田	地层厚度/m	煤层层数	煤层厚度/m	可采层数	可采厚度/m
托里—和什托洛盖煤田	325～1083	11～34	15.04～45.08	7～13	12.79～37.88
克拉玛依煤田	6～150	2～13	4.3～22	2～6	2.7～9.8

（二）准南赋煤带含煤特征

准南赋煤带分布有3个煤田（煤产地、煤矿点），含煤性均较好。含煤地层为中下侏罗统水西沟群，根据聚煤时代早、中、晚分为A、B、C 3个煤组。其中A煤组为早侏罗世八道湾组沉积期成煤，煤层局部发育，其厚度变化较大；B 煤组、C 煤组为中侏罗世西山窑组沉积期成煤，全区发育，煤层层数多，煤层厚度大且较稳定，是主要的开采煤组。

1. A 煤组

主要分布在准南煤田、后峡煤田、达坂城煤田 3 个区域，煤层分布在八道湾组上部和下部，各煤田在地层厚度、煤层层数及煤层厚度上差异较大，但具有一定的规律性，地层厚度一般为 246～1029m，最厚处在准南煤田，为 1029m。该煤组含煤 1～33 层，达坂城煤田为 1 层，准南煤田为 2～33 层。煤层厚度一般为 0.5～69.77m，最薄为达坂城煤田，最厚在准南煤田。可采煤层层数一般为 1～15 层，可采厚度为 1.5～66.34m，最厚在准南煤田。煤层结构简单-较简单，局部为复杂结构，含夹矸 0～8 层，一般为炭质泥岩、粉砂岩。煤层属稳定到较稳定性煤层，局部为不稳定煤层。煤层顶底板以粉砂岩为主，其次为炭质泥岩、细砂岩。A 煤组各煤田（煤产地）含煤特征见表 4.3 和表 4.4。

各煤田分布规律各不相同，煤层发育较好的煤田为准南煤田和后峡煤田，煤层较稳定，煤层厚，结构较简单，在走向和倾向上有一定的变化，但变化不大，是勘查和开采的主要煤田。而达坂城煤田，煤层层数不仅少而且厚度很薄，煤层厚度稳定性较差，结构比上述 2 个煤田较复杂。

表 4.3 准南赋煤带八道湾组含煤特征一览

煤田	地层厚度/m	煤层层数	煤层厚度/m	可采层数	可采厚度/m
准南煤田	246～1029	2～33	2～69.77	1～15	1.5～66.34
后峡煤田	524～540	15	7.70～19.79	3～7	6.81～19.42
达坂城煤田	310	1	0.50		

表 4.4 准南赋煤带西山窑组含煤特征一览

煤田	地层厚度/m	煤层层数	煤层厚度/m	可采层数	可采厚度/m
准南煤田	137～1000	4～56	11.37～188.59	3～47	10.85～184.09
后峡煤田	182.10～773.23	7～15	17.17～55.19	5～9	15.10～40.78
达坂城煤田	182～725.5	7～15	6.07～37.52	5～14	8.50～29.3

2. B 煤组和 C 煤组

B 煤组和 C 煤组在准南煤田、后峡煤田、达坂城煤田的煤田中均有分布，分布范围广，煤层稳定，是主要的可采煤层组。西山窑组地层厚度一般为 137～1000m，其中准南煤田煤层厚度大，分布范围最广，含煤 4～56 层，可采煤层数一般为 3～47 层，可采煤层厚度一般为 8.50～60m，最大厚度可达 184.09m。煤层结构简单-较简单，局部复杂。煤层顶底板岩性以泥岩、粉砂岩为主，局部为细砂岩。

（三）准东赋煤带含煤特征

准东赋煤带分布有 2 个煤田（煤产地、煤矿点），含煤性均较好。含煤地层为中下侏罗统水西沟群，根据聚煤时代早、中、晚分为 A、B 2 个煤组。其中 A 煤组为早侏罗世八道湾组沉积期成煤，煤层局部发育，其厚度变化较大；B 煤组为早侏罗世西山窑组沉积期成煤，全区发育，煤层层数多，煤层厚度大且较稳定，是主要的开采煤组。三工河组在准东煤田等地局部含煤，煤层层数少，厚度小且变化大，资源量有限。

1. A 煤组

主要分布在卡姆斯特煤田、准东煤田 2 个区域，煤层分布在八道湾组上部和下部，各煤田在地层厚度、煤层层数及煤层厚度上差异较大，但具有一定的规律性，地层厚度一般为 6.60～523.06m，最厚处在卡姆斯特煤田为 523.06m。该煤组含煤 1～21 层，卡姆斯特煤田为 13～21 层，准东煤田为 1～8 层。煤层厚度一般为 0.25～26.65m。可采煤层层数一般为 1～9 层，可采厚度为 0.83～14.40m，准东煤田较薄，卡姆斯特煤田较厚。煤层结构简单-较简单，局部为复杂结构，含夹矸 4～20 层，一般为炭质泥岩、粉砂岩。煤层属稳定到较稳定性煤层，局部为不稳定性煤层。煤层顶底板以粉砂岩为主，其次为炭质泥岩、细砂岩。煤层在各煤田分布规律各不相同，煤层发育较好的煤田为卡姆斯特煤田，煤层厚，较稳定，结构较简单，在走向和倾向上有一定的变化，且变化不大，是勘查和开采的主要煤田。而准东煤田，不仅煤层薄且厚度稳定性较差，结构较复杂。A 煤组各煤田（煤产地）含煤特征见表 4.5。

表 4.5　准东赋煤带八道湾组含煤特征一览

煤田	地层厚度/m	煤层层数	煤层厚度/m	可采层数	可采厚度/m
卡姆斯特煤田	483.36～523.06	13～21	7.04～17.35	2～9	7.65～14.40
准东煤田	6.60～120.24	1～8	0.25～26.65	1～8	0.83～7.68

2. B 煤组

主要分布在卡姆斯特煤田、准东煤田，分布范围广，煤层稳定，全区发育，煤层较稳定，是主要的可采煤层组。煤层分布在西山窑组下部，地层厚度一般为 18.86～316.02m，最薄处在准东煤田，为 18.86m，最厚处在卡姆斯特煤田，为 316.02m，含煤 1～11 层。煤层厚度一般为 0.35～111.43m。可采煤层 2～5 层，可采煤层厚度一般为 1.12～87.36m。煤层结构简单-较简单，局部复杂。煤层顶底板岩性以泥岩、粉砂岩为主，局部为细砂岩。各煤田（煤产地）煤层稳定性较好，全区基本为可采煤层，煤层厚度大，范围广，资源量丰富。B 煤组各煤田（煤产地）含煤特征见表 4.6。

表 4.6　准东赋煤带西山窑组含煤特征一览

煤田	地层厚度/m	煤层层数	煤层厚度/m	可采层数	可采厚度/m
卡姆斯特煤田	202.72～316.02	9	7.05～27.80	2～5	5.5～24.00
准东煤田	18.86～285	1～11	0.35～111.43		1.12～87.36

第三节　煤田构造与分区

一、断裂及褶皱发育规律

（一）断裂构造发育规律

（1）盆地内侏罗纪以前的断裂，在六个地区发育最为明显，即西北缘克拉玛依地区、东北缘乌伦古地区、东部的克拉美丽山前地区、北部的陆梁地区、中部的莫索湾地区以及南部地区。从断裂的延伸方向上看，主要是以 NE-NEE 方向为主，占总数的 80%以上，东起克拉美丽山前经陆梁地区、莫索湾地区，直至西北缘，囊括了盆地大部分地区。NW 及 NWW 向断裂构造仅分布于东北缘乌伦古地区和南部地区。断裂方向的这种分布反映出在盆地占统治地位的是 NE-NEE 向断裂构造体系。

（2）从时间演化上分析，盆地的断裂以二叠纪、三叠纪最为发育，此后逐渐减少，晚侏罗世以后几乎消失。二叠纪的断裂初步统计有 24 条以上。它们是红山咀—红旗坝断裂带、车前断裂、红车断裂带、吐丝托依拉断裂带、陆北断裂、陆南断裂、石西断裂、基南断裂、基东断裂、石南二号西侧断裂、石南二号断裂、滴水泉断裂、莫索湾北断裂、莫索湾南断裂、沙西断裂、沙南断裂、火烧山东断裂、博格达断裂、大井断裂、北三台东断裂、北三台北断裂、阜康断裂和依连哈比尔尕山前断裂等。三叠纪时，除上述断裂继续存在外，新出现了滴水泉北断裂以及乌兰林格断裂，后者向东延伸与吐丝托依拉断裂相连，构成德仑山南弧形断裂带。侏罗纪时，断裂数量减少，盆地中部的莫索湾南北断裂以及阜康断裂消失，其他断裂虽仍存在，但其规模减小，尤其晚侏罗世时，这种情况更甚，除东部及东北缘几个断裂，如大井断裂、莫索湾北断裂东部一段、滴水泉北断裂以及乌兰格林—吐丝托依拉断裂外，其他断裂都不存在。白垩纪和古近纪、新近纪时期，连晚侏罗世仅存的几条断裂也不复存在。从以上叙述可以看出，断裂的全盛时期是二叠纪、三叠纪，那时不仅数量多而且规模大，晚侏罗世以后基本消失，反映出盆地由断块的差异活动逐渐走向整体的拗陷过程，这正是盆地的构造类型是断拗结合与断拗转化的重要根据。

（3）盆地内 20 多个比较大型断裂的性质有两个显著的特点，一个是它对褶曲、隆起的控制性；另一个是它活动的同生性。前已述及，盆地内仅有的 4 条正断层主要发育在盆地中北部的隆起两侧，一个是莫索湾隆起南北的正断层，另一个是陆梁隆起北侧和东北侧正断层。它们在二叠纪和三叠纪的强烈活动促成了该两个古隆起及其两侧凹陷的形成。另外，克拉美丽山前二叠系-三叠系组成的背斜带在很大程度上也是受其两侧逆断裂的扭动所控制。所谓活动的同生性主要指西北缘的大型断裂对沉积的控制作用，即边活动边沉积。

（二）褶曲构造发育特征

褶曲构造主要指沉积盆地周缘大部分出露于地表或经地震证实为褶曲作用产生的局部构造，约 87 个。另外，由重力确定的倾伏背斜构造，星散分布于盆地腹地，地面未见显示，总数约 50 个，其存在的可靠性极差。

（1）出露于盆地南缘的局部构造，主要由中生界组成，以乌鲁木齐为界，分东西两部分，叙述如下：乌鲁木齐以西依连哈比尔尕山前分布着 3 排共 16 个较为完整的局部构造。第 1 排构造距依连哈比尔尕山较近，自西向东有达子庙背斜、清水河子背斜、齐古背斜、昌吉背斜、阿克屯背斜、喀拉扎背斜、南小渠子、北小渠子 8 个局部构造，它们主要由中生界组成，呈右行右列状排列。背斜大小不一，长宽有别，一般在成排的两端构造面积较小，轴线方向变化较大，主要是倾伏状或穹窿状。中部背斜呈短轴状至长轴状，两翼倾角不一，往往北翼陡，南翼缓，断裂少见。第 2 排构造位于第 1 排构造北侧，自西向东依次为南安吉海背斜、霍尔果斯背斜、玛纳斯背斜、吐谷鲁背斜 4 个局部构造，它们亦呈右行右列状排列。除南安吉海背斜由三叠系与侏罗系组成外，其余皆由新近系、古近系及更新统组成。背斜多为长轴状，轴部发育纵向断裂，一般南翼缓，北翼陡。第 3 排构造位于第 2 排构造北侧，自西向东依次为托斯台背斜群、独山子背斜、安吉海背斜以及呼图壁背斜等构造。原托斯台背斜群由侏罗系组成外，其余均由新近系、古近系和更新统组成。构造轴部发育有纵向断层。背斜一般成不对称状，南翼缓而北翼陡，两端均倾状。

（2）乌鲁木齐以东的局部构造，根据新疆石油管理局的资料，有孚远背斜，阜康背斜、三台背斜、三台构造群、泉水沟背斜、古牧地背斜、南阜康背斜、七道湾背斜、天蓬沟背斜以及乌鲁木齐背斜等 10 多个构造。除孚远背斜和三台背斜由新近系、古近系组成外，其余均由中生界及二叠系组成，一般均为长轴状或短轴状，多数伴有明显的向斜构造。背斜轴部发育纵向逆冲断层，背斜一般南翼缓，北翼陡。在阜康断裂附近的古牧地背斜以及靠近三台古隆起附近的三台构造群，地层一般陡峭，甚至倒转，加之断层多，故构造十分发育。上述出露的局部构造，地面可见四组较为发育的节理，它反映燕山构造运动的影响较为明显。

（3）克拉美丽山前的局部构造主要是由地震勘探确定的，以二叠系的背斜为主，已知有沙丘河背斜、沙 7 井背斜以及帐篷沟倾伏短轴背斜构造等。它们均处于北东向的断块上，背斜轴向亦为北东向。除这些背斜外，在黄草湖以北尚有 10 多个由中生界组成的倾伏背斜构造，如红山背斜等，但其存在的可能性尚待证实。

（4）盆地西北缘的局部构造，有的已出露地表，其总数约 6 个，均由中生界组成，其形成与西北缘克乌断裂的形成和发展有极密切的关系，多数为牵引的结果。

（5）盆地东北缘的局部构造共 13 个，主要发育于乌伦古拗陷北缘吐丝托依拉断裂的上盘，多数由古近系、新近系组成。轴向北西西，背斜轴长短不一，大小不定，多数为穹窿背斜和短轴背斜，个别为长轴背斜。

（6）盆地内部局部构造，多属倾伏构造（王桂梁等，2007）。它们的特点是倾伏端均向南、南东或南西，而翘起端朝北、北西或北东等方向。其形成多数受断裂控制，通常构造幅度很小（图4.6）。

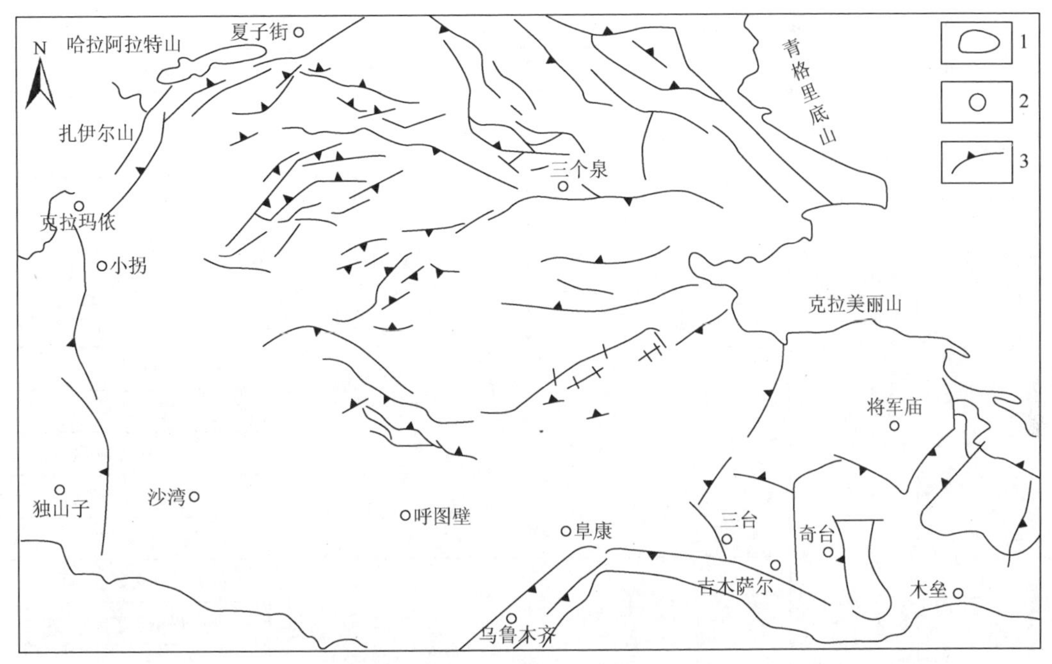

图4.6　准噶尔盆地深层断裂系统图（据王桂梁等，2007）

1-盆地边界；2-地名；3-逆冲断裂

二、构造分区特征

依据准噶尔盆地地质、构造特征，将其归纳为如下构造单元（表4.7）。

（一）准北赋煤带

1. 基底构造

基底为海西褶皱带变质岩系，未见前寒武系露头，准噶尔盆地边缘地区，直接不整合在盖层之下的都是泥盆系-石炭系地槽型建造，所以一般认为盆地基底是海西褶皱带。也有一些地质学家、地球物理学者推测盆地基底应为前震旦纪刚性地块。

华力西期后，该区趋于稳定，三叠系沉积后，侏罗纪盆地范围进一步扩大，湖水淹没准平原化的周边山区，普遍接受水西沟群沉积。晚石炭世至晚中生代长期发育推覆构造，剖面上断块呈楔状叠置，断层凹面向上呈犁形，平面上断层呈辫状分布、弧形延展，水平断距达25km。

2. 聚煤期构造

八道湾组、西山窑组为河流、湖泊相沉积，由砂岩、粉砂岩、泥岩及砾岩组成，地层厚度分别为 14～978.98m 及 6～1083m，共含可采煤层 3～64 层，多数稳定，平均总厚 5～86m。

表 4.7 构造单元、赋煤区、赋煤带及煤田对应关系表

<table>
<tr><th colspan="2">构造单元</th><th>赋煤带</th><th>评价煤田（煤产地、煤矿点）</th><th>矿区（Ⅳ级）</th></tr>
<tr><td rowspan="32">天山—兴蒙褶皱系</td><td rowspan="32">西北赋煤区</td><td rowspan="11">准北赋煤带</td><td>喀尔交煤矿点</td><td></td></tr>
<tr><td>吉木乃煤矿点</td><td></td></tr>
<tr><td>塔城煤矿点</td><td></td></tr>
<tr><td rowspan="2">和布克赛尔—福海煤田</td><td>和布克赛尔东矿区</td></tr>
<tr><td>福海矿区</td></tr>
<tr><td rowspan="4">托里—和什托洛盖煤田</td><td>和布克赛尔矿区</td></tr>
<tr><td>额敏矿区</td></tr>
<tr><td>托里矿区</td></tr>
<tr><td>克拉玛依北矿区</td></tr>
<tr><td rowspan="2">克拉玛依煤田</td><td>和布克赛尔南矿区</td></tr>
<tr><td>克拉玛依矿区</td></tr>
<tr><td rowspan="11">准南赋煤带</td><td rowspan="5">准南煤田</td><td>四棵树矿区</td></tr>
<tr><td>玛纳斯矿区</td></tr>
<tr><td>乌鲁木齐矿区</td></tr>
<tr><td>阜康矿区</td></tr>
<tr><td>水西沟矿区</td></tr>
<tr><td>达坂城煤田</td><td></td></tr>
<tr><td rowspan="5">后峡煤田</td><td>南玛纳斯矿区</td></tr>
<tr><td>呼图壁矿区</td></tr>
<tr><td>昌吉矿区</td></tr>
<tr><td>后峡矿区</td></tr>
<tr><td>黑山矿区</td></tr>
<tr><td rowspan="10">准东赋煤带</td><td rowspan="2">卡姆斯特煤田</td><td>富蕴矿区</td></tr>
<tr><td>福海东矿区</td></tr>
<tr><td rowspan="8">准东煤田</td><td>滴水泉矿区</td></tr>
<tr><td>五彩湾矿区</td></tr>
<tr><td>大井矿区</td></tr>
<tr><td>将军庙矿区</td></tr>
<tr><td>西黑山矿区</td></tr>
<tr><td>老君庙矿区</td></tr>
<tr><td>彩南矿区</td></tr>
<tr><td>北庭矿区</td></tr>
</table>

该区自三叠纪始，大规模拗陷，和什托洛盖凹陷与准噶尔盆地直接相通，具有良好的成煤条件。三叠系与侏罗系内沉积间断很少，基本上以连续沉积为主；中三叠世—侏罗纪，处于拉张状态，沉积物表现为多旋回、多韵律的特征，一般可划分3～4个巨型正旋回，形成煤层多、厚度大、很稳定的煤系。中侏罗世末，在克拉玛依运动影响下，盆地逐渐萎缩，出现红层。晚侏罗世末期，盆地曾发生整体掀斜，西部抬升，中侏罗统上部和上侏罗统大部分缺失；东部沉降，较好地保存了较厚的中—晚侏罗世地层。同沉积褶皱不发育，发育一组同沉积断裂，呈北东-北北东方向延伸，分布于克拉玛依—乌尔禾一带。从时间上来看，三叠纪断裂最发育，侏罗纪断裂数量减少，活动变弱，反映盆地从三叠纪至侏罗纪，从断块差异性活动转化为整体拗陷。

3. 聚煤后改造

聚煤期后经历了多次构造运动，盆地西缘克乌断裂带是一个隐伏的推覆构造，全长250km，北东向穿过煤田东侧，由三部分组成：西南段为红山咀断块区，中段为克乌冲断带，东北段为乌尔禾红旗坝冲断-推覆带。中段克乌断裂，上盘由石炭系浅变质岩组成，成层性完整，构造简单，显示从北西向东南推覆的特征，断裂下盘，主要是二叠系、三叠系和下侏罗统。石炭系顶面构造比较简单，上覆较薄的侏罗系和白垩系。克乌带是该冲断-推覆带的第二次活动，它由几条断面北倾、上陡下缓的犁式断裂组成，早—中侏罗世地层被断开，石炭系-中生界断块依次向南东呈阶梯状降下。克乌断裂带二叠纪地层主要分布在下盘，为克乌断裂带的第一次推覆，第二次活动只是加强和延续。

（二）准南赋煤带

准南赋煤带以乌鲁木齐为界，主要含煤地层为早—中侏罗世水西沟群的下侏罗统八道湾组、中侏罗统西山窑组。

1. 基底构造

基底为海西褶皱带变质岩系，未见前寒武系露头，直接不整合在盖层之下的都是泥盆系-石炭系地槽型建造，所以一般认为盆地基底是海西褶皱带。海西期后，趋于稳定。三叠系沉积后，侏罗纪盆地范围进一步扩大，湖水淹没准平原化的周边山区，普遍接受水西沟群沉积，而且分布区几乎都含可采煤层。

准南地区为北天山—博格达山北缘强烈拗陷和盖层强烈变形地区。侏罗纪—白垩纪时沉积中心在昌吉、玛纳斯一带，古近纪、新近纪沉积中心在西侧安集海。区内褶皱强烈，断裂发育，定向性明显，以东西向逆冲断层为主，同时有右旋扭动。三叠纪末印支运动（卡拉麦里运动）在盆地内表现为东强西弱、北强南弱的特征，北西西向隆、拗相间的格局遭受改造，如东部北东向断层、背斜与早期北西向构造呈棋盘式叠加。盆缘同生断裂兼有明显的旋扭性质。

2. 聚煤期构造

八道湾组、西山窑组为河流相、湖泊相沉积，由砂岩、粉砂岩、泥岩及砾岩组成，二者分别厚 246～1029m 及 150～1000m，共含可采煤层 5～60 层，多数稳定，平均总厚 10～185m。

自三叠纪开始，大规模拗陷。拗陷中心在乌鲁木齐、玛纳斯、呼图壁一带，沉积厚度最大可达 4000～5000m。后峡与达坂城和准噶尔盆地直接相通，具有良好的成煤条件。三叠系与侏罗系内沉积间断很少，基本上以连续沉积为主。早侏罗世三工河组拗陷中心仍在呼图壁—玛纳斯一带，厚 800m，属半深水-深水湖相环境，外围发育冲积-三角洲相和湖沼相。八道湾组有两个拗陷中心，即玛纳斯以南和乌鲁木齐地区，最大厚度在 1000m 以上。西山窑组只有一个拗陷中心，玛纳斯一带最厚达 1400m。

中三叠世—侏罗纪，准南赋煤带处于拉张状态，盆地周边沉积物表现为多旋回、多韵律的特征，一般可划分 3～4 个巨型正旋回，形成煤层多、厚度大、很稳定的煤系。中侏罗世末，在克拉玛依运动影响下，盆地逐渐萎缩，出现红层。晚侏罗世末期，盆地曾发生整体掀斜，西部抬升，中侏罗统上部和上侏罗统大部分缺失；东部沉降，较好地保存了较厚的中—晚侏罗世地层。

同沉积褶皱不发育。在吉木萨尔—石河子发育一条同沉积断裂，从时间上来看，三叠纪断裂最发育，侏罗纪断裂数量减少，活动变弱，阜康断裂消失，盆地从三叠纪至侏罗纪，从断块差异性活动转化为整体拗陷。

3. 聚煤期后改造

聚煤期后经历了多次构造运动，乌鲁木齐以西依连哈比尔尕山前分布着三排较为完整的褶皱构造，总的特征是近盆地边缘背斜紧闭，两翼倾角大、幅度大，远离边缘则背斜平缓，两翼倾角小、幅度变小。这一特征可能与依连哈比尔尕山前冲断-推覆带有关。冲断-推覆带北侧，地层呈单斜状向北倾斜。

乌鲁木齐以东博格达山前分布 10 多个背斜。除两个背斜由古近系、新近系组成外，均由中生界及二叠系组成，一般表现为长轴或短轴状，多数伴有向斜构造。背斜一般南翼缓、北翼陡，轴部发育纵向逆冲断层。在近阜康断裂附近的古牧地背斜以及近二台古隆起附近的三台构造群，局部地层陡立，甚至倒转，断层多，构造复杂。

博格达山前冲断-推覆体，表现以下特点：①一系列向北突出的弧形断褶带；②弧形断裂大部分为断层面向南倾斜、上盘向北推覆的冲断层，褶曲受断裂影响，南翼缓，北翼陡；③晚古生代地层间存在一系列滑脱层，构造变形强烈。冲断-推覆体由两部分构成，其一以博格达山为主体，由石炭纪地层构成，它推覆到二叠纪地层之上；其二由二叠纪—侏罗纪地层组成，它推覆到白垩纪和古近纪地层之上。

乌鲁木齐矿区侏罗纪地层构成一个不对称的线型褶曲，北东东向延伸，长 28km，轴部发育区域性走向压扭性断裂，以及派生的北西西向剪切平推断裂群。褶皱与断裂反映由南向北挤压的特征，如白杨南沟倒转背斜、八道湾向斜及芦草沟两岸、红沟沟口的地层倒转，以及向北逆冲的乌鲁木齐东山、白杨南沟和碗窑沟等逆断层。

（三）准东赋煤带

1. 基底构造

基底为海西褶皱带变质岩系，未见前寒武系露头，直接不整合在盖层之下的都是泥盆系-石炭系地槽型建造，所以一般认为盆地基底是海西褶皱带。泥盆系、石炭系褶皱以及海西期花岗岩、超基性岩体均以北西西方向延入盆内。海西期后，趋于稳定。三叠系沉积后，侏罗纪盆地范围进一步扩大，湖水淹没准平原化的周边山区，普遍接受水西沟群沉积，而且分布区几乎都含可采煤层。

准东赋煤带为结构复杂的单元，总体呈北西向分布，由帐北、大井、吉木萨尔、奇台、梧桐窝子等多个凸起、凹陷次级单元组成。三叠纪末印支运动在该区内表现强烈，如东部北东向断层、背斜与早期北西向构造呈棋盘式叠加。盆缘同生断裂兼有明显的旋扭性质。

2. 聚煤期构造

八道湾组、西山窑组为河流相、湖泊相沉积，由砂岩、粉砂岩、泥岩及砾岩组成，二者分别厚 6.60～523.06m 及 18.86～316.02m，共含可采煤层 1～30 层，多数稳定，平均总厚 1～40m。

三叠系与侏罗系多呈不整合，形成了与早期北西向隆拗相间格局完全不同的北东向隆褶带。中三叠世—侏罗纪，准东赋煤带处于较频繁的挤压状态。盆地边部沉积物表现为多旋回、多韵律的特征，一般可划分 3～4 个巨型正旋回，形成煤层多、厚度大、很稳定的煤系。中侏罗世末，在克拉玛依运动影响下，盆地逐渐萎缩，出现红层。晚侏罗世末期，盆地曾发生整体掀斜，西部抬升，中侏罗统上部和上侏罗统大部分缺失；东部沉降，较好地保存了较厚的中—晚侏罗世地层。从三叠纪至侏罗纪，该地区从断块差异性活动转化为整体拗陷。

3. 聚煤期后改造

聚煤期后经历了多次构造运动，准东赋煤带主要为北西西向开阔褶曲，呈北西西向斜列展布，西部有三排北东东向构造鼻，斜列展布。

第四节　赋 煤 规 律

（一）沉积相展布

1. 早侏罗世早期（八道湾组沉积期）

准噶尔盆地是在晚古生代沉积基底上经三叠纪填平补齐作用后发育起来的侏罗纪聚煤盆地。印支运动后，盆地拉张而沉降，水体范围逐渐扩大，早侏罗世晚期达到最大程度，中侏罗世早期开始水退。J_1b（水进早期）与 J_2x（水退早期）沉积期，气候温暖湿润，水量充沛，古松杉等高等植物生长繁盛，因而湖滨三角洲泛滥平原洼地、河流冲积扇洼地、扇前三角洲平原洼地等适宜的沉积相展布环境里发育泥炭沼泽，发生强烈的聚煤作用，沉积了八道湾组和西山窑组含煤建造。八道湾组煤层主要见于准南煤田东段阜康聚煤中心和富煤带；西山窑组的煤层多见于准南煤田东段乌鲁木齐聚煤中心和富煤带。中侏罗世晚期，气候开始转变为干旱炎热，基本结束了早、中侏罗世聚煤期。由于盆地内部存在不同规模的次级隆起与拗陷，其沉积环境在不同地区各有特点。

早中侏罗世，准噶尔盆地为一大型内陆拗陷盆地，沉积相类型主要有冲积扇、扇三角洲、河流、滨湖三角洲、滨浅湖等。盆地在早侏罗世以冲积扇及扇三角洲沉积为主，在中侏罗世以河流及滨湖三角洲沉积为主，岩性主要为砂岩、粉砂岩和泥岩互层，含炭质泥岩及煤层，底部有砾岩，除盆缘粒度相对较粗外，水西沟一带最细，往东粗碎屑增加，煤层主要发育于下段及中段，有巨厚煤层，上段多为薄煤层。在准噶尔盆地南缘中段含煤3～55层，阜康—白杨河一带可采总厚达50余米，产植物化石及双壳类、叶肢介及介形类动物化石。八道湾组厚200～1000m，在西部和南部地区与下伏上三叠统小泉沟组连续沉积或假整合接触，东部则假整合或不整合于不同时代老地层之上。

八道湾组沉积期，在盆地南部，西起四棵树以西，东到吉木萨尔、奇台，主要发育滨浅湖相、湖滨-三角洲相、河流相及冲积扇相，呈近东西向条带状。碎屑粒度向盆地中心方向变细。冲积扇相主要发育在四棵树南部石河子水沟、后峡等地；乌苏、硫磺沟至阜康一带为滨湖-三角洲相发育区，西部以三角洲相为主，东部以湖滨相为主，该相带外围则广布河流相沉积。相带内沼泽发育，普遍沉积了多层可采煤层，聚煤作用以阜康一带最好。

盆地东部地区，即克拉麦里山以南，地形复杂，早期湖水较浅，存在奇台—木垒隆起、三台隆起及帐篷沟隆起等。该区主要发育河流相。克拉麦里低山山前发育冲积扇沉积，随着后期的填平补齐及湖水漫覆，滨浅湖相范围扩大，泥岩、沼泽有短期存在。因此，该区以薄煤层为主。该区碎屑来源主要为南部与北部低山丘陵区。

盆地北部，即车排子与现在的克拉麦里山一线以北地区。盆缘地带广泛发育冲积扇沉积以及河流沉积，中部地区则主要以滨浅湖为主，冲积扇及扇三角洲分布于扎依尔山前的克拉玛依—乌尔禾一带及青格里山前地带，和什托洛盖—喇嘛庙一带则以河流相为主。该时期成煤条件较好地区在和什托洛盖一带。其他地区因环境多变而含煤性较差。

2. 早侏罗世晚期（八道湾组沉积期）

准噶尔盆地三工河组岩性主要以灰色、灰绿色砂岩、粉砂岩、泥岩为主，夹砾岩、泥灰岩、煤线或薄煤层，地层厚150～800m。三工河组沉积期，准噶尔盆地经早侏罗世早期沉积作用，盆地内部地势越趋平坦，但随着盆地的整体拗陷，湖盆扩张，湖平面抬升，此时在准噶尔盆地沉积了以细碎屑及泥质为主夹粗碎屑的浅湖-滨浅湖沉积，盆缘地带以冲积扇、水进型三角洲为主，而河流沉积不发育。该期成煤的古地埋条件普通较差，仅在局部地区形成薄煤层、煤线或炭质泥岩。盆缘地带冲积扇及扇三角洲环境中可能有一定的煤层形成。

3. 中侏罗世早期（西山窑组沉积期）

准噶尔盆地西山窑组岩性为灰绿色、灰白色砂岩、粉砂岩与灰绿色、灰黑色泥岩及菱铁矿层，含巨厚煤层，见植物化石及孢粉化石，厚度一般为200～600m。西山窑组沉积期由于盆地整体的振荡活动，在总体水退的基础上湖水仍有较频繁的进退变化。除在盆地凹陷中心及盆地中部沉积了一套以泥质、粉砂质为主的浅湖-滨浅湖相地层外，其外围广大区域内湖滨、三角洲及河流相广泛分布，且泥炭沼泽普遍发育。

盆地南部阜康一带以湖滨相为主，在乌鲁木齐、硫磺沟一带，湖滨及河流三角洲相发育，向西至四棵树地区则以河流冲积相及三角洲相较发育，向盆地中部则逐渐过渡为滨浅湖、浅湖相。该地区泥炭沼泽广泛分布在各种沉积体系之上，乌鲁木齐至阜康一带煤层发育最好。

盆地东部为湖湾环境，三台等隆起减弱了该区与盆地腹部的水力联系，使其处于半封闭状态，沉积物以泥质岩、细碎屑岩为主夹砂岩，并发育多层厚-巨厚煤层。同时也说明克拉麦里低山—格达低山丘陵更加低缓。在构造活动微弱的条件下，碎屑供应减少。该时期，除在山前地带有少量河流及滨湖三角洲沉积外，东部广大地区以湖湾沉积为主。

盆地北部夏子街、克拉玛依、尔禾一带三角洲相仍较发育，东北部除冲积扇相以外，河流冲积相及湖滨相也较发育。由于德仑山至夏子街、乌尔禾一带三角洲的围限作用使得和什托洛盖地区发育了水体相对较稳定的湖湾相，但由于周围离剥蚀区较近以及断裂活动的影响，使和什托洛盖拗陷区更接近于山间拗陷性质。喇嘛庙、铁厂沟至和布克赛尔的山前地带有河流冲积相发育，和布克赛尔以东乌图布拉克一带有小范围的湖相沉积。

准噶尔盆地中部的广大浅湖-浅湖地区，在早、中侏罗世曾有过一定程度的淤浅并发生沼泽化，沉积了一定厚度的煤层。

（二）聚煤规律及其控制因素

1. 煤层分布及变化规律

准噶尔盆地含煤岩系为中、下侏罗统水西沟群，自下而上包括八道湾组、三工河组、西山窑组。含煤岩系厚度在玛纳斯—呼图壁一带最大，达200m，含煤层数可达113层，煤层累厚达210m，可采煤层累积厚度最厚达183.30m。

1）八道湾组

盆地南部，八道湾组厚度为143～884m，乌鲁木齐—阜康一带地层厚度最大。富煤带位于阜康小龙口—白杨河一带，可采煤层总厚达50余米，厚煤层多集中于该组中、下部，上部以薄煤为主。煤层总的变化趋势为东厚西薄，向西由硫磺沟至四棵树，含煤层数少，3～5层可采或局部可采煤层，多数不可采。

盆地东部，八道湾组厚度为 35～452.3m，表现为北部较薄，而向东南方向增厚，含煤1～15层，可采1～11层，可采总厚0.80～36.5m，富煤带位于沙丘河—火烧山一带及老君庙—北山煤窑地区。

盆地北部克拉玛依地区到乌尔禾一带，八道湾组厚度为16.374m，含煤1～7层，煤层总厚度为 0.8～30m。地层厚度由西向东增厚，含煤性亦由西向东变好。在克拉玛依—乌尔禾同沉积断裂以西的上升盘，地层厚度小，且含煤性差，而下降盘厚度较大，含煤性较好。和什托洛盖一带，地层厚度一般为 162～780m，煤层多集中于中上部，含煤 10～30 层，可采总厚最厚处达 30 余米，沉积中心与聚煤中心皆位于和什托洛盖拗陷区的中部。

2）西山窑组

盆地南部，厚度一般为 119.9～931m。地层厚度在乌鲁木齐至阜康一带、四棵树、吉木萨尔地区较厚，含煤 4～58 层，其中可采 2～35 层。富煤带位于硫磺沟—阜康一带，可采总厚可达 151.94m，单层厚度在芦草沟最大，可达 50m，主要煤层多集中于该组中、下部。

盆地东部该组厚 70～290m，与八道湾组相似，仍表现为北部薄，而向东南方向增厚的变化特征，含煤 1～16 层，其中可采煤层 3～15 层。富煤带位于老君庙和北山煤窑，可采总厚达 57.11m。

盆地北部，克拉玛依一带，地层厚 20～541m，含煤 2～13 层，可采总厚最厚达 20 余米，主要煤层集中于该组中段。与八道湾组相似，地层厚度由西向东增大，且含煤性变好。和什托洛盖地区，西山窑组厚度一般为 423～637m，可采煤层达 11 层，可采总厚最厚处为 29.32m，沉积中心及聚煤中心移位于拗陷区的中部地区。

2. 聚煤控制因素

八道湾组沉积早期的聚煤作用主要发生在盆地边缘地势低缓及活动微弱的地区，即主要在盆地南部阜康—吉木萨尔一带，成煤环境以湖泊、沼泽为主，其他地区聚煤作用较差。八道湾组沉积中晚期聚煤作用以盆地东部克拉玛依、和什托洛盖拗陷区、南部四棵树一带较为明显。聚煤作用与湖滨及河控三角洲关系密切。

西山窑组沉积时期的聚煤作用几乎遍布整个盆地，且作用时间长，强度大，分布广，以盆地南部尤为明显。早期地势平坦，覆水浅而广阔，河控三角洲发育，在广阔的湖缘，泛滥平原常发育较稳定的泥炭沼泽，形成的煤层多、厚、稳定；晚期随构造变动频繁及气候条件的变化，聚煤作用有所减弱。西山窑组聚煤作用在盆地的南部表现为东强西弱，在盆地北部则有向东迁移的趋势。

盆地内各时期的聚煤中心与地层沉积中心的迁移、变化多呈正相关。富煤带的展布方向与沉积中心的长轴方向具较明显的一致性，多分布于盆缘及其内侧地区，且多沿走向与盆地边缘呈近平行分布。

第五节　构 造 演 化

一、聚煤前的构造演化

对于准噶尔盆地是否有古老的结晶基底，争论一直都很激烈，但对盆地是叠加盆地的看法却是比较一致的。伴随着海西期的构造运动，准噶尔地块发生拉张裂陷作用，其周围的地槽区也不断地发生改变，并以渐进式的方式结束地槽，褶皱成山。从某种意义上说，海西期准噶尔由地块逐渐发展成为内陆大型拗陷盆地，即在拉张作用下又经过褶皱成山的挤压力联合作用，形成了边界由不同方向断裂构成的，其内为隆拗相间的大型内陆盆地，台地中央为北东向的隆起区，在西北部为北西向。玛纳斯—乌鲁木齐一带为东西向的拗陷区，在隆起区、拗陷区内又有次一级的隆起和拗陷。到了印支运动时期，构造活动对准噶尔构造格局进行了修补，尤其是对拗陷区的填平补齐，使内陆小盆地逐步形成了一个大型的盆地。

二、聚煤期的构造演化

准噶尔含煤盆地在经历了海西期、印支期构造活动后，盆地内的构造运动相对有所减弱，但因舒张弹性回返，沉积作用却相对明显增强。在早侏罗世早期与中侏罗世早期含煤建造极为发育，形成了两个主要聚煤期。由于盆地内构造活动存在差异性，所以含煤建造也不尽相同。盆地北部、西部的含煤建造受边界断层控制，尤其是西北部的克乌断裂对该区的含煤建造影响很大，形成了数排北东东向的并列式阶地构造，由西向东一阶比一阶低。阶地长240km，宽10～30km，断阶西部煤层层数少而薄，东部煤层层数多而厚，由盆缘向中央有增厚趋势。煤系厚度变化为153.6～459.0m，含煤系数变化幅度为2.4～10.87m。煤层层数为2～20层，厚度为2.5～32.6m。

准噶尔盆地东部经海西构造运动后处于隆起状态，当构造活动相对减弱回降时在它的上面一般都表现为差异性升降。凹陷部分成为形成含煤建造的有利部位，相对凸起区不利于含煤建造的形成。奇台凸起凹陷深500～1000m，吉木萨尔凹陷深1500～3000m，阜北断隆上的凹陷深1000～2000m。

准噶尔含煤盆地的南部，受依连哈比尔尕、喀拉乌成、博格达等边界断裂和中央断裂的联合控制，形成了规模较大的山前拗陷区。在海西期、印支期后构造活动相对平静的早中侏罗世，断裂构造控制作用仍很明显。早侏罗世拗陷南部沉降速度与沉积速度相适应，对聚煤作用有利，形成多层厚煤层。中西部玛纳斯一带沉积速度快，不利于聚煤作用，只沉积了少量薄煤层。西部由于拗陷沉降速度慢，不利于聚煤作用，所以未形成有工业价值的煤层。中侏罗世拗陷区内聚煤作用明显比早期普遍加强，但聚煤中心主要在乌苏、玛纳斯、阜康等地。

三、聚煤期后的构造演变

当进入燕山期、喜马拉雅期后，准噶尔含煤盆地构造演化特征主要为燕山期以上升运动为主，使内陆盆地得以进一步发展。首先从东部隆起区开始，沉积范围收缩，并不断向西迁移。沉积中心由西北部转到盆地中央，沉降幅度最大可达3000m。之后再转到西南部沙湾安集海一带，最大沉降幅度为5000m。喜马拉雅期由于昆仑海槽的褶皱回返，也促使各地构造活动强烈，各主要山脉的急剧隆起使盆地承受了强烈的挤压，造成边界构造剧烈活动。同时盆地又因为其中央的隐伏基底断裂活动，使盆地分解为南北两部分。南部断裂发育，天山隆起造成向北的推覆，使煤系地层形成北西向的线型构造断褶带、北东东-南东东向的线型构造断褶带。西北部为南北-北东东-东西向的断阶构造，煤系地层为倾向东南略有波状起伏缓倾斜的单斜层。东部则呈北东向的并列式，倾向南西的向斜，倾伏状断隆、箱式向斜等构造。盆地中央还发育东西向的由古近系、新近系构成的纵行排列的线形构造，北西西向的泉长垣构造和倾向南的玛纳斯倾没向斜。

第五章　塔里木含煤区聚煤作用与构造特征

塔里木盆地是中国西部最大的盆地，面积约 56 万 km^2。盆地西邻中亚地区的土兰地块，东为阿尔金断裂带，南、北分别与西昆仑造山带、天山造山带相邻。对盆地含煤情况的认识目前还仅限于周缘的出露地区，近年的勘探特别是油气勘探的成果对进一步认识盆地内部的地层发育情况、构造复杂程度和深部煤炭资源的赋存情况有重要的帮助。盆地纵向上自下而上划分为前震旦系、震旦系、寒武系—奥陶系、志留系—泥盆系、石炭系—二叠系、中生界、新生界七大构造层，不同构造层表现出不同的特征。盆地的演化具有多期性，可划分为三大阶段：前震旦纪基底形成阶段、震旦纪—早二叠世海相盆地演化阶段和晚二叠世—新生代陆内盆地演化阶段。不同时期具有不同的原盆特征，各时期的盆地都经历了盆地形成、发展、消亡及后期改造阶段。后期盆地的形成对前期盆地具有破坏性或保存性改造。

第一节　含煤地层与煤层

一、含煤地层发育特征

塔里木盆地含煤地层区位于新疆南部，塔里木盆地四周，行政区划为和田地区、喀什地区、克孜勒苏克尔克孜自治州、阿克苏地区、博尔塔勒蒙古自治州及吐鲁番地区的西南部广大地区。塔里木含煤区覆于塔里木陆块之上，西自国境线，东邻甘肃敦煌及青海格尔木盆地，北为那拉提—红柳河巨型韧性剪切、混杂、推覆构造带之南界，南邻康西瓦—鲸鱼湖巨缝合带。

塔里木板块于晚元古代形成古大陆板块，具有太古界及元古界组成的古老陆壳基底，包括塔里木盆地稳定区和南北两侧的多期边缘活动带，是大型克拉通盆地。石炭纪末塔里木板块与哈萨克斯坦—准噶尔板块碰撞拼贴而成为古欧亚大陆板块的南缘，二叠纪—三叠纪为塔里木板块南部活动大陆边缘发展期，古特提斯洋向北俯冲和羌塘地块与塔里木板块南缘碰撞是主要板块活动事件。侏罗纪—第四纪塔里木板块成为欧亚大陆板块内部的一部分。

盆地的构造演化大致经历了七个阶段，演化至印支期即为第五阶段——前陆盆地，因前述板块活动事件，南北向挤压形成了拱升和断块隆起。燕山期为陆内拗陷阶段，因欧亚大陆板块内部的均衡调整及喀喇昆仑西南缘特提斯带板块活动，盆地为大型陆内拗陷的稳定沉降，尤以塔东北与塔西南拗陷幅度较大，在古构造、古地理、古气候和古植物有序配置下，在含煤区拗陷部位形成具工业价值的下—中侏罗统含煤岩系。盆地北缘为克拉苏群，西南缘及南缘为叶尔羌群，逐渐演进为复合前陆盆地阶段，受印度板块与欧亚板块碰撞影响，含煤区成为挤压背景下的复合前陆盆地。在燕山晚期—喜马拉雅期，含煤区历经构造再造，形成山前逆冲带与基底走滑断裂，在库拜煤田克拉苏群呈近东西走向，向南陡倾、直立或局部倒转。

含煤地层依据岩性植物及含煤性划分为侏罗系克拉苏群和叶尔羌群，下统塔里奇克组、阿合组（不含煤组）康苏组、阳霞组和中统克孜努尔组、杨叶组，以河湖相、湖泊相、沼泽相沉积为主，岩性为灰色、深灰色、灰白色浅红色砂岩、粉砂岩、细砂岩、岩层泥岩、煤层，地层厚度各区差异较大，与下伏地层为不整合接触，分布于塔里木盆地及边缘地带。

1. 盆地北部含煤地层

该含煤地层位于塔里木盆地北部，包括轮台县、库车县、拜城县、温宿县、柯坪县以南地区。岩石地层单位区划为塔里木—南疆地层大区塔里木地层区塔北地层分区及塔里木盆地地层分区。含煤地层为下二叠统开派兹雷克组和中、下侏罗统克拉苏群塔里奇克组、阿合组、阳霞组、克孜怒尔组。主要岩性为灰白色砾岩或中至粗粒砂岩、黄绿色粉砂岩，砂质泥岩或黑色炭质页岩夹煤线互层。在克孜勒努尔、塔里奇克、舒善河、吐格尔明地区夹可采煤层。

2. 盆地西南部含煤地层

该含煤地层出露于乌恰县、阿克陶县、莎车、和田等地，岩石地层区划为塔里木—南疆地层大区塔里木地层区塔里木盆地地层分区中、下侏罗统叶尔羌群下统康苏组和中统杨叶组。岩性为灰绿色、灰色砂砾岩与泥岩互层，夹炭质泥岩、薄煤及煤层，含有少量瓣鳃类和丰富的植物化石，厚 142～1500m，不整合在下伏地层之上。

3. 盆地东南部含煤地层

该含煤地层分布于且末县及若羌县以南地区，属塔里木—南疆地层大区塔里木地层区塔里木盆地地层分区且末地层小区和若羌地层小区。含煤地层为中、下侏罗统叶尔羌群康苏组（J_1k）和杨叶组（J_2y）。地层为一套湖相和山麓河流相沉积，主要岩性为灰白色砂岩、砾岩、粉砂岩、泥岩夹煤层和煤线。

二、煤层发育特征

1. 塔北赋煤带含煤特征

含煤地层为中、下侏罗统喀拉苏群塔里奇克组、阳霞组和中统克孜勒努尔组。根据聚煤时代早中晚分为 A、B、C 三个煤组。其中 A 煤组为下侏罗统塔里奇克组沉积期成煤，发育较好，但煤层稳定性较差，煤层厚度变化较大，但在库车、拜城区段具有较好的稳定性；B 煤组为下侏罗统阳霞组，阳霞煤田好于其他地段，稳定性较好；C 煤组为中侏罗统克孜勒努尔组，仅限于库拜煤田、阳霞煤田，为局部零星可采的较稳定煤层。

1）A 煤组

主要分布在温宿煤田、库拜煤田、阳霞煤田三个区域，煤层产于下侏罗统塔里奇克组。岩性主要有河流相、湖泊沼泽相沉积的灰色-灰白色石英砂岩、砾岩、细砂岩、粉砂岩、炭质泥岩及煤层组成。地层厚度为 0～281.84m，最薄在温宿煤田，最厚在库拜煤田，为 281.84m，含煤层 2～15 层，煤层厚度为 2.3～28.99m，可采层数 2～9 层，可采煤层厚度 2.75～26.76m。煤层结构简单-复杂，顶底板岩性以泥岩、粉砂岩为主，其次为细砂岩。A 煤组各煤田（煤产地）含煤特征见表 5.1。

表 5.1　塔北赋煤带塔里奇克组含煤特征一览

煤田	地层厚度/m	煤层层数	煤层厚度/m	可采层数	可采厚度/m
温宿煤田	0～281.80	2	2.3～25.75	2	2.75～4.64
库拜煤田	148.58～281.84	2～15	28.99	9	26.76
阳霞煤田	75～100	2	8.28	2	8.28

该煤组发育较好的为库拜煤田，地层厚度为 148.58～281.84m，平均地层厚度为 230.07m，含煤层 2～15 层，单层煤层厚度为 0.09～25.10m，含夹矸 0～3m。煤层结构简单-较简单，煤层平均厚 28.99m，含煤系数为 12.60%，可采煤层平均厚度 26.76m，含煤系数为 11.63%。

就全区而言，煤层一般以层状产出，走向上变化较大，沿走向煤层的合并、分叉、尖灭较普遍，横向上可见煤层密集带、煤层分叉变薄带，但煤层在一个区段如一个矿区或者一个井田范围之内，主要可采煤层都具有较好的稳定性。总的趋势是煤层厚度沿走向和倾向上的变化较大，煤层稳定到不稳定，煤层结构简单到复杂。

2）B 煤组

主要分布在温宿煤田、库拜煤田、阳霞煤田。煤层产于下侏罗统的阳霞组，主要分布在阳霞煤田、库车阿艾一带，拜城、温宿一带含煤性较差。在阳霞煤田地层厚 300～400m，为一套河流相、泥炭沼泽相沉积。岩性为灰白色-灰黄色中粗砂岩、细砂岩及灰绿色粉砂质泥岩、黑色炭质泥岩和煤层，含煤 8 层，煤层厚度 13.5m。库拜一带地层平均厚度 533.16m，含煤 1～6 层，平均总厚 4.03m，含煤系数 0.76%，平均可采总厚 2.31m。温宿一带含 3 层煤层，厚度 2.75～4.64m。煤层含夹矸 0～2 层，简单结构。B 煤组各煤田（煤产地）含煤特征见表 5.2。

表 5.2　塔北赋煤带阳霞组含煤特征一览

煤田	地层厚度/m	煤层层数	煤层厚度/m	可采层数	可采厚度/m
温宿煤田	86.20～1061.42	3	12.39	3	1.20～8.98
库拜煤田	434.16～649.62	1～6	4.03	3	2.31
阳霞煤田	300～400	10	5.33～27.65	8	13.50

3）C 煤组

主要分布在温宿煤田、库拜煤田、阳霞煤田。煤层产于中侏罗统克孜勒努尔组，主要分布在阳霞煤田、库车阿艾一带。在阳霞煤田地层厚 300～700m，为一套河流相、湖滨相及泥炭沼泽相沉积。岩性以灰绿色、灰色粉砂岩泥岩、灰白色-灰黄色中粗砂岩为主，中部夹有黑色炭质泥岩，含煤 14 层，可采 10 层，煤层厚度 17.85m。库车阿艾一带地层厚 380m，下部含煤 4 层，煤层厚 0.57～3.15m，平均厚度 2.14m，含煤系数为 0.52%。C 煤组各煤田（煤产地）含煤特征见表 5.3。

表 5.3 塔北赋煤带克孜勒努尔组含煤特征一览

煤田	地层厚度/m	煤层层数	煤层厚度/m	可采层数	可采厚度/m
温宿煤田	69.80～786.40	1～3	0.70～6.27	1～3	2.17
库拜煤田	265.00～380.00	4	0.57～3.15	1	2.14
阳霞煤田	300～700	14	3.43～36.73	10	17.85

2. 塔西南赋煤带含煤特征

塔里木盆地西南缘含煤岩组为下侏罗统康苏组（J_1k）、中统杨叶组（J_2y）。

①乌恰煤田：主要分布康苏组，地层厚度 286～1411m，含 A、B、C 煤层，3～11 层可采，大部分可采煤层 1～3 层，平均总厚 7.45m。②阿克陶煤田：分布康苏组，地层厚 235～450m，含煤 3～13 层，煤层总厚 0.1～8.5m，可采 9～13 层。③莎车-叶城煤田：康苏组、杨叶组均有分布。康苏组地层厚度 70m，含煤 3 层。杨叶组地层厚度 248～305m，含煤 14 层，煤层总厚度 29.01m，可采 1 层。④布雅煤产地：分布康苏组，地层厚度 29～210m，含煤 3 层。煤层总厚度 5.95～13.51m，可采 2～3 层，总厚 4.50～12.92m。

中、下侏罗统叶尔羌群分布在东昆仑的高山地区，偶见有废弃小矿点，含煤性差。该区地质工作程度低，资料极少。

3. 塔东南赋煤带含煤特征

含煤地层分布于且末县及若羌县以南地区。含煤地层为中、下侏罗统叶尔羌群康苏组（J_1k）和杨叶组（J_2y），含煤 7～9 层。其中真厚度大于 1m 的煤层有 4 层。上部地层仅在克其克江格萨依以东出露较好。

第二节 煤田构造格局

塔里木盆地在地史上经历了多次构造运动的改造，发育了数百条不同期次、不同性质、不同规模和级次的断裂，它们在空间的分布构成了一幅甚为清晰的应变图像，是盆地的主要构造形迹。盆地中发育不同尺度、不同性质的各种断裂构造，按其规模大小及在盆地中的作用，划分为四个级别。

（1）一级断层，亦称控盆断裂，其标志有：①长期发育，往往贯穿数个构造旋回；

②规模大，断裂带的宽度可以达到数千米，延伸距离长，可达数百至上千米，并控制两侧的沉积厚度与岩相，在地貌上，两侧比高存在着明显的差异；③沿断裂带有大规模的中、酸性岩浆活动，两侧变形及构造线方向截然不同；④断裂两侧的地层具有动力变质带，为地球物理场的分区界线；⑤断层影响深度大，往下切穿盆地基底，垂直断距达数百至数千米，上盘地层往往遭受严重剥蚀。该断层主要发育于盆地南部和北部，构成盆地两侧的边界，约有 8 条，占统计断裂总数的 8%。

（2）二级断层，控制盆内构造带形成的主干断裂。其主要标志有：①长期发育，贯穿数个构造旋回或占一个旋回的很大部分；②延伸上百千米，断距数百至上千米，向下切入基底，断层影响宽度数百米；③常构成盆地内隆拗（二级构造单元）的分界；④控制两侧构造格局和沉积厚度的差异，造成厚度突变；⑤沿断裂带常表现为磁异常或重力梯度带，常伴有岩浆活动。研究区内二级断层发育，有 24 条，占统计断裂总数的 24%。

（3）三级断层，中等规模，主要切穿盆地盖层，部分可断入盆地基底。这类规模的断层 37 条，占统计断裂总数的 36%。其主要标志有：①延伸数十千米至上百千米，常位于二级断层的两侧并与之平行展布；②两侧沉积厚度差异不大，岩层、岩体等被错开，垂直断距数十至数百米；③往往控制局部构造带的形成和分布；④重、磁异常特征不明显。

（4）四级断层，指控制单个局部构造形成的断裂构造，主要发育在盆腹以及南、北山前地区，共约 32 条，占统计断裂总数的 32%。其主要标志有：①仅发育在沉积盖层中，不断入基底；②垂直断距较小，一般在百米左右；③不控制两侧沉积，无厚度变化。

塔里木盆地断层性质划分主要基于如下考虑：①断裂的几何形态及特征；②断裂的相对位移变化及变形量；③形成断裂的地球动力学背景或动力来源。依此将塔里木盆地断层划分为逆冲断层、走滑断层和正断层三种类型，分别对应于压、扭、张三种不同的应力作用。

1. 逆冲断层

塔里木盆地逆冲断层广为分布，约占全盆断裂总数的 80%，显示其主导性。现将主要断裂特征描述如下：

1）南天山山前断裂带

南天山山前断裂带是塔里木盆地北部最大的一条断裂带，构成了塔里木盆地与南天山的分界线，自东向西由北轮台断层、克孜勒阔坦断层、老虎台断层和卡拉铁克断层组成，总延伸长度约 1000km。

北轮台断层西起克孜勒努尔沟上游，向东延伸至库尔勒北，断面北倾，倾角不等，沿走向呈波状起伏态势。断层上盘主要出露中、下石炭统（西段）和元古宇变质岩系及花岗岩体（东段）。下盘为中、新生代地层。北盘强烈向南逆冲，沿断裂带普遍发育数百米的破碎带，局部地段见宽的糜棱岩带。该断层长期活动，在依奇克里克之北，可见到石炭系灰岩逆冲到下更新统砾岩之上并使砾岩产状发生倒转。

克孜勒阔坦断层亦称黑英山隐伏深断裂，由北至南，由三条分支断层组成。在剖面上该断层呈叠瓦状，断面均北倾，具强烈的动力变质特征。由于库车拗陷向北凸进，致使该断层部分被中、新生界掩盖。大地电磁测深资料显示，两侧视电阻率变化很大，反映断层两边地电类型完全不同。各向异性和归一化水平导数也证明此间存在大规模的深部断裂。

老虎台断层从卡普沙良河起向西延伸至冰雪区，长 210km。断裂总体走向 EW，北盘向南逆冲，成为南天山与库车拗陷西段的分界。断层呈舒缓波状延伸，断面北倾，断裂带岩石破碎，糜棱岩带宽 100m，反映深层次形变特征。

卡拉铁克断层呈 NE 向展布，长达 380km，倾向 NW，断层南侧为塔里木盆地北部木兹杜克过渡带，后期控制了乌什断陷古近系、新近系的分布。断层北侧为南天山沉积系列，堆积了石炭系类复理石建造，说明该断裂对沉积作用具有明显的控制作用。

综上所述，南天山山前断裂带具有如下特征：①平面上几条断层首尾侧列相接，呈向北凸出的弧形展布，剖面上均北倾，具典型逆冲断层特征，切割深度大，上至地表，下穿基底。沿断裂带发育几十米至数千米的断层破碎带，断裂带内常见构造角砾岩、动力变质带糜棱岩及硅化、高岭石化和矿化现象，反映断裂带遭受过不同层次的变形过程。②沿断裂带发育大量海西期和加里东期酸性中基性侵入岩、中基性火山岩和火山碎屑岩，断裂带北侧伴有大量同方向次级断层和褶皱出现。③断裂初始形成于早加里东期，此后经历过极为复杂的活动史。从运动方式看，自加里东末期至喜马拉雅期，一直保持北盘向南逆冲的性质，显示出明显的继承性。

2）亚南断裂带

该断裂带主要特征为：①总体近 EW 向延伸，西起羊大库都克南，向东经五一水库，抵达库尔楚园艺场北，全长 380km，断面南倾，下缓上陡。②断开了震旦系—新生界，并且具长期、多期活动特征，初始形成在元古宙，早加里东期为正断层性质，可能具剥离断层的糜棱岩带的特点。此后有过两次重要反转，一次在海西早期，为正反转，海西晚期—末期为强烈活动期；另一次在喜马拉雅早期，为负反转。③构成了沙雅隆起的北界，阻挡了其北的库车滑脱型断层继续向南的滑动。④断层下盘尚残留有数百米至百余米的寒武纪—奥陶纪地层，并被侏罗系和白垩系不整合覆盖。由此说明，断裂下盘（即库车拗陷）至少保存部分古生界。⑤喜马拉雅早期的负反转活动，使断层北侧形成牙哈牵引构造带。

3）沙雅—轮台断裂带

该断裂带西起沙雅，经雅克拉、轮台，由策大雅抵库尔勒南，全长 280km，走向 NE-EW。由沙雅断层和轮台断层组成，为钻井、地震剖面以及重、磁和大地电磁测深等资料所证实。

4）和田断裂带

该断裂带在杜瓦河以东分为两支，北支为和田 1 号主断层，南支为和田 2 号断层。杜瓦河以西仅有和田 2 号断层。断裂带总体呈 NWW 向展布，总延长 350km。重力垂向二阶导数资料表明，该断裂带向东被 NWW 向洛甫走滑断层所截，向西潜没于昆仑山下，其特征为线性密集带。据地震剖面揭示，东段 1、2 号断层倾角上陡下缓，呈犁式形态产出，向深部两断层合拢并入下石炭统滑脱面之上，向南合并到昆仑山前铁克里克北侧断裂面上。中段 1 号断层沿桑株、玉力群构造北翼延伸，断面倾角上缓、中陡、下缓，呈躺椅式结构。在断层的巨大推覆作用下，桑株、玉力群及普沙构造东端北翼的陆相地层叠掩在克里阳构造南翼海相地层之上，并使其成为潜伏构造。西段的普沙构造北翼断面上陡下缓，向南至深部汇入到铁克里克北侧大断层中。

5）铁克里克断裂

该断裂东起洛甫南，向西延伸经杜瓦、康开，最终隐没于昆仑山前第四纪冲积扇中，全长 240km，呈 NWW 向展布。断裂带宽至数百米，据杜瓦煤矿剖面揭示，自南而北可分为三个带：①千枚岩、糜棱岩带，由千枚岩化片岩和糜棱岩组成。②岩石具缎带、亚晶粒、核幔和机械双晶、扭折等显微特征，糜棱岩带由泥炭质碎屑岩组成，宽 2～10m，主断层面即从中通过，地表为红、绿两色分明的带状。③碎裂带发育在侏罗系红层内，宽 10～50m。源于特提斯板块多次碰撞的铁克里克断层经历了韧性变形、脆韧性变形及脆性变形 3 个变形阶段，在垂向上分属深、中、浅 3 个变形层次。现今出露于地表的断裂带特征表明，西昆仑地区曾发生过多次由南向北的逆冲，使得早期形成的深层次断层岩（如糜棱岩、初糜棱岩）逐渐达到浅部，继承性的断裂作用又形成了中层次和浅层次的断层岩，从而使不同的断层岩系列在空间上伴生并产生水平上的分带。

6）柯坪塔格—沙井子断裂带

该断裂带位于柯坪塔格断隆南缘，由柯坪塔格断层和沙井子断层组成。

2. 走滑断裂

1）策勒—车尔臣河断裂

该断裂带西起洛甫，向东经青格里克，沿车尔臣河北侧呈 NE 向延伸，直至伸出盆外，全长约 800km。在布格重力异常图上表现为线性密集带，而在垂向二阶导数上表现为串珠状及正、负相间的密集带。在高精度磁力异常图上表现为不同磁场分区界线，同时又有一系列串珠状异常显示。断裂南盘为北民丰罗布庄断隆带，以前震旦系为主，其次为新生界，但东段残留有 200～300m 厚的侏罗系，西段残留有少许石炭系—二叠系。北盘发育巨厚的古生界。

2）库孜贡苏—克孜勒陶断裂带

该断裂带由康苏米亚和库孜贡苏克孜勒陶等断层（带）组成，在区域上相当于著名的塔纳斯—费尔干纳走滑断层系南段，向北横穿天山进入哈萨克斯坦境内，向南插入西昆仑。该断裂带的走滑活动主要与羌塘板块和塔里木板块的终极碰撞作用有关，因而初始形成在印支末期，主要活动在燕山早期。

3）普昌—色力布亚断裂带

该断裂带北起奥依布拉克山，经皮羌村，向南抵色力布亚东北，呈 NNW 向展布，全长 130km。

4）阿恰断裂带

北起柯坪县北东 40km 处向南潜没，延伸穿越阿喀公路，抵叶尔羌河南被吐木休克断层截切，呈 NNW 向展布，重磁、大地电磁测深资料有明显的反映。地震测线揭示该断裂由 2～3 条大致平行的断层组成，自西而东分别称为阿恰 1 号断层和阿恰 2 号断层。阿恰 1～2 号断层之间发育规模较小的阿恰 3 号断层，3 条断层及夹于其中的断块共同组成典型的正花状构造。

3. 正断层

总体而言，正断层系统在塔里木盆地不甚发育，现今证据确凿的正断层仅占全盆断裂总数的2%～3%。尽管加里东早期和海西晚期早中阶段有过正断层的发育，但由于受后期构造的强烈改造，该断层系统残缺不全。选择两条主要断层描述如下。

（1）温宿北断层：该断层位于乌什断陷与阿克苏潜伏隆起的分界部位，走向近EW，北倾。该断层南北两侧均有古生界电性层存在，这与地震线揭示断裂南侧缺失古生界层位不同。综合分析后认为，该断层上断地表，下切基底，在其南盘前震旦系基底之上直接被中新统碎屑岩所覆。中新统沉积时，北盘强烈沉降，而南盘仍处于隆起状态，几乎未接受沉积。上盘靠近断层厚度大，远离断层厚度减薄，两者厚度相差较大，这种特征直到上新世地层才消失。由此表明，中新世温宿北断层为一条强烈活动的生长正断层，北盘边下降边接受沉积，构成了现今乌什断陷南深北浅的箕状形态。形成这种生长正断层的机制可能为喜马拉雅期阿克苏潜伏隆起相对抬升，乌什断陷强烈沉降，在交界部位形成局部引张应力场，产生正断层。

（2）达里亚断层：该断层位于阿克库勒凸起上，将达里亚构造分为东西两个部分，断层呈南北向延伸，东倾，长约20km，向上断开侏罗系，下切寒武系—奥陶系，垂直断距约100m，形成机制为受南北向纵张作用的结果。

4. 断裂构造总特征

塔里木盆地断裂具多期活动和继承性活动的特点，控制盆地边界或盆内二级构造单元的边界断裂在加里东期或更早就已形成，海西期活动加强、扩展，活动方式复杂，并奠定了盆内的基本构造格架，印支期和燕山期活动趋弱，喜马拉雅期各大断裂继续活动，表现出明显的多期性和继承性。

（1）一、二级断裂活动在纵向上和横向上具有不均一性，如轮台断层自东向西逐渐扩展，横向断距由大→小→消失，纵向上断距由下往上由大→小→消失，或者断距大小呈交替变化。断裂在其发生发展过程中具转变性，这种转变性是指断层在初始形成之后的多次活动中改变原有的力学性质或活动方式，表现为两种形式，即正反转和负反转。如阿恰断层在石炭纪时为正断层，喜马拉雅期发生正反转，形成下正上逆的正反转形式。又如沙雅隆起在喜马拉雅期受北部库车拗陷急剧下沉作用造成沿早先逆断层断面向北依次下落，形成负反转断层，这些负反转断层成带状分布。

（2）断裂形成期次。塔里木盆地自塔里木运动以来，经历了极其漫长的发展过程，其中的断裂构造在各阶段的组合方式、活动方式以及对其他构造变形的影响和作用都不相同，形成了各自的活动方式和组合风格。

第一期即加里东期。该期断裂活动不太活跃，较简单，由于处于伸展构造背景下，所以多表现为正断层，主要分布在库鲁克塔格—满加尔拗陷南北两侧。较典型的正断层有亚南、辛格尔、北轮台、卡拉铁克北和铁克里克等。平面展布上以EW、NE两组方向断裂占主导地位。

第二期即海西期。海盆收缩，陆盆的变形边框逐渐定型，第一期的正断层（包括本期石炭系下二叠统部分正断层）皆反转为逆断层。NE 向柯坪塔格—沙井子断层，近 EW 向的轮台—沙雅断层相继形成并异常活跃。塔中地区断裂活动方式早期为逆兼右旋走滑，晚期基本停止活动。在东南区，产生了车尔臣河大断层，以逆冲兼左旋走滑活动为主。在该期断裂活动控制下，两隆（沙雅隆起、中央隆起）、两拗（阿满拗陷、西南拗陷）的晚海西期东西向构造格局形成。盆地周缘山系开始隆升，成为此后新生代陆盆沉积的物源区。根据上述三个特点，相对第一期断裂而言，本期断裂是一次区域性正反转产物，因而其性质表现为逆冲断层，并且此后日趋加强。

第三期即印支期—燕山期。这是塔里木陆盆的初始阶段，由于印支运动对本区的强烈影响，若干断裂构造新生或发生反转，沉积构造面貌焕然一新，主要表现为：①沿康西瓦缝合带的碰撞敛合是本期重大地质事件，它从宏观上对全盆地产生广泛而深刻的影响，断裂主要活动在盆缘。著名的塔纳斯—费尔干纳构造带伸向本区境内，在塔西南表现为NNW向断层控制的乌恰至克孜勒陶侏罗系断陷，使原来的近东西向断裂组被改造弯转成弧形或被削截。塔东南以挤压走滑活动为主，并由于北民丰—且末南大断层的形成，新产生了罗布庄断隆和若羌断陷。②中央隆起带的中、东段潜没于三叠纪—侏罗纪拗陷之下，盆腹为一广阔的 NEE 向椭圆状拗陷，表明在海西早期塔中隆起的边界断裂消亡之后，这一巨型构造被渐渐掩埋。③古中央隆起的西段（东西向）随着羌塘板块与塔里木板块的终极碰撞被改造，逐渐向北发生偏转或迁移，形成巴楚隆起。

第四期即喜马拉雅期。该期断裂活动以山前最显著，形成了丰富多彩的断裂组合形式。主要特征如下：①逆冲断层占绝对优势，在前三期断层活动的基础上，叠置复合成一幅现今断裂形迹图像。②在山前拗陷（库车、塔西南）和台缘隆起（柯坪）逆冲滑脱型断层广泛发育，形成了各具特色的组合方式。在沙雅隆起，部分东西向逆冲断层发生负反转，但延续时间不长，影响不大，如轮台、亚南等断层。在巴楚隆起两侧表现为逆冲兼右旋走滑。③塔东南 NE 向断层受东南向断裂影响巨大，显示强烈的左旋走滑特点，迄今仍在活动。塔西南 NNW 向断层受印度板块向北挤入的影响，表现为强烈的逆冲，第三期的构造痕迹受到不同程度的改造。

第三节 聚煤规律

早侏罗世早期（八道湾组沉积期）。塔里木南缘有两个主要的聚煤盆地：托云—和田聚煤盆地与且末—民丰聚煤盆地。托云—和田聚煤盆地分两个拗陷区：叶城拗陷区及杜瓦拗陷区。

叶城拗陷区侏罗纪沉积物来源于昆仑山区。早、中侏罗世早期，基本为三角洲相和河流相，沉积物以粗碎屑岩为主，有薄煤层形成；早、中侏罗世中晚期，沉积物以细碎屑岩为主，沉积环境以湖相为主，北部有微弱的河流冲积环境。杜瓦拗陷区早、中侏罗世早期沉积了以粗碎屑岩为主的河流相，其后沉积了泥质岩、细碎屑岩，沉积环境为河流沼泽、泥炭沼泽相。拗陷北侧在早、中侏罗世晚期属河流环境，沉积物较粗，不具备成煤条件，南部以湖滨环境为主。富煤带在拗陷东南端杜瓦煤矿附近，可采煤层厚 39.3m，但厚度极不稳定。

且末—民丰聚煤盆地位于塔里木盆地东南缘，南部阿尔金山及昆仑山为主要的物源区，沉降中心位于且末县以南及普鲁两处，而聚煤中心则以布雅为主，其次尚有普鲁及且末县以南两处。

在早、中侏罗世早期，由于盆地与南侧阿尔金山、昆仑山高差很大，则在盆地依山一侧形成众多的冲积扇，河流发育于全区，湖泊零星发育于盆地的中部及东部，因而形成一套以冲积相为主的粗碎屑岩，西部部分河泛平原上形成不稳定的泥炭沼泽沉积。

早、中侏罗世晚期由于盆地处于稳定沉降，湖泊逐渐扩大，河流逐渐退缩，在湖泊水体不断扩大的过程中，在冲积平原、湖滨三角洲地段多次发育泥炭沼泽相，从而形成较多的厚薄不一的不稳定煤层。此后气候逐渐变为干旱炎热，从而结束了聚煤期。

总体看来，该盆地早、中侏罗世岩相分布较为简单，除东部一带发育湖泊环境外，其他广大地区主要为河流、湖滨环境。

第四节　构造分区特征

依据区域地质和构造特征，将其归纳为如下构造单元（表 5.4）。

表 5.4　构造单元、赋煤区、赋煤带及煤田对应关系表

构造单元	赋煤带	评价煤田（煤产地、煤矿点）	矿区（Ⅳ级）
塔里木陆块	塔北赋煤带	温宿煤田	苛岗矿区
			阿托依纳克矿区
			博孜墩矿区
			破城子矿区
		库拜煤田	铁列克一矿区
			铁列克二矿区
			铁列克三矿区
			铁列克四矿区
			铁列克五矿区
			铁列克六矿区
			铁列克七矿区
			阿艾一矿区
			阿艾二矿区
		阳霞煤田	
		沙井子煤矿点	
	罗布泊赋煤带	罗布泊煤田	
	塔西南赋煤带	乌恰煤田	沙里拜矿区
			其克里克矿区
			康苏矿区
			黑孜苇矿区

续表

构造单元	赋煤带	评价煤田（煤产地、煤矿点）	矿区（Ⅳ级）
塔里木陆块	塔西南赋煤带	阿克陶煤田	霍峡尔矿区
			赛斯特盖矿区
			阿帕勒克矿区
			库斯拉甫矿区
		莎车—叶城煤田	坎地里克矿区
			喀拉吐孜矿区
			格仁拉矿区
			许许矿区
			普萨矿区
		依格孜牙煤矿点	
		杜瓦煤矿点	
		布雅煤产地	
		普鲁煤矿点	
		民丰煤矿点	
	塔东南赋煤带	且末煤矿点	
		阿羌煤矿点	
		若羌煤矿点	

一、塔北赋煤带

（一）基底构造

基底为元古宇和太古宇组成的塔里木地块，航磁资料反映北部相当元古宇变质岩系，南部相当太古宇深变质岩系。

该区自三叠纪开始，由古生代陆表海盆进入内陆盆地演化阶段，均为稳定沉积，位于南天山海西褶皱带南，呈东西向展布。北缘与天山褶皱带以断裂为界；南缘三叠系向轮台隆起超覆，呈北厚南薄、北深南浅的不对称箕状。沉积最厚部位在库车河苏维依一带。

三叠纪末受印支运动影响，库车—轮台隆起整体断块上升，遭受剥蚀，使三叠系上部保存不全，缺失侏罗纪沉积，直至白垩纪早期才又沉没于水下，接受沉积。印支运动在盆地内主要表现为断块升降运动，塔北抬升、隆起，形成数个沿盆地边缘分布的断陷型聚煤盆地。

（二）聚煤期构造

含煤地层有三叠系塔里奇克组，下侏罗统阳霞组、康苏组，中侏罗统克孜勒努尔组。后二者分布广泛，含煤较丰富，分别厚200～400m、400～600m。

塔北盆地早—中侏罗世继承了三叠纪的构造格架，大致以库车—轮台潜伏隆起为界，分隔成开阔平缓的阿瓦提—满加尔拗陷和狭长的苏维依拗陷。阿瓦提—满加尔拗陷基底平坦完整，规模大，构造简单，相带呈同心环状分布，地层与煤层厚度亦呈环状向盆地中部递增，富煤中心偏东北部位（煤层厚度可达60余米），与同沉积拗陷的沉降幅度有直接关系。苏维依拗陷呈近东西向狭长状分布，北线受盆缘断裂控制，呈箕状，富煤带断续分布于拗陷北缘。库车—拜城及其北侧沉降幅度最大，含煤地层厚度大于3000m，较稳定。

（三）煤系后期改造

燕山运动和喜马拉雅运动的影响使位于准北的煤系普遍发生较强形变和位移，苏维依拗陷侏罗纪煤系及相邻三叠系、白垩系和古近系、新近系形成四排东西向褶皱构造，自北向南，第一排为北部单斜带由13个短轴背、向斜组成，盆地北侧的压扭性天山布古鲁逆断裂，把二叠系逆掩于中、新生代地层之上；第二排是以线型为主的9个背斜组成的背斜构造带；第三排为秋立塔克复式褶皱带，由17个箱形背、向斜组成，中部背斜被东西向逆断层切割，西部背斜为盐丘刺穿；第四排由6个平缓背斜组成。随着这些褶皱带强度自北向南由强到弱，煤系形变也由强变弱，除局部为断层切割外，煤系保存完好。越靠近塔里木盆地内部，构造运动的影响越弱。该区煤系形变微弱，只是埋深太大，开发困难。位于北缘的库车煤矿区，煤系褶皱发育，褶皱轴线近东西，北翼宽缓，南翼陡立，断层多，以逆断层为主。

二、塔西南赋煤带

（一）基底构造

塔西南赋煤带基底为元古宇和太古宇组成的塔里木地块，航磁资料反映北部相当元古宇变质岩系，南部相当太古宇深变质岩系。自三叠纪始，由古生代陆表海盆进入内陆盆地演化阶段，均为稳定沉积。印支运动在盆地内主要表现为断块升降运动，盆地外缘及中部抬升、隆起，形成数个沿盆地边缘分布的断陷型聚煤盆地。

（二）聚煤期构造

含煤地层有三叠系塔里奇克组，下侏罗统阳霞组、康苏组，中侏罗统克孜勒努尔组。后二者分布广泛，含煤较丰富，分别厚200～400m、400～600m。

塔西南盆地分布于和田、叶城、喀什以西，北西向狭长状分布。西南缘受深大断裂控制呈箕状，大幅度沉降，接受早中侏罗世煤系巨厚沉积。据石油物探资料，盆地有两个沉积中心，一个在乌恰地区，继承了海西末期形成的断陷基础，沉积中心在西南缘；另一个在叶城西南昆仑山前。两个沉积中心沉积厚度均在2000m以上，但由于后期断裂十分发育，地质情况变得十分复杂，盆地又为巨厚中新生代地层覆盖，富煤规律很难查明。据现有资料，沉积中心附近煤层厚度一般为数十米至十余米，个别可达 20m，推测两个沉积中心之间及盆地北东侧煤层厚度小。煤层多不稳定到极不稳定，呈透镜状、鸡窝状。煤层富集程度较差，根本原因是同沉积断裂活动性较强，沉降幅度大，沉积环境不够稳定，覆水深，形成含灰岩的细碎屑，不利于聚煤。

（三）聚煤后改造

燕山运动和喜马拉雅运动的影响，使位于盆地边缘的煤系普遍发生较强形变和位移，分布于内部的煤系，由于断块差异升降运动，呈挠曲与轻微褶皱。受喜马拉雅运动影响，盆地剧烈下沉，山前形成 7000～8000m 的新生代巨厚沉积，侏罗纪煤系埋藏于其下。新生代地层形成向南收敛、向北撇开的四排构造带，褶皱成箱状，向昆仑构造带方向，褶皱渐趋紧密，断裂发育，背斜多被断裂切割。北端的乌恰凹陷，煤系与盖层构成复向斜构造，受东、西两侧北北西向断裂影响而复杂化。南端杜瓦一带的煤系呈单斜构造，矿区构造复杂，开采条件差。

三、塔东南赋煤带

（一）基底构造

塔东南赋煤带基底为元古宇和太古宇组成的塔里木地块，航磁资料反映北部相当元古宇变质岩系，南部相当太古宇深变质岩系。

自三叠纪始，由古生代陆表海盆进入内陆盆地演化阶段，均为稳定沉积。印支运动在盆地内主要表现为断块升降运动，盆地外缘及中部抬升、隆起，形成数个沿盆地边缘分布的断陷型聚煤盆地。

（二）聚煤期构造

含煤地层有三叠系塔里奇克组，下侏罗统阳霞组、康苏组，中侏罗统克孜勒努尔组。后二者分布广泛，含煤较丰富，分别厚 200～400m、400～600m。

塔东南盆地分布于民丰、且末、若羌一带，呈北东东-南西西向狭长细条。东南缘受深大断裂控制，呈箕状，沉降幅度大，中、下侏罗统厚度可达 1000m，北西方向含煤地层厚度变薄。海西运动末期，随着阿尔金山、昆仑山褶皱隆起而相对拗陷，接受了三叠系—第四系的沉积，底部不整合或超覆不整合于古生界或震旦系基底之上。由于基底起伏、沉降不一，使煤系沉积形成东西两个中心，一个在西南部民丰一带，地层厚度大于 500m，中心式沉积；另一个在东北部且末一带，地层厚度为 500～1000m。盆地南东厚北西薄，沉积中心也是富煤中心，煤层总厚度一般为 10m 左右，个别可达 20m，煤层少且不稳定。

（三）聚煤后改造

燕山运动和喜马拉雅运动的影响使位于盆地边缘的煤系普遍发生较强形变和位移，分布于内部的煤系，由于断块差异升降运动，呈挠曲与轻微褶皱。

聚煤后改造以断裂为主，数条北东向压扭性大断裂形成地堑和地垒，控制中新生代地层展布。煤系构造以断裂和平缓褶皱为主，压扭性断裂走向和褶皱轴向多平行于拗陷轴向。库斯拉甫煤盆地构造变动较强烈，盆地被切割成几个孤立的小断陷盆地，侏罗纪煤系多被断裂切割，形成地堑与地垒式构造，煤变质程度高（肥煤-无烟煤）。东昆仑山中几个含煤盆地的地层，中新生代亦形成强烈褶皱或被断裂切割，地层发生倒转，断层多为左旋压扭性质，构造线为北东东向。

第五节　构 造 演 化

塔里木盆地为塔里木地台的主体部分，是中生代以来转化成的上叠盆地。由于盆地范围大，含煤建造分布广，工作程度相对比较低。近十几年来，随着石油的开发，对盆地的总体构成已有相当程度的认识，但对各煤田构造形变的认识还很肤浅，所以我们只能以工作程度相对较高的库车拗陷来说明塔里木含煤盆地聚煤期的构造演变过程。

一、聚煤前构造演化

库车拗陷位于塔里木盆地的北部边缘，其北界以库尔勒—阿其克库都克断裂为界，该断裂也是拗陷构造发展的主要控制因素。其聚煤期前的古构造主要为海西末期的构造运动，当在早二叠世时，拗陷西部拜城一带沉积了开阔台地相的碳酸盐岩建造，东部则为隆起剥蚀区。晚二叠世因受区域构造的影响以抬升为主，沉积了粗碎屑岩建造，由于海西末期的强烈构造运动，使拗陷成为边缘断陷盆地。到了三叠纪，沉积了山麓相的磨拉石建造、河流相-湖沼相建造，起到了填平补齐的作用。

二、聚煤期构造演化

自海西晚期以来，经过三叠纪的填平补齐，区内的构造活动相对较平稳。在早侏罗世早期，升降运动的节奏有利于聚煤作用，使其沉积中心位于拜城县的库尔阿肯一带，由此向两侧厚度逐步变薄。而聚煤中心却在库车县的卡普沙良一带，主要为河沼相、湖沼相含煤建造。晚期由于拗陷升降节奏的改变不利于聚煤作用，所以沉积了不含煤的河流-三角洲相建造。中侏罗世早期，拗陷又进入新一轮聚煤作用时期，当时由于受边缘断裂的控制，拗陷北部下降较深，沉积物以粗碎屑为主，沉积中心主要在拜城县的库尔阿肯，往南变薄，聚煤中心则在东部和西部，中部含煤性变差，含煤建造主要为河沼相。晚期，拗陷下降速度加快，沉积物以湖沼相为主，不利于聚煤作用，聚煤期结束。

三、聚煤后构造演变

库车拗陷在经历了短暂的聚煤期后，便进入构造形变改造期，主要时期为燕山期、喜马拉雅期。在燕山期，拗陷北缘靠近断裂的地区产生了褶皱，使白垩系呈角度不整合于侏罗系之上。沉积建造主要是上侏罗统、白垩系的红色碎屑岩建造。喜马拉雅期构造运动剧烈，使拗陷变为北东东-东西-南东东向弧型展布的复式向斜构造，其拗陷西部发育为并列式东西向的断陷向斜构造，褶皱紧闭，北翼地层陡立至倒转，并被断层所切割，形成了由北向南的推覆构造。中部为北东-东西-北东东向展布的向南倾斜的单斜构造，倾角较大，局部地段为并列式开阔褶皱。东部为北西西向斜列展布的线型褶皱构造、长垣构造和北缘推覆构造。这时期的沉积主要是古近系、新近系的红色含膏盐建造，由红色碎屑岩夹大量的石膏、岩盐组成。第四系为山麓堆积的磨拉石建造，厚度近万米。

第六节　盆地及周缘构造变形特征

一、盆地内构造变形特征

1. 盆地垂向变形特征

导致盆地地层垂向构造变形差异的因素有两种：一是由于大型叠加、复合盆地的多期成盆和多期改造；二是盆地沉积的塑性地层在构造变形中的调节作用。每一期盆地演化都经历了盆地形成、消亡和后期改造，多期改造作用导致不同时期盆地沉积地层间的构造不整合和各具特征的断裂体系，前震旦系、震旦系、寒武系—奥陶系、志留系—泥盆系、石炭系—二叠系、三叠系、侏罗系、白垩系和新生界等地层之间均存在不整合。最能体现盆地垂向构造变形差异的主要是奥陶系、泥盆系和新生界沉积后的构造变形特征。

塔里木盆地的第一构造变形层是前震旦系基底，对于前震旦系的认识主要基于盆地周缘的露头和盆地内的航磁资料。盆地北部为平缓的负磁异常，中部为呈EW向展布的正高异常带，南部为NE向的正、负相间磁异常区。这种磁异常场的差异反映了盆地基底构造存在南北分带、东西分块的古构造格局，这种格局主要受NW向、近EW向和NE向基底断裂控制。

塔里木盆地的中央隆起中东部和塔北隆起是古隆起，形成于奥陶纪晚期（图5.1），尽管在以后有进一步的发展演化，但与其上覆地层的构造变形特征存在较大差异。两个隆起在寒武系—奥陶系内发育一系列断裂，如中央隆起的塘北断裂、吐木休克断裂等，均形成于奥陶系沉积后、志留系沉积前。寒武系—奥陶系的构造变形在中央隆起和塔北隆起最为强烈，与上覆平缓地层形成鲜明对比。寒武系—奥陶系的残余厚度总体具有向北部的库车拗陷、南部的塔西南拗陷减薄或缺失的特征，反映奥陶系地层沉积后遭受的改造作用较为强烈。

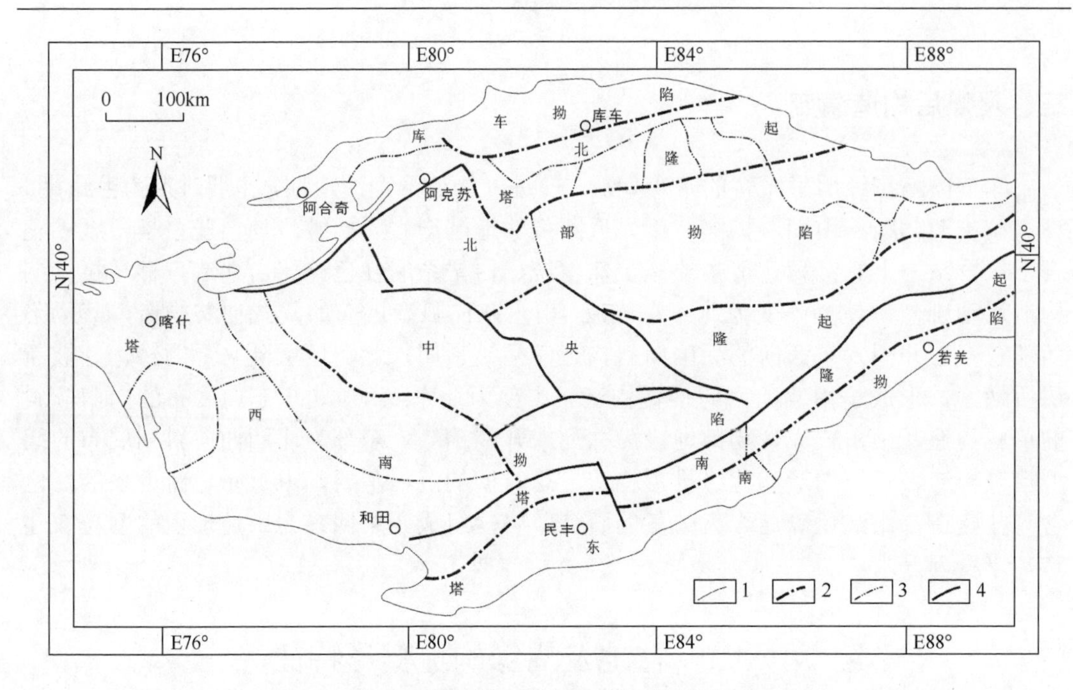

图 5.1　塔里木盆地构造区划图（据王桂梁等，2007）

1-盆地边界；2-一级单元界线；3-二级单元界线；4-三级单元界线

中央隆起和塔北隆起的形成使下古生界地层赋存表现为带状展布，志留纪—泥盆纪继承了这一构造格局，隆起在泥盆纪末进一步强化，使得奥陶系碳酸盐岩长期出露地表遭受风化。

塔里木盆地最上部的构造变形层是指中新生界地层。三叠纪和侏罗纪地层沉积时期，塔北隆起的高部位沉积缺失，隆起特征尚有所显示。中生代隆起区为新生代盆地的坳陷斜坡区，下古生界南倾而新生界北倾，剖面上形成“人”字形结构。

塔里木盆地第二类构造变形的上、下差异主要是由于塑性层岩盐的存在而形成的，主要发生于寒武系和库车坳陷、塔西南坳陷的新生界地层内。塔里木盆地存在膏岩、泥岩和煤系等多套塑性地层。中寒武统膏岩的存在使得地层后期变形上下存在差异，形成滑脱褶皱（李明杰等，2004）。在库车坳陷和塔西南坳陷古近系中存在较厚的膏岩层，由于塑性层的存在使得上下构造变形存在较大差异，上下构造组合、构造高点不同，由此而划分出上、下构造层。

2. 盆地横向变形特征

盆地横向变形特征主要是对塔里木盆地南北分带和东西分区的构造区划及构造演化进行分析，盆地的南北分带、东西分区特征体现各种地质因素的综合作用。

塔里木盆地的横向变形特征表现为断裂构造对盆地地层赋存的控制作用，盆地内的断裂主要分布于两个地区，一是盆地周缘山前坳陷，二是盆地内的隆起区，显示隆起演化与断裂密不可分。在塔里木盆地的 8 个构造单元中，库车坳陷、塔西南坳陷、塔东南拗陷的构造特征与盆地周边造山带的活动密切相关，构造变形亦相对复杂。断裂展布存在 NE 向、NW 向和近 EW 向三组。NE 向断裂主要有塔东南隆起西缘断裂、塘北断裂、柯坪断隆东缘断裂等。塔西南拗陷存在一组 NE 向基底断裂。NW 向断裂主要发育在盆地的中南部，中央隆起北缘的塔中 1 号断裂、巴楚断隆的北缘及南缘断裂，塔西南拗陷山前带发育一系列的 NW 向断裂。近 EW 向断裂主要发育在盆地北部的库车拗陷、塔北隆起，特别是南天山山前库车拗陷的近 EW 向断裂，形成了克依、秋里塔格等构造带。

1）中央隆起带结构构造特征

中央隆起自西向东分为巴楚断隆、塔中低凸起和塔东低凸起三段，构造组合与演化各具特征。巴楚断隆整体呈 NW 向展布，从盆地西部边缘向 SE 方向倾伏，由古生界和新生界组成，基本缺失中生界，隆起形成于中、新生代，隆起中部为完整的向斜形态，南、北分别以逆冲的雁列组合断裂带与塔西南拗陷、北部拗陷为界（图 5.2）。

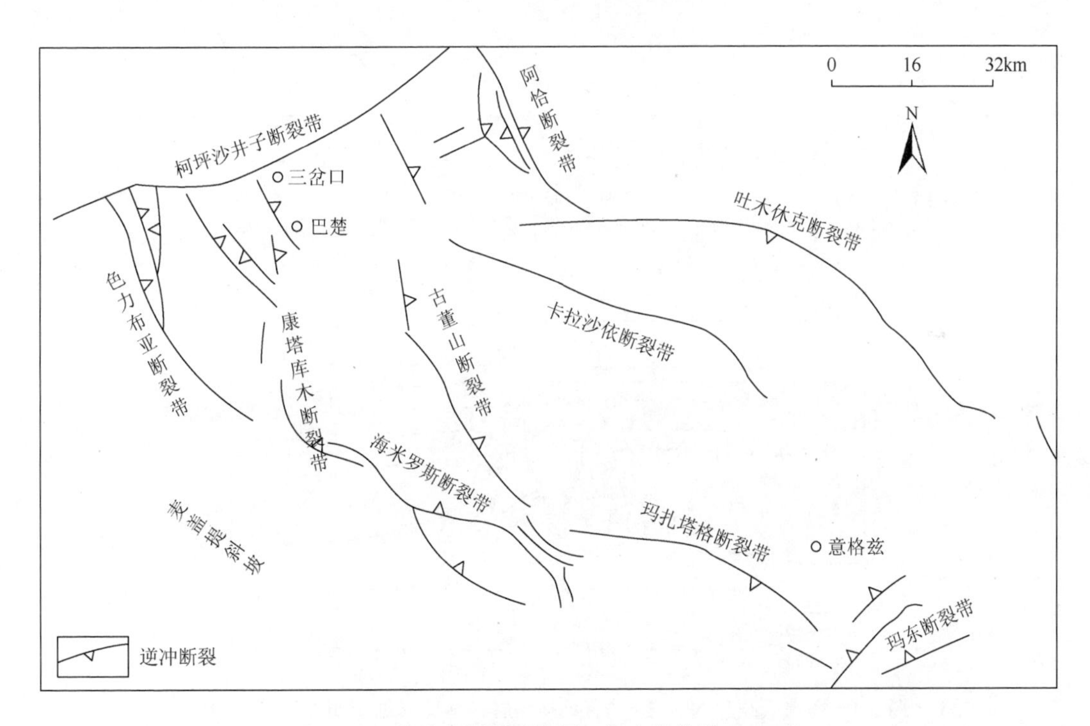

图 5.2　巴楚地区断裂系统图（据李洪革等，2003）

塔中低凸起以 NE 向的巴东断裂与巴楚断隆相隔，北以塔中逆冲断裂坡折带与北部拗陷为界，除侏罗系分布局限、震旦系缺失外，地层分布较全（图 5.3）。凸起形成于奥陶纪晚期，定型于石炭系沉积前（图 5.4）。

低凸起和邻区逆断裂发育，平面上可分为两组，一组为 NW 向和 NWW 向，主要发育在塔中低凸起的主体部位，控制低凸起的形成演化；另一组为 NEE 向，该组断裂主要发育在塘古孜巴斯凹陷与塔中低凸起的接合部位和塔东南隆起前缘，两组断裂构成该区的主要构造面貌（图 5.3）。

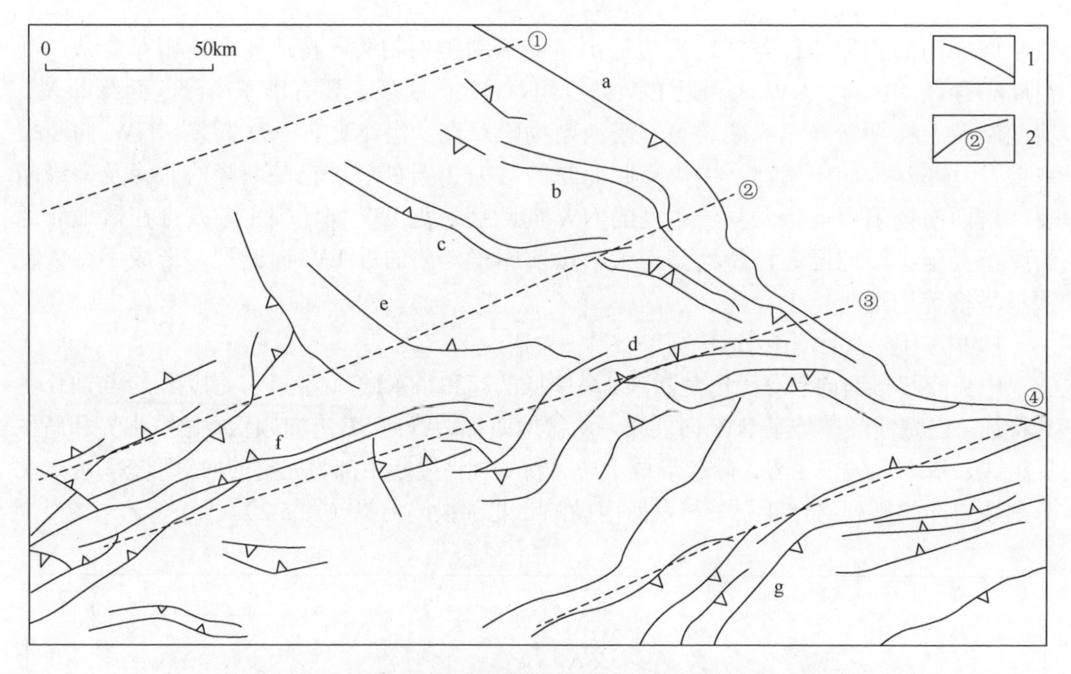

图 5.3　塔中地区下奥陶统顶断裂系统图（据李明杰等，2004）

1-逆冲断裂；2-基底断裂及编号；a-塔中①号断裂构造带；b-塔中 10 号断裂构造带；c-塔中主垒断裂构造带；d-塔中 17 号断裂构造带；e-塔中南缘断裂构造带；f-塘北断裂构造带；g-塔中 3 号断裂构造带

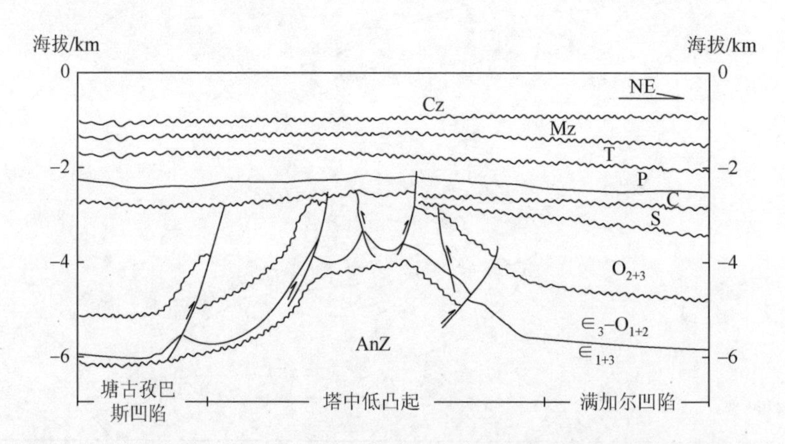

图 5.4　塔中低凸起 NS-520 地震地质解释剖面图（据李明杰等，2004）

对于塔中主垒断裂带沿走向上的构造差异，以 NE 向分区线为界，东段表现为由南向北冲断并发育向南的背冲次级断裂，西段表现为由北向南冲断并发育由南向北的次级背冲断裂。中央隆起东段为塔东低凸起，呈 NEE 向展布，南以且末—罗布庄断裂与塔东南隆起为界，北以志留系—泥盆系缺失线为界。该隆起长期发育，缺失志留系—三叠系，侏罗系不整合于奥陶系之上。隆起内发育与且末—罗布庄断裂近于平行的向盆地逆冲的断裂。

中央隆起带是盆地内南、北分带的大型隆起带，巴楚断隆、塔中低凸起分别由盆地的西、东边界向盆地内倾伏，但隆起的形成时代不同，塔中和塔东低凸起形成于奥陶纪晚期，定型于石炭纪，而巴楚隆起则形成于中、新生代。塔中、塔东低凸起的形成与阿尔金断裂构造带的活动有关，而巴楚隆起的形成与西部边界断裂活动相关。

2）塔北隆起结构构造特征

塔北隆起是奥陶纪晚期形成、新生代消亡的古隆起，呈 EW 向展布。对于塔北隆起的边界范围存在较多认识。塔北隆起形成于奥陶纪晚期，隆起规模较大，包括库车拗陷在内的盆地北部整体处于隆升剥蚀状态，发育一系列逆冲断裂，这种隆升具有东高西低的特点。西部乌什凹陷古生界保存齐全，东部阳霞凹陷的古生界可能仅局部残存。志留纪—泥盆纪继承了这一古构造格局，但隆起在阿克苏地区向南退缩，表现为志留系—泥盆系在隆起两侧增厚。由于深层地震资料质量较差，志留系—泥盆系在库车拗陷东部是否有沉积现难以确定，其在南天山造山带具有广泛出露，推测地层在库车拗陷有沉积，说明奥陶纪晚期形成的盆地边缘隆起向盆地内隆起转化。石炭纪库车地区由于南天山的拉张沉降，塔北隆起地区为隆升物源区，隆起南缘石炭系向隆起方向超覆并在隆起边缘发育边缘相灰岩角砾岩。三叠纪—侏罗纪的塔北隆起对地层具有明显的分隔作用，隆起规模东强西弱，总体向西倾伏。白垩纪该区为水下低隆。新生代由于库车山前强烈拗陷，隆起消亡。

塔北隆起的南、北分带性表现为隆起的主体部位和隆起南部斜坡部位的构造特征不同，隆起的主体部位称轮台凸起，呈近 EW 向展布，受一组 NEE 向断裂控制，古生界大部分缺失，三叠系、侏罗系大部缺失，白垩系不整合于下伏地层之上。轮台凸起之南为向南倾伏的斜坡，根据地层和构造的发育特点，自西向东分为南喀—英买力低凸起、哈拉哈塘凹陷、轮南低凸起、草湖凹陷、库尔勒凸起，这种凸、凹结构实际是一组加里东期—海西期形成的向轮台凸起方向翘倾的复杂背、向斜构造。

塔北隆起南部的凸、凹结构是东西分块的表现（图 5.5），且构造变形特征东、西有异。塔北隆起的构造变形总体特征显示为：西段主要为滑脱褶皱构造，中段主要为断垒构造，东段主要为断阶构造。这种差异与基底、沉积地层和构造变形的方式有关。

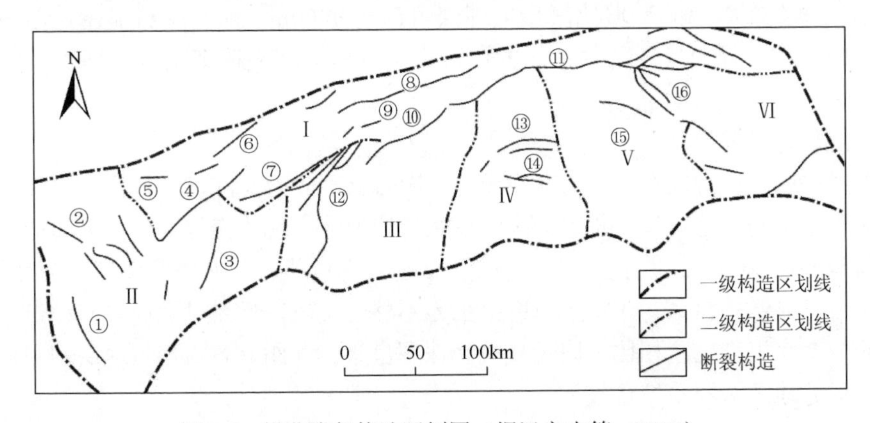

图 5.5　塔北隆起构造区划图（据汤良杰等，1994）

Ⅰ-轮台凸起；Ⅱ-英买力低凸起；Ⅲ-哈拉哈塘凹陷；Ⅳ-轮南低凸起；Ⅴ-草湖凹陷；Ⅵ-库尔勒鼻状凸起；①-胜利背斜带；②-南喀背斜带；③-英买力背斜带；④-英买 7 号断裂构造带；⑤-羊塔克断裂构造带；⑥-大尤路都斯断裂构造；⑦-红旗断裂构造带；⑧-牙哈断裂构造带；⑨-哈拉库木断裂构造带；⑩-雅克拉断裂构造带；⑪-二八台—提尔根断裂构造带；⑫-东河塘断裂背斜带；⑬-轮南断垒背斜带；⑭-桑塔木断垒背斜带；⑮-夹沟断裂构造带；⑯-库南断垒背斜带

二、盆地周缘山前构造变形特征

1. 库车坳陷构造变形特征

库车坳陷是塔里木盆地中新生代边缘坳陷，位于南天山山前，北为南天山造山带，南为塔北隆起，是中新生代不同性质、不同规模、不同特征的坳陷上下叠置形成的山前坳陷带。

1）库车坳陷的构造变形特征

库车坳陷是中新生代山前坳陷，根据地层发育特征、构造变形特征等可划分为前中生界、中生界和新生界三大构造层。现今构造变形特征是喜马拉雅晚期强烈构造挤压作用的结果，表现为三个方面：①发育了与造山带近于平行的成排成带的断裂-褶皱构造带，坳陷与造山带的关系复杂；②褶皱构造与断裂构造伴生；③塑性层（膏岩、煤系）的存在导致坳陷的纵向变形特征存在差异；④构造变形在走向上存在差异。

库车坳陷构造变形强烈，断裂构造成排成带，发育近EW向、NE向和NW向三组断裂。前组断裂直接控制坳陷内的地层变形特征，在盆地内形成三排断裂-褶皱构造带，第一排为山前冲断带，第二排包括依奇克里克、大碗齐、克拉苏断裂-褶皱构造带，第三排包括东秋里塔格、西秋里塔格断裂-褶皱构造带。三排断裂-褶皱构造带具有由山前向盆内构造变形强度逐渐变弱，褶皱构造相对变完整的特点。NE向和NW向断裂对盆地的构造变形特征具有东、西分区的特征。

2）库车坳陷的调整构造

（1）基底特征差异

库车坳陷的基底结构复杂，在大碗齐西、拜城、库车、依奇克里克、轮台—阳霞之间存在NW向或NE向的基底断裂带并将基底进行了东、西分区。根据非地震资料，库车坳陷前三叠系在中部的拜城地区最大埋深可达到9000m，地震资料显示，坳陷的基底东、西方向存在差异，从乌什到东部的依奇克里克地区基底逐渐抬升，埋深表现为东浅西深。

（2）沉积特征差异

库车坳陷的沉积特征东、西向存在差异，横向上可分为西部乌什地区、中部克拉苏—拜城地区和东部的依奇克里克地区。侏罗系在乌什地区表现为南厚北薄，南部受阿克苏隆起北缘断裂的控制，向北部的造山带方向逐渐减薄。克拉苏—拜城地区侏罗系为北厚南薄，北部边缘虽然显示三叠系、侏罗系与造山带为不整合接触，断裂对地层具有控制作用，但与东部的依奇克里克地区相比，该区缺失晚侏罗世喀拉扎组、齐古组，地层埋藏深。东部的依奇克里克地区侏罗系埋藏较浅。

白垩系自下而上分为亚格列木组、舒善河组、巴西盖组和巴什基奇克组。东部地区岩性较粗，主要为中厚层状浅褐色、灰褐色的细砂岩、中砂岩、粗砂岩、含砾砂岩和杂色细砾岩等，缺失上部巴西盖组和巴什基奇克组。中部地区地层最厚，主要为一套褐色泥质粉砂岩、泥岩、粉砂质泥岩等。西部的乌什地区地层减薄。

古近系在东部主要为一套碎屑岩沉积，岩性较中部粗；中西部主要为一套膏泥岩、盐岩、泥岩等。新近系的膏泥岩主要分布在东部地区，中西部不发育。

（3）结构特征差异

由于库车拗陷的基底特征、沉积特征、塑性层发育特征在EW向存在差异，因而拗陷的结构构造特征在横向上也存在差异。中部以古近系的膏泥岩为主要滑脱层形成下部的双重构造和浅层的冲断构造，导致盐上、盐下构造特点，构造特征存在差异；东部以侏罗系煤系和新近系膏泥岩塑性层为主要滑脱层，形成上、下冲断或下部发育双重构造。

3）拗陷与造山带的接触关系

库车拗陷与南天山造山带的关系比较复杂，三叠系、侏罗系在南天山山前的出露特征显示盆地与造山带的关系在不同区段具有不同的特征（图5.6）。山前冲断带在东段出露地表，拗陷与造山带为断裂接触，西段地层不整合接触关系明显。在库尔勒和依奇克里克段，表现为南天山造山带的石炭系、元古宇向盆地逆冲于新生界之上；在依奇克里克段造山带向盆地逆冲推覆于新生界之上；在库尔勒段走向为NW向，被第四系覆盖。侏罗系除在盆地内的依奇克里克背斜及其西部有局部出露外，盆地与造山带的断裂接触关系明确。在克拉苏构造带北部，三叠系、侏罗系的分布较东部的依奇克里克段和西部的乌什段都靠北，出露地表，与石炭系、下二叠统、上二叠统等不整合接触，地层总体向南倾斜，称为北部单斜带，被2～3条由北向南逆冲的断裂破坏切割，这也是库车拗陷北部发育的第一排断裂带，断裂走向为近EW向。乌什段山前三叠系、侏罗系大面积出露，分布位置与东部的克拉苏段相比靠南，中生界不整合于元古宇、石炭系、海西期花岗岩等之上，断裂不发育。盆地与造山带之间的断裂、不整合接触特征显示山前拗陷形成过程中构造活动的不均衡性，这种不均衡性受调整构造控制。

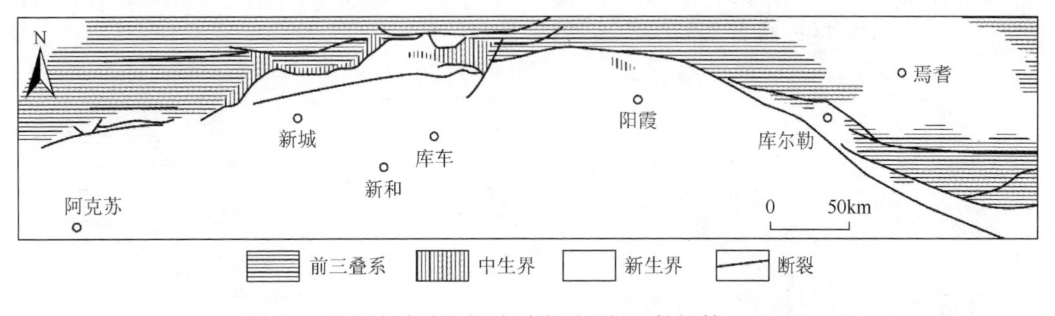

图5.6　塔里木盆地北部地质略图（据王桂梁等，2007）

库车拗陷内发育的第二排、第三排断裂由一系列由北向南的逆冲断裂和背冲断裂组成，断裂走向主要为近EW向。在古近系、新近系膏泥岩之下主要发育双重构造及断层转折褶皱，在膏泥岩之上主要发育近地表、归于膏泥岩的逆冲断裂和断层传播褶皱。

2. 塔西南拗陷构造变形特征

塔西南拗陷北邻南天山造山带西段、巴楚断隆，南为西昆仑造山带，东接塘古孜巴斯凹陷和塔东南隆起，面积约 14 万 km^2。许多地质学家从盆地结构、盆地与造山带的关系、地球动力学、盆地演化等方面进行了广泛的综合研究，取得了许多重要认识：①自下而上发育前震旦系、震旦系、寒武系—奥陶系、志留系—泥盆系、石炭系—二叠系、侏罗系—白垩系、新生界七大构造层，反映塔西南地区经历了长期、复杂的沉积-构造演化过程。目前对构造演化阶段划分和不同阶段原盆地性质的认识还存在差异，一般认为塔西南坳陷为叠合复合盆地，中、新生代为前陆盆地演化阶段。②塔西南坳陷的沉积构造演化受到西昆仑造山带和南天山造山带演化的共同控制，中、新生代形成的前陆盆地表现最具特征，可进一步划分为前陆冲断带（南天山山前冲断带和西昆仑山前冲断带）、前陆坳陷（喀什凹陷、叶城—和田凹陷）、前陆斜坡（麦盖提斜坡）和前陆隆起（巴楚断隆）等几大构造单元，在前陆冲断带和前陆隆起的构造变形最为强烈，前陆斜坡区以地层向隆起区的超覆尖灭（减薄）为特征，断裂和褶皱构造均不发育。③侏罗系是该区主要的含煤岩系。塔西南坳陷的构造变形主要在西昆仑山造山带山前和南天山造山带山前，麦盖提斜坡和前陆坳陷构造变形均很微弱。

1）西昆仑山山前构造变形特征及其组合

对于西昆仑山山前的构造变形特征，前人进行了多方面研究。其构造变形研究表明在两个方面：一是构造变形的分带特征，即由山前向盆地内展布着 2～3 排断裂-褶皱带；二是构造变形在走向上具有分段特征。对于走向的分段性不同学者进行了不同划分。在西部的第一、二段的划分大家趋于一致，而对于东部则存在争议。根据盆地与造山带现今的接触关系和不同区段的构造组合特征，认为柯克亚—和田应为一段，整体划分为三段，西段为帕米尔前缘冲断带，中段为阿克陶—柯克亚，东段为柯克亚—和田，三段具有不同的延伸方向，在后期统一的构造应力作用下具有不同的构造特征。

2）南天山山前构造变形特征及其组合

南天山造山带与塔西南坳陷的接触关系在走向上自西而东分为三段（图 5.7）：西段、中段、东段。不同区段具有不同的构造特征。

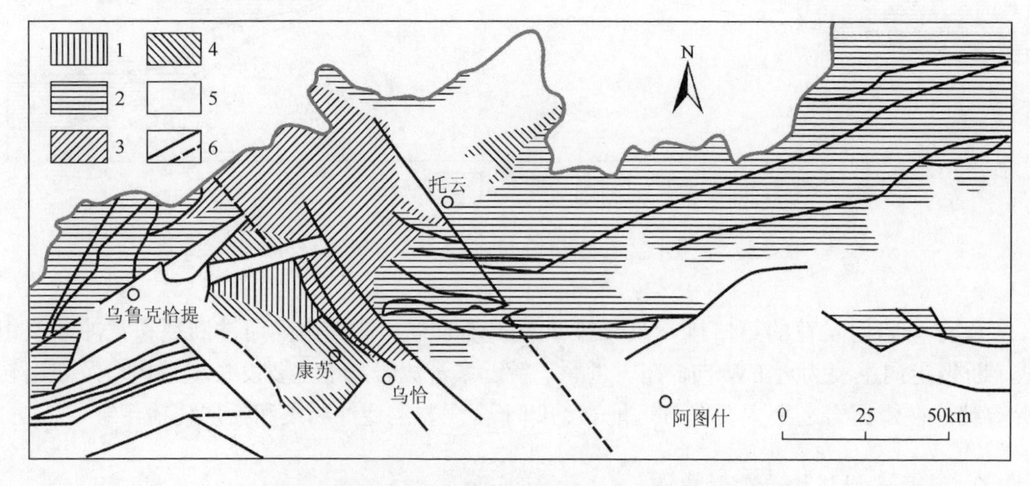

图 5.7　南天山西段构造纲要图（据王桂梁等，2007）

1-元古宇；2-古生界；3-侏罗系；4-白垩系；5-新生界；6-断裂

（1）西段：在乌鲁克恰提以西发育一组NE走向的由NW向SE叠瓦状逆冲推覆带，最北部为古生界逆冲于新生界之上，南部主要发育在新生界内部。由于该区缺乏地下资料，对其深部认识存在局限。

（2）中段：在乌鲁克恰提和托云之间，勘探程度很低，认识局限。该段被NW向断裂限定，元古宇、侏罗系、白垩系大面积出露地表并不整合于南天山造山带古生界之上，向塔西南拗陷内延伸。从卷入褶皱的地层和断裂切割关系分析，褶皱形成时期为喜马拉雅晚期。由于南天山和西昆仑山造山带的强烈对冲作用，中、新生界地层发生构造变形，形成了一系列地面褶皱构造。区内发育两组断裂，一组为NW向，以走滑为主要特征，基本限制了侏罗系的东、西边界。托云NW向断裂向盆地内部延伸可能与羊大曼走滑断裂相连，该区的侏罗纪盆地具有走滑拉分特征。另一组为NE向-近EW向，表现为由北向南的逆冲推覆，使中、新生代地层发生强烈褶皱作用。康苏南地震资料显示元古宇、古生界、中生界由北向南逆冲于新生界之上。

（3）东段：东段为托云以东到巴楚断隆地区，由一组近NEE向舒缓波状展布的逆冲断裂系组成，与中段东部的构造变形相似。该段由北向喀什凹陷推覆形成大型叠瓦扇，发育南天山南缘和阿图什两个主要推覆断裂带。阿图什逆冲推覆断裂带是南天山山前冲断带与喀什凹陷的分界断裂，大部分隐伏于新近系之下，偶见出露，控制阿图什地面背斜分布，前锋倾角较大，深部主推覆面近水平，沿古近系膏盐岩发育，剖面上表现为一犁式逆冲推覆断裂，断裂在走向和倾向上与南天山南缘推覆断裂带交汇。断裂带上、下盘均发育一组背斜或断背斜构造。南天山南缘断裂带由2～3条逆冲大断裂组成，北部古生界逆冲于南部的新生界之上，在东部为南天山造山带与塔西南拗陷的分界断裂。

3. 阿尔金山山前构造变形特征

阿尔金断裂带的西北边界为车尔臣—星星峡断裂带，该断裂带为塔南隆起与盆地内构造单元的分界。塔南隆起和塔东南拗陷呈长条状NEE向延伸，是阿尔金断裂带的重要组成部分。阿尔金断裂带的南东边界为阿尔金南缘断裂，是柴达木盆地、酒泉盆地的西北边界断裂，该断裂的活动控制其东南缘盆地的沉积、构造演化。车尔臣—星星峡断裂带的活动控制塔南隆起和塔东南拗陷的形成和演化。

塔南隆起和塔东南拗陷沉积盖层大部分缺失下古生界，上古生界石炭系、二叠系主要分布于民丰地区，厚数十米到上百米。侏罗系、白垩系主要分布于民丰凹陷、若羌凹陷和塔东地区，侏罗系是该区的含煤地层，沉积厚度上千米。新生代该区成为塔里木大型盆地的组成部分，与盆地统一沉降。沉积建造特征反映加里东末期至中生代该区长期处于隆升剥蚀状态，直到新生代泛塔里木盆地发育期才开始接受沉积。

车尔臣—星星峡断裂带由3～4条断裂组成，呈NEE向舒缓波状延伸，西北缘为塔南隆起与塔东低凸起、塘古孜巴斯凹陷的分界断裂，断裂带由1～4条断裂组成，为高角度由SE向NW冲断的逆冲断裂，被新生界覆盖（图5.8）。断裂初始形成于加里东末期，断裂带内残存的寒武系—奥陶系与塔里木盆地相似，盆地的下古生界向阿尔金断裂带方向呈剥蚀减薄而非沉积减薄，说明塔东南地区奥陶纪末期以来遭受强烈隆升剥蚀，在海西期和喜马拉雅期断裂重新活动，活动强度有由盆地向阿尔金断裂带逐渐增强的特点。

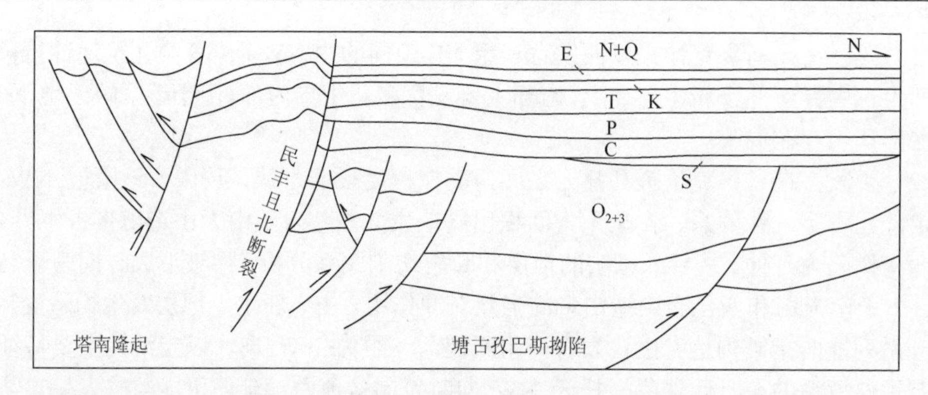

图 5.8　塔里木盆地 TLM-Z60 地震地质解释剖面图（据新疆石油管理局勘探开发研究院，2000）

塔南隆起东南缘断裂为塔南隆起与塔东南拗陷的分界断裂，前人称其为民丰—且北 3 号断裂。该断裂与西北缘断裂平行展布，由 1～2 条断裂组成，由 NW 向 SE 逆冲，控制塔东南拗陷发育演化。事实上，塔东南拗陷并非统一的大型拗陷，而是在断裂走向变化部位形成的中生代凹陷，断裂在民丰和若羌地区均呈近 EW 向展布，是断裂走向发生变化区段，在该区段分别形成了民丰凹陷、若羌凹陷，这些凹陷（盆地）在走向上呈雁列式展布，凹陷内主要为侏罗纪沉积，显示侏罗系受阿尔金断裂带控制的特点。

三、盆地演化和盆山耦合

塔里木盆地的演化与南天山造山带和西昆仑造山带的形成演化息息相关。塔里木板块是中国西北地区最大的稳定地块，板块边缘的开、合与板块边缘盆地和板内盆地发育特征相一致，根据板内和板缘的构造活动、盆地沉积的旋回特征划分为震旦纪—早二叠世、晚二叠世—第四纪演化阶段。

（一）震旦纪—早二叠世演化阶段

震旦纪，我国西北区域处于统一的大陆裂解伸展背景下，塔里木板块周缘和内部均发生了伸展裂陷，形成裂陷盆地。南部中昆仑地块与塔里木小板块分离，北部中天山地块与塔里木板块分离，板内库鲁克塔格和柯坪地区发育伸展背景下的上震旦统玄武岩。南、北两大裂陷盆地的海水在板内被一近 EW 向的隆起分隔，隆起剥蚀区沿麦盖提—民丰一带展布。寒武纪—奥陶纪南、北板缘进一步裂离，形成洋盆，板内海侵增强，板内水上隆起变为水下隆起，规模变小直至消失，北部的满加尔拗陷为向东伸向洋盆的拗拉谷，水体由西向东增深。由板内向板缘，盆地沉积由台地相逐渐过渡为斜坡、陆棚、深水盆地相。奥陶纪晚期，南天山洋开始自东向西关闭，拗拉谷回返消失。

志留纪—泥盆纪中昆仑地块与塔里木板块拼贴，库地洋消失，板内满加尔拗拉谷回返，南天山洋在晚泥盆世—早石炭世闭合。在上述构造背景中，塔里木南部为挤压环境，内部沿巴楚—满加尔为向西倾伏的拗陷盆地，库车、塔北等为隆起区。

石炭纪—早二叠世是塔里木盆地构造发展的又一旋回。塔里木板块与中昆仑地块在晚泥盆世—早石炭世早期关闭后，在中昆仑地块南部沿布伦口—康西瓦一线发生张裂形成洋盆。石炭纪—早二叠世早期塔里木板块南缘处于伸展构造背景，板内的巴楚—塔中地区发育得早二叠世玄武岩也反映该区所处的伸展构造背景，这与北疆博格达裂陷的活动时间相一致。在这种构造背景中，石炭纪早期为塔里木板块第二次规模最大的海侵期，沉积了两套薄层、分布广泛的碳酸盐岩。早二叠世末塔里木板块南、北边缘的洋盆闭合，海水退出塔里木盆地，盆地从此进入陆内演化阶段。

（二）晚二叠世—第四纪演化阶段

晚二叠世西昆仑造山带向盆地逆冲、挤压，塔里木盆地主体在西南部地区形成前陆盆地，主要为一套河流相、湖泊相建造，暗色泥岩发育。北部库车山前可能有局部沉积。三叠纪塔里木板块受周边造山带的挤压作用进一步增强，沉积盆地向 NE 方向迁移，形成板内拗陷盆地和库车前陆盆地，盆地周缘和造山带地区为隆升剥蚀区。

侏罗纪—白垩纪塔里木盆地处于弱拉张构造背景。侏罗纪盆地主要发育在板块周缘，形成向造山带方向倾伏的箕状断陷盆地，沉积了一套河流相、湖泊相碎屑岩、煤层，该时期盆地表现的盆、山结构是板内和板缘山前带的隆升与板块边缘的断陷沉降。早白垩世塔里木盆地进一步断陷，沉积范围远大于侏罗纪盆地，无论塔西南地区还是库车地区，沉积的砂岩均是盆地最重要的储层。晚白垩世塔西南地区遭受自西向东的海侵，沉积一套海陆过渡相、浅海相碎屑岩、碳酸盐岩和蒸发岩，北部库车地区在该时期处于隆升剥蚀状态。

古近纪塔里木大型统一盆地形成，整体形成板内断陷-拗陷、周边造山带隆升的格局。古近纪早、中期盆地海侵扩大，库车、阿瓦提地区为潟湖相沉积，西南地区为台地-潟湖沉积，膏泥岩发育；晚期海水退出塔里木盆地。新近纪盆地受周边造山带挤压作用增强，库车、塔西南地区急剧沉降，造山带隆升；新近纪晚期构造变形增强遂形成现今的陆内前陆盆地。

第六章　西北赋煤区控煤构造样式

第一节　煤系的后期变形特点

中国大陆晚古生代以东西向为主的构造格局，由于太平洋板块向欧亚大陆的俯冲而受到初步改造。燕山运动以来，构造格局的改变更加显著，出现了一系列北东-北北东向的拗陷、断陷盆地及火山岩-侵入岩带，波及范围西界可达狼山—贺兰山—龙门山—锦屏山—哀牢山一线。该线西侧受印度板块推挤的影响，构造线多为北西向；该线以东多为北东向或北北东向。这时滇藏地区羌塘—昌都地块已与北方大陆拼贴形成增生的陆缘，它与拉萨—腾冲地块之间尚存在海相和海陆交互相沉积（万天丰，2004）。

早—中侏罗世煤系在我国北方分布广泛，多以内陆盆地形式沉积在不同的构造单元之上。由于所处的大地构造单元性质、部位以及边界条件等因素的不同，煤系的后期变形也存在较大差异。

一、天山—兴蒙区

近年的研究表明，天山—兴蒙褶皱系内的准噶尔、吐哈、伊犁等中、新生代盆地具有前寒武系结晶基底，它们可能是早古生代从哈萨克斯坦古板块分裂的微大陆（地体），于海西期完成陆-陆碰撞进入板内构造演化阶段的。其中准噶尔盆地夹持在天山褶皱带和额尔齐斯褶皱带之间，地台性质较明显，早—中侏罗世煤系变形分区为近似同心的环带结构，变形强度由盆缘向盆内递减，盆地的西北缘、南缘和东北缘均被中、新生代逆冲褶皱带所围绕，形成强挤压变形环带，煤系不同程度地受逆冲作用影响。盆地南侧的天山褶皱带和北侧的阿尔泰褶皱带、额尔齐斯褶皱带内的含煤盆地多以海西期褶皱为基底，原型盆地属山间断陷型，盆地呈狭长带状，长轴方向与造山带走向一致。盆缘发育指向盆内的逆冲断裂，盆内被沙漠覆盖，研究程度较低。据石油勘探资料，盆地核部的构造格局为缓波状的断块组合，主体构造线方向近东西（北东东向和北西西向），张性断裂和压性断裂并存，中生代煤系构造变形较微弱。

（一）阿尔泰区

该区位于额尔齐斯断裂以北，属于阿尔泰褶皱带。中生代沿额尔齐斯断裂北侧形成了青格里断陷与哈拉通克断陷，分别形成了青河和哈拉通克煤矿点。矿点构造形态为紧闭的不对称复式向斜，呈北西向展布，南北两侧均有断裂长期活动，对煤系的形成及后期构造演化起控制作用。

（二）东准噶尔区和西准噶尔区

斋桑—额尔齐斯褶皱带位于额尔齐斯断裂以南，从东、北、西三面环绕准噶尔地块分布。从煤系赋存情况出发可分为东准噶尔区和西准噶尔区。

1. 东准噶尔区

该区位于呈北西西向展布的斋桑—额尔齐斯海西褶皱带东部，以由泥盆系组成的阿尔曼泰复背斜为中心，北翼断裂由南向北逆冲，南翼断裂由北向南逆冲，形成背冲构造体系。两翼宽缓，次级褶皱发育，煤系主要赋存于复向斜中。阿尔曼泰复背斜南翼煤层比较发育，有巴里坤煤田、三塘湖煤田、淖毛湖煤田等煤田。

（1）巴里坤煤田为宽缓的复式向斜，呈北西西向展布，南翼倾角较陡，有次级褶皱，盆地边缘有逆冲断裂，总体构造相对简单。

（2）三塘湖煤田位于东准噶尔界山褶皱带内，为北西西向复向斜，属山间盆地。盆地北缘为恰乌卡尔—结尔得嘎拉断裂，南缘外侧为阿克朔克断裂。向斜向东延伸遇额仁山背斜后形成北部向斜、中部背斜和南部向斜，次级短轴褶皱比较发育。煤田构造主要受南北盆缘断裂控制。

（3）淖毛湖煤田亦呈北西西向展布，属山间坳陷盆地，煤系呈不对称的宽缓复式向斜，盆地边缘发育与盆缘平行的断裂。

2. 西准噶尔区

该区为叠加于海西褶皱带之上的山间（断坳）盆地，呈北东东向展布。走向北东东的达拉布特、巴尔雷克断裂由北西向南东逆冲，塔尔巴哈台断裂由南东向北西逆冲。煤系呈不对称的宽缓褶皱，从北向南有和布克赛尔—福海煤田、托里—和什托洛盖煤田等煤田。

（1）托里—和什托洛盖煤田位于西准噶尔铁厂沟坳陷，为北东东向的复式向斜构造，南翼被具有反转性质的达拉布特断裂切割，该断裂在古生代—中生代为正断层，目前表现为压扭性断裂，是控制煤系构造与演化的主导因素之一。

（2）和布克赛尔—福海煤田位于托里—和什托洛盖煤田北部的克布克谷地，为北东东向展布的不对称向斜构造。煤系沉积在海西期褶皱带之上，受萨乌尔断裂、布伦托海断裂的控制。

（三）准噶尔盆地

该盆地基底为前寒武纪古老地块，中生代煤系是在晚古生代沉积的基础上发育起来的，具有长期坳陷和继承性特点。受断裂的控制，盆缘形状不规则。盆地内有明显的波状坳陷，沉降与凹陷的中心略偏南。沉积过程中的构造活动主要表现为不均衡沉降。

1. 盆地西北缘逆冲断裂带

由多条平行的逆冲断裂组成，总体走向北东60°，倾向北西，断裂面上陡下缓，呈凹面向上的铲状。逆冲断裂形成于印支期，燕山期和喜马拉雅期亦有活动。位于其间的克拉玛依煤田为倾向南东的单斜，倾角一般为5°～12°。

2. 盆地南缘逆冲断裂带

由依连哈比尔尕断裂、博格达断裂、准噶尔南缘断裂等北西西向断裂组成。盆地边缘的褶皱较紧闭，两翼倾角较大，盆地内变得平缓，为微向北倾的单斜构造。西部有近东西向的克拉扎、头屯河—板房沟断褶构造，有东西向的托斯台、玛纳斯褶曲，东部为一系列断褶束构造。煤系的后期改造主要是挤压状态下的差异升降运动导致的。准南煤田乌鲁木齐河西矿区、河东矿区和阜康矿区等矿区在盆地南缘部分出露。该区整体上为对冲挤压带，一组断裂由南东向北西逆冲，后缘带以妖魔山—芦草沟逆冲断裂为主，前锋带为南阜康逆断层；另一组位于煤田的西北缘，由北西向南东逆冲，断裂规模较小，延伸短。含煤盆地一般为边缘倾角陡、内部平缓的波状起伏，显示了刚性块体的挤压褶皱特征。

（1）乌鲁木齐河西矿区：西起三屯河，东至乌鲁木齐河，主体构造为北东走向的妖魔山—郝家沟复背斜。其北西翼为头屯河、牛毛湖复向斜，向斜北西翼为一组倾向北西的逆断层所切割，倾角变陡。南东翼有近东西-北东向的乌拉泊—三屯河逆冲断裂，使三叠系和下、中侏罗统由北向南覆盖在侏罗系与古近系之上。断裂的下盘为较宽缓的板房沟向斜，煤系赋存较深。

（2）乌鲁木齐河东矿区：西起乌鲁木齐河，东至四工河，呈北东向展布。水磨河以西主体构造为八道湾复向斜，其南侧为由南东向北西逆冲的妖魔山—芦草沟逆冲断裂组，北侧为由北西向南东逆冲的红沟逆冲断裂组，形成了对冲构造。煤系呈不对称紧闭褶曲，煤层倾角较大。水磨河以东煤系出露变宽，北界南阜康逆断层由南向北逆冲，使侏罗系掩盖在古近系之上。

（3）阜康矿区：西起四工河，东至梧桐沟河，北为南阜康断层，南为妖魔山—芦草沟—白杨河逆冲断裂。煤系出露狭窄，逆冲带的后缘断裂与前锋逆冲断裂的距离近。矿区西部煤系形成断夹块状，倾向南，东部煤系略有舒展变宽，但在矿区南部由于妖魔山—芦草沟逆冲断裂的推覆形成了白杨河倒转向斜构造。

（4）乌鲁木齐南山盆地：位于北天山褶皱带依连哈比尔尕复背斜上，一系列由南向北推覆的断裂形成逆冲推覆带，使其间的含煤断夹块呈北西西向斜列。由于强烈挤压出现倒转向斜和飞来峰，一般向斜南翼皆被逆掩断层组切割，为新疆中生代煤田构造较复杂的地区。

3. 盆地东北缘逆冲断裂带

盆地东北缘的阿克朔克逆冲断裂带呈北西西向展布，倾向东北，长约300km，由北东向南西逆冲，受其推覆影响的有卡姆斯特煤田。由盆缘向盆内延伸其褶皱由紧闭型逐渐变为开阔型，在卡拉麦里断裂以南，北部为平缓的南倾单斜构造，南部则形成了隆拗相间排列的准东煤田。

（1）卡姆斯特煤田位于盆地东北缘，为复式向斜盆地，北侧为由北东向南西逆冲的乌伦古深断裂及其次一级断裂切割，南界为卡拉麦里深断裂。煤田为北西西向不对称褶曲，南缓北陡。

（2）准东煤田位于准噶尔盆地东北部隆起区的边缘带，为一组北西西向斜列展布褶皱。五彩湾向斜为向西倾伏的开阔向斜，其八道湾组埋藏很深，据石油钻孔资料显示，在3123m穿过其底部。大井向斜为向南西倾伏的开阔向斜，煤层埋深1500m。奇台北山向斜、老君庙向斜为两个箱状向斜，向南西倾伏，一般煤层埋深300～600m，背斜顶部煤系缺失。

总之，准噶尔盆地盆缘均为挤压变形，褶皱向盆内部延伸则由较紧闭而趋向宽缓，这种变形应力场特征与华北地台近似。

（四）天山区

天山褶皱带为走向近东西的大型复背斜构造，其南北两侧都发育逆冲断裂系，形成扇形背冲式结构。北侧的博罗科努—阿其克库都克断裂、依连哈比尔尕断裂和博格达断裂皆由南向北逆冲于准噶尔盆地之上，南侧的那拉提断裂、库米什断裂、乌恰断裂和库尔勒断裂由北向南逆冲于塔里木盆地之上。天山褶皱带上的主要含煤盆地有吐鲁番—哈密盆地、伊犁盆地和焉耆—库米什煤田等。

1. 吐鲁番—哈密盆地

该盆地为近东西向展布的菱形盆地。北缘的博格达山—哈尔里克山南麓断裂由北向南逆冲在北部凹陷之上，形成逆冲断裂带和箱状褶皱。南界为博罗科努—康古尔—星星峡断裂。根据物探和石油钻孔资料，该盆地由北部凹陷、中央凸起、东南部哈密凹陷与西南部艾丁湖单斜组成。中央凸起表现为长垣背斜，背斜南侧变形较弱，沉积盖层多呈缓波状，其总的变形特点是北强南弱，东西两端强中间弱。由东向西包含野马泉煤田、大南湖—梧桐窝子煤田、哈密煤田、鄯善煤田、吐鲁番煤田、托克逊煤田、艾维尔沟煤田等煤田。

（1）哈密煤田位于北部凹陷中部，主体构造为向南西倾伏的宽缓背斜——西山背斜，背斜两翼次级褶皱发育，轴向皆与主背斜轴近似一致。煤田内的F5、F3、F2、F1等由北向南逆冲的断层，以及在西山背斜倾没端的F4正断裂，皆显示了煤田北侧的博格达—哈尔里克山断裂对煤田变形的影响。

（2）鄯善煤田位于盆地中央凸起上，为呈东西向展布的背斜，其东部呈扇形褶皱，西部为线形紧密褶曲构造，北侧为由南向北逆冲的火焰山北缘断层，南缘为由北向南逆冲的火焰山南缘断裂。

（3）吐鲁番煤田位于吐哈盆地南部凹陷的西南缘，构造形态为向北倾斜的单斜层。沙尔湖—大南湖—梧桐窝子煤田位于吐哈盆地南部凹陷的中部，为沙尔湖隆起带和觉罗塔格复背斜之间的北西西向复式向斜，区内地层倾角平缓，一般为10°～20°。野马泉煤田位于盆地南部凹陷的东南端，为北东东向展布的堑垒构造，伴有北西西向的平移断层。

（4）艾维尔沟煤田位于盆地北部凹陷的西端，为走向近东西的不对称向斜，煤系以向南倾斜为主。南翼被由南向北逆冲的 F1 逆冲断裂切割，断裂走向与向斜轴平行。向斜北翼的下部煤层为由南向北逆冲的断裂组所切割，上部煤层（含主采煤层）保存比较完整。

（5）托克逊煤田（克尔碱矿区）位于盆地北部凹陷的西部，呈北东东向展布，以向斜构造为主。煤田的北缘为由北向南逆冲的 F1 逆断层，东南部的 F2 逆冲断层由南向北逆冲，另有北东向和北西向的两组逆冲断裂由西向东逆冲。其中克尔碱矿区为近东西向向斜，南翼缓，北翼陡。构造变形主要是受博格达山—哈尔里克山断裂由北向南逆冲的影响，但北东、北西两组斜切压扭性断裂具有逆冲性质，为托克逊煤田的特色。

2. 伊犁盆地

该盆地位于西天山褶皱带上，其基底是从哈萨克斯坦板块裂解出来的伊犁地块，由中、新元古界变质岩组成。该盆地北侧为北西西向的北天山博罗霍洛逆冲断裂，南侧为中天山阿拉克尔断裂，总的构造格局为东西向复式向斜，北部因受博罗霍洛断裂的影响，表现为北西西-东西向的背斜、向斜相间排列，伴生与大断裂平行的逆冲断层，断面多数为北倾。南部的中天山阿拉喀尔断裂由南向北逆冲，但具有左旋剪切性质，因此在断裂带北侧形成北东向相互平行的含煤小向斜，与断裂呈锐角相交。总体上煤系变形呈现北强南弱，东强西弱的特点。伊犁盆地内的主要煤田有伊宁煤田、察布查尔煤田、尼勒克煤田、新源—巩留煤田、昭苏—特克斯煤田等。

（1）伊宁煤田处于伊犁复式向斜的北翼，总体构造格架为北北西向复式向斜，东北部边界有走向北西的 F1 逆冲断裂，东部为 F4 横切断裂。在斜列的次级向斜、背斜间发育与褶曲平行的逆断层。向斜一般北翼陡，南翼缓，沿走向波状起伏。逆断层由北向南逆冲，被北东向、北北西向的横推断层错断。

（2）察布查尔煤田处于伊犁盆地的南部，呈开阔的向北西倾没的箕状向斜，其北东翼被 F5 断失，南西翼保存完整，次级褶皱非常发育，其间发育一系列逆冲断裂。除加格斯台背斜外，褶曲走向均为北西-北西西向，产状平缓，呈波状起伏。逆冲断裂多由南向北逆冲，个别呈反向逆冲，但走向延展短，规模小。

（3）尼勒克煤田位于伊犁盆地北部的阿吾拉勒山北坡山间断陷中，呈东西向展布。尼勒克深断裂在煤田中以断裂带的形式出现，断裂间的断块形成一系列开阔不对称向斜与紧闭的不对称背斜，整体上为北西西-东西向的复式向斜。随着深断裂的活动，该煤田的后期改造以差异性上升运动为主。

3. 焉耆—库米什盆地

该盆地位于南天山褶皱带东部，为东西向展布的菱形盆地，其北界为由北向南逆冲的库米什断裂和博罗科努—阿其克库都克断裂，南界为由南向北逆冲的辛格尔断裂，形成对冲格局。由西向东为焉耆凹陷、中央凸起和库米什凹陷。

（1）焉耆煤田位于焉耆凹陷内，西南部的塔什店矿区为复式向斜构造，轴向北西，自北向南为塔什店北向斜、塔什店背斜、塔什店南向斜（部分在元古宇推覆体之下），其南缘的逆掩断层将元古宇逆掩于侏罗系之上。

(2) 库米什煤田位于库米什凹陷内，其南侧为辛格尔断裂，北侧为库米什断裂，煤田构造形态为北西西向斜列展布的不对称开阔向斜。

二、塔里木区

塔里木地台中生代以后转入内陆盆地演化阶段，仍继承了两拗（塔北拗陷和塔西南拗陷）夹一隆（塔中隆起）的构造格局，沉积-构造分异明显。早—中侏罗世陆相聚煤作用发育于地台北缘天山山前的库拜拗陷、塔北拗陷（罗布泊）、塔西南拗陷和塔东南地区。中新世以后，由于印度板块与欧亚板块碰撞，青藏高原地壳挤压缩短，昆仑山和天山强烈抬升并向盆内逆掩，统一的塔里木内陆盆地才宣告形成。

盆地北缘和西南缘为指向盆内的逆冲推覆构造带，东南缘为阿尔金走滑断裂带，盆内主体构造线和沉积相带展布与盆缘构造线相交，表明中、新生代沉积范围比现在保存的范围大，盆地目前的形态是新生代后期改造的结果。

塔里木盆地作为以地台为基底的上叠盆地，煤系变形的基本特征与华北地台相似，地台边缘被挤压变形带所环绕，煤系直立或倒转，盆内地层平缓或略呈波状起伏，构造简单。根据有限的资料，早—中侏罗世煤系分别处于地台北缘逆冲断裂带、地台东南缘阿尔金走滑断裂带和地台南缘、西南缘逆冲断裂带。

（一）地台北缘逆冲断裂带

地台北缘逆冲断裂带在平面上近东西向展布，呈略向南突出的弧形，天山褶皱系由北向南逆冲在塔里木地台之上，断裂面倾角在地表较陡，往深部变缓归并于海西期褶皱带上的不整合面，伴生北西-北西西向走滑断裂，断层两侧地层受平移滑动牵引出现小型褶皱与断裂。位于这个区段的有阳霞煤田、库拜煤田、包孜东煤田等煤田。

库拜盆地位于塔里木盆地北缘，盆地北深南浅，呈东西向条带状展布，晚三叠世含有可采煤层。早侏罗世该区受南北挤压力的影响，盆地北缘逆冲断裂向南逆冲，南缘逆冲断裂向北逆冲，盆内东西向构造发育，煤系保存在向斜中。

（二）地台东南缘阿尔金走滑断裂带

阿尔金走滑断裂带走向北东，沿断裂线两侧有北东走向的小型含煤向斜分布，与阿尔金走滑断裂呈锐角相交，锐角主要朝向北东，少数朝向南西，距阿尔金走滑断裂稍远向斜即消失，说明中生代以后阿尔金走滑断裂虽以左旋运动为主，但也间有右旋。阿尔金北缘断裂以北为与其平行的大型堑垒构造。阿尔金南缘断裂截切了北西向的祁连山加里东褶皱带与柴达木地块，分隔了塔里木地台与秦祁昆褶皱系。

（三）地台南缘、西南缘逆冲断裂带

西昆仑北缘断裂带（柯岗断裂）为塔里木地台与西昆仑褶皱带的分界，该断裂带走向

北西西-北北西，呈向南突出的弧形，为一组逆冲断裂，由南西向北东逆冲在塔里木地台铁克里克古隆起之上。莎车—叶城煤田处于逆冲带的前缘，呈北西-东西向展布，受区域断裂影响成斜向排列的背斜、向斜构造，南北两翼均为断层所破坏。煤系多保存在向斜中，有可能找到赋存条件较好、资源量丰富的含煤区快。

三、祁连区

该区包括祁连山加里东褶皱带和柴达木地块的早—中侏罗世煤系分布区。柴达木地块在早古生代末与华北地台拼合，印支期柴达木地块以南的昆仑褶皱带回返，全区隆起成陆，中、新生代发育一系列受基底断裂控制的北西西向断陷盆地。新近纪以来，印度次大陆与欧亚大陆的碰撞所产生的北东-南西向区域挤压应力的影响加强，祁连山造山带崛起，形成一系列主体向北扩展的叠瓦构造。中生代，原型盆地受到不同程度的改造，盆缘断层向内逆冲，构成对冲构造组合形式。煤系保存在一些分离的山间构造盆地中，盆缘煤系变形强烈，盆内趋于简单。由北向南可分为河西走廊带、祁连区和柴北区。

（一）河西走廊盆地

河西走廊盆地北界为阿拉善南缘断裂，南界为北祁连北麓断裂，断裂向西在高台、酒泉一带与阿尔金断裂相交，向东插入六盘山断裂带内，总体呈北西向伸展，这是一条莫霍面变异带，也是一条重力梯度带。上新世以来印度板块与欧亚板块的碰撞，致使该断裂带继续活动，并产生了一系列向北逆冲的推覆构造。位于河西走廊拗陷中的煤田主要有景泰—靖远煤田、九条岭煤田等。

1. 靖远煤田

该煤田位于河西走廊盆地的东部，煤系保存在分散的向斜盆地中，其沉积基底为加里东褶皱带，包括宝积山、红会和王家山等矿区。

宝积山为轴向北西，向南东倾伏的不对称复式向斜，北东翼倾角 60°～80°，南西翼一般 5°～20°。向斜南西翼为由南西向北东逆冲的 F2、F1 等断裂，在煤系的上覆地层中形成逆冲叠瓦构造。向斜的东部和西部还发育由南西向北东逆冲和由北东向南西逆冲的断裂。

红会为向南东倾伏的不完整背斜构造，核部出露上三叠统，两翼为侏罗纪煤系。北东翼保存完整，次级褶皱发育，断层较少。背斜南西翼的 F8 断层由北向南逆冲，南界断裂由南向北逆冲，形成了对冲的格局，煤系形成轴向北西的封闭向斜，浅部受断层影响倾角变陡，深部平缓。

王家山为轴向北西，向南东倾伏的不对称向斜，轴面南倾。矿区南边界为由南向北逆冲的 F1 断裂带，倾向南的 F22 断层与之平行。矿区北界为由北向南逆冲的 F3 断裂，并有数条由南向北逆冲的断层。

2. 九条岭煤田

该煤田位于河西走廊盆地中部，石炭纪与中侏罗世煤系赋存在同一个东西向向斜构造中，向斜南翼受由南向北逆冲断裂的破坏，大部分地区只保存了北翼，形成了单斜构造。煤层走向东西，倾向南，倾角较缓。

河西走廊盆地的煤系变形主要受控于其两侧的阿拉善南缘断裂与北祁连北缘的断裂，以北东-南西挤压应力环境为主，主要的褶皱轴向与主干断裂的走向均与河西走廊两侧断裂平行。通过煤系变形的几何形态分析，南部的挤压力要大于北部，因此由南向北逆冲的断裂是主动的，数量多，推移距离也大，向斜轴面多南倾。

（二）祁连山区

该区北界为北祁连山北缘断裂，南界为土尔根大坂山—疏勒南山—大通山—拉脊山断裂，西侧以阿尔金断裂带为界，东端为六盘山断裂，自西向东包括聚乎更、江仓、热水、默勒、门源、大通、炭山岭—大有、窑街、阿干镇等矿区。

（1）聚乎更矿区位于西北部，煤系沉积基底为元古宙结晶片岩，沉积基盘为上三叠统。矿区主体构造为北西向展布的复式褶皱，由两个向斜和一个背斜组成。南翼F1逆冲断裂带由南向北逆冲，使向斜南翼地层倾角直立或倒转。北东向、北西向的两组剪切断裂和南北向横推断裂破坏了煤系的连续性。

（2）江仓矿区为东西延展的不对称向斜构造，被一组由北向南逆冲的断裂切割，南侧盆缘还发育一组北西向剪切断裂，破坏了煤层的连续性。

（3）热水矿区由外力哈达、热水、柴德尔三个呈东西向展布的井田组成，整体呈南倾单斜，北侧的F1、F19逆冲断裂带由北向南逆冲，构成了矿区的北界，南侧的F0逆冲断裂带由南向北逆冲，构成了矿区的南界。矿区处于南北对冲带之中，伴随逆冲带产生北东向、北西向两组剪切横推断裂，将矿区切割成若干条块。

（4）默勒矿区位于热水矿区的东北部，为近东西的向斜构造，南翼被一组由南向北逆冲的断裂切割，破坏了向斜的完整性，使矿区总体面貌为单斜构造。

（5）门源煤田为中生代三叠纪—侏罗纪双纪煤田，总体构造形态为北西-南东走向的复式向斜，其两侧的走向逆断层较发育，形成逆冲叠瓦构造，北翼倾角较陡，南翼较缓，次级褶曲发育，后期的横切构造破坏了褶皱构造的完整性。

（6）大通矿区为不完整的复式向斜构造，次一级褶皱有向东倾伏的小煤洞背斜，轴向近东西，背斜南翼被由北向南逆冲的断裂切割；元术尔向斜为不对称向斜，南翼倾角缓，北翼因受F2逆冲断裂影响，岩层直立或倒转。主要断层有北川河断层（F1），走向近南北，为由东向西的压扭性断裂，具横推性质，构成了矿区的东部边界；喜鹊岭断裂（F2）为逆冲断裂，走向近东西，构成元术尔和小煤洞两井田的边界。

（7）炭山岭—大有矿区为三个分散的中生代内陆山盆地，构造形态各异。炭山岭为走向北北西，倾向北东东的单斜构造，西部的F2逆冲断裂走向北西，由南西向北东逆冲，使邻近断层的浅部煤层倾角变陡，局部出现倒转；东部的F1逆冲断层走向北西，由北东向南西逆冲，构成矿区的边界。大有矿区为剥蚀后的残留复式向斜，东侧的 F1 逆冲断裂由东向西将元古界逆掩到煤系之上，并构成了含煤向斜的东部边界。

（8）窑街矿区东部以 F19 断裂为界，西部沿大通河西岸一带为超覆沉积边界，煤系呈北北西-近南北向分布，总体表现为北东向的复背斜构造。复背斜的核部称为羊肠背斜，往南依次有塌山向斜、程家窑背斜、马家岭向斜、喇嘛沟单斜及海石湾倾伏向斜，往北依次有机修厂向斜及背斜构造。这些背斜、向斜的轴线呈北东向或北北东向，并显示往北东方向收敛聚合，往南西方向撒开扩张的趋势。与背斜、向斜构造相伴生的还有许多压性、扭性及张性断层，已发现断距在 20m 以上的断层 50 余条，对煤层开采带来不同程度的影响。

（9）阿干镇矿区为轴向北北西向的不对称复式向斜，主要褶曲自东向西有铁冶沟向斜和石门背斜。矿区南段的 F1 逆冲断层，北段的 F2 逆冲断层，均由东向西逆冲，使震旦系逆冲覆盖于煤系之上，形成矿区的东界。矿区北段的西北部有 F3、F4 逆冲断层，由西向东逆冲形成矿区北段的西部边界。

综上所述，祁连山褶皱带属挤压变形的产物，煤系主要分布在河西走廊和以元古宙结晶片岩为基底的中祁连山区。前者多为规模较小的褶皱向斜盆地，后者为断陷盆地群，煤田一般呈向斜构造，两翼存在相向的对冲断裂，一般南翼陡北翼缓，为条带状变形。

（三）柴达木区

柴达木地块位于祁连山与昆仑山之间，东以鄂拉山断裂为界，南为昆中断裂，西为阿尔金断裂，北为宗务隆南缘断裂。柴达木地块在中生代以前为古陆，印支运动后柴达木地块主体开始下沉，在北缘大柴旦—大煤沟拗陷带内形成侏罗纪煤系，呈北西西向展布，拗陷基底为前震旦系，次级褶皱发育。如大柴旦—绿草山隆起，含煤地层多环绕隆起分布；而西大滩则为近东西向的向斜，两翼煤点众多，深部多被断层切割，断距可达千米。煤田边缘走向逆冲断层发育，有些地区形成了叠瓦状构造。位于该区的鱼卡煤田处于柴达木地块北部的断陷带，总体为呈北西向展布较宽缓的复式向斜，向北西倾伏，次级褶曲两翼倾角一般小于 30°。北东翼的达肯大坂山南缘逆冲断裂，由北向南将震旦系逆覆于侏罗系和古近系之上。位于柴达木盆地北缘的全吉煤田受库尔雷克山复背斜控制，发育近东西向或北西西向逆断层，煤田中部的库尔雷克南缘逆冲断层，断层面北倾，绿草山、大煤沟井田位于该逆断层的上盘，下盘为西大滩矿。大煤沟井田为向北倾斜的单斜，深部被近东西向的叠瓦状逆冲断层所切，这组断裂向深部延伸可能交汇于统一的滑移面。

第二节　控煤构造样式

构造样式（structural styles）最早由卢贡（Lugeon）引入构造地质学，是指一群构造或某种构造特征的总特征和风格，即同一期构造变形或同一应力作用下所产生的构造的总和。构造样式研究渗透在地质学研究的各个方面，属于构造形态学范畴，是地质学研究的基础。任何一个特定的地质构造现象，一条断层、一个背斜，它们的几何形态、发育历史等都存在差异。但如果从构造组合的角度分析，不同构造往往在剖面形态、平面展布、排列、成因机制上相互间有着密切联系，能形成具有自身特点的构造样式。构造样式研究的目的在于揭示地质构造发育的规律，建立地质构造模型。在地质勘探资料不足的情况下，可以通过构造样式的研究去认识可能存在的构造格局和进行构造预测。

盆地构造样式分析包括几何学、运动学、动力学和时间四大要素。几何学分析主要是通过地表观察、地震剖面解译和煤田勘探剖面来获取构造图像，将各种变形组合的应变场和应力场分析结合起来；运动学分析是将构造样式置于板块运动背景中，对构造位移变化进行分析；动力学分析主要考虑构造形成机制，与全球动力学系统所产生的伸展构造体系、收缩构造体系和走滑构造体系有关（刘和甫，1993）；同时，构造的形成具有一定的时限性。因此，构造样式不仅具有地区意义，而且具有地质时代意义。

构造样式最早用于描述褶皱，随着板块理论的深入，Harding 和 Lowell（1979）成功地将岩石圈板块运动和地壳变形相结合，提出基底卷入型与盖层滑脱型两大类 8 小类构造样式分类方案。而从盆地构造和指导矿产资源勘探的角度，则强调构造样式与形成盆地的动力学一致性。从盆地形成的地球动力学来看，主要有三种地壳应力环境：①裂陷盆地，其最大主应力轴直立；②压陷盆地，其最大主应力轴水平；③走滑盆地，其最大主应力轴与最小主应力轴均水平。这种分类与盆地边界的三种控盆断裂是一致的，以此可将构造样式划分为伸展构造样式、压缩构造样式和走滑构造样式三大类（刘和甫，1993），以及具有构造叠加和复合性质的反转构造样式（陆克政，1997）。

西部赋煤区主要受周缘造山带及各地块控制，会在盆地构造样式上留下丰富的构造形迹。本书立足于煤田勘探开发的基础，在典型矿区的构造特征分析、构造成因分析、构造演化史分析的基础上，主要针对挤压构造样式、走滑（扭动）构造样式、反转构造样式，研究其几何学和运动学特征、时空展布规律及其构造变形机制，采用构造控煤样式概念，选取典型区开展深入研究，划分构造控煤样式分类系统，建立西北地区不同赋煤构造单元的构造控煤模式，为煤炭资源勘查提供构造依据。

一、聚煤后区域构造应力-应变场的基本特征

中侏罗世晚期以来，西北及其毗邻区构造应力场因南部多期次陆-陆碰撞而呈现全区性的近南北向构造挤压，并且随着时间的推移挤压应力有加强趋势。在区域挤压应力场中，具有不同地壳基底的稳定块体与褶皱带之间的构造分异大大增强，褶皱带表现为强烈抬升、褶皱、断裂及向相邻稳定块体的逆冲推覆，稳定块体则表现为相对沉降。在稳定块体上，早先形成的拉张性盆地向挤压性转化，如准噶尔盆地、吐鲁番—哈密盆地等；早先形成的分隔性盆地扩张超覆，连成一片，形成新的挤压性盆地，如塔里木盆地、柴达木盆地等。

与此相适应，晚侏罗世以来西北地区及其毗邻区内普遍堆积的红色粗碎屑岩标志着区内褶皱带的快速上升和聚煤作用的终结，沉积盆地内自中上侏罗统至第四系，各系之间、各统之间以角度不整合为主要的地层接触关系，标志着晚侏罗世以来整个区域构造活动极其频繁，大部分地区，特别是褶皱带及与其相邻的稳定块体边缘，发生多次叠加变形。研

究表明，各煤田褶皱及断裂构造多形成于燕山期，活跃并快速定型于喜马拉雅期。

目前，西北地区及其邻区因印度板块向北、西伯利亚板块向南的相向运动，仍以近南北向水平构造挤压应力场为主。印度板块向北挤压力在西北西南部最强，向北渐弱，对天山以北影响较小；西伯利亚板块向南挤压力则主要作用在天山以北地区。

（1）西北地区主要赋煤盆地和主要煤矿区的构造变形以挤压收缩为主要形式。中侏罗世晚期以来，西北地区及毗邻区的构造应力场以近南北方向的水平挤压为主要特征，在逐步增强的近南北向的构造挤压应力作用下，早—中侏罗世聚煤盆地受到构造运动强烈改造，形成以挤压收缩变形为主的构造样式。煤田褶皱及断裂构造多形成于燕山期，活跃并定型于喜马拉雅期，褶皱带及与其相邻的稳定块体边缘，发生多期次叠加构造变形。

（2）西北地区侏罗纪煤田的控煤构造可划分为挤压、拉张、扭动、反转四大类构造样式，进一步划分为 6 个亚类和 18 种形式。其中，叠瓦式逆冲构造、推覆式滑脱构造、褶皱构造和走向滑动构造等构造样式对煤系、煤层赋存状态以及煤层开采地质条件具有主要控制作用。赋煤盆地边缘，紧闭线型复式褶皱与叠瓦状逆冲断层相伴生，使煤层倾角变陡甚至直立、倒转，增加了煤层变形及工程地质条件的复杂程度。

（3）西北地区主要赋煤盆地的边缘地带推覆式滑脱构造具有一定的普遍性。有些地区，曾被认为有多条高角度逆断层发育，通过进一步研究证实，实际为推覆式滑脱构造或多层次推覆构造。识别推覆式滑脱构造，可能在推覆体下寻找到可采煤层，成为煤田勘探新的潜力区；纠正对井田断裂构造发育规律的认识，可以更好地服务于煤炭资源的安全高效开采。

二、主要控煤构造样式综述

晚侏罗世以来，新疆早—中侏罗世聚煤盆地即受到构造运动强烈改造，有些盆地继续沉降，成为继承性盆地；有些盆地构造反转而抬升剥蚀，未被剥蚀的含煤岩系分布于残留盆地之中。我们将含煤岩系的分布范围（无论其是否继续沉降）统称为赋煤盆地。

构造样式是指同一构造变形期或同一构造应力场所产生的构造总和，具有明显区别于其他构造的特征和风格，控煤构造样式是指对煤系和煤层的现今赋存状况具有控制作用的构造样式。研究控煤构造样式有助于揭示构造发育规律和进行构造与赋煤区预测。

中侏罗世末期以来，近南北向的持续构造挤压不仅使西北及其毗邻区聚煤期的伸展构造发生反转，形成以挤压收缩变形为主的构造样式，同时还在部分区域或方向上派生出拉张、扭动应力，形成局部范围内的拉张、扭动等构造样式（王佟等，2017）。控煤构造样式及其相互关系见表 6.1。

表 6.1　新疆赋煤盆地控煤构造样式及其相互关系

时代	早—中侏罗世	晚侏罗世以来	构造样式
地球动力学背景	中特提斯洋盆的扩张已达到顶峰，新特提斯洋迅速扩张	中特提斯洋盆自东向西逐步闭合，新特提斯洋壳向北俯冲（J_3—K_1）；印度板块与欧亚板块碰撞（E_2—E_3）后，继续向北强烈推挤	—
区域构造应力场	挤压应力松弛，甚至出现区域拉张应力	近南北方向的构造挤压应力	—

续表

时代	早—中侏罗世	晚侏罗世以来	构造样式
局部构造应力场	—	近南北方向的构造挤压应力	挤压
	—	近东西方向的构造拉张应力	拉张
	—	平面应变滑移线场	扭动
构造样式	伸展构造	挤压收缩构造	反转

根据主要赋煤盆地聚煤期后构造变形的动力学特征，将西北地区控煤构造划分为挤压、拉张、扭动、反转四大类构造样式，在此基础上，又根据控煤构造组合的几何学和运动学特征，进一步将其划分为6个亚类和18种形式，详见表6.2。

表6.2　新疆控煤构造样式分类表

大类	亚类	型	简要特征	控煤作用	典型实例	模式示意图
挤压构造	叠瓦式逆冲构造	叠瓦式对冲型	倾向相背的两组逆冲断层呈叠瓦状组合，盆地两侧造山带向盆地逆冲	逆冲带煤系煤层褶皱、断裂变形强烈	准噶尔盆地、吐哈盆地及柴北缘新高泉等	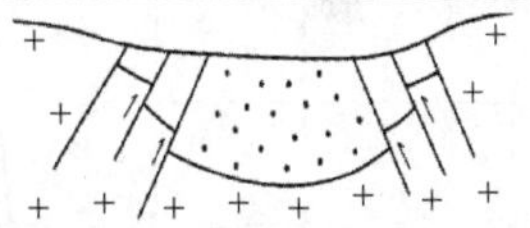
		叠瓦式背冲型	倾向相对的两组逆断层呈叠瓦状组合，造山构造带向其两侧的盆地逆冲	断层上盘由于抬升剥蚀含煤性较差，下盘煤系保存较好	天山造山带、博格达构造带等	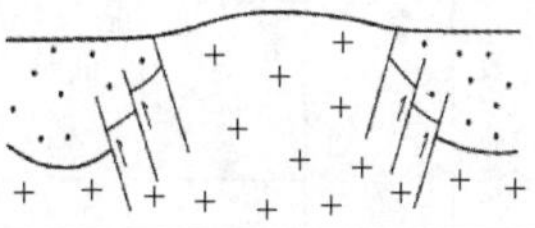
		叠瓦式前展型	逆冲断层呈叠瓦状组合，造山带向盆地逆冲，逆冲时序由盆缘向盆内变新	煤系夹持于逆冲断层之间，呈单斜或短轴背斜	准噶尔盆地南缘、塔里木盆地北缘等	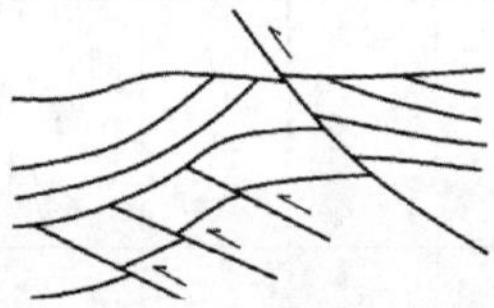
	推覆式滑脱构造	犁式滑脱推覆型	由滑脱面和上覆系统、下伏系统组成，逆掩断层上盘低角度推覆于下盘之上	滑脱面上陡下缓，造成含煤地层在较大范围内重复	硫磺沟矿区	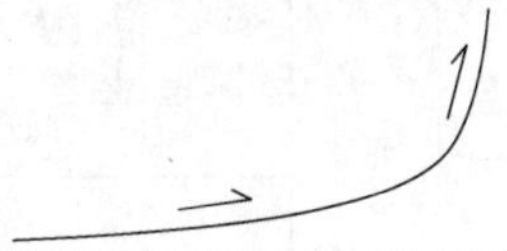
		对冲与推覆叠加型	逆掩断层上盘低角度推覆于下盘之上，在上覆系统产生对冲型逆冲	上覆系统的煤层遭到更强烈的破坏	库车拗陷	 反冲断层 三角带
		多层次推覆型	逆掩断层上盘低角度推覆于下盘之上，在上覆系统中又有逆掩断层发育	同一煤层在垂向上多次出现	焉耆煤田塔什店矿区	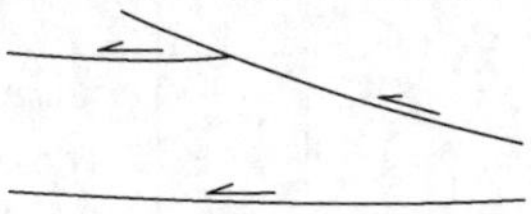
	褶皱构造	逆冲褶皱型	造山带向盆地逆冲，逆冲断层与紧闭线型褶皱伴生，褶皱轴面歪斜，形成不对称线型倒转褶皱	强烈褶皱的煤系夹持于逆冲断层之间，煤层直立甚至倒转	乌鲁木齐矿区	
		逆冲牵引型	逆冲断层上盘牵引下盘发生上翘变形	靠近逆冲断层的下盘煤系受牵引倾角变陡，甚至倒转	艾维尔沟矿区、柏树山、老高泉	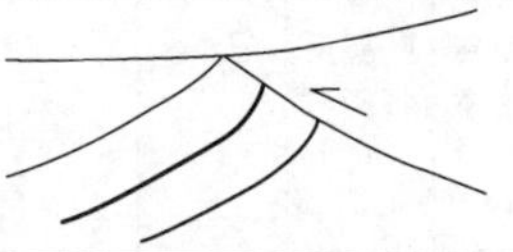

续表

大类	亚类	型	简要特征	控煤作用	典型实例	模式示意图
挤压构造	褶皱构造	纵弯褶皱型	顺层挤压构造应力使含煤地层产生波状褶皱	煤系产生褶皱变形	新疆大中型含煤盆地内部	
		复向斜型	总体为一较宽缓向斜构造，两翼被若干次级褶皱复杂化，并伴生有逆冲-逆掩断层	煤系波状起伏，局部被断层切割	三塘湖煤田、焉耆煤田等	
		复背斜型	总体为一较宽缓背斜构造，两翼被若干次级褶皱复杂化，并伴生有逆冲逆掩断层	煤系波状起伏，局部被断层切割	库拜煤田阿艾矿区等	
		箱状背斜型	背斜核部地层产状平缓，翼部陡立，局部甚至倒转	背斜核部地层被抬升，翼部开采难度加大	库拜煤田拜城矿区等	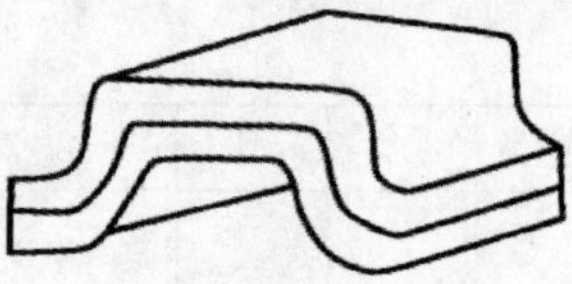
拉张构造	张性断裂构造	横张断裂型	南北挤压派生的近东西向拉张应力产生的高角度正断层（模式图中锯齿线），走向与褶皱轴向（横线）大体垂直	造成煤层厚度拉薄或断失	较普遍	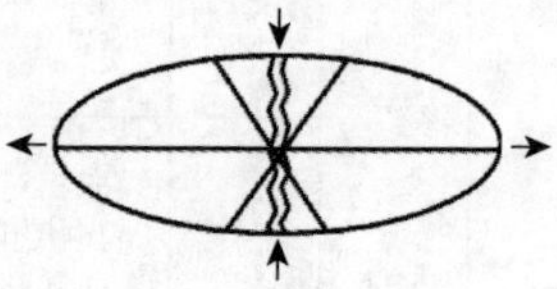
		地堑地垒型	相向倾斜的正断层具有共同的下降盘，形成地堑；相背倾斜的正断层具有共同的上升盘，形成地垒	断层下降盘煤层埋深增加；上升盘煤系可能遭到剥蚀	布雅煤产地	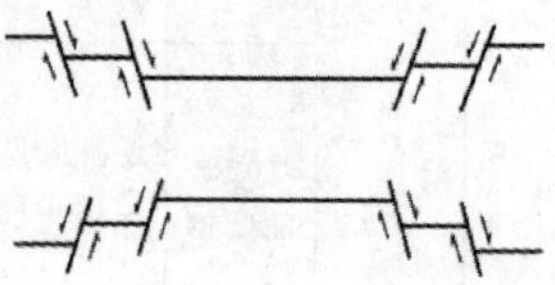
扭动构造	走向滑动构造	挤压剪切型	南北挤压派生的平面应变滑移线场，使断层两盘地层发生走向滑移，水平断距远大于垂直断距	含煤地层被错断，局部地段形成小褶皱群	准南煤田西段	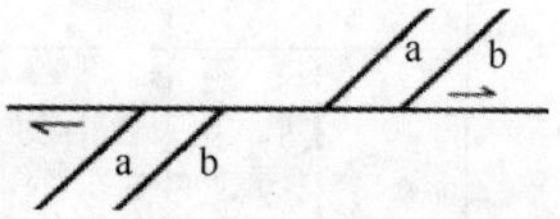 a b a b
		雁列褶皱型	在挤压剪切型断层的某一盘，常见雁行式排列不穿越断裂面的小型同向排列的紧密褶皱群			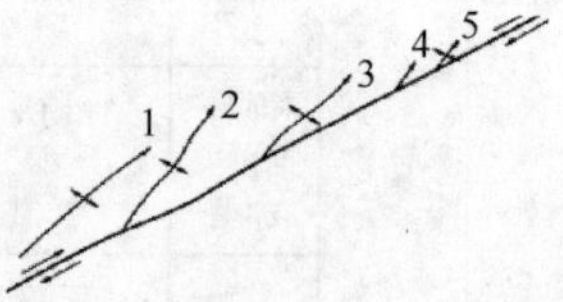 1 2 3 4 5
		帚状构造型	走滑断裂两盘产生不同旋转方向的水平位移，一群弧形断裂或褶皱群向一端收敛，向另一端撒开，呈现形如扫帚的弧形构造	大大增加了煤田构造的复杂程度和开采难度	托云—和田盆地	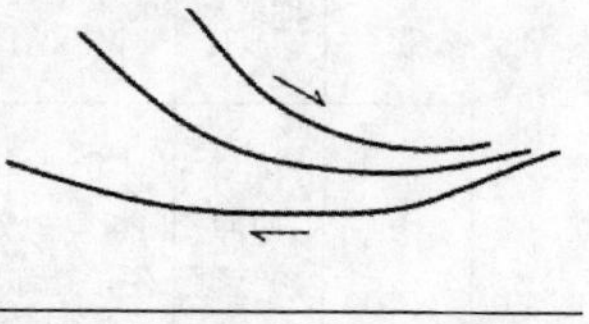
反转构造	断裂反转构造	正反转型	张性断层反转形成压性断层	上盘煤系及煤层遭受不同程度的剥蚀	普遍	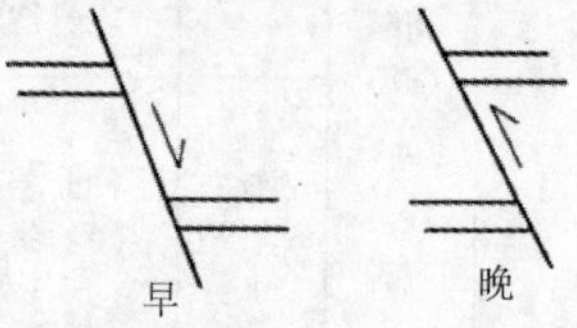 早 晚

第三节　主要构造样式分述

一、挤压构造样式

侧向水平挤压条件下所产生的压缩构造变形组合包括以逆冲断裂为主、逆冲断裂与褶皱并重、以褶皱为主，三者呈过渡形式。因此，根据逆冲（或褶皱）构造平面展布及其组合特征，可将压缩构造样式划分为以下基本类型。

（一）逆冲叠瓦构造

由产状相近或近乎平行排列的一系列由浅至深、断面由陡变缓的分支逆冲断层夹冲断片组成，向深部收敛于一条主干滑脱面。逆冲断层间的断夹片往往发育断弯褶皱，并沿应力传播方向由紧闭褶皱渐变为开阔褶皱。沿逆冲断层上盘，煤系抬升变浅，有利于勘探开发，但构造较为复杂，断层往往构成矿区或井田的自然边界。

就盆地而言，叠瓦式逆冲构造主要表现为盆地两侧褶皱带中的叠瓦状逆冲断层向盆地内部相向逆掩，构成以盆地为中心的叠瓦状对冲型挤压收缩构造样式；就褶皱带而言，叠瓦式逆冲构造主要表现为褶皱带中的叠瓦状逆冲断层分别向其两侧盆地方向逆冲，形成以褶皱带为中心的叠瓦状背冲型构造样式。从褶皱带至盆地内部，越向盆地方向，叠瓦式逆冲断层的形成时代越新，属于前展式逆冲构造。

叠瓦式逆冲构造的控煤作用主要表现为：①使聚煤盆地收缩，赋煤盆地面积小于聚煤盆地，部分原有煤炭资源或遭受剥蚀或受掩覆；②赋煤盆地构造具有明显的带状分异，越向盆地边缘构造变形越复杂，越向盆地内部构造变形越简单；③在赋煤盆地边缘，紧闭线型复式褶皱与叠瓦状逆冲断层相伴生，使煤层遭受褶皱变形的同时被逆冲断层切割，煤层变形及工程地质条件更加复杂。

（1）靖远煤田煤系保存在分散的向斜盆地中，其沉积基底为加里东褶皱带，包括宝积山矿区、红会矿区和王家山矿区等矿区。宝积山为轴向北西，向南东倾伏的不对称复式向斜。向斜南西翼为由南西向北东逆冲的F2、F1等断裂，在煤系的上覆地层中形成逆冲叠瓦构造（图6.1）。向斜的东部和西部还发育由南西向北东逆冲与由北东向南西逆冲的断裂。

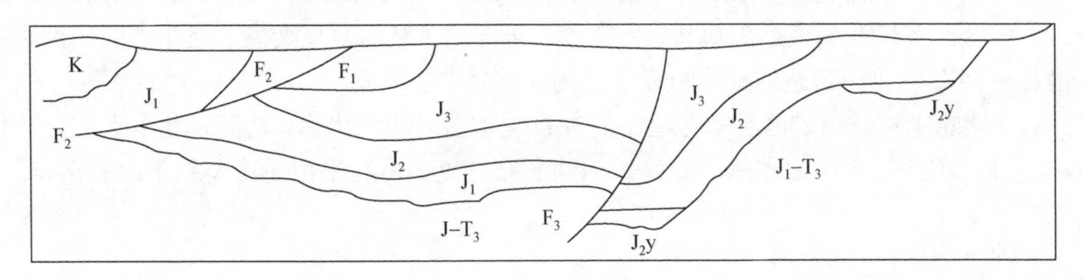

图6.1　宝积山矿区剖面示意图（据中国煤炭地质总局，2017）

（2）柴北缘鱼卡地区地震剖面可见该构造形态，由产状相近、近乎平行排列的一系列由浅至深、断面由陡变缓的分支逆冲断层组成，在深部归为一条主干逆冲断层（图 6.2）。

（3）准噶尔盆地西北缘逆冲断裂带由多条平行的逆冲断裂组成，总体走向北东 60°，倾向北西，断裂面上陡下缓，呈凹面向上的铲状。逆冲断裂形成于印支期，燕山期和喜马拉雅期亦有活动。位于其间的克拉玛依煤田为倾向南东的单斜，倾角一般为 5°～12°。

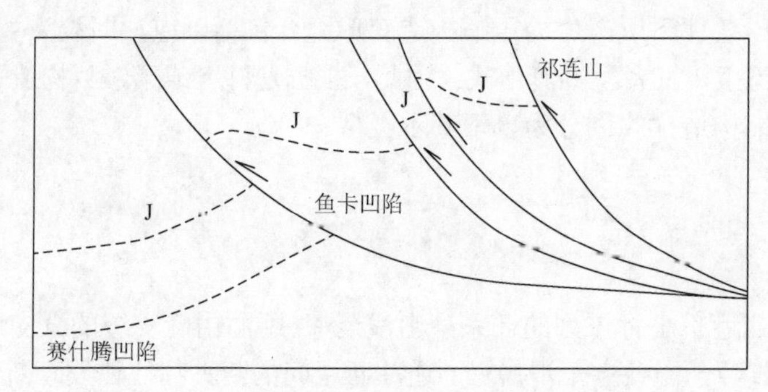

图 6.2　鱼卡断陷地震剖面解译图（据赵文智，2000 修改）

（二）逆冲前锋型

煤系地层位于逆冲断层下盘前锋带，在区域压应力场作用下，断层前锋带应力集中，局部应力值较高，地层（尤其是位于逆冲断层下盘靠近主断面的地层）受高应力挤压作用，产状急剧变化，倾角增大，直立甚至倒转，但煤系赋存较为局限，呈与逆冲断层走向平行的狭窄条带状产出，煤层因流变可形成局部厚煤带，断层对煤系赋存影响较大。这类控煤构造样式多发生于构造应力值较高的逆冲断裂带前锋地区，煤系被断层挤压抬升，出露至地表，有利于开采，但分布较局限，多呈与断层走向平行的条带状分布。在强烈的挤压构造应力持续作用下，造山带向盆地逆冲，使含煤地层中的逆冲断层与紧闭线型褶皱伴生，褶皱轴面歪斜，形成不对称线型倒转褶皱。如准南煤田西段南邻依连哈比尔尕逆冲断裂带，东段南邻博格达逆冲推覆构造带，煤田内构造线主体为近东西向，逆冲断层面和紧密型褶曲轴面多向南倾，两翼倾角达到 50°～90°，常见地层倒转现象（图 6.3）。

（1）准噶尔盆地阜康矿区：西起四工河，东至梧桐沟河，北为南阜康断层，南为妖魔山—芦草沟—白杨河逆冲断裂。煤系出露狭窄，逆冲带的后缘断裂与前锋逆冲断裂的距离靠近。矿区西部煤系形成断夹块状，倾向南，东部煤系略有舒展变宽，但在矿区南部由于妖魔山—芦草沟逆冲断裂的推覆形成了白杨河倒转向斜构造。

（2）柴北缘柏树山矿区沿宗务隆山逆冲推覆构造带山前出露，老高泉北露天矿沿赛什腾山逆冲推覆构造带山前出露。欧南矿沿欧龙布鲁克山—牦牛山逆冲断裂带山前出露。

（三）冲起构造

冲起构造是指倾向相背的两组逆断层共有上升盘所组成的构造，这类构造多发育于构

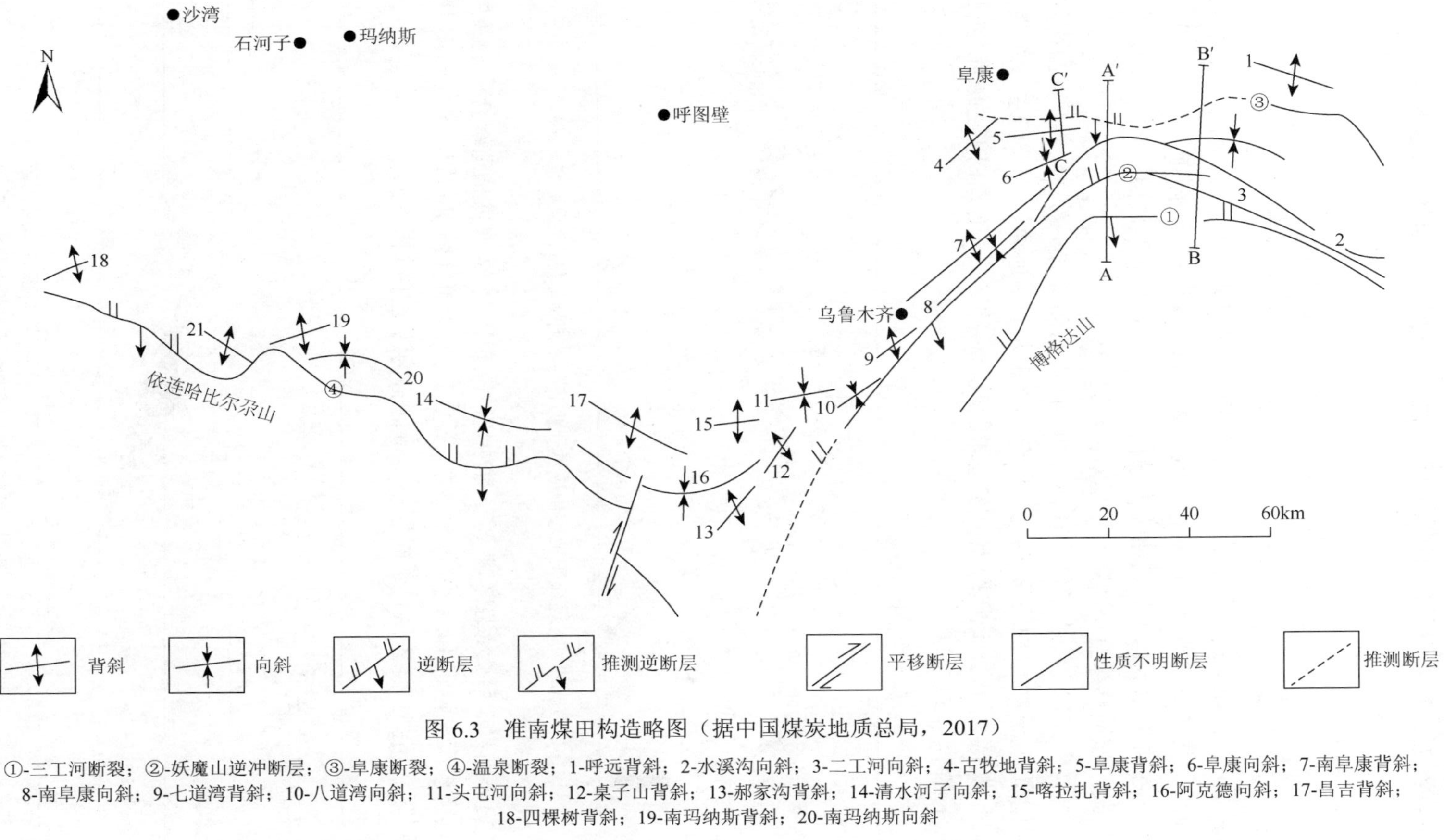

图 6.3　准南煤田构造略图（据中国煤炭地质总局，2017）

①-三工河断裂；②-妖魔山逆冲断层；③-阜康断裂；④-温泉断裂；1-呼远背斜；2-水溪沟向斜；3-二工河向斜；4-古牧地背斜；5-阜康背斜；6-阜康向斜；7-南阜康背斜；8-南阜康向斜；9-七道湾背斜；10-八道湾向斜；11-头屯河向斜；12-桌子山背斜；13-郝家沟背斜；14-清水河子向斜；15-喀拉扎背斜；16-阿克德向斜；17-昌吉背斜；18-四棵树背斜；19-南玛纳斯背斜；20-南玛纳斯向斜

造对冲的复杂部位（如柴达木盆地北缘地区），在两侧对冲挤压作用下，形成倾向相反的两组逆冲断层，其共同上升盘煤系抬升变浅，有利于煤炭资源勘探开发。

（四）对冲构造

对冲构造指倾向相背的两组逆断层共有下降盘所组成的构造，反映了两侧造山带向盆地的挤压冲断。如柴达木盆地北缘新高泉煤矿，煤层夹持于南、北对冲的逆断层之间，作为对冲断层共同下盘被断层围限、切割，煤系赋存于断层三角带向斜构造之中。

（1）东准噶尔区巴里坤煤田为宽缓的复式向斜，呈北西西向展布，南翼倾角较陡，有次级褶皱，盆地边缘有逆冲断裂，呈对冲构造。

（2）靖远煤田王家山矿区为轴向北西，向南东倾伏的不对称向斜，轴面南倾。矿区南界为由南向北逆冲的 F1 断裂带。矿区北界为由北向南逆冲的 F3 断裂，并有数条由南向北逆冲的断层。因此，该矿区不但在整体上形成对冲格局，而且在矿区边界分别形成了局部的对冲（图 6.4）。

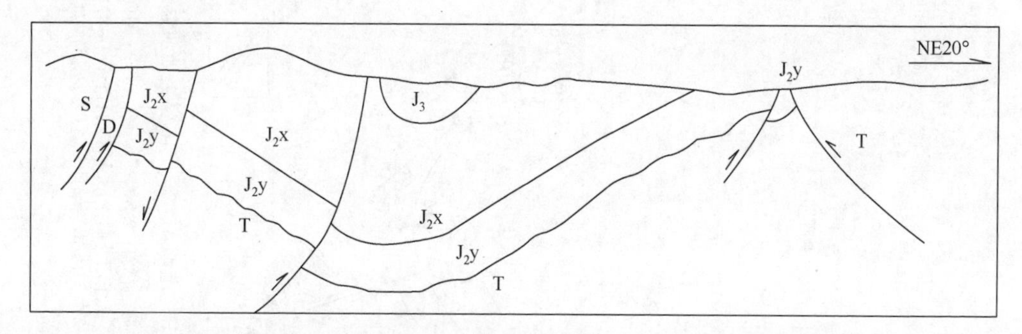

图 6.4　靖远煤田王家山矿区剖面图（据中国煤炭地质总局，2017）

（3）新高泉矿区煤系赋存主要受对冲逆冲断裂控制，为对冲构造组合中的断层三角带，其特点为煤层夹持于南、北对冲的逆断层之间，作为对冲断层共同下盘（断层三角带）被断层围限、切割。煤系赋存于断层三角带向斜构造之中（图 6.5）。

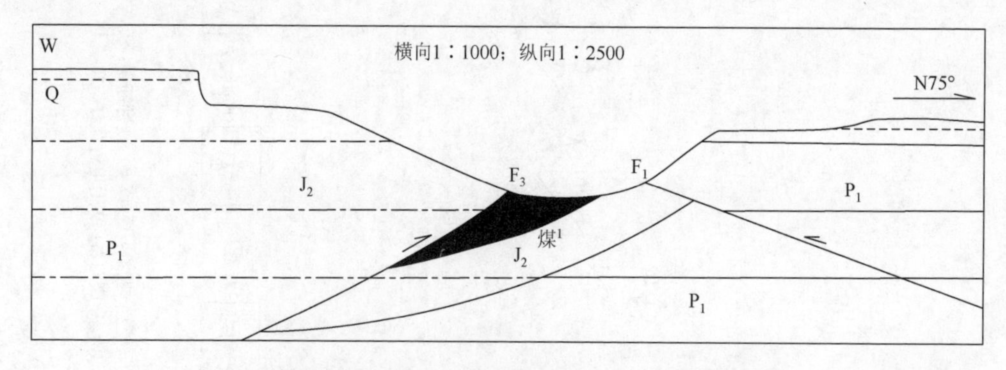

图 6.5　新高泉矿区第 3 勘探线剖面图（据刘天绩等，2013）

（五）挤压断块

煤系地层为夹持于逆断层之间的断夹块，断夹块的变形程度较低，基本保持单斜形态，褶皱不发育，断裂对煤系赋存影响不大，多构成矿区或井田的自然边界。

（1）木里煤田默勒矿区位于热水矿区的东北部，为近东西的向斜构造，南翼被一组由南向北逆冲的断裂切割，破坏了向斜的完整性，使矿区总体面貌为单斜构造（图 6.6）。

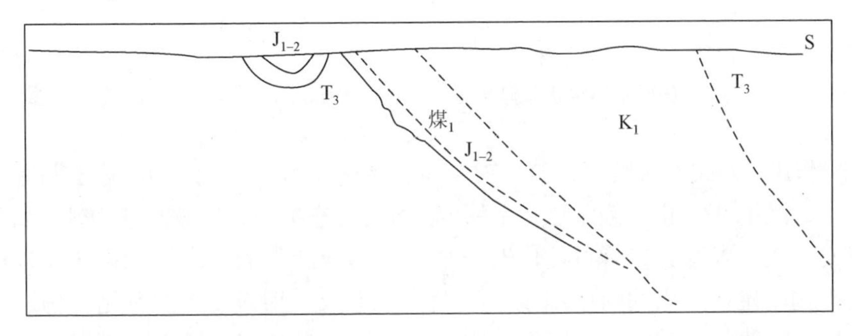

图 6.6　木里煤田默勒矿区剖面图（据中国煤炭地质总局，2017）

（2）柴北缘地区的大煤沟矿区、西大滩矿区，位于达肯大坂逆冲推覆构造带与锡铁山—埃姆尼克山山前逆冲推覆带之间的鱼卡—红山凹陷带内，构造变形较弱，属于赋煤有利地带。

（六）褶皱断裂（褶断）型

夹持于逆冲断层之间的岩席地层，在区域压应力场作用下，应力应变相对较弱，多发生褶皱变形，以向斜、背斜形态产出。随着后期应力作用加剧，内部发育逆冲断层，先期形成的褶皱被不同程度切割、破坏，形成褶-断组合形态。两者间存在主次关系：以褶皱形态为主，断层形态为辅。在这种构造背景下，煤系赋存较为稳定，可大面积分布，局部地区受断层切割破坏，但对矿区整体开采影响不大，多构成矿区或井田的自然边界。

吐鲁番—哈密盆地艾维尔沟煤田位于盆地北部凹陷的西端，为走向近东西的不对称向斜，煤系以向南倾斜为主。南翼被由南向北逆冲的 F1 逆冲断裂切割，断裂走向与向斜轴平行。向斜北翼的下部煤层为由南向北逆冲的断裂组所切割，上部煤层（含主采煤层）保存比较完整（图 6.7）。

（七）逆冲褶皱构造

在区域压构造应力场作用下，夹持于逆断层之间的断夹块，由于边界逆冲断层的挤压

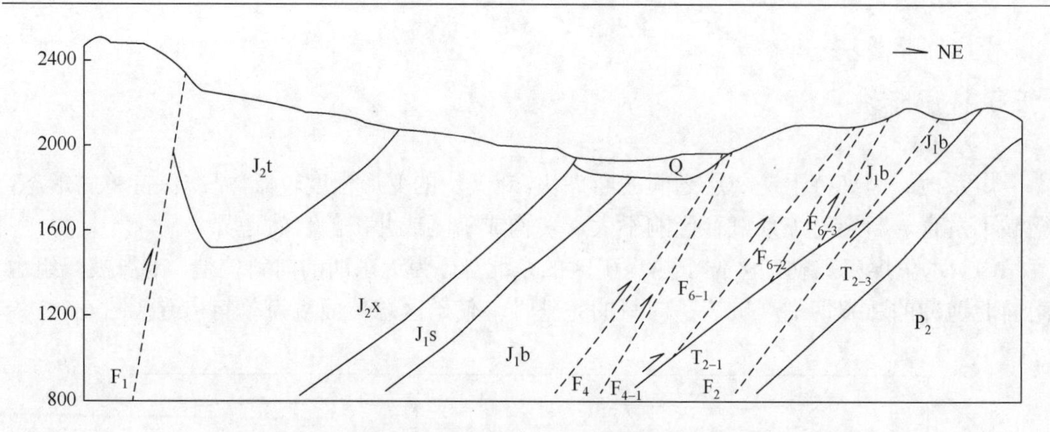

图 6.7 艾维尔沟煤田构造剖面图（据中国煤炭地质总局，2017）

和逆冲牵引作用，发生褶皱变形，褶皱轴向与边界逆冲断层走向平行。褶皱与断裂的相关关系表明，二者之间存在一定的主次关系，以断裂形态为主，褶皱形态为辅，断裂控制着其间褶皱的形成与发育。二者可能同时形成，在形成断裂的同时形成褶皱，也可能褶皱形成时代较晚，先期形成的断层围限、控制晚期形成的褶皱。由此可见，构造对煤系赋存控制明显，断裂和褶皱对煤系赋存均有较大影响，导致煤系赋存极不稳定，不利于煤田开采。

（1）聚乎更矿区煤系沉积基底为元古宙结晶片岩，沉积基盘为上三叠统。矿区主体构造为北西展布的复式褶皱，由两个向斜和一个背斜组成。南翼的 F1 逆冲断裂带由南向北逆冲，使向斜南翼地层倾角直立或倒转。北东向、北西向的两组剪切断裂和南北向横推断裂破坏了煤系的连续性（图 6.8）。

（2）江仓矿区南北两缘发育一组由北向南逆冲的断裂，构成了矿区的界限，在逆冲断层的挤压和牵引下，煤系发生褶皱变形，造成了矿区主体为一轴向沿东西延展的不对称向斜，夹持于中间的断夹块后经断层的切割，使煤层赋存形态复杂化（图 6.9）。

（3）弧山矿区受到由北向南挤压应力的作用，矿区整体呈 NW 翼较缓 NE 翼较陡的褶断型复式向斜。矿区内的断裂较发育，可分为两类：一类为断层面北东倾的走向逆断层，另一类为北东走向和北西走向的倾向断层，切割前一类断层，破坏向斜的完整性，同时也破坏了煤层的连续性。矿区东部的预测区有一宽缓的向斜构造，是有利的含煤区。

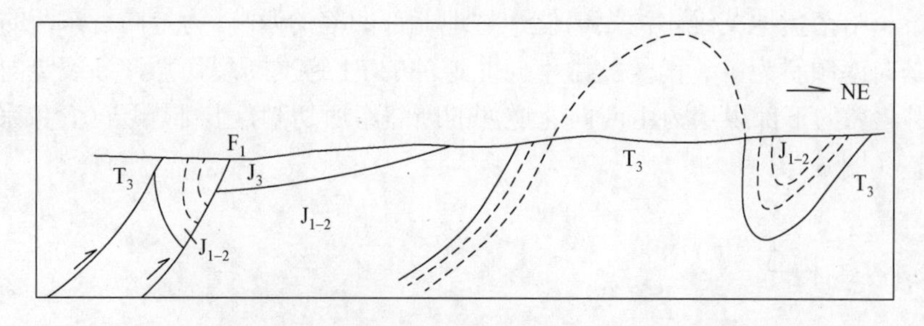

图 6.8 聚乎更矿区剖面图（据中国煤炭地质总局，2017）

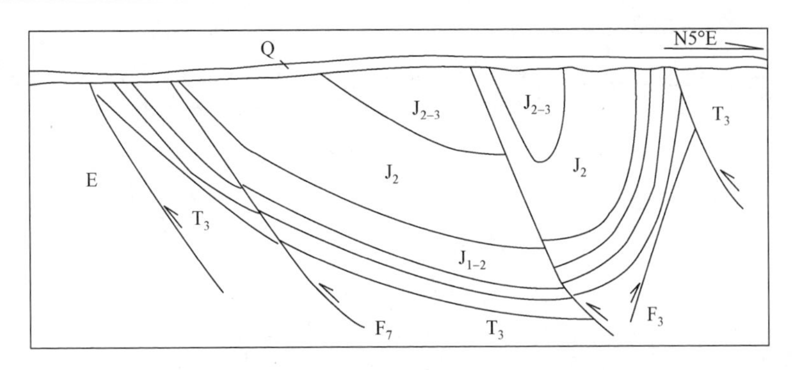

图 6.9　江仓矿区构造剖面图（据中国煤炭地质总局，2017）

盆缘逆冲构造发育的盆地沿盆缘向内部，常见两翼被若干次级褶皱复杂化的复式褶皱构造，并伴生逆冲-逆掩断层。如天山含煤区各盆地主要发育不对称复式向斜赋煤构造，塔里木含煤区库拜煤田阿艾矿区的主体赋煤构造则为大致平行于天山山脉走向的比尤勒包古孜复式背斜。

这类褶皱构造的控煤作用主要表现为：①背斜核部强烈隆起，使煤层被剥蚀殆尽，而向斜核部的煤层被埋藏在地下深处，现阶段可采煤层主要为褶皱两翼煤层；②煤系、煤层在横向上受到强烈挤压收缩变形，形成急倾斜乃至直立煤层，增加了开采难度，极大影响开采效率；③线型褶皱往往与走向逆断层相伴生，使煤层的连续性遭到破坏，增加了开采难度，降低了资源回采率。

（八）纵弯褶皱

岩层受顺层挤压作用而形成的褶皱，地壳水平运动是造成这种作用的地质条件。地壳中大多数褶皱是纵弯褶皱作用形成的，岩层间的力学性质差异在褶皱形成中起主导作用，若岩系中各层力学性质不一致，则在顺层挤压作用下，强硬层就会失稳而发生正弦曲线状弯曲，形成等厚褶皱；相对软弱层作为介质，在均匀压扁的同时被动地调整和适应由强硬层引起的弯曲形态；进一步挤压，强硬层的褶皱变得更加紧闭。若岩系中各层力学性质差异较小且平均韧性较大，则强和弱的岩层在褶皱的同时共同受到总体的压扁。由于煤系地层软弱互层的特征，纵弯褶皱在煤田构造中普遍存在。这类构造主要是随着远离盆缘造山带，向盆地深部由紧闭线型褶皱逐渐过渡为宽缓的纵弯褶皱。西北地区许多含煤盆地的变形具有自盆缘向盆内依次发育逆冲推覆—紧密褶皱—宽缓纵弯褶皱或断块等变形强度递减的构造模式，而且具明显分带性。未来找煤和勘探的重点区块之一是寻找地质条件相对简单的宽缓褶皱，以三溏湖煤田找煤勘探的重要突破为例，仅 1000m 以浅查明资源储量（332 + 333 + 334）514 亿 t。

如木里煤田东北部的默勒矿区，矿区由于受到来自 NNE 向和 SSW 向不均衡的（北面强些）水平挤压作用，在矿区煤窑沟以西形成宽缓的复式褶曲，其主向斜的两翼基本对称，形变较均匀，倾角基本都为 50°左右，其间并无走向逆断层伴生，只是在其东南部受平推逆断层的影响，煤层倾角有逐步变陡之势（图 6.10）。

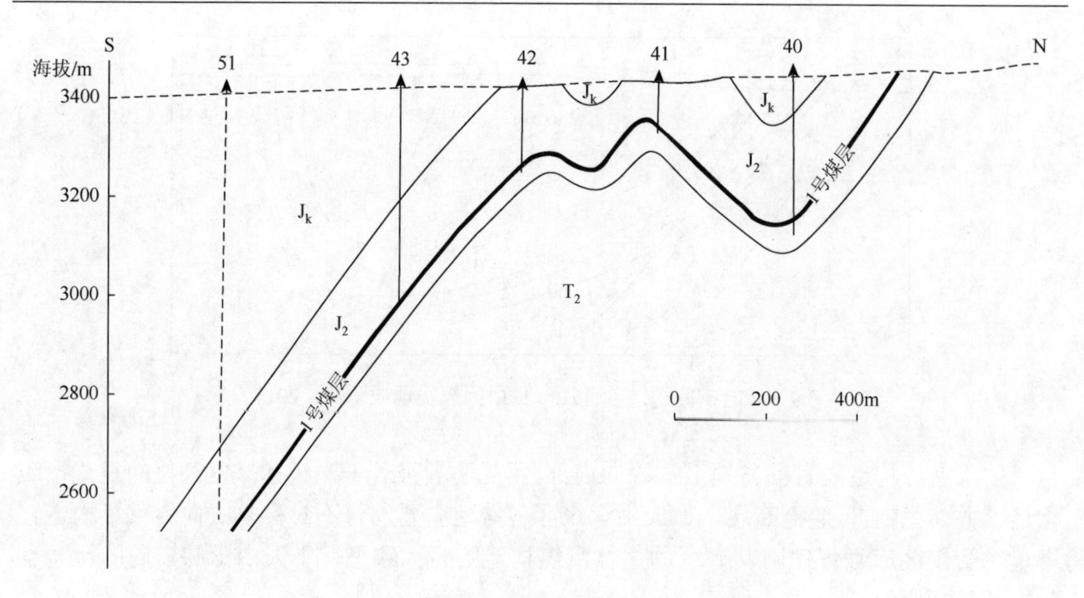

图 6.10 默勒矿区第 8 勘探线剖面图（据中国煤炭地质总局，2017）

二、伸展构造样式

在水平拉张作用下形成的伸展构造，多以正断层及其间的张性断夹块组合为主要特征，是煤田内常见的一种构造样式，根据伸展构造平面展布及组合特征划分为以下几种类型。

（一）掀斜构造

在水平拉张应力作用下，正断层不均匀运动引起断块旋转，形成一端倾斜，另一端掀起的断裂/断块组合形式，断层面倾向与断夹块地层倾向相反。断层一般呈上陡下缓的铲状形态，有利于掀斜构造的发生。这是我国东部煤田构造中较为常见的一种构造样式，其赋煤单元多呈单斜状。它同挤压体制下形成的单斜断块区别在于：①边界断裂为正断层；②断块内部次一级构造以正断层为主。掀起端煤系抬升变浅，有利于勘探开发。

南八仙至鱼卡剖面，可见明显的张性正断层，同向倾斜的正断层分割地层呈阶梯状单斜断块组合，平面上，正断层呈平行排列、斜列等形式。

（二）堑、垒构造

由平行或近平行排列、相向倾斜或相背倾斜正断层及其所夹持的地层组合而成。相向正断层之间的含煤块段为共同下降盘，构成地堑；相背倾斜正断层之间的含煤块段为共同上升盘，构成地垒。断夹块抬升部位，煤系埋深变浅且构造简单有利于勘探开发，两侧断层多构成井田自然边界。

地堑常形成一系列的断陷盆地（如赛南凹陷、鱼卡凹陷等），表明研究区早期伸展构造的性质。

三、剪切和旋转构造样式

走向滑动构造区内多有发育，大规模的以阿尔金断裂为代表，其形成根据滑移线场理论，印度板块相当于一个刚性压模，在其向北楔进力学上相对软弱的西藏中生代褶皱带的过程中，遭受推挤的青藏高原及其外围地区向东边大洋自由面方向滑移相对容易，所以滑动体的边界及其运动方向就由一系列走滑断裂表现出来（图 6.11）。

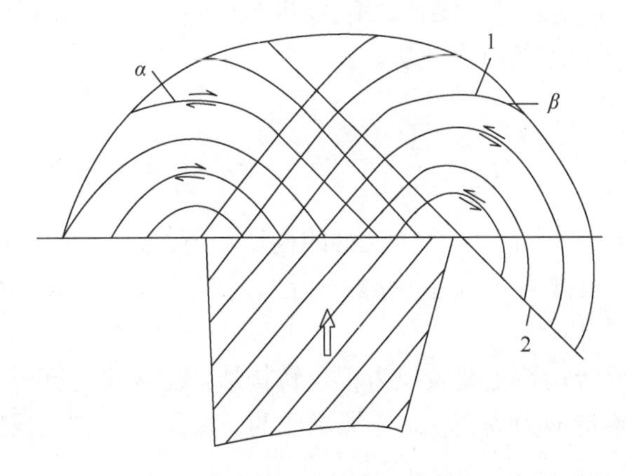

图 6.11　刚性压模楔入塑性介质所产生的平面应变滑移线场示意图（据 Tapponier，1986）

其中，阿尔金断裂相当于图 6.11 中的 β 线，外准噶尔褶皱带西段 NE 向延伸的德拉布特左行断层相当于图 6.11 中的 1 线，阿尔泰褶皱带内 NW 向的右行走滑断层相当于图 6.11 中的 2 线，它们的空间排列方位总体与滑移线场模式一致。在准南煤田，近 EW 走向和 NE 走向的断层往往具有较大的水平断距，在断层某一盘，常见不穿越断裂面的小型同向排列的紧密褶皱群，说明在逆冲挤压的同时还存在右行剪切扭动，多表现为右行逆平移断层，相当于图 6.11 中的 α 线。总之，西北地区及其邻区内发育的走向滑动构造符合 Tapponier 的滑移线场模式，该类走向滑动构造并非区域性剪切力偶所致，而是由印度板块向欧亚板块碰撞挤压而派生的剪切型构造。

走向滑动构造的控煤作用主要表现在以下几个方面：①挤压剪切型断层错断含煤地层和煤层，在上盘相对逆冲的同时，产生沿断层走向的剪切型滑动，且水平断距明显大于垂直断距；②在挤压剪切运动过程中，往往在断层的某一盘派生次一级的挤压应力，在局部地段形成受挤压剪切断层控制的雁行式排列的牵引或逆牵引紧密褶皱群，从而使煤系与煤层的构造形态进一步复杂化。

剪切性构造在煤田构造中也大量存在，且对煤层空间展布影响极大。在许多煤田构造样式中，都有剪切构造的参与，是不可缺少的构造形迹。走滑断层可以在平面上延伸很长呈直线型，也可以形成斜列型。因此，根据剪切和旋转构造的平面展布及组合特征，可将其划分为平面“S”形和反“S”形构造。当区域地层受到左、右扭动力偶作用的时候，便会在平面上呈现反“S”形和“S”形的构造形态。如太行山东麓地区，断层组合多具“入”字形和斜列式，其东侧断裂构造线向北东撒开，向南西收敛；而其西侧恰好相反，向南西撒开，向北东收敛，断裂总体走向呈“S”形展布。

（1）柴北缘地区，特别是锡铁山以西区域，广泛受到阿尔金剪切带影响而分布有一系列扭动构造样式，主要以雁列褶皱和反“S”形构造组合形态产出。

（2）从整体构造格局考虑，有赛什腾山—绿梁山—锡铁山—埃姆尼克山反“S”形构造带、冷湖反“S”形构造带、葫北断裂—陵间断裂反“S”形构造带等。

（3）热水矿区外围的海德尔矿区可见，由于受到该区域内南北向的对冲挤压作用，且南部的挤压应力大于北部，最终在区内产生的“X”形剪切裂陷的基础上发展为一压扭性的平面“S”形构造，致使区域成煤盆地遭受切割，造成了海德尔矿区侏罗纪地层与默勒矿区、热水矿区呈互不相连的孤立地块。

四、反转构造样式

中国地壳经历了多次“开”“合”交替的构造环境，各时代的煤盆地都经过了或强或弱的构造反转。因此，根据伸展构造和挤压构造发生的先后次序及其组合特征，可将反转构造样式划分为以下基本类型。

在柴北缘地区，反转构造主要表现为正反转构造。在侏罗纪沉积早期，形成一系列张性正断层，由于后期构造应力场变化，先期形成的正断层发生构造反转、叠加，形成一系列逆冲推覆构造。

第七章　西北地区煤炭资源及特点

第一节　资源分布及资源量

西北地区包括新疆、青海、甘肃中西部（简称陇西）、宁夏西部（简称宁西）、内蒙古西部（简称蒙西）五个地区，煤炭资源较为丰富，但以北疆地区最为集中；南疆地区因当前勘查工作主要集中于山前地带，勘查揭示煤炭资源呈明显的绕盆环带状分布；青海煤炭资源主要集中于柴达木盆地北缘；甘肃煤炭资源主要集中于贺兰—六盘山以西沿河西走廊断续分布；宁夏西部煤炭资源主要集中于香山赋煤带；内蒙古西部煤炭资源主要集中于香山和北山—潮水赋煤带。

据2010年统计，西北地区煤炭资源累计探获量达2454.79亿t，占全国累计探获量的12.21%；保有资源量2424.86亿t，占全国保有量的12.46%；尚未利用资源量1716.06亿t，占全国尚未利用资源量的11.13%。其中，侏罗纪煤炭资源累计探获量达2415.18亿t，保有资源量达2386.68亿t，储量70.8亿t，基础储量147.84亿t（表7.1）。该区煤炭资源分布以新疆为主体。本节以西北地区的宁夏、青海、甘肃、新疆、内蒙古为单元，分别介绍其各时期的煤炭资源分布情况，同时对西北地区超过2000m埋深的超深部煤炭资源进行介绍。

表7.1　西北赋煤区五个地区侏罗纪煤炭资源总量统计　　（单位：亿t）

省区	累计探获量	保有资源量	储量	基础储量
新疆	2311.73	2295.29	52.98	119.06
青海	68.77	61.8	9.17	13.19
陇西	27.87	23.29	8.65	15.59
宁西	—	—	—	—
蒙西	6.81	6.30	—	—
西北小计	2415.18	2386.68	70.8	147.84

一、宁夏煤炭资源分布

宁夏煤炭资源极为丰富，遍及全区12个县市，境内含煤面积9598.16km^2，占全区国土面积的14.5%，勘查面积2460.67km^2，占含煤面积的25.6%。2010年煤炭资源潜力评价显示，全区探获煤炭资源量383.9亿t，预测煤炭储量1471亿t。煤炭资源主要集中分布在贺兰山煤田、宁东煤田、香山煤田、宁南煤田四大煤田。宁夏煤炭资源不仅探明资源量大，煤类齐全，煤质优良，而且埋藏条件好，潜在资源量大，具有广阔的开发利用前景。

而宁夏隶属西北赋煤区的只有香山赋煤带的香山煤田。香山煤田位于宁夏西部，北以营盘水至碱沟山矿区北缘与内蒙古省界为界，南以西华山—六盘山断裂为界，东界为固原—青铜峡大断裂，西至宁夏与甘肃省界，跨青铜峡、中宁、沙坡头区、同心、海原五县市，东西长95～167km，南北宽110km，为晚石炭世煤田，含煤面积约709.32km^2，其中勘探面积144.81km^2。该煤田累计探获资源量59053万t，保有资源量58866万t，已利用资源量21636万t，基础储量37230万t，2000m以浅预测资源总量42.83亿t（表7.2）。

表7.2　宁夏香山煤田煤炭资源数量统计表　　　　（单位：万t）

煤田矿区	累计探获量	保有资源量	储量	基础储量
香山（C）	59053	58866	—	37230

二、青海煤炭资源分布

青海煤炭资源分布范围相对较小，绝大多数分布于祁连赋煤带和柴北缘赋煤带。截至2008年年底，全省累计探获煤炭资源储量70.41亿t，保有煤炭资源储量63.40亿t，尚未利用资源量46.62亿t，储量9.29亿t，基础储量13.38亿t。其中，青海侏罗纪煤炭资源累计探获量68.77亿t，保有资源量61.80亿t，储量9.17亿t，基础储量13.19亿t。青海几乎所有的煤炭资源均为侏罗纪煤炭资源，侏罗纪和其他时代煤炭资源量见表7.3。

青海位于西北赋煤区内除侏罗纪煤炭资源外，还分布少量的石炭纪、三叠纪等其他时代的煤炭资源，如乌兰矿区、祁连矿区、门源矿区；滇藏赋煤区的部分矿区也分布少量的石炭纪—二叠纪、侏罗纪煤炭资源，如大武矿区、乌丽矿区、扎曲矿区、大武矿区分布侏罗纪煤炭资源，乌丽矿区分布晚二叠世煤炭资源，扎曲矿区分布石炭纪煤炭资源，但因滇藏区内煤炭资源极少，几乎不影响总量，本书将其作为资料予以保留。

表7.3　青海煤炭资源统计表　　　　（单位：亿t）

煤田矿区	时代	累计探获量	保有资源量	储量	基础储量
尕斯	J	0.043	0.02		
赛什腾	J	1.27	1.27	0.14	0.2
鱼卡	J	10.88	10.79	3.21	4.38
全吉	J	3.22	3.02	1.61	2.17
乌兰	J	0.25	0.21		0.06
木里	J	50.93	44.60	3.96	6.05
中祁连	J	0.32	0.32		
祁连	J	0.0027	0.0025	0.002	0.0025
门源	J	0.28	0.21	0.034	0.06

续表

煤田矿区		时代	累计探获量	保有资源量	储量	基础储量
西宁		J	1.57	1.36	0.21	0.27
小计（J）		J	68.77	61.80	9.17	13.19
乌兰		C	0.04	0.04		
祁连		C、T	0.3073	0.3043	0.0297	0.0371
门源		C、T	0.79	0.74	0.096	0.15
滇藏	大武	J	0.22	0.22	0.0004	0.0006
	乌丽	P	0.24	0.24		
	扎曲	C	0.05	0.05		
全省合计			70.41	63.40	9.29	13.38

三、甘肃煤炭资源分布

甘肃煤炭资源丰富但主要集中于陇东地区，属于西北赋煤区的西部地区煤炭资源较少。

甘肃累计探获煤炭资源量为 167.44 亿 t（表 7.4），保有资源量为 158.66 亿 t，储量 23.57 亿 t，基础储量 45.91 亿 t。除去甘肃华北赋煤区鄂尔多斯盆地部分的陇东煤田量（累计探获量 127.76 亿 t，保有资源量 124.59 亿 t，储量 14.5 亿 t，基础储量 28.46 亿 t），甘肃中西部地区各时代煤炭资源累计探获量 39.68 亿 t，保有资源量 34.07 亿 t，储量 9.07 亿 t，基础储量 17.45 亿 t，其中，中西部侏罗纪煤炭资源累计探获量 27.87 亿 t，保有资源量 23.29 亿 t，储量 8.65 亿 t，基础储量 15.59 亿 t，其余则为白垩纪、三叠纪、石炭纪-二叠纪、泥盆纪甚至志留纪煤炭资源，各时代具体资源量分布见表 7.4。甘肃煤炭资源的空间分布极不均衡。

甘肃西北赋煤区主要包括甘肃的中部和西部地区。中部的白银市和兰州市主要煤田为靖远煤田、天祝-景泰煤田、窑天煤田和阿干煤田，探获煤炭资源占全省探获煤炭资源量的 12.77%，西部的酒泉市、张掖市、金昌市和武威市四个市主要煤田为肃北煤田、肃南煤田、山丹—永昌煤田和潮水煤田，探获煤炭资源占全省探获煤炭资源量的 10.78%。

表 7.4　甘肃中西部煤炭资源统计表　（单位：亿 t）

煤田		累计探获量	保有资源量	储量	基础储量
肃北煤田	J	1.05	0.85	0.12	0.45
旱峡矿区		0.084	0.078	0.00068	0.0032
肃南煤田		0.05	0.05	0	0.01
靖远煤田		11.46	9.13	4.96	8.33
窑天煤田		10.53	8.97	2.99	5.15
阿干煤田		0.62	0.17	0.015	0.11
潮水煤田		3.89	3.87	0.54	1.43

续表

煤田		累计探获量	保有资源量	储量	基础储量
陇南煤田	J	0.19	0.17	0.02	0.11
小计（J）		27.87	23.29	8.65	15.59
其他时代煤炭合计（K、T、C-P、D、S）		11.81	10.78	0.42	1.86

四、新疆煤炭资源分布

新疆煤炭资源丰富，现已查明煤炭资源全部为侏罗纪煤炭资源，资源总量约为1.9万亿t，其中，累计探获煤炭资源储量2311.74亿t，预测总资源量16681.85亿t（表7.5），但分布不均衡。煤炭资源在区域上主要分布在准噶尔含煤盆地和天山山间等含煤盆地内，塔里木盆地北缘也有部分分布，其他地区很少或零星分布。在空间上主要分布在侏罗纪中下统，占到99%以上，其他时代的煤层很少。

新疆作为国家的能源基地，随着西部大开发步伐的加快，国家加大了对新疆的勘查投入。2009年，新疆国土资源厅实施的“358”项目在伊拉湖—艾丁湖煤田、库木塔格—沙尔湖煤田、大南湖—野马泉煤田、三塘湖煤田、淖毛湖煤田等煤田进行的煤炭预查，获得334资源量2317.92亿t，在新源巩留煤田进行了调查，确定在1000m以浅未发现煤炭资源，2010年又在罗布泊进行了调查，未发现煤炭资源，2011年以来又在三塘湖、和静县巴音布鲁克煤田以及南疆的喀什、和田、阿克苏三地州进行了勘查投入。

表7.5 新疆煤炭资源数量统计表 （单位：亿t）

矿区	累计探获量	保有资源量	储量	基础储量	预测资源量	
					0～1000m	1000～2000m
托里—和什托洛盖煤田	93.31	92.55	3.45	7.08	639.16	290.06
青河煤矿点	0.68	0.65	0.04	0.07	0.67	
卡姆斯特煤田	0.06	0.06	0.024	0.03	255.86	373.47
准南煤田	347.07	338.95	19.33	46.21	313.32	312.95
准东煤田	1052.53	1052.27	0.2	0.56	2041.81	1485.73
巴里坤煤田	9.71	9.58	0.33	1.5	166.51	148.97
淖毛湖煤田	27.23	27.21	0.03	0.41	857.34	711.11
伊宁煤田	195.42	194.28	2.62	3.22	814.32	1320.05
尼勒克煤田	5.32	5.13	0.2	1.14	255.47	54.7
昭苏—特克斯煤田	0.31	0.24	0.01	0.04	60.18	57.77
后峡煤田	30.85	30.66	1.3	3.31	220.48	40.82
达坂城煤田	0.91	0.9	0.02	0.15	55.9	59.85
艾维尔沟煤产地	5.47	5.18	1.81	4.57	30.06	12.53

续表

矿区	累计探获量	保有资源量	储量	基础储量	预测资源量	
					0～1000m	1000～2000m
托克逊煤田	25.05	24.15	3.65	8.67	117.88	57.75
鄯善煤田	0.57	0.51	0.05	0.09	38.88	85.56
哈密煤田	16.22	15.07	2.01	5.07	325.76	418.58
吐鲁番煤田	31.76	31.76			256.73	332.75
沙尔湖煤田	268.7	268.7			916.68	
温宿煤田	1.38	1.28	0.06	0.22	6.93	4.95
库拜煤田	35.94	34.62	4.5	11.97	85.01	76.31
阳霞煤田	1.39	1.3	0.13	0.37	47.12	51.42
焉耆煤田	11.06	10.66	1.32	3.48	336.45	383.33
乌恰煤田	0.48	0.39	0.09	0.22	0.75	0.018
阿克陶煤田	0.11	0.1			1.7	0.68
莎车—叶城煤田	0.33	0.26	0.03	0.12	2.33	1.83
布雅煤产地	2.22	1.65	0.19	0.6	1.66	
库米什煤产地	0.11	0.08	0.02	0.04	101.78	72.4
其他	147.55	147.1	11.57	19.92	851.27	1526.25
合计	2311.74	2295.29	52.98	119.06	8802.01	7879.84

五、蒙西煤炭资源分布

蒙西地区主要包括北山—潮水赋煤带和香山赋煤带，包括希热哈达煤产地、北山煤产地、潮水矿区、喇嘛敖包矿区、黑山矿区。该区煤炭资源分布相对内蒙古东部和中部地区明显偏少，煤炭资源呈零星分布于内蒙古与南部省份的交界部位。

该区煤炭资源累计探获量 27.17 亿 t（表 7.6），其中，北山—潮水赋煤带 6.81 亿 t，香山赋煤带 20.36 亿 t；煤炭资源保有资源量共计 26.51 亿 t，其中，北山—潮水赋煤带希热哈达煤产地保有量 0.04 亿 t，北山煤产地 0.875 亿 t，潮水矿区 5.38 亿 t，香山赋煤带黑山矿区 18.85 亿 t，喇嘛敖包矿区 1.36 亿 t。北山潮水赋煤带为侏罗纪煤炭资源，香山赋煤带为石炭纪—二叠纪煤炭资源。

表 7.6 蒙西煤炭资源数量统计表 （单位：亿 t）

赋煤带	矿区	累计探获量	保有资源量	储量	基础储量
北山—潮水赋煤带	希热哈达煤产地	0.08	0.04	—	—
	北山煤产地	0.875	0.875	—	—
	潮水矿区	5.85	5.38	—	—
合计（J）		6.81	6.30	—	—

续表

赋煤带	矿区	累计探获量	保有资源量	储量	基础储量
香山赋煤带	黑山矿区 C-P	18.93	18.85	—	0.024
	喇嘛敖包矿区 C-P	1.43	1.36	—	0.0032
合计（C-P）		20.36	20.21	—	0.027

六、超深部煤炭资源

通过对西北地区准噶尔盆地、塔里木盆地、柴达木盆地宏观构造特征、浅部含煤区面积、浅部煤厚以及浅部煤炭资源的热变质程度等方面的系统研究表明，西北地区准噶尔盆地、塔里木盆地、柴达木盆地均具有不对称箕状的宏观构造特征，地层埋深和地层厚度具有从盆缘向盆内埋深逐渐增加，厚度可与浅部揭露厚度对比的显著规律。在基于盆缘浅部煤炭资源勘查揭露的煤层厚度及其分布规律的基础上，同层位向盆地内部延伸埋深逐渐增加，推测上述箕状盆地深部极有可能同样有煤炭资源分布。

1）准噶尔盆地

该盆地主要分布中生代早中侏罗世煤炭资源，除盆地边缘造山带剥蚀强烈区主要出露较古老地层以外，盆地内部基本被中新生代地层所覆盖。鉴于准噶尔盆地总体呈南北向箕状斜坡构造特征，随着从盆地边缘向盆地中心的过渡，地层发育逐渐齐全，煤层的埋藏深度也随之增加。通过北天山山前拗陷带准南地区地层厚度分布可以看出：在准南地区，仅下中侏罗统累积厚度就可达 2000m 以上，如果加上上覆盖层厚度，推测在准噶尔盆地中心区域还应分布有大面积的埋藏深度超过 2000m 的早中侏罗世煤炭资源。

新疆地区煤厚统计大部分来源于北疆地区，其煤厚主要集中于＞8m 的厚度范围，且比例高达 41.60%，其次为 1.3～3.5m 和＞3.5m，所占比例分别为 21.20%和 19.10%，大于 1.5m 并小于 20m 所占比例累计达 82%，属于我国浅部煤层累积厚度较大的典型区域。如果以取浅部煤厚 6m 作为准噶尔盆地超深部煤炭资源评估的累积厚度，取密度为 1.3g/m^3，超深部含煤面积为盆地总面积的 1/4，即 32500km^2，则准噶尔盆地超深部煤炭资源总量约为 2530 亿 t。

2）塔里木盆地

塔里木盆地被大面积沙漠覆盖，现阶段对于盆地的地质勘查工作主要集中于塔北缘和塔西南地区。塔里木盆地也主要分布早中侏罗世煤炭资源，除边缘造山带出露较古老地层以外，盆地内部基本被中新生代地层所覆盖，同时，塔里木盆地总体也具有箕状斜坡构造特征，随着向盆地中心的过渡，地层发育逐渐齐全，煤层的埋藏深度也随之增加。如果根据塔北缘地区地层及其厚度分布推测，在塔里木盆地中心区域也应分布有一定面积的埋藏深度超过 2000m 的早中侏罗世煤炭资源。

新疆煤厚统计主要来自于北疆地区，南疆资料较少。如果以 4m 煤厚作为塔里木盆地超深部煤炭资源评估的累积厚度，密度取 1.3g/m^3，超深部含煤面积为盆地总面积的 1/8，即 70000km^2，则塔里木盆地超深部煤炭资源总量接近 3640 亿 t。

3）柴达木盆地

该盆地主要分布早中侏罗世煤炭资源，且集中于北缘地区，由于盆地南北分别被昆仑山和祁连山夹持，在中生代印支运动和燕山运动期间广泛发育山前逆冲推覆，盆地总体具有南北发育冲断构造，中部以拗陷为主的似对称向斜构造特征，因此除盆地周缘出露较古老地层外，盆地中部拗陷区基本被良好发育的新生代地层覆盖，因此向盆地中心区域，地层发育逐渐齐全、厚度逐渐增厚、埋深逐渐增加。结合柴北缘地层及其厚度分布可以推测，在柴达木盆地中心区域也应分布有埋藏深度超过2000m的早中侏罗世煤炭资源。

青海煤厚统计资料主要来源于柴达木盆地。通过青海煤层厚度分布及各厚度段所占比例可以看出：青海以＞8m的煤厚所占比例最高，为58.10%；其次为＞3.5m和1.3～3.5m煤厚所占比例，分别为21.70%和18.50%；基本不含≤1.3m和＞20m煤层。因此，取浅部煤厚6m作为柴达木盆地超深部煤炭资源评估的累积煤厚，如果取密度1.3g/m^3，超深部含煤面积为盆地总面积的1/5，即24000km^2，则柴达木盆地超深部煤炭资源总量接近1870亿t。

因此，通过对上述三个大型含煤盆地超深部（＞2000m）煤炭资源潜力的初步估算表明：准噶尔含煤盆地2000m以深煤炭资源可达2530亿t，塔里木盆地2000m以深煤炭资源可达3640亿t，柴达木盆地2000m以深煤炭资源可达1870亿t。三个盆地2000m以深煤炭资源估算总量达8040亿t。其估算参数及结果见表7.7。

表7.7　准噶尔盆地、塔里木盆地、柴达木盆地超深部煤炭资源估算参数与结果

盆地名称	所选参数			估算资源量/亿t
	平均密度/(g/cm^3)	浅部煤层均厚/m	含煤面积/km^2	
准噶尔盆地	1.3	6	32500	2530
塔里木盆地	1.3	4	70000	3640
柴达木盆地	1.3	6	24000	1870
合计				8040

第二节　煤类及煤质

一、煤类特点

西部地区煤类丰富，聚煤期长，低变质到高变质烟煤、无烟煤均有分布，但由于煤炭资源数量在各地区分布严重不均，煤类分布也严重不均。低变质程度的长焰煤主要分布于新疆地区，不黏煤也主要分布于新疆地区，其次为宁夏地区；弱黏煤分布数量较少，主要分布于甘肃和新疆地区；中变质程度的气煤主要分布于新疆，其次为宁夏；气肥煤、1/3焦煤、肥煤数量均较为稀少；焦煤主要分布于青海地区；高变质程度的贫煤和无烟煤资源量极为有限。

（一）宁夏煤类分布

香山赋煤带为宁夏位于西北赋煤区的主要赋煤带，该带在甘塘地区主要为气煤，中卫—中宁一线以北地区主要为无烟煤，局部分布不黏煤和贫煤，香山煤田为该区主要煤田。

就石炭纪—二叠纪煤系来说，土坡组煤层主要分布在香山煤田的碱沟山、线驮石矿区，碱沟山矿区各煤层为 1 号无烟煤，为低灰、低硫的优质无烟煤；线驮石矿区 1、2、5 煤层属 3 号无烟煤，7 煤层属 3 号无烟煤和贫煤，为质量较差的高灰、高硫煤；太原组主要分布在下河沿矿区、线驮石矿区、梁水园矿区等矿区，下河沿矿区为肥-气煤带；线驮石矿区为贫煤；梁水园矿区多以贫煤和无烟煤为主。

就侏罗纪煤系来说，香山煤田下流水矿区、窑山矿区均为长焰煤和气煤，但资源量微乎其微。

（二）青海煤类分布

青海煤类虽然较齐全，但分布不均衡，成煤期主要为石炭纪—二叠纪和侏罗纪，包括大通矿区、木里矿区等重要矿区，保有资源量 63.40 亿 t，其中焦煤 40.27 亿 t、长焰煤 9.11 亿 t、不黏煤 10.94 亿 t、贫煤 1.01 亿 t、气煤 1.2 亿 t、无烟煤 0.76 亿 t、肥煤 0.11 亿 t。青海煤类以焦煤为主，占总保有量的 63.52%。

下石炭统煤层主要分布在扎曲煤田，其变质程度很高，为 2 号无烟煤；上石炭统煤层主要分布在中祁连山西部地区和柴北赋煤带的乌兰煤田中，祁连煤田羊虎沟组煤层变质程度较高，从东到西，从北向南分别为 3 号无烟煤、贫煤、贫瘦煤和肥煤；乌兰煤田上石炭统煤类为瘦煤-弱黏煤；旺尕秀到牦牛山一带属气煤、焦煤类，欧龙布鲁克山到石灰沟矿区以不黏煤为主。

上二叠统煤层仅见于青南唐古拉山西部（西北地区南邻区），除个别靠近后期侵入岩体的样品可能属于无烟煤类外，多为富灰特低-中硫贫煤。乌丽地区的各煤层煤类属贫煤-无烟煤。

上三叠统可采煤层主要分布在祁连赋煤带，在西北地区南邻区的唐古拉赋煤带亦有分布，多为弱黏煤、气煤和肥煤三个煤类，后者仅见于多洛矿区。青海湖北侧围江沟煤矿点到热水矿区一带，三叠系尕勒得寺组（T_3g）煤的变质程度偏高，可能为贫煤或瘦煤，但一般达不到可采厚度。唐古拉赋煤带众根涌—格玛地区和乌丽煤田北部的煤层的变质程度较低，主要为不黏煤；在梭罗东茅—苏莽地区，有轻微的石墨化现象，可能存在部分无烟煤或贫煤。乌丽八十五道班西三叠纪各煤层初步定为不黏煤。

侏罗纪煤系主要分布于西宁煤田大通矿区、木里煤田热水—外力哈达矿区、聚乎更矿区、江仓矿区、弧山矿区、哆嗦公马矿区，柴北缘赋煤带的鱼卡矿区、绿草山矿区、西大滩—大煤沟矿区、旺尕秀矿区以及大武煤田。西宁煤田大通矿区的 2、3、4 煤组属低变质烟煤，以中灰特低硫不黏煤为主，局部出现长焰煤；城关矿区、五峰矿区、小峡矿区的主要煤层以中灰低-中硫长焰煤为主。热水—外力哈达矿区主要为高变质煤，主要煤类为贫煤及贫瘦煤，但分布不均匀，局部还出现瘦煤、弱黏煤甚至无烟煤。聚乎更矿区和江仓矿区主要煤类为焦煤，少量气煤及瘦煤，尚有部分1/2中黏煤。弧山矿区共有七个煤类，分别为贫煤、贫瘦煤、瘦煤、焦煤、1/2中黏煤、弱黏煤、不黏煤，主要煤类为贫煤。哆嗦公马矿区主要为瘦煤和焦煤。柴北缘赋煤带的鱼卡矿区、绿草山矿区、西大滩—大煤沟矿区和旺尕秀矿区煤类多属不黏煤或长焰煤，仅在柏树山、旺尕秀、苦海有少量气煤。大武煤田各煤矿点多为贫煤，少数为不黏煤。

（三）甘肃煤类分布

甘肃陇西地区煤炭资源较少，但煤类较为齐全，各煤类基本没有集中分布，呈零星点状广泛分布于西部地区，总体沿甘肃北部与内蒙古交界地区分布。隶属西北地区的煤田及其煤类分布如下所述。

（1）肃北煤田：含煤地层主要为老树窝群和沙婆泉群。老树窝群煤主要为高灰、中硫、低热值褐煤；沙婆泉群煤为低中-中灰、特低-高硫、高-特高热值长焰煤或肥煤、气煤、焦煤和瘦煤。

（2）肃南煤田：含煤地层主要为中间沟组和羊虎沟组。中间沟组煤主要为低中-中灰、特低硫、中高-特高热值不黏煤，祁连褶带腹部为瘦煤或贫瘦煤；羊虎沟组煤主要为低中-中高灰、中-高硫、高-特高热值贫煤、瘦煤，甚至无烟煤。

（3）山丹—永昌煤田：含煤地层较复杂，既有中间沟组，又有山西组和太原组。中间沟组煤为低中灰、特低硫、特高热值无烟煤；山西组煤为中灰、低中硫、高热值气煤；太原组煤为中灰、中高硫、高热值肥煤。

（4）潮水煤田：含煤地层主要为青土井群，煤类主要为低-中灰、特低-中高硫、中高热值长焰煤或褐煤。

（5）天祝—景泰煤田：含煤地层有太原组和南营儿群。煤类主要为低中-中灰、高硫、特高热值肥煤至焦煤。

（6）靖远煤田：含煤地层有羊虎沟组和龙凤山组。羊虎沟组为低中灰、低-高硫、特高热值气肥煤或气煤；龙凤山组为低-低中灰、低硫、高-特高热值不黏煤。

（7）窑天煤田：含煤地层为窑街组，煤类为低-低中灰、特低-中高硫、中-高热值不黏煤或气煤。

（8）阿干煤田：含煤地层为窑街组，煤类为低-中灰、特低-低硫、高-特高热值不黏煤或长焰煤。

（四）新疆煤类分布

新疆地区截至2009年年底全疆煤炭保有量2295.29亿t，但大多集中于塔里木北部、南北天山之间以及北疆地区，达2097.85亿t。新疆分布石炭纪—二叠纪和侏罗纪两套煤系，但以侏罗纪煤占绝对主导。该区褐煤、烟煤、无烟煤三大煤类中的各煤种均有不同程度的分布，但资源量相差悬殊，且分布极为不均。低煤阶的褐煤主要在准北赋煤带、准东赋煤带、三塘湖—淖毛湖赋煤带，以及吐哈赋煤带中的大南湖煤田、沙尔湖煤田、艾丁湖煤田中零星分布，一般不成片，数量有限；高阶和超高阶烟煤主要分布在塔北赋煤带中的库拜煤田西部的铁列克矿区和温宿煤田；高煤阶煤的无烟煤均分布在塔西南赋煤带中的乌恰煤田托云矿区和陶克陶煤田的赛斯特盖矿区和多数石炭纪、二叠纪煤田中，但资源量极为有限。其中侏罗纪煤炭资源煤类分布特征如下所述。

1. 准噶尔盆地各赋煤带

区内含煤地层为中下侏罗统水西沟群，从下向上分为下侏罗统八道湾组和三工河组、中侏罗统西山窑组，均为含煤地层，但以八道湾组和西山窑组为主要含煤地层，三工河组仅在个别煤田中含1～2层局部可采煤层。

八道湾组是巴里坤煤田石炭窑矿区、准南煤田东部水西沟矿区、阜康矿区和西部四棵树矿区、伊北煤田、尼勒克煤田东部矿区、克尔碱矿区、艾维尔沟煤产地、哈密煤田三道岭矿区的主要含煤地层，在区域上以不黏煤、弱黏煤、1/2中黏煤为主。在含煤区的北部巴里坤煤田官炭窑矿区以中阶烟煤的45号气煤为主，有少部分46号气肥煤和1/3焦煤；在准南煤田中东部的阜康矿区、尼勒克煤田东部的唐坝矿区、科尔克矿区和乌鲁木齐的后峡煤田四井田、马圈沟煤矿为中阶烟煤，煤种以45号气煤和46号气肥煤为主，有极少量的焦煤；在吐哈煤田西部艾维尔沟煤产地以中高阶烟煤为主，煤种从气煤到瘦煤都有；其余煤田为不黏煤、弱黏煤，最高为气煤，无低煤阶褐煤分布。

中侏罗统西山窑组所含煤层，在区域上以低阶烟煤（长焰煤、不黏煤、弱黏煤）为主。在青河县卡拉塔什煤矿点以气煤和气肥煤为主；富蕴县哈拉通沟矿点以气煤为主；在哈密盆地以东的野马泉煤矿点有气肥煤和少量的焦煤分布；在三塘湖—淖毛湖煤田和吐哈煤田南部的艾丁湖煤田、沙尔湖煤田、大南湖煤田及托里—和什托洛盖煤田有零星分布的低煤阶褐煤外；其余煤田以长焰煤、不黏煤为主。

2. 塔里木盆地各赋煤带

区内含煤地层在塔里木盆地北缘为中下侏罗统克拉苏群，西南缘和南缘为中下侏罗统叶尔羌群。

1）克拉苏群

克拉苏群分布在塔里木盆地北缘诸煤田中，从上向下划分为中侏罗统克孜努尔组，下侏罗统阳霞组、阿合组和塔里奇克组，其中克孜努尔组、阳霞组、塔里奇克组为含煤地层。在南天山与中天山之间的中天山赋煤带中与其相对应的含煤地层分别为哈满沟组和塔什店组。

下侏罗统下部的塔里奇克组及所含煤层分布于塔里木盆地北缘库车中、新生代拗陷中的阳霞煤田、库拜煤田和温宿煤田，煤类由东向西有规律地变化在低阶烟煤与超高阶烟煤之间，煤类在东部阳霞煤田以低阶烟煤为主，煤种以不黏煤、1/2中黏煤为主；向西到库拜煤田东部的库车阿艾矿区煤类以中阶烟煤为主，煤种以弱黏煤、气肥煤和1/3焦煤为主，有少量的焦煤夹杂其中；到拜城矿区煤类以高阶烟煤为主，矿区东部煤种以焦煤为主，有少量的肥煤与瘦煤，矿区西部以瘦煤为主，有少量的焦煤和贫瘦煤及贫煤；最西部的温宿煤田煤类以超高阶烟煤为主，煤种为贫瘦煤和贫煤。

早侏罗世晚期阳霞组及所含煤层，分布与下部塔里奇克组的分布基本相同，在阳霞煤田以低阶烟煤的不黏煤为主，在库车矿区缺少煤质资料，在拜城西部的铁列克矿区有一层可采煤层，煤类为贫煤和贫廋煤。同期哈满沟组所含煤层分布于南天山的巴音布鲁克、焉耆煤田，煤类以低、中阶烟煤为主，煤种主要为弱黏煤、1/2 中黏煤和气煤。

中侏罗世早期克孜努尔组及所含煤层，其分布与阳霞组基本相同，但含煤性较差，仅在阳霞煤田为主要含煤地层，所含煤层煤种以不黏煤为主，在拜城矿区中部为弱黏煤，在西部的铁列克矿区仅有一层可采煤层，煤种为 25 号焦煤和不黏煤。同期的塔什店组分布与哈满沟组相同，煤类以塔什店、库米什的低阶烟煤为代表，煤种以长焰煤、不黏煤和弱黏煤为主。

2）叶尔羌群

叶尔羌群不同程度地分布于塔里木盆地的西南缘、南缘和东南缘的各煤田、煤产地和煤矿点中，从上向下划分为杨叶组、康苏组、沙尔塔克组，杨叶组和康苏组为含煤地层。根据各煤产地、矿点的煤质资料，在西南缘的乌恰煤田康苏矿区以中阶烟煤中的肥煤、焦煤为主，其次是 1/2 中黏煤；在其克里克矿区为中阶烟煤中的肥煤、1/3 焦煤和焦煤；在托云矿区的居不萨尔一带有贫煤-无烟煤分布；在阿克陶煤田霍峡尔矿区煤种以气煤为主；库什拉甫矿区为贫煤；赛斯特盖矿区为无烟煤；于田普鲁为贫瘦煤，由西向东煤的变质程度渐低。在叶城—莎车煤田各矿点为低煤阶的长焰煤、不黏煤和弱黏煤。

在南缘民丰县吾鲁克赛矿点为气煤，东南缘的且末县江格沙依矿点为肥煤，若羌县艾西矿点为气煤。

在准噶尔盆地和塔里木盆地两大聚煤盆地中，适合炼焦的煤种集中分布在准南煤田东部阜康矿区、吐哈煤田西部的艾维尔沟煤产地、尼勒克煤田东部的唐坝矿区、科尔克矿区和库拜煤田，在巴里坤煤田石炭窑矿区、后峡煤田有少量分布。吐哈煤田东部的野马泉煤矿点、青河县卡拉塔什、富蕴县哈拉通沟以及塔里木盆地西南缘、南缘各煤田及煤矿点中，虽有适合于炼焦用煤的煤种分布，但量少、质差（主要是灰分含量高），不适宜作为炼焦用煤，再加上当地煤炭供给不足，只能当一般的民用煤使用。

贫煤集中分布在塔里木盆地北缘的温宿煤田、塔里木盆地西南缘的乌恰煤田、阿克陶煤田以及盆地南缘的于田普鲁煤矿点有少量零星分布；在准噶尔含聚煤区无分布。

无烟煤仅在塔西南的托云煤田和阿克陶煤田中的赛斯特盖矿区的局部有分布。

（五）蒙西煤类分布

蒙西地区主要为北山—潮水赋煤带和香山赋煤带，包括希热哈达煤产地、北山煤产地、潮水矿区、喇嘛敖包矿区、黑山矿区，煤炭资源保有量为 26.5 亿 t。煤类主要有长焰煤、不黏煤、弱黏煤、贫煤和无烟煤，其中，长焰煤主要分布于阿拉善右旗和梧桐沟地区，保有资源量 6.25 亿 t；不黏煤和弱黏煤呈点状分布，分布范围极为有限，不黏煤零星分布于北山—潮水赋煤带的道噶诺古尔东南部地区，保有资源量 0.04 亿 t，弱黏煤零星分布于香山赋煤带蒙古境内东部边界，保有资源量 0.03 亿 t；贫煤分布于香山赋煤带腾格里额里斯西部地区，保有资源量 18.8 亿 t；无烟煤分布于香山赋煤带腾格里额里斯东部地区，保有资源量 1.33 亿 t。该区煤炭资源煤类分布特征如下所述。

1）石炭二叠纪煤炭资源

黑山矿区以焦煤-瘦煤为主，喇嘛敖包为无烟煤。

2）侏罗纪煤炭资源

希热哈达位于北山区北部，煤类为弱黏煤，红柳大泉为贫煤，潮水矿区属长焰煤。

二、煤质特点

（一）宁夏（西部）主要煤田煤质特征

宁夏香山煤田隶属西北赋煤区，以下简述香山煤田煤质特征。

1. 土坡组

1）灰分

原煤灰分（A_d）产率为 2.65%～38.01%，各煤层平均为 3.80%～31.28%，属特低灰分煤-高灰煤层（据 GB/T 15224.1—1994）。碱沟山矿区：12、15 号煤层灰分含量在碱沟山矿区内最高，为 17.16%、19.04%，属低中灰分煤；14 号煤层灰分含量最低，为 3.80%；10、16 号煤层灰分为 5.46%、6.03%，属低灰分煤。线驼石矿区：1 号煤层灰分在线驼石矿区内最高，为 31.28%，属中高灰煤；2 号煤层灰分含量最低，为 14.10%；其他各煤层灰分含量为 20.58%～26.71%。平面上，碱沟山矿区煤的灰分含量较低，各煤层为 3.80%～19.04%，矿区平均为 10.30%；线驼石矿区煤的灰分含量较高，各煤层为 14.10%～31.28%，矿区平均为 23.81%。

2）硫分

原煤全硫（$S_{t,d}$）含量为 0.59%～11.37%，各煤层平均为 0.83%～6.71%（表 7.8），属低硫-中高硫煤层（据 GB/T 15224.2—1994）。垂向上，碱沟山矿区内自上而下各煤层硫分含量逐渐增高，上部 10 号煤层硫分含量最低，为 0.83%，属低硫分煤；下部 15、16 号煤层硫分含量最高，为 2.58%、2.64%，属中高硫煤；12、14 号煤层硫分含量分别为 1.80%、1.13%，属低中硫和中硫分煤；线驼石矿区 1、5、9 煤层硫分含量分别为 6.71%、5.01%、6.63%，属高硫煤；2 煤层硫分含量为 1.92%，属中硫煤；7 煤层硫分含量为 2.34%，属中高硫煤。平面上，碱沟山矿区硫分含量较低，平均为 1.80%；线驼石硫分含量较高，平均为 4.52%。

3）磷分

碱沟山矿区原煤的磷（P_d）含量为 0.001%～0.028%，各煤层平均为 0.006%～0.025%，属特低磷-低磷。其中 10、14 号煤为特低磷，磷含量分别为 0.007%，0.006%；8、12、15、16 号煤为低磷，磷含量分别为 0.013%、0.016%、0.011%、0.025%。线驼石矿区原煤的磷（P_d）含量为 0.001%～0.071%，各煤层平均为 0.026%～0.041%，属低磷煤。

表 7.8　土坡组主要煤质特征表　（单位：%）

矿区名称	煤层编号	水分（M_{ad}）	灰分（A_d）	全硫（$S_{t,d}$）	发热量（$Q_{gr,d}$）	挥发分（$V_{daf（浮煤）}$）
碱沟山矿区	10	2.06	5.12～7.09 6.03	0.82～1.09 0.83	30.9～31.46 31.25	2.18～2.33 2.18
	12	2.18～2.77 2.59	15.68～21.61 17.16	1.43～2.70 1.80	25.63～27.49 26.93	3.27～3.37 3.30
	14	1.99～4.46 2.97	2.65～6.31 3.80	0.59～1.84 1.13	30.83～32.19 31.64	1.72～2.58 2.07
	15	2.16～4.96 3.67	13.37～30.8 19.04	1.39～4.31 2.58	20.86～27.94 25.70	1.87～3.81 2.48
	16	2.59～5.49 4.04	6.34～6.58 5.46	2.35～2.92 2.64	30.71～31.03 30.87	1.98～2.03 2.00
线驼石矿区	1	2.69	31.28	6.71	21.25	8.67
	2	1.31～3.37 2.35	6.58～27.14 14.10	0.86～3.63 1.92	21.76～33.51 28.51	6.62～7.36 7.02
	5	0.46～3.81 2.30	18.48～37.31 26.38	0.78～10.16 5.01	19.44～27.77 21.93	8.17～8.99 8.58
	7	0.38～4.66 2.52	14.7～26.46 20.58	1.48～3.21 2.34	23.08～30.23 26.66	9.59～15.63 12.61
	9	2.20～2.77 2.49	15.40～38.01 26.71	1.89～11.37 6.63	20.69～28.54 24.62	

2. 太原组

香山煤田太原组煤层分布范围广，但较零散，勘查程度低，资料欠缺，在此仅描述线驼石矿区太原组的部分煤质特征。

1）灰分

原煤灰分（A_d）产率为 12.42%～33.82%，各煤层平均为 19.11%～24.59%（表 7.9），属低中灰煤-中灰煤层（据 GB/T15224.1—1994）。线驼石矿区各煤层自上而下灰分含量有较低的趋势。

2）硫分

原煤全硫（$S_{t,d}$）含量为 0.54%～3.73%，各煤层平均为 0.71%～2.27%（表 7.9），属低硫-中高硫煤层（据 GB/T15224.2—1994）。线驼石矿区五煤硫含量较低，平均为 0.71%～1.75%，十五煤硫含量较高，为 2.27%。

3）有害元素

原煤磷（P_d）含量为 0.007%～0.073%，各煤层平均为 0.019%～0.062%，属低-中磷煤层。上部五煤层磷含量较高，平均为 0.041%，下部十四煤层磷含量较低，为 0.019%。原煤氯（Cl_d）含量为 0.045%～0.130%，各煤层氯含量平均为 0.080%～0.098%，属低氯煤层。垂向上、平面上，氯含量变化不大。原煤砷（As_d）含量为 1～10μg/g，各煤层砷含量平均为 2～5μg/g，属一级含砷煤。原煤氟（F_d）含量为 79～183μg/g 属中氟煤（表 7.10）。

表 7.9 线驼石矿区太原组主要煤质特征表 （单位：%）

煤层编号	井田名称	M_{ad}	A_d	$S_{t,d}$	$Q_{gr,d}$	V_{daf}
五煤	湾岔沟井田	$\frac{0.29\sim1.28}{0.59}$	$\frac{12.42\sim32.46}{19.11}$	$\frac{0.54\sim0.86}{0.71}$	$\frac{23.20\sim31.24}{27.49}$	$\frac{8.42\sim13.76}{11.21}$
	大井沟井田	$\frac{0.43\sim1.76}{0.82}$	$\frac{14.87\sim27.66}{20.42}$	$\frac{0.70\sim3.55}{1.75}$	$\frac{25.13\sim29.87}{27.52}$	$\frac{12.36\sim14.5}{13.53}$
十四煤	湾岔沟井田	$\frac{0.35\sim0.83}{0.49}$	$\frac{17.31\sim33.82}{24.59}$	$\frac{0.67\sim3.73}{2.27}$	$\frac{23.96\sim29.06}{25.32}$	$\frac{8.58\sim16.12}{11.22}$

表 7.10 煤中有害元素含量表

煤层编号	井田名称	Cl_d/%	F_d/(μg/g)	A_{sd}/(μg/g)	P_d/%
五煤	湾岔沟井田	$\frac{0.079\sim0.128}{0.098}$		$\frac{1\sim10}{5}$	$\frac{0.041\sim0.073}{0.062}$
	大井沟井田	$\frac{0.060\sim0.100}{0.080}$	$\frac{79\sim183}{131}$	$\frac{1\sim6}{2}$	$\frac{0.010\sim0.030}{0.020}$
十四煤	湾岔沟井田	$\frac{0.045\sim0.130}{0.081}$		$\frac{1\sim10}{3}$	$\frac{0.007\sim0.030}{0.019}$

（二）新疆侏罗纪主要煤田煤质特征

早、中侏罗世形成的煤层，煤种齐全、煤质优良、发热量高，有着独特的化学性质、工艺性能和广阔的利用前景及经济效益。侏罗纪煤炭资源煤质的几个突出指标主要表现为以下特征。

1）水分

煤层水分含量低，原煤干基全水分（W_{ad}）含量平均为 1.98%～13.42%，多数为特低水分煤层，其次为低水分煤层，中等水分的煤仅在个别煤田分布，高水分煤层没有。水分含量与煤层变质程度高低关系明显，变质程度较低的淖毛湖煤田和沙尔湖煤田，煤的水分含量也较高，属于中等水分煤层。

2）灰分产率

煤层的灰分产率低，根据已有资料，原煤干基灰分产率平均值较低，但在同一煤田内灰分产率都有一定的变化，多数煤田的煤层为低灰-中低灰煤，其中有不少井田的主采煤层为特低灰煤，只有极个别煤田的煤层为中高灰煤或高灰煤。就塔里木和准噶尔两个主要赋煤区而言，塔里木赋煤区中的煤层灰分产率高于准噶尔赋煤区中的煤层，在塔里木赋煤区以中低灰和中灰煤为主，高灰煤多见，而准噶尔赋煤区以低灰、中低灰煤为主，其次是中灰煤，高灰煤不多，在不少井田中有特低灰煤分布，其中的淖毛湖、吐哈盆地西部的艾维尔沟煤产地、托克逊等煤田灰分产率相对较高，后峡煤田煤层灰分产率普遍较低，平均值小于 8.50%。

3）挥发分产率

因煤的变质程度普遍较低，所以煤的挥发分产率普遍较高。煤层干燥无灰基挥发分产率最低的煤田是有无烟煤分布的乌恰煤田托云矿区和阿克陶煤田的赛斯特盖矿区，分别为 7.52%～10.82%和 5.31%～10.66%，属特低挥发分煤层。其次是以贫煤为主的温宿煤田，挥发分产率为 9.45%～16.10%，为低挥发分煤层，但这三个煤田资源量有限。其余煤田的干燥无灰基挥发分产率为 23.35%～56.5%，多属中高和高挥发分煤。特高挥发分煤层主要分布于淖毛湖煤田、沙尔湖煤田和大南湖煤田等煤层变质程度相对较低的煤田中。

4）有害成分

煤层中有害成分中的全硫含量较低，含量为 0.04%～4.46%。准噶尔赋煤区有害成分为 0.04%～2.45%，绝大多数煤田的煤层为特低硫和低硫煤，艾丁湖煤田、淖毛湖煤田、三唐湖煤田、巴里坤煤田全硫含量相对较高，平均值为 0.16%～1.55%。塔里木赋煤区中煤层全硫含量较准噶尔赋煤区中的煤层普遍要高，含量为 0.12%~4.46%，在温宿的苛岗煤产地、乌恰煤田的沙里拜矿区和皮山杜瓦煤产地有高硫煤分布。所有煤层以特低磷煤为主，仅在塔里木盆地西南缘的诸煤矿点中有少量的中磷煤分布。

5）灰成分

煤的灰成分以 SiO_2、Al_2O_3、CaO 和 Fe_2O_3 为主，煤灰熔融点低，绝大多数为中等熔融灰分。

6）工艺性能

工艺性能主要表现在燃点低、发热量高、易自燃。全疆侏罗纪各煤田的煤层干基高位发量为 18.84～35.79MJ/kg，以高和特高热值煤为主。在准噶尔赋煤区除淖毛湖煤田、吐哈煤田的七克台矿区、三道岭矿区、艾维尔沟煤产地为中等发热量煤，沙尔湖煤田为低发热量煤外，其余煤田的煤层均以高和特高热值煤为主。塔里木含煤区以中、高和特高发热量煤为主。

各煤田煤层自燃现象严重，煤层自燃形成的烧变岩已成为新疆境内侏罗纪煤层分布区的重要标志。绝大多数煤层属于易自燃煤层，地面堆放发火期一般不超过 6 个月，在井下煤层自燃现象也十分普遍。

全疆侏罗纪煤层以不黏结性煤为主，其次是弱黏结性煤，中黏结到特强黏结性的煤层仅有少量。除巴里坤煤田石炭窑矿区、准南煤田中东部的阜康矿区、后峡煤田的后峡矿区、吐—哈煤田艾维尔沟煤产地、尼勒克煤田克尔克矿区、塘坝矿区，塔里木赋煤区的塔北库拜煤田、乌恰煤田有中黏结、强黏结和特强黏结性煤外，其余煤田均为不黏结、弱黏结和中黏结性煤。

7）煤的综合利用途径

根据全疆侏罗纪煤层的化学性质和工艺性能，除少部分中阶到高阶烟煤可作为炼焦用煤外，绝大部分属动力燃料用煤，亦可作为气化和液化的优质原料。下面每个赋煤带以一个代表性煤田简述煤质特征。

1. 准北赋煤带托里—和什托洛盖煤田

煤田内含煤地层为中下侏罗统水西沟群的西山窑组和八道湾组，其中以中侏罗统西山窑组为主要含煤地层，所含煤层为目前勘查、开发的主要对象，八道湾组所含煤层一般厚度小，煤质较差。该煤田勘查开展程度较高。从北向南、从东向西分为和布克赛尔矿区、额敏矿区、托里矿区、克拉玛依四个矿区。根据所收集该煤田的煤层煤质资料，煤田内的煤层主要煤质指标的平均值见表 7.11。

表 7.11　托里—和什托洛盖煤田主要煤质指标平均值汇总表

煤田	矿区	含煤地层	全水分 M_t/%	干燥基灰分产率 A_d/%	干燥无灰基挥发分产率 V_{adf}/%	全硫 $S_{t,d}$/%	黏结指数	干燥基高位发热量 $Q_{gr.d}$/(MJ/kg)
托里—和什托洛盖	沙集海	西山窑组	8.81～12.21 11.58	8.21～15.01 10.99	34.59～40.27 38.61	0.44～1.51 0.71	0	25.83～29.45 27.77
	和什托洛盖	西山窑组	3.75～11.02 7.44	9.03～20.04 15.52	33.22～50.53 43.03	0.10～0.58 0.35	0～2.5	22.82～31.25 26.75
	额敏托里	西山窑组	6.14～7.21 6.67	19.32～26.41 22.82	41.58～45.37 43.47	0.13～0.81 0.47	0	21.49～23.27 22.38
	克拉玛依	八道湾组	11.28～18.46 12.46	12.20～22.76 19.01	45.43～52.17 47.98	0.94～1.39 1.21	0	23.86

根据汇总数据，该煤田西山窑组所含煤层属于低-中高灰、低镜质组的低阶烟煤。煤质主要指标级别为低-中等水分、低-中高灰分、高挥发分，零星分布有特高挥发分煤。东部沙集海以特低、低硫煤为主，和什托洛盖、托里铁厂沟为低硫煤，所有地区的煤层均为无黏结性的低到高热值煤。煤类以 41 号长焰煤为主，零星分布有极少量的褐煤，可作为动力和民用煤。

八道湾组为中等水分、中等灰分、高挥发分、中等硫分、中等热值煤，煤种以长焰煤和不黏煤为主，可作为动力和民用煤。

2. *巴里坤—三塘湖赋煤带三塘湖—淖毛湖煤田*

三塘湖—淖毛湖煤田位于东疆哈密地区北部的伊吾县和巴里坤哈萨克自治县的北部，向东可延伸到甘肃境内。煤田内以中侏罗统西山窑组和下侏罗统八道湾组为含煤地层，其中以西山窑组所含煤层为主要可采煤层，八道湾组煤层主要分布在三塘湖煤田的局部。

1）干燥基灰分产率（A_d）

西山窑组原煤干燥基灰分产率（A_d）一般值为 11.91%～15.2%，浮煤干燥基灰分产率一般值为 6.22%～7.9%。从灰分分级图中可以看出，主要以特低-低灰煤为主，在汉水泉凹陷中部为中-高灰煤，向东西两侧逐渐减小，由北向南逐渐减小（表 7.12）。

八道湾组原煤干燥基灰分产率（A_d）一般值为 6.87%～25.46%，平均为 13.75%；浮煤干燥基灰分产率一般值为 4.09%～10.56%，平均为 6.91%。

2）干燥无灰基挥发分产率（V_{daf}）

由表 7.12 可知，西山窑组原煤干燥无灰基挥发分产率（V_{daf}）一般值为 41.96%～50.84%，属高-特高挥发分煤层，其中三塘湖煤田和淖毛湖煤田属于高挥发分煤，白石湖煤矿区和英格库勒煤矿区属于特高挥发分煤。浮煤挥发分产率一般值为 41.83%～49.89%，仍以高挥发分为主。

表 7.12　三塘湖—淖毛湖煤田各煤组煤样煤质成果表

煤田名称	预测区（煤矿区）	煤组编号		煤样性质	M_{ad}/%	A_d/%	V_{daf}/%	全硫 $S_{t,d}$	$Q_{gr,d}$ /(MJ/kg)	$Q_{net,d}$ /(MJ/kg)	低温干馏				元素分析				透光率 PM/%	视（相对）密度 ARD	浮煤回收率 /(t/m^3)	黏结指数	煤类
											焦油产率 Tar_{ad}/%	半焦产率 $Coke_{ad}$/%	总水分产率 $Water_{ad}$/%	煤气+损失/%	C_{daf}/%	H_{daf}/%	N_{daf}/%	$O_{daf}+S_{daf}$/%					
三塘湖—淖毛湖煤田	三塘湖预测区	两极值	J_2x	原	2.31～6.42	4.79～36.86	29.85～57.66	0.12～1.31	19.29～30.76	18.68～29.57					73.47～82.89	4～6.57	0.66～2.02	12.02～19.67		1.24～1.54			41CY
		平均值（点数）			4.35(3)	15.2(3)	42.57(3)	0.42(3)	26.78(3)	25.86(3)					77.25(3)	5.24(3)	1.13(3)	15.71(3)		1.34（3）			42CY
				浮	0.23～8.2	2.46～18.02	28.96～57.49	0.09～1							76.56～81.07	4.01～30.07	0.62～29.15	13.31～16.7	54～96		3.2～93	0～25	31BN
					4.81(3)	6.75(3)	41.93(3)	0.3（3）							78.73(3)	5.33(3)	1.36(3)	15（3）	81.13(3)		63.13(3)	1.96(3)	
		两极值	J_1b	原	2.20～4.91	6.87～25.46	36.49～51.17	0.25～1.10	23.87～30.27	22.95～29.13					76.88～79.32	4.93～6.15	1.07～2.09	13.20～15.94		1.25～1.35			41CY 42CY 43QM 44QM 45QM
		平均值（点数）			3.63(6)	13.75(6)	46.47(6)	0.54(6)	27.72(6)	26.74(6)					77.66(6)	5.66(4)	1.42(6)	15.26(6)		1.32（5）			
				浮	2.36～7.16	4.09～10.56	36.57～51.48	0.25～0.68							77.18～79.46	4.87～31.22	1.15～30.40	12.92～16.24	60～92		48.32～87.50	0～43	
					4.33(6)	6.91(6)	45.78(6)	0.45(6)							78.56(3)	9.11(4)	5.56(4)	14.60(3)	82（6）		72.80(6)	8（6）	
	淖毛湖预测区	两极值	J_2x	原	1.24～10.31	5.52～20.9	34.41～53.61	0.1～1.5	20.17～31.15	22.71～30.04					73.90～92.42	4.05～6.35	0.66～1			1.11～1.46			41CY
		平均值（点数）			4.99(21)	11.96(21)	41.96(21)	0.33(21)	26.84(21)	26.00(21)					77.48(20)	4.92(20)	0.82(7)	16.78(1)		1.34(20)			31BN
				浮	2.55～7.47	3.92～11.94	34.3～53.7	0.12～1.25			6.0～7.4	67.6～70.6	13.5～13.8	9.6～11.5	73.76～74.71	5.43～5.6	1.31～1.52	18.45～19.12	64～91.32		30.9～86.52		
					4.75(21)	6.8(21)	41.83(21)	0.26(18)			6.7（2）	69.1（2）	13.65（2）	10.55(2)	74.39(4)	5.48(4)	1.4（4）	18.74(4)	76.19(17)		63.89(20)	0	
	白石湖煤矿区	两极值	J_2x	原	7.59～8.21	8.65～13.98	50.07～51.21	0.27～0.41	25.88～27.49	26.03～26.95					74.21～74.82	5.45～5.51	1.27～1.39	18.45～18.95		1.27～1.29			41CY

续表

煤田名称	预测区（煤矿区）煤组编号			煤样性质	M_{ad}/%	A_d/%	V_{daf}/%	全硫 $S_{t,d}$	$Q_{gr,d}$ /(MJ/kg)	$Q_{net,d}$ /(MJ/kg)	低温干馏				元素分析				透光率 PM/%	视（相对）密度 ARD	浮煤回收率 /(t/m³)	黏结指数	煤类
											焦油产率 Tar_{ad}/%	半焦产率 $Coke_{ad}$/%	总水分产率 $Water_{ad}$/%	煤气+损失/%	C_{daf}/%	H_{daf}/%	N_{daf}/%	$O_{daf}+S_{daf}$/%					
三塘湖—淖毛湖煤田	白石湖煤矿区	平均值（点数）	J_2x	原	7.98(4)	11.91 (4)	50.6 (4)	0.32 (4)	26.59 (4)	26.44 (4)					74.46 (4)	5.47(4)	1.33(4)	18.76 (4)		1.28（4）			41CY
				浮	6.87~7.6	5.16~6.97	48.93~49.96	0.22~0.26			9.9~13.5	59.6~61.7	14.3~16.3	12.1~14.8	74.39 (4)	5.48(4)	1.4（4）	18.74 (4)	63~64		73.28~80.88		
					7.23(4)	6.22(4)	49.41 (4)	0.24 (4)			11.55 (4)	59.83 (4)	15.43（4）	13.25 (4)	74.55	5.49	1.46	18.51	63.45 (4)		76.17 (4)	0	
	英格库勒煤矿区	两极值	J_2x	原	7.7~8.85	12.4~15.35	50.59~51.08	0.33~0.39	23.43~24.58	23.52~24.3					73.84~74.33	5.46~5.55	1.42~1.47	18.79~19.14		1.29~1.29			41CY
		平均值（点数）			8.28(2)	13.88 (2)	50.84 (2)	0.36 (2)	24.01 (2)	23.91 (2)					74.09 (2)	5.51(2)	1.45(2)	18.97 (2)		1.29（2）			
				浮	7.46~7.86	7.46~8.33	49.63~50.15	0.25~0.28			9.5~10.4	60.7~61.7	16~16.2	12.6~13.2	74.46~74.64	5.45~5.52	1.46~1.46	18.38~18.63	58~58		67.2~9		
					7.66(2)	7.9（2）	49.89 (2)	0.27 (2)			9.95（2）	61.2（2）	16.1（2）	12.9（2）	74.55 (2)	5.49(2)	1.46	18.51	58		68.1	0	
全区		两极值 平均值（点数）	J_2x	原	4.35~8.28	11.91~15.2	41.96~50.84	0.32~0.42	24.01~26.84	23.91~26.44					74.09~77.48	4.92~5.51	0.82~1.45	15.71~74.66		1.28~1.34			41CY
					6.4（4）	13.24 (4)	46.49 (4)	0.36 (4)	26.06 (4)	25.55 (4)					75.82 (4)	5.29(4)	1.18(4)	32.03 (4)		1.31（4）			42CY
				浮	4.75~7.66	6.22~7.9	41.83~49.89	0.24~0.3		0~28.02	9.4	63.38	15.06	12.23	74.39~78.73	5.1~5.49	0.76~1.46	15~18.74	58~81.13		63.13~76.17	0~1.96	31BN
					6.11	6.92	45.77	0.27		28.02	6.7~11.55	59.83~69.1	13.65~16.1	10.55~13.25	75.77	5.35	1.25	13.06	69.69		67.82	0.49	
			J_1b	原	2.20~4.91	6.87~25.46	36.49~51.17	0.25~1.10	23.87~30.27	22.95~29.13					76.88~79.32	4.93~6.15	1.07~2.09	13.20~15.94		1.25~1.35			41CY 42CY 43QM 44QM 45QM
					3.63(6)	13.75 (6)	46.47 (6)	0.54 (6)	27.72 (6)	26.74 (6)					77.66 (6)	5.66(4)	1.42(6)	15.26 (6)		1.32（5）			
				浮	2.36~7.16	4.09~10.56	36.57~51.48	0.25~0.68							77.18~79.46	4.87~31.22	1.15~30.40	12.92~16.24	60~92		48.32~87.50	0~43	
					4.33(6)	6.91(6)	45.78 (6)	0.45 (6)							78.56 (3)	9.11(4)	5.56(4)	14.60 (3)	82（6）		72.80 (6)	8（6）	

八道湾组原煤干燥无灰基挥发分产率（V_{daf}）两极值为 36.49%～51.17%，平均为 46.47%，属于高挥发分煤。

3）有害元素

据三塘湖—淖毛湖煤田预查钻孔中的样品化验成果，将有害元素统计为表 7.13。

依据 GB/T15224.2—2004 标准评定，C 煤组原煤全硫（$S_{t,d}$）含量一般值为 0.32%～0.42%，各煤产地均属特低硫煤；浮煤全硫（$S_{t,d}$）含量一般值为 0.24%～0.3%，主要以特低硫煤为主。低硫煤主要零星分布在汉水泉凹陷西部、条湖凹陷北部、马朗凹陷东北部、方方梁凸起及淖毛湖凹陷中部，中硫及中高硫分布在马朗凹陷东北部、方方梁凸起中部。

依据 GB/T15224.2—2004 标准评定，A 煤组原煤全硫（$S_{t,d}$）含量一般值为 0.54%，均属低硫煤。浮煤全硫（$S_{t,d}$）含量一般值为 0.45%，属特低硫煤。

依据 MT/T562—1996 标准评定，C 煤组原煤磷（P）含量一般值为 0.02%～0.04%，各煤矿区均属低磷分煤；A 煤组原煤磷（P）平均含量为 0.06%。依据 MT/T562—1996 标准评定，各煤产地均属中磷分煤。

依据 MT/T597—1996 标准评定，C 煤组原煤氯（Cl）含量一般值为 0.02%～0.05%，各煤产地均属特低氯煤；A 煤组原煤氯（Cl）平均含量为 0.047%。依据 MT/T597—1996 标准评定，各煤产地均属特低氯煤。

依据 MT/T803—1999 标准评定，C 煤组原煤砷（As）含量一般值为 2.42～4.67ug/g，属一级含砷煤；A 煤组原煤砷（As）平均含量为 3μg/g，属一级含砷煤。

表 7.13　三塘湖—淖毛湖煤田分煤组有害元素含量成果表

煤田名称	预测区（煤矿区）煤组编号			原煤分析					浮煤分析			
				全硫 $S_{t,d}$/%	磷 P_d/%	氟 F_{ad}/(μg/g)	氯 Cl_d/%	砷 As /(μg/g)	硫 $S_{t,d}$/%	磷 P_d/%	氟 F_{ad} /(μg/g)	砷 As /(μg/g)
三塘湖—淖毛湖煤田	三塘湖预测区	两极值 平均值（点数）	J_2x	0.12～1.31	0.01～0.04	59～83	0.046～0.058	2.0～7	0.09～1	0.011～0.027	43～94	2.0～2
				0.42（3）	0.03（3）	69.33(3)	0.05（3）	4.67（3）	0.3（3）	0.02（3）	68.67(3)	2（3）
			J_1b	0.54（1）	0.06（1）	83（1）	0.047(1)	3（1）	0.45(1)	0.032(1)	75（1）	2（1）
	淖毛湖预测区	两极值 平均值（点数）	J_2x	0.1～1.5	0.01～0.12		0.01～0.04	1～3.69	0.12～1.25			
				0.33(21)	0.04(14)		0.02	2.42（11）	0.26（18）			
	白石湖煤矿区	两极值 平均值（点数）	J_2x	0.27～0.41	0～0.32	21～142	0.01～0.12	1.0～23	0.22～0.26	0～0.21	21～79	0～11
				0.32（4）	0.02（4）	51.25(4)	0.05（4）	3（4）	0.24(4)	0.01（4）	43.5（4）	1.5（4）
	英格库勒煤矿区	两极值 平均值（点数）	J_2x	0.33～0.39	0.023～0.028	44～49	0.047～0.096	3.0～3	0.25～0.28	0.022～0.039	31～36	2～4.0
				0.36（2）	0.03（2）	46.5（2）	0.05（2）	3（2）	0.27(2)	0.03（2）	33.5（2）	3（2）
全区		两极值 平均值（点数）	J_2x	0.32～0.42	0.02～0.04	46.5～69.33	0.02～0.05	2.42～4.67	0.24～0.3	0.01～0.03	33.5～68.67	1.5～3
				0.36（4）	0.03（4）	60.29(2)	0.04（3）	3.36（3）	0.27(4)	0.02（3）	48.56(3)	2.17（3）
				0.54（1）	0.06（1）	83（1）	0.047(1)	3（1）	0.45(1)	0.032(1)	75（1）	2（1）

3. 准东赋煤带准东煤田

准东煤田含煤地层为下侏罗统八道湾组、中侏罗统西山窑组和石树沟群下亚群，各煤组煤质特征如下所示。

1）八道湾组（A 煤组）煤层

工业分析：干燥基灰分产率（A_{d}）原煤为 4.87%～27.24%，浮煤为 5.15%～11.20%，属特低灰-中灰煤。

有害元素：全硫（$S_{t,d}$）为 0.23%～0.93%，属特低硫-中硫煤，以特低硫-低硫煤为主。

发热量：干基高位发热量（$Q_{gr.d}$）为 22.18～32.53MJ/kg，属高热值煤。

黏结性：黏结指数（$G_{R.I}$）为 0，属于不黏结性煤。

灰熔点：煤灰的软化温度（ST）为 1170～1340℃，属较低-中等软化温度灰分。

煤类：为 41 号长焰煤。

2）西山窑组（B 煤组）煤层

工业分析：干燥基灰分产率（A_{d}）原煤平均为 11.48%，浮煤为 5.42%，以低灰煤为主，浮煤属特低灰煤。

干燥无灰基挥发分产率（V_{daf}）原煤平均为 34.74%，浮煤为 35.50%，属中高挥发分。

煤的有害组分：全硫（$S_{t,d}$）原煤平均为 0.51%，为低硫煤。磷（P_{d}）原煤平均为 0.024%，属低磷分煤；浮煤平均为 0.014%，同为低磷分煤。氯（Cl_{d}）原煤平均为 0.055%，属低氯煤。砷（As_{d}）原煤平均为 2.48×10^{-4}%，属一级含砷煤。

干燥基高位发热量（$Q_{gr.d}$）原煤平均为 27.26MJ/kg，浮煤平均为 28.77MJ/kg，属高热值煤。

浮煤黏结指数（$G_{R.I}$）多数为 0，个别为 0～1，属不黏煤。

灰熔融性、灰软化温度（ST℃）为 972.45～1261.3℃，平均为 1141℃，属较低软化温度灰分。

煤的低温干馏焦油产率，平均为 4.06%，属较低含油煤。

煤类：按煤炭分类国家标准为 31 号不黏煤。

3）榆树沟群（C 煤组）煤层

工业分析：干燥基灰分产率（A_{d}）原煤平均为 14.91%，浮煤平均为 8.17%，原煤以低灰煤为主，少量为中灰煤，浮煤以特低灰煤为主，少量为低灰煤。

煤的有害组分：全硫（$S_{t,d}$）原煤平均为 3.92%，浮煤平均为 1.88%，原煤为高硫煤，浮煤为中高硫煤。磷（P_{d}）原煤平均为 0.022%，浮煤平均为 0.009%，为低磷分煤。氯（Cl_{d}）原煤平均为 0.04%，浮煤平均为 0.053%，属低氯煤。砷（As_{d}）原煤平均为 4.66×10^{-4}%，属二级含砷煤。

煤的工艺性能：干燥基高位发热量（$Q_{gr.d}$）原煤平均为 24.98MJ/kg，为中热值煤，浮煤平均为 28.23MJ/kg，属高热值煤。浮煤黏结指数均为 0。煤灰软化温度（ST℃）为 1092.62℃，属易熔灰分。煤类为 41 号长焰煤。

准东煤田的煤层分类为低-中低灰分、中等镜质组的低阶烟煤。主要煤质指标级别为中等水分、低-中低等灰分、中高-高挥发分。东部老君庙矿区、大井矿区为特低硫，西部五采湾矿区以低硫、中硫煤为主，所有煤层均为无黏结性煤。老君庙矿区为高热值煤和特高热值煤，大井矿区、五彩湾矿区以高热值煤为主。煤类均为 31 号不黏煤。水分、硫分含量，灰分、挥发分产率从东向西渐高，而发热量则逐渐降低。东部老君庙矿区为洁净煤，所有煤层都属优质的动力用煤和气化、民用煤。

4. 准南赋煤带准南煤田

准南煤田位于准噶尔盆地的南缘，从东向西划为吉木萨尔水西沟矿区、阜康矿区、乌鲁木齐矿区、玛纳斯矿区、四棵树矿区。煤田内含煤地层为中下侏罗统水西沟群，在吉木萨尔县水西沟矿区和阜康矿区以下侏罗统八道湾组为主要含煤地层，以西以中侏罗统西山窑组为主要含煤地层，聚煤中心随时间推移从东向西迁移。下统八道湾组所含煤层的变质程度明显高于中统西山窑组所含煤层，全区以阜康矿区甘河子一带煤层变质程度最高，达 25 号焦煤，向东、向西渐降低为弱黏煤、不黏煤和长焰煤。该煤田勘查、开发程度高，积累了大量的地质资料，所收集的煤质化验资料中主要煤质指标的平均值汇总见表 7.14。

表 7.14　准南煤田煤层主要煤质指标平均值汇总表

矿区	含煤地层	干基水分 Mad/%	干基灰分产率 A_d/%	干燥无灰基产率 V_{adf}/%	全硫 S_{td}/%	黏结指数 $G_{R.I}$	干燥基高位发热量 $Q_{gr.d}$/(MJ/kg)
水西沟矿区	八道湾组	1.90～4.39 2.85	4.12～22.89 13.20	44.67～50.70 47.90	0.29～0.6 0.39	0～96 35	25.63～33.04 29.65
阜康矿区	西山窑组	1.33～3.78 2.80	5.73～14.22 9.86	31.23～49.76 39.61	0.28～0.63 0.45	0～8 4	27.88～31.31 29.02
	八道湾组	0.57～6.69 1.75	5.33～22.47 14.29	27.52～48.15 39.37	0.31～0.82 0.51	2～103 75	25.12～34.99 29.76
乌鲁木齐河东矿区	西山窑组	1.97～9.29 3.56	6.02～23.13 13.99	35.25～47.48 39.13	0.43～1.42 0.87	0～31 9	25.90～32.11 28.61
	八道湾组						
乌鲁木齐河西矿区	西山窑组	1.99～8.21 5.48	4.39～19.9 14.08	26.23～40.20 26.33	0.23～1.15 0.78	0～99 18	24.51～30.80 26.46
	八道湾组						
玛纳斯矿区	西山窑组	1.17～7.35 3.36	3.82～19.87 11.36	28.22～43.31 3575	0.21～2.48 0.15	0～52 10	24.75～33.2 28.90
	八道湾组	2.73～5.56 4.07	1.12～12.28 7.75	40.22～45.00 43.87	0.39～0.46 0.42	3～9 7	26.92～31.09 28.58
四棵树矿区	西山窑组	1.50～8.44 5.18	10.09～22.81 157.8	22～48.38 40.52	0.19～0.68 0.41	0～40	25.09～33.16 28.45
	八道湾组	3.4	7.90	44.29	0.39	26.50	29.28

从表 7.14 可知有以下认识。

1）水西沟矿区

含煤地层以下侏罗统八道湾组为主，所含煤层为低-中等灰分、较高镜质组的低阶烟煤。主要煤质指标级别为特低水分、特低硫，大部为低灰、高挥发分，局部为中等灰分和特高挥发分。矿区东部为无黏结性煤，中西部为特强黏结性和中黏结性煤，高到特高发热量，以特高热值煤为主。煤类为 41 号长焰煤、43 号和 45 号气煤。中西部分布的 43 号和 45 号气煤可作为炼焦配煤，其余煤层可作为动力和民用、气化用煤。

2）阜康矿区

受后期构造运动的影响，五宫沟以东的白杨河向斜中含煤地层仅有下侏罗统的八道湾组及所含煤层赋存，以西为下侏罗统八道湾组和中侏罗统西山窑组共存，但以西山窑组所含煤层为主要可采煤层。区内八道湾组所含煤层属于低-中低灰分、中等镜质组的中阶烟煤。煤质级别为：特低水分，中-中高灰分，具有东低西高的变化规律；中高-高挥发分，以中高挥发分为主；沙沟以东为特低硫煤，以西为低硫和中低硫煤；以强黏结性和特强黏结性煤为主，有少量的中黏结煤；高-特高发热量。煤类有 43 号和 45 号气煤，46 号气肥煤、肥煤、35 号 1/3 焦煤、25 号焦煤，属炼焦用煤。区内西山窑组所含煤层的煤质类别为特低水分、低灰到中低灰分、特低硫、中高和高挥发分、无黏结和弱黏结性、高-特高发热量。煤类为 41 号长焰煤和 31 号、32 号不黏煤，大多为洁净煤，属优质的动力用煤和民用、气化用煤。

3）乌鲁木齐矿区

区内侏罗纪含煤岩系及所含煤层按构造形态以乌鲁木齐河为界分为东西截然不同的两个分区，东以八道湾向斜、七道湾背斜北翼受断层切割后所形成的北单斜为主体构造，以西的西山地区除了河东单斜构造向西继续延伸外，则以短轴状褶曲、倾伏背斜构造为主，同时不同方向的断裂构造发育。区内西山窑组及所含煤层发育，而八道湾组及所含煤层，一是埋藏深，二是煤层薄，勘查、开发程度较低，只有在矿区东界的白杨河附近有小煤窑开采。区内西山窑组所含煤层在乌鲁木齐河东为中低灰分、中等镜质组的低阶烟煤，在河西则为中低灰分、低镜质组的低阶烟煤。煤质级别在乌鲁木齐河东为特低水分、中低灰分、低硫、高挥发分、高发热量、不黏结到弱黏结的 41 号长焰煤和 31 号、32 号不黏煤。河西以特低和低水分、中低灰分、低硫、中等挥发分为主，除西山大甫沟受妖魔山推覆构造影响变程度较高为强黏结性的 45 号气煤外，其余地区均为 41 号长焰煤和 31 号不黏煤。该矿区煤类属动力和民用、气化用煤。乌鲁木齐河以东多个井田地区有洁净煤分布。

4）玛纳斯矿区

区内含煤地层以西山窑组为主，八道湾组及所含煤层仅在硫磺沟的小渠子背斜轴部及两翼出露，有土圈子煤矿、广源煤矿、洪沟红岩煤矿在开采，其中在小渠子背斜轴部所含煤层最厚。区内八道湾组所含煤层为低-中低灰分、较高镜质组的低阶烟煤，主要煤质指标级别为特低水分、低灰-中低灰分、特低硫、高挥发分、不黏结的高到特高发热量煤。煤类为 41 号和 42 号长焰煤，可作为动力和民用煤，部分矿井为洁净煤。

区内西山窑组所含煤层分类为低-中低灰、低镜质组的低阶烟煤。主要煤质指标级别为特低水分-低水分、低-中低灰分，个别井田为中灰煤、特低硫到中高硫、中-中高挥发分，以无黏结性煤为主，个别井田为不黏结的高和特高发热量煤。煤类为 41 号长焰煤和 31 号不黏煤，在玛纳斯县境内的部分地段个别煤层为 43 号、45 号气煤，以动力、民用、气化用煤为主，有极少量的气煤，可作为炼焦配煤。

5）四棵树矿区

区内分布煤层以西山窑组所含煤层为主，八道湾组所含煤层仅在巴音沟背斜轴部埋藏较浅，红山煤矿四号井开采八道湾所含煤层。西山窑组所含煤层的煤类为中低-中等灰分、中等镜质组的低阶烟煤。主要煤质指标的级别为特低和低水分、中低-中等灰分、中高-高挥发分、特低硫、无黏结性，个别地段的个别煤层为中黏结性煤，高和特高发热量。煤类以 41 号长焰煤为主，其次是 31 号不黏煤，极个别井田的个别煤层为 44 号气煤，可作为动力、气化和民用煤。

5. 伊犁赋煤带伊宁煤田

该煤田包括整个伊宁盆地南北两缘侏罗系含煤地层分布区，在盆地北缘的三个矿区中，中下侏罗统水西沟群中的八道湾组、三工河组、西山窑组均含可采煤层，但以八道湾组和西山窑组为主要含煤地层，三工河组仅在中部伊宁矿区含一层 1.40m 左右的薄煤层。八道湾组含 A、B 两个煤组，西山窑组含 C 煤组。南缘含煤地层以西山窑组为主，与北缘相比地层变薄，一般划分为上、下两个含煤段。南北两缘的煤层煤质差异不大。伊宁煤田主要煤质指标平均值见表 7.15。

表 7.15　伊宁煤田煤层主要煤质指标平均值汇总表

煤田		干基水分 M_{ad}/%	干燥基灰分产率 A_d/%	干燥无灰基产率 V_{daf}/%	全硫 $S_{t,d}$/%	黏结指数 $G_{R.I}$	干燥基高位发热量 $Q_{gr.d}$/(MJ/kg)	煤类
伊宁煤田	盆地北缘	5.00～14.24 9.13	5.28～17.19 11.88	30.36～45.47 37.55	0.27～1.10 0.69	0	24.86～29.88 27.44	41 号长焰煤、31 号不黏煤
	盆地南缘	5.90～11.80 9.63	7.03～18.77 13.65	34.53～40.70 37.31	0.27～1.55 0.70	0	26.24～29.88 28.95	41 号长焰煤、31 号不黏煤

煤层分类属于低-中低灰分和低-中镜质组的低阶烟煤。煤质级别为低到中等水分、低-中低灰分、中高挥发分、低硫、高发热的 41 号长焰煤和 31 号不黏煤，可作为动力和民用煤。在察布查尔矿区的局部地段，主采煤层的顶部和顶板砂岩中放射性元素含量较高，有的地段已达工业开采品位，对煤炭开采极为不利。

6. 吐哈赋煤带主要煤田

根据煤系地层和煤层的分布变化规律，将吐鲁番拗陷中的煤层赋存区从西向东划分为托克逊煤田、鄯善煤田，哈密拗陷划为哈密煤田，南缘艾丁湖斜坡划为吐鲁番煤田，南部隆起中的两个拗陷从西向东划分为沙尔湖煤田和大南湖—梧桐窝子煤田。另外沿康古尔—黄山构造带从西向东有艾维尔沟煤产地、却勒塔格煤矿点和野马泉煤矿点。除托克逊煤田、艾维尔沟煤产地、哈密煤田以下侏罗统八道湾组所含 A 煤组煤层为主要可采煤层外，其余煤田均以中侏罗统西山窑组所含 C 煤组煤层为主要可煤层。区内煤层的主要化学性质及工艺性能如下所述（表 7.16）。

干燥基灰分产率（A_d）：C 煤组原煤干燥基灰分产率（A_d）一般值为 7.38%～5.44%。其中库木塔格煤矿区、安顺煤矿、曙光煤矿等均值小于 10%，为特低灰分煤；伊拉湖区、艾丁湖二区、艾丁湖预测区、库木塔格南矿区、沙尔湖煤矿区、大南湖西区等均值为 16.01%～29.00%，为中灰煤；其余煤产地均为低灰煤。吐哈含煤盆地的灰分变化规律较明显，在盆地的东西两侧灰分值相对较高，在盆地的中部灰分值相对较低。A 煤组原煤干燥基灰分产率（A_d）一般值为 7.37%～14.87%，为低灰煤，主要分布在克尔碱煤矿区。克尔碱煤矿区南北两侧灰分值相对较低，向中部、中东部相对较高。

表 7.16 吐哈赋煤带各煤田煤质化验成果表

煤田名称	煤产地（煤矿区）及煤组编号		煤样性质	干基水分（M_{ad}）/%	干燥基灰分（A_d）/%	干燥基挥发分（V_{daf}）/%	发热量（$Q_{gr,d}$）/(MJ/kg)	发热量（$Q_{net,d}$）/(MJ/kg)	全硫（$S_{t,d}$）/%	低温干馏				元素分析				浮煤回收率	视相对密度ARD	黏结性$G_{R.I}$	透光率（PM）/%	煤类
										焦油产率（T_{arad}）/%	半焦产率（Cokead）/%	总水分产率（Waterad）/%	煤气+损失/%	C_{daf}/%	H_{daf}/%	N_{daf}/%	（O_{daf}+S_{daf}）/%					
托克逊煤田	伊拉湖煤产地（C组）	两极值平均值（点数）	原	7.13～9.10	12.39～28.06	45.59～48.54	21.13～26.34	20.35	0.79～1.44										1.35～1.44			
				8.12（2）	20.23（2）	47.07（2）	23.74（2）	20.35（1）	1.12（2）										1.40（2）			
			浮	6.78～9.35	7.07～9.23	45.07～47.25			1.04					74.23～75.05	5.41～5.54	0.94～1.42	18.47～18.94	60～73.3		0	34.17～75	41CY
				8.07（2）	8.15（2）	46.16（2）			1.04（1）					74.64（2）	5.47（2）	1.18（2）	18.71（2）	66.6（12）			54.06（9）	
吐鲁番煤田	干沟煤矿区（C组）	两极值平均值（点数）	原	9.70～10.76	10.52～12.09	43.96～46.11			0.74～1													
				10.23（2）	11.31（2）	45.04（2）			0.87（2）													
			浮											70.35～77.16	4.61～5.07	1.26～1.3	16.47～23.80			0		41CY
														73.76（2）	4.84（2）	1.28（2）	20.14（2）			0		
	艾丁湖一区（C组）	两极值平均值（点数）	原	6.54～7.46	10.06～10.79	46.58～47.84	25.65～26.55	24.89～25.65	0.62～0.76										1.30～1.36			
				7.14（3）	10.45（3）	47.11（3）	26.02（3）	25.22（3）	0.69（3）										1.33（3）			
			浮	7.72～8.07	5.92～7.88	47.76～48.64			0.46～0.68					71.79～73.30	5.03～5.69	1.04～1.06	19.7～21.14	40.5～56.9		0	47～57	41CY
				7.90（3）	6.77（3）	48.09（3）			0.56（3）					72.68（3）	5.43（3）	1.15（3）	20.22（3）	50.1（3）		0	51（3）	

续表

煤田名称	煤产地（煤矿区）及煤组编号		煤样性质	干基水分（M_{ad}）/%	干燥基灰分（A_d）/%	干燥基挥发分（V_{daf}）/%	发热量（$Q_{gr,d}$）/(MJ/kg)	发热量（$Q_{net,d}$）/(MJ/kg)	全硫（$S_{t,d}$）/%	低温干馏				元素分析				浮煤回收率	视相对密度ARD	黏结性$G_{R.I}$	透光率（PM）/%	煤类
										焦油产率（$T_{ar,ad}$）/%	半焦产率（Cokead）/%	总水分产率（Waterad）/%	煤气+损失/%	C_{daf}/%	H_{daf}/%	N_{daf}/%	（O_{daf}+S_{daf}）/%					
吐鲁番煤田	艾丁湖二区（C组）	两极值平均值（点数）	原	6.99～7.93	12.29～24.06	47.40～48	25.23～26.24	24.33～25.36	0.68～1.10										1.32～1.33			
				7.58（3）	17.74（3）	47.74（3）	23.93（3）	23.11（3）	0.88（3）										1.32（3）			
			浮	7.64～8.76	7.24～8.60	48.17～49.29			0.38～0.54	11.8	58.6	15	14.6	62.50～74.44	5.57～5.61	0.81～0.93	18.53～30.65	52.6～64.3		0	46～48	41CY
				8.11（3）	7.74（3）	48.68（3）			0.46（3）	11.8	58.6	15	14.6	68.47（3）	5.59（3）	0.87（3）	24.59（3）	57.8（3）		0	47（3）	
	艾丁湖三区（C组）	两极值平均值（点数）	原	15.94	11.89	52.68			1.85													
				15.94（1）	11.89（1）	52.68（1）			1.85（1）													
			浮											72.11	5.82	0.72	21.35					
														72.11（1）	5.82（1）	0.72（1）	21.35（1）					
	艾丁湖预查区（C组）	两极值平均值（点数）	原	7.10～14.39	14.60～36.23	39.12～52.38	16.99～26.32	16.23～25.35	0.60～2.36										1.28～1.42			
				10.32（9）	20.02（9）	47.16（9）	23.12（9）	21.97（7）	1.55（10）										1.37（6）			
			浮	7.05～11.64	9.76～12.85	42.67～50.67			0.61～1.44	4.2～8.6	57.5～63.5	18.4～22.0	11.2～12.3	71.85～75.76	4.80～5.38	0.72～1.04	18.41～22.10	5.83～80				
				9.58（9）	11.19（9）	47.36（9）			0.97（3）	7.0（3）	60.9（3）	20.2（3）	11.8（3）	73.51（4）	5.08（4）	0.91（4）	20.50（4）	37.24（7）				41CY
沙尔湖煤田	库木塔格煤产地（C组）	两极值平均值（点数）	原	5.90～22.63	3.17～38.62	33.45～47.24	16.77～28.96	15.93～27.84	0.11～1.57										1.14～1.61			
				13.00（7）	8.72（7）	38.08（7）	26.74（7）	25.27（7）	0.28（115）										1.26			

续表

煤田名称	煤产地（煤矿区）及煤组编号		煤样性质	干基水分（M_{ad}）/%	干燥基灰分（A_d）/%	干燥基挥发分（V_{daf}）/%	发热量（$Q_{gr.d}$）/(MJ/kg)	发热量（$Q_{net.d}$）/(MJ/kg)	全硫（$S_{t,d}$）/%	低温干馏 焦油产率（T_{arad}）/%	半焦产率（Coked）/%	总水分产率（Watered）/%	煤气+损失/%	元素分析 C_{daf}/%	H_{daf}/%	N_{daf}/%	（O_{daf}+S_{daf}）/%	浮煤回收率	视相对密度ARD	黏结性G_{RI}	透光率（PM）/%	煤类
沙尔湖煤田	库木塔格煤产地（C组）	两极值 平均值（点数）	浮	3.02～14.80	4.31～13.54	32.03～45.74			0.10～1.50					73～76		0.7～1.00	18～23	7.14～58.8		0	42～76	41CY
				6.28	6.44（7）	39.25（7）			0.28（115）					75.53	4.83	0.84	20.24	40.27			62	
	库木塔格南煤产地（C组）	两极值 平均值（点数）	原	6.32～14.10	8.19～27.65	37.05～45.24	19.76～26.83	19.76～26.83	0.42～2.98										1.36～1.54			41CY
				10.68（12）	17.82（12）	41.77（12）	23.82（12）	23.28	1.68（12）										1.44			
			浮	6.20～10.04	6.03～10.21	38.03～42.27			0.30～1.74									22.90～66.40		0	58～75	
				745（12）	8.36（12）	40.52（12）			1.16（12）									39.46			63	
	沙尔湖煤矿区（C组）	两极值 平均值（点数）	原	9.22～12.28～	18.43～23.31	40.51～47.50	22.11～22.99												1.26～1.40	0		
				11.01（10）	20.83（10）	44.54（10）	22.79（4）												1.34（18）	0		
			浮	6.83～9.43	7.50～10.77	39.52～45.19				4.62～5.43	65.92～66.50	16.83～17.84	11.53～11.62	70.96～72.79	4.12～4.17	0.86～0.90	21.20～22.27			0		
				8.04（10）	9.01（10）	42.55（10）				5.03（2）	66.21（2）	17.34（2）	11.58（2）	71.88（2）	4.15（2）	0.88（2）	21.74（2）			0		
大南湖煤田	大南湖西区煤产地（C组）	两极值 平均值（点数）	原	3.13～9.12	10.05～29.35	34.63～45.64	19.43～27.42	17.88～26.54	0.18～.0.79	2.60～10.60	60.40～78.10	9.20～15.00	10.00～10.60	71.07～77.64	3.70～4.92	1.00～1.02	16.24～17.43		1.34～1.47			
				5.35（8）	17.64（8）	38.91（8）	23.90（8）	22.95（8）	0.38（8）	6.41（8）	71.04（8）	11.36（8）	10.22（8）	75.25（8）	4.27（8）	1.01（8）	16.83（8）		1.41（8）			
			浮	3.22～6.95	5.15～15.07	33.28～41.26	24.98～28.75	24.04～27.70	0.01～0.40	4.3	77.8	10	8.6	75.94	4.13			22.37～59.75		0	67	

续表

煤田名称	煤产地（煤矿区）及煤组编号		煤样性质	干基水分（M_{ad}）/%	干燥基灰分（A_d）/%	干燥基挥发分（V_{daf}）/%	发热量（$Q_{gr.d}$）/(MJ/kg)	发热量（$Q_{net.d}$）/(MJ/kg)	全硫（$S_{t.d}$）/%	低温干馏				元素分析				浮煤回收率	视相对密度ARD	黏结性$G_{R.I}$	透光率（PM）/%	煤类
										焦油产率（$T_{ar.ad}$）/%	半焦产率（Cokead）/%	总水分产率（Waterad）/%	煤气+损失/%	C_{daf}/%	H_{daf}/%	N_{daf}/%	（O_{daf}+S_{daf}）/%					
大南湖煤田	大南湖西区煤产地（C组	两极值平均值（点数）	浮	4.98（7）	8.15（7）	37.44（7）	27.08（7）	25.87（7）	0.25（7）	4.30（1）	77.80（1）	10.00（1）	8.60（1）	76.75（1）	4.23（1）			39.65（7）		0（7）	76.44（7）	
	大南湖中区煤产地（C组）	两极值平均值（点数）	原	7.33～9.89	9.38～16.88	35.16～45.07			0.11～1.57										1.31～1.42			
			原	8.86（17）	12.90（17）	40.70（17）			0.46										1.37			
			浮	7.44～9.27	5.86～8.82	38.79～47.62			0.10～0.74	5.53～13.20				71.09～77.42	4.09～5.04	0.94～1.22	17.17～20.94	22.5～40.10		0	34～50	
			浮	8.46（17）	6.84（17）	43.20（17）				7.57（13）				74.89（17）	4.71（17）	1.07（17）	19.13（17）	34.14（9）		0	45	41CY
	大南湖东区煤产地（C组）	两极值平均值（点数）	原	4.02～4.38	14.79～15.57	39.90～2.00	25.42～26.99	24.46～26.08	0.39～0.53	7.17～7.99	70.67～74.85	9.60～11.73	8.37～9.59	76.84～77.87	5.04～5.05	0.89～0.92	15.68～16.30		1.36～1.38			
			原	4.20（2）	15.18（2）	41.42（2）	26.21（2）	25.27（2）	0.46（2）	7.58（2）	72.76（2）	10.67（2）	8.98（2）	77.36（2）	5.05（2）	0.91（2）	15.99（2）		1.37（2）			
			浮	3.74～4.45	6.07～6.98	35.19～39.84	29.50～30.02	28.37～28.98	0.30～0.30					79.89～81.22	4.99～5.07	0.88～0.92	14.19～15.30	55.82～68.70		0	79～81	41CY
			浮	4.10（2）	6.53（2）	37.52（2）	29.76（2）	28.68（2）	0.30（2）					80.56（2）	5.03（2）	0.90（2）	14.75（2）	62.26（2）		0（2）	80（2）	
	骆驼圈子煤产地（C组）	两极值平均值（点数）	原	3.35～4.96	10.48～35.70	32.78～52.39	19.22～29.65	18.30～26.33	0.26～0.52	2	76.6	10.5	10.9	71.99～78.78	4.39～6.06	0.68	13.4		1.35			
			原	4.01（2）	25.44（2）	43.20（2）	25.98（2）	21.48（2）	0.39（2）	2.00（1）	76.60（1）	10.50（1）	10.90（1）	75.03（2）	5.33（2）	0.68（1）	13.40（1）		1.35（1）			
			浮	4.07	4.86	34.36	29.79	28.82	0.22					81.38	4.12	0.71	13.78	72.8		0		
			浮	4.07（1）	4.86（1）	34.36（1）	29.79（1）	28.82（1）	0.22（1）					81.38（1）	4.12（1）	0.71（1）	13.78（1）	72.8（1）		0（1）		

续表

煤田名称	煤产地（煤矿区）及煤组编号		煤样性质	干基水分（M_{ad}）/%	干燥基灰分（A_d）/%	干燥基挥发分（V_{daf}）/%	发热量（$Q_{gr,d}$）/(MJ/kg)	发热量（$Q_{net,d}$）/(MJ/kg)	全硫（$S_{t,d}$）/%	低温干馏				元素分析				浮煤回收率	视相对密度 ARD	黏结性 $G_{R.I}$	透光率（PM）/%	煤类
										焦油产率（$T_{ar,ad}$）/%	半焦产率（Cokead）/%	总水分产率（Waterad）/%	煤气+损失/%	C_{daf}/%	H_{daf}/%	N_{daf}/%	（O_{daf}+S_{daf}）/%					
托克逊煤田	克尔碱煤矿区（C组）	两极值平均值（点数）	原	4.64～8.61	9.95～10.65	42.82～45.10	26.56～28.12		0.75～1.72										1.28～1.32	0～3		41CY
				6.49	10.29	44.12	28.01		1.39										1.3	1		
			浮	6.16～7.89	4.67～6.11	42.3～44.81				9.80～10.70	64.10～71.10	11.8～15.4	8.6～10.1	76.56～77.19	4.89～5.16	1.27～1.43	16.67～17.15					
				6.86	5.2	43.48				10.1	68.2	13.03	9.23	76.84	5.02	1.35	16.83					
哈密煤田	三道岭煤矿区（C组）	两极值平均值（点数）	原	0.98～15.00	2.20～36.57	20.94～44.00	24.46～31.82	25.61～32.90						78.00～84.98	3.37～4.95	0.85～1.76	9.94～16.39		1.00～1.44			41CY
				4.2（305）	11.23（306）	30.03（306）	28.34（72）	28.33（20）						82.13（49）	4.22（49）	1.07（49）	12.56（49）		1.28（115）			
			浮	2.77～7.29	1.40～6.09	24.35～36.60				1.80～11.20	67.00～87.03	3.00～14.40	4.07～100	73.38～85.64	2.98～5.57	0.06～1.47	9.07～20.47	36.10～86.70				
				4.88（114）	3.60（114）	29.45（114）				4.60（76）	77.89（76）	8.66（76）	14.03（49）	82.47（72）	4.43（72）	1.00（72）	12.69（76）	66.16（84）				
鄯善煤田	红湖子安顺煤矿区（C组）	两极值平均值（点数）	原	1.56～3.97	6.27～11.25	35.79～39.96			0.37～0.62					76.6～82.24	4.22～5.29	0.90～1.29	11.55～17.98			0～2		41CY
				2.66	8.23	38.42			0.53					77.3	4.21	1.03	13.7			1		
			浮																			
	红湖子曙光煤矿（C组）	两极值平均值（点数）	原	2.45～3.97	6.27～8.70	35.79～39.96			0.37～0.62					70.91～82.24	4.13～5.29	0.90～1.29	11.55～17.98			0～2		
				2.99	7.38	37.85			0.53					77.4	4.9	1.03	13.7			1		
			浮															33.3				
																		33.3				

续表

煤田名称	煤产地（煤矿区）及煤组编号		煤样性质	干基水分（M_{ad}）/%	干燥基灰分（A_d）/%	干燥基挥发分（V_{daf}）/%	发热量（$Q_{gr,d}$）/(MJ/kg)	发热量（$Q_{net,d}$）/(MJ/kg)	全硫（$S_{t,d}$）/%	低温干馏				元素分析				浮煤回收率	视相对密度ARD	黏结性$G_{R.I}$	透光率（PM）/%	煤类
										焦油产率（$T_{ar,ad}$）/%	半焦产率（Cokead）/%	总水分产率（Waterad）/%	煤气+损失/%	C_{daf}/%	H_{daf}/%	N_{daf}/%	（O_{daf}+S_{daf}）/%					
鄯善煤田	梧桐窝子煤矿区（C组）	两极值平均值（点数）	原	1.3～2.90	5.32～21.65	36.03～56.07																
						43.9																
			浮																			QM
吐鲁番煤田	艾丁湖一区（C组）	两极值平均值（点数）	原	7.49～7.71	10.99～12.84	46.96～47.52	25.21～25.45	24.36～24.79	0.92～1.0										1.31～1.33			
				7.60（2）	11.92（2）	47.24（2）	25.33（2）	24.58（2）	0.96（2）										1.32（2）			
			浮	8.93～9.04	6.69～6.98	47.2～47.76			0.76～0.84					72.35～72.41	5.27～5.41	1.00～1.01	20.57～20.72～	61.9～70.8		0	45～48	HM
				8.99（2）	6.84（2）	47.49（2）			0.80（2）					72.38（2）	5.37（2）	1.01（2）	20.65（2）	66.35		0	47（2）	
	艾丁湖二区（C组）	两极值平均值（点数）	原	10.4～12.56	10.36～14.36	50.33～50.99	25.37～25.85	20.57～25.04	1.55～2.10										1.28～1.29			
				11.48（2）	12.36（2）	50.66（2）	25.74（2）	24.85（2）	1.83（2）										1.29（2）			
			浮	7.20～9.69	7.63～7.91	49.38～50.59			1.03～1.25	7.8～9.4	52.6～58.7	15.1～21.8	16～18.4	72.54～73.18	5.33～5.41	1.30～1.50	19.91～20.56.	59.3～69.5		0	46～46	HM
				8.45（2）	7.77（2）	49.99（2）			1.14（2）	8.6（2）	55.6（2）	18.6（2）	17.1（2）	72.86（2）	5.37（2）	1.40（2）	20.24（2）	64.4（2）		0	46	
沙尔湖煤田	库木塔格煤产地（C组）	两极值平均值（点数）	原	11.30～13.45	5.25～13.79	41.35～44.80	23.79～27.03		0.21～0.47													
				12.38	9.52	43.08	25.41		0.34													

续表

煤田名称	煤产地（煤矿区）及煤组编号		煤样性质	干基水分（M_{ad}）/%	干燥基灰分（A_d）/%	干燥基挥发分（V_{daf}）/%	发热量（$Q_{gr.d}$）/(MJ/kg)	发热量（$Q_{net.d}$）/(MJ/kg)	全硫（$S_{t.d}$）/%	低温干馏 焦油产率（T_{arad}）/%	半焦产率（Coke ad）/%	总水分产率（Water ad）/%	煤气+损失/%	元素分析 C_{daf}/%	H_{daf}/%	N_{daf}/%	（O_{daf}+S_{daf}）/%	浮煤回收率	视相对密度ARD	黏结性$G_{R.I}$	透光率（PM）/%	煤类
沙尔湖煤田	库木塔格煤产地（C组）	两极值平均值（点数）	浮	6.96～7.06	6.51～7.98	43.87～45.24			0.25～0.52									42～50		0	42～46	HM
				7.01	7.25	44.56			0.39									46		0	44	
托克逊煤田	克尔碱煤矿区（A组）	两极值平均值（点数）	原	2.68～4.25	9.10～31.06	34.67～48.03	26.18～29.17		0.31～0.74										1.30～1.36			
				3.65	14.87	42.18	27.39		0.55										1.33	5		
			浮	2.55～4.86	3.81～5.62	32.98～46.94				2.3～14.50	67.0～92.7	1.4～11.1	3.6～11.7	78.78～81.29	4.37～5.71	1.19～2.29	11.35～15.65	77.7～82.33				41CY、42CY
				3.95	4.92	40.59				9.03	74.84	7.71	8.5	79.75	5.11	1.57	13.48	80./02				
鄯善煤田	七泉湖煤矿区（A煤组）	两极值平均值（点数）	原	2.70～5.01	4.89～13.66	36.44～42.47								79.03～81.83	4.65～5.23	1.11～1.44	8.34～12.55					
				3.71（21）	7.37	38.8								81.53	5.09	1.3	11.3		1.29			
			浮	2.47～4.48	2.14～8.10	35.77～41.58								79.56～82.84	5.14～5.66	1.12～1.47	10.20～13.66			0		41CY
				3.49	3.62	38.41								81.69	5.28	1.33	11.42			0		

挥发分产率（V_{daf}）：C 煤组原煤干燥挥发分（V_{daf}）含量一般值为 30.03%～52.68%。其中艾丁湖三区、艾丁湖二区煤产地均值大于 50%，属于特高挥发分煤；三道岭煤矿区均值为 28%～37%，属于中高挥发分煤；其余煤产地均属于高挥发分煤。A 煤组原煤干燥挥发分（V_{daf}）含量一般值为 38.80%～42.18%，属于高挥发分煤。

有害元素：各煤层硫、磷、氟、砷、氯等有害元素含量如下所述（表 7.17）。

表 7.17　吐哈赋煤带各煤田煤质及有害元素分析成果表

煤田名称	煤产地		煤组号	原煤					浮煤				
				全硫（$S_{t,d}$）/%	磷（P_d）/%	氟（F_{ad}）/(μg/g)	氯（Cl_d）/%	砷（As_{ad}）/(μg/g)	全硫（$S_{t,d}$）/%	磷（P_d）/%	氟（F_{ad}）/(μg/g)	氯（Cl_d）/%	砷（As_{ad}）/(μg/g)
吐鲁番煤田	干沟煤矿区	两极值	C 煤组	0.74～1	0.003	51～70	0.010～0.033	4～7					
		平均值		0.87（2）	0.003（2）	60.5（2）	0.022（2）	5.5（2）					
	艾丁湖一区	两极值	C 煤组	0.62～1.00	0.00～0.01	57～70	0.05～0.06	4～11	0.46～0.84				
		平均值		0.80	0.00	66.40	0.05	6.40	0.66				
	艾丁湖二区	两极值	C 煤组	0.68～1.55	0.00～0.02	44～114	0.05～0.07	2～5	0.38～1.25				
		平均值		1.11	0.01	74.40	0.05	3.00	0.73				
	艾丁湖三区	两极值	C 煤组	1.85	0.01	33.57	0.05	3.32					
		平均值		1.85	0.01	33.57	0.05	3.32					
	艾丁湖预查区	两极值	C 煤组	0.60～2.36	0.000～0.039	31～79	0.089～0.765	1～8	0.61～1.44				
		平均值		1.55（10）	0.009（10）	57（10）	0.270（10）	3（10）	0.97（3）				
托克逊煤田	伊拉湖煤产地	两极值	C 煤组	0.79～1.44	0.012～0.019	44～71	0.414～0.871	4～19	1.04				
		平均值		1.12（2）	0.016（2）	58（2）	0.643（2）	12（2）	1.04（1）				
沙尔湖煤田	库木塔格煤产地	两极值	C 煤组	0.11～1.57	0～0.121	33～272.39	0.194～1.023	1～60	0.10～1.50	0～0.097	29～169.94	0.006～0.855	1～12
		平均值		0.30（115）	0.018（115）	100.48（114）	0.508（115）	4（114）	0.31（115）	0.014（54）	62.44（53）	0.072（25）	2（53）
	库木塔格南煤产地	两极值	C 煤组	0.42～2.98	0.026～0.255	109.60～315.56	0.323～0.547	2～70	0.30～1.74	0.019～0.044	96.70～143.18		2～27
		平均值		1.68（12）	0.088（12）	163.04（12）	0.446（12）	31（12）	1.16（12）	0.028（7）	122.28（7）		12（7）
	沙尔湖煤产地	两极值	C 煤组	0.30～0.80	0.00～0.104	21～204	0.191～1.066	0～34					
		平均值		0.57	0.007	86	0.52	2					
	沙尔湖煤矿区	两极值	C 煤组	0.16～4.96	0.001～0.099	25～100	0.067～0.995	2～22					
		平均值			0.017	62	0.453	8					

续表

煤田名称	煤产地		煤组号	原煤					浮煤				
				全硫 ($S_{t,d}$) /%	磷 (P_d) /%	氟 (F_{ad}) /(μg/g)	氯 (Cl_d) /%	砷 (As_{ad}) /(μg/g)	全硫 ($S_{t,d}$) /%	磷 (P_d) /%	氟 (F_{ad}) /(μg/g)	氯 (Cl_d) /%	砷 (As_{ad}) /(μg/g)
大南湖煤田	大南湖西区煤产地	两极值	C 煤组	0.19～2.17	0.001～0.008		0.024～0.091	2～5	0.27～0.46	0.000～0.009			1～4
		平均值		0.27（52）	0.01（52）		0.10（52）	3.37（52）	0.21（17）	0.01（13）			2.50（13）
	大南湖东区煤产地	两极值	C 煤组	0.04～1.74	0.001～0.222		0.012～0.108	1～9	0.12～2.51	0.000～0.058			1～7
		平均值		0.38（201）	0.02（168）		0.03（168）	3.06（168）	0.31（117）	0.02（51）			2.28（51）
	骆驼圈子煤产地	两极值	C 煤组	0.43～0.65	0.001～0.006		0.023～0.039	2～3					
		平均值		0.49（4）	0.003（4）		0.031（4）	2.25（4）					
鄯善煤田	安顺煤矿	两极值	C 煤组	0.37～0.62	0.029～0.005								
		平均值		0.53	0.027								
	曙光煤矿	两极值	C 煤组	0.37～0.62	0.003～0.05								
		平均值		0.53	0.027								
哈密煤田	三道岭煤矿	两极值	C 煤组	0.06～1.86	0.001～0.01	8～125	0～0.160	0～12.00	0.05～0.29				
		平均值		0.35	0.009	46.1	0.043	1.95	0.17				
托克逊煤田	克尔碱煤矿	两极值	C 煤组	0.75～1.75	0.018～0.049	59～176	0.032～0.037	9～21	0.63～1.35				
		平均值		1.39（3）	0.032（3）	111（3）	0.035（3）	13（3）	1.05（3）				
	克尔碱煤矿	两极值	A 煤组	0.31～0.74	0.005～0.029	42～77	0.024～0.037	2～6	0.28～0.73				
		平均值											

硫（$S_{t,d}$）：C 煤组原煤的干燥基全硫（$S_{t,d}$）含量一般值为 0.27%～1.85%，其中库木塔格煤矿区、大南湖东区、三道岭煤矿区等属于特低硫煤；沙尔湖煤田、骆驼圈子区、安顺煤矿、曙光煤矿属于低硫煤；干沟煤矿区、艾丁湖一区属于中低硫煤；伊拉湖区、艾丁湖二区属于中硫煤；克尔碱煤矿区、艾丁湖三区、艾丁湖预测区、库木塔格南煤矿区属于中高硫煤；吐哈含煤盆地南缘靠近西侧一带煤的硫含量明显相对较高，其余地段煤的硫含量变化较小。A 煤组原煤的干燥基全硫（$S_{t,d}$）含量一般值为 0.31%～0.74%，属于特低-低硫煤。克尔碱煤矿区南北两侧硫分值相对较小，在中部、中东部由明显变大的趋势。各煤组硫分均以有机硫（$S_{o.d}$）为主，其次为硫化铁硫（$S_{p.d}$），硫酸盐硫（$S_{s.d}$）少量或不含（表 7.18）。

表 7.18　吐哈赋煤带部分煤田煤中各种硫分析成果表　　（单位：%）

煤田名称	煤产地		煤组号	原煤				浮煤			
				全硫（$S_{t,d}$）	硫酸盐硫（$S_{s,d}$）	硫化铁硫（$S_{p,d}$）	有机硫（$S_{o,d}$）	全硫（$S_{t,d}$）	硫酸盐硫（$S_{s,d}$）	硫化铁硫（$S_{p,d}$）	有机硫（$S_{o,d}$）
沙尔湖煤田	库木塔格煤产地	最极值	C 煤组	1.08～1.57	0～0.04	0.29～0.94	0.02～1.20				
		平均值		1.35（4）	0.03（4）	0.53（4）	0.74（4）				
	库木塔格南煤产地	最极值	C 煤组	1.20～2.98	0.04～0.14	0.43～1.57	0.41～1.00	0.53～1.74			
		平均值		1.92（10）	0.08（10）	0.95（10）	0.75（10）	1.33（10）			
	沙尔湖煤产地	最极值	C 煤组	0.30～0.80	0～0.74	0～4.36	0.00～1.30		0.00～0.01	0.00～0.011	0.00～1.26
		平均值		0.57	0.23	0.40	0.53		0.01	0.06	0.32
大南湖煤田	大南湖西区煤产地	两极值	C 煤组	0.12～0.34	0.00～0.03	0.01～0.09	0.04～0.32	0.07～0.46	0.01～0.02	0.01～0.03	0.00～0.45
		平均值		0.21（13）	0.02（13）	0.03（13）	0.15（13）	0.20（13）	0.01（13）	0.01（13）	0.18（13）
	大南湖东区煤产地	两极值	C 煤组	0.14～97	0.01～1.66	0.01～0.73	0.01～0.55	0.12～0.67	0.00～0.01	0.01～0.17	0.10～0.58
		平均值		0.39（44）	0.16（44）	0.17（44）	0.21（44）	0.29（44）	0.00（44）	0.04（44）	0.25（44）
	骆驼圈子煤产地	两极值	C 煤组	0.16							
		平均值		0.16							
哈密煤田	三道岭煤矿区	两极值	C 煤组	0.06～1.86 0.35（202）	0.00～0.28 0.11（18）	0.02～0.23 0.17（18）	0.00～0.26 0.02（18）	0.05～0.29 0.17（40）			
		平均值									
托克逊煤田	克尔碱煤矿区	两极值	C 煤组	0.75～1.75	0.01～0.02	0.50～0.88		0.63～1.35			
		平均值		1.39（3）				1.05（3）			
	克尔碱煤煤矿区	两极值	A 煤组	0.31～0.74	0～0.01	0.08～0.30	0.27～0.40	0.28～0.73			
		平均值		0.55（8）	0.00（8）	0.19（8）	0.32（8）	0.52（8）			

磷（P_d）：C 煤组原煤干燥基磷（P_d）含量一般值为 0.00～0.088%，其中干沟煤矿区、艾丁湖一区、艾丁湖二区、艾丁湖三区、艾丁湖预测区、沙尔湖煤矿区、大南湖西区、骆驼圈子区、三道岭煤矿区属于特低磷煤；克尔碱煤矿区、伊拉湖区、库木塔格煤矿区、沙尔湖煤矿区、大南湖东区、安顺煤矿、曙光煤矿属于低磷煤；库木塔格南煤矿区属于中磷煤。A 煤组原煤的干燥基磷（P_d）含量一般值为 0.005%～0.029%，属于特低-低磷煤。

7. 中天山赋煤带焉耆煤田

该煤田包括和静矿区、和硕矿区、焉耆矿区、库尔勒矿区、博湖矿区。目前除了库尔勒矿区勘查开发程度较高外，其余矿区因属隐伏式煤田，勘查开发程度很低，缺少煤层煤质资料。

库尔勒矿区在塔什店附近开展了大量的煤炭资源勘查工作，区内建有多对生产矿井，开发程度较高。区内以塔什店组为主要含煤地层，煤层的主要煤质指标平均值为：空气干燥基全水分含量为2.38%，干基灰分产率为14.11%，干燥无灰基挥发分产率为44.31%，干基全硫含量为0.45%，黏结指数为53，发热量为28.90MJ/kg。煤层分类属于中低灰分、高镜质组、低-中阶烟煤。煤的质量级别属特低水分、中低灰分、特低硫、中等黏结性、高发热量煤。煤类以41号长焰煤、43号气煤为主，有少量的45号气煤。以动力用煤为主，少量可作为焦煤，目前在库尔勒煤炭供给不足的情况下，均作为动力煤使用。

8. 塔北赋煤带温宿煤田

该煤田是库车拗陷中最西部的一个煤田，煤田内山高路险，交通不便，地质勘查程度较低，目前区内煤矿均为年产9万t的小煤矿。煤田内含煤地层为下侏罗统塔里奇克组、阳霞组和中侏罗统克孜努尔组，在巴依里煤矿以东主要为塔里奇克组所含A煤组煤层，以西A煤组煤层变薄，但克孜努尔组所含C煤组和阳霞组所含B煤组煤层增厚而成为主要可采煤层。

1）塔里奇克组A煤组煤层

该煤共有2层可采煤层，据矿井地质资料，其性质如下所述。

干基全硫含量最高为0.88%，最低为0.3%，平均为0.58%。硫的赋存形态主要为硫酸盐硫，其次为硫化物硫和有机硫。

磷含量：煤层中磷含量极低，平均含量为0.002%，黏结指数为0～10，发热量为32.90MJ/kg。煤的灰成分主要为SiO_2，所占比例为50.31%，其次为Fe_2O_3和Al_2O_3，所占比例分别为15.25%和17.23%，其余成分含量较少。煤的灰熔性软化温度（ST℃）最高为1310°，最低为1150°，平均1214°，为低熔灰分。

煤质类别属特低水分、低等灰分、低挥发分、低硫、弱黏结性、特高发热量，煤类以11号贫煤、12号贫廋煤为主，为优质的动力用煤。

2）阳霞组所含B煤组煤层

原煤水分（M_{ad}）含量平均为1.36%，灰分（A_d）产率平均为8.87%，挥发分（V_{daf}）产率平均为13.21%，碳（C_{daf}）含量平均为90.19%，氢（H_{daf}）含量平均为3.94%，氮（N_{daf}）含量平均为1.07%；浮煤水分（M_{ad}）含量平均为1.37%，灰分（A_d）产率平均为1.65%，挥发分（V_{daf}）产率平均为11.22%，碳（C_{daf}）含量平均为90.10%，氢（H_{daf}）含量平均为3.59%，氮（N_{daf}）含量平均为1.05%。

有害元素和稀散元素：全硫（$S_{t,d}$）含量属特低硫，其中以有机硫为主，硫化铁硫次之，硫酸盐硫最少。西部苛岗地区煤的含硫量大于4%，为高硫煤。磷（P_d）含量等级也属于特低磷，平均只有0.006%，氟、氯等有害元素的含量均未达到有害于环境或有碍于煤加工利用的程度。

根据对煤灰分进行光谱半定量分析，煤层中镓（Ga）含量为4.83Mg/g，锗（Ge）含量小于0.48Mg/g。煤类以11号贫煤为主，西部苛岗地区为长焰煤，可作为民用和工业动力用煤使用，还可用于烧结矿石，炼制石灰、水泥的燃料。

3）克孜努尔组所含C煤组煤层

原煤水分含量（M_{ad}）为0.66%，浮煤水分含量（M_{ad}）为0.64%，煤层原煤水分加权平均值 0.52%。原煤干燥基灰分产率（A_d）平均值为 16.69%，浮煤干燥基灰分产率为 4.27%。原煤可燃基挥发分（V_{daf}）产率平均值为 20.37%，浮煤为 18.90%。原煤碳（C_{daf}）含量为 88.17%，氢（H_{daf}）含量为 4.86%，氮（N_{daf}）含量为 1.42%，氧 + 硫（$(O+S)_{daf}$）含量为 5.55%。

有害元素分析：原煤全硫含量为 0.61%，磷含量为 0.030%，氟含量为 80Mg/g，氯含量为 0.044%，砷含量为 7Mg/g。

原煤干燥基弹筒发热量（$Q_{b.d}$）为 25.04MJ/kg，燃点为 358℃。可燃基弹筒发热量（$Q_{b.daf}$）发热量为 35.33MJ/kg。黏结指数（$G_{R.I}$）为 69。

根据《中国煤炭分类国家标准》确定 C 煤组煤层定为焦煤（15JM）。煤层具中灰、低硫、低磷、高发热量的性质，经洗选后可作为民用和炼焦用煤。

9. 塔西南赋煤带阿克陶煤田

阿克陶煤田划分为霍峡尔矿区、赛斯特盖矿区、库斯拉甫矿区、阿帕勒克矿区。

霍峡尔矿区：含煤地层为下侏罗统康苏组和中侏罗统杨叶组，康苏组含煤 3 层，可采 1 层，平均厚度 1.33m。杨叶组含煤 3 层，均为可采煤层，平均厚度分别为 1.53m、2.35m、2.52m。煤层的原煤水分（M_{ad}）含量为 1.84%～2.89%，干基灰分产率均大于 40%，干基全硫含量为 0.26%～1.99%，干燥无灰基挥发分产率为 35.60%～37.16%，原煤发热量为 11.35～16.19MJ/kg，煤质级别为特低水分、高灰分、特低硫-中硫、低发热量。按灰分产率和发热量两项工业指标衡量该区煤层已不属可利用的有效资源，但对于缺煤的喀什地区来讲，可优选其中部分质优的煤作为民用煤。

赛斯特盖矿区：含煤地层为下侏罗统康苏组，康苏组分上、下两个含煤段，共含 8 层煤层，煤层平均总厚度 11.32m，局部可采煤层 5 层，可采煤层的平均厚度为 1.37～2.11m。可采煤层的原煤空气干燥基水分（M_{ad}）含量为 1.61%～4.57%，原煤干基灰分产率为 12.15%～18.77%，浮煤干燥无灰基挥发分产率为 4.04%～8.42%，干基全硫含量为 0.51%～0.65%，黏结指数为 0，干基弹筒发热量为 28.11～30.20MJ/kg。煤质类别为特低水分、中低灰分、低硫、低-中磷、低挥发分、无黏结性的高发热量煤，煤类为 01 号和 02 号无烟煤，是良好的动力和民用煤。

库斯拉甫矿区：含煤地层为中侏罗统杨叶组，共含煤层 4 层，煤层总厚为 3.88m，煤层的原煤水分含量为 0.58%～1.66%，干基灰分产率为 2.91%～36.94%，干燥无灰基挥发分产率为 7.32%～15.48%，干基全硫含量为 0.54%～2.27%，黏结指数为 1，发热量为 33.8～35.32MJ/kg。煤质量级别为特低水分、高灰分、低-高硫、特低磷-中磷、无黏结性、特高发热量的贫煤，可作为工业动力用煤和民用煤。

阿帕勒克矿区：含煤地层为下侏罗统阜康苏组，含煤 8 层，煤层的原煤水分含量为 2.87%，干基灰分产率为 19.65%，干燥无灰基挥发分产率为 8.50%，干基全硫含量为 0.45%，为特低水分、中等灰分、特低硫、特低磷-中磷、无黏结性的特高发热量无烟煤，可作为工业动力用煤和民用煤。

10. 塔东南赋煤带且末煤矿点

含煤地层为叶尔羌群下部层段，因资源量有限、加上构造复杂，勘查和开发程度很低，据且末县红柳沟东煤矿地质资料，区内煤层的原煤水分（M_{ad}）含量平均为 8.90%，原煤干燥基灰分产率为 16.27%，干燥基全硫含量平均为 0.89%，干燥无灰基挥发分产率为 44.04%，黏结指数平均为 37，高位弹筒发热量为 25.58MJ/kg。煤质类别为低水分、中等灰分、低硫、中高挥发分、中黏结性的高热值煤类，煤类为 43 号气煤，属动力和民用煤。

（三）青海侏罗纪主要煤田煤质特征

青海煤类基本齐全，并以焦煤属于首位，约占总探明储量的一半，其次为长焰煤、不黏煤、瘦煤、气煤、无烟煤。石炭系的煤质一般为低灰贫瘦煤和无烟煤，尚有少量气肥煤及焦煤，局部含硫较高。二叠系的煤质属中、高灰、低硫-中硫贫煤。上三叠统煤质属中灰-高灰、低硫肥煤、气煤及少量焦煤。中下侏罗统煤质：分布于西宁、门源、大煤沟、鱼卡者属低变质程度的中灰、低硫不黏煤，挥发分大于 37%者为长焰煤、气煤，少部分为弱黏煤。江仓、热水、聚乎更等矿区中-高变质程度的低-中灰、低硫煤，挥发分为 17%～30%，为焦煤、弱黏煤、瘦煤和贫煤，尚有少量气肥煤。

1）石炭系煤质特征

下石炭统煤层主要分布在扎曲煤田。据豹草沟、让江藏嘎、吉耐、查然宁、折贾能五个主要勘探区或煤矿点氧化带煤样统计，灰分（A_d）为 5.06%～30.41%，挥发分（V_{daf}）为 4.41%～8.39%，全硫（$S_{t,d}$）为 0.24%～0.79%，碳（C_{daf}）一般大于 93%，氢（H_{daf}）均小于 2%，主要煤类应为 2 号无烟煤。豹草沟一带小煤矿勘探资料显示该区无烟煤煤质十分优良（A_d 为 2.7%～4.91%，V_{daf} 为 3.47%～3.98%，$S_{t,d}$ 为 0.39%～0.43%，$Q_{gr.v.d}$ 为 33.0～33.3MJ/kg），评价前景乐观。上石炭统煤层主要分布在中祁连山西部地区和柴北赋煤带的乌兰煤田中。按宁缠、青羊沟、阿力克矿区和照壁山小窑四处风氧化带以下的煤样进行统计，M_{ad} 为 0.81%～1.70%，A_d 为 5.15%～27.78%；V_{daf} 为 7.03%～25.33%，$S_{t,d}$ 为 2.71%～3.67%；C_{daf} 为 86.97%～92.00%，H_{daf} 为 3.23%～4.74%，煤类从东到西，从北向南分别为 3 号无烟煤、贫煤、贫瘦煤和肥煤，变质程度呈递降之势。乌兰煤田上石炭统：M_{ad} 为 0.82%～0.94%，V_{daf} 为（原煤）19.59%～19.85%，A_d 为 19.13%～22.33%，煤类为瘦煤-弱黏煤。旺尕秀到牦牛山一带属气煤、焦煤类，欧龙布鲁克山到石灰沟矿区可能以不黏煤为主。

2）二叠系煤质特征

上二叠统煤层仅见于唐古拉山西部，煤的化学性质按开心岭、乌丽、格劳、扎苏、宗扎 5 个煤矿点的原煤化验资料统计：M_{ad} 为 1.43%～4.93%，A_d 为 24.65%～33.58%，V_{daf} 为 8.05%～16.07%，$S_{t,d}$ 为 0.65%～1.85%，P_d 为 0.005%～0.032，$Q_{gr.ad}$ 为 21.90%～21.92MJ/kg，除个别靠近后期侵入岩体的样品可能属于无烟煤类外，多为富灰特低-中硫贫煤。乌丽地区各煤层均属低水分、中灰分、低挥发分、特低-低硫、中热值煤。原煤测定结果：灰分为 22.96%～29.75%，平均为 27.34%；挥发分为 9.70%～16.47%，平均为 14.52%；全硫为 0.10%～0.89%，平均为 0.51%；恒容干基高位发热量为 21.04～25.00MJ/kg，平均为 22.26MJ/kg；恒容干燥基低位发热量为 17.44～21.34MJ/kg，平均为 18.37MJ/kg；水分为 1.48%～5.40%，平均为 2.85%。精煤测定结果：碳含量为 87.97%～91.08%，平均为 89.60%；氢含量为 1.68%～1.97%，平均为 1.77%；氮含量为 0.77%～0.81%，平均为

0.79%；挥发分为 7.85%～13.68%，平均为 10.94%；焦渣特征为 2；黏结指数为 0；回收率为 13.51%～70.37%，平均为 40.17%。煤类属贫煤-无烟煤。

3）三叠系煤质特征

上三叠统可采煤层主要分布在祁连赋煤带和唐古拉赋煤带。煤的化学性质按完卓、克图、多洛三个地区主要煤矿点统计，M_{ad} 为 0.86%～4.00%，A_d 为 4.66%～25.16%，V_{daf} 为 30.40%～40.01%，$S_{t,d}$ 为 0.09%～3.05%，$Q_{gr.ad}$ 为 25.81%～30.65%，包括弱黏煤、气煤和肥煤三个煤类。在青海湖北侧的围江沟煤矿点到热水矿区一带，三叠系尕勒得寺组（T_3g）煤的变质程度偏高，可能为贫煤或瘦煤，但一般达不到可采厚度。唐古拉赋煤带众根涌—格玛地区和乌丽煤田北部的煤层煤的变质程度较低，V_{daf} 为 28.03%～36.90%，并略具黏结性，主要为不黏煤，其灰分（A_d）一般不超过 30%，发热量（$Q_{gr.ad}$）20MJ/kg 以上，硫（$S_{t,d}$）一般不超过 1%。在梭罗东茅—苏莽地区，有轻微的石墨化现象，可能存在部分无烟煤或贫煤，V_{daf} 为 9.94%～18.50%，灰分一般偏高，局部＞40%。乌丽八十五道班西三叠系各煤层煤质特征：原煤灰分平均为 17.90%，挥发分平均为 19.69%，全硫平均为 0.57%，恒容干基高位发热量平均为 25.45MJ/kg，恒容干燥基低位发热量平均为 20.98MJ/kg；精煤挥发分平均值为 18.69%，水分平均值为 5.32%，灰分平均值为 8.50%，碳含量平均为 84.60%，氢含量平均为 2.46%，氮含量平均为 1.29%，焦渣特征为 2，回收率为 59.94%。煤类初步定为不黏煤，是较好的动力及民用煤。

侏罗系煤质特征按矿区如下所述。

1. 西宁煤田大通矿区

祁连赋煤带西宁煤田大通矿区的 2、3、4 煤组属低变质烟煤，大通矿区主要可采煤层 3-（2）和 4 煤的 M_{ad} 为 8.91%～8.97%，A_d 为 17.76%～21.06%，V_{daf} 为 35.59%～37.23%，$S_{t,d}$ 为 0.31%～0.39%，C_{daf} 为 77.23%～77.80%，H_{daf} 为 4.42%～4.44%，均以中灰特低硫不黏煤为主，仅在其边部和顶部局部出现长焰煤。城关、五峰、小峡矿区的主要煤层，M_{ad} 为 7.23%～9.66%，A_d 为 17.84%～26.41%，V_{daf} 为 41.98%～43.06%，$S_{t,d}$ 为 1.32%～3.63%，以中灰低-中硫长焰煤为主，$Q_{gr.ad}$ 一般大于 20MJ/kg。长焰煤和气煤类含油率普遍较高，可达 10%以上，适于低温干馏或做城市煤气原料，部分具有黏结性的煤还可作为配焦煤。煤的可选性按分选密度±0.1 含量评价，大通矿区小煤洞井田 4 煤精煤产品灰分 9%时为极难选，10%时为中等可选，11.5%时为极易选；元术尔井田 3 煤精煤产品灰分为 9%～11.5%时为极难选。

2. 木里煤田热水—外力哈达矿区

热水—外力哈达矿区主要为高变质煤，煤的化学性质以柴达尔井田 M1、M2 和外力哈达、曲古沟井田煤二为代表：M_{ad} 为 0.68%～1.01%，A_d 为 15.59%～29.50%，V_{daf} 为 9.08%～18.50%，$S_{t,d}$ 为 0.11%～0.53%，C_{daf} 为 89.88%～93.00%，H_{daf} 为 3.82%～4.50%，主要煤类为贫煤及贫瘦煤，但分布不均匀，局部还出现瘦煤、弱黏煤、甚至无烟煤。牡丹沟井田的煤二东部 V_{daf} 一般为 17%～18%，应属瘦煤，西部 V_{daf} 一般大于 19%，最高达 23.74%，应为弱黏煤。聚乎更矿区主要可采煤层均属特低灰、中、高挥发分，特低硫、特低磷，弱黏结-强黏结的特高热值煤，以焦煤（浅-中部）、贫瘦煤（中深部）为主，含少量1/2中黏煤、1/3焦煤、弱黏煤、不黏煤、气煤和贫煤，煤质变化较大，但总体上还是属于炼焦用煤。聚乎更四井田下2煤层灰分为（A_d）4.05%～19.86%，平均为10.40%；挥发分（V_{daf}）为14.68%～28.64%，平均为21.72%；黏结指数（$G_{R.I}$）为15.00～81.70，平均为49.12；发热量（$Q_{gr.ad}$）为28.95～33.94MJ/kg，平均为31.79MJ/kg；硫分（$S_{t,d}$）为0.11%～0.63%，平均为0.21%。

3. 木里煤田热水组煤层

木里煤田的冬库、外力哈达、热水、海德尔、默勒等矿区的热水组（J_1r），其成煤时代尚有争议，也可能属于中侏罗统底部，但煤质特征与上覆木里组明显不同。该组煤的变质程度很低，R_{max}一般不超过1%，相当于Ⅰ～Ⅲ阶段（冬库为Ⅰ）。煤的化学性质按冬库、默勒、海德尔、牡丹沟、曲古沟、柴达尔6个点统计为M_{ad}为1.36%～8.41%，A_d为10.70%～22.34%，V_{daf}为28.11%～43.92%，$S_{t,d}$为0.17%～2.18%，H_{daf}为4.43%～5.37%，$Q_{gr.ad}$为23.40～26.83MJ/kg。其煤类大部分为不黏煤或弱黏煤，仅个别地段为气煤及长焰煤。其工艺性能具有下列特点：以低-中灰特低硫为主，仅默勒矿区含硫量稍高一些，为低硫煤，发热量高，而含油率低（小于7%），因此适用于动力用煤；煤的黏结性一般很差，据柴达尔矿西区测定，黏结指数（G_{RI}）平均为1.97%，一般为0；商品煤的质量较好，其中默勒块煤是深受用户欢迎的民用煤，海德尔混煤也是制作民用煤砖的上好材料。

4. 木里煤田聚乎更矿区、江仓矿区

聚乎更矿区和江仓矿区煤质数据统计如下：M_{ad}为0.89%～1.30%，A_d为8.76%～20.19%，V_{daf}为18.81%～35.56%，$S_{t,d}$为0.27%～1.28%，P_d为0.0218%～0.265%，C_{daf}为85.48%～90.67%，H_{daf}为4.59%～5.49%，Y为6.0～19.5mm（一般大于10mm），$G_{R.I}$为40～80。其主要煤类为焦煤，少量气煤及瘦煤，尚有部分1/2中黏煤。在垂向上，江仓组的煤级略低于木里组，而且黏结性也优于木里组。在横向上，向斜两翼浅部的煤级低于深部。在平面上，聚乎更矿区的煤级低于江仓矿区，更低于弧山矿区。所以，聚乎更矿区有部分气煤（或1/2中黏煤），而江仓矿区有部分瘦煤，至江仓矿区西部个别钻孔及弧山矿区还见到贫煤，甚至见到年轻无烟煤。

5. 木里煤田弧山矿区

木里煤田弧山矿区各煤层原煤水分为11.21%～0.09%，平均为1.37%；浮煤水分一般为6.04%～0.20%，平均为1.17%。各煤层的原煤和浮煤空气干燥基水分具如下特征：一是大多数原煤水分较浮煤水分高；二是6、7、13煤层原煤水分比其他煤层高，其中13煤层原煤水分最高为11.21%，6煤层原煤水分最高为10.18%。各煤层原煤灰分变化很大，为38.12%～0.33%，平均为14.54%。矿区内原煤灰分具有如下规律：①各煤层的原煤灰分由浅部向深部具有增加的趋势；②15、17煤层的原煤灰分较高；③结构复杂煤层的原煤灰分普遍较高。浮煤较原煤灰分有较大幅度的降低。各煤层原煤挥发分为41.43%～6.93%，平均值为16.63%；浮煤挥发分为31.07%～7.85%，平均值为15.95%。原煤、浮煤挥发分在垂向及平面上无明显规律。各煤层原煤全硫含量为1.64%～0.09%，平均为

0.54%；浮煤全硫含量为 1.13%～0.03%，平均为 0.48%。各煤层原煤全硫含量在南北两翼均有向深部降低的变化趋势。各煤层元素分析结果表明，C_{daf}含量较高，其变化范围较大，为 92.75%～53.59%；H_{daf}含量为 5.46%～1.00%；N_{daf}含量在各煤层之间十分接近，无异常值和明显变化；O_{daf}含量为 15.44%～0.91%，各煤层之间变化很大，变化规律难寻。弧山矿区各煤层原煤的干燥基高位发热量（$Q_{gr,d}$）为 36.20～20.51MJ/kg，为中热值煤-特高热值煤，最高发热量出现在 8 煤层贫瘦煤中，最低发热量出现在 11 煤层贫煤中，各煤层中除 5、7、8、9、11 煤高位发热量变化较小外，其余各煤层变化较大。13 煤层各煤类间的高位发热量（$Q_{gr,d}$）也变化较大，从 PM—PS—BN—RN，发热量依次降低；而 16 煤层从 JM—BN—PM—PS，发热量依次降低，可见各煤层各煤类干燥基高位发热量（$Q_{gr,d}$）变化的规律性不明显。弧山矿区对矿区内 6、12、14 煤层进行了奥亚膨胀度试验，6 煤层最大收缩度为 14%，固化温度为 500℃；12 煤最大收缩度为 16%，固化温度为 500℃；14 煤最大收缩度为 14%，固化温度为 500℃。三个煤层的最大收缩度非常接近，为 16%～14%；固化温度都一样，均为 500℃。3、6、13、16、17 煤层的坩埚膨胀试验和序数测定结果显示，各煤类坩埚膨胀序数变化于 1/2～5，相比较而言，17 焦煤坩埚膨胀序数较高，其余煤层坩埚膨胀序数低，为 0.5～1。低温干馏表明煤的焦油产率级别为含油煤，矿区各煤层为易磨煤-极易磨煤。煤灰软化温度变化范围为 1144～1500℃，属较低软化温度灰-较高软化温度灰；流动温度变化范围为 1180～1500℃，属较低流动温度灰-高流动温度灰。弧山矿区共有七个煤类，分别为贫煤、贫瘦煤、瘦煤、焦煤、1/2 中黏煤、弱黏煤、不黏煤。主要煤类为贫煤，其用途分为动力用煤和炼焦用煤。

6. 木里煤田哆嗦公马矿区

木里煤田哆嗦公马矿区地表煤样（含探槽）化验结果为：下 2 煤层原煤灰分为 2.17%～9.39%，平均为 5.54%；挥发分含量为 21.53%～37.76%，平均为 25.06%；硫分含量为 0.14%～0.48%，平均为 0.26%；发热量为 26.23～33.08MJ/kg，平均为 30.54MJ/kg，属于低灰分、特低硫、特高热值煤。下 1 煤层原煤灰分为 3.41%～18.30%，平均为 9.61%；挥发分含量为 25.77%～38.08%，平均为 33.71%；硫分含量为 0.51%～0.91%，平均为 0.74%；发热量为 23.99～30.34MJ/kg，平均为 27.91MJ/kg，属于低灰、低硫、特高热质煤。下中煤层原煤灰分为 2.77%，挥发分含量为 27.50%，硫分含量为 0.39%，发热量为 30.45MJ/kg，属于特低灰、特低硫、特高热值煤。钻孔煤样化验结果显示：下 1 煤层精煤灰分为 2.65%～6.37%，平均为 3.89%；挥发分为 30.2%～36.18%，平均为 34.09%；全硫含量为 0.52%～1.11%，平均为 0.78%；发热量为 32.17～32.75MJ/kg，平均为 32.51MJ/kg；黏结指数为 75～82，平均为 77.7；胶质层厚度为 9～15mm，平均为 11.3mm，属低中灰、低中硫、特高热质煤，煤类为焦煤。下 2 煤层精煤灰分为 2.55%～3.40%，平均为 2.87%；挥发分为 28.62%～33.45%，平均为 30.28%；全硫含量为 0.21%～0.45%，平均为 0.31%；发热量为 32.84～33.61MJ/kg，平均为 33.22MJ/kg；黏结指数为 52～53，平均为 52.5；胶质层厚度为 8～10mm，平均为 9mm，属于瘦煤。下中煤层精煤灰分为 3.54%～5.39%，平均为 4.47%；挥发分含量为 30.60%～31.96%，平均为 31.28%；硫分含量为 0.28%～0.590%，平均为 0.44%；发热量为 32.48～33.20MJ/kg，平均为 32.84MJ/kg；黏结指数为 73，属于特低灰、低硫分、特高热值煤，煤类为焦煤。

7. 柴北缘赋煤带

柴北缘赋煤带以鱼卡矿区、绿草山矿区、西大滩—大煤沟矿区和旺尕秀矿区为代表，其物理性质为黑色，沥青光泽-油脂光泽，性脆、内生裂隙不发育，具贝壳状断口，大部分为块煤，但易脱水而自然崩解成碎粒状。化学性质 M_{ad} 为 4.86%～12.04%，A_d 为 5.23%～26.42%，V_{daf} 为 31.93%～41.63%，$S_{t,d}$ 为 0.10%～1.88%，C_{daf} 为 76.90%～81.73%，H_{daf} 为 4.36%～5.49%。煤类多属不黏煤或长焰煤，仅在柏树山、旺尕秀、苦海有少量气煤。工艺性质均以低-中灰、特低-低硫煤为主，仅少数地点硫分偏高，为富硫煤-高硫煤（欧南、埃南、柏树山、扎乌嘴、旺尕秀），其发热量变化幅度较大，$Q_{gr.ad}$ 一般为 20～27MJ/kg，中高变质煤见于金鸿山勘探区、全吉煤田北侧的大头羊矿区及大黑山西煤矿点。

（四）甘肃煤质特征

甘肃具有开采价值的主要含煤地层包括太原组（P_1t）、山西组（P_1s）、延安组（J_2y）及与其相当的龙凤山组（J_2l）、窑街组（J_2y）、青土井组（J_2q）、沙婆泉群（J_2sh）、老树窝群（K_1）等。甘肃中西部煤田主要煤层煤质指标见表 7.19。

煤中灰分（A_d）特征：主要含煤地层煤中灰分按 GB/T 15224.1—1994 的分级标准，沙婆泉群、青土井群为 18.03%和 19.98%，属低中灰煤；窑天煤田的窑街组、靖远煤田的龙凤山组煤中平均灰分均小于 20.00%，应属低中灰煤和低灰煤。当然其中也不乏特殊者。各成煤时代煤层灰分变化形式如图 7.1 和图 7.2 所示。

煤中全硫特征：甘肃煤中全硫含量变化较大。按 GB/T 15224.2—1994 煤炭硫分分级标准，古生代煤的全硫含量较高，如羊虎沟组煤中全硫介于 2.17%与 6.82%，平均为 3.22%；太原组煤中全硫变化区间为 2.06%～6.75%，平均为 4.00%，都属于高硫分煤。中生代煤中全硫含量普遍较低，但变化较大，仅沙婆泉群煤中全硫含量平均值为 1.49%，属低中硫-中硫煤。同时，在肃北煤田芨芨台子沙婆泉群煤中测得全硫含量为 3.06%，为高硫煤，是该成煤时代煤中全硫含量最高者；青土井群和窑街组煤中全硫含量在绿泉山矿区与窑街矿区、阿干镇矿区分别为 0.36%、0.42%和 0.43%，属特低硫煤；红沙岗矿区和大滩、大有矿区分别为 2.30%、2.30%和 2.66%，属中高硫煤；其他矿区窑街组、龙凤山组煤中全硫平均值均小于 1.00%或小于 1.50%，属低硫煤或低中硫煤。各成煤时代煤的硫分（$S_{t,d}$）变化形势如图 7.3 和图 7.4 所示。

煤的发热量特征（$Q_{gr.d}$）：现在收集和整理的数据是干燥基高位发热量（$Q_{gr.d}$）。因为已经无法收集到收到基水分（M_{ar}）和收到基氢（H_{ar}）的数据，所以只能采用干燥基高位发热量（$Q_{gr.d}$）和 GB/T 15224.3—2004 的标准对发热量进行分级。全省境内各时代主要煤层的发热量平均值较为接近 27.48MJ/kg 和 28.94MJ/kg 之间，属高热值煤。

隶属西北赋煤区的主要煤田煤质特征如下所述。

肃北煤田：含煤地层为主要为老树窝群和沙婆泉群。老树窝群煤主要为高灰、中硫、低热值褐煤；沙婆泉群煤为低中-中灰、特低-高硫、高-特高热值长焰煤或肥煤、气煤、焦煤和瘦煤。

表 7.19　甘肃中西部煤田主要煤层煤质指标简表

煤田	矿区或勘探区	含煤地层	原煤				煤类指标				煤类
			水分（M_{ad}）/%	灰分（A_d）/%	全硫（$S_{t,d}$）/%	发热量 ($Q_{gr.d}$)/(MJ/kg)	挥发份 V_{daf}/%	黏结指数 $G_{R.I}$	胶质层厚度 Ym.m	其他指标	
肃北	吐鲁—驮马滩	老树窝群	6.5～14.91 10.07	18.1～39.57 32.91	0.5～1.81 1.08	15.7～29.37 19.08	41.1～58.32 41.76	0	0	PM：30～50	HM
	通畅口	沙婆泉群	0.20～3.60 1.05	4.3～39.76 18.00	0.1～3.28 0.80		43.1～52.68 48.00		8.0～17.5 12.0		FM
	芨芨台子	沙婆泉群	0.8～0.96 0.82	20.1～35.50 28.61	2.6～3.70 3.06	21.3～27.66 24.38	33.8～34.30 34.03				FM
	沙婆泉	沙婆泉群	0.5～3.44 2.93	6.5～31.84 14.41	0.3～2.81 1.33	32.4～34.67 33.98	0.2～21.16 11.87				PM～WY
	金庙沟	沙婆泉群	5.2～7.62 6.52	4.1～7.61 5.72	0.4～1.31 0.71	30.9～32.45 31.80	46.1～53.47 50.79	0			CY
	北山煤窑	沙婆泉群	0.5～1.02 0.80	9.0～24.08 18.94	0.5～1.67 1.27	26.5～29.24 28.11	25.9～26.84 26.77				CY
	西山煤窑	沙婆泉群	10.35	11.83	1.24	24.00	45.56		0		CY
	紫山子	沙婆泉群	4.4～12.39 6.57	14.60～42.60 28.67	1.2～3.05 2.05	16.0～29.79 25.37	28.6～48.14 35.85				CY
	旱峡	中间沟组	0.3～0.41 0.38	11.4～16.43 13.65	0.20～0.75 0.42	28.5～30.24 29.64	16.80～18.22 17.52				PS
肃南	西芨芨沟	中间沟组	1.00～7.76 3.43	20.0～31.79 25.71	0.3～0.41 0.38	22.6～24.92 23.80	20.4～25.15 22.69	1.36～17.1	0～13 6		SM
	西大口	中间沟组		3.75			30.33				BN
	梨园河	中间沟组		24.85	6.07	34.71	30.81				FM
	长山子	中间沟组	1.0～2.19 1.51	9.3～25.18 16.35	0.1～0.76 0.38	22.2～31.15 27.26	18.0～29.18 21.24	1	0		BN
	九条岭	中间沟组	0.5～9.31 0.65	7.7～37.20 14.79	0.1～5.85 0.29	17.8～32.66 30.52	6.1～21.51 9.42			H_{daf}：3.84	WY

续表

煤田	矿区或勘探区	含煤地层	原煤				煤类指标				煤类
			水分（M_{ad}）/%	灰分（A_d）/%	全硫（$S_{t,d}$）/%	发热量 ($Q_{gr.d}$)/(MJ/kg)	挥发份 V_{daf}/%	黏结指数 $G_{R.I}$	胶质层厚度 Ym.m	其他指标	
潮水	绿泉山	青土井群		8.42	0.36	23.80	22.69				CY
	平山湖	青土井群	6.4～13.34 10.37	10.4～31.18 18.48	0.2～0.93 0.41	20.7～29.66 24.33	37.1～49.70 42.04	0			CY
	西大窑	青土井群	4.5～20.35 12.37	4.8～39.15 21.24	0.2～0.93 0.71	9.1～24.11 22.23	23.5～61.20 41.86				HM
	红沙岗	青土井群	4.3～7.75 5.58	11.3～37.72 20.21	0.8～11.58 2.30	20.2～27.72 27.21	42.2～50.14 45.00				CY
	张家坑	青土井群		23.79	0.80	22.00	35.30				CY
	王家山	龙凤山组	2.2～12.20 3.61	4.3～35.79 10.60	0.1～1.52 0.58	24.0～29.87 28.55	25.5～48.52 33.54				BN
	宝积山	龙凤山组	0.4～2.65 1.82	7.6～38.11 18.93	0.02～0.36 0.81	20.20～31.06 30.33	8.0～39.57 30.81				RN
	红会	龙凤山组	1.7～15.54 3.01	6.4～18.04 13.50	0.30～0.15 0.57	23.3～30.97 28.67	29.2～38.24 31.28				BN
窑天	炭山岭	窑街组	1.1～7.40 3.21	4.1～24.94 9.84	0.40～2.97 0.87	16.3～31.21 30.06	36.5～52.45 42.62		0～18 6.65		QN
	大滩	窑街组	13.7～28.09 20.48	11.4～33.20 17.13	1.10～4.04 2.30	15.6～24.36 21.35	42.6～53.10 44.63				HM
	大有	窑街组	8.5～14.13 10.73	12.4～29.30 16.00	1.10～3.82 2.66	23.0～26.01 24.92	40.0～45.20 44.45				HN
	窑街	窑街组	0.9～8.19 3.15	5.7～31.82 18.82	0.2～10.33 0.42	15.0～31.43 26.55	12.6～53.10 33.92		0		BN
阿干	阿干	窑街组	1.7～4.31 3.17	3.20～9.61 6.23	0.3～0.68 0.43	29.5～31.01 30.51	27.60～38.63 31.56				BN
	水岔沟	窑街组	1.4～4.37 3.01	10.1～34.23 23.39	0.2～1.91 0.52	17.8～31.25 24.82	31.0～51.43 42.43		0～8.95 3.26		CY

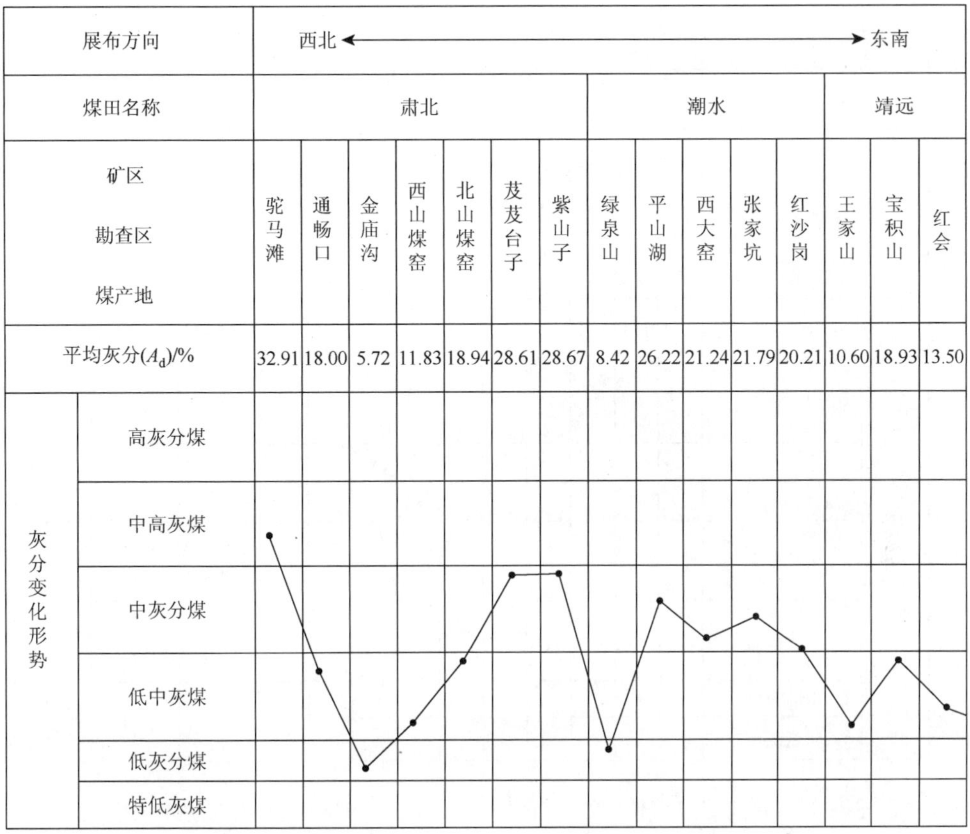

展布方向		西北←→东南														
煤田名称		肃北							潮水					靖远		
矿区 勘查区 煤产地		骆马滩	通畅口	金庙沟	西山煤窑	北山煤窑	芨芨台子	紫山子	绿泉山	平山湖	西大窑	张家坑	红沙岗	王家山	宝积山	红会
平均灰分(A_d)/%		32.91	18.00	5.72	11.83	18.94	28.61	28.67	8.42	26.22	21.24	21.79	20.21	10.60	18.93	13.50
灰分变化形势	高灰分煤															
	中高灰煤															
	中灰分煤															
	低中灰煤															
	低灰分煤															
	特低灰煤															

图 7.1　甘肃东北一线侏罗纪—白垩纪煤田各矿区煤层灰分变化形势示意图

展布方向		西北←→东南															
煤田名称			肃南			山丹—永昌		窑天					陇南赋煤带				
矿区 勘查区 煤产地		旱峡	西芨芨沟	窑沟	西大口	长山子	九条岭	炭山岭	大滩	大有	窑街	阿干	麦积山	尕海	武坪	龙沟	西坡
平均灰分(A_d)/%		13.65	25.71	31.45	3.75	16.35	14.79	9.84	17.13	16.00	18.82	6.23	26.75	20.62	31.42	28.07	19.84
灰分变化形势	高灰分煤																
	中高灰煤																
	中灰分煤																
	低中灰煤																
	低灰分煤																
	特低灰煤																

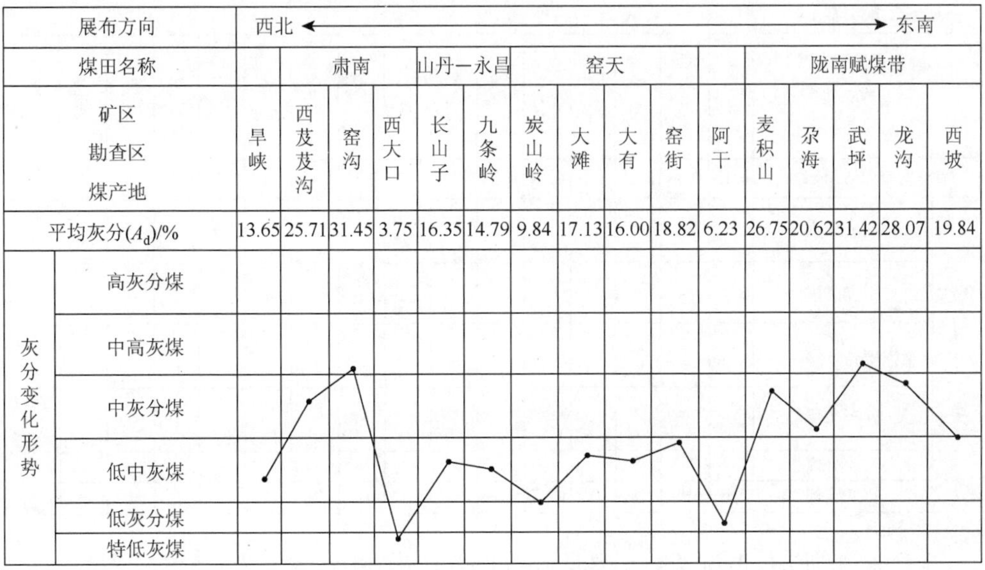

图 7.2　甘肃西南一线侏罗纪煤田各矿区煤层灰分变化形势示意图

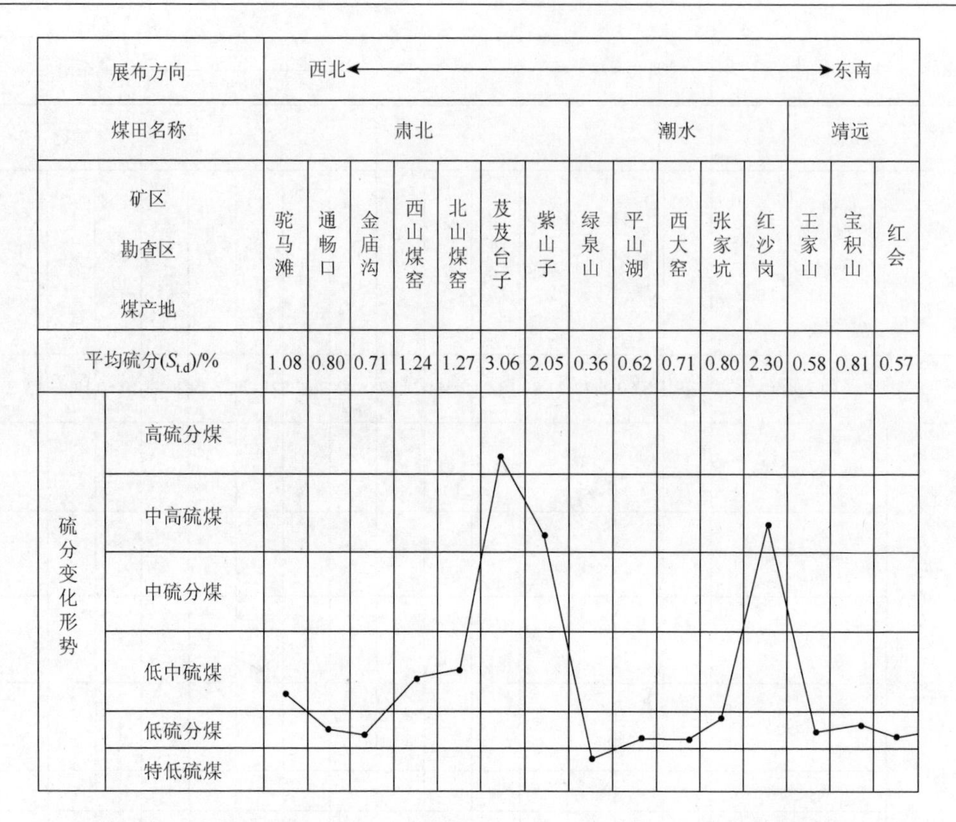

图 7.3　甘肃东北一线侏罗纪—白垩纪煤田各矿区煤层硫分变化形势示意图

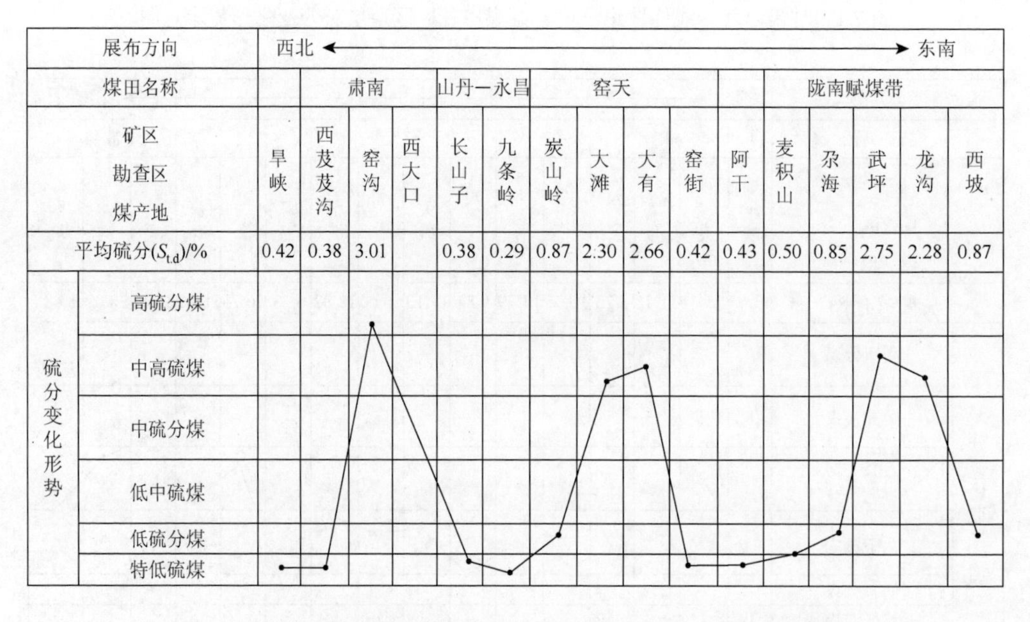

图 7.4　甘肃西南一线侏罗纪煤田各矿区煤层硫分变化形势示意图

肃南煤田：含煤地层主要为中间沟组和羊虎沟组。中间沟组煤主要为低中-中灰、特低硫、中高-特高热值不黏煤，祁连褶带腹部为瘦煤或贫瘦煤；羊虎沟组煤主要为低中-中高灰、中-高硫、高-特高热值贫煤、瘦煤，甚至无烟煤。

山丹—永昌煤田：含煤地层较复杂，既有中间沟组，又有山西组和太原组。中间沟组煤为低中灰、特低硫、特高热值无烟煤；山西组煤为中灰、低中硫、高热值气煤；太原组为中灰、中高硫、高热值肥煤。

潮水煤田：含煤地层主要为青土井群，煤类主要为低-中灰、特低-中高硫、中高热值长焰煤或褐煤。

天祝—景泰煤田：含煤地层有太原组和南营儿群。煤类主要为低中-中灰、高硫、特高热值肥煤至焦煤。

靖远煤田：含煤地层有羊虎沟组和龙凤山组。羊虎沟组为低中灰、低-高硫、特高热值气肥煤或气煤；龙凤山组为低-低中灰、低硫、高-特高热值不黏煤。

窑天煤田：含煤地层为窑街组，煤类为低-低中灰、特低-中高硫、中-高热值不黏煤或气煤。

阿干煤田：含煤地层为窑街组，煤类为低-中灰、特低-低硫、高-特高热值不黏煤或长焰煤。

（五）蒙西煤质特征

蒙西地区主要包括北山—潮水赋煤带和香山赋煤带，包括希热哈达煤产地、北山煤产地、潮水矿区、喇嘛敖包矿区、黑山矿区。蒙西主要分布石炭纪—二叠纪煤和侏罗纪煤，煤质资料相对缺乏。

石炭纪—二叠纪的煤田（矿区），煤的种类最佳，多为炼焦用煤，以焦煤和肥煤占多数，但是原煤灰分一般均较高，下部煤层硫分也较高，以中灰煤为主，部分为富灰煤。

侏罗纪煤的质量最佳，一般灰分产率和硫分含量均很低。

第三节 西北地区侏罗纪绿色煤炭资源

一、绿色煤炭资源的基本概念

我国煤炭资源总量丰富，保有和预测资源量累计达 5.82 万亿 t。但众多煤炭资源中，有的煤炭资源热演化程度极低，仅为褐煤甚至是泥炭，需要通过提质才能被有效利用和科学利用；有的煤田资源量较小而且构造极其复杂，对于矿井建设和煤炭安全生产以及科学开采带来较大挑战；有的煤炭资源尽管质量较好但埋藏过深，投入的经济成本过大，安全生产隐患极为突出；有的煤炭资源有害元素含量较高，煤质较差，开发中形成的矸石山等矿山废弃物和利用中排放的二氧化硫、二氧化碳等大气污染物给环境保护带来极大破坏。因此，在目前技术条件下开发煤质优良、赋存条件相对优越的煤炭资源是煤炭资源强国战略的关键。

煤炭作为中国第一能源的地位在今后相当长的一段时间无法取代，而我国煤炭资源质量在全国各个煤田不尽一致，随着煤炭用量的加大，煤炭开发和利用中引发的环境改变和大气质量变差的问题越来越突显，这也正是社会对煤炭资源在开发、利用环节出现的一些负面问题错误认识导致的，甚至否定煤炭资源重要地位的根本原因。这些负面问题被过分夸大不可否认有一些是粗放开发煤炭造成的，但更多的是大量开发利用质劣煤资源引起的。如果全国都开发质量优良的煤炭资源，对环境和大气质量的影响肯定要小得多。

目前我国煤炭资源开发的现状是主要产煤区的晋陕蒙（西）宁和新疆北疆的煤炭资源质量优良，在当前技术条件下已基本实现低成本安全高效科学开发以及清洁利用。而开发强度很高的黄淮海区经过 50 多年的开发，浅部煤质优良的山西组煤炭资源，硫等有害元素含量低，水文地质条件简单，但资源已所剩无几，而更多的是以太原组为主的下组煤，硫元素含量高，奥灰水、太灰水条件复杂，尽管目前通过底板改造、排水减压等仍然在高强度开发，但由于资源质劣需通过一定的技术洗选提质后才能被清洁利用。我国西南仍有部分煤炭资源在开发，但煤质条件差，灰分和有害物质含量较高，开采技术条件也较复杂，即使经过一定的洗选，其排放物有害成分含量依然较高，对大气造成严重污染，无论作为燃料还是原料均很难被清洁利用。而东南地区主要是资源条件差，开发成本高，东北地区由于浅部资源的大量开发，面临危机矿山局面，这两地考虑环境等综合因素，开发显然是得不偿失的。

基于此，王佟等（2017）提出了加大绿色煤炭资源的开发，限制并逐步关闭非绿色煤炭资源开发的构想，并提出“绿色煤炭资源”的概念。随着对我国煤炭资源赋存规律认识的不断深入，绿色煤炭资源的概念越来越清晰，内涵也不断丰富。研究认为，绿色煤炭资源可以定义为，“在当前先进技术条件下，资源禀赋条件适宜，能够实现安全高效开采、生态环境友好，适宜清洁高效利用，且具有经济竞争力的煤炭资源”。

“绿色煤炭资源”有别于“优质煤炭资源”，该概念既考虑了资源本身的质量优劣条件，更考虑了资源在自然界中的实际存在和利用的难易程度，以及开发对环境的影响等开发和利用相关问题。“优质煤炭资源”仅是对资源质量的描述，与应用方向有关，比如深部的低硫低灰煤，尽管煤质可能优良，但开发难度很大，就不能归于绿色煤炭资源范畴。一般而言，“绿色煤炭资源”肯定是“优质煤炭资源”，但“优质煤炭资源”不一定是“绿色煤炭资源”。显然，用“绿色煤炭资源”描述煤炭资源开发与强国的关系更为准确。

同时，绿色煤炭资源的研究与评价还需要做许多工作，绿色煤炭资源还是一个动态的概念，应当在满足当前技术经济条件的同时，适度兼顾将来工程技术的发展动态，即随着科技进步，煤炭开发的深度可能进一步加大，煤中有害成分也可能变害为宝，被综合利用或通过洗选等得到清洁利用，当前评价的非绿色煤炭资源随着工程技术的进步将来可能升级为绿色煤炭资源。

总体上，绿色煤炭资源的主要内涵包括：资源禀赋条件适宜，能够实现安全高效开采（地质条件相对简单，煤炭资源相对丰富，易于实现机械化开采）；煤炭开发对生态环境的影响与扰动相对较小且损害可修复，煤炭开发过程中水资源能得到保护和有效利用，能够实现生态环境友好；煤中有害元素含量低，且可控可去除，适宜清洁高效利用。

二、西北地区绿色煤炭资源评价与资源分布

（一）西北地区煤炭资源分布

新疆、青海、甘肃中西部、宁夏西部、内蒙古西部五省（自治区）的煤炭资源丰富，据2010年全国煤炭资源潜力评价统计分析，西北地区煤炭资源累计探获量达2454.79亿t，占全国累计探获量的12.21%；保有资源量2424.86亿t，占全国保有量的12.46%；尚未利用资源量1716.06亿t，占全国尚未利用资源量的11.13%（表7.20）。

表7.20　西北五省区煤炭资源量　（单位：亿t）

省区	累计探获资源储量	保有资源量	已利用资源储量	尚未利用资源储量				
				合计	勘探	详查	普查	预查
新疆	2311.73	2295.32	683.26	1612.06	331.39	178.81	1101.86	
青海	70.42	63.40	23.80	46.62	18.54	24.43	1.40	2.25
陇西	39.56	33.74	19.75	14.32	3.93	4.38	2.41	3.60
宁西	5.91	5.89	12.21	17.32	12.30	3.19	1.83	
蒙西	27.17	26.51	0.76	25.74	1.14	1.69	0.78	22.13
合计	2454.79	2424.86	739.78	1716.06	367.3	212.5	1108.28	27.98
全国	20108.75	19455.36	4040.37	15415.42	2593.58	2971.92	5111.63	4738.39

（二）西北地区绿色程度总体评价

北疆区保有资源量达2097.85亿t，数量大，煤质好，但勘查程度较低，以长焰煤、不黏煤、弱黏煤为主，有少量气煤、焦煤，煤灰分大多介于5.24%～20%，为低-低中灰煤，少量中灰煤，硫分大多<1%，为特低-低硫煤，煤层埋深小于1000m，评价为绿色煤炭资源赋存区（表7.21）。

南疆、甘青区保有资源量419.53亿t，其中甘肃158.66亿t，青海63.40亿t，南疆197.47亿t，属长焰煤和不黏煤，煤灰分介于5.14%～20%，硫分大多<1%，为特低硫-低硫煤。因该区构造总体复杂而评价为非绿色煤炭资源区。

蒙西主要分布香山赋煤带和北山潮水赋煤带。香山赋煤带石炭纪—二叠纪煤炭为中-高灰、高硫煤，且构造复杂，被评价为非绿色；北山潮水赋煤带侏罗纪煤炭资源为低灰低硫煤，且构造简单，被评价为绿色。

宁西主要分布香山赋煤带，以香山煤田为主要，分布石炭二叠纪和侏罗纪煤，但侏罗纪煤炭资源极少。因石炭二叠纪煤灰分和硫分偏高、构造复杂，被评价为非绿色；侏罗纪煤丰度极低且构造复杂也被评价为非绿色。

不同省区煤炭资源的禀赋差别较大，在地区评价的绿色范围内局部存在非绿色煤炭资源，同样，在地区非绿色的范围内局部存在绿色煤炭资源。

表 7.21　西北各地区绿色程度总体评价表

分区	煤类	灰分	硫分	煤层埋深	构造复杂程度	是否绿色
北疆	绝大多数为长焰煤、不黏煤、弱黏煤，少量气煤	低-低中灰煤为主，为5.14%～20%，少量中灰煤	多为特低硫-低硫煤，硫分＜1%	＜1000m	构造以简单-中等为主，局部复杂	主要绿色赋存区，未来勘查开发重点区
甘青南疆	绝大多数为长焰煤、不黏煤	低-低中灰煤为主，为5.14%～20%，少量中灰煤	多为特低硫-低硫煤，硫分＜1%	＜1000m	构造复杂，局部中等	构造复杂，非绿色
宁西	石炭二叠纪：无烟煤、贫煤	碱沟山：低灰 线驮石：高灰	碱沟山：低硫 线驮石：高硫	＜1000m	构造复杂，局部中等	构造复杂，非绿色
	侏罗纪：长焰煤、气煤	缺少煤质资料		＜1000m	构造复杂，局部中等	资源丰度极低，构造复杂，局部中等，非绿色
蒙西	石炭二叠纪纪：焦煤-瘦煤-无烟煤	中灰-高灰	高硫	＜1000m	香山赋煤带构造复杂	非绿色
	侏罗纪：弱黏煤、贫煤、长焰煤	低灰	低硫	＜1000m	北山潮水赋煤带构造简单	绿色

（三）西北地区绿色资源/储量分布

通过对西北各省区构造复杂程度、煤质煤类等条件研究，按煤类为褐煤、灰分＞20%、硫分＞1%作为绿色煤炭资源的否定指标，其他指标为定性描述性指标筛选出以下绿色煤田（矿区）（表 7.22）。

表 7.22　西北地区绿色煤田或矿区优选及其资源量统计　　　　（单位：亿 t）

省区	煤田（矿区）	煤类	主成煤时代	累计探获量	保有资源量	绿色保有资源量	尚未利用资源量	绿色储量	绿色基础储量	预测资源量		
										0～600m	600～1000m	合计
新疆	托—和煤田	长焰煤	J	93.31	92.55	92.55	6.86	3.45	7.08	408.91	230.25	639.16
	准南煤田	长焰煤	J	347.07	338.95	338.95	42.75	19.33	46.21	142.72	170.60	313.32
	后峡煤田	长焰煤、不黏煤、气煤	J	30.85	30.66	30.66	7.63	1.30	3.32	121.40	99.08	220.48
	准东煤田	不黏煤	J	1052.53	1052.27	1052.27	1011.33	0.21	0.56	1069.19	972.62	2041.81
	巴里坤煤田	气肥煤	J	9.71	9.58	9.58	4.08	0.33	1.50	80.38	86.13	166.51
	三塘湖—淖毛湖	长焰煤、无烟煤	J	27.23	27.21	27.21	26.31	0.032	0.41	360.95	496.39	857.34
	伊宁煤田	长焰煤	J	195.42	194.28	194.28	57.96	2.63	32.19	394.76	419.56	814.32
	托克逊煤田	长焰煤	J	25.06	24.15	24.15	3.9	3.65	8.67	73.72	44.16	117.88

续表

省区	煤田（矿区）	煤类	主成煤时代	累计探获量	保有资源量	绿色保有资源量	尚未利用资源量	储量	基础储量	预测资源量		
										0～600m	600～1000m	合计
新疆	哈密煤田	不黏煤	J	16.22	15.07	15.07	10.46	2.01	5.08	102.63	223.13	325.76
	吐鲁番煤田	长焰煤	J	31.77	31.77	31.77	31.76	—	—	69.56	187.17	256.73
	沙尔湖煤田	长焰煤	J	268.70	268.70	268.70	250.10	—	—	858.23	58.45	916.68
内蒙古	北山潮水	弱黏、贫煤、长焰煤	J	6.81	6.30	6.30	5.64	—	—	3.05	1.16	4.21
西北地区绿色煤田合计				2104.68	2091.49	2091.49	1458.78	32.94	105.02	3685.5	2988.7	6674.2
全国合计				20108.75	19455.36	—	15415.52	1487.97	2731.92	14380.80（1000m以浅）		

从评价得到的绿色煤田的分布来看，西北地区绿色煤田集中分布于北疆地区，绿色煤田（矿区）的累计探获量达2104.68亿t，占全国的10.47%；保有资源量2091.49亿t，占全国的10.75%；尚未利用资源量1458.78亿t，占全国的9.46%；1000m以浅预测资源量6674.2亿t，占1000m以浅预测资源总量的46.41%。绿色保有资源量2091.49亿t，占全国保有量的10.75%；绿色基础储量105.02亿t，占全国绿色基础储量的3.84%；绿色储量32.94亿t，占全国绿色储量的2.21%。

此外，上述绿色矿区1000m以浅还分布6674.2亿t的潜在资源量，可将其作为远景绿色资源量，通过进一步勘查可以提高程度，转为新增绿色资源量。

综上所述，西北地区绿色保有资源量2091.49亿t，绿色基础储量105.02亿t，绿色储量32.94亿t，远景绿色资源量6674.2亿t，且集中分布于北疆地区。

西北地区目前已经勘探评价的绿色保有资源量2091.49亿t，占全国保有总量的10%，且绿色保有资源量集中分布于北疆地区，分布区域集中，有利于规划建设大型能化基地。2091.49亿t的绿色保有资源量中，勘查程度高的占比29%，勘查程度较高（详查）的占比10%，勘查程度较低（普查）的占比28%，勘查程度低（预查）的占比33%，绿色煤炭资源的勘查程度仍处于较低水平。

目前阶段应该加大绿色煤炭资源的勘查并提高绿色煤炭资源的开发比重，而对那些构造条件复杂、环境保护成本高的非绿色煤炭资源应该适度限制开发，并逐步退出。

绿色煤炭资源主要集中于北疆地区，基本都处于干旱半干旱地区。水资源成为约束煤炭工业发展的重要因素，寻找新的地下水资源是煤炭地质工作的主要保障，节水采煤、保水采煤的地质条件评价和合理域外调度水资源则是破解水资源约束的主要举措。

第八章　西北地区煤层气资源及特点

煤层气资源量是勘探开发工作最基本的地质保障，煤层气资源量估算是煤层气资源评价和地质研究的重要内容。本书采用科学的评估流程和计算方法，对西北地区的煤层气资源量进行了评估和计算，取得了较为可靠的煤层气资源量数据，基本查明了西北地区煤层气资源分布状况，并将水文地质特征对煤层气的影响做了系统阐述。

第一节　煤层气储层地质技术新进展

一、煤储层水文地质特征

（一）煤储层水文地质特征

开放体系下的煤储层，其流体压力等于其所受水压与气压之和。水压的大小反映了储层的水头高度、密度等信息，这些是流体补、径、排的配置及水的地球化学特征所决定的，因此，水压受水文地质特征的影响很大，对开放体系下煤储层的水文地质特征的研究很有必要。

水文地质条件对煤层气的生成、赋存和运移具有重要的影响与控制作用。水不仅影响煤的吸附性，其动力条件也对气体的保存与逸散有很大影响，水文地质条件对储层的渗透性能也有较大影响。煤储层水文地质条件是对特定的区块内与煤层气勘探开发有关的水文地质因素的统称。其主要研究内容应包括：①被评价区块的区域水文地质背景条件，包括水文地质单元划分、边界条件、主要含隔水层的配置关系、地下水补、径、排条件及水化学特征等。②区块内各含水层间的补给关系，包括给水含水层的富水、导水性能、水头压力及流场状态。③区块内的构造复杂程度、被疏排系统中的煤、岩结构特征及其均匀程度等。其中应特别注意有无导水性断层的存在及其可能产生的不良影响。

刘洪林等（2010）认为，水文地质条件是煤层气富集成藏的关键因素，地层总矿化度高值区反映为闭塞的水动力环境，水体外泄条件差，封闭条件极好，因而，地层水的矿化度是反映煤层气运聚、保存和富集成藏的一个重要指标。通过研究发现，高煤阶煤层气符合上述规律，但是低煤阶储层煤层气却正好相反，低煤阶煤由于其生气量较小，其煤层气富集成藏的关键在于二次生物成因气，而活跃的、低矿化度的地层水有利于二次生物成因气的生成。在影响低煤阶储层煤层气富集成藏的因素中，水文地质条件是其中最为重要的因素之一。

王怀勐等（2011）认为，水动力条件作为影响煤层气后期赋存的因素之一，将直接影响煤层气的吸附解吸程度，对煤层气的封存（逸散）有重要的影响。叶欣（2007）和王勃等（2008）通过低煤阶储层煤层气成藏水文地质物理模拟实验得出了交替的水动力条件使甲烷碳同位素变轻，改变了煤层气的气体组分，打破煤层气藏的吸附、溶解和游离气三者之间的动态平衡，降低了甲烷含量，影响煤层气的保存这一结论；叶欣（2007）等还认为，低盐度、低矿化度的地层水，在地质历史上利于甲烷菌的生长，可以利用煤层降解产气，而高矿化度不仅影响储层生物气的生成，还会降低煤层的吸附能力。

刘柏根等（2013）认为，水文地质条件对煤层气的保存具有一定作用，其影响煤储层流体压力和煤层渗透性的分布，影响煤层气开发施工及各项工艺。傅小康等（2006）和刘柏根等（2013）借鉴水文地质特征，通过水动力迁移聚散、水动力封闭和水动力封堵控气三种作用实现了对煤层气的控制，得出地下水在流动过程中，可能形成新的压力屏障，阻止煤层气的运移，并形成一个气水界面，在此界线以上，煤层以含水为主，煤层气含量较低，在此界线以下，煤层以含气为主，并因此推测在深部煤层中，可能会发生煤层气的二次吸附，达到平衡状态，煤层气含量增高。

（二）煤储层中水的赋存方式

煤储层中的水，包括裂隙、大孔隙中的自由水及其内表面与显微裂隙、微孔隙内表面、芳香层缺陷内的“准液态”水。“准液态”水常称为束缚水。煤化学分析中常将水分划分为外在水分、内在水分和化合水分三部分。薛愚群从地下水渗流的角度，按水的结构形态、分子引力与重力的关系、水与围岩颗粒的连接形式等将岩石中的水划分为结合水和液态水，其中结合水包括弱结合水与强结合水，而液态水则包括重力水与毛细水。

褐煤由于演化程度低、压实程度小、孔裂隙较为发育、含氧官能团丰富，水分含量普遍较高。我国褐煤含水普遍达25%～40%，而澳大利亚的维多利亚褐煤含水高达65%。褐煤的高含水及水-煤作用的复杂性决定了对褐煤中水赋存形式的研究是非常丰富的。Allardice等（1971）研究了等温吸附和脱附的性质，通过褐煤水分脱除所吸收的热量认为Yallourn褐煤中水分主要有两种存在形式，80%与自由水形式相近，20%则由于与褐煤表面形成化学键的原因较难脱除，且这一比率随褐煤煤种不同有所变化；Mraw等（1979）通过水的热容研究发现Wyodak煤中不可冻结水分占2/3，吸附在煤的内表面或存在于微孔中，而1/3为可冻结水分，存在于煤的大孔中；Deevi和Suuberg（1987）认为，褐煤中水分的存在形式有4种，包括表面游离水、毛细凝结水、与极性基团和阴离子相关的吸附水和由于有机物/无机物化学分解而释放出的水；Karthikeyan等（2013）将煤中水的存在形式总结为5种，包括内吸附水（存在于煤颗粒的微孔和毛细孔中）、表面水（吸附于煤颗粒表面的水分子层）、毛细水（煤颗粒之间的毛细孔中）、存在于煤颗粒间的水和附在煤颗粒及颗粒群表面的水（游离水）；田忠坤等（2010）总结褐煤中的水分主要由三部分组成，即外在水分、内在水分和凝结水分（包括吸附水分和结晶水分），其中所研究褐煤的外在水分占全水分的60%，固有水分占全水分的30%，结晶水分和吸附水分占全水分的

10%；吕向前（2005）、谢克昌（2003）、万永周等（2012）认为，褐煤水中的存在形式包括外在水、孔隙水（内在水）、分子水和结晶水（化合水）。

将褐煤中不同形式的水分进行区分，并准确测定较难实现，目前测量不同形式水分的方法主要有冷冻差热量热分析和热天平热重分析。其中热天平热重分析法是采用热天平获得褐煤等温干燥脱水特性，通过 TG 曲线和 DTG 曲线计算某一时刻样品含水率和干燥速率，认为干燥速率和含水率关系曲线的拐点是褐煤等温干燥过程中不同形式水分对应不同干燥机理的显示。

二、煤储层地质演化史

（一）盆地模拟及生烃演化

盆地模拟（basin modeling）是近几十年来在石油地质领域中颇受关注、发展较快的技术，是根据盆地结构特点，按照物理、化学机理再现盆地发展过程和油气成藏过程的：首先建立地质模型，然后构建数学模型，最后编制成计算机软件，从而在时空概念下模拟油气盆地的形成演化过程，以及烃类的生成、运移和聚集。1978 年世界上出现了第一个一维盆地模拟系统，20 世纪 80 年代出现了二维盆地模拟系统，90 年代开始了三维盆地模拟系统的研发，至今已有 30 多年的发展历史。目前世界上主要的商品化软件有法国石油研究院（IFP）的 TEMISPACK 软件包、德国有机地化研究所（IES）的 PetroMod 系列软件、美国 Platte River 公司的 BasinMod 系列软件，以及中国石油勘探开发研究院的盆地综合模拟系统 BASIMS 等。目前作为一个完整的盆地模拟系统是由如下 6 个模型有机组成的：埋藏史模型、热史模型、成岩史模型、生烃史模型、排烃史模型（初次运移）、烃类运聚史模型（二次运移）。水文演化离不开埋藏史模型、热史模型（热史对其影响较小），而生烃演化则需要热史模型及生烃史模型，另外，排烃史模型的一些理论，对流体压力演化的研究也具有一定的借鉴意义。

盆地的埋藏史演化是盆地模拟的基础，直接影响后几个模型的精确度。建立标准孔隙度-深度曲线图时，除需选择未发生剥蚀、未出现欠压实现象的地层外，还要保证岩性相同，因为岩性由物源、沉积相性质决定，物源不同，颗粒的弹塑性性质不同，导致所受到的破坏程度发生改变。沉积相性质不同，颗粒搬运动力条件不同，导致分选度出现差异，也在一定程度上影响孔隙度的大小，因此需要格外注意。埋藏史演化应考虑沉积间断、沉积压实、欠压实、剥蚀、古水深等地质现象，而剥蚀量的恢复往往是一个难点，其恢复方法的研究备受学者关注，目前主要包括地层对比法、沉积速率法、地层趋势延伸法、声波时差法等。各种剥蚀量恢复方法均有利弊，具体方法的选用要视研究区地质情况和资料情况而定。利用古温标进行剥蚀量的恢复是一种常用方法，温度与成藏过程关系密切，勘探单位在生产研究过程中测试了大量的古温标数据（以镜质体反射率（R_o）为主），因此利用古温标方法可以有效地从盆地尺度系统研究各地质时期的剥蚀量。总体而言，用古温标恢复剥蚀量主要有以下 3 种方法：镜质体反射率插值法、古地温梯度法和古热流法。以系统的古温标资料（R_o）为基础，针对不同地质情况选用适当的反演方法，多种反演方法相结合，可以有效地恢复钻井在不同时期的剥蚀量。

埋藏史的准确恢复需进行古水深的确定。目前古水深方面的研究多以定性为主，主要是利用钻井剖面或测井曲线所得的岩性特征、沉积学标志、地球化学标志和生物标志来描述水体深浅变化。沉积学标志由于不同水体深度、不同的水动力能量，具有不同氧化还原条件，因此生成不同的自生矿物类型、不同的沉积构造类型、不同粒度的岩石类型以及不同的沉积相分布。地球化学标志则根据不同水深具有不同的元素组成和同位素含量分布特征，根据元素富集特点即可定性或半定量地描述水体深或浅。生物标志则通过有孔虫、介形虫、硅藻、孢子花粉、珊瑚礁、贝壳堆积、牡蛎礁或其他一些无脊椎动物组合研究，为古水深的确定提供了有用的信息，并且根据古生物分异度能够判别古水深。此外，脊椎动物足迹也能够很好地指示古水深。另外，根据地震剖面上大型前积层去压实校正后恢复的古斜坡形态，也可估算古水深。

热史模型是盆地模拟的关键，因为地温史是烃类成熟度的最重要客观因素。盆地热史的研究方法较多，归纳起来主要有 2 个方面：一是利用各种古温标来模拟盆地的热历史，主要包括有机质成熟度指标、包裹体测温、磷灰石裂变径迹、黏土矿物转换、牙形石色变指数等，其中有机质成熟度指标是应用最为广泛的一类古温标，而镜质体反射率是作为反映有机质热成熟度最有效、最常用的指标之一，在古地温的研究中有着广泛的应用；二是用盆地演化的地球物理模型（包括地球热动力学方法、经验公式法等）来研究古温度。基于盆地热历史模型反演镜质组反射率的化学反应动力学数值模拟方法经历了 4 个发展阶段，包括简单函数关系法、受热时间/经验法、反应活化能/温度函数模式法以及平行反应化学动力学模式法。美国学者 Schenk 等（2017）吸取先前平行反应化学动力学模式法中考虑反应活化能变化、小分子平行反应等长处，创立了一种镜质组反射率数值模拟的新方法——EASY%R_o数值模拟法，并在北美、西欧等地煤化作用、盆地古地温和油气资源评价的研究中加以成功应用，引起了国际能源地质界的高度重视。该模型以化学动力学为基础，基本脱离了以前定量模型中的经验模式，通过较为严格的计算求取 R_o 值来获取热演化史，和其他方法相比，其理论基础是较为扎实的，这一模型在盆地热史恢复中有着极为广泛的应用，被认为是效果最好的化学动力学模型。EASY%R_o模型 R_o 值的计算可不依赖于盆地的其他地质条件，而仅与盆地热史有关，使得该方法适用范围广泛、准确度高。但如果将通过 EASY%R_o 模型求得的理论 R_o 值与实测值结合起来进行热史演化修正无疑是最为准确的。

首先，由于地层时刻受压实作用的影响，剥蚀厚度与古地温梯度中残余地层厚度需进行厚度校正，否则将影响结果的准确性；其次，利用古温标重建剥蚀量和热史恢复的必要条件是地层早期所经历的温度高于后期温度，因此其适用性也需进行论证；再次，如果某套地层完全被剥蚀殆尽，则其剥蚀厚度就无法用镜质体反射率法来求得。磷灰石裂变径迹（AFT）分析法是近十几年发展起来的恢复沉积盆地热隆升史的一种新方法，它最重要的特征是其基础数据（径迹年龄、径迹长度等）反映的不仅是样品在达到最大古地温（封闭温度）的时间，而且还详尽地记录了样品的地质热史（退火）过程。根据样品单颗粒年龄和径迹长度数据，通过不同退火模型的构建达到磷灰石裂变径迹样品热史反演模拟，对于精细恢复样品地质历史过程中时间-温度史（热隆升剥蚀过程）至关重要。进一步结合古地温梯度可以定量反演地质体的隆升剥蚀速率，求得剥蚀幅度等特征。实际上，在数据全面的条件下，可以获得同一时间点不同层位的磷灰石裂变径迹的温度变化情况，其反映了当时地温随深度的变化，可进行此时古地温梯度的求取。因此，镜质体反射率及磷灰石裂变径迹构成了埋藏史、热史求取的两大方法，适当情况下再结合其他方法，根据情况灵活运用。

生烃史模型是盆地模拟相当重要的部分，生气量也是储层流体压力变化的重要影响因素之一。烃类成熟度的表达有 R_o、干酪根降解率、TTI。其中 R_o 是最常用的成熟度指标之一，但干酪根降解率有时可比镜质体反射率更精确地指示成熟度。干酪根降解率是指已生成的烃与总生烃潜力的比值，它与成熟度之间有直接对应关系，不同干酪根类型的降解率所对应的 R_o 不同。时温指数与 R_o 的对应关系不同学者也有不同认识。现阶段采用的生烃史模拟方法可分为三种：EASY%R_o 法，适用于低勘探程度阶段；化学动力学法（有油气二相、组分两类），适用于中等勘探程度阶段；TTI-R_o 法，适用于高勘探程度阶段。吐哈盆地大南湖褐煤储层煤级低，热史演化不发育，因而热成因气含量少，而其水文演化控制下的生物气含量大，需要并入生烃史模型一起考虑，因此需把水文演化史的恢复作为重点考虑。

排烃史（又称油气初次运移史）模型是盆地模拟非常重要的部分，因为排烃量史和排烃方向史是油气资源评价的一部分，其精度又直接影响后面运聚史模型的精度。国外主要采用 Pepper-Corvi 模型，国内主要采用压实渗流法求排油、物质平衡法求排气。很多学者就排烃量的问题进行了研究，提出了不少方法，如烃类成熟度（如 R_o）法、降解率法、生烃量门限法、饱和度门限法及扩散法。由于难于采用试验手段来弄清复杂的排烃机理问题，这 5 类方法至今倍受争议，迄今尚无一个公认的方法。排烃史的计算原理及方法，对于煤储层中气体散失量所引起压力变化的计算具有借鉴意义。但研究表明，常规气藏中几乎所有形成的气都能排出，且 95%的油能够排出，其排烃量非常大，残留在储层中的剩余量少，排出所需时间又短，而煤储层由于吸附量大因此剩余量显著高于常规储层，因此常规油气软件无法准确模拟煤储层的“排气”史，也就无法进一步准确模拟压力史的变化。不过近期国外各大商业盆地模拟软件的最新版本都宣称其具有模拟非常规气藏演化的能力，因此需要对其保持关注。

（二）流体压力的成因

有关压力变化的形成机制可以说是多种多样的，如应力作用（欠压实、构造作用）、流体体积膨胀（生烃作用、黏土矿物转变脱水和水热增压）、流体流动（水头位置改变、浮力）、扩散渗流散失等。

欠压实作用，详细地说就是当上覆岩层沉积速度过快以至于下伏较厚岩层中的水尚未排出就已被封闭其中，而经历一定时间段的压实作用，周围黏土层渗透性发生急剧改变产生封闭作用，封闭在其中的水由于压缩比例较小，因此其中的孔隙体积难以发生缩减而产生的，孔隙中的水承受了相当大一部分的应力导致流体压力升高，并随地质史演化发生变化。总体说来，其产生需要如下条件：上覆岩层厚度巨大、快速沉积、厚层泥质岩或砂泥岩互层。其作为常规储层流体压力变化的形成机制是相当重要的，但由于煤储层的特殊性，其厚度一般达不到欠压实作用发生的必要条件 30m，因此在煤储层压力演化过程中的作用值得商榷。构造作用，包括构造挤压、拉张引起的流体压力变化以及地层的抬升、下沉。构造挤压、拉张会通过作用在岩层上的应力变化直接改变流体压力；构造抬升、下沉通过改变上覆应力及温度来进一步改变流体压力。而两者均可通过改变孔隙体积形变来操控流体压力，构造作用也是其他各种地质作用（岩浆作用、变质作用等）的动力，会使储层流体压力带来突变性的变化，其贯穿于地质演化史的始终，对储层压力的演变起到至关重要的作用。渗流作用，是构造作用引起的煤系裂隙、断层发育所导致的流体运移，是地质演化史中流体散失的一种重要方式，其以流体的压力梯度为动力，流动速度大，作用时间具有突发性，可使储层流体压力显著减小。生烃作用，是沉积有机质在逐渐埋藏过程中由于温度升高逐渐成熟并转化为烃类的过程，是储层流体压力演变过程中的最重要因素。在高温条件下，有机物转化成烃类（尤其是甲烷等低分子气态烃类）的过程中，其体积可增加到原来的 2～3 倍或更大，从而导致地层压力增加。生成的气态烃类和孔隙中的水混合，使得流体的绝对渗透率降低至之前单相流体的 1/10，使得流动减弱，进一步增大储层压力。固体干酪根的转化还会使储层骨架发生一定的变化，使得原先由岩石骨架承受的一部分上覆岩层压力转而由孔隙流体来承担，以上几个方面共同作用，极大地提升了储层孔隙的流体压力。而过大的孔隙流体压力会导致孔隙变形，甚至发生盖层突破，又会使流体压力变小并依此循环。水热增压则与此类似，也是通过温度压力的变化来改变含水体积，进而再次改变流体压力。但由于水的体积改变量远不如气体，且水并不像烃类会造成体积突变，并且需要封闭的环境这一保证，而且压力的变化还会通过孔隙体积的改变而调整，据实验表明当渗透率低于 3×10^{-14}mD①时水热增压才不可忽视，因此其起到的作用很小。黏土矿物转变，通过释放反应产物水来增加孔隙流体压力，如蒙脱石向伊利石的转变，其所释放出水的体积可达原始孔隙体积的 15%，且伊利石对孔隙产生堵塞，减小了流体渗透率，可进一步增大储层压力。但其确切的体积变化是不确定的，加上过大压力对排水的阻碍，因此所起到的作用尚不明确。开放体系中水头位置的改变也是储层流体压力变化的重要影响因素。由于与储层连通的水头所处位置的地形、地势及深度与储层埋深不同，使得储层压力产生不同于静水压力的值，而由构造作用及埋藏史的演变所导致的水头高度的演变，也对储层压力的改变起到作用。浮力作用，是由于流体之间密度的差异所产生的力的作用，在常规气藏聚集区顶部常常形成较高压力，并且压力从构造顶点向翼部减小。而对于煤储层，其对于开放体系下游离气的变化具有重要作用，将导致储层压力发生相应的演变。扩散散失，是由于介质之间存在浓度差所导致的，其使得储层中流体（气体）沿顶底板孔裂隙及固体骨架发生扩散运移。由于煤储层是高有机质丰度的烃源岩，因此其浓度扩散更为显著，虽然自然界中扩散速度非常缓慢，但地质史是漫长的，因此其是一种重要的压力演变影响因素。

以上这些机制在沉积盆地压力演化过程中的贡献和意义存在激烈争议，可以说某一阶

① $1\text{mD} = 0.986923\times10^{-15}\text{m}^2$。

段一般是以某一种作用为主，其他作用为辅的。它们是常规储层和煤储层所共有的成因机制，而煤储层具有不同于常规储层的富集特点，是典型的自生自储型储层，其具有不用于常规储层的强大吸附能力，因此对其进行储层流体压力的演化必然要与常规储层有所不同。煤体在煤化作用过程中孔裂隙的一系列变化会导致流体压力的显著改变，这也是常规储层所不具有的，需要特别分析。但无论是常规储层还是煤储层，其流体压力演变都离不开盆地模拟这一技术。

（三）储层流体压力演化史

1. 常规气藏

恢复常规储层古压力的方法有很多，主要利用盆地模拟方法来恢复，或者依据黏土矿物转变、泥岩声波时差、地震波速及流体包裹体等方法来恢复古压力。

声波时差法是压力研究的一个重要方法，其基本思路是等效深度法。在岩性、地层水性质变化不大的情况下，声波时差Δt主要反映了地层孔隙度的大小。在正常压实情况下，泥岩的声波时差随着深度的增加呈指数性减小，深度（D）与声波时差的对数（$\ln\Delta t$）线性相关。在正常压力环境中，覆盖层的压力主要由骨架应力来支撑，地层流体主要支撑静水柱产生的压力。在异常压力的层段，可以通过等效深度法计算地层压力。等效深度法计算压力，是根据异常压力层段与正常压力层段对应的骨架应力相等这一原理来实现的。声波时差主要考虑了欠压实对压力的影响，但存在忽略生烃增压和构造活动的影响这一缺陷。

王震亮等（2004）以神木—榆林地区石炭系—二叠系的现今压力分布为基础，根据沉积物压实效应的不可逆性，通过泥岩压实曲线，利用平衡深度法再现研究区最大埋深时的古流体压力，并通过不混溶包裹体计算方法，验证了前述平衡深度法的结果，通过描述压力发育历史的数学模型进行盆地模拟，综合恢复古压力演化史。

徐燕丽等（2009）通过对研究区实测的包裹体压力模拟结果证明该区古地史时期曾有超压的存在，得出烃类的生成及充注是该区源岩及储层产生超压的主要机制，因而以源岩排烃和油裂解气为主要出发点，即通过分析源岩干酪根向油及震旦系储层油裂解气的转化率，以Gangi提出的原理和计算方法定量模拟了密闭系统假设条件下研究区源岩层的压力演化和储层中油裂解气所产生的超压演变。

马德文等（2011）与吴斌等认为孔隙度与地层压力和埋深有关，地层压力与孔隙度和温度有关，而温度又影响流体的黏度和密度，各参数之间相互耦合，因而以现今实测压力为约束，根据研究区域气田的异常压力成因机制及地质特征，利用上述各个参数之间相互耦合的动态模型——流体压实耦合方法恢复了研究区域主要储层的压力演化史，并较好地考虑烃类流体充注（或散失）的量和时间。

BasinMod 是一款盆地数值模拟软件，其对于埋藏史演化的模拟已经比较成熟，但对于压力模拟由于只能模拟欠压实增压，不能对生烃增压的贡献进行度量。韩元佳针对研究区前期超压可能主要为欠压实成因，后期超压可能主要为生烃增压成因这一认识，结合该软件压力史模块这一不足，先利用 BasinMod 软件模拟前期超压的演化，然后利用包裹体捕获压力数据以及 DST 数据综合检验、校正模拟结果并反映后期超压的发育状况。

PetroMod 是超压技术的代表，以欠压实为基础进行模拟，并考虑到了生烃作用和构造抬升对地层压力的影响，但没有考虑到断层的活动性及封闭性对地层压力的影响，且上述以欠压实为基础的模拟软件只适用于以泥岩发育为主的地层中，而对于砂岩、煤层等地层模拟的可靠性就大打折扣，因此结合盆地模拟软件，通过不同形成期次的包裹体温压模拟还原储层流体压力等多种手段的综合分析、验证，其在常规储层压力演化的应用上才能较为准确。

2. *煤储层*

开放体系下的地下水压力水头是各种影响储层流体压力的因素综合作用于地下水的结果，是储层压力的另一种表现形式，因此，借助地下水压力系统中煤层顶底板的压力水头来估算一个地区的煤储层压力是可行的。李国富和雷崇利（2002）认为，对于古储层流体压力的计算，可通过地区侵蚀基准面和区域侵蚀基准面推测压力水头，进而推算储层压力演化情况。但该方法需要煤储层处于开放体系下这一前提。苏现波和张丽萍（2004）根据吸附态、游离态气体和水的状态方程，结合埋藏史、热史分析，根据流体封存箱理论，建立了根据抬升前储层流体压力计算抬升后流体压力的计算方程，以该方程为基础，依据抬升前后储层孔隙度和孔隙中气水比例的变化，采用正演、反演两种方式计算了储层流体压力的变化。韦重韬等（2007）在构建了研究区构造演化史、沉积埋藏史、热演化史、有机质成熟度史的基础上，综合考虑了有机质生烃、流体吸附、扩散、运移、散失的动态过程，将煤储层流体压力体系分为封闭、半封闭、开放三种体系，认为封闭体系中煤储层流体压力由因膨胀能引起的储层压力和因储层流体势引起的储层压力构成，半封闭体系则因为割理或断层封闭与此类似，开放体系的流体压力则由因生烃增压、沉积埋藏、构造作用共同决定的静水位压力构成，并由此建立了以质量守恒原理为基础的煤层气平衡动力学模型。上述研究成果开辟了煤储层流体压力演化的先河，但由于中高煤级煤储层水溶气含量较少，其并未考虑水溶气的存在性。吴永平等（2007）从构造抬升过程中的异常压力成因机制入手，通过对研究区域的定量模拟，计算了在整个抬升过程中封闭体系煤储层流体体积的变化所引起的储层压力的变化量，反映了储层流体压力在整个构造抬升过程中的动态演化过程。吴永平等（2007）将引起储层流体异常压力的成因分为建设性因素、破坏性因素和不同部位、时期所显现的双重性因素，认为不同阶段成压与减压的因素不同，且以某一种因素为主，其他因素为辅，据此进行了不同时期、地区的单因素储层流体压力数值模拟。上述的研究实例均存在假设条件较多的不足，但这也是煤储层流体压力演化的难点所在。

第二节　煤层气评价体系

煤层气开发是建立在资源的基础上，科学客观地评价煤层气资源的地域及层域分布特征是煤层气勘探开发的重要内容。

一、煤层气资源分类、分级

据《煤层气资源/储量规范》（DZ/T 0216—2010），煤层气资源量是指根据一定的地质和工程依据估算的赋存于煤层中的、具有现实意义和潜在意义的煤层气量；煤层气地质储量是指在原始状态下，赋存于已发现的具有明确计算边界的煤层中的煤层气总量。区内含气量数据主要来自煤田地质钻孔、井下瓦斯含量测试及间接计算，煤层甲烷含量基本掌握，并依据压力-吸附法推断了深部含气性特征，通过构造、水文地质条件等一系列控气地质因素分析，对本区煤层含气性赋存特征有了一定认识。大部分地区没有进行排采试验，煤层气资源的可靠程度相对较低。

二、计算方法

基于矿井煤层气的研究程度、煤田勘探程度、现有的开采技术等条件进行综合考虑与分析，采用体积法对本区的煤层气资源进行了估算。

采用体积法对研究区内不同块段煤层气资源量进行计算，即

$$G_i = 0.01 \times A \times I \times D \times Q_a \tag{8-1}$$

式中，G_i为i块段煤层气地质储量，$10^8 m^3$；A为煤层含气面积，km^2；I为煤层净厚度，m；D为煤的空气干燥基质量密度（容重），t/m^3；Q_a为煤的空气干燥基含气量，m^3/t。

根据式（8-1），分单元对煤层气资源量进行计算，然后累加得到各块段内煤层气总资源量为

$$G_i = \sum_{i=1}^{n} \sum_{j=1}^{m} G_{ij} \tag{8-2}$$

式中，m为参与计算的煤层层数；n为参与计算的块段数。

具体参数如下：资源量计算边界——煤层气地质图中标有煤层气风氧化带的区域可圈出不进行资源量计算；对已采区域和煤厚小于0.7m的区域不予计算。煤层含气量、煤层厚度下限值由煤层气含量等值线、钻孔数据进行确定（下限标准参考《煤层气资源/储量规范》（DZ/T 0216—2010））。

资源量计算单元划分：原则是把气田内具有相同或相近煤层气赋存特征的储层划分为一个单元。划分单元首选气藏地质边界，如断层、尖灭、剥蚀等；然后结合气藏计算边界，其中达不到煤层净厚度下限、含气量下限边界和风化带边界的不予计算。

计算单元面积：在相应的煤层底板等高线AutoCAD图上，采用计算机自动计算选定的块段面积。当煤层倾角<10°时，煤层倾斜对面积的影响不进行校正，即$A = A'$；当煤层倾角$\alpha \geqslant 10°$时，计算煤层的实际斜面积，$A = A'/\cos\alpha$。煤层倾角从煤层底板等高线图上读取，以平均倾角值参加计算。

根据煤田精查报告资料，煤层露头内推50m定为风氧化带。区内实测煤层甲烷深度均大于80%，根据国内相同地质条件、煤类特征，推测埋深80m为瓦斯风氧化带，离断层、陷落柱50m范围不算煤层气资源量。

煤层有效厚度：利用煤田地质钻探所取得的煤厚数据，采用蒙特·卡罗方法求出煤层厚度概率分布函数，选用概率为50%的煤层厚度作为块段内煤层的平均厚度。

煤的容重：采用块段内煤田地质勘探过程中测试的容重数据。

平均倾角：量得块段内等高线之间的平均水平距离，根据反三角函数求得。

煤层甲烷含量：Q_a为煤层甲烷含量的换算基准统一采用空气干燥基。对于埋深800m以上的各块段，利用梯度法推测的煤层甲烷含量数据，采用蒙特·卡罗方法求出煤层甲烷含量的概率分布函数，然后取概率为50%的含量值参加计算。对于埋深大于800m的各块段，利用预测的深部含气量，采用蒙特·卡罗方法求出煤层甲烷含量的概率分布函数，然后取概率为50%的含量值参加计算。

三、计算单元分类

主要以风化带～600m、600～1000m、1000～1500m、1500～2000m划分块段。

第三节　煤层气资源量及其分布特征

本书的西北地区是指贺兰—六盘山以西、昆仑—秦岭以北的广大地区，包括新疆，甘肃中西部，青海北部，宁夏与内蒙古西部（图8.1）。

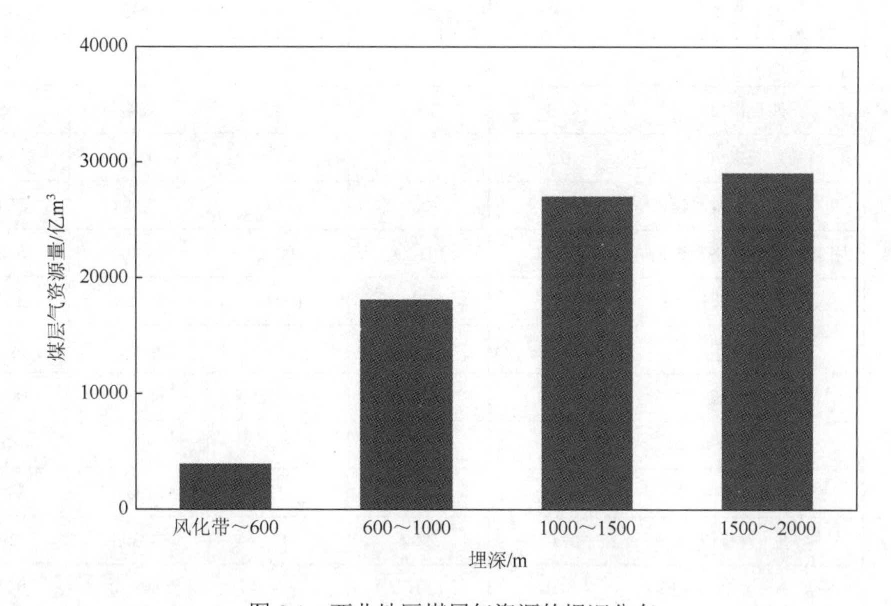

图8.1　西北地区煤层气资源的埋深分布

一、资源概况

根据式（8-1）和式（8-2），经过图件分析取得相关评价参数，评价出西北地区2000m

以上的煤层气的资源总量为 78037.7 亿 m^3，其中新疆地区 2000m 以上煤层气总资源量为 76829.4 亿 m^3，柴达木地区为 843.8 亿 m^3，河西走廊地区为 364.3 亿 m^3。大部分煤层气资源赋存在低煤阶的长焰煤与褐煤中，占全国低煤阶煤层气资源总量的 53.1%。目标煤层底板标高浅于 600m 的煤层气资源为 3782.2 亿 m^3，600～1000m 的煤层气资源为 18081.1 亿 m^3，1000～1500m 的煤层气资源为 27065.0 亿 m^3，1500～2000m 的煤层气资源为 29109.4 亿 m^3（表 8.1、图 8.1）。

表 8.1 西北煤层气资源分布 （单位：10^8m^3）

盆地名称	煤田	0～600m	600～1000m	1000～1500m	1500～2000m	合计
柴达木北缘盆地	阳霞煤田	0.0	112.6	97.1	107.8	317.5
	尕斯煤田	0.0	10.5	6.6	12.3	29.4
	赛什腾煤田	0.0	114.7	128.8	0.0	243.5
	鱼卡煤田	0.0	16.5	40.9	97.9	155.3
	全吉煤田	0.0	13.6	20.5	25.6	59.6
	德令哈煤田	7.2	9.1	5.8	1.6	23.8
	乌兰煤田	5.9	6.9	1.9	0.0	14.7
河西走廊地区	木里—热水煤田	0.0	18.1	11.5	69.8	99.3
	西宁煤田	0.0	43.5	30.4	0.9	74.8
	潮水煤田	0.0	41.4	50.0	19.0	110.4
	靖远煤田	0.0	23.8	14.7	7.4	45.9
	窑天煤田	0.0	8.2	14.0	11.8	33.9
准北盆地	和布克赛尔—福海煤田	0.0	0.0	1718.2	1324.4	3042.6
	托里—和什托洛盖煤田	732.7	1318.6	1906.5	1430.4	5388.1
	克拉玛依煤田	9.4	487.8	1094.2	1662.7	3254.2
准南盆地	准南煤田	542.4	1109.6	1291.0	675.7	3618.7
准东盆地	准东煤田	883.9	5154.9	5899.3	6831.1	18769.2
	青河煤矿点	0.5	0.0	0.0	0.0	0.5
	卡姆斯特煤田	52.4	689.9	1057.5	2296.0	4095.8
吐哈盆地	巴里坤煤田	274.9	538.6	813.6	473.3	2100.3
	三塘湖—淖毛湖煤田	0.0	1207.1	4406.8	3867.1	9480.9
	达坂城煤田	2.5	199.8	266.7	188.5	657.5
	艾维尔沟煤产地	86.5	113.4	107.6	65.4	373.0
	托克逊煤田	48.7	95.8	126.5	109.5	380.5
	鄯善煤田	4.2	102.6	300.4	357.6	764.7

续表

盆地名称	煤田	0～600m	600～1000m	1000～1500m	1500～2000m	合计
吐哈盆地	哈密煤田	92.2	899.9	1149.5	3046.0	5187.5
	吐鲁番煤田	28.7	776.7	1075.7	1491.2	3372.4
	沙尔湖煤田	319.3	242.5	0.0	0.0	561.8
	大南湖—梧桐窝子煤田	115.2	732.3	815.8	0.0	1663.4
塔北盆地	温宿煤田	27.1	26.2	44.0	19.8	117.1
	库拜煤田	365.3	313.2	458.8	595.7	1733.0
	阳霞煤田	66.6	238.0	302.7	454.5	1061.8
塔西南盆地	乌恰煤田	0.5	1.4	0.2	0.0	2.0
	阿克陶煤田	0.9	3.2	6.8	0.0	11.0
	莎车—叶城煤田	1.4	4.7	10.6	7.6	24.4
	布雅煤产地	2.5	1.8	0.0	0.0	4.3
	白干湖煤产地	1.6	15.8	0.0	0.0	17.3
伊犁盆地	伊宁煤田	110.0	646.1	1582.1	2007.1	4345.3
天山系列盆地	尼勒克煤田	0.0	241.7	176.3	34.6	452.6
	新源—巩留煤田	0.0	0.0	34.0	27.0	61.0
	昭苏—特克斯煤田	0.0	85.0	94.7	98.2	278.0
	巩乃斯煤产地	0.0	2.8	0.8	0.0	3.5
	焉耆煤田	0.0	2194.2	1612.7	1409.6	5216.5
	库米什煤田	0.0	178.2	235.8	211.9	625.9
	巴音布鲁克煤田	0.0	40.3	54.0	70.4	164.7
合计		3782.2	18081.1	27065.0	29109.4	78037.7

西北煤层气资源主要分布在新疆地区，新疆地区煤层气占西北地区煤层气总资源量的98.5%。新疆煤层气资源分布比较集中，主要分布在准噶尔盆地和吐哈盆地，煤层气资源量分别为39377.3亿m^3和24542.0亿m^3（图8.2和图8.3），共占新疆地区煤层气总资源量的81.6%；柴达木北缘盆地煤层气资源主要分布在阳霞煤田、赛什腾煤田和鱼卡煤田，煤层气资源量分别为317.5亿m^3、243.5亿m^3、155.3亿m^3，三地共占柴达木北缘盆地资源总量的84.9%；河西走廊地区煤层气分布比较均匀，各煤田煤层气资源量分布差异不大，主要分布在木里—热水煤田和潮水煤田，煤层气资源量分别为99.3亿m^3、110.4亿m^3，共占河西走廊地区煤层气资源总量的57.6%。

按省份划分，西北地区煤层气主要分布在新疆、青海和甘肃部分地区。

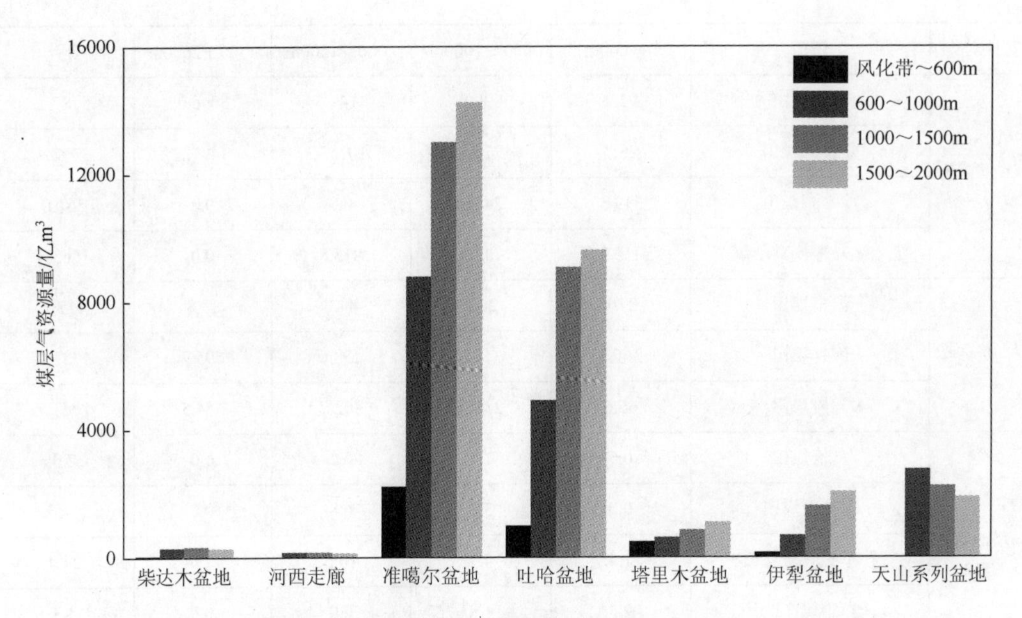

图 8.2 西北地区主要盆地煤层气资源的埋深分布

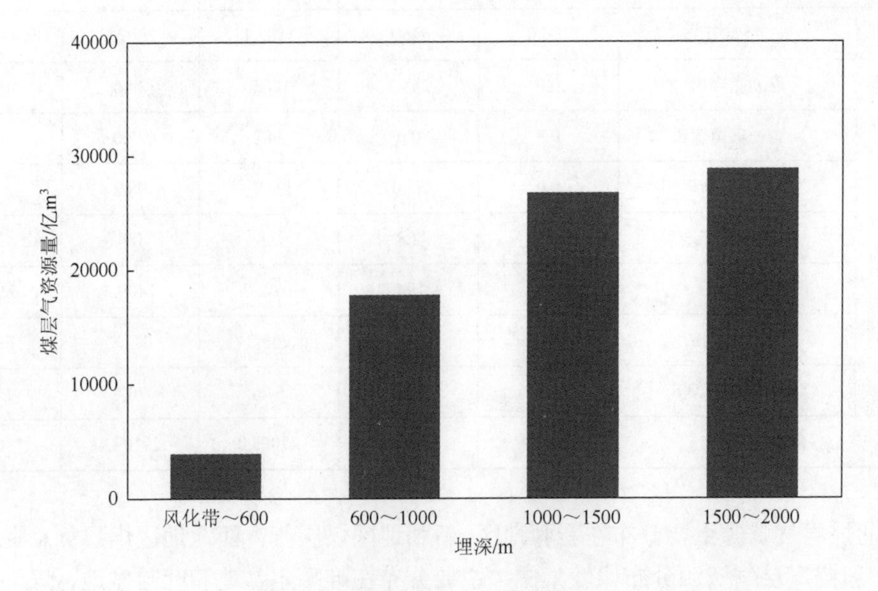

图 8.3 新疆煤层气资源的埋深分布

青海煤层气资源为 675.0 亿 m^3，风化带至 600m 煤层气资源量为 13.1 亿 m^3；600～1000m 煤层气资源量为 233.0 亿 m^3；1000～1500m 煤层气资源量为 246.5 亿 m^3；1500～2000m 煤层气资源量为 208.1 亿 m^3（图 8.4），主要分布在柴达木北缘盆地、木里—热水盆地和西宁盆地（表 8.2）。

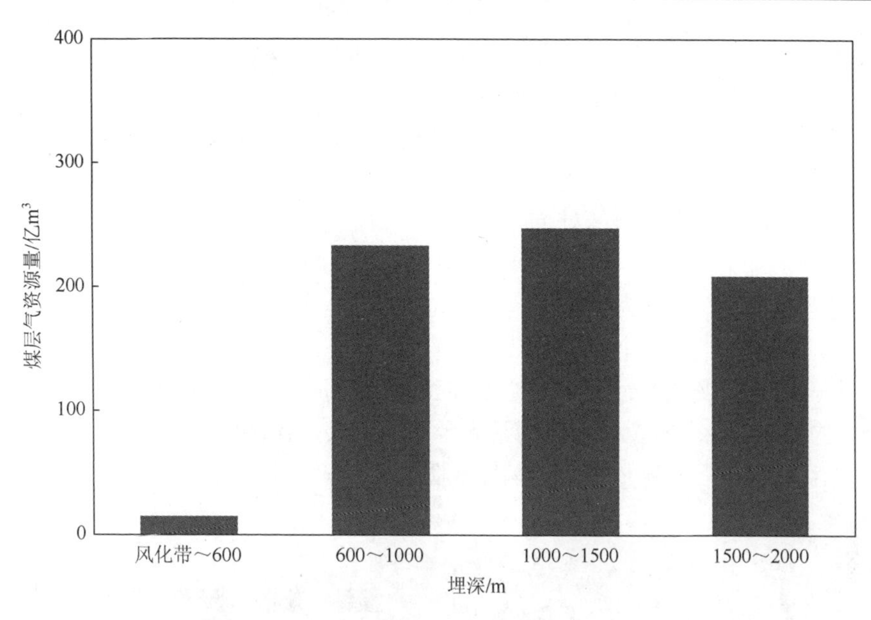

图 8.4　青海煤层气资源分布

表 8.2　青海煤层气资源量统计表　（单位：10^8m^3）

盆地名称	煤田	0～600m	600～1000m	1000～1500m	1500～2000m	小计
柴达木北缘盆地	尕斯煤田	0.0	10.6	6.6	12.3	29.4
	赛什腾煤田	0.0	114.7	128.8	0.0	243.5
	鱼卡煤田	0.0	16.5	40.9	97.9	155.3
	全吉煤田	0.0	13.6	20.5	25.6	59.6
	德令哈煤田	7.2	9.1	5.8	1.6	7.2
	乌兰煤田	5.9	6.9	1.9	0.0	5.9
木里—热水盆地	木里—热水煤田	0.0	18.1	11.5	69.8	99.3
西宁煤田	西宁盆地	0.0	43.5	30.5	0.9	74.8
总计		13.1	233.0	246.5	208.1	675.0

按时代划分，石炭纪—二叠纪煤分布在准噶尔盆地的西北部和祁连山南、北，呈西北向或者东西向条带，以中煤阶烟煤为主，亦有贫煤和无烟煤。

晚三叠世煤在新疆北天山、准噶尔和乌恰等地以气煤为主，局部有肥、焦煤和瘦煤，乌恰煤田有岩浆侵入煤层，接触带有天然焦。青海木里、门源和甘肃天祝、景泰等煤产地呈西向分布，有长焰煤、气煤、肥煤、瘦煤和贫煤。青海昆仑山无烟煤带主要有都兰八宝山等煤产地，呈北西向分布。

早、中侏罗世煤可分为四个煤化作用区。

新疆低变质煤区：准北煤田、准南煤田、伊犁煤田、吐哈煤田、准东煤田等主要煤田均以长焰煤、不黏煤和气煤为主，局部有肥煤、焦煤、瘦煤；塔北煤田以气煤为主，局部有弱黏煤、肥煤和焦煤；乌恰煤田为肥煤和焦煤；西昆仑煤矿点为长焰煤和不黏煤，局部有贫煤和无烟煤。此外在准噶尔盆地西缘的和什托洛盖和克拉玛依尚存少量褐煤。

柴北低变质煤带：包括青海的鱼卡、大煤沟、柏树山、大通，甘肃的窑街，阿干镇至靖远等近东西向排列的小型煤盆地，以长焰煤、不黏煤为主，其次为弱黏煤和气煤，局部有贫煤和无烟煤，大有、大滩等处尚存褐煤。

祁连山中、高变质煤带：包括旱峡、红沟、江仓、木里、热水和九条岭等煤产地。红沟和西后沟为焦煤，九条岭为无烟煤，旱峡为贫瘦煤，热水为瘦煤、贫煤，江仓、木里为中、低变质烟煤。

昆仑山—积石山变质带：此带近东西向延展至新疆，昆中断裂两侧为长焰煤-气煤，塔妥为1/2中黏煤。昆南断裂带北侧的纳赤台为无烟煤，南侧的大武煤田为中、高变质煤，石峡和野马滩为焦煤、贫煤和少量无烟煤（图8.5）。

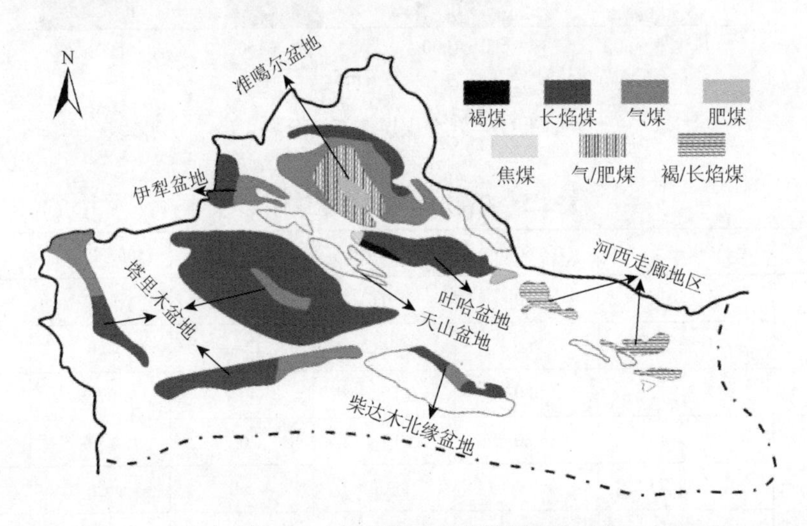

图8.5 西北地区煤质分布示意图（据中国煤炭地质总局，2017）

2010年油气资源评价西北地区煤层气资源量为96250.2亿m^3，本书估算煤层气资源量为78037.6亿m^3，相对于新一轮评价减少18237.7亿m^3。两次变化部分集中在新疆地区（表8.3、图8.6）。

表8.3 本书新疆地区资源量计算结果和全国煤层气资源评价与对比表 （单位：$10^8 t/m^3$）

盆地名称	含气区	含煤地层	新一轮全国煤层气评价		本书评价		
			煤炭资源量	煤层气地质资源量	煤炭资源量	计算用煤炭资源量	煤层气地质资源量
准噶尔盆地	准北	J_{1-2}	1216.2	6624.3	1817.7	1595.5	11684.9
	准南	J_{1-2}	3099.3	20582.7	1257.4	598.6	3618.7
	准东	J_{1-2}	1717.8	11061.7	5210.5	3336.8	22865.6
吐哈盆地	吐哈	J	3377.8	21198.3	5670.0	3585.8	24541.9

续表

盆地	含气区		含煤地层	新一轮全国煤层气评价		本书评价		
				煤炭资源量	煤层气地质资源量	煤炭资源量	计算用煤炭资源量	煤层气地质资源量
天山系列盆地	伊犁	伊宁	J	2911.9	8638.7	2328.7	1837.8	4345.3
		昭苏	J	373.6	721.7	118.2	91.8	278.0
		尼勒克	J	595.8	1512.5	315.3	151.4	452.6
		巩留新源	J	292.9	1056.7	15.1	15.1	61.0
		可拉克	J	80.3	216.8	2.9	1.3	3.6
	尤路都斯		J	253.6	1420.6	54.5	43.5	164.7
	焉耆		J	241.9	1349.3	909.1	898.2	5216.5
	库米什		J	262.6	1345.4	152.6	109.9	625.9
塔里木盆地	北缘		T_3—T_1、J_{1y}、J_{2x}	376.5	3326.0	440.8	223.6	2911.9
	南缘		J_{1k}、J_{2y}	2568.2	16012.6	16.1	9.3	59.0
合计				17368.2	95067.2	18308.8	12498.5	76829.5

本书资源评价变化最大的是塔里木盆地和伊犁盆地，其他盆地未发生较大的资源量变化（图 8.6）。

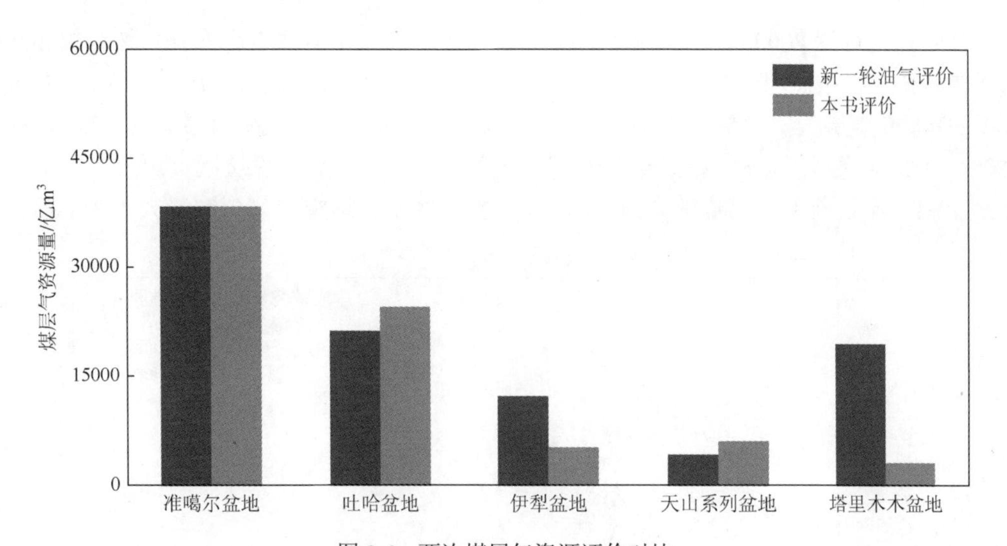

图 8.6　两次煤层气资源评价对比

二、准噶尔盆地

准噶尔盆地埋深 2000m 以上的煤层气资源量为 38169.1 亿 m^3，主要分布在八道湾组和西山窑组含煤地层。按照埋藏深度划分级别统计：风化带至 600m 煤层气资源量为 2221.3 亿 m^3；600～1000m 煤层气资源量为 8760.8 亿 m^3；1000～1500m 煤层气资源量为

12966.7 亿 m^3；1500～2000m 煤层气资源量为 14220.4 亿 m^3（图 8.7）。其中以准东煤层气资源量最多，准南最少。

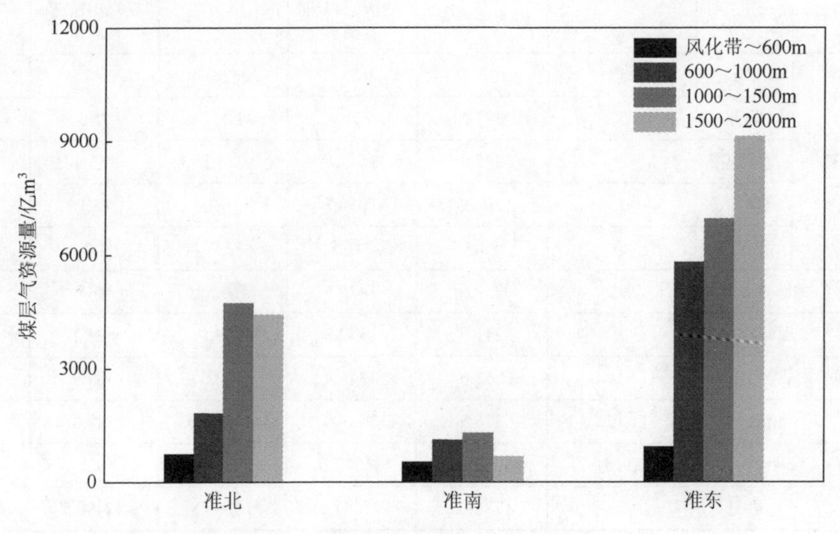

图 8.7　准噶尔盆地煤层气资源分布

三、吐哈盆地

吐哈盆地埋深 2000m 以上煤层气资源量为 24541.9 亿 m^3，主要分布在八道湾组和西山窑组含煤地层。按照埋藏深度划分级别统计：风化带至 600m 煤层气资源量为 972.0 亿 m^3；600～1000m 煤层气资源量为 4908.8 亿 m^3；1000～1500m 煤层气资源量为 9062.6 亿 m^3；1500～2000m 煤层气资源量为 9598.5 亿 m^3（图 8.8）。吐哈盆地煤层气资源分布主要集中在三塘湖—淖毛湖煤田和哈密煤田。图 8.9 主要是吐哈盆地煤层气资源量大于 1000 亿 m^3

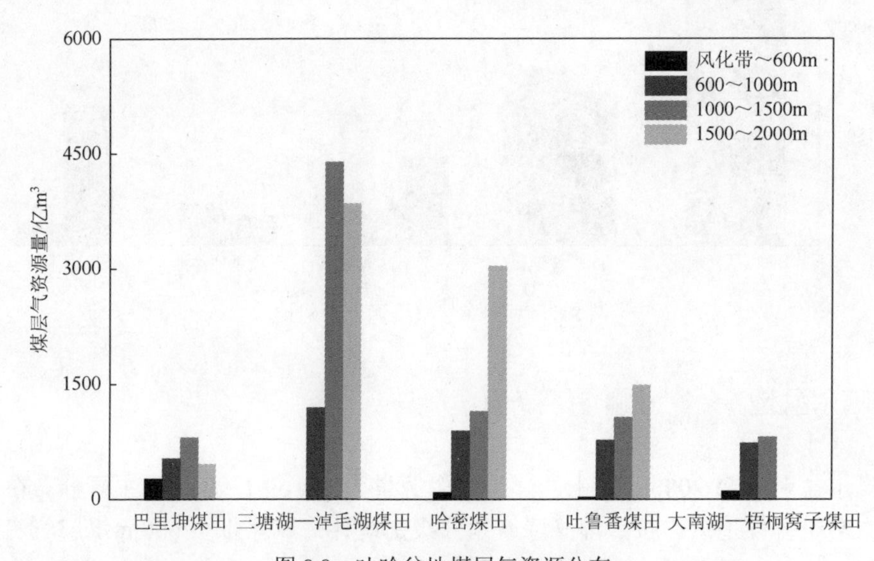

图 8.8　吐哈盆地煤层气资源分布

的煤田。吐哈盆地还存在一些小于 1000 亿 m^3 的矿区，如鄯善、达坂城、沙尔湖、托克逊矿区和艾维尔沟煤产地，煤层气资源量分别为 764.7 亿 m^3、657.5 亿 m^3、561.8 亿 m^3、380.5 亿 m^3 和 373.0 亿 m^3。

四、天山系列盆地

天山系列盆地埋深 2000m 以上煤层气资源量为 6802.2 亿 m^3。按照埋藏深度划分级别统计，主要存在 600m 以下的煤层气：600～1000m 煤层气资源量为 2742.2 亿 m^3；1000～1500m 煤层气资源量为 2208.2 亿 m^3；1500～2000m 煤层气资源量为 1851.8 亿 m^3（图 8.9）。资源分布不均匀，焉耆煤田占整个盆地的 76.7%，剩余煤田资源分布较少且相对均匀。新源—巩留煤田和巩乃斯煤产地等地区还存在煤层气，但资源量较少，分别为 61.0 亿 m^3 和 3.50 亿 m^3。

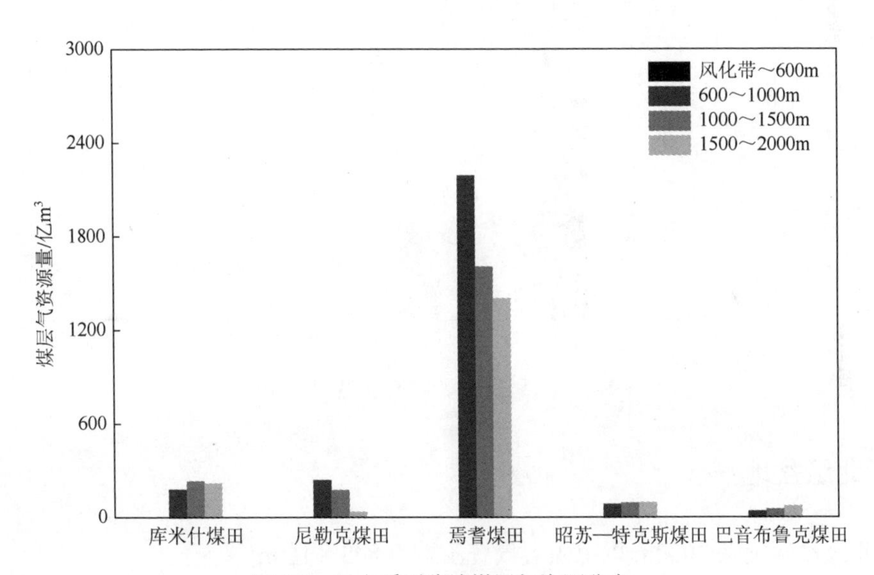

图 8.9　天山系列盆地煤层气资源分布

五、伊犁盆地

伊犁盆地煤层气主要集中在伊犁煤田，埋深 2000m 以上煤层气资源量为 4345.3 亿 m^3。

按照埋藏深度划分级别统计：风化带至 600m 煤层气资源量为 110.0 亿 m^3；600～1000m 煤层气资源量为 646.1 亿 m^3；1000～1500m 煤层气资源量为 1582.1 亿 m^3；1500～2000m 煤层气资源量为 2007.1 亿 m^3。

六、塔里木盆地

塔里木盆地目前主要是对北缘的研究，主要集中在塔北盆地，2000m 以上煤层气资源量为 2911.9 亿 m^3，占塔里木盆地总资源量的 98%。其余主要在塔西南地区，煤层气总资源量为 59 亿 m^3（图 8.10）。

按照埋藏深度划分级别统计：风化带至 600m 煤层气资源量为 465.8 亿 m^3；600～1000m 煤层气资源量为 604.3 亿 m^3；1000～1500m 煤层气资源量为 823.2 亿 m^3；1500～2000m 煤层气资源量为 1077.7 亿 m^3。塔里木盆地煤层气资源主要分布在库拜煤田和阳霞煤田（图 8.10）。其他还有部分煤田含有少量煤层气资源，如阿克陶煤田、布雅煤产地和乌恰煤田，煤层气资源分别为 11.0 亿 m^3、4.3 亿 m^3 和 2.0 亿 m^3。

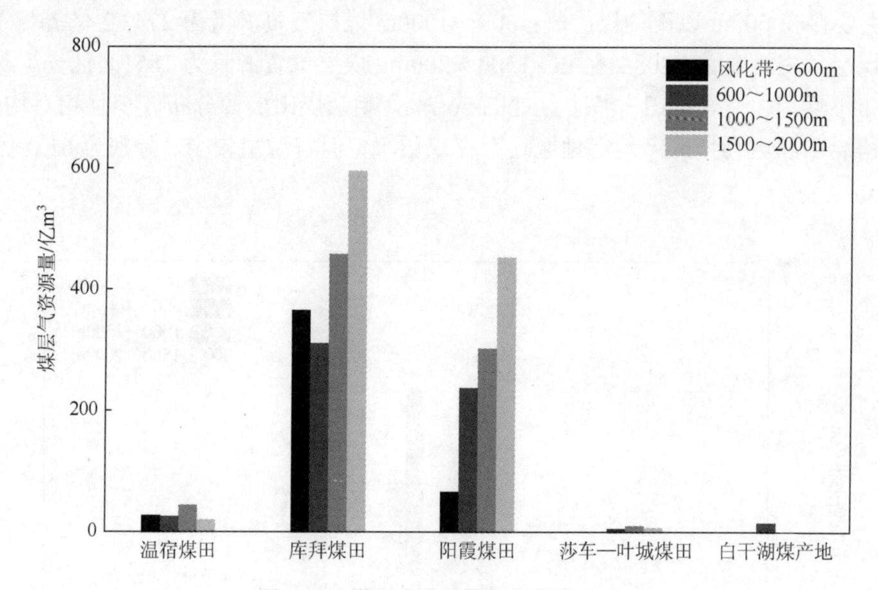

图 8.10 塔里木盆地煤层气资源分布

七、柴北缘盆地

柴北缘盆地埋深 2000m 以上煤层气资源量为 843.8 亿 m^3。

按照埋藏深度划分级别统计：风化带至 600m 煤层气资源量为 13.1 亿 m^3；600～1000m 煤层气资源量为 283.8 亿 m^3；1000～1500m 煤层气资源量为 301.6 亿 m^3；1500～2000m 煤层气资源量为 245.2 亿 m^3（图 8.11）。柴北缘盆地煤层气资源几乎全在 600m 以下。其他还有部分煤田含有少量煤层气资源，如德令哈煤田和乌兰煤田，煤层气资源分别为 23.8 亿 m^3 和 14.7 亿 m^3。

八、河西走廊

河西走廊埋深 2000m 以上煤层气资源量为 364.5 亿 m^3。

按照埋藏深度划分级别统计：600～1000m 煤层气资源量为 134.9 亿 m^3；1000～1500m 煤层气资源量为 120.7 亿 m^3；1500～2000m 煤层气资源量为 108.8 亿 m^3（图 8.12）。煤层气资源分布比较均匀。

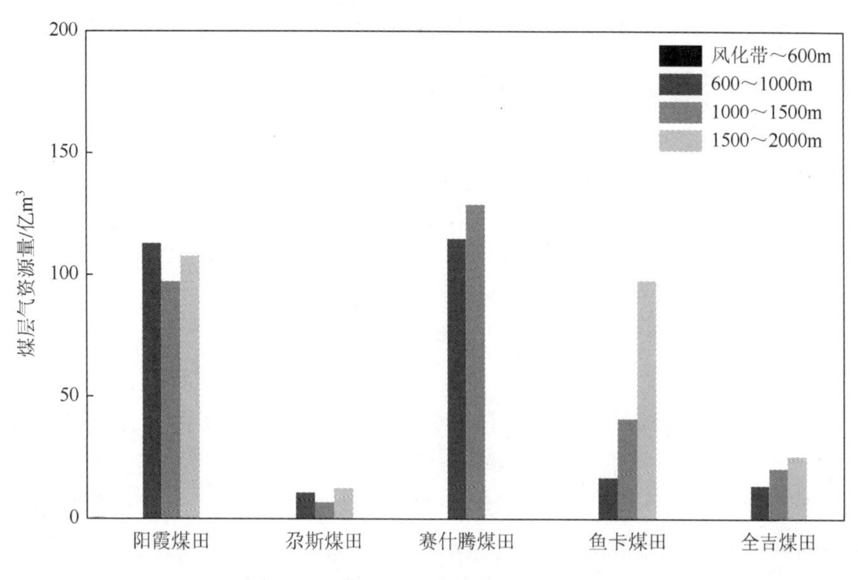

图 8.11　柴北缘盆地煤层气资源分布

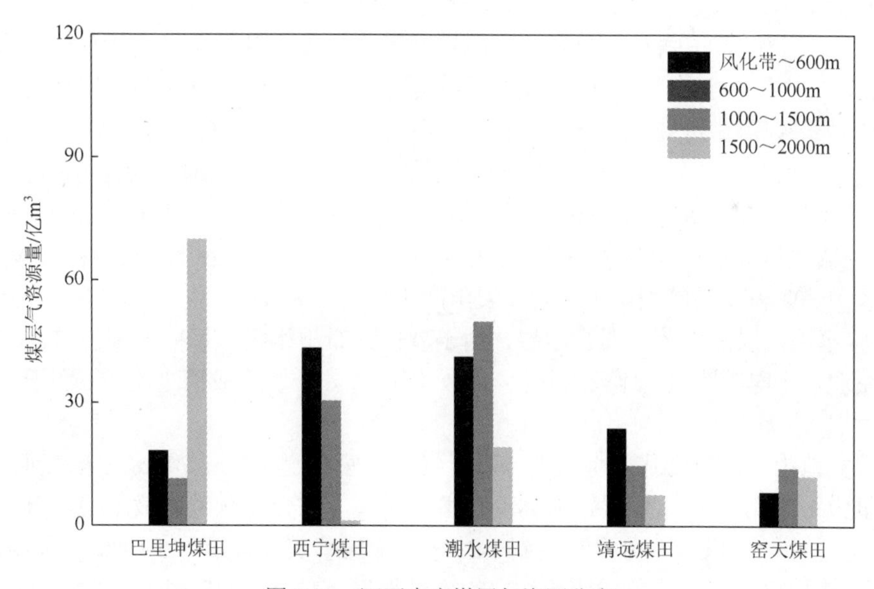

图 8.12　河西走廊煤层气资源分布

第四节　西北煤层气资源特点

西北地区煤层气资源有以下特点：

（1）大部分煤层气资源赋存在低煤阶的长焰煤与褐煤中，占全国低煤阶煤层气资源总量的 53.1%。

（2）风氧化带深度一般超过 500m，目标煤层煤层气资源分布在 1000m 以下。

（3）西北地区煤层含水量低，不利于形成次生生物气，煤层总体含气量低。

（4）西北地区煤层气资源分布不平衡，主要分布在新疆地区准噶尔盆地和吐哈盆地。

第五节　新疆低煤阶储层三相态含气量模拟

一、新疆吐哈盆地与美国粉河盆地煤储层物性的差异性

新疆的吐哈盆地（哈密凹陷、艾丁湖、沙尔湖和大南湖凹陷）与美国粉河盆地（Powder River Basin）在成煤环境、煤层厚度、吸附气含量等方面有一定的相似性，但地质构造演化、埋藏深度、煤岩组成、煤质特征、煤对甲烷的吸附能力、煤层气成分、含量构成、风氧化带深度、含气饱和度、水文地质条件及渗透率等方面差异明显。

哈密、艾丁湖、沙尔湖和大南湖凹陷为形成于早、中侏罗世的改造型陆相煤盆地，煤阶具有由南向北逐渐增加的趋势，南部艾丁湖、沙尔湖、大南湖一线约为 0.4%，其他平均值在 0.6%左右，与第一次煤化作用跃变阶段相当，其主要特征是沥青化作用的发生，使吐哈盆地曾经一度成为煤成油研究的热点地区之一。低煤阶煤的煤岩组成中稳定组分平均占 6.17%，惰质组占 22.92%，空气干燥基水分含量只有 4.86%，干燥基灰分含量为 7.53%（表 8.4）。南部煤层未达热演化阶段，煤层气主要为生物气，北部煤成岩演化阶段的拉张构造应力环境，使生成的生物气保存十分有限，主要为白垩纪生成的热成因甲烷。煤田地质勘探深度范围内（一般浅于 500m）煤层甲烷实测含量为 0.01～0.54m^3/t（解吸法 MT/77—84），对低煤阶煤测试可能存在一定的误差，但实测成分中，CH_4仅占 2.25%～59.8%，N_2含量很高，平均在 50%以上，埋深 500m 以上属于风、氧化带范围。风氧化带以下，哈试 1 井实测含气量为 1.51～2.19m^3/t，煤的朗缪尔体积平均为 9.81m^3/t，朗缪尔压力为 1.40MPa，含气饱和度平均为 25.9%。井下煤裂隙观察表明，面裂隙（与面割理含义相当）方向一般为 30°～60°，端裂隙不发育，裂隙间距平均达 8.5cm，渗透性较差。煤储层为弱含水层-隔水层，煤系砂体为弱含水层，由于砂体分布不稳定，横向连续性差，与煤层的水力联系弱，非均质性强，地表水补给有限，煤层气井难以形成稳定流，不利于降压漏斗的均衡发展。

粉河盆地为美国新生代原型盆地，煤层气井钻探深度为 70～740m，全盆地预测煤层气资源量为 1.04 万亿 m^3。煤层镜质体反射率为 0.3%～0.4%，煤岩组成中稳定组分含量平均为 4.36%，空气干燥基水分含量达到 24.50%，干燥基灰分含量为 5.19%。煤阶未达到热演化阶段，煤层气主要为生物成因甲烷或次生生物气。煤层气含量由围岩裂隙中的煤成气、煤系水中的溶解气、煤层宏观裂隙、显微裂隙、大（孔直径 d＞1000nm）-中（100nm＜d＜1000nm）孔隙的游离气及过渡孔（10nm＜d＜100nm）、微孔（d＜10nm）中的吸附气共同构成。水溶气研究表明，承压水中气、水比例为 1.7∶12.4，埋深 200m 左右，储层压力为 1.03MPa，煤中水溶气含量为 0.02m^3/t。地球物理测井估计此深度下的次生孔隙度为 6%，次生孔隙内的甲烷饱和度为 35%，此时煤储层内的游离气含量为 0.15m^3/t，吸附气含量平均为 0.78m^3/t，煤层总含气量为 0.028～2.1m^3/t，朗缪尔体积为 2.18m^3/t，吸附气的平均饱和度为 55.8%。埋深 180m 左右煤层气的成分中 CH_4占绝大多数，达到 90.14%，CO_2、N_2含量较低，分别为 7.69%和 2.13%。弱挤压作用使煤储层多级割理十分发育，煤本身的孔隙度又高，据完井后的水产量估算的煤层渗透率为 0.01～1.5μm^2。煤层为含水层，

厚度巨大，导流能力强；煤系砂岩含水性弱，因裂隙发育，与煤层的水力联系较强，地下水均衡补给，没有造成巨大排水量，反而有利于降压漏斗的扩展。

表 8.4　新疆吐哈盆地与美国粉河盆地煤储层物性对比

储层物性		吐哈盆地	粉河盆地
工业分析	全水分（M_t）/%		27.68
	空气干燥基水分（M_{ad}）/%	4.86	24.50
	干燥基灰分（A_d）/%	7.53	5.19
镜质体反射率（$R_{o,max}$）/%		0.55	0.34
煤岩组分	镜质组（V）/%	70.91	73.44
	惰质组（I）/%	22.92	22.20
	稳定组（E）/%	6.17	4.36
朗缪尔常数	朗缪尔体积（V_L）/(m^3/t)	9.81	2.18
	朗缪尔压力（P_L）/MPa	1.40	2.59
煤层气成分	平均埋深/m	368	180
	甲烷（CH_4）/%	37.24	90.14
	二氧化碳（CO_2）/%	8.16	7.69
	氮气（N_2）/%	52.47	2.13

注：吐哈盆地数据为低煤阶煤的平均值

二、新疆低煤阶煤储层三相介质与三元结构系统

基于准噶尔盆地、吐哈盆地低煤阶煤宏观裂隙、显微裂隙的系统观测和压汞实验，结合两盆地低煤阶煤三相介质组成分析，建立了低煤阶煤储层三相介质组成与三元结构系统地质模型。

（一）比孔容与比表面积分布特征

采用压汞法测试得出煤样中大于 7.2nm 所有孔隙的孔径结构，据 B.B 霍多特十进制孔隙分类方案，将煤中孔径结构划分为大孔（Φ＞1000nm）、中孔（1000nm＞Φ＞100nm）、过渡孔（100nm＞Φ＞10nm）和微孔（10nm＞Φ＞7.2nm）四个孔径段。

两盆地煤的压汞总孔容为 0.0459～0.1524cm^3/g。孔径结构以大孔、过渡孔为主，占总孔容的 65%左右（表 8.5），其次为微孔和中孔。显微煤岩类型以微镜惰煤总孔容最大。

孔比表面积的大小与孔容和孔径的分布特征密切相关。两盆地煤的总孔比表面积为 5.8639～13.69m^2/g，主要集中在过渡孔段和微孔段，占 92%以上（表 8.6），且以微镜惰煤最大，总孔表面积在 10m^2/g 以上。

表 8.5　煤的比孔容测试成果表

地点		层位	孔容/($10^{-4}cm^3/g$)					孔容比/%			
			V_1	V_2	V_3	V_4	V_t	V_1/V_t	V_2/V_t	V_3/V_t	V_4/V_t
准噶尔盆地	车 62 井	J_1b	232	36	210	121	599	38.7	6.0	35.1	20.2
	联合厂矿	J_2x	433	591	314	114	1452	29.8	40.7	21.6	7.9
	西山煤矿	J_2x	539	591	291	103	1524	35.4	38.8	19.1	6.8
	六道湾矿	J_2x	259	228	289	106	882	29.4	25.9	32.8	12.0
	碱沟煤矿	J_2x	184	45	230	83	542	33.9	8.3	42.4	15.3
	三工河矿	J_1b	202	80	231	108	621	32.5	12.9	37.2	17.4
	西沟煤矿	J_1b	218	68	210	90	586	37.2	11.6	35.8	15.4
	西沟煤矿	J_1b	284	27	168	95	574	49.5	4.7	29.3	16.6
吐哈盆地	艾维尔沟	J_1b	238	17	161	82	498	47.8	3.4	32.3	16.5
	波尔碱矿	J_1b	191	21	177	96	485	39.4	4.3	36.5	19.8
	克尔碱矿	J_2x	157	60	190	83	490	32.0	12.2	38.8	16.9
	黑山矿	J_2x	226	87	180	86	579	39.0	15.0	31.1	14.9
	胜精矿	J_2x	203	38	178	93	512	39.6	7.4	34.8	18.2
	柯柯亚矿	J_1b	212	58	212	80	562	37.7	10.3	37.7	14.2
	红星煤矿	J_1b	201	79	187	114	581	34.6	13.6	32.2	19.6
	连沙一井	J_2x	234	23	144	58	459	51.0	5.0	31.4	12.6
	北泉矿	J_1b	180	282	233	85	780	23.1	36.2	29.9	10.9
	北泉矿	J_1b	305	552	359	148	1364	22.4	40.5	26.3	10.9
	北泉矿	J_1b	222	16	238	164	640	34.7	2.5	37.2	25.6
	露天矿	J_1b	207	212	296	133	848	24.4	25.0	34.9	15.7

注：V-孔容；V_1-大孔；V_2-中孔；V_3-过渡孔；V_4-微孔；V_t-总孔容

表 8.6　煤的孔比表面积测试成果表

地点		层位	孔比表面积/(m^2/g)					孔比表面积比/%			
			S_1	S_2	S_3	S_4	S_t	S_1/S_t	S_2/S_t	S_3/S_t	S_4/S_t
准噶尔盆地	车 62 井	J_1b	0.0111	0.0616	4.748	5.5123	10.333	0.1	0.6	45.9	53.3
	联合厂矿	J_2x	0.0383	0.8109	5.1137	5.2711	11.234	0.3	7.2	45.5	46.9
	西山煤矿	J_2x	0.0474	0.7958	4.6298	4.759	10.232	0.5	7.8	45.2	46.5
	六道湾矿	J_2x	0.0131	0.3333	4.6746	4.8906	9.9116	0.1	3.4	47.2	49.3
	碱沟煤矿	J_2x	0.0088	0.0824	4.2465	3.6701	8.0078	0.1	1.0	53.0	45.8
	三工河矿	J_1b	0.0061	0.117	4.0273	5.0161	9.1665	0.1	1.3	43.9	54.7
	西沟煤矿	J_1b	0.0051	0.1023	4.2323	4.219	8.5587	0.1	1.2	49.5	49.3
	西沟煤矿	J_1b	0.003	0.0355	3.231	4.2779	7.5474	0.0	0.5	42.8	56.7

续表

地点		层位	孔比表面积/(m^2/g)					孔比表面积比/%			
			S_1	S_2	S_3	S_4	S_t	S_1/S_t	S_2/S_t	S_3/S_t	S_4/S_t
吐哈盆地	艾维尔沟	J_1b	0.003	0.0183	3.0822	3.7177	6.8212	0.0	0.3	45.2	54.5
	波尔碱矿	J_1b	0.0038	0.0265	3.7141	4.4526	8.197	0.0	0.3	45.3	54.3
	克尔碱矿	J_2b	0.0069	0.0877	3.6796	3.8667	7.6409	0.1	1.1	48.2	50.6
	黑山矿	J_2x	0.0123	0.1242	3.6684	3.8849	7.6898	0.2	1.6	47.7	50.5
	胜精矿	J_2x	0.0074	0.0653	3.51	4.2358	7.8185	0.1	0.8	44.9	54.2
	柯柯亚矿	J_1b	0.0063	0.0968	4.1067	3.7286	7.9384	0.1	1.2	51.7	47.0
	红星煤矿	J_1b	0.0076	0.125	3.5938	5.2873	9.0137	0.1	1.4	39.9	58.7
	连沙一井	J_2x	0.0074	0.0437	3.9888	1.824	5.8639	0.1	0.7	68.0	31.1
	北泉矿	J_1b	0.0106	0.4747	3.4533	3.848	7.7866	0.1	6.1	44.3	49.4
	北泉矿	J_1b	0.0267	0.7444	6.2235	6.6954	13.69	0.2	5.4	45.5	48.9
	北泉矿	J_1b	0.0057	0.0237	4.7884	7.6262	12.444	0.0	0.2	38.5	61.3
	露天矿	J_1b	0.0121	0.3829	5.0735	6.1365	11.605	0.1	3.3	43.7	52.9

注：S-孔表面积；S_1-大孔；S_2-中孔；S_3-过渡孔；S_4-微孔，S_t-总孔表面积

（二）低煤阶煤三相介质组成特征

煤储层系是由煤基质块、气、水（油）三相物质组成的三维地质体。其中气组分具有三种相态，即游离气（气态）、吸附气（准液态）、吸收气（固溶体）；水组分也有三种形态，即裂隙、大孔隙中的自由水，显微裂隙、微孔隙和芳香层缺陷内的束缚水及与煤中矿物质结合的化学水，在低煤阶煤储层中还含有油相组分即沥青质体和渗出沥青体；煤基质块则由煤岩组分和矿物质组成。在一定的压力、温度、电、磁场中各相组分处于动平衡状态。

准噶尔盆地和吐哈盆地低煤阶煤样（$R_{o,\max}$<0.65%）中平衡水分（M_e）含量为5.67%～13.62%（表8.7），平均为9.36%；煤样所在矿井平均甲烷含量（包括气相和吸附相）为0.32～7.42m^3/t，平均为2.38m^3/t；煤基质块中镜质组（V）、惰质组（I）、稳定组或壳质组（E）平均占70.92%、23.53%和5.13%，灰分平均占11.55%。

表8.7　低煤阶煤样煤岩组成与朗缪尔常数

煤样	$R_{o,\max}$ /%	M_e /%	朗缪尔常数		煤岩组分			煤的工业分析			煤样所在矿井平均甲烷含量/(m^3/t)
			V_L /($m^3 \cdot t^{-1}$)	P_L /(MPa^{-1})	V /%	I /%	E /%	M_{ad} /%	A_d /%	V_{daf} %	
吐哈盆地	0.54	6.78	8.20	0.68	87.01	2.89	10.89	3.61	7.29	47.55	1.03
	0.62	6.35	8.04	0.52	62.81	31.20	4.79	3.84	7.77	41.72	1.37
	0.56	13.62	5.50	1.05	72.20	24.69	2.56	10.78	0.40	38.07	1.39
	0.56	11.61	8.14	1.00	85.68	10.79	3.29	7.74	3.51	39.76	1.54

续表

煤样	$R_{o,max}$ /%	M_e /%	朗缪尔常数		煤岩组分			煤的工业分析			煤样所在矿井平均甲烷含量 /(m³/t)
			V_L /(m³·t⁻¹)	P_L /(MPa⁻¹)	V /%	I /%	E /%	M_{ad} /%	A_d /%	V_{daf} %	
吐哈盆地	0.53	11.85	8.96	1.07	75.00	18.48	5.83	6.69	14.01	40.25	0.36
	0.55	7.75	12.17	2.28	76.99	17.72	4.71	4.63	4.14	40.69	1.23
	0.50	8.79	9.72	1.35	69.78	26.17	3.32	4.31	4.82	43.47	1.35
	0.54	10.14	11.67	2.01	90.52	1.81	8.15	3.37	12.46	44.15	0.98
	0.65	11.66	7.77	1.13	36.42	59.05	2.93	9.86	5.25	29.36	2.15
准噶尔盆地	0.59	6.37	20.35	1.64	72.02	25.10	2.36	1.93	3.63	39.07	7.42
	0.54	5.67	13.15	1.68	54.79	40.21	3.70	3.63	3.16	32.39	3.21
	0.38	12.92	5.94	0.84	78.36	6.43	16.67	6.25	68.11	62.74	0.32
	0.57	8.71	16.78	2.35	36.70	60.30	1.91	3.45	7.34	31.53	4.63

（三）煤储层三元结构系统地质模型

煤储层是由宏观裂隙、显微裂隙和孔隙组成的三元孔、裂隙介质（图 8.13），孔隙是煤层气的主要储集场所，宏观裂隙是煤层气运移的通道，而显微裂隙则是沟通孔隙与裂隙的桥梁。在低煤阶煤储层中显微裂隙、大孔隙均较发育（图 8.14）。

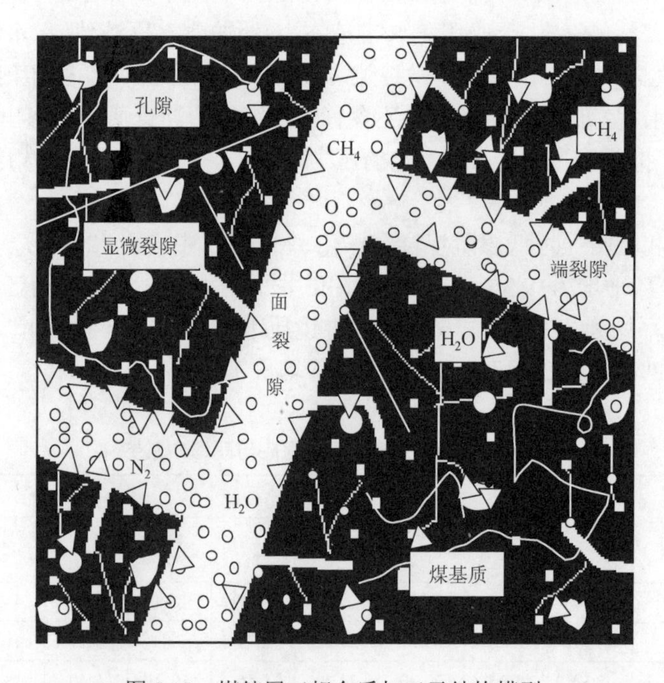

图 8.13　煤储层三相介质与三元结构模型

图 8.14　准噶尔盆地低煤阶煤中显微裂隙和大孔隙（扫描电镜）

三、低煤阶煤的吸附特征

对采自准噶尔盆地和吐哈盆地低煤阶煤样（$R_{\text{o, max}}<0.65\%$）开展了平衡水条件下的高压等温吸附实验，分析了低煤阶煤的朗缪尔常数与平衡水分、煤阶、显微煤岩组分之间的关系，揭示了低煤阶煤的吸附特征与中、高煤阶煤之间的差异，探讨了低煤阶煤的吸附机理。

（一）$V_{\text{L, daf}}$、$P_{\text{L, daf}}$与$R_{\text{o, max}}$的关系

低煤阶煤等温（温度设定为 30℃）吸附曲线形态与中（$0.65\%<R_{\text{o, max}}<2.0\%$）、高煤阶（$2.0\%<R_{\text{o, max}}<4.0\%$）煤几乎一致，符合朗缪尔方程形式，低压时吸附量随压力（P）增大呈线性增长，随后吸附速度不断衰减，吸附量趋于一定值（图 8.15）。14 个煤样的吸附实验表明朗缪尔体积（$V_{\text{L, daf}}$，daf 为干燥无灰基）与煤阶呈正相关，朗缪尔压力（$P_{\text{L, daf}}$）与煤阶呈负相关趋势（图 8.16），但数据十分离散，同一煤阶差别很大。以上关系说明低煤阶煤朗缪尔体积与煤阶的关系同中、高煤阶煤朗缪尔体积和煤阶的关系演化趋势基本一致，即随煤阶的增高逐渐增大，但对低煤阶煤而言，煤的变质程度对朗缪尔体积的影响有所削弱，其他因素的影响有所增强。

低煤阶煤最大吸附量是中煤阶煤的三分之二，不及高煤阶煤的一半，但吸附甲烷的初始速度较快，压力在 1.35MPa 左右就能达到最大吸附量的一半（图 8.15），与低煤阶煤大孔（孔直径 $d>1000$nm）、中孔（$100\text{nm}<d<1000\text{nm}$）较多相一致。

（二）$R_{\text{o, max}}$、$V_{\text{L, daf}}$与M_{e}的关系

低煤阶储层中的水分可分为外在水分、内在水分、结晶水三部分。

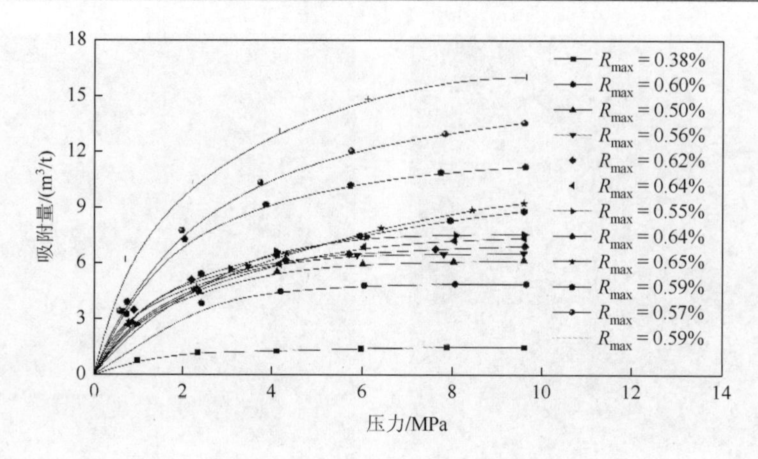

图 8.15 低煤阶煤的等温吸附曲线

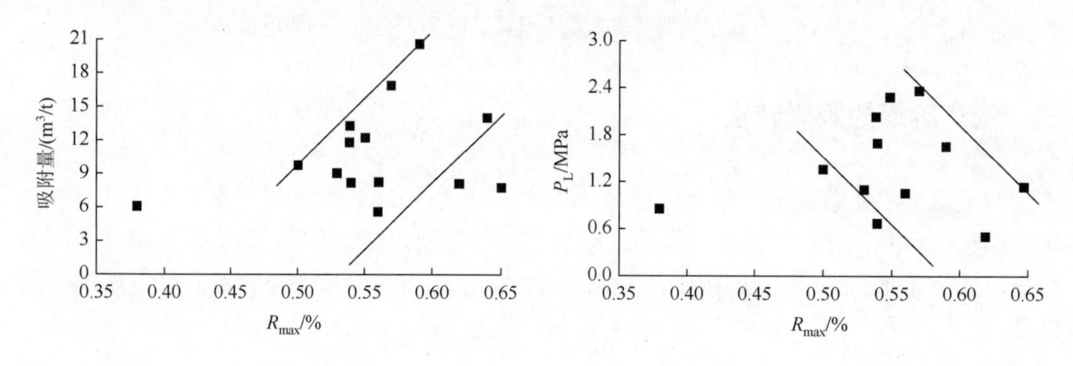

图 8.16 $V_{L,daf}$、$P_{L,daf}$与$R_{o,max}$的关系

外在水分，在理论上系指煤粒表面和煤粒裂隙中的水分，实验室测定时是指“在一定条件下煤样与周围空气达到湿度平衡时所失去的水分”，即失去的包容在煤粒裂隙中和大孔隙（孔径大于 200nm）中的水。原概念中“表面水”容易使人产生表面附着的误解，因为表面存在各种形态的含氧官能团、游离有机小分子，会与褐煤中水分键合，这是不能通过湿度平衡而完全除去的。

内在水分，是指煤内小于 200nm 孔隙中的水分。实际测定时是指在一定条件下煤样达到空气干燥状态时所保持的水分。其特点是以物理化学方法与煤相结合，含量的多少取决于煤的内表面积、芳香层缺陷和吸附能力。煤样在 30℃、相对湿度为 96%下达到平衡时测得的内在水分称为最高内在水分，即煤中孔隙达到饱和状态时的内在水分，亦说明此时的内在水分包含一部分特殊形式的外在水分。

化合水又称结晶水，是以化学方式与煤中矿物质结合的、除去全水分后仍然保留下来的水分，其特点是具有严格的分子比，只有高温下才能除去。

煤层气研究中常用平衡水分含量这一定义，亦称临界水分含量，符号 M_e。其测试方法为：首先将样品称重（约 100g，精确到 0.2mg），把自然煤样（即空气干燥基煤样）放入装有过饱和硫酸钾溶液的恒湿箱中，该溶液可以把相对湿度保持在 96%～97%，48h 后煤样即被全部湿润，间隔一定时间重复称重一次，直至恒重为止。平衡水分含量等于工业分析中空气干燥基水分（M_{ad}）与煤样水平衡时吸附水分含量之和。由于其采用的是将空气干燥基煤样放入恒湿箱，不同于最高内在水分测定时首先将煤样饱浸水分再采用恒湿纸处理的方法，因而其值会略低于最高内在水分。

平衡水分（M_e）包括大孔、中孔中的自由水，过渡孔（10nm＜d＜100nm）、微孔（d＜10nm）中的毛细水及强结合、弱结合束缚水。实验表明，低煤阶煤平衡水含量介于 5.67%～13.62%，平均为 9.40%，普遍高于中、高煤阶煤，且随煤阶的增加呈现出减少的趋势（图 8.17），朗缪尔体积（$V_{L,daf}$）随平衡水分含量增加亦呈现减少的趋势（图 8.18），但数据均较为离散，说明在煤阶的总体控制下，除了水分含量的影响外，低煤阶煤的吸附特征还存在着其他控制因素。

低煤阶煤大孔隙较多，孔隙度高，比表面积大，且含羧基和羟基等极性官能团多，能吸附较多的水分。煤吸附水后，一方面减少了吸附甲烷的有效面积，另一方面阻塞了甲烷分子进入微孔隙的通道。

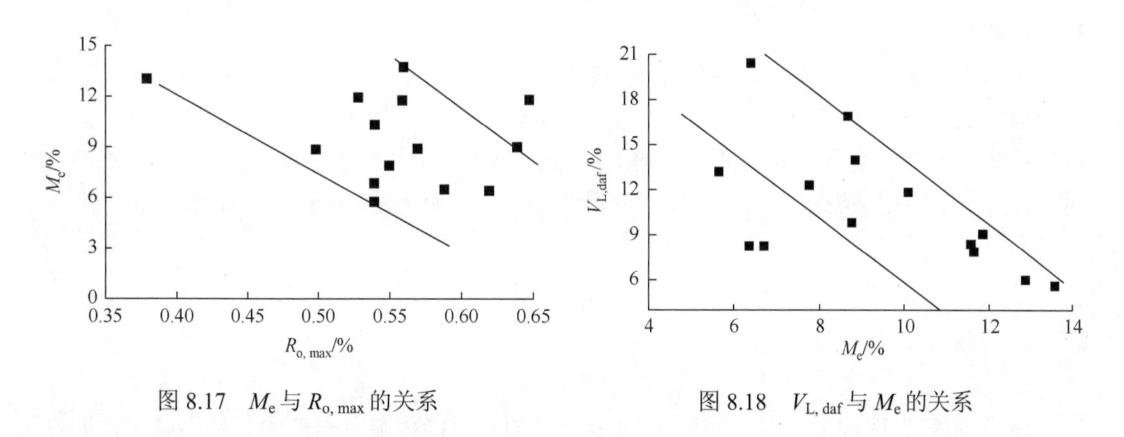

图 8.17　M_e 与 $R_{o,max}$ 的关系

图 8.18　$V_{L,daf}$ 与 M_e 的关系

（三）朗缪尔常数与显微煤岩组分的关系

实验煤样镜质组平均含量为 70.92%，以基质镜质体为主，结构镜质体和均质镜质体含量不高；惰质组平均含量为 23.53%，以半丝质体和丝质体占绝大多数，且胞腔未被充填；壳质组平均含量为 5.13%，主要为孢子体、角质体和树脂体。

实验表明，朗缪尔体积随镜质组含量的增加呈现出减少的趋势，随惰质组含量的增加呈现出增加的趋势（图 8.19）。以上关系说明惰质组的吸附能力大于镜质组，这一结论与国内前期对低煤阶烟煤研究的结果相一致。惰质组中不同显微组分之间朗缪尔体积的差异是造成显微煤岩组分与朗缪尔体积之间离散性较大的主要原因，也可能与镜质组和惰质组中显微煤岩亚组分内表面的物理化学活性差异有关。

稳定组或壳质组对朗缪尔常数也有一定的影响，准噶尔盆地和铁法盆地煤中壳质组含量普遍小于 5%，而吐哈盆地则达到 10%左右，含较多的沥青质体和壳屑体。沥青质体充填了部分煤内孔隙，减少了煤吸附甲烷的有效面积，也影响到煤层气的渗流。

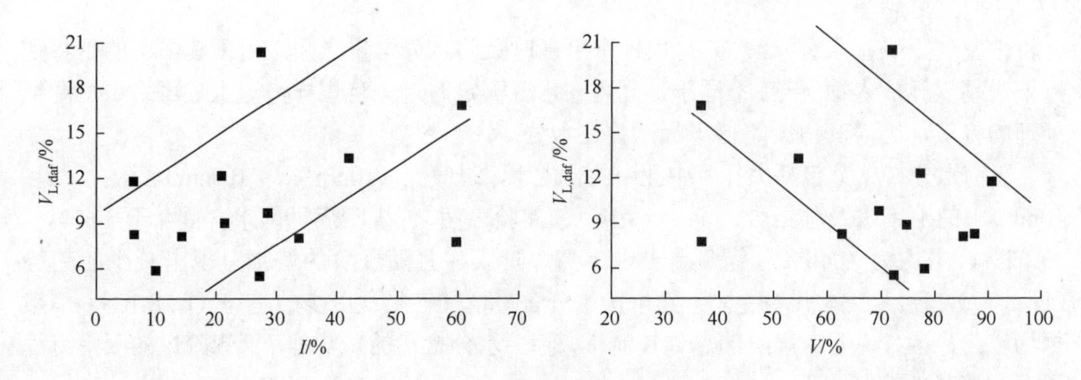

图 8.19　$V_{L,daf}$与显微煤岩组分的关系

低煤阶煤分子排列不规则，结构松散，单位内表面上的碳原子密度小，且含氧官能团多，吸附的水分多，对气体的吸附势低，因而其单位内表面吸附气体的能力弱，朗缪尔体积总体偏低。

平衡水分条件下低煤阶煤的等温吸附特性与中、高煤阶煤存在一定的差异，主要表现为受煤阶的影响减弱，而受煤岩组分的影响增强，朗缪尔体积随镜质组含量的增加呈现减少的趋势，随惰质组含量的增加呈现增大的趋势。惰质组中未充填的丝质体、半丝质体含量高，有利于吸附，稳定组或壳质组含量高，既不利于吸附也不利于解吸，镜质组则介于二者之间。

（四）朗缪尔体积与温度的关系

煤吸附/解吸甲烷是一个放热/吸热过程，煤的吸附能力随着温度的增加而减少，即在相同压力下吸附气体的量少。

煤的吸附气含量随温度升高而降低，随压力增大而增大。根据 $R_{o,max}=0.86\%$的煤样所得到的实验成果，从30℃到40℃，温度每升高1℃，吸附量减少0.15cm³/g，从40℃到50℃，温度每升高 1℃，煤样吸附量减少 0.10cm³/g，并与煤炭科学研究总院重庆分院得出的“温度（30～40℃）每升高1℃，干燥煤样吸附量减少0.1～0.3cm³/g”、叶建平（1995）对平顶山二1煤得出的“从30℃开始，温度每升高1℃，煤吸附量减少0.2cm³/g”和Levy等（1997）测定在5MPa时，温度每升高1℃，平衡水煤样甲烷吸附量下降0.12cm³/g的结论基本一致。

对傅小康等（2006）4组褐煤的25℃、35℃、45℃等温数据的进一步分析认为，褐煤的吸附量总体上随温度的增加而减少（图8.20），温度区间不同和煤样不同，减少的程度有所差异：从25℃到35℃，温度每升高1℃，吸附量减少0.002～0.068cm³/g，平均减少 0.040cm³/g；从 35℃到 45℃，温度每升高 1℃，煤样吸附量减少 0.007～0.060cm³/g，平均减少0.048cm³/g（表8.8），说明低煤阶煤吸附态含量受温度的影响程度较中、高煤阶的弱。此外，在温度一定的条件下，褐煤吸附量衰减速率与压力呈对数关系（图8.21）。

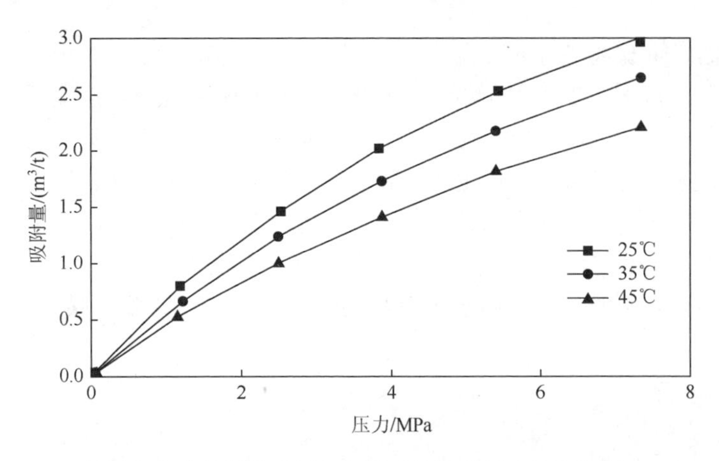

图 8.20　新疆乌苏矿褐煤样品压力与吸附量关系图（据傅小康等，2006）

表 8.8　不同温度条件下褐煤的等温吸附实验成果（傅小康等，2006）

$R_{o,max}$/%	M_e/%	25℃		35℃		45℃	
		$V_{L,daf}$/(m^3/t)	P_L/(MPa)	$V_{L,daf}$/(m^3/t)	P_L/(MPa)	$V_{L,daf}$/(m^3/t)	P_L/(MPa)
0.30	31.43	6.72	0.14	5.60	0.22	5.49	0.19
0.33	23.17	4.08	0.14	4.11	0.31	4.50	0.54
0.40	7.70	7.34	8.11	7.14	9.83	6.44	11.15
0.45	11.46	13.62	8.79	12.76	10.72	11.62	11.21

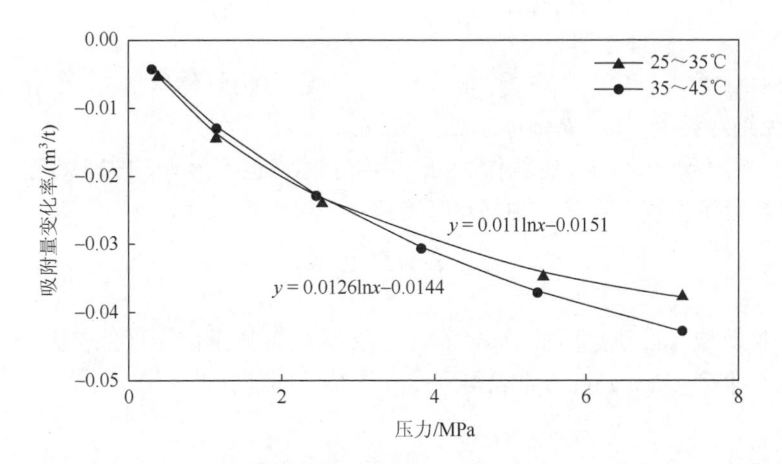

图 8.21　褐煤吸附量衰减速率与温度、压力关系图

四、低煤阶储层三相态含气量模拟

我国煤田地质勘探采用 MT-77—84 标准进行煤层瓦斯含量测定，是在现场温度、压力条件下测得 2h 内的解吸气量，再由解吸气量推算损失气量。在中、高煤阶煤中采用该法测得的含气量与采用美国直接法（USBM）的实测结果相一致，然而，在低煤阶煤中相

差很大。我国低煤阶煤大多分布在东北、西北地区，煤田地质勘探时现场测试温度相对较低，吸附气解吸速度慢，2h 内的解吸气量少，推算的损失气量自然偏低，造成低煤阶煤层含气量严重失真。此外，低煤阶煤层原位含水量较高，水溶气占有相当大的比例，低煤阶煤层大孔隙较发育，游离气含量也相对较高。本书基于自然煤样在原位应力条件下孔隙度的物理模拟，估算了低煤阶煤的游离气含量；基于平行煤样不同温度下的平衡水等温吸附实验，计算了不同储层温度、压力下的吸附气量；基于煤层水和相同矿化度水溶甲烷的实验比较，推算了低煤阶煤层中有机质微粒的吸附甲烷量，计算了煤层中水溶气的含量。

（一）游离气含量

游离气，是指存在于煤孔隙和裂隙空间的自由气体。气体在压力不超过 20MPa，温度不低于 20℃时，游离气含量通常按理想气体状态方程式进行计算，即

$$\frac{P_0V_0}{T_0}=\frac{PV}{T}\text{或}P=\frac{RT}{M}\rho \tag{8-3}$$

式中，P_0、V_0、T_0为标准状态下游离甲烷压力、游离甲烷含量和绝对温度；P、V、T为储层状态下压力、游离甲烷含量（假设煤的孔隙被水、气所饱和）和绝对温度；ρ为甲烷气体密度；M为甲烷的摩尔质量；R为阿伏伽德罗常数。

煤中游离气赋存状态符合气体的状态方程。对于像煤层气这样的真实气体可用范德华方程描述：

$$\left[p+\frac{M^2}{\mu^2}\frac{a}{V^2}\right]\cdot\left[V-\frac{M}{\mu}b\right]=\frac{M}{\mu}RT \tag{8-4}$$

式中，a、b为常数，可由实验求得；p为压力，Pa；M为气体质量，kg；μ为摩尔质量，kg/mol；T为绝对温度，K；R为摩尔气体常数。

实际上，气体分子之间存在着作用力，且分子体积也不为零，按理想气体状态方程式进行计算可能会带来较大误差，由马略特定律得

$$V_{\mathrm{g}}=\frac{VPT_0}{P_0TZ} \tag{8-5}$$

式中，V_{g}为换算成标准状态后的游离气体积；Z为气体压缩因子（偏差因子），是压力和温度的函数，即$Z=Z(p,T)$，可查表得到；其他符号同前。

（二）吸附气含量

根据等温吸附实验所测得的各煤样的朗缪尔常数，按 Langmuir 方程分别计算不同埋深（压力）下的干燥基无灰基煤中吸附气含量$V_{测}$，再根据不同埋深下储层温度对吸附气含量的影响程度，分别计算干燥基无灰基煤中储层温度下的干燥基无灰基煤中吸附气含量$V_{储}$，需进行以下换算：

$$V_{储}=V_{测}-V_{\mathrm{T}}(T_{储}-T_{测}) \tag{8-6}$$

式中，$V_{测}$为等温吸附试验温度下，不同埋深的干燥无灰基煤中吸附气含量，m^3/t；$T_{储}$为不同埋深下的储层温度，℃；$T_{测}$为等温吸附试验温度，℃；V_T为对应温度区间的衰减梯度，$m^3/t·℃$。根据前文对低煤阶煤吸附态甲烷的物理模拟研究结果，本书取$T_{储}$<35℃，$V_T = 0.040m^3/(t·℃)$；$T_{储}$>35℃，$V_T = 0.048m^3/(t·℃)$。

将干燥基无灰基煤的吸附气含量据样品实测的煤质参数换算为空气干燥基煤储层温度、压力下的甲烷吸附气含量$V_{原位}$：

$$V_{ad} = V_{储}\frac{100 - M_{ad} - A_{ad}}{100} \tag{8-7}$$

式中，M_{ad}为水分含量，%；A_{ad}为灰分含量，%；$V_{储}$为储层温度、压力下的干燥基无灰基煤中吸附气含量，m^3/t。

（三）水溶气含量

甲烷溶解度随压力、温度的增大而增大，二者呈良好的正相关关系（表8.9，图8.22），说明在压力和温度的综合作用下，压力对甲烷溶解度的正效应远大于温度（低于80℃）对甲烷溶解度的负效应。但随着压力、温度的增大，褐煤煤层水的水溶气体积增加幅度逐渐递减。温度、压力低时（25℃/5MPa～35℃/10MPa），甲烷水溶气体积随压力的变化量为0.114～0.128m^3甲烷·m^{-3}水/MPa（表8.9），平均为0.122m^3甲烷·m^{-3}水/MPa；随着温度、压力的增高（35℃/10MPa～45℃/15MPa），甲烷溶解度随压力的变化量为0.074～0.084m^3甲烷·m^{-3}水/MPa，平均为0.079m^3甲烷·m^{-3}水/MPa；温度、压力较高时（45℃/15MPa～55℃/20MPa），甲烷溶解度随压力的变化量变小，仅为0.039～0.079m^3甲烷·m^{-3}水/MPa，平均为0.059m^3甲烷·m^{-3}水/MPa。

表8.9　水溶气实验数据表

矿化度/(g/L)	煤层水密度/(g/mL)	温度/℃	压力/MPa	溶解度/(mol/kg)	水溶气体积V_m/(m^3甲烷·m^{-3}水)
0.44	1.00099	25	5	0.0579	1.30
		35	10	0.0846	1.90
		45	15	0.1033	2.32
		55	20	0.1208	2.71
1.41	1.00129	25	5	0.0457	1.03
		35	10	0.0712	1.60
		45	15	0.0877	1.97
		55	20	0.0964	2.16
1.62	1.00112	25	5	0.0470	1.05
		35	10	0.0755	1.69
		45	15	0.0921	2.07
		55	20	0.1044	2.34

续表

矿化度/(g/L)	煤层水密度/(g/mL)	温度/℃	压力/MPa	溶解度/(mol/kg)	水溶气体积 V_m/(m³ 甲烷·m⁻³ 水)
1.65	1.00102	25	5	0.0522	1.17
		35	10	0.0798	1.79
		45	15	0.0983	2.20
		55	20	0.1128	2.53

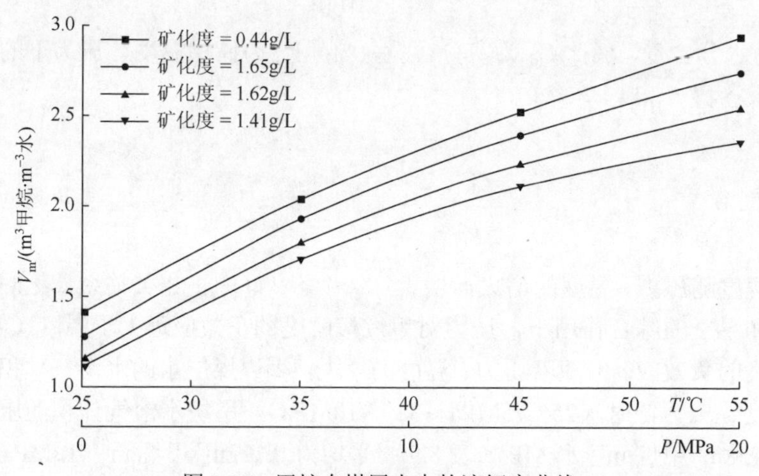

图 8.22　甲烷在煤层水中的溶解度曲线

整体趋势看，低煤阶煤层水的水溶气含量主要受压力影响，但随着煤储层埋深（温度、压力）的增加，温度对水溶气含量的影响逐渐增大。

水溶甲烷实验表明：甲烷溶解度随压力增加而增大，当温度低于 80℃时，甲烷溶解度随温度的升高而降低（图 8.23）。根据不同的储层温度、压力在不同矿化度系列图上量出相应的水溶甲烷含量，建立不同储层压力、温度条件下，矿化度与水溶甲烷含量的量板（图 8.24），通过此量板可得出不同温度、压力和矿化度条件下的水溶甲烷含量。

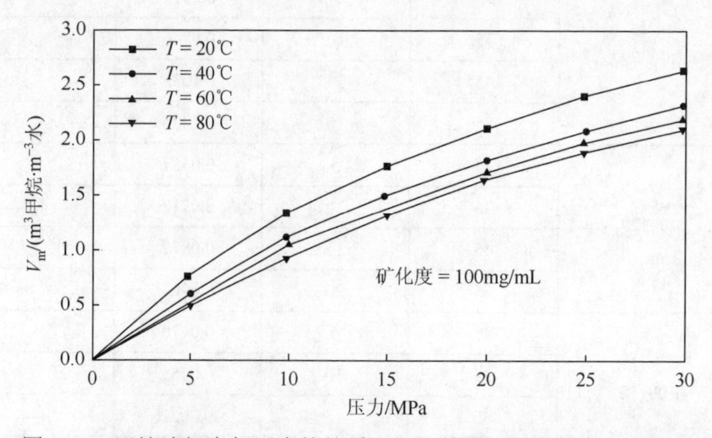

图 8.23　甲烷溶解度与压力的关系（部分数据源自庞雄奇，2003）

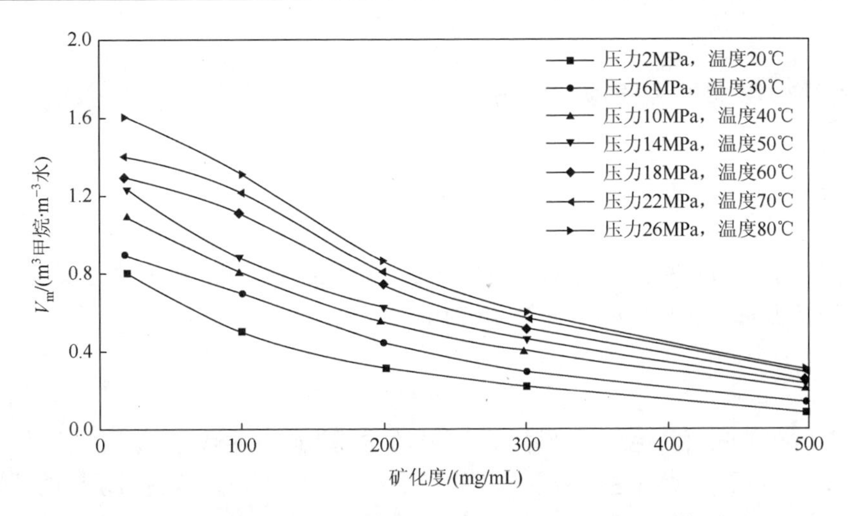

图 8.24　甲烷溶解度与矿化度的关系（部分数据源自庞雄奇等，2003）

（四）三相态含气量预测

煤层的总含气量等于水溶气、游离气与吸附气三者之和。新疆准噶尔盆地、吐哈盆地煤类主要为褐煤-气煤，其 M_{ad} 值一般介于 2%～15%，A_{ad} 值一般介于 16%～25%，煤田浅部施工的钻孔地下水矿化度一般值介于 1200～2700mg/L。

采用上述方法对两盆地褐煤、长焰煤、气煤三相态含气量进行了预测。在 500～2000m，各煤类水溶气、游离气、吸附气含量均随煤层埋深的增加而增大（表 8.10），但褐煤水溶气、游离气、吸附气平均含量分别占总含气量的 10.1%、18.0%、71.9%；长焰煤分别占 14.2%、6.6%、79.2%；气煤分别占 0.8%、3.6%、95.6%。

表 8.10　不同埋深下煤层气的含量构成

煤类	埋深/m	500	750	1000	1250	1500	1750	2000
褐煤	水溶气/(m³/t)	0.22	0.2875	0.34	0.3875	0.42	0.445	0.46
	游离气/(m³/t)	0.095	0.2725	0.44	0.6225	0.84	1.0575	1.25
	吸附气/(m³/t)	2.47	2.385	2.43	2.55	2.67	2.78	2.94
	总含气量/(m³/t)	2.785	2.945	3.21	3.56	3.93	4.2825	4.65
长焰煤	水溶气/(m³/t)	0.60	0.67	0.71	0.75	0.77	0.81	0.83
	游离气/(m³/t)	0.16	0.22	0.28	0.34	0.40	0.45	0.52
	吸附气/(m³/t)	3.01	3.38	3.78	4.22	4.52	4.75	4.94
	总含气量/(m³/t)	3.77	4.27	4.77	5.31	5.69	6.01	6.29
气煤	水溶气/(m³/t)	0.031	0.042	0.053	0.061	0.072	0.084	0.091
	游离气/(m³/t)	0.034	0.109	0.184	0.259	0.334	0.409	0.484
	吸附气/(m³/t)	3.4515	4.5765	5.7015	6.8265	7.9515	9.0765	10.202
	总含气量/(m³/t)	3.5165	4.725	5.935	7.145	8.355	9.565	10.775

五、大南湖褐煤含气量模拟实例分析

（一）煤层气地质背景

大南湖位于新疆哈密市南西 31°方向，直线距离 80 余千米，行政区划属哈密市管辖，中心地理坐标为东经 93°11′02″，北纬 42°21′02″。

1. 构造

大南湖所在的吐哈盆地位于新疆东部，吐哈盆地为晚古生代、中新生代陆相叠合、改造型沉积盆地，由于受博格达—哈尔里克构造活动带和觉罗塔格构造活动带的控制，加之大地构造位置和基底结构的不同，吐哈盆地构造单元在受前者影响导致南北分带之余，还具有东西分块的特征。吐哈盆地可划分为吐鲁番拗陷、了墩隆起、哈密拗陷、南部隆起带四个Ⅰ级构造单元。研究区所在的大南湖凹陷就位于南部隆起中，属于浅凹陷。南部隆起带由于结晶基底埋深较浅，自晚古生代末期以来一直处于较稳定的状态，没有经过大的构造变动。

大南湖浅凹陷位于沙尔湖隆起之南，沙尔湖浅凹陷以东，与沙尔湖浅凹陷处于同一凹陷带上，南与觉罗塔格晚古生代岛弧带基底隆起相接，东部以基底弱隆起与北侧的骆驼圈子浅凹陷及东侧的梧桐窝子浅凹陷相隔，呈西宽、东窄的长条状，东西长 180km，南北宽 5～25km，面积约 2300km^2。中部露头较好，东西两端被古近系—新近系、第四系覆盖，总体呈一复向斜构造，断裂则以拉张性质的正断裂为主，显示其与吐哈盆地的构造背景不甚相同，并未经历十分强烈的逆冲推覆作用。

2. 地层与含煤地层

区内地表为大片的第四系、新近系覆盖区，在已施工完钻孔内见到的地层有：下侏罗统三工河组（J_1s）、中侏罗统西山窑组（J_2x）、头屯河组（J_2t）、中新统桃树园组（N_1t）及第四系（Q）（表 8.11）。

含煤地层为中侏罗统西山窑组（J_2x）。区内岩性为滨湖相-泥炭沼泽相沉积的泥岩、砂质泥岩、细砂岩、粗粒砂岩、砾岩、炭质泥岩和煤层，是本书研究的主要对象。西山窑组地层厚度变化较大，控制地层厚 156.69～874.28m，平均 504.58m，总体呈北厚南薄的变化规律，详查区含煤地层具有南部浅、北部深的特点。

表 8.11　大南湖地层简表

界	系	统	地层名称 代号	接触关系	岩性岩相特征	厚度/m
新生界 （Cz）	第四系 （Q）	全新统— 上更新统 （Q_{3-4}）	洪冲积（$Q_{3-4}p^l$）		在详查区大面积分布，为戈壁平原堆积，主要为冲洪积形成的砾石、砂、少量泥土，呈松散堆积，厚度较小	2.89

续表

<table>
<tr><th>界</th><th>系</th><th>统</th><th colspan="2">地层名称
代号</th><th>接触关系</th><th>岩性岩相特征</th><th colspan="2">厚度/m</th></tr>
<tr><td>新生界
（Cz）</td><td>新近系
（N）</td><td>中新统
（N_1）</td><td colspan="2">桃树园组（N_1t）</td><td>不整合</td><td>勘查区北部出露，近水平状产出，强氧化条件下河湖相沉积，为褐红色、紫红色、红黄色粉砂岩、粉砂质泥岩、泥岩，底部常见砾岩</td><td colspan="2">165.10</td></tr>
<tr><td rowspan="5">中生界
（Mz）</td><td rowspan="5">侏罗系
（J）</td><td rowspan="4">中统（J_2）</td><td colspan="2">头屯河组（J_2t）</td><td>角度
不整合
整合</td><td>以滨湖三角洲及河湖湘沉积的干旱红色泥岩、粉砂岩、细砂岩、间夹砾岩薄层</td><td colspan="2">76.21</td></tr>
<tr><td rowspan="3">西山窑组
（J_2x）</td><td>上含煤段（J_2x^3）</td><td rowspan="3">整合</td><td rowspan="3">以湖沼相为主夹河流相、三角洲相沉积的灰白色、浅灰色泥岩、粉砂质泥岩、泥质粉砂岩、粉砂岩夹砂岩、煤层，底部常见砾岩</td><td rowspan="3">504.58</td><td>126.22</td></tr>
<tr><td>中含煤段（J_2x^2）</td><td>448.43</td></tr>
<tr><td>下含煤段（J_2x^1）</td><td>62.18</td></tr>
<tr><td>下统（J_1）</td><td colspan="2">三工河组（J_1s）</td><td>角度不
整合</td><td>以河湖相深灰色、灰绿色泥岩、细砂、深灰色砾岩为主</td><td colspan="2">＞29.03</td></tr>
</table>

根据其岩性、含煤性以及其他组合特征，可分为上、中、下三个岩性段。

1）下含煤段（J_2x^1）

岩性为灰色、灰绿色、深灰色砾岩、粗粒砂岩、细砂岩、砂质泥岩及菱铁质条带或透镜体，地层厚度15.40～111.19m，平均62.18m。

该段含不稳定薄煤0～4层，与下伏地层侏罗系三工河组呈整合接触或超覆古生界（石炭系）之上。

2）中含煤段（J_2x^2）

该地层主要出露在F1断层南，F1断层北无出露。该段为主要含煤层段，岩性为灰色、浅灰色、深灰色泥岩、砂质泥岩、粉砂岩、细砂岩、中砂岩、粗砂岩、砾岩、炭质泥岩及煤层不均匀互层。该段普遍含有菱铁质结核，局部含钙质及黄铁矿星点或聚合体，顶部含少量的铁化木及石膏饼，平均地层厚度448.43m，含煤岩系为小型山间盆地陆相正常碎屑沉积，泥炭沼泽多发育在河流泛滥平原和滨湖三角洲平原之上。

中含煤段含10、12、14、15、16、18、19、20、21、22、23、24、25、26、27、28、29、30共18层编号煤层，平均煤层总厚22.55m。该段与下含煤段以一层厚2～15m的粗砂岩或砂砾岩（含猪肝色粗砂岩角砾或砂屑）作为分界标志。该层全区层位相对稳定，上下关系清楚，且连续性较好。

3）上含煤段（J_2x^3）

该段地层主要出露在F1断层北，F1断层南除3004孔附近例外，全部遭受风化剥蚀，无残存。岩相特征以冲洪积和河流沉积为主。岩性特征是：下部灰绿色泥岩、粉砂岩、砾岩互层，夹炭质泥岩及不稳定的薄煤层；上部为土黄色、褐黄色泥岩、粉砂岩、砂岩互层。顶部富含粗大、完整的硅化木，底部产细小的钙化木化石，中部含较多的植物根、茎、叶化石，平均地层厚126.22m，局部夹有0～5层极不稳定煤层，以上部的土黄色含较多的红色长石碎屑砂岩作为该段与中段分界的标志。

（二）水文地质特征

吐哈盆地四面环山，盆地与周边山系堪称截然不同的水文地质体系（图 8.25）。大南湖处于南部隆起，自中生代以来一直是吐哈盆地南部相对孤立的沉积凹陷，南部紧邻觉罗塔格复背斜贫水区，对区域地下水的补给无意义；东侧虽无天然屏障，但大南湖凹陷地势为西高东低；北侧情况较为复杂，近东西向延伸的沙尔湖基岩隆起区本身贫水阻水，而其在宏观上存在着一处古剥蚀缺口，哈密凹陷的地下水以潜流方式进入沙尔湖隆起带的南侧，但由于海拔高度上沙尔湖凹陷相对低于大南湖凹陷，且两者属于同一含煤岩系，有限的补给量主要经隐伏的剥蚀沟槽集中汇流于沙尔湖凹陷，而大南湖凹陷所获补给量甚微，另由于哈密凹陷地下水过度开采，进入古剥蚀缺口部位的潜流已不复存在，因此，沙尔湖隆起直接阻隔哈密凹陷浅层潜水及深层承压水与研究区中侏罗统含煤岩系的水力联系。大南湖气候极度干旱，大气降水奇缺，地下水几无补给来源，亦无地表径流及水体，故属于相对独立、封闭、贫水的水文地质区。

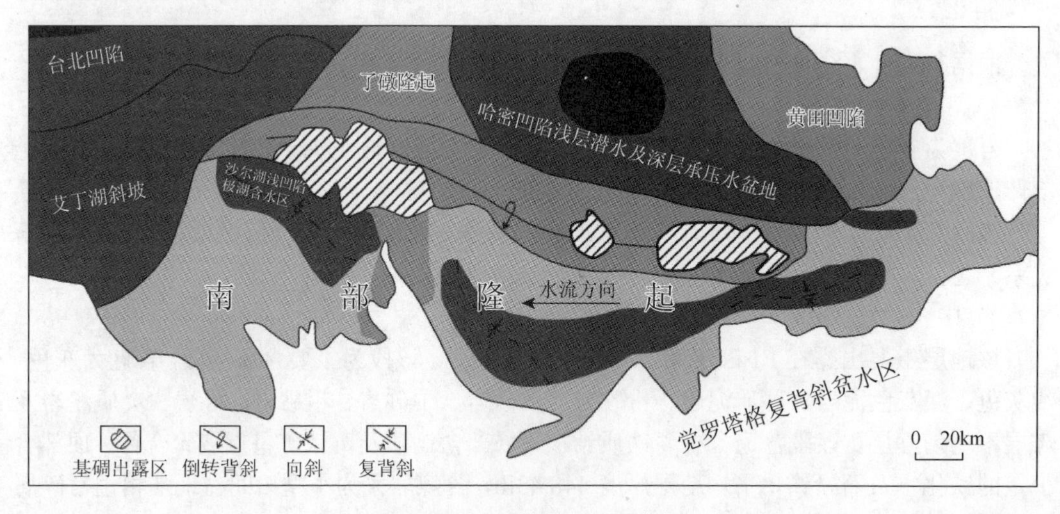

图 8.25　大南湖水文地质概图

大南湖凹陷主力煤层位于中侏罗统西山窑组中段，煤系含水层为西山窑组中段砂岩孔隙-裂隙弱含水层组。大南湖气候炎热干旱，虽在夏季存在降雨但蒸发量更大，因此，地表水属于暂时性的，地下水均以地史期径流弱补给及微弱大气降水为主。由于岩石裂隙不甚发育，且多为泥质充填，地层渗透性差，径流条件不佳，地下水运移缓慢，矿化程度较高（表 8.12），水质较差，属于盐水。大南湖凹陷东一勘查区含水层位于向斜轴部位的水位较低，为 430m 左右，南翼顺地层倾向向上钻孔水位依次增高，但相差较小，由此可判断出地下水顺地层倾向流动。而东一区西侧的 3302 孔水位下降较快，为 420.98m，隔壁西侧勘查区钻孔水位依次降为 412.44m 和 392.46m，结合研究区矿化度较高、补给极少这些条件，综合判断出地下水呈现顺地层倾向，总体由东向西缓流-滞留的态势（图 8.25），属较为简单的水文地质系统。该条件无疑对褐煤储层中煤层气的富集存在不利影响，褐煤储层由于热演化程度低，其含气量大部分取决于生物气的生成量，生物气的形成取决于产甲烷菌的富集程度与活性：滞留水体对甲烷菌进入煤体不利，而过高的矿化度又会抑制产甲烷菌利用底物生成甲烷。因此，封闭的水文地质条件不利于现阶段煤层气的生成，过高的矿化度也会影响褐煤的吸附性，降低其吸附能力。

表 8.12　大南湖煤系含水层中水的矿化度、水位标高及水头高度值

位置	水位标高/m	水头高度/m	矿化度/(mg/L)
东一 36-1-5	433.06	288.51	13526
东一 3512	432.87	255.34	14526
东一 3506	431.42	299.79	13184
东一检 5	431.41	250.26	13331
东一检 6	431.41	257.45	13340

（三）煤层、煤质

1. 煤层

大南湖为多煤层赋存区，西山窑组地层在垂向上含煤性不均一，由上而下呈现出差→好→差的变化趋势，其中主要含煤层段位于西山窑组中段，自上而下共有编号煤层 18 层，分别为 10、12、14、15、16、18、19、20、21、22、23、24、25、26、27、28、29、30，煤层平均总厚 31.18m，西山窑组（J_2x）平均地层厚度 448.43m，含煤系数为 6.95%，其中 18、19、20、21、22、23、24、25 号煤层在赋煤范围内为稳定煤层（表 8.13），其余编号煤层为不稳定煤层，稳定煤层中 25 号煤层为该段主要煤层。

由于煤层普遍处于浅埋深区，含气量较低，所以本书的重点放在全区分布较为稳定、埋深较深的 25 号煤。25 号煤全层厚度 0～17.62m，平均 3.81m，结构简单-复杂，最多夹矸 7 层，煤层厚度变异系数 79.0%。顶板以砂质泥岩、粉砂岩、中砂岩为主，底板以砂质泥岩、粉砂岩、细砂岩、砾岩为主。该煤层在赋煤区域内属较稳定型薄-特厚煤层（表 8.13）。

表 8.13　主要煤层特征一览表

<table>
<tr><th rowspan="2">煤层号</th><th>全层厚/m</th><th>层间距/m</th><th rowspan="2">夹矸层数</th><th rowspan="2">结构</th><th rowspan="2">稳定性</th><th colspan="3">顶、底板及夹矸岩性</th></tr>
<tr><th>两极值平均值（点值）</th><th>两极值平均值（点值）</th><th>顶板</th><th>底板</th><th>夹矸</th></tr>
<tr><td rowspan="2">18</td><td rowspan="2">0～7.10
2.03（71）</td><td></td><td rowspan="2">0～6</td><td rowspan="2">简单-复杂</td><td rowspan="2">较稳定</td><td rowspan="2">砂质泥岩、细粒砂岩、粗粒砂岩、砂砾岩</td><td rowspan="2">砂质泥岩、泥岩、细粒砂岩、粗粒砂岩</td><td rowspan="2">砂质泥岩、泥岩、炭质泥岩</td></tr>
<tr><td rowspan="2">0.47～26.82
8.76（67）</td></tr>
<tr><td rowspan="2">19</td><td rowspan="2">0～10.19
2.33（67）</td><td rowspan="2">0～8</td><td rowspan="2">简单-复杂</td><td rowspan="2">较稳定</td><td rowspan="2">砂质泥岩、粉砂岩、细粒砂岩、中粒砂岩</td><td rowspan="2">砂质泥岩、泥岩、粉砂岩、中粒砂岩</td><td rowspan="2">砂质泥岩、泥岩、炭质泥岩</td></tr>
<tr><td>8.88～81.69
37.67（65）</td></tr>
</table>

续表

煤层号	全层厚/m 两极值平均值（点值）	层间距/m 两极值平均值（点值）	夹矸层数	结构	稳定性	顶、底板及夹矸岩性 顶板	底板	夹矸
20	0～4.86 1.70（65）	8.88～81.69 37.67（65）	0～4	简单-复杂	不稳定	砂质泥岩、泥岩、粉砂岩、粗粒砂岩、砂砾岩	砂质泥岩、粉砂岩、粗粒砂岩	砂质泥岩、泥岩、炭质泥岩
		0.78～26.85 6.64（64）						
21	0～5.86 1.69（64）		0～5	简单-复杂	不稳定	砂质泥岩、泥岩、粉砂岩、粗粒砂岩	砂质泥岩、粉砂岩、粗粒砂岩	砂质泥岩、泥岩、炭质泥岩
		8.30～48.42 23.09（27）						
22	0～5.26 2.07（27）		0～2	简单～较简单	不稳定	砂质泥岩、粉砂岩、细粒砂岩	砂质泥岩、粉砂岩、细粒砂岩	砂质泥岩、泥岩、炭质泥岩
		1.33～14.84 8.02（59）						
23	0～10.20 1.75（59）		0～8	简单-复杂	不稳定	砂质泥岩、粉砂岩、细粒砂岩、粗粒砂岩	砂质泥岩、粉砂岩、细粒砂岩	砂质泥岩、泥岩、炭质泥岩
		0.58～16.38 5.70（72）						
24	0～5.23 1.63（72）		0～4	简单-复杂	较稳定	砂质泥岩、泥岩、粉砂岩、细粒砂岩	砂质泥岩、粉砂岩、细粒砂岩	砂质泥岩、泥岩、炭质泥岩
		0.29～12.52 3.16（89）						
25	0～17.62 3.81（89）		0～7	简单-复杂	较稳定	砂质泥岩、粉砂岩、中粒砂岩	砂质泥岩、粉砂岩、细粒砂岩、中砾岩	砂质泥岩、泥岩、炭质泥岩

2. 煤质

主要煤层物理性质基本相似，颜色均呈黑色-褐黑色。浅部煤层松散易风化，呈粉末状，中-深部煤层硬度2～3，呈块状，具均一状及条带状结构，煤层光泽暗淡，多呈弱沥青光泽-沥青光泽，条痕褐黑色，具贝壳状及平坦状断口，裂隙及节理发育。30个25号煤煤样的原煤视相对密度测试显示，其视相对密度平均为1.32～1.54t/m^3，平均为1.40t/m^3，压汞实验显示其孔隙度为9.94%。

根据野外肉眼观察资料，25号煤的光泽暗淡，宏观煤岩成分较难识别。宏观煤岩类型以碎屑煤为主，木质煤次之。

25号煤的煤岩显微组分含量以惰质组分为主，腐殖组分次之，稳定组分少量。惰质组分含量为49.24%，惰质组分主要以丝质体、半丝质体为主；腐殖组分含量为41.59%，腐殖组分主要以细屑体、木质结构腐木质体为主；稳定组分含量为6.83%，主要为小孢子体、薄壁角质体。显微煤岩无机组分由黏土类、碳酸盐、硫化物及氧化物组成，含量为3%左右，氧化物中石英呈粒状，硫化物中充填有粒状黄铁矿。25号煤的显微煤岩类型为微镜惰煤。

从煤的显微组分来看，有机组分含量较高，肉眼观察煤层时，多见有炭化的植物叶片及树片残体、炭化的植物根。煤层顶、底板的炭质泥岩中均含大量的炭化植物碎片，由此说明成煤的原始物质为高等植物，煤层的成因类型为腐殖煤类。

25号煤灰分（A_d）为7.32%～31.71%，平均为15.91%；挥发分（V_{daf}）为33.74%～52.52%，平均为40.79%；腐殖组最大反射率为0.34%，其变质程度为0变质阶段。

（四）褐煤储层含水量

大南湖褐煤的空气干燥基平均水分含量为 11.30%（表 8.14），平衡水煤样中水分含量为 22.02%。根据平衡水含量及空气干燥基水分含量的定义，有

$$M_{e}=\frac{m_{ad}+m_{外}}{m_{外}+m_{其余}}\times 100\%$$

$$M_{ad}=\frac{m_{ad}}{m_{其余}}\times 100\%$$

平衡水煤样中属于空气干燥基那部分的水分含量公式为

$$M_{ad,e}=\frac{m_{ad}}{m_{外}+m_{其余}}\times 100\%$$

式中，M_e 为平衡水煤样中水分含量，%；m_{ad} 为空气干燥基中水分的质量，g；$m_{外}$ 为平衡水煤样中外在水分的质量，g；$m_{其余}$ 为平衡水煤样中其余成分的质量，g；M_{ad} 为空气干燥基中水分含量，%；$M_{ad,e}$ 为平衡水煤样中空气干燥基水分所占比率，%。

计算得出平衡水煤样中空气干燥基水分占煤样的比率为 9.93%，属于外在水部分的平衡水水分含量占煤样的比率为 12.09%。

表 8.14　大南湖褐煤空气干燥基水分含量测试成果表

序号	M_{ad}/%	序号	M_{ad}/%	序号	M_{ad}/%	序号	M_{ad}/%	序号	M_{ad}/%
1	10.94	13	15.32	25	12.09	37	12.84	49	16.68
2	12.40	14	8.32	26	12.92	38	16.00	50	12.79
3	11.60	15	14.16	27	12.70	39	9.36	51	9.60
4	8.68	16	12.80	28	12.20	40	12.56	52	7.56
5	14.32	17	9.48	29	9.54	41	14.53	53	6.80
6	6.68	18	7.90	30	12.95	42	9.62	54	10.54
7	10.05	19	9.34	31	12.64	43	9.53	55	8.73
8	12.32	20	10.92	32	12.36	44	7.89	56	9.04
9	6.37	21	10.06	33	11.75	45	10.68	57	7.42
10	10.00	22	10.96	34	9.03	46	18.06	最小值	6.37
11	11.32	23	10.44	35	12.30	47	13.80	最大值	18.06
12	10.46	24	12.73	36	9.72	48	8.26	平均值	11.30

（五）煤储层温度

大南湖各钻孔井温曲线呈近似线性增温型，地温梯度为 1.37～2.53℃/100m，平均地温梯度为 1.97℃/100m；地温率为 39.5～73.0m/℃，平均地温率为 52.7m/℃，属正常地温区（表 8.15）。

表 8.15　实测钻孔地温变化数据表

孔号	深度/m	实测井温/℃	地温梯度/(℃/100m)	地温率/(m/℃)
3202	200	18.8	2.17	46.1
	400	22.4		
	600	27.2		
	800	31.6		
	835	32.6		
4001	200	20.0	1.83	54.6
	400	23.5		
	572	26.8		
3402	200	20.2	1.77	56.5
	400	23.3		
	600	27.2		
	730	29.6		
3802	200	19.9	1.59	62.9
	400	22.8		
	600	25.6		
	780	29.1		
3403	200	26.8	2.03	49.2
	400	20.4		
	600	24.4		
	800	29.0		
3007	200	19.1	2.50	40.0
	400	23.2		
	595	29.0		
3204	200	19.2	1.37	73.0
	400	21.3		
	600	23.8		
	800	26.7		
	880	28.5		
3307	200	17.2	2.53	39.5
	400	22.0		
	600	26.9		
	670	29.1		
平均			1.97	52.7

（六）煤储层流体压力与含气量演化模拟

采用 PetroMod 盆地数值模拟软件，通过对吐哈盆地大南湖褐煤储层“四史”模拟，揭示了煤储层流体压力和煤储层含气量的演变过程。

1. 埋藏演化史

吐哈盆地历经强烈沉降（P_2—T_3）、超覆扩展（J_1—J_2）、退覆收缩（J_3—K）、再度超覆扩展（E—N_1）及再度挤压退覆收缩（N_2—Q）5 个沉积演化阶段，形成了如今的山间拗陷盆地。本书根据其沉积演化模式，利用 PetroMod 盆地数值模拟软件，重建了研究区的埋藏史。

采用地层对比，结合测井曲线法（声波时差）恢复了各沉积地层的剥蚀厚度；采用岩性及沉积相特征进行了古水深的定性判识；模拟得出研究区煤系经历了较稳定的构造背景，并未经历强烈的构造运动，自成煤以来的地史活动较为平静，抬升幅度不大（图 8.26）。

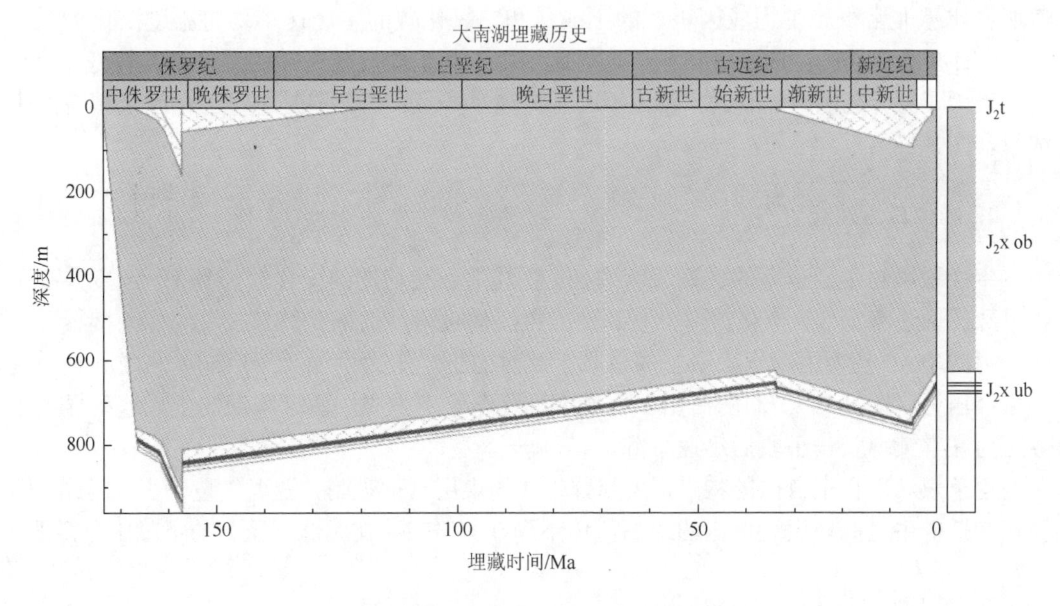

图 8.26　研究区煤系埋藏史示意图

2. 热演化史

通过对古地温-时间曲线的刻画来进行热史恢复，即某一地质年代的古地温根据沉积水表面温度（SWIT），结合古热流值的变化来求取。

沉积水表面温度随时间的变化规律参考 Wygrala（1989）的研究成果，设置古水深后，将研究区所在的地理位置（东亚）和纬度（42°N）输入 PetroMod 软件，软件即根据输入的古水深以及计算出的平均地表温度自动生成 SWIT（表 8.16）。

表 8.16　大南湖沉积水界面温度

年代/Ma	0.0	5.2	5.3	33.9	34.0	157.0	157.1	161.6	161.7	166.1	173.4
SWIT/℃	15.0	15.0	14.0	20.5	21.5	23.2	20.2	21.3	21.3	20.2	19.0

采用古热流值的演变模拟，根据煤储层经历的时间-温度曲线，利用 EASY%R_o 法模拟表明，研究区受埋藏史影响，地质演化过程中经历的温度普遍较低，最高仅为 47℃（图 8.27），反映热作用可能对生烃贡献不大（大南湖实测煤储层腐殖组反射率平均为 0.34%）。

3. 生烃演化史

通过热成因生烃史模拟所需参数、生物成因生烃史模拟所需参数、生成气体吸附所需参数设置，进行了生烃史的演化模拟，生烃量（每平方公里储层生成气体的质量）主要以二氧化碳和甲烷为主，其中，生成的甲烷绝大部分为生物成因甲烷，而热成因甲烷以及湿气所占比重非常少。生物成因甲烷的生成量和二氧化碳的生烃速率均与温度演化关系密切，后者在地史期的生成没有出现间断，这是由于其生成反应所需的温度条件较低（较高的频率因子）所造成的，虽然二氧化碳的生烃速率不及前者，但是总量上却超过甲烷的生成量（图 8.28）。

4. 流体压力演化史

生烃增压与生烃速率的关系较为密切。生烃增压在初期的变化较为复杂。温度升高不仅导致反应速率加快，气体产率加快，也导致煤体吸附能力的下降，二者均能间接导致生烃压力的增加。初期生物气大量生成造成了此时的生烃压力增加大于后期以热成因气为主的生烃压力（图 8.29）。而随后由于生物甲烷逐渐停止生成，逐渐降低的生烃速率导致生烃压力在继续增长一小段后迅速下降。

由于煤储层自生自储的特点，大部分生成的煤层气被吸附，游离气量较少。因此，即使在初期的生气高峰生烃增压的最高值仍不到 0.02MPa，其对储层压力的贡献十分微弱。

5. 含气量演化史

对 25 号煤储层的储层压力演化分析认为，生成的煤层气中绝大多数以吸附形式赋存在褐煤储层中。所以，含气量的演变主要受所吸附的甲烷量控制。储层含气量随着生物成因气的生成达到了峰值 2.54cm^3/g，随后竞争吸附导致甲烷不断逸散减少，现阶段的含气量仅为 1.01cm^3/g（图 8.30）。大南湖现今煤层埋深在 750m 左右，结合上述对褐煤水溶气（0.2875cm^3/g）、游离气（0.2725cm^3/g）含量模拟成果，该区煤层总含气量为 1.57cm^3/g。

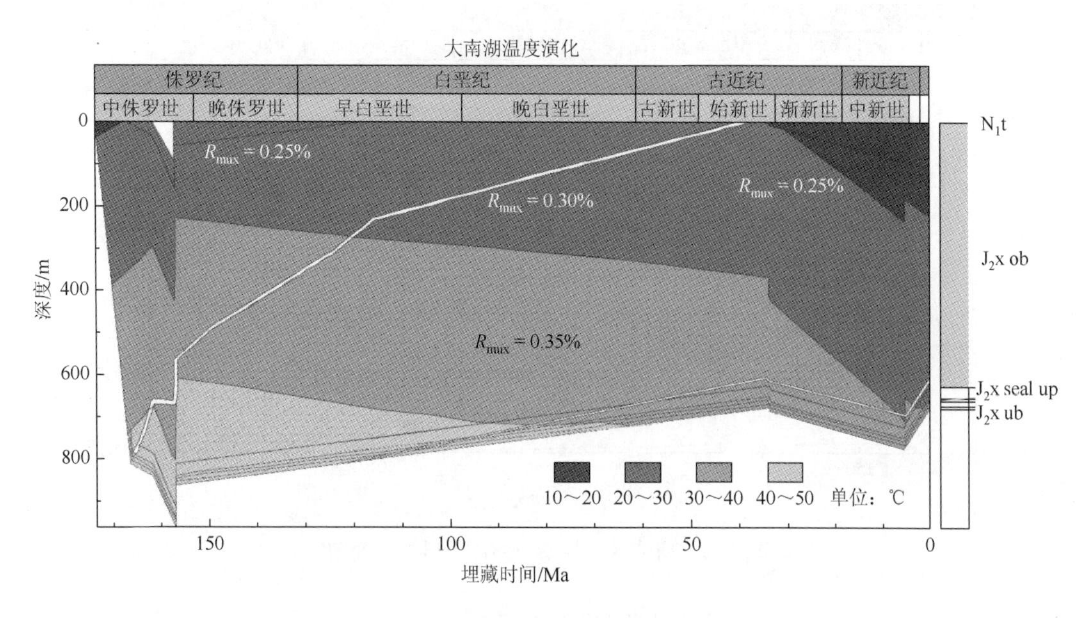

图 8.27　研究区温度演化史模拟图

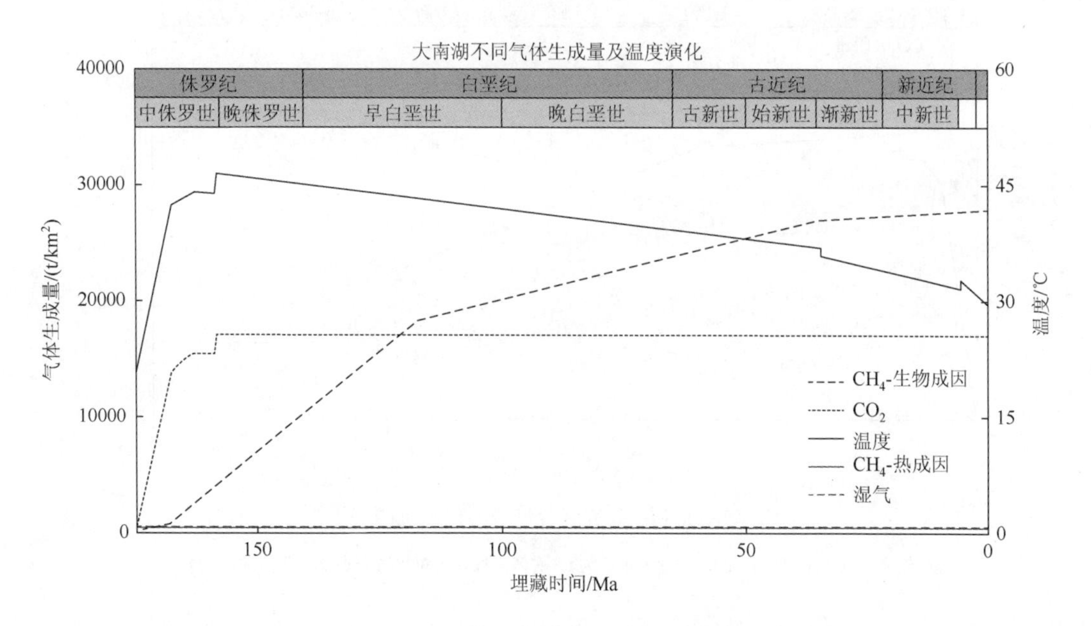

图 8.28　研究区生烃演化史模拟成果图

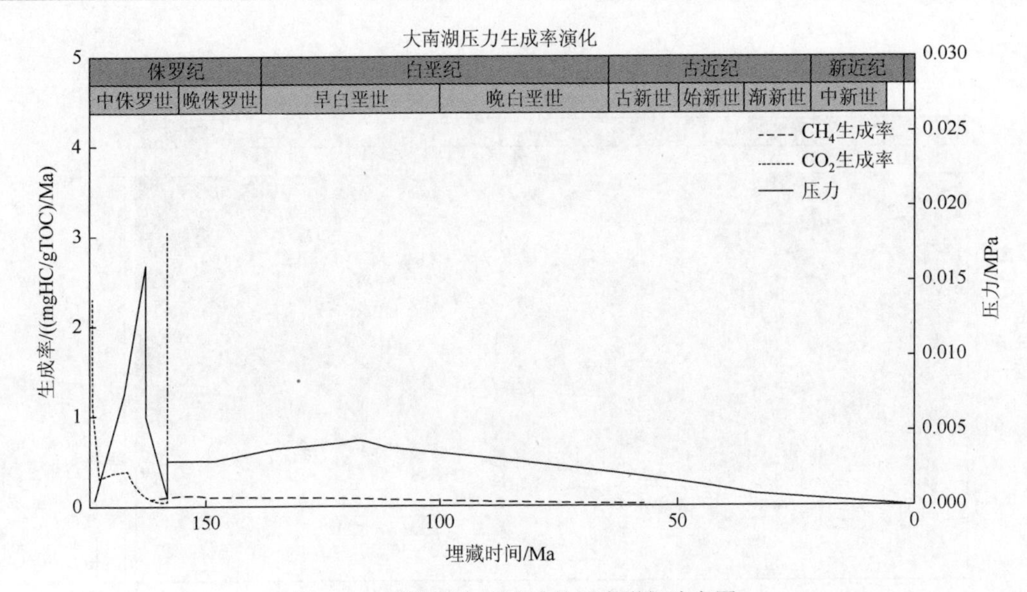

图 8.29　研究区生烃造成的压力增加演变图

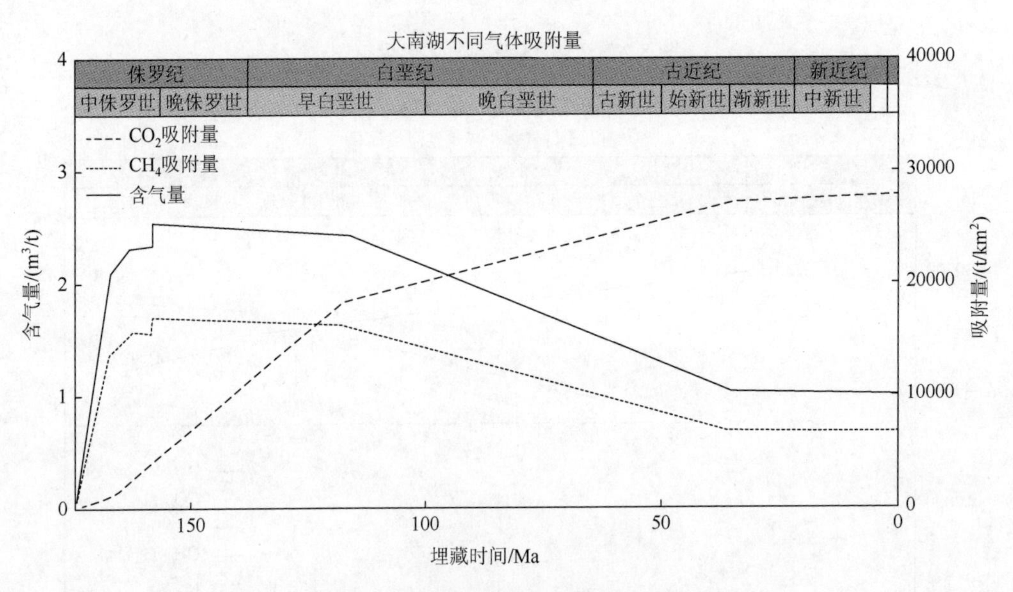

图 8.30　研究区含气量演化示意图

图中含气量单位为 m^3/t（左侧坐标轴），吸附量单位为 t（右侧坐标轴为每平方公里储层吸附的质量）

第九章　西北含煤盆地页岩气地质条件与资源评价

第一节　西北主要煤盆地页岩气资源潜力

西北地区是我国能源富集的地区之一，尤以煤炭、石油、天然气、太阳能等享誉海内外。西北地区四大盆地（准噶尔盆地、塔里木盆地、吐哈盆地和柴达木盆地）石油总储量为 281 亿 t，占全国总储量的 27.6%，煤炭资源占全国的 61.9%，天然气预测储量 2.32 万亿 m^3。西北地区诸多含煤盆地中广泛发育陆相页岩，具备页岩气成藏条件，且资源潜力较大。吐哈盆地、塔里木盆地、准噶尔盆地等均有页岩气成藏的地质条件，局部有机碳含量在 30%以上，并发现了典型页岩层中局部的天然气富集。在吐哈盆地、吐鲁番拗陷水西沟群地层广泛发育了暗色泥岩和炭质泥页岩，炭质泥岩累积平均厚度在 30m 以上，有机碳含量一般介于 6%～30%；暗色泥页岩厚度更大，如八道湾组暗色泥页岩厚度一般大于 100m，盆地中北部达到 200m 以上，西山窑组暗色泥页岩最大厚度大于 600m，有机质的成熟度目前大都为 0.4%～1.5%，非常有利于页岩气藏的形成和发育。

页岩气是以吸附和游离状态为主要存在方式的非常规天然气，成分以甲烷为主，与“煤层气”“致密气”同属一类。页岩气的形成和富集有着自身独特的特点，往往分布在盆地内厚度较大、分布广的页岩烃源岩地层中。页岩气很早就已经被人们所认知，但采集比传统天然气困难，随着资源能源日益匮乏，作为传统天然气的有益补充，人们逐渐意识到页岩气的重要性。我国西北地区诸多含煤盆地中广泛发育陆相页岩，具备页岩气成藏条件，且资源潜力较大。本章从页岩气赋存层位、地球化学特征两个方面对西北地区煤系地层中页岩气地质特征进行简要概述，并结合现行页岩气资源量评价方法，对西北地区含煤盆地煤系地层页岩气资源进行初步的估算。

塔里木盆地、准噶尔盆地、柴达木盆地和吐哈盆地为该地区 4 个大的含油气盆地。盆地内不同时代泥页岩烃源岩发育，富有机质泥页岩层系多，主要泥页岩层系有寒武系、奥陶系、石炭系、二叠系、三叠系、侏罗系、白垩系、新生界等，其中与盆地内煤系地层密切相关的页岩气烃源岩主要发育于侏罗系。该区煤系地层页岩气资源主要分布在塔里木盆地西南缘和北缘、准噶尔盆地西北缘和南缘、吐哈盆地北缘以及柴达木盆地北缘（图 9.1），但由于受盆地地质演化历史的影响，各聚煤盆地内煤系页岩气资源成藏特征存在一定的差异。以下从页岩类型与分布、烃源岩地球化学特征、储存条件三个方面对上述四个主要聚煤盆地的煤系页岩气成藏地质特征进行逐一阐述。

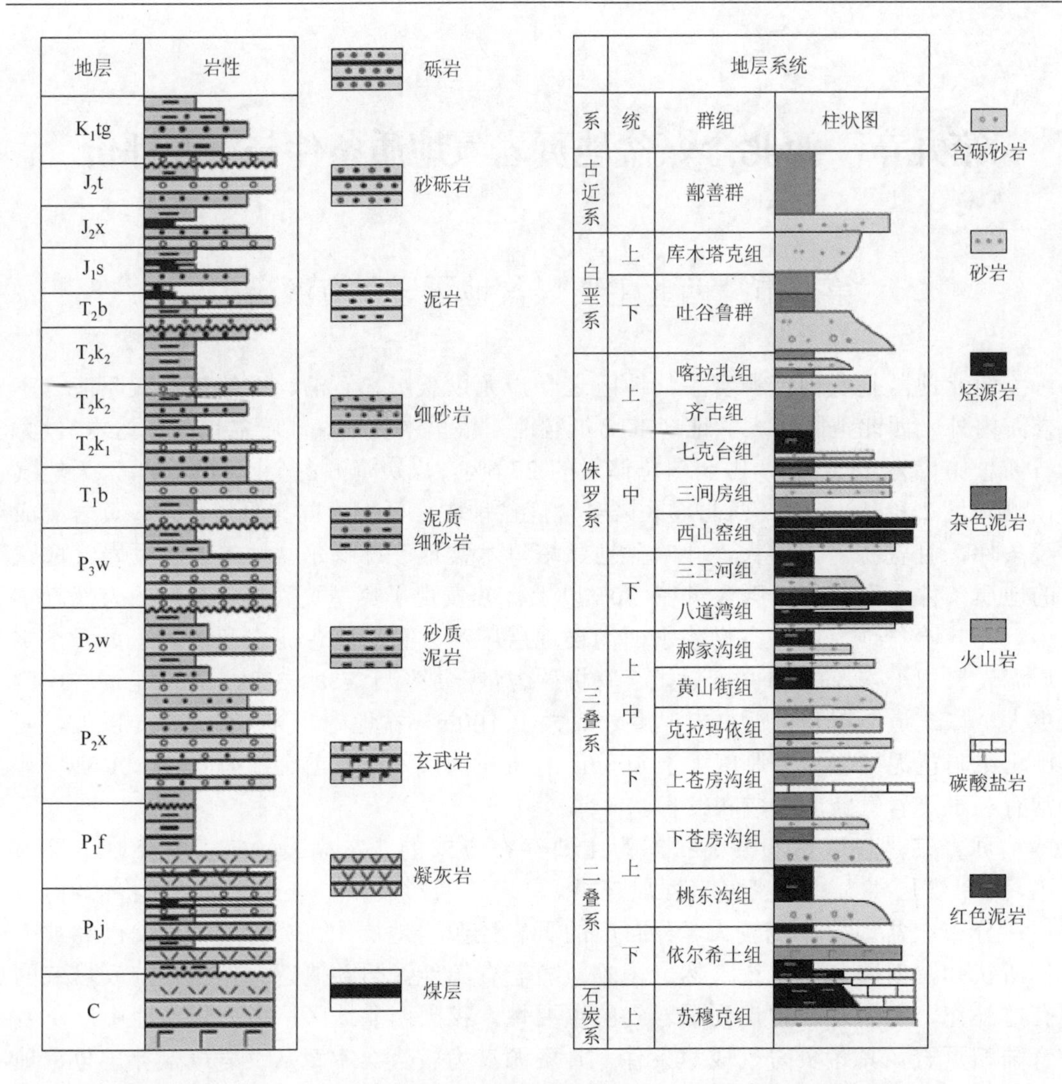

图 9.1　准噶尔盆地（左）、吐哈盆地（右）地层剖面柱状图（据中国煤炭地质总局，2017）

第二节　页岩气烃源岩特征和有机地球化学特征

一、准噶尔盆地

（一）页岩气烃源岩特征

准噶尔盆地富有机质页岩赋存时代主要有石炭世、二叠世和侏罗世（图 9.2）。其中，石炭系滴水泉组—巴山组，二叠系风城组、下子街组和乌尔禾组，属湖相、海陆过渡相沉积成因，且所属地层组中无煤层发育。侏罗系八道湾组、三工河组和西山窑组为该盆地的主要页岩气赋存地层，同时也是准噶尔盆地内主要的含煤地层（表 9.1）。

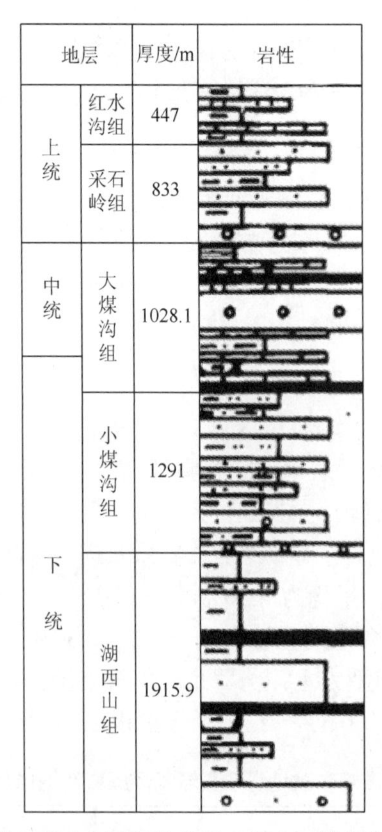

图 9.2　柴达木侏罗系含煤地层柱状图（据中国煤炭地质总局，2010）

表 9.1　准噶尔盆地煤系页岩气烃源岩类型、分布特征

页岩名称	地层时代	页岩类型	页岩面积/km^2	厚度/m
西山窑组	J_2x	湖泊-三角洲河湖沼泽相	90500	25～250
三工河组	J_2s	扇三角洲湖相沉积	93430	25～240
八道湾组	J_2b	冲积扇、扇三角洲、河湖相沼泽相	97100	50～350

1. 八道湾组（J_1b）

该组遍布全盆地，唯最东部的石钱滩一带和五彩湾两地局部沉积缺失。八道湾组除盆地腹部或坳陷内侧为假整合，三台至乌鲁木齐市西区地段内与三叠系为整合连续过渡关系外，普遍以明显的角度不整合覆于下伏地层之上。该组主要为冲积扇、扇三角洲、河湖相沼泽相含煤沉积，岩性主要由灰白色灰绿色砂岩、砾岩、灰黑色灰色泥岩、粉砂岩、炭质泥岩夹煤层、菱铁矿层或透镜体组成。该组段内富有机质页岩厚度变化较大，一般为 50～300m，分布面积约为 9.71×10^4km^2。

2. 三工河组（J_1s）

该组遍布全盆地，在盆地北部边缘局部可超覆下伏八道湾组直接覆于老地层之上，分布比八道湾组更广。该组仅局部含煤，主要为扇三角洲湖相沉积，岩性全区比较稳定，为灰色、灰黄色、绿色泥岩、砂岩、砂砾岩、灰黑色砂质泥岩、炭质泥岩组成，局部夹砾岩、砂砾岩、叠锥灰岩，部分地区夹炭质泥岩或煤线。该组段内富有机质页岩，厚度变化较大，一般为 25～240m，分布面积约为 9.343×$10^4$$km^2$。

3. 西山窑组（J_2x）

该组遍布全盆地，连续堆积在三工河组上，为一套湖泊-三角洲河湖沼泽相沉积，岩性为灰色、灰绿色、灰白色砂岩、砂砾岩、粉砂岩泥岩，灰黑色炭质泥岩夹煤层和菱铁矿薄层。该组为盆地最重要的含煤层段。该组段内富有机质页岩厚度变化较大，一般为 25～250m，分布面积约为 9.05×$10^4$$km^2$。

（二）有机地球化学特征

准噶尔盆地煤系页岩气烃源岩地球化学特征如表 9.2 所列。石炭系滴水泉组—巴山组烃源岩的有机碳含量变化范围较大，为 0.17%～26.76%，平均为 4.73%，R_o 为 1.6%～2.6%，干酪根以Ⅲ型为主，是一套较好的烃源岩；侏罗系八道湾组烃源岩有机碳含量高低相差较大，一般为 0.60%～35.00%，平均为 3.30%，R_o 为 0.5%～2.5%，干酪根以Ⅲ型为主；侏罗系三工河组烃源岩有机碳含量变化较大，一般为 0.50%～31.00%，平均为 2.50%，R_o 为 0.5%～2.4%，干酪根以Ⅲ型为主；侏罗系西山窑组烃源岩有机碳含量一般为 0.50%～20.00%，平均为 1.50%，R_o 为 0.5%～2.3%，干酪根以Ⅲ型为主。

表 9.2　准噶尔盆地煤系页岩气烃源岩及地球化学特征

盆地＼指标	页岩名称	地层时代	页岩类型	页岩面积/km^2	厚度/m	TOC/%	有机质类型	R_o/%
准噶尔盆地	西山窑组	J_2x	陆相煤系	90500	25～250	0.50～20.00 1.50	Ⅲ	0.5～2.3
	三工河组	J_2s	陆相煤系	93430	25～240	0.50～31.00 2.50	Ⅲ	0.5～2.4
	八道湾组	J_2b	陆相煤系	97100	50～350	0.60～35.00 3.30	Ⅲ	0.5～2.5
	乌尔禾组	$P_{2\text{-}3}w$	湖相	63400	50～450	0.70～12.08 4.76	Ⅰ～$Ⅱ_Ⅰ$	0.80～1.00
	下子街组	P_2x	湖相	57200	50～150	0.41～10.80 2.42	Ⅰ～$Ⅱ_Ⅰ$	0.56～1.31
	风城组	P_1f	湖相	31800	50～300	0.47～21.00 5.34	Ⅰ～$Ⅱ_Ⅰ$	0.54～1.41
	滴水泉组—巴山组	C_1d—C_2b	陆相煤系	50000	120～300	0.17～26.76 4.73	Ⅲ	1.6～2.6

二、吐哈盆地

（一）页岩气烃源岩特征

吐哈盆地侏罗系发育三套烃源岩，即暗色泥岩、炭质泥岩和煤层。暗色泥岩、炭质泥岩主要发育在七克台组、三间房组及西山窑组；而煤岩主要发育在西山窑组和八道湾组，与煤系地层密切相关的主要是侏罗系八道湾组、三工河组和西山窑组（图 9.1，表 9.3）。

表 9.3　吐哈盆地煤系页岩气烃源岩类型及分布特征

页岩名称	地层时代	页岩类型	页岩面积/km^2	厚度/m
西山窑组	J_2x	河流沼泽相	18870	100～600
八道湾组＋三工河组	$J_1b + J_1s$	陆相煤系	20250	100～600

1. 八道湾组

岩性主要为一套以河沼为主体的灰白色、浅灰色砂岩、砾状砂岩及灰黑色泥岩夹煤层，局部含菱铁矿结核，底部多为砾岩，与下伏地层为不整合或假整合接触。该组地面出露于盆地西部的阿拉沟、可尔街及鱼尔沟，北部的桃树园、煤窑沟、柯柯亚、照壁山、七角井及二道沟，南部的苏巴什干沟、托克逊县南部，东部的三道岭等地。八道湾组在盆地内分布较广，在台北凹陷、胜北次凹和丘东次凹最为发育，最大厚度可达 800m，向西减薄，东过红台断裂缺失，由北向南变薄，过火焰山—七克台断裂至艾丁湖—了敦一线逐渐尖灭。在托克逊凹陷该组主要分布于凹陷中心，岩性较粗，煤层厚度大、层数多，底部多为角砾岩，厚度为 200～400m。在哈密凹陷，该地层呈北厚南薄、西厚东薄趋势，凹陷北部厚度可达 700m，向南至南缘超覆尖灭，岩性横向变化大，北细南粗。三道岭至三堡一带煤层发育。

2. 三工河组

本组岩性相对稳定，上部为灰绿色泥岩、砂质泥岩，局部夹薄层泥灰岩，页理发育，下部为浅灰色砂岩及含砾砂岩，与下伏八道湾组为连续沉积。三工河组分布范围较八道湾组略广，主要出露于艾维尔沟、克尔碱、桃树园、七泉湖、柯柯亚、红胡子坎—五道沟，南部边缘区亦有零星出露，厚度一般为 70～180m，最厚可达 200m 以上，自西向东及由北向南变薄，岩性横向变化小。

该组段与下伏八道湾组内富有机质页岩厚度变化较大，一般为 100～600m，分布面积约为 $2.025\times10^4km^2$。

3. 西山窑组

该组分布广泛，除布尔加凸起和哈密拗陷东部缺失外，西部的可尔街，北部的桃树园、煤窑沟、奥尔塘、柯柯亚，中部的苏巴什、鄯善、七克台，东部的三道岭及大南湖都有分布，南部沿觉罗塔格山北麓亦有零星分布。岩性以浅灰色、浅黄绿色砂岩夹灰绿色泥岩和煤层为主，该组平面分布稳定，总体上盆地北部山前带及东部沉积物颗粒较粗，含有砾岩、砂砾岩，盆地沉积中心及西部较细，以粉砂岩及泥岩为主，厚度自南向北增厚，至山前带达 1560m 以上。目前钻井揭示最大视厚度达 1311m。该组段内富有机质页岩厚度变化较大，一般为 100～600m，分布面积约为 $12.55\times10^4km^2$。

（二）有机地球化学特征

吐哈盆地煤系页岩气烃源岩地球化学特征详见表 9.4。侏罗系八道湾组和三工河组烃源岩的有机碳含量变化范围较大，为 0.5%～20.00%；R_o 为 0.5%～1.8%，干酪根以III型为主，是一套较好的烃源岩。侏罗系西山窑组烃源岩的有机碳含量存在较大差异，一般为 0.5%～20.00%；R_o 为 0.4%～1.6%，干酪根以III型为主。

表 9.4 吐哈盆地煤系页岩气烃源岩地球化学特征

盆地＼指标	页岩名称	地层时代	页岩类型	页岩面积/km^2	厚度/m	TOC/%	有机质类型	R_o/%
吐哈盆地	西山窑祖	J_2x	陆相煤系	18870	100～600	$\frac{0.50～20.00}{1.0}$	III	0.4～1.6
	八道湾组＋三工河组	J_1b+J_1s	陆相煤系	20250	100～600	$\frac{0.5～20.00}{1.5}$	III	0.5～1.8

三、柴达木盆地

（一）页岩气烃源岩特征

柴达木盆地富有机质页岩赋存时代主要有石炭世、侏罗世、古近纪和新近纪。其中，与煤系地层密切相关的主要是侏罗系小煤沟组和大煤沟组（图 9.3），该组段内富有机质页岩厚度变化较大，一般为 90～1000m，分布面积约为 $0.8\times10^4km^2$（表 9.5）。

1. 小煤沟组

小煤沟组下部的粗型沉积物以中粗砾岩为主，它们显示分选差、颗粒支撑、横向连续性差等特征，具有黏性泥石流性质。火烧山组底部和下部（30 层）的粗型沉积物分别为细砾岩、角砾岩和含砾粗砂岩夹细砾岩，砾石成分复杂，棱角状或次棱角状，分选差，杂基支撑，具有稀性泥石流性质。这些以粗型沉积物为代表的泥石流之上则是代表漫流、扇间或扇缘浅水的洼地和泥炭沼泽沉积，岩性为粉砂岩、砂质泥岩和煤层。

表 9.5 柴达木盆地煤系页岩气烃源岩类型、分布特征

页岩名称	地层时代	页岩类型	页岩面积/km^2	厚度/m
小煤沟组＋大煤沟组	J_1x+J_2d	泥炭沼泽	8000	90～1000

2. 大煤沟组

柴达木盆地的大煤沟组是主要含煤层位，其地理分布较为广泛，西起马海、草流沟，经鱼卡、大头羊、绿草山、大煤沟，向东延至柏树山一带，其中大煤沟附近最为发育。

大煤沟组在大煤沟地区厚约 400m，连续覆于饮马沟组之上。该组下部（95 层）厚 295.4m 的地层主要由中-粗砾岩、砂岩、泥岩组成。砾岩呈灰色，砾石以石英砂岩、石英岩为主，分选差，棱角状-次棱角状，杂基支撑或颗粒支撑，代表泥石流沉积。泥岩呈暗绿色或紫红色，常含砾。细、粗粒砂岩夹于砾岩和泥岩之间，厚度不大。上述一系列砾-砂-泥或砾-泥层序在垂向上重复叠加，每个层序厚约 10m，砾、砂、泥的厚度比为 6∶3∶1，并构成冲积扇大层序。

大煤沟组上部厚约104m地层为深灰色泥岩、炭质泥岩和煤层（E、F煤组），煤层层数多（近10层），厚度大（单层煤厚达12.57m），代表扇前泥炭沼泽沉积。其中夹数层厚约0.4m的洪泛性砂砾薄层，这部分地层下部11.7m的灰色薄层状粉砂-细砂岩为扇前浅水洼地沉积。

大煤沟组在大煤沟之西约100km的鱼卡地区，直接角度不整合于前寒武纪变质岩系之上，厚度不足100m，但含有几个叠置的、向上变细的砂岩复合体。这些砂岩复合体具有冲刷底面、砾石级滞留沉积物、大型楔状交错层理和平行层理及侧向增生面，结合沉积旋回结构，表征它们具有曲流河道砂特征，砂岩复合体厚度达10～40m。那些向上变细、厚度为米级的砂岩是决口扇砂岩，夹于每一河道和决口扇砂岩之间的是煤层以及富有机质的越岸泥岩和粉砂岩。这些泥岩和粉砂岩由于根斑的存在常使原始沉积构造消失，但在一些地方仍显示水平层理。

鱼卡地区的大煤沟组含有近10个煤层，单层厚度一般为2～3m，相当于大煤沟地区的E、F煤组。

大头羊地区的大煤沟组连续沉积于饮马沟组之上，厚度约400m，为辫状河沉积体系。该组下部130m地层以具有大型楔状交错层的、叠置状的细砾岩和含砾粗中砂岩透镜体为主，其细型沉积物中，有机物或者根斑的贫乏表明不存在稳定的植物堤岸，这与辫状河的解释一致。这些辫状河沉积物之上为向上变细的、厚约270m的灰色砂岩、粉砂岩、局部富煤的序列，代表砂质河道与泥炭沼泽沉积的交替。这部分地层含6个可采煤层，其中4个煤层的单层厚度为8～10m，煤层间由10～30m的河道砂岩层间隔，有的煤层顶、底板为含砾粗砂岩。细型沉积物（粉砂岩、泥岩）在剖面所占比例很少。

大煤沟组在德令哈市之北约10km处的柏树山地区，直接角度不整合于前寒武纪变质岩之上，厚约60m，属冲积扇沉积体系，主要由漫流沉积、浅水洼地及泥炭沼泽沉积组合而成。漫流沉积主要发育于剖面的下部，洪泛旋回明显，细砾岩、含砾粗砂岩为其主要岩性，并具厚度较大的粗型沉积夹薄层细型沉积的特点，一个洪泛旋回层序的厚度约4.6m。漫流沉积之上的泥炭沼泽沉积比较发育，含煤2～3层，局部达可采厚度。

（二）有机地球化学特征

1. 总有机碳含量

柴北缘存在三类烃源岩，即湖相泥岩（包括油页岩类）、沼泽相泥岩及煤（包括炭质泥岩）。由于泥岩有机质类型多为腐殖型，所以用含煤地层泥岩、炭质泥岩总有机碳评价标准评价烃源岩级别。

根据泥页岩样品测试，柴北缘泥岩有机碳平均含量为2.02%，对比有机碳含量评价标准（表9.6），该区泥岩总体上属中等-好烃源岩（图9.3）。

表9.6　含煤地层泥岩和炭质泥岩有机碳含量评价标准（黄第藩和熊传武，1996）

烃源岩级别	很好	好	中等	差	非
总有机碳（TOC）/%	9.0～40	3.0～9.0	1.5～3.0	0.6～1.5	<0.6

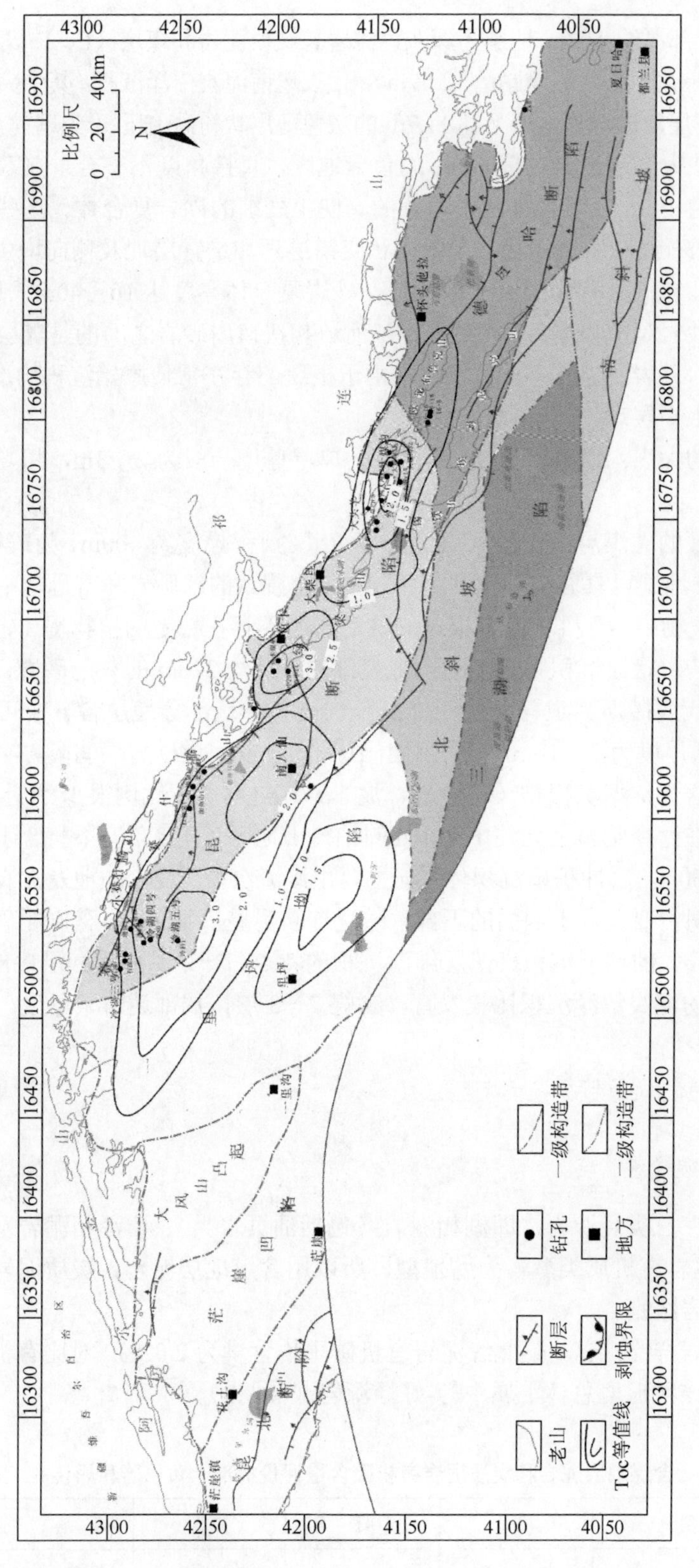

图9.3　柴北缘侏罗系泥页岩总有机碳含量等值线图

油页岩有机碳平均含量为 12.06%，有机质丰度较高，达到很好烃源岩标准，炭质泥岩有机碳平均含量为 13.40%，整体上属好-很好烃源岩。

根据总有机碳有关很好、好、中等、差、非的各类评价标准，冷湖地区无论是湖相泥岩或煤系泥岩均达到中等-好的烃源岩级别，如冷科 1 井侏罗系泥岩（3473～5200m）总有机碳含量为 2.78%～8.26%。赛什腾地区为差烃源岩，马海—南八仙地区的仙 3 井为差-中等烃源岩，红山断陷为差-非烃源岩，鱼卡、园顶山为中等烃源岩，大煤沟、西大滩、绿草山、大头羊为中等-差烃源岩。

从柴北缘下侏罗统暗色泥岩（即烃源岩）总有机碳分布图（图 9.4）看，下侏罗统烃源岩有机碳平均为 1.97%，其中好烃源岩占 23%，中等烃源岩占 29%，差烃源岩占 34%，非烃源岩占 14%，中等以上烃源岩占 52%，表明下侏罗统烃源岩有机碳含量非常高。纵向上，以湖西山组有机碳含量最高，如冷科 1 井侏罗系地层，其有机碳较高含量段基本在 4300m 以上的地层，有机碳在 3%以上，达到好烃源岩的标准。

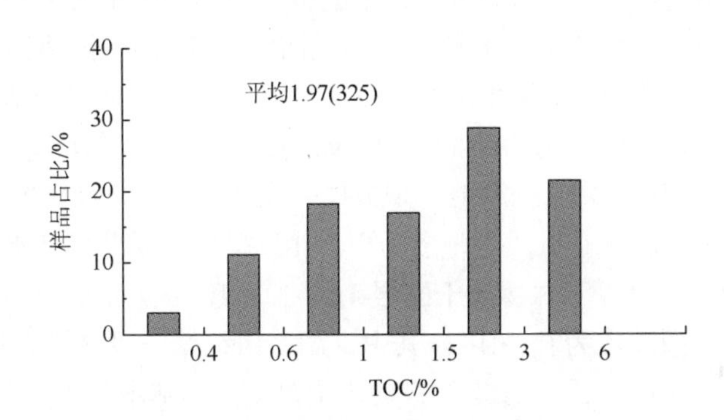

图 9.4　柴北缘下侏罗统暗色泥岩总有机碳分布图

从柴北缘中侏罗统暗色泥岩总有机碳分布(图 9.5)看，中侏罗统有机碳平均为 1.84%，其中好烃源岩占 21%，中等烃源岩占 30%，差烃源岩占 28%，非烃源岩占 21%，中等以上烃源岩占 51%。

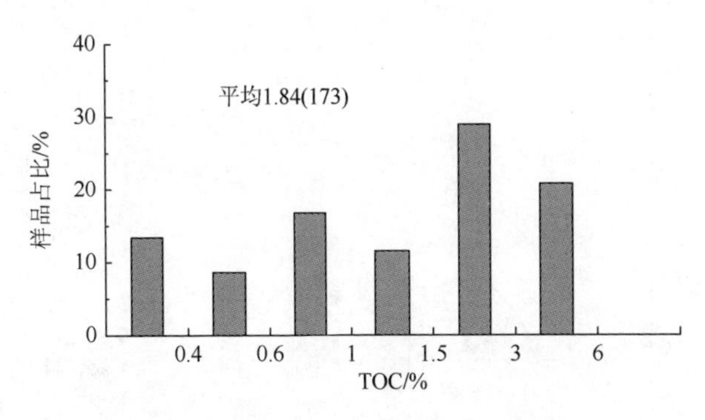

图 9.5　柴北缘中侏罗统烃源岩总有机碳分布图

2. 有机质类型

有机碳含量是烃源岩生烃的物质基础，有机质类型则决定了烃源岩生烃能力和所生烃类性质。一般地，Ⅰ型干酪根生油量最大，而Ⅲ型干酪根则以生气为主。这里我们参考已有的三类五分法类型评价标准（表 9.7），对柴北缘烃源岩进行有机质类型评价。

表 9.7　有机质类型划分标准（据黄第藩等，1984）

参数＼类型	腐泥型（I_1）	腐殖腐泥型（I_2）	混合型（Ⅱ）	腐泥腐殖型（III_1）	腐殖型（III_2）
H/C 原子比	＞1.5	1.3～1.5	1.0～1.3	0.8～1.0	<0.8
O/C 原子比	<0.1	0.15～0.1	0.25～0.1	0.25～0.3	<0.3
δ^{13}C/‰		＜−28.0	−28～−25	−25～−22.5	＞−22.5
岩石热解 I_{H}/(mg/g)	＞700	400～700	180～400	100～180	<100

干酪根元素组成特征：元素分析表明，干酪根分子结构中主要由 C、H、O 元素组成，N 与 S 元素也是其中常见元素。研究证明，相近演化程度的不同类型干酪根，其 C、H、O 元素组成比例不同，这就是应用干酪根元素组成确定有机质类型的基础。目前应用元素组成评价干酪根类型，普遍采用的是范氏图（van Krevelen）。图 9.6 表明泥岩干酪根类型大多为III_2型，少数为III_1型，仅冷湖地区少数样品为Ⅱ型，柴北缘侏罗系暗色泥岩有机质类型偏向生气型。炭质泥岩有机质类型多为III_1～III_2型。油页岩有机质类型最好，H/C 原子比为 1.34。从图中可见，下侏罗统干酪根 H/C 原子比一般为 0.7～0.9，O/C 原子比为 0.05～0.1，有机质类型基本为Ⅱ～III_2。其中，湖西山组第三段地层有机质类型偏好，基本为Ⅱ～III_1型；湖西山组一、二段地层烃源岩类型偏差，基本为III_2型有机质，这主要与烃源岩沉积环境密切相关。

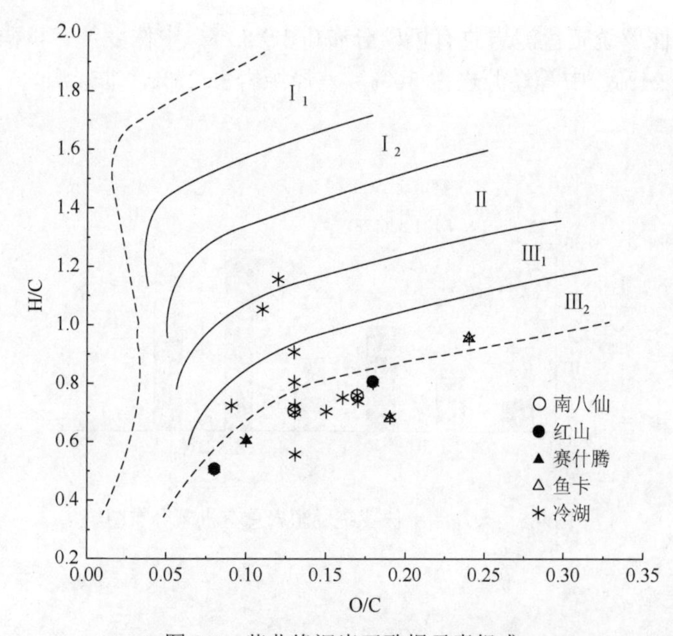

图 9.6　柴北缘泥岩干酪根元素组成

干酪根碳同位素分布特征：由于碳同位素热力学和动力学效应作用的影响，干酪根碳同位素组成可以反映其生物性质、沉积环境及其在热演化过程中的同位素分异效应。脂族类中的碳贫 ^{13}C，而羧基、羰基等含氧基团中的碳则相对富集 ^{13}C。Redding 等研究成果表明，Ⅰ型干酪根的 $\delta^{13}C$ 值为–31.9‰～–28.1‰，Ⅱ型干酪根 $\delta^{13}C$ 值为–28.6‰～–27.9‰，Ⅲ型干酪根 $\delta^{13}C$ 值为–26.6‰～–25.4‰；黄第藩等（1983）认为，Ⅰ型干酪根的 $\delta^{13}C$ 值为–30‰～–27‰，Ⅱ型干酪根 $\delta^{13}C$ 值为–27‰～–26‰，Ⅲ型干酪根 $\delta^{13}C$ 值为–26‰～–22.5‰。柴北缘侏罗系泥岩干酪根 $\delta^{13}C$ 值分布范围较广，为–27‰～–21‰（图 9.7），有 50%的样品为$Ⅲ_1$型干酪根，有 30%的样品为Ⅱ型干酪根，有 20%的样品为$Ⅲ_2$型干酪根。

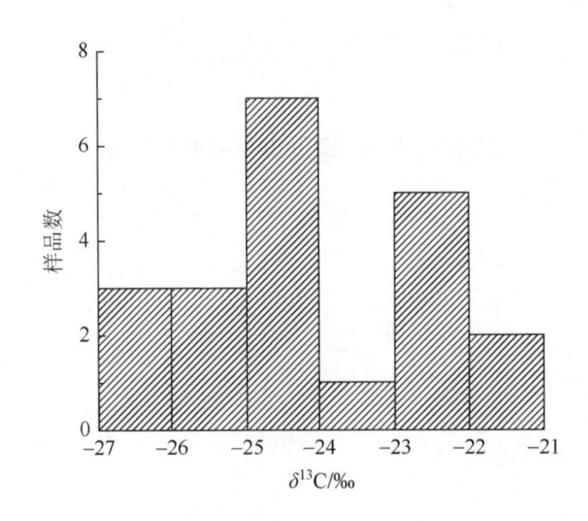

图 9.7　柴北缘侏罗系泥岩干酪根碳同位素值分布

热解参数特征：从图 9.8 可见泥岩有机质类型主要为Ⅲ和Ⅱ型，也有部分为Ⅰ型，炭质泥岩有机质类型为$Ⅱ_2$型（图 9.9）。

综合干酪根元素组成、碳同位素特征、热解特征，柴北缘中、下侏罗统烃源岩有机质类型为Ⅱ～$Ⅲ_2$型。昆特依拗陷除鄂博梁次凹、冷西次凹有机质类型为Ⅱ型外，其他地区为$Ⅲ_1$型（图 9.10）。中侏罗统烃源岩多为$Ⅲ_2$～$Ⅲ_1$，鱼卡断陷烃源岩有机质类型较好，为$Ⅲ_1$～Ⅱ型。从柴北缘中、下侏罗统烃源岩有机质类型看，这套地层应以生气为主、生油为辅。

3. 有机质成熟度

烃源岩成熟演化生烃是油气藏形成最基本的物质条件和前提，恢复有机质的热演化史可确定油气形成、运移和成藏期。烃源岩成熟度和生烃史研究是确定烃源区、定量研究不同地质时期成熟烃源岩的展布、预测烃类流体性质的关键。

烃源岩成熟度指标有镜质组反射率（R_o）值、岩石热解最高峰温 T_{max} 值和可溶有机质中的生物标志化合物等参数，由于在源岩热演化过程中，镜质组反射率的变化具有连续性、不可逆性、与有机质的各种化学性质呈连续函数关系及镜质组组分分布广泛性的特点，镜质组反射率已被广泛接受和应用，并且是目前国际上烃源岩成熟度评价中唯一可对比和标准的成熟度参数。本书根据镜质组反射率指标讨论烃源岩的热演化。

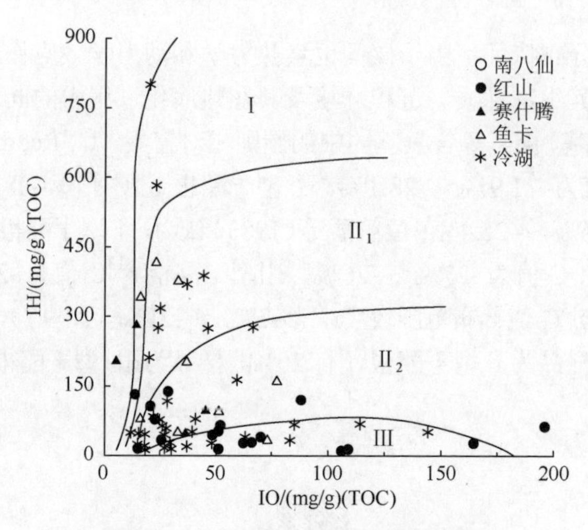

图 9.8　柴北缘泥岩热解参数特征图

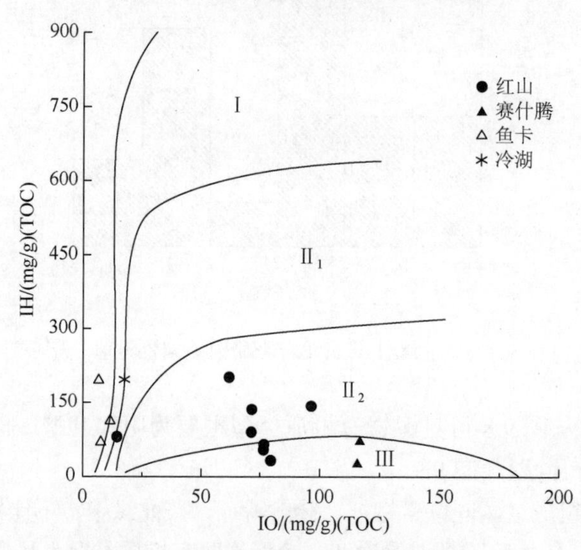

图 9.9　柴北缘炭质泥岩热解参数特征

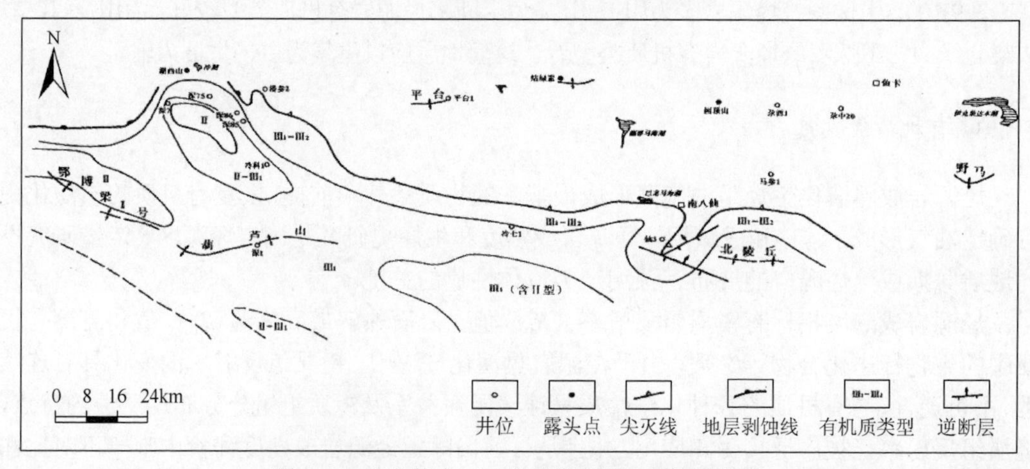

图 9.10　柴北缘中、下侏罗统烃源岩有机质类型

钻井和地面露头样品 R_o 为 0.32%～2.18%，大部分样品 R_o 为 0.6%～0.90%，处于生油高峰期。不同地区成熟度相差较大，鱼卡断陷侏罗系烃源岩成熟度相对较低，R_o 为 0.53%～0.73%；大红山断陷大头羊成熟度最高，R_o 达 2.17%～2.18%，已达成熟阶段，正处于高生气期。红山参 1 井和绿草山成熟度相近，R_o 为 0.61%～0.87%，已进入生油高峰期；马海—南八仙地区中、下侏罗统成熟度相对较低，R_o 为 0.66%～0.69%，刚进入生油门限，尚未进入生油高峰期。

赛什腾地区地面样品 R_o 为 0.62%～0.9%，正处于生油高峰期；潜西地区 R_o 为 0.62%～1.42%，已进入生气阶段。冷湖三号 R_o 为 0.42%～0.99%，大部分样品进入成熟阶段；冷湖四号，冷湖五号 R_o 为 0.51%～1.65%，大部分样品处于生气阶段。

从以上地面和钻井样品看，柴北缘中、下侏罗统烃源岩均已成熟，鱼卡、大煤沟和南八仙烃源岩成熟度较小，其他地区均进入生气高峰期，个别地区已达过成熟阶段（图 9.11）。

总的来说，柴达木盆地中生代烃源岩与西北地区其他盆地类似，以侏罗系地层为主。其中，中、下侏罗统暗色泥岩和炭质泥岩主要分布在柴北缘，有机碳含量为 0.28%～5.89%，R_o 为 0.32%～2.18%，厚度为 90～1000m，干酪根以Ⅲ$_2$ 型为主。总体上，其有机质丰度高，有机质类型为中等-差，成熟度高，是一套较好的烃源岩。

四、塔里木盆地

（一）页岩气烃源岩特征

塔里木盆地页岩气的分布明显受到烃源岩展布的控制，油型气主要分布在台盆区，页岩气主要分布在前陆区。塔里木盆地优质烃源岩主要有 3 套，海相寒武系—奥陶系腐泥型烃源岩、海陆交互相石炭系—二叠系腐殖型烃源岩和陆相三叠系—侏罗系腐殖型烃源岩，各套烃源岩具有不同的平面分布特征，其中三叠系—侏罗系煤系不仅是塔里木盆地页岩气主力源岩，也是盆地最重要的气源岩，主要包括三叠系黄山街组和塔里奇克组以及侏罗系的阳霞组与克孜勒努尔组（表 9.8）。

1. 黄山街组

塔里木盆地上三叠统黄山街组主要分布于库车拗陷内，为灰绿色砂砾岩、粉砂岩与泥岩互层，形成浅湖-半深湖相的湖侵体系域，呈北厚南薄的厚度空间分布趋势，在山前带较厚，为 300～500m，沉积中心位于北部的卡普沙良河剖面—库车河剖面一线，最厚 500m，往南厚度逐渐变薄。该组段内富有机质页岩厚度变化较大，一般为 200～550m，分布面积约为 $13.345\times10^4km^2$。

2. 塔里奇克组

塔里奇克组在库拜煤田是含煤层位之一，前人多称为 A 煤组，新疆维吾尔自治区

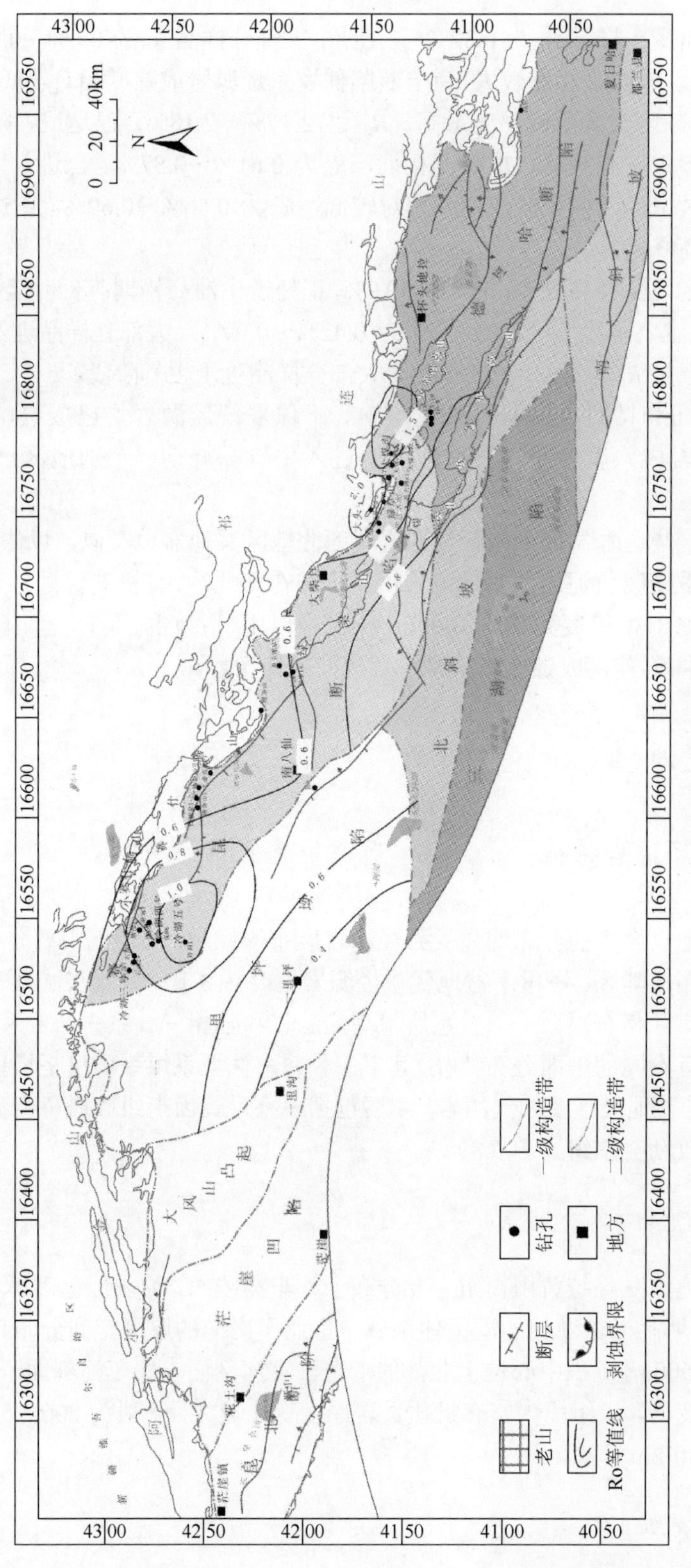

图 9.11　柴北缘地区侏罗系泥岩 R_o 等值线图

表 9.8　塔里木盆地煤系页岩气烃源岩类型、分布特征

页岩名称	地层时代	页岩类型	页岩面积/km^2	厚度/m
克孜勒努尔组	J_2k	湖泊沼泽相	130480	50～700
阳霞组	J_1y	河流沼泽相-湖相	83400	40～120
塔里奇克组	T_3t	河流沼泽相-湖相	125500	100～600
黄山街组	T_3h	浅湖-半深湖相	133450	200～550

地质矿产勘查开发局第八地质大队和新疆维吾尔自治区煤田地质局一六一煤田地质勘探队将其划归为下侏罗统，地层厚度 254～951.41m。北部山前地带该组为河流沼泽相，由 3 个由粗到细的沉积旋回组成，每个旋回下部为绿灰色、灰白色中、细粒砂岩、砂砾岩、砾岩，为河流相沉积；上部为灰绿色、深灰色泥岩、炭质泥岩、页岩、浅灰色泥质粉砂岩夹煤层，为沼泽相沉积。向盆地内以湖相沉积为主，为粉砂岩、泥岩夹炭质泥岩和薄煤层、煤线。该组段内富有机质页岩厚度变化较大，一般为 100～600m，分布面积约为 $12.55\times10^4km^2$。

3. 阳霞组

前人称该组为 B 含煤组。库拜拗陷北部为河流沼泽相沉积，岩性为灰白色、黄灰色粗砂岩与灰绿色粉砂岩、灰黑色泥岩、炭质泥岩及煤层组成的正粒序沉积，局部夹细砾岩、菱铁矿透镜体、泥灰岩，一般厚度 200～400m，比尤勒包谷孜厚度为 372.549m，吐格尔明厚度为 403m，向盆地内侧逐渐变为湖泊沼泽相和湖泊相沉积，岩性以细碎屑岩为主。该组段内富有机质页岩厚度变化不太大，一般为 40～120m，分布面积约为 $8.34\times10^4km^2$。

4. 克孜勒努尔组

该组为 C 含煤组，表现为湖泊沼泽相沉积。岩性为灰绿色粉砂岩、黑色炭质页岩、灰白色石英砂岩互层夹煤层及黄铁矿结核，厚度 400～600m，比尤勒包谷孜厚度为 646m，库车河厚度为 843m。该组段内富有机质页岩厚度变化较大，一般为 50～700m，分布面积约为 $13.048\times10^4km^2$。

（二）有机地球化学特征

塔里木盆地煤系页岩气烃源岩地球化学特征详见表 9.9。三叠系黄山街组烃源岩的有机碳含量变化范围较大，为 1.0%～30.0%，R_o 为 0.6%～2.8%，干酪根以Ⅲ型为主，是一套较好的烃源岩；三叠系塔里奇克组烃源岩有机碳含量较高，且高低变化不大，一般为 15.50%～23.70%，R_o 为 0.6%～2.8%，干酪根以Ⅲ型为主；侏罗系阳霞组烃源岩有机碳含量变化较大，一般为 2.50%～20.00%，R_o 为 0.4%～1.6%，干酪根以Ⅲ型为主；侏罗系克孜勒努尔组烃源岩有机碳含量一般为 1.90%～15.86%，平均为 8.60%，R_o 为 0.6%～1.6%，干酪根以Ⅲ型为主。

表 9.9　塔里木盆地煤系页岩气烃源岩地球化学特征

指标 盆地	页岩名称	地层时代	页岩类型	页岩面积/km^2	厚度/m	TOC/%	有机质类型	R_o/%
塔里木盆地	克孜勒努尔组	J_2k	陆相煤系	130480	50～700	1.90～15.86/8.60	Ⅲ	0.6～1.6
	阳霞组	J_1y	陆相煤系	83400	40～120	2.50～20.00	Ⅲ	0.4～1.6
	塔里奇克组	T_3t	陆相煤系	125500	100～600	15.50～23.70	Ⅲ	0.6～2.8
	黄山街组	T_3h	陆相煤系	133450	200～550	1.0～30.0	Ⅲ	0.6～2.8

第三节　煤系页岩气储层特征

西北地区页岩气储层围岩主要构成页岩气藏的盖层，包括八道湾组、西山窑组内的局部性和区域性盖层，以及三工河组、头屯河组和齐占组多套区域性盖层。在沉积旋回上，侏罗系整个煤系地层沉积以煤泥旋回为特征，在每个层组各正旋回沉积的上部，以灰色、深灰色泥岩盖层为主，厚度一般为 5～30m（准噶尔盆地最厚达 120m 左右），以八道湾组中部和头屯河组上部较为发育，尤其是八道湾组中部不仅厚度大，且分布范围也较广泛。

一、煤系页岩气储层的矿物组成

（一）准噶尔盆地

在准噶尔盆地中侏罗统西山窑组泥页岩地层中采集样品，经全岩 X 射线衍射分析，其矿物成分以黏土矿物和石英为主，尤以石英居多，对压裂较有利；黏土矿物增加了页岩比表面积，为气体提供了吸附场所。三个样品中未见方解石，准南煤田气煤 1 号井白云岩含量较多（表 9.10）。

表 9.10　准噶尔盆地全岩 X 射线衍射分析数据

样品编号	层位	黏土矿物相对含量/%								全岩定量分析/%							
		K	C	I	S	I/S	%S	C/S	%S	黏土	石英	钾长石	斜长石	方解石	白云石	赤铁矿	菱铁矿
24-21-①	西山窑组									25	75						
奇台县煤矿-①	西山窑组									52	42	3	3				
准南煤田气煤 1 号井-①	西山窑组									17	36		7		36		4

注：K-高岭石；C-绿泥石；I-伊利石；S-蒙脱石；I/S-伊/蒙间层；C/S-绿/蒙间层；%S-间层中蒙脱石百分含量

（二）吐哈盆地

巴喀气田八道湾组储层的岩石类型以岩屑砂岩和长石岩屑砂岩为主（图 9.12）。

在八道湾组储层的矿物成分中，岩屑含量为 30.9%～60.7%，均值为 48.73%；石英含量为 3.7%～48.8%，均值为 31.54%；长石含量为 9.4%～29.9%，均值为 19.75%；填隙物以黏土矿物为主，硅质或钙质胶结。根据对吐哈盆地台北凹陷现有探井岩性分析，在泥岩中各类脆性矿物含量一般大于 60%，其中石英含量普遍高于 35%（表 9.11）。吐哈盆地台北凹陷和三堡凹陷页岩的硅质含量大于 35%，杨氏模量大于 5，脆性高，硬度大，评价为较好-好页岩气储集层。

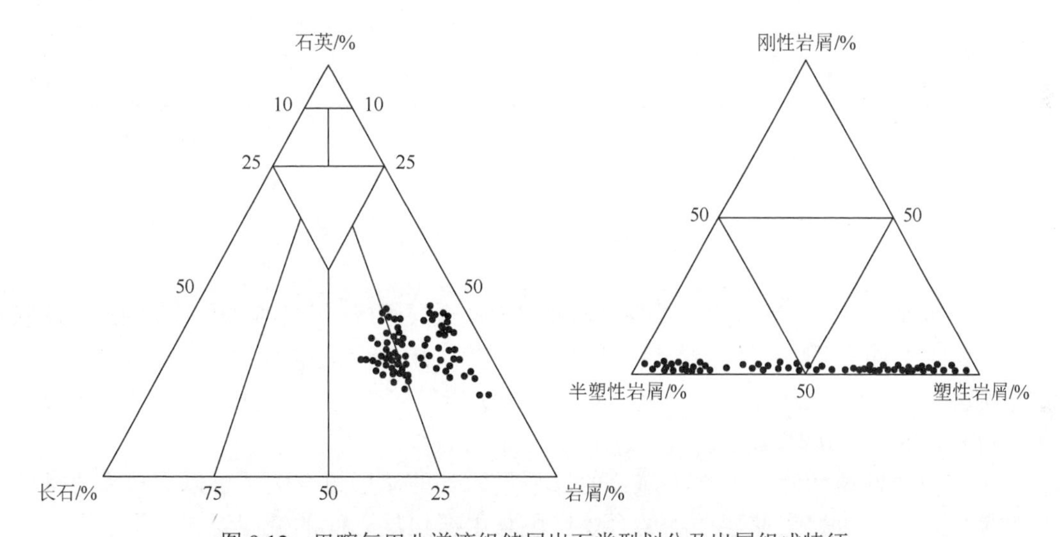

图 9.12　巴喀气田八道湾组储层岩石类型划分及岩屑组成特征

表 9.11　吐哈盆地台北凹陷全岩 X 射线衍射定量分析

井号	井深/m	层位	岩性	矿物相对含量/%						
				黏土	石英	方解石	白云石	钾长石	斜长石	黄铁矿
红旗 3	3226.22～3226.30	J_2x	泥岩	35	41				21	3
柯 25	3554.18～3554.32	J_1b	泥岩	45	42	2			11	
	3555.11～3555.20	J_1b	泥岩	41	45				14	
	3555.55～3555.56	J_1b	泥岩	39	47				14	

二、煤系页岩气储集空间特征

（一）准噶尔盆地

在侏罗纪煤系中的每套煤或泥质岩细粒沉积之下或之上都发育砂质岩粗粒沉积。从准南赋煤带西山窑组岩性特征中可以看出（表 9.12），各地区西山窑组中砂砾岩比例为 41.4%～70.7%，为侏罗系自身生成的烃类物质提供了储集空间。

表 9.12　准南赋煤带西山窑组岩性特征

地区	岩性	厚度/m	砂砾岩类/%	泥质岩类/%	其他/%	沉积相
托斯台	灰绿色砂、砾岩与泥岩互层，夹煤层透镜体	137.4	58.1	41	0.9	河流相
南安集海	砂、泥岩互层夹砾岩及煤层透镜体	593.3	70.7	26.5	1.8	河流-沼泽相
玛纳斯—东沟	灰绿色、灰黑色泥岩砂岩互层，夹煤层及炭质泥岩	715～1120	46.6	52	1.4	滨湖-沼泽相
呼图壁—昌吉	灰绿色泥岩、砂岩和煤互层	315～488	53.5	44.3	2.2	沼泽相
郝家沟	灰绿砂、泥岩互层，夹煤层	291	41.4	56	2.6	滨湖-沼泽相

（二）吐哈盆地

吐哈盆地早中侏罗世含煤岩系基本由碎屑岩和煤层组成，仅局部地区三工河组的块状湖相泥岩中夹有一至数厘米厚的叠锥灰岩。在碎屑岩中，除八道湾组底部普遍发育一至数层厚层块状砾岩外，以泥岩为主，砂岩次之，为页岩气储集奠定了基础。在砂岩和粉砂岩中，粉砂岩数量略高，其次为中、细砂岩，粗砂岩较少。

在准噶尔盆地和吐哈盆地中赋存的煤系页岩气的储层组合关系可以概括为“准吐型”模式，煤系页岩气储层的主要含煤层段与主要煤层之间的空间组合关系，即煤系页岩气的储层空间赋存状态可以分为三种类型：单一储层、连续多层储层、非连续多层储层。

三、煤系页岩气储层物性特征

（一）泥页岩储集空间

泥页岩中发育的孔隙多属于微米～纳米级孔隙，尤以纳米孔隙占优势，成为页岩气赋存的主要特征。泥页岩样品的扫描电镜分析表明，在准东赋煤带，如富蕴县卡姆斯特地区扫描电镜发现样品主要含有机质和黏土矿物，部分有机质边缘与黏土矿物之间存在收缩缝，有机质内含有裂缝，其直径大约在几百个纳米到一千多个纳米（图 9.13（a）），个别有机质内部含有孔隙，孔径大约在几百个纳米（图 9.13（b））；同时，在奇台县煤矿所采集的样品有机质内部也有几百个纳米的孔径（图 9.13（c））。但由于在准南赋煤带气煤 1 号井采集样品含砂质颗粒较多，粒间孔较为发育（图 9.13（d））。

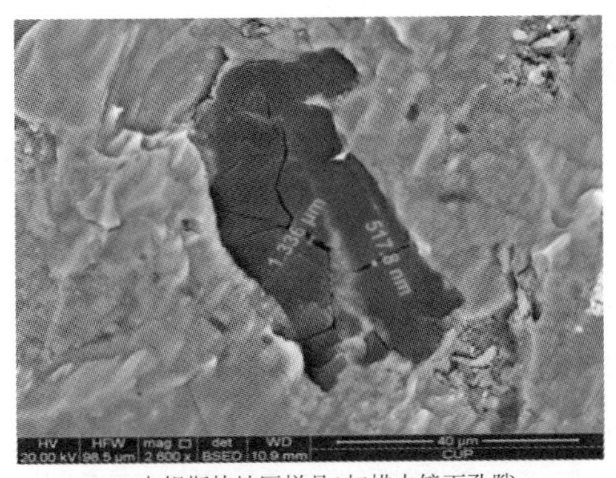

(a) 卡姆斯特地区样品1扫描电镜下孔隙

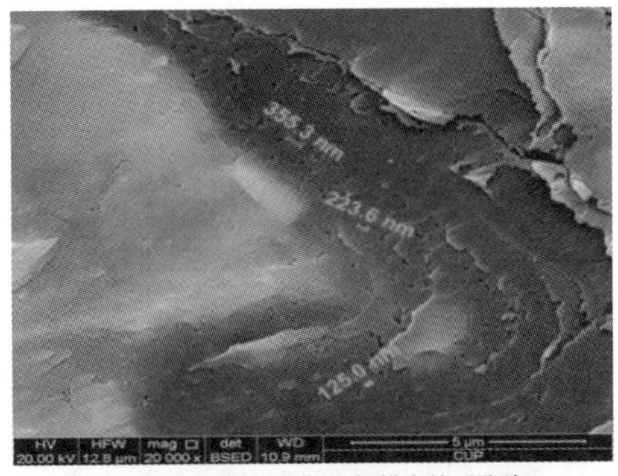

(b) 卡姆斯特地区样品2扫描电镜下孔隙

(c) 奇台县煤矿样品扫描电镜下孔隙

(d) 气煤1号井样品扫描电镜下孔隙

图 9.13　准噶尔盆地煤系泥页岩储集特征

（二）泥页岩物性参数

根据样品实验的结果（表 9.13），所测试的 2 个准噶尔盆地侏罗系泥页岩样品中岩石密度为 2.38～2.69g/cm^3，有效孔隙度为 1.4%～8.4%，水平渗透率为 0.0085×10^{-3}～2.27×10^{-3}μm^2，且与有效孔隙度呈正相关。

表 9.13　准噶尔盆地侏罗系泥页岩样品岩石密度、有效孔隙度及渗透率测试数据

样号	产地	层位	岩性	长度/cm	直径/cm	密度/(g/cm^3)	有效孔隙度/%	水平渗透率/×10^{-3}μm^2
24-21-①	卡姆斯特	西山窑组	暗色泥岩	2.551	2.55	2.38	8.4	2.2700
气煤 1 号井-①	准南煤田	西山窑组	暗色泥岩	3.099	2.56	2.69	1.4	0.0085

吐哈盆地早中侏罗世泥页岩孔隙度为 0.25%～9.95%，其中，托克逊凹陷的中下侏罗统泥页岩的孔隙度较高，可能与该地区构造作用比较剧烈有直接的关系，台北凹陷和哈密凹陷泥页岩的孔隙度较小（表 9.14），渗透率变化范围也较大，反映较大储层的非均质性，可能与不同地区构造作用的影响有直接的关系。

表 9.14　吐哈盆地侏罗系煤系泥页岩孔隙度及渗透率测试数据（李国平，1996）

地区	层位	孔隙度/%	渗透率/μm^2	扩散系数/(cm^2/s)	突破压力/MPa
台北	J_2x	0.30～7.64	1.67×10^{-4}～2.74×10^{-4}	4.44×10^{-6}	1.8～13.0
	J_1s				
	J_1b	0.25	2.84×10^{-4}	1.03×10^{-5}	10.0
托克逊	J_2x	2.14～9.95	1.48×10^{-3}～5.86×10^{-3}		3.2～7.0
	J_1s	6.80	3.72×10^{-4}		9
	J_1b	6.28	4.44×10^{-4}		9
哈密	J_2x	0.83～5.55	3.30×10^{-3}～1.59×10^{-4}		2.2～10.0
	J_1s	0.63	2.95×10^{-4}		5
	J_1b				

四、煤系页岩气的保存条件

新疆东北部的准噶尔盆地和吐哈盆地是自晚古生代以来持续发育的构造盆地，除了在盆地边缘的部分侏罗纪含煤地层随盆缘构造带抬升受到剥蚀外，大部分地区侏罗纪煤系保存完好，在盆地内部煤系埋藏深度达到1000～5000m。

侏罗纪含煤地层之上发育的头屯河组和齐古组等多套地层构成侏罗纪煤系页岩气藏的区域性盖层。而在八道湾组、三工河组、西山窑组等侏罗纪含煤地层内部，在每个层组各正旋回沉积的上部，普遍发育灰色、深灰色泥岩盖层，构成页岩气藏的盖层，其厚度一般为5～30m。

页岩气藏的盖层主要是较致密的砂泥岩。如准噶尔盆地马桥凸起，其盖层岩性为泥岩、粉砂质泥岩与细砂岩互层，泥岩硬脆，富钙质团块，累积厚度 238m，单层最大厚度 95m，厚层泥岩明显起着封闭作用。细砂岩胶结物多为钙质、硅质、泥质和铁质，部分为菱铁矿胶结，含量大于 24%。因此致密砂质岩和泥岩层联合封闭是页岩气封隔层形成的岩性因素。

西北地区侏罗纪煤系页岩气储集层一般为细至中粒砂岩、粉砂岩、页岩（或砂质页岩），部分顶板为含砾砂岩或砂砾岩。但在不同区域情况仍有所不同。根据煤层、煤系页岩气储层组合关系，可以将其划分为单储层、连续型多储层、非连续型多储层三种类型（图 9.14）。

（1）单储层：以单一的煤储层为主；

（2）连续型多储层：以煤层、煤系页岩气储层连续的多层分布为主；

（3）非连续型多储层：以煤层、煤系页岩气储层的间隔分布为主。

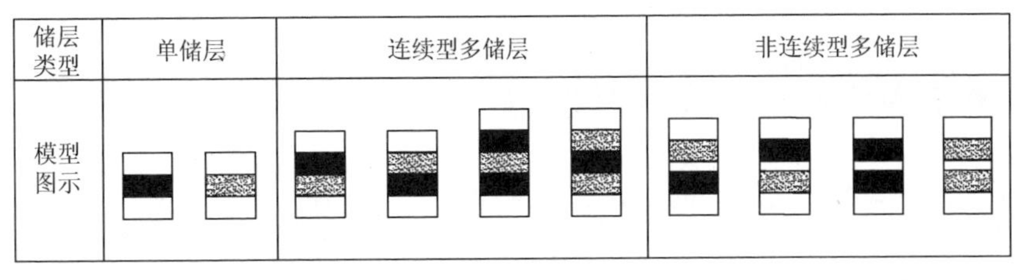

图 9.14　煤层、煤层气、煤系页岩气储层空间组合形态与配置关系图

第四节　西北地区页岩气资源量

一、资源量计算方法

页岩气资源量计算有多种基本方法，如与美国页岩气勘探成熟地区的地质类比分析法、基于生气量和排气率分析基础上的成因法、吸附要素分析法、基于实际含气量测试及分析基础上的含气率法、基于不同类型天然气产储比例的统计分析法、基于地质要素分布概率的风险分析法以及基于数学统计——蒙特卡洛计算机模拟等手段基础之上的特尔斐法等。

若在探井资料丰富地区，在获取储量参数后可进行储量丰度计算，一般以井点周围 $1\text{mile}^2$①为标准进行计算，计算公式如下

$$\text{OGIP} = \text{OGIP}_{\text{fre}} + \text{OGIP}_{\text{ads}}$$

$$\text{OGIP}_{\text{fre}} = \frac{1546 \times A \times h \times \phi_{\text{eff}} \times (1 - S_{\text{w}}) \times P}{Z \times (T + 459.67) \times 10^6}$$

$$\text{OGIP}_{\text{ads}} = \frac{1359.7 \times A \times h \times \rho_{\text{b}} \times \text{GC}}{10^9}$$

式中，OGIP 为页岩气储量丰度，bcf②/mile^2；OGIP_{fre} 为游离气储量丰度，bcf/mile^2；A 为单位面积，640acre③（1mile^2）；H 为储层厚度，feet④；ϕ_{eff} 为有效孔隙度，v/v；S_{w} 为含水饱和度，v/v；P 为储层压力，psi⑤；T 为储层温度，℉；Z 为天然气偏差因子；OGIP_{ads} 为吸附气储量丰度，bcf/mile^2；ρ_{b} 为地层体积密度，g/cm^3；GC 为地层吸附气含量，scf⑥/t。

对于勘探初期，在没有或少有探井基础数据的情况下，应用类比法比较简单有效。用类比法将我国页岩与北美典型性页岩进行区域地质、储层、地球化学等多方面的比较，以此对我国页岩气资源进行粗略的估算，这种估算的精度虽然不高，但也能为初期勘探提供一些指导。就目前我们对国内各盆地的地质情况来看，类比分析法是一个比较实用的方法。

① 1mile = 1.609344km。
② 1bcf = 2.83168×10^7m^3。
③ 1acre = 0.404856hm^2。
④ 1feet = 30.48cm。
⑤ 1psi = 6.89476×10^3Pa。
⑥ 1scf = 0.0283168m^3。

二、资源量计算指标

在含页岩气区，由于页岩气的存在具有普遍性，只是由于埋藏深度、含气程度等经济、技术条件的差别，使其部分具有工业价值，部分暂无工业价值。对比北美页岩气产区与中国页岩气勘探实践，形成工业价值页岩气的基本地质条件如表 9.15 所示，并以此为依据对我国页岩气资源储量进行估计。

表 9.15　页岩气有利区评价与选择条件及标准表

参数	中国页岩气选区标准	北美地区		意义
		选区标准	页岩气产区下限	
有机碳含量	＞2.0%	＞4.0%	＞3.0%	烃源岩质量与有效范围
有机质成熟度	＞1.1%	＞1.4%	＞1.0%	
石英等脆性矿物含量	＞40%	＞20%	＞40%	储层质量
黏土矿物含量	＜30%	＜30%	1%～2%	
孔隙度	＞2.0%	＞2.0%		潜力与前景
渗透率/nD①	＞1	＞50	＞10	
含气量/(m^3/t)	＞2.0%	＞2.0%	＞1	潜力与前景
初期日产/(10^4m^3)		4.00	＞0.85	
含水饱和度	＜45%	＜25%	＜35%	
含油饱和度	＜5%	＜1%	低	
资源丰度/($10^8m^3·km^2$)		＞2.5	＞3.0	
EUR/10^8m^3		＞0.3	＞0.3	
地层压力	超压	＞30	＞30	生产方式与产能
有效页岩连续厚度/m	30～50			
保存条件	改造程度低			

注：①1nD = 0.987×10^{-9}μm²

三、页岩气资源量

我国西北地区准噶尔盆地、吐哈盆地、塔里木盆地等地质条件与美国中西部落基山前陆盆地地质条件相类似，柴达木盆地与美国密执安盆地页岩气地质条件相类似。以盆地面积法进行统计分析，则平均气资源量丰度为1100×$10^8m^3/10^4km^2$，最大丰度为2945×$10^8m^3/10^4km^2$，最小资源量丰度为 0。由以上数据可得出世界主要陆内复合型盆地资源量丰度概率分布曲线（图 9.15）。从图中可读出概率值分别为 0.95、0.5、0.05 时的天然气资源丰度，计算出我国西北地区四大盆地页岩气最终开采资源量，以概率中值（50%）作为盆地的资源量。采用上述类比方法对我国西北地区主要聚煤盆地煤系地层页岩气资源量进行初步估算（表 9.16）。计算结果表明，我国西北地区煤系地层页岩气资源量约为 10.1915435×$10^{12}m^3$。

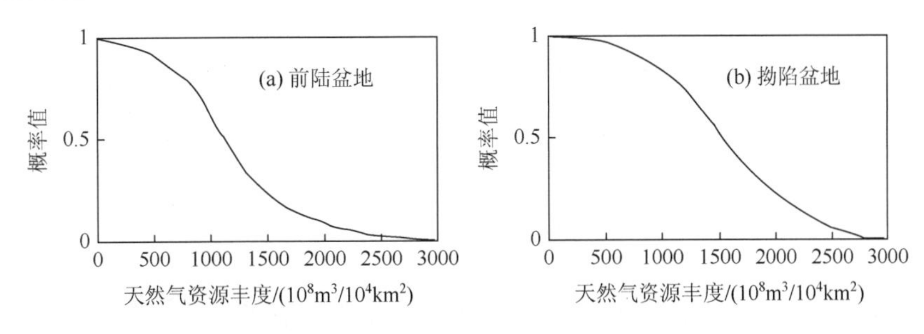

图 9.15　世界主要陆内复合型盆地资源量丰度概率分布曲线（胡森清和赵陵，2002）

表 9.16　我国西北地区主要聚煤盆地煤系地层页岩气资源量统计表

盆地名称	盆地类型	盆地面积/(10^4km^2)	储层时代	总资源量/(10^8m^3)	沉积面积资源丰度/($10^8m^3/10^4km^2$)
准噶尔盆地	前陆盆地	48.343	P、J	58310	833
吐哈盆地	前陆盆地	3.912	P、J、C	3258.696	833
塔里木盆地	前陆盆地	47.2830	J、T	39386.739	833
柴达木盆地	拗陷盆地	0.8	J	960	1200
合计	$10.1915435\times10^{12}m^3$				

西北地区准噶尔盆地、塔里木盆地、吐哈盆地和柴达木盆地四大聚煤盆地煤系地层（石炭系、二叠系、三叠系、侏罗系）广泛发育陆相页岩气烃源岩。四大盆地内页岩气烃源岩有机碳含量为0.28%～35.00%，有机质成熟度为0.25%～2.6%，大部分地区处于高-过成熟阶段，生烃能力较强，且具备良好的储集条件。通过类比分析法统计可得我国西北地区主要含煤盆地煤系地层页岩气资源量约为$10.1915435\times10^{12}m^3$，占我国页岩气总资源量的33%。

第十章　西北地区天然气水合物研究与资源潜力评价

第一节　祁连山冻土带天然气水合物成矿条件概述

天然气水合物（即可燃冰）是全球第二大碳储库，仅次于碳酸盐岩，其蕴藏的天然气资源潜力巨大。据保守估算，$1m^3$ 可燃冰可转化为 $164m^3$ 的天然气，燃烧后只生成水和二氧化碳，对环境污染小。据专家估计，全世界石油总储量为 2700 亿～6500 亿 t。按照目前的消耗速度，50～60 年后，全世界的石油资源将消耗殆尽。海底可燃冰分布的范围约 4000 万 m^3，占海洋总面积的 10%，据保守统计，全世界海底天然气水合物的储量可够人类使用 1000 年。

根据多项资料的研究表明，天然气水合物的形成和分布与温度、孔隙压力、气体的化学成分、孔隙水的盐度、有效的气和水的运移通道、储层的岩性和封闭性等一系列条件有关。

冻土带是天然气水合物发育的两个重要地质环境之一。冻土（岩）是指温度下降到零度或零度以下，土壤（或岩石）里的孔隙水凝结成冰，并将土壤（或岩石）冻结在一起，形成的一层坚硬地层（通常冻土包括地表冻土及其以下的冻岩两部分）。冻土分季节性冻土和多年冻土（潘语录等，2008）。

在冻土区能否形成天然气水合物主要受温度、压力、气体组分、孔隙水盐度和沉积物物性等因素控制（Sloan，1998）。其中天然气水合物含量受孔隙水盐度影响较小，因此在天然气水合物计算中忽略了孔隙水盐度对其的影响。

一、冻土带条件

我国是世界上多年冻土分布面积第三大国，多年冻土面积达 $2.15\times10^6km^2$，约占世界多年冻土面积的 10%，占国土总面积的 22.4%，仅次于俄罗斯和加拿大。冻土区主要分布于青藏高原、大兴安岭及其他高山地区。我国具有形成天然气水合物的广阔有利区域。

原中国科学院兰州冰川冻土研究所在 20 世纪 60 年代和 70 年代，分别在祁连山海拔 4000m 的多年冻土区和青藏高原海拔 4700m 的五道梁多年冻土区钻探发现类似天然气水合物显示的大量征兆和现象。徐学祖等（1999）指出："青藏高原是中纬度最年轻、最高大的冻土区，石炭、二叠和古近系、新近系、第四系沉积深厚，河湖海相有机质含量高，第四系件随高原强烈隆升，遭受广泛的冰川-冰缘作用，冰盖压覆下使下伏沉积物中天然气水合物的稳定性增强，尤其是羌塘盆地和甜水海盆地，完全有可能具备天然气水合物稳定存在的条件。"

青藏高原多年冻土在平面上大致分为 4 个区域，即阿尔金山—祁连山高山多年冻土区、羌塘高原大片连续多年冻土区、青南山原和东部高山岛状多年冻土区、念青唐古拉山和喜马拉雅山高山岛状多年冻土区。其中羌塘高原大片连续多年冻土区是青藏高原多年冻土的主体，面积约 $60.7\times10^4km^2$，海拔为 4500～5000m，年均气温–3.6℃以下，位于其西北部的低温中心的年平均气温低于–6.0℃，多年冻土较为发育（吴青柏和程国栋，2008）。

青藏高原多年冻土区活动带具备形成天然气水合物的特殊地质条件。首先，青藏高原是我国最大的冻土区，面积达 $88\times10^4km^2$，冻土厚度均大于 10m，是良好的盖层；其次，多年冻土区日均气温低于 0℃，年均气温低于–6℃，地表低温既能抑制甲烷的生成，又可使甲烷在冻土带中形成水合物，阻止甲烷散逸，从而形成天然气水合物矿藏；再次，研究区存在良好的烃源岩，可为天然气水合物的形成提供丰富的生烃潜量。另外，区内存在良好的圈闭边界条件，如岩性圈闭、冻土层圈闭等，对形成天然气水合物矿藏非常有利（坚润堂等，2009）。

木里煤田是祁连山冻土区的核心，除局部地段外，多年冻土连续分布。对木里煤田聚乎更矿区冻土层的厚度、底界及矿区分布特征研究结果表明：该区分布季节性冻土层 26 层，厚度 7.6～90m，下界是多年冻土层，温度一般为零度。研究表明，冻土层厚度一般与海拔成正比，即矿区四井田 4 线以西的西北部高山区由于海拔相对较高，多年冻土层分布较厚（图 10.1），其中 8-3 号孔达 59m，为全井田最厚；0 线至 5 线之间地形比较平坦，海拔较低，其厚均小于 50m；矿区四井田北部和南部区域，多年冻土层均有增厚的趋势，其底界从北到南逐渐加深。潘语录等（2008）随机选择了聚乎更矿区四井田的 30 个测温孔进行了分析，多年冻土层厚度为 28～159m，平均厚度为 79m（表 10.1）。

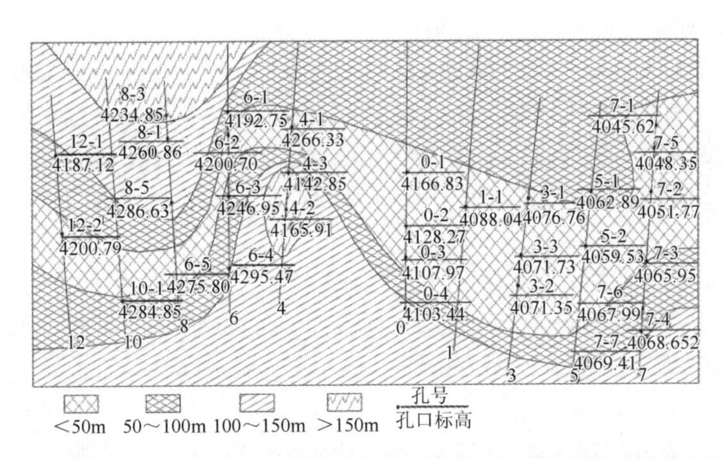

图 10.1　木里煤田聚乎更矿区四井田多年冻土等厚线图（据青海煤炭地质勘查院，2010）

表 10.1　聚乎更矿区四井田多年（季节）冻土厚度统计表

序号	孔号	孔深/m	季节冻土厚度/m	多年冻土底板深度/m	多年冻土厚度/m	增温带平均地温梯度/(℃/100m)
1	12-1	465.97	0.00	92.00	92.00	4.37
2	12-2	708.58	0.00	65.00	65.00	2.88
3	12-3	320.05	4.00	28.00	28.00	2.90

续表

序号	孔号	孔深/m	季节冻土厚度/m	多年冻土底板深度/m	多年冻土厚度/m	增温带平均地温梯度/(℃/100m)
4	8-2	655.33	28.00	150.00	122.00	2.69
5	6-1	180.40	21.00	114.00	93.00	1.20
6	6-2	328.50	0.00	125.00	125.00	2.70
7	6-4	810.80	41.00	101.00	60.00	4.23
8	4-3	530.00	9.00	168.00	159.00	3.39
9	0-4	714.80	0.00	114.00	114.00	5.03
10	3-1	190.00	0.00	51.00	51.00	2.10
11	3-3	360.00	0.00	60.00	60.00	3.35
12	3	454.00	48.00	97.00	49.00	0.80
13	7	470.42	46.00	110.00	64.00	3.10
14	5-1	225.00	0.00	82.50	82.50	3.31
15	5-2	421.88	20.00	53.00	33.00	2.56
平均值					79.83	2.974

二、温压条件

形成天然气水合物的温度条件主要受年平均地表地温和地温梯度的影响，压力条件则主要取决于地层厚度（祝有海等，2006）。

适合的温压条件是天然气水合物形成的先决条件，压力条件主要来源于上覆岩层压力，相比之下，在青藏高原地区，温度条件要比压力条件更有主导性。而冻土区的低温就是良好的温度条件。木里煤田水合物产于冻土层之下，冻土带除了提供适合的温度条件外，还作为天然气水合物的盖层，由于其渗透性差，能够有效地防止水合物带中气体的逸散。

木里煤田位于青藏高原北部高寒地区，海拔4100～4300m，年平均气温–5.1℃（潘语录等，2008），具备发育较厚多年冻土的气候条件。多年冻土和多年冻土层下融土的地温梯度是天然气水合物能否存在的温度条件（表10.2和表10.3）。

表10.2　青藏高原多年冻土区天然气水合物分布各参数统计（库新勃等，2007）

地温梯度	类型	顶界（HT）变化范围/m	底界（HB）变化范围/m	厚度（HZ）变化范围/m	储量/($10^{14}m^3$)	总储量/($10^{14}m^3$)
2℃/100m	A	107.7～142.7	470.1～1182.5	334.1～163.1	2.07	2.98
	B	125.2～354.6	384.4～678.5	51.0～547.2	0.91	
3℃/100m	A	107.7～142.7	315.8～1058.6	173.1～922.2	0.98	1.04
	B	125.2～171.1	190.6～305.0	40.8～174.3	0.06	

续表

地温梯度	类型	顶界（HT）变化范围/m	底界（HB）变化范围/m	厚度（HZ）变化范围/m	储量/($10^{14}m^3$)	总储量/($10^{14}m^3$)
4℃/100m	A	107.7～142.7	202.6～994.4	59.9～856.0	0.61	0.62
	B	125.2～138.3	153.6～192.0	25.5～55.1	0.01	
5℃/100m	A	107.7～142.7	170.9～958.9	28.2～825.6	0.45	0.453
	B	128.7～137.3	151.9～157.3	20.0～24.5	0.003	

注：表中 A 类型为含天然气水合物层顶界在多年冻土层内，底界在冻土层之下；B 类型为含天然气水合物层顶界、底界都在多年冻土层之下

表 10.3 青藏高原多年冻土带天然气水合物可能产出的顶、底界埋藏深度（据陈多福等，2005）

天然气水合物影响因素			生物成因甲烷水合物			热成因天然气水合物		
冻土层地温梯度/(℃/m)	冻土层之下沉积物地温梯度/(℃/m)	冻土层厚度/m	顶界埋深/m	底界埋深/m	水合物厚/m	顶界埋深/m	底界埋深/m	水合物厚/m
0.011	0.015	0	N	N	N	206	999	793
		10	N	N	N	189	1019	830
		30	560	560	0	155	1064	909
		175	128	1314	1186	75	1314	1240
		700	118	2070	1952	58	2070	2012
0.011	0.05	0	N	N	N	N	N	N
		10	N	N	N	N	N	N
		30	N	N	N	N	N	N
		77	N	N	N	77	77	0
		142	142	142	0	76	252	176
		175	140	387	247	75	296	221
		700	118	1067	949	58	910	852
0.033	0.015	0	N	N	N	206	999	793
		10	N	N	N	189	1019	830
		30	560	560	0	155	1064	909
		175	137	1314	1177	68	1314	1247
		700	70	2070	2000	27	2070	2043
	0.05	0	N	N	N	N	N	N
		10	N	N	N	N	N	N
		30	N	N	N	N	N	N
		77	N	N	N	77	77	0
		142	142	142	0	71	252	181
		175	137	387	249	68	296	228
		700	70	1067	997	27	910	882

注：N 代表不能形成天然气水合物

总体上看，青藏高原多年冻土的特征是温度高、厚度薄，二者主要受纬度和海拔的控制，同时受地形的影响也较为明显（张立新等，2001）。图 10.2 给出了近年来青藏高

原多年冻土深孔地温监测结果，多年冻土层内地温梯度为 1.1～3.5℃/100m，平均约为 2.2℃/100m。王家澄和李树德（1983）对青藏高原 10 个穿透多年冻土底板的测温孔资料进行了分析，发现多年冻土层内地温梯度为 1.8～6.6℃/100m，其中有 6 个钻孔地温梯度大于 5.0℃/100m。实际上，多年冻土层内地温梯度受上部气候特征、土质、含水特性等因素的影响，在相对长的地质历史时期，多年冻土层内地温梯度处于变化状态。而青藏高原多年冻土底板附近融土地温梯度是稳定的，一般为 2.8～8.5℃/100m，其中有 8 个钻孔地温梯度大于 5℃/100m；青藏高原季节冻土区的地温梯度为 1.5～6.5℃/100m，平均约为 3.9℃/100m。与世界上其他多年冻土相比，中国青藏高原多年冻土区的地温梯度对甲烷气水合物的形成和储量规模也是相对有利的，特别是对于那些多年冻土和多年冻土层下融土的地温梯度较小的地区，这些地区将是天然气水合物赋存最有利的地区（吴青柏和程国栋，2008）。我国多年冻土层内和层下的地热梯度与已发现的极地冻土区内的相近，均在美国阿拉斯加地区的地热梯度范围内，但多年冻土厚度明显偏薄，因此将影响天然气水合物的埋藏深度和气体成分（徐学祖等，1999）。

由青海煤炭地质勘查院（用煤田测井方法解释天然气水合物储集层技术研究报告，2010）的数据统计得到聚乎更矿区四井田多年冻土厚度 79.83m，地温梯度 2.974℃/100m，证明了该地区具有较小的地温梯度值，拓宽了天然气水合物稳定带的深度范围。

根据实测数据，天然气水合物钻探区冻土层厚度约为 95m，即冻土层底界为 95m，温度为 0℃，按照 DK-1 孔的测温数据，孔底 170m 处的井温为 4.7℃，地温梯度约为 6.2℃/100m。图 10.3 据“我国陆域永久冻土带天然气水合物资源远景调查”中青藏高原地温梯度数据表编制，并推断出 DK-1 孔所在位置冻土层下的地温梯度约为 5.8℃/100m，相比全区的地温梯度偏高，按照 6℃/100m 的地温梯度进行计算，DK-1 的天然气水合物赋存深度为 430m 左右。

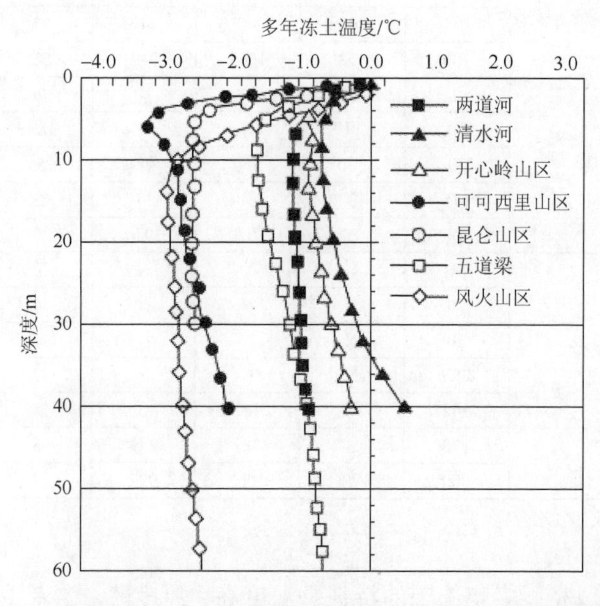

图 10.2　青藏高原多年冻土层内的地温梯度（据陈多福等，2005）

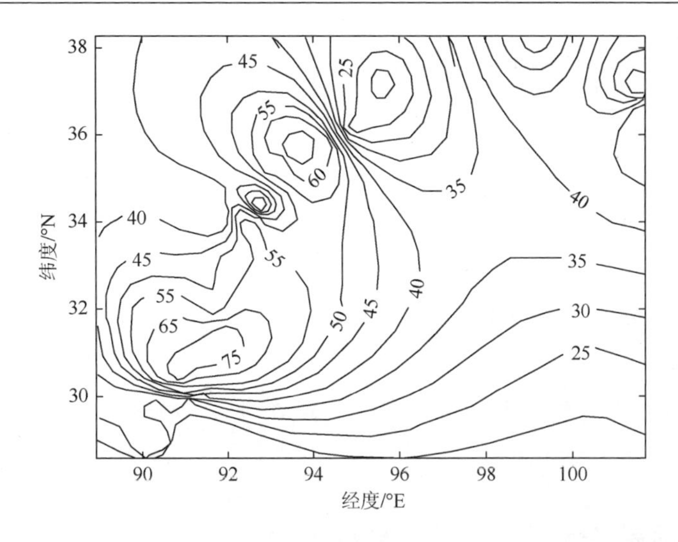

图 10.3　青藏高原冻土层下地温梯度等值线图（据陈多福等，2005）

三、物源条件

（一）气源条件

理论和实验都证实，只有存在充足气体供应时，即气体浓度大于其溶解度时，天然气水合物才能在其稳定带内产出。模拟结果显示，气体的充足供应是形成天然气水合物不可或缺的条件（卢振权等，2008）。有研究表明，甲烷在水中的溶解度是很低的，一般为每体积水中只能溶解 0.045 体积的甲烷。而要形成天然气水合物，必须是水合物笼状结构中 90%以上被甲烷占据，即 1 体积的水中要容纳大于 150 体积的甲烷。因此，天然气水合物的形成还必须有足量的甲烷来源（杨竞红等，2001）。

青藏高原多年冻土区地下的烃源气有以下 4 种来源：①地球排气作用产生的烃源气；②地下可能存在的油气藏产生的烃源气；③生物气；④有可能出现的 CO_2 转换气（吴自成等，2006）。同时，大量烃类气体的供应可使含矿层中压力上升，可放宽水合物形成时对温度条件的要求，有利于水合物的形成。

木里煤田的气体地球化学存在异常现象，可能表明水合物气源很大一部分是由青藏高原多年冻土区不同类型的断裂作用把深部气体带至浅部冻土沉积物中形成的；另一部分可能与浅部有机质转化成烃作用相联系；还有一部分可能与冰川发生位移作用造成的烃类气体聚集重新分配有关。

根据烃类气体扩散速率的不同，乙烷、丙烷、丁烷与甲烷一起大量出现一般指示着烃类气体并非简单地由原地有机质转化而成，而应由深部运移而来，特别是丁烷的出现指示了深部渗漏扩散作用（卢振权等，2008）。已钻获的天然气水合物样品具有较高的乙烷和丁烷含量，这也进一步证明了其是深部热解成因气。木里煤田有限的测试分析数据（较多的重烃类组分、碳同位素为热解气）显示出天然气水合物成因的特殊性，初步研究认为该地区天然气水合物的气源主要来自侏罗系煤层或煤系源岩，也因此将其称为煤型气源天然气水合物（王佟等，2009）。但是，这一新认识尚缺乏气源对比方面的实际数据支持。

（二）水源条件

在天然气水合物的形成过程中，水是与烃类一同运移而来的，或是从沉积物中获得的（黄朋等，2002）。木里煤田内水系发育，水文地质条件完全为多年冻土（岩）所控制。除湖泊融区、构造融区外，其他出露地层中都大面积发育多年冻土层，但厚度变化不一，呈似岛状分布（潘语录等，2008），可见在研究区内，具备形成天然气水合物充足的物源条件。

四、木里地区地质条件

（一）地层及岩石条件

发现天然气水合物的DK-1钻孔在地质上处于中祁连构造带和南祁连构造带的结合部位，位于木里煤田聚乎更矿区三露天（井田）内，层位属于中侏罗统江仓组（祝有海等，2006）。

目前发现的天然气水合物主要出现在泥岩、油页岩、粉砂岩、细砂岩等层段中，但与岩性关系不大，主要产于岩层的裂隙或孔隙中，明显受裂隙的控制，主要出现在井下130～400m的层段，纵向上分布不连续，横向上没有明显的对比关系，主要受祁连山冻土特征（冻土厚度或冻土表层温度、冻土层内地温梯度）、冻土层下地温梯度、气源特征等所确定的天然气水合物稳定带的限制，同时受到断裂及气源条件限制（卢振权等，2008）。

木里煤田中侏罗统含煤地层分为下部木里组和上部江仓组。江仓组下段主要为三角洲-湖泊相，含煤2～6层；上段以浅湖-半深湖相为主，沉积了一套细碎屑泥岩、粉砂岩，不含煤（王佟等，2009）。江仓组的砂岩、泥岩层段的孔隙度较一般岩性偏大，而且具有较多的裂隙。总的来说，岩层内的空隙度较大，大部分超过10%，为水合物的赋存提供了有利的场所。

（二）构造条件

形成水合物的有利赋存部位是多年冻土层与基岩接触部位、烃类向上运移的通道中（一般为断层破碎带）、盆地边缘油气储层的露头区、局部隆起。以上4种矿藏赋存部位中，前3种往往是传统油气田形成的不利因素，容易破坏油气藏的盖层，使油气逸失。但对天然气水合物矿藏来说，其上的多年冻土层形成了新的盖层，之前油气藏的破坏还为水合物大量形成提供了充足的物源，这就使3种不利因素变成了有利因素（黄朋等，2008）。

除了烃类气体的供应条件外，从动态过程来考虑，控制天然气水合物的形成还涉及其他一些因素，如烃类气体到达天然气水合物稳定带的途径（原地供给或扩散或对流运移）（卢振权等，2008）。通过构造断裂等将天然气水合物运移至水合物储集层（砂岩、泥岩层）内，储集层内广泛发育的裂隙、孔隙等也为天然气水合物的成藏提供了优越的赋存位置。

木里煤田聚乎更矿区聚煤期后构造作用形成的断裂为地壳深部热解作用形成的烃类气体向上运移提供了运聚通道，导通了煤层（或其他源岩）与储层（稳定带）。成煤期后岩浆活动的停止，也为气体成藏提供了稳定的环境，使得形成的气藏免遭破坏。

青海木里煤田天然气水合物形成的机理是：在漫长的地质历史中，煤化作用使煤田内丰富的煤炭资源不断产生煤层气，当煤层气沿断层破碎带及裂隙运移至含水砂岩层或含水裂隙时，在温度和压力的作用下遇水形成天然气水合物（蒋向明，2009）。

第二节　木里地区天然气水合物资源潜力

一、资源量评价方法

目前天然气水合物资源评价方法大致有四种，一是以水合物赋存状态为对象的评价方法（体积法），二是以水合物气体来源为对象的评价方法，三是基于水合物的地球物理、地球化学等勘探方法为对象的评价方法，四是以水合物形成机制为对象的评价方法。以上四种方法相辅相成，第一种方法是目前评价天然气水合物资源量的基本方法，第二种方法则从有机质演化角度进行资源量评价，是一种大尺度的评价方法，目前仍处于探索阶段。其他两种方法仅作为水合物资源量计算的辅助手段，其最终目的是获取资源评价所需的各种参数。

青藏高原冻土实测厚度 10～175m，计算最大厚度 700m，冻土层内地温梯度为0.011～0.033℃/m，冻土层之下沉积层地温梯度为 0.015～0.050℃/m。水合物形成的相平衡特征显示热成因和生物成因天然气水合物的顶界埋深为 27～560m，底界埋深为77～2070m。

由于多年冻土区天然气水合物资源评估较为复杂，迄今为止尚无一个国家对本国多年冻土区的天然气水合物资源进行完整的评估。目前仅美国、俄罗斯和加拿大证实在多年冻土区含有天然气水合物，并对多年冻土区天然气水合物资源量进行了评估（吴青柏和程国栋，2008）。陈多福等（2005）也对我国青藏高原冻土带的天然气水合物的资源进行了估算和预测：青藏高原多年冻土分布面积为 $1.4\times10^{6}km^{2}$，藏北羌塘高原为$4.07\times10^{5}km^{2}$，计算的天然气水合物层厚度为 0～2043m。如果青藏高原 10%的多年冻土发育水合物，水合物层厚度以 1000m 计算，冻土带水合物平均含量为 1%，$1m^{3}$ 的水合物含有 $164m^{3}$ 天然气，青藏高原多年冻土带水合物天然气资源达 $2.4\times10^{14}m^{3}$，藏北的羌塘高原水合物天然气资源达 $6.9\times10^{13}m^{3}$。如果仅有 1%的冻土带发育有水合物，水合物层厚 50m，含量为 0.1%，青藏高原多年冻土带水合物天然气资源达 $1.2\times10^{11}m^3$，藏北的羌塘高原水合物天然气资源达 $3.45\times10^{10}m^3$。因此，青藏高原多年冻土带具有较大的天然气水合物资源前景。

苏联学者 Trofimuk 等（1983）提出了预测天然气水合物资源量的数据和假设，并利用“体积法”计算了全球水合物气体的资源量。Gornitz 等、Satoh 等、Collet 等也提出了类似的评价思路，算式如下

$$V = A\cdot Z\cdot \varphi\cdot H\cdot E$$

式中，V 为水合物所包含的气体体积，m^3；A 为水合物分布区的面积，m^2；Z 为水合物存在带的厚度，m；φ 为孔隙度，%；H 为孔隙中水合物的饱和度，%；E 为产气因子，m^3/m^3。

佐藤干夫（1999）对上述公式进行了修正，他认为水合物所分解出气体的资源量（Q）应该为水合物中气体的总量（V）与集聚率（R）的乘积，而可采资源量（G）为分解气体的资源量（Q）与采收率（B）的乘积，即

$$Q = V\cdot R = A\cdot Z\cdot \varphi\cdot H\cdot E\cdot R$$

$$G = Q\cdot B$$

由于受到勘探程度和评价资料的限制，目前多数学者在计算水合物资源量时并未考虑聚集率和采收率 2 个参数（梁金强等，2006）。

二、木里地区天然气水合物资源量评价

（一）煤层气理论产气量与现有资源量的差值

根据“青藏高原东北部煤炭资源赋存规律研究与勘查开发方向评价”项目，青海木里煤田已查明煤炭资源储量中，煤类虽然较齐全，但分布极不均衡。查明的煤炭资源储量中，以焦煤最多，为 342573 万 t；其次为贫煤，为 19547 万 t；气煤为 19018 万 t；不黏煤为 15380 万 t；弱黏煤为 3586 万 t（表 10.4）。各煤类潜在资源量见表 10.5。采用资源总量参与估算，即累计查明 + 预测资源量计算，木里煤田累计查明资源量分别为 400104 万 t + 预测资源量 1058345.37 万 t = 1458449.37 万 t（表 10.4）。

根据表 10.4 中木里煤田各煤类的资源/储量以及各自的视煤气发生率（表 10.6）（使用综合取值进行计算）计算出木里煤田的理论产气量，见表 10.7。

表 10.4　2004 年年底青海木里煤田煤炭资源煤类分布

煤类	累计查明资源储量/万 t	比例/%	预测资源量/万 t	资源总量/万 t
贫煤	19547	4.9	12468.70	32015.7
瘦煤			55903.50	55903.5
焦煤	342573	85.6	268353.2	610926.2

续表

煤类	累计查明资源储量/万 t	比例/%	预测资源量/万 t	资源总量/万 t
气煤	19018	4.7	401500.57	420518.57
弱黏煤	3586	0.9	8965.50	12551.5
不黏煤	15380	3.8	235679.8	251059.8
长焰煤			75474.1	75474.1
合计	400104		1058345.37	1458449.37

表 10.5　青海木里煤田潜在煤炭资源汇总表（按煤类划分）

煤类	潜在资源量	煤类	潜在资源量
PM	12468.70	RN	8965.50
SM	55903.50	BN	235679.8
JM	268353.2	CY	75474.1
QM	401500.57	合计/万 t	1058345.37

表 10.6　模拟实验视煤气发生率　　（单位：m^3/t 煤）

实验人	长焰煤	不黏煤	弱黏煤	气煤	肥煤	焦煤	瘦煤	贫煤	无烟煤
B.Б.科兹洛夫	100	/	/	146	161	202	219	265	351
关德师等	4～31	/	/	0～58	26～108	48～126	86～230	110～321	168～390
杨天宇等	70	/	/	84	110	140	/	170	289
综合取值	30	40	50	60	100	150	200	260	350

表 10.7　青海木里煤田理论产气量估算表　　（单位：万 m^3）

煤类	查明理论产气量	预测资源量	资源总量
贫煤	5082220	3241862	8324082
瘦煤		11180700	11180700
焦煤	51385950	40252980	91638930
气煤	1141080	24090034.2	25231114.2
弱黏煤	179300	448275	627575
不黏煤	615200	9427192	10042392
长焰煤		2264223	2264223
合计	58403750	90905266.2	149309016.2
资源储量（万 t）×视煤气发生率（m^3/t 煤）＝理论产气量（万 m^3）			

木里煤田总的煤层气地质资源量为 91.44 亿 m^3。理论产气量与实际煤层气产量之差为潜在的可能形成天然气水合物的资源量。但煤在各个阶段的实际产气量并不可能像在实验室中视煤气发生率那么理想，实际可能只是模拟值的 1/10。青海木里煤田天然气以水合物状态存在的资源量为

$$14930.9 \times 0.1 - 91.44 = 1401.65 \text{ 亿 } m^3$$

假设取该地区产出气体的逸散率为 80%，史斗和郑军卫（1999）在《世界天然气水合物研究开发现状和前景》中计算海洋天然气水合物资源量时将天然气排出系数设为 0.7，则该区天然气水合物资源量为 1401.65×（1–0.8）= 280.33 亿 m^3。

（二）测井曲线估算天然气水合物体积

确定天然气水合物藏的两个最大的困难是准确地确定天然气水合物藏的孔隙变化和天然气水合物的饱和度。困难的主要原因是缺乏野外资料和实验研究。测井资料通常作为确定孔隙度的依据，然而在天然气水合物或冰结层用测井资料计算孔隙度存在很大误差。

许多研究者认为天然气水合物在自然界中不可能有完全充满的结构。但是如果笼形结构中所含气体少于 70%的话，天然气水合物就不稳定。因而，计算天然气水合物的体积时分两种情况：90%为气体充填的笼形物（水合指数为 6.325）及 70%被气体充填的笼形物（水合指数 7.475）。这个完全可以代表自然界中可能发生水合物的最大指数和最小指数。根据 Hdder 和 Hand 的研究，lm^3 的甲烷水合物（水合指数为 6.325）可产生 164m^3 甲烷，水合指数为 7.475 的 lm^3 的甲烷水合物可产生 139m^3 甲烷。这些水合物产气因素被用来确定水合物中气体的含量（Collett，1993）。我们在本书中假设研究区内天然气水合物为 90%气体充填的笼形物，可产生 164m^3 甲烷。

煤炭地质勘查涌气钻孔测井资料解释表明，各钻孔普遍发育两层天然气水合物疑似层位，测井解释疑似天然气水合物赋存的厚度为 0.5～13.15m，取平均值为 3.18m（表 10.8）。

表 10.8　木里煤田测井曲线解释天然气水合物可疑层汇总表

井田名称	一井田	二三露天	三井田	四井田
天然气水合物可疑层厚度/m	1	18	2.25	1.3
	3	3.5	13.15	0.8
	3.1	3.2	1.5	1
	3.05	8	1.95	0.85
	0.9	3.25	3	3
	8		1.9	1.4
	1.25		3	1.5
	6.35		10	0.75
	3		4	2.95
	2.5		6.6	0.6
	1		1.7	0.5
	1		3	1
	1.55		0.7	1.25
	8		1.5	
	1.35		2	
			1.5	

续表

井田名称	一井田	二三露天	三井田	四井田
解释单井孔数	8	14	23	4
各井田可疑层厚度总和/m	45.05	35.95	57.75	16.9
全部解释的可疑层厚度/m	155.65			
疑似水合物的平均厚度/m	3.18			

青海木里煤田面积 7600km^2，假设区内可能发育天然气水合物的面积约为总面积的10%，取测井曲线解释得到的天然气水合物储集层的平均厚度为 3.18m，则天然气水合物疑似层总体积为 $7600\text{km}^2 \times 10\% \times 3.18\text{m} = 2.4168 \times 10^9\text{m}^3$。

但是，钻孔中解释的含天然气水合物的岩层中，只是在岩石裂隙及孔隙中赋存天然气水合物，也就是说，纯的天然气水合物的上限为岩层体积乘以孔隙度。通过实验表明，在砂质沉积物中天然气水合物的饱和度可达 79%～100%，泥砂中可达到 15%～40%，砂质黏土泥中只有 2%～6%（卢振权等，2008）。

木里煤田天然气水合物疑似层位的岩性主要是砂岩，水合物饱和度不详。就目前搜集到的资料来看，青海木里煤田聚乎更矿区一露天粉砂岩的孔隙度为 5.27%～5.67%，砂岩的孔隙度为 2.24%～9.77%；二井田测试的岩石孔隙度平均值为 2.37%；三井田测试的岩石孔隙度平均值为 6.46%；木里煤田五号井 4～46 岩样岩石孔隙度平均值为 3.24%，储集层的孔隙度为 2%～10%，作为近似，疑似层位岩层的孔隙度取为 5%，则天然气水合物总体积为 $2.4168 \times 10^9\text{m}^3 \times 5\% = 1.2084 \times 10^8\text{m}^3$。

按 1m^3 的天然气水合物产生 164m^3 天然气计算，则木里煤田天然气水合物的潜在资源量（换算成天然气体积）为 $1.21 \times 10^8\text{m}^3 \times 164 = 198.44 \times 10^8\text{m}^3$ = 198.44 亿 m^3。

（三）冻土带估算天然气水合物稳定带体积

青海木里煤田总面积 7600km^2，根据 Sloan（1998）的 CSMHYD 程序计算得到 DK1 孔内天然气水合物形成的稳定带范围为 21～428m，稳定带厚度为 407m。根据测井曲线解释的天然气水合物疑似层的厚度约占水合物稳定带厚度的 1.69%（表 10.9）。

表 10.9　木里煤田聚乎更矿区天然气水合物解释层位百分比

矿井名称	一井田	二三露天	三井田	四井田
钻井总深度/m	2136	4858	5818	1246
可疑层总厚度/m	45.05	39.95	57.75	16.9
可疑层占地层厚度百分比/%	2.59	1.32	1.29	1.57
平均值/%	1.69			

取区内可能发育天然气水合物的面积约为总面积的 10%，平均孔隙度 5%，按 1m^3 的水合物产生 164m^3 天然气计算，则天然气水合物在稳定带范围内存在的总体积为

$$7600\text{km}^2 \times 10\% \times 1.69\% \times 407\text{m} \times 5\% = 2.61375 \times 10^8 \text{m}^3$$

木里煤田天然气水合物潜在天然气总量为

$$2.61375 \times 10^8 \text{m}^3 \times 164 = 428.655 \times 10^8 \text{m}^3 = 428.655\ 亿\ \text{m}^3$$

三种方法估算的天然气水合物潜在资源量较为接近，为 430 亿～200 亿 m^3，显示了巨大的资源潜力。

第三节　天然气水合物的地球物理勘查方法

一、地球物理特征

青海煤炭地质勘查院采用煤田测井方法对木里煤田冻土（岩）开展了研究（潘语录等，2008）。本区测井地质条件良好，地质-地球物理特征属“较简单”型，即岩煤层物理性质差异明显，不同岩性间的物性变化有一定规律，在各种测井参数曲线上均有良好的响应。按常规分析和推理，一般认为冻土的物理性质与冰相似，冰是分子间氢键结合的晶体，0℃时冰的密度为 0.9g/cm^3，温度越低，密度越小。

多年来的测井工作证实，电阻率参数在冻土层上的反映相对明显，其原因主要是岩石孔隙水在冻结状态下，其导电能力明显下降，造成电阻率曲线的高异常反映。其他如密度、自然伽马等参数在冻土层上异常反应不明显（表 10.10）。从表 10.10 中可以看到冻土、非冻土与冰之间的物性区别，4 个孔的对比资料表明，电阻率：冰＞冻土＞非冻土；密度：冰＜冻土＜非冻土；自然伽马：非冻土＞冻土＞冰。冻土的电阻率比非冻土平均高约 3 倍；冰土比非冻土密度微低，是由于岩层微弱的孔隙水结冰所致；二者的自然伽马变化不明显。因此利用常规测井参数可对冻土层进行综合解释。

表 10.10　冻土段与非冻土段岩层物性对比表

孔号	孔深/m	岩性	多年冻土段			非冻土段		
			电阻率/Ωm	密度/(g/cm^3)	自然伽马/API	电阻率/Ωm	密度/(g/cm^3)	自然伽马/API
0-4	714.80	粉砂岩	504	2.45	144	78	2.55	141
12-2	708.56	细砂岩	375	2.57	94	237	2.67	94
6-4	510.80	粗砂岩	800	2.50	55	250	2.65	50
		泥岩	100	2.55	165	60	2.65	162
5-1	225.00	粗砂岩	500	2.43	40	190	2.43	38
平均			455.8	2.50	99.6	163	2.59	97

天然气水合物与自然冰的化学成分、晶格结构是有很大区别的，而且陆域天然气水合物与海域天然气水合物也有差别，至少在天然气水合物的含量，即富集程度上有较大差别。本书研究的目的层是陆域天然气水合物，是与煤共生的煤源型天然气水合物，通过对比、

分析、研究可知，它在煤系中独立富集成层的少，充填、附着、侵染的较多，所以它的各种物理性质与其母岩体的岩性、结构、密度、孔隙度、裂隙发育程度和天然气水合物密度、含量等密切相关，因而它的各种物性变化范围也较大。

从理论上讲，天然气水合物的物性特征介于纯冰与冻土（岩）之间，纯天然气水合物或富含天然气水合物的储集层物性在煤测井常规参数中应为高电阻、低自然伽马、低密度和低纵波速度。由于受母岩体多种因素的影响，天然气水合物储集层物性特征与上述理论推理模式有一些不同。根据国内外有关海底天然气水合物实测物性数据和理论分析，结合木里煤田DK-1科学试验孔（以下简称DK-1孔）实测多种物性参数以及多个溢气探煤孔钻井测井资料的综合分析，天然气水合物储集层或似天然气水合物储集层在主要煤田测井参数曲线上反映的特征如下所述。

1. 电阻率参数

电阻率参数为解释天然气水合物储集层的核心参数之一。因其同属含烃类元素岩层与含油砂岩（或天然气）相似，主要区别是石油为液体，天然气为气体，天然气水合物为固体，不论什么结构含天然气水合物的岩层总体上应该是高电阻类岩层。据木里煤田聚乎更矿区三个井田测井资料统计，天然气水合物储集层在电阻率曲线上一般均显示较围岩相对高的电阻率，一般为300～600Ωm（煤层除外），在煤系中属中-高阻。

2. 自然伽马

天然气水合物储集层在自然伽马曲线上的反应随着其母岩体的变化而变化，自然伽马值总体上按富冰层型—砂岩层型—泥页岩层型呈现逐渐变大的趋势。该参数为解释天然气水合物储集层的核心参数之一。

3. 声波速度

声波速度参数为解释天然气水合物储集层的主参数之一。同含水粗粒砂岩或含游离气的层位相比，天然气水合物储集层声波速度为高值，随着储集层中天然气水合物含量的增大其声波速度变低，DK-1孔实测天然气水合物层为中-高速度。

4. 密度参数

密度参数是解释天然气水合物储集层的主参数之一。聚乎更矿区三个井田所有钻孔均进行了密度测井，通过密度参数的分析，天然气水合物储集层的密度同其岩性密度、孔隙度密切相关。当储集层孔隙度增大，其天然气水合物含量增高时，密度随之减小。本书解释的似天然气水合物储集层密度跟同一钻孔相同岩性相比，密度较小。

5. 井温参数

井温参数是划分与确定季节性冻土层与常年冻土层（岩）及增温带的主要参数，不同温度层之间界面清晰容易判别。其更是确定地层热流级别的主参数，是解释天然气水合物储集层的辅助参数。

6. 井径参数

厚度比较大的天然气水合物层，应有井径扩大异常显示。这是由于钻具长时间旋转钻进过程中井壁岩层与钻具摩擦生热和泥浆循环使天然气水合物层水合物溶化分解破坏原生态的稳定，而引起井径扩大。该参数为解释天然气水合物储集层的辅助参数。DK-1 孔含天然气水合物层段井径曲线没有明显变化。

7. 自然电位

自然电位为解释天然气水合物储集层的辅助参数。在自然电位曲线上，其与游离气（煤层气）层相比，负偏移幅度较低一些。

根据我们对 DK-1 孔及其他似天然气水合物储集层各测井参数反映的物理量粗略统计，电阻率在整个钻孔剖面上为相对高阻，与围岩可有效区分，与自然伽马配合能与同类粗砂岩相区别，其主要物性特征见表 10.11，表中统计不包括煤层自身存储天然气水合物电阻率。由于目前煤田测井仪器尚未实行标准化，同一岩层不同孔尚有一定的差别，上述数值只用于天然气水合物定性解释时参考。

表 10.11　天然气水合物储集层物性特征表

测井参数	物性数据	曲线特征
电阻率	300～600Ωm	中-高阻
纵波速度	2800～4000m/s	中-高速度
自然伽马	90～130API	中-低伽马
密度	2.0～2.3g/m^3	中-低密度

二、储层识别原则和方法

（1）用煤测井方法解释天然气水合物层的前提是必须充分掌握研究区地球物理特征，各主要岩层的电阻率、声波速度、密度、自然放射性等物性和它们之间的组合匹配关系，总结各种物性参数在天然气水合物层上的响应值及异常特征，特别是与围岩及其他岩层有效识别和区分的标志。

（2）资料的综合分析，包括不同时代不同井田资料的归一化，不同种类的测井曲线的综合应用。根据 DK-1 孔与测井综合解释成果分析，天然气水合物层的定性主参数是视电阻率，由于它与围岩及其他岩层物性差异较为明显，因此曲线异常突出、界面清晰；其次是自然伽马，其低数值自然放射性反应有别于含煤层系的其他岩层，这两种参数经实测资料验证与理论推理是一致的；再次是声波速度，依据多个孔以主参数确定的似天然气水合物层，其相对速度“有高有低”，推断天然气水合物含量高的储集层应该是低密度、低速度，若甲烷（CH_4）含量变高，则速度变大。本书解释的似天然气水合物储集层其声波速度为 2800～4000m/s。

（3）充分利用地质和钻探信息。有天然气水合物赋存的勘查区，在钻探时由于破坏了原生态的压力和温度平衡状态，使得其温度和压差增大。温度的增高使冰融化将天然气释放，压差增大使天然气喷出地表，形成井喷，这时证实施工的钻孔钻进时遇到天然气水合物层，应及时记录喷气时钻井深度，提取岩心，认真描述天然气水合物附着、侵染、充填、渗透等岩性特征，用以确定天然气水合物层的深度、厚度和主要储气空间。

（4）与测井岩性综合解释相结合。在煤炭勘查区进行测井综合解释时，首先要寻找非正常含煤岩系突变异常点。通过对三个勘查区多个钻孔测井资料的分析研究，有以下三种情况需要特别予以关注。一是与同一钻孔同类岩层在某一层上有特高电阻率异常，其量值高于同类岩层三倍以上。二是特殊粗砂岩层。测井通常以粒度级别定岩性，如粗砂岩，其自然伽马值比较低，但还略高于煤层，其电阻率值并不太高，但高于围岩，自然伽马值很低是标准粗砂岩的显示。如果与同孔其他砂岩层的电阻率曲线相比，某粗砂岩层段阻值较高，反应异常明显时，就需要特别关注，尤其是在主要可采煤层顶、底板附近出现这种异常的反应者。三是同层段内有厚度比较相似的几层可采煤层，其中有一层或两层电阻率突然增高至高于邻层的两倍以上，或是厚度较大的同一层煤形成一个台阶，上下两部分电阻率值相差近一倍以上者。遇到上述情形，首先需排除仪器非线性和煤质化验项目中灰分、挥发分等工业分析与元素分析项目的异常变化点，如无异常显示，则可初步判定为似天然气水合物异常。

（5）天然气水合物主要成分为 CH_4 和 H_2O，天然气主要成分为 CH_4，天然气在 2～5℃的水中即可结冰。天然气水合物的物理性质与普通冰是有区别的，特别是海域与陆域天然气水合物各种物理性质是不同的。严格地讲，海域可称天然气水合物，陆域应称含天然气水合物岩层。由于各种储冰岩层孔隙度的不同（也即储冰空间），含冰量不同，使同样储冰层有不同物性，这就使测井解释时不能套用一个模式，必须考虑多参数的综合因素。另外，溢气钻孔不一定都有天然气水合物赋存，不溢气的钻孔并非没有天然气水合物存在。当钻进过程中发现溢气现象时并不意味着此种气体是因揭穿天然气水合物层，使温度增加冰层融化所释放的气体，也很有可能是煤层在漫长的变质过程中生成的煤层气，由于没有适宜聚冰环境，气体长时间积累增压，一旦减压破坏原有压力平衡时，能量随即释放形成井喷。在天然气水合物综合定性解释时一定注意避开以上误区。

根据目前研究结果发现，天然气水合物储集层的解释需要利用各参数综合解释成果，其测井定性主参数为电阻率、自然伽马和声波速度，定厚解释时电阻率曲线采用拐点法，自然伽马和声波速度采用半幅值法，采用各参数曲线按各自解释原则的平均值。

三、基于测井解释的天然气水合物的分类

（一）分类方案

按照天然气水合物所处位置，划分为冻土带内储集和增温带内（冻土带下）储集。

按照生气层与天然气水合物储层层位空间上的位置关系，划分为原地储集型和异地储集型。其中，原地储集型又可以分为下生上储型和上生下储型，异地储集型包括自生自储型和半自生自储型。

按照天然气水合物储层的特性分类，包括砂岩储集层（包括粉砂岩、细砂岩、中砂岩、粗砂岩等）、泥岩储集层和煤层储集层。在砂岩储集层中，以孔隙储集空间为主；在泥岩储集层中，以裂隙储集空间为主；而在煤层储集层中，则是孔隙和裂隙兼有。

按照天然气水合物的赋存状态分类，划分为富冰型和层理、节理、侵染型。

（二）各种类型展示

1. 按照天然气水合物所处位置分类

木里煤田天然气水合物研究区内有 9 个钻孔，均在常年冻土层内，有高电阻率响应，无声波速度数据，但是该层位在煤系地层内，因此形成溶洞的可能性很小，所以将其解释为似天然气水合物储集层，如图 10.4 和图 10.5 所示；另有 20 个钻孔的测井曲线解释天然气水合物层位于常年冻土带之下，也就是增温带内，如图 10.6 所示。

2. 按照生气层与天然气水合物储集层的空间位置关系分类

木里煤田侏罗纪煤层曾产出相当数量的煤层气，目前赋存于煤层中的煤层气总量偏低，在地质历史中大量逸出的甲烷可能会在冻土带中富集，成为天然气水合物的主要气体来源。另外，木里拗陷分布有石炭系暗色泥（灰）岩、下二叠统草地沟组暗色灰岩、上三叠统尕勒得寺组暗色泥岩、侏罗系暗色泥页岩等数套烃源岩，烃源岩质量较好，处于成熟-过成熟阶段，具有良好的生油生气潜力（符俊辉和周立发，1998；任拥军等，2000）。常年冻土带作为区域盖层，在研究区内广泛分布，对气藏起到了封闭的作用。作为气源岩的煤层以及炭质泥岩层，位于天然气水合物储集层之下，就是下生上储组合形式；气源岩位于储集层之上，是上生下储组合形式；气源岩与储集层正好为同一层时，在本区就是煤层或者暗色泥岩层作为储集层，是自生自储组合形式。

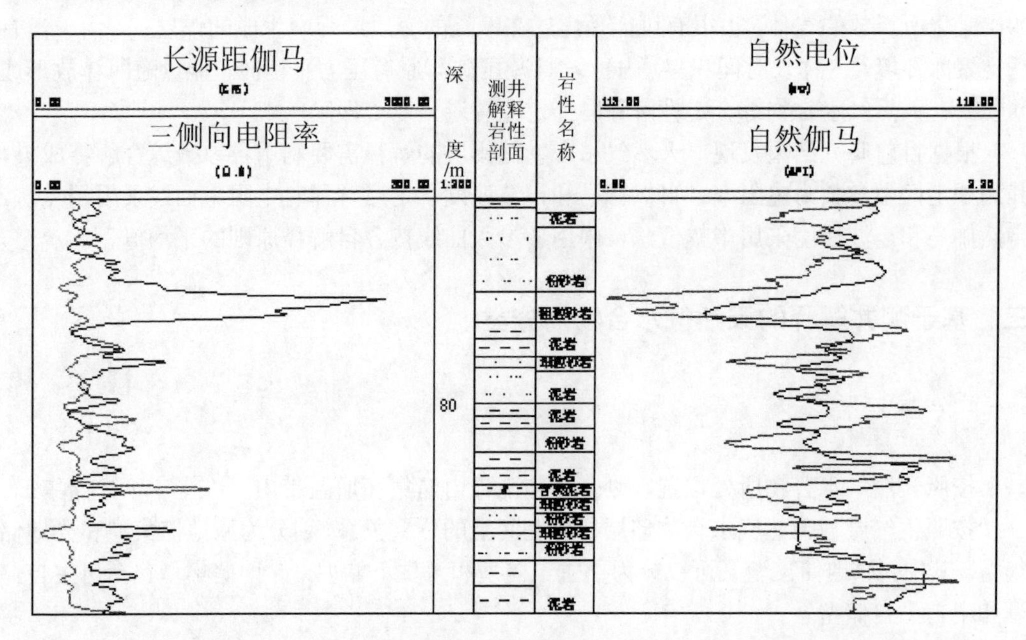

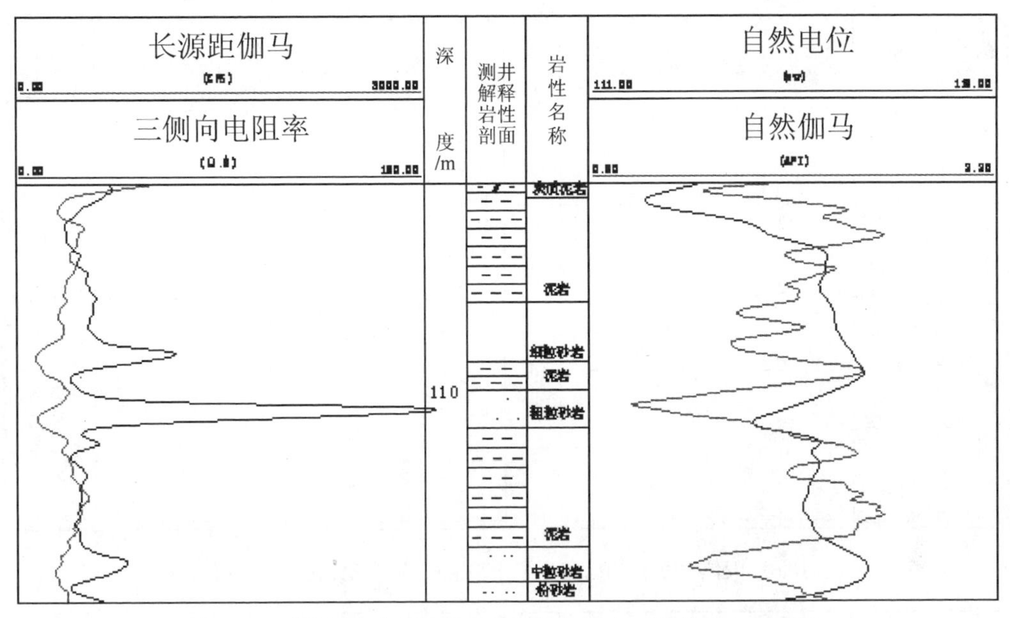

图 10.4　天然气水合物储集层位于冻土层内（雪霍立 1-3 号孔）

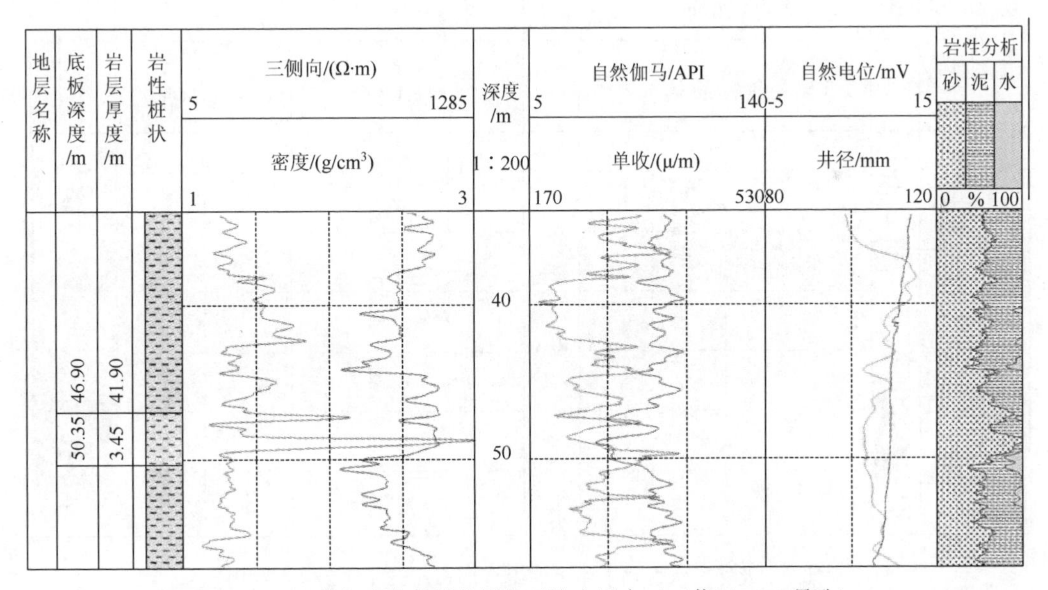

图 10.5　天然气水合物储集层位于冻土层内（三井田 22-3 号孔）

1）下生上储组合形式

三井田 28-24 号孔下部 220m 处的煤层作为气源岩，可以提供煤层气作为天然气水合物的主要气源。上部 211.75～213.75m 测井解释层厚 1.5m，细砂岩电阻率异常高值，高于本孔其他细砂岩的两倍以上；密度为 2.5g/cm^3，高于其他细砂岩；自然伽马值为 40API。其综合物性反应与实际钻获岩心鉴定差别较大，并同时排除了非正常地层物性反映的外来电磁等异常干扰，像这种含煤岩系中出现的正常岩层所不具有的特殊异常，认为是天然气水合物储集层的反映。在可疑层之上再无煤层或者炭质泥岩层，故认为该孔属于下生上储组合形式，如图 10.7 所示。

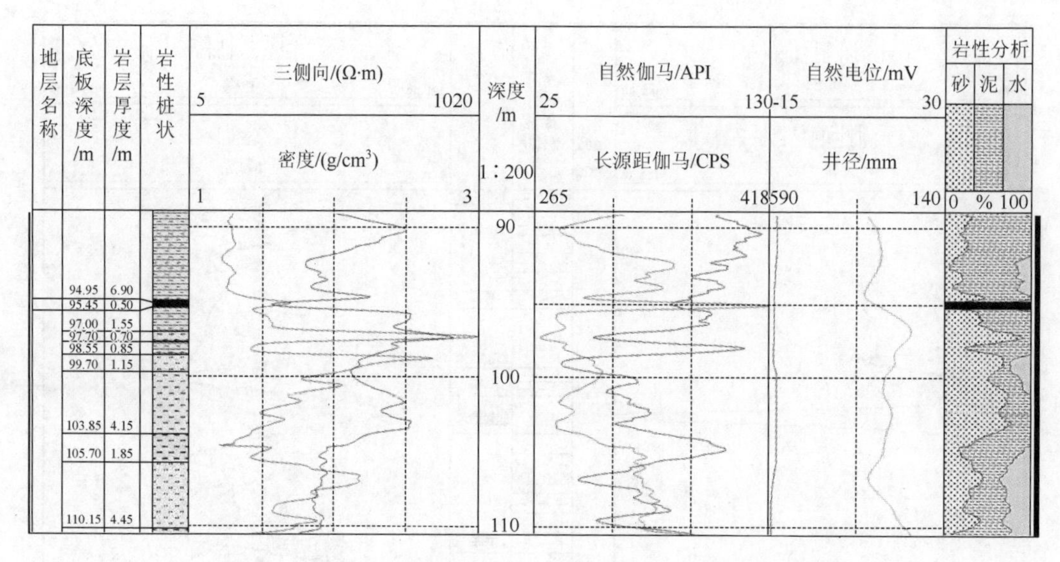

图 10.6　天然气水合物储集层位于增温带内（三井田 25-3 号孔）

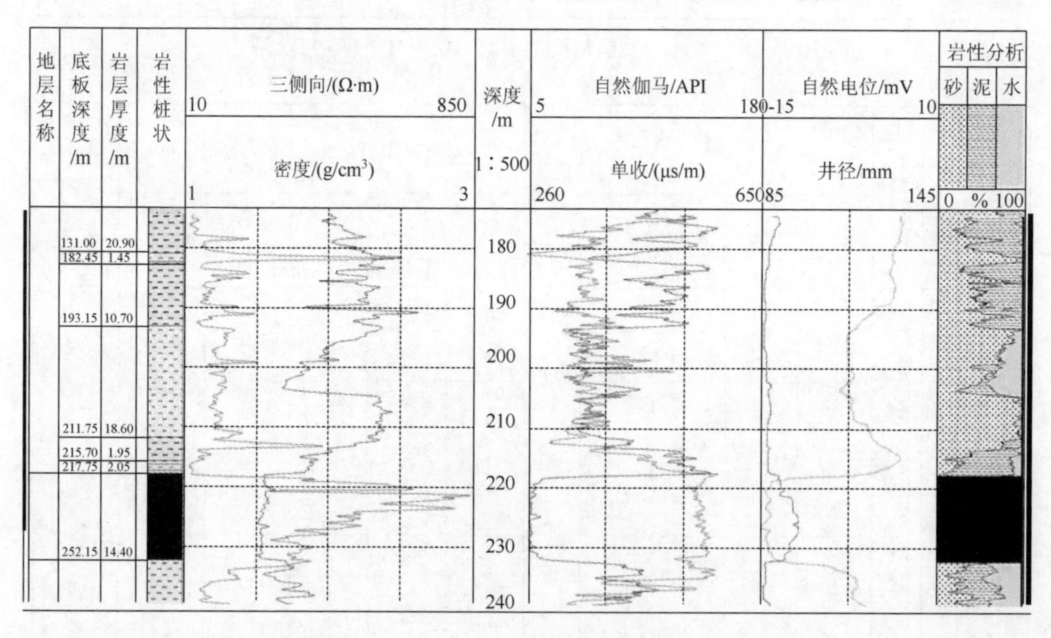

图 10.7　天然气水合物下生上储组合形式（三井田 28-24 号孔）

2）上生下储组合形式

一井田 2-42 号孔上部 69.2m 处的煤层作为气源岩，可以提供煤层气作为天然气水合物的主要气源。紧邻该煤层的下方 70.15～73.25m 测井解释层厚 3.1m，粗砂岩电阻率异常高值，高于煤层的 1.5 倍以上；密度为 2.3g/cm^3，高于其他砂岩；自然伽马值为 20API。其综合物性反应与实际钻获岩心鉴定差别较大，并同时排除了非正常地层物性反映的外来电磁等异常干扰，像这种含煤岩系中出现的正常岩层所不具有的特殊异常，认为是天然气水合物储集层的反映。在可疑层之下很大深度范围内再无煤层或者炭质泥岩层，故认为该孔属于上生下储组合形式，如图 10.8 所示。

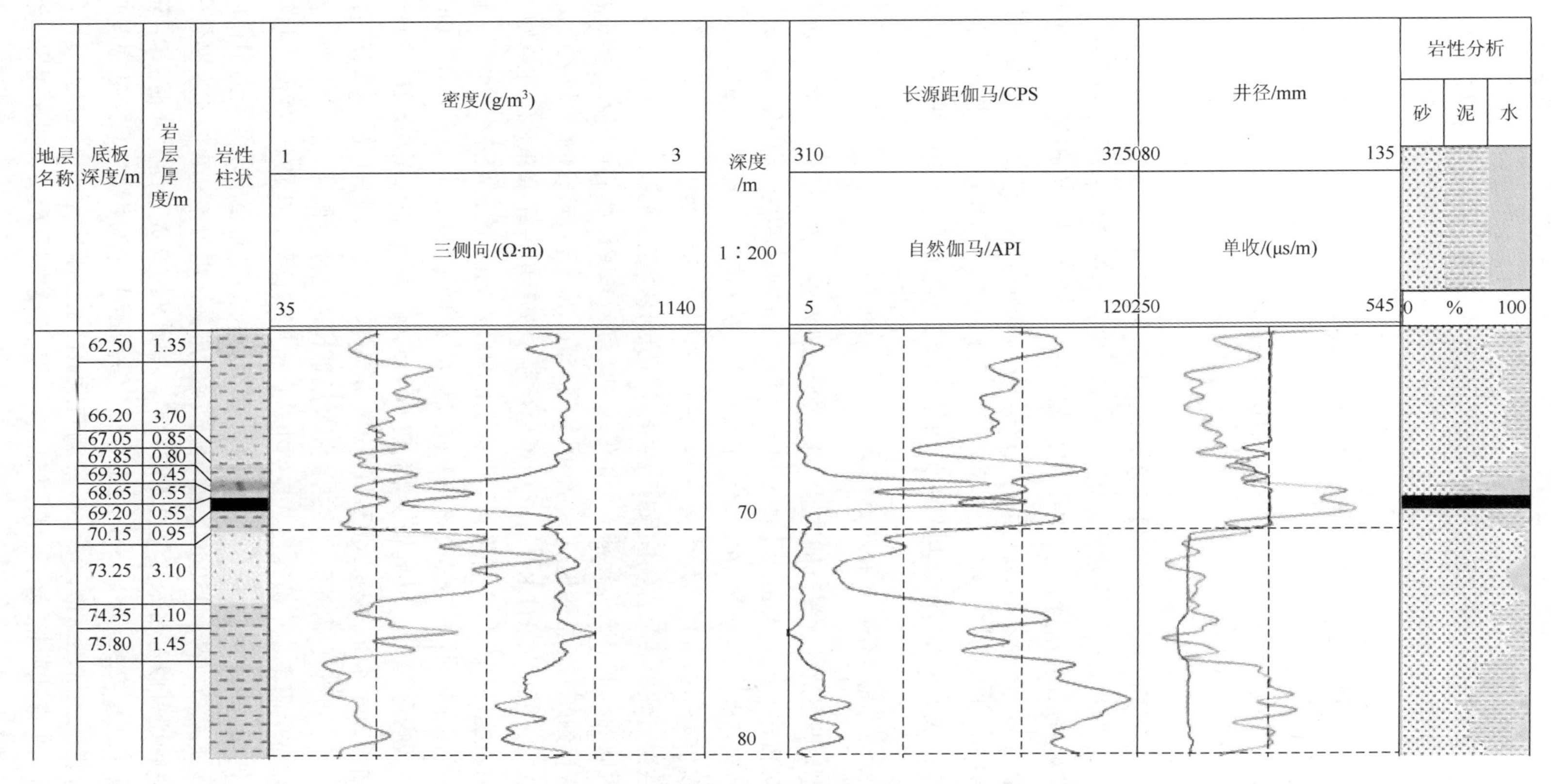

图10.8 天然气水合物上生下储组合形式（一井田2-42号孔）

3）自生自储组合形式

该形式是指煤层自身生成、自身储存天然气水合物。在研究资料过程中，发现有同孔同厚度煤层的电阻率差值很大的现象，如哆嗦公马 3-4 号孔共见三层煤，如图 10.9 和图 10.10 所示。

A 层为 19.76～24.90m，厚 5.14m；B 层为 42.41～47.84m，厚 5.43m；C 层为 126.66～143.32m，厚 16.66m。

其中，A 层电阻率为 3637.5Ωm，B 层电阻率为 4537.5Ωm，这样高电阻率的煤层在青海境内侏罗纪含煤地层还是第一次见到；C 层电阻率为 1125Ωm。ρ_A/ρ_C（A 层与 C 层电阻率比）= 3.2，$\rho_B/\rho_C = 4$。

这三层煤厚度完全达到横向最佳分辨率，并与地质煤层取样化验工业分析和元素分析的水分（M_{ad}）、灰分（A_d）、挥发分（V_{daf}）、全硫（$S_{t,d}$）、碳（C_{daf}）、氢（H_{daf}）、氧（O_{daf}）、氮（N_{daf}）等各项化验指数对比，在这些特高阻煤异常层中没有发现任何与该孔同厚度的其他煤层的异常指数，因此本书解释为似天然气水合物储集层。此类型为“全自生自储型”。

还有一种“半自生自储型”，这种类型一般均发生在厚煤层中，其物性表现为同一层煤分成两半形成一个大台阶，电阻率值相差一倍左右，如图 10.10 中的 C 层所示。

3. 按照天然气水合物赋存状态分类

富冰型，即可燃冰含量高的岩层。哆嗦公马 24-1 号孔 286.90～287.85m 处（图 10.11），测井解释为砂岩，厚 0.95m，其视电阻率值高达 2000Ωm 以上，高于本孔其他砂岩层的两倍以上；自然伽马值为 15API，略低于煤层；声波速度为 3300m/s。经查阅，该孔原始岩心鉴定表在 254～297m 段内均为灰白色、中厚层状、细粉砂状砂岩，主要成分为石英、长石，岩心致密坚硬。其综合物性反应与实际钻获岩心鉴定差别较大，并同时排除了非正常地层物性反映的外来电磁等异常干扰，像这种含煤岩系中出现的正常岩层所不具有的特殊异常，在未找到产生异常的地质（岩性）依据之前，本书暂按含冰密度较大的富冰型对待。

木里煤田二三露天的 DK-1 孔是中国地质科学院等单位联合在我国陆域施工的第一个钻获可燃冰实物样品的科学试验孔，此孔终孔深度 178m。该孔测井在 0～133.55m 处有直径 126mm 的金属套管，连续简易井温曲线显示常年冻土（岩）底界约在 70m 左右，在 30～80m 层段内分别从上到下见有厚 5.59m、2.56m、3.2m 的三层煤；在 130～165m 层段内分别获钻了 2m、4.8m 和 0.2m 三层可燃冰层。本书未收集到有关可燃冰层的岩性描述、储存特征、冰密度等地质资料。该孔测井采集了长、短源距伽马、自然伽马、三侧向电阻率、0.1m 电位电阻率、声波速度、自然电位、密度（计算机生成）、井温、井径 7 种参数 10 种方法曲线，根据测井综合解释成果，钻获的可燃冰储集层段分别为中粒砂岩、细粒砂岩和粉砂质泥岩。由于 130m 以上均被金属管屏蔽，电阻率和声波速度参数失效，因此在此段内是否还有似可燃冰储集层无法判定。在测井综合成果图上分别在 7.15m/140.75m（厚度/底板深度）、2.5m/151.25m 两处的长、短源距曲线有明显的高、低密度交互异常反应，地质属性应为层理状破碎带，按照测井指导性定性解释原则，将其定为炭质泥岩，如图 10.12 所示。该孔所钻获的可燃冰储集层，气源为上部厚煤层、炭质泥岩，通过破碎带运移来的异地气三种组合的层理、裂隙、侵染型。

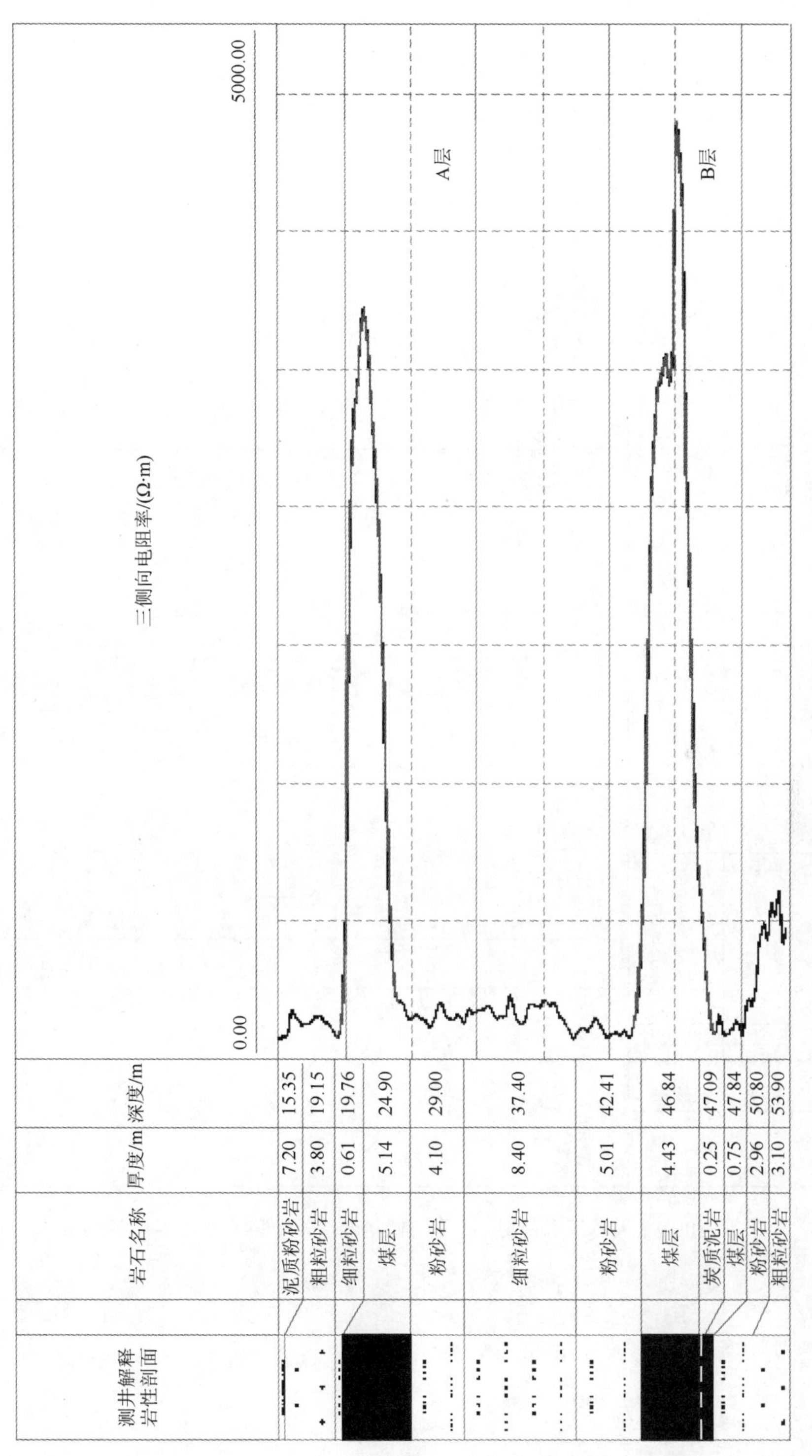

图 10.9　天然气水合物自生自储组合形式（哆嗦公马 3-4 号孔）

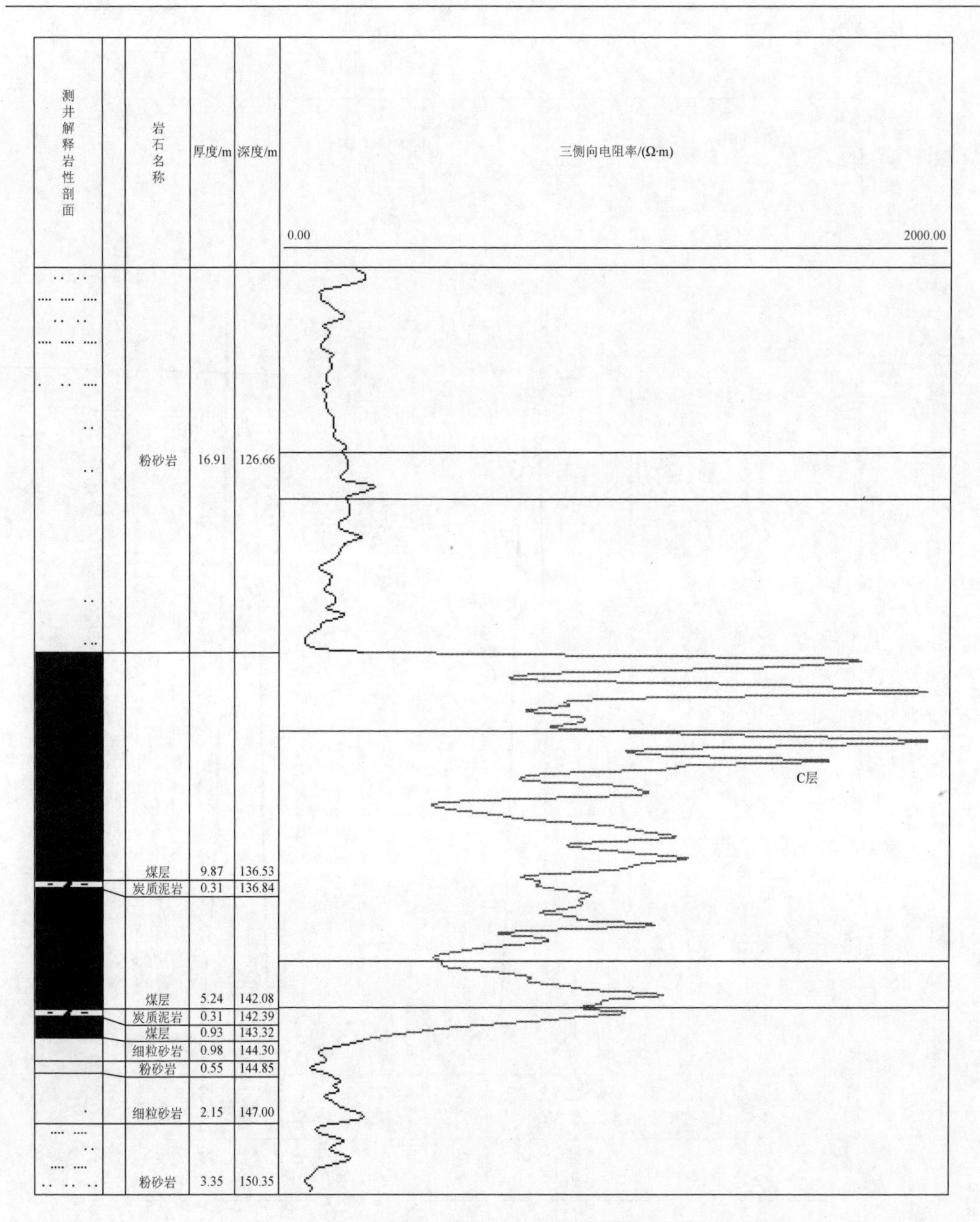

图 10.10　天然气水合物半自生自储组合形式（哆嗦公马 3-4 号孔）

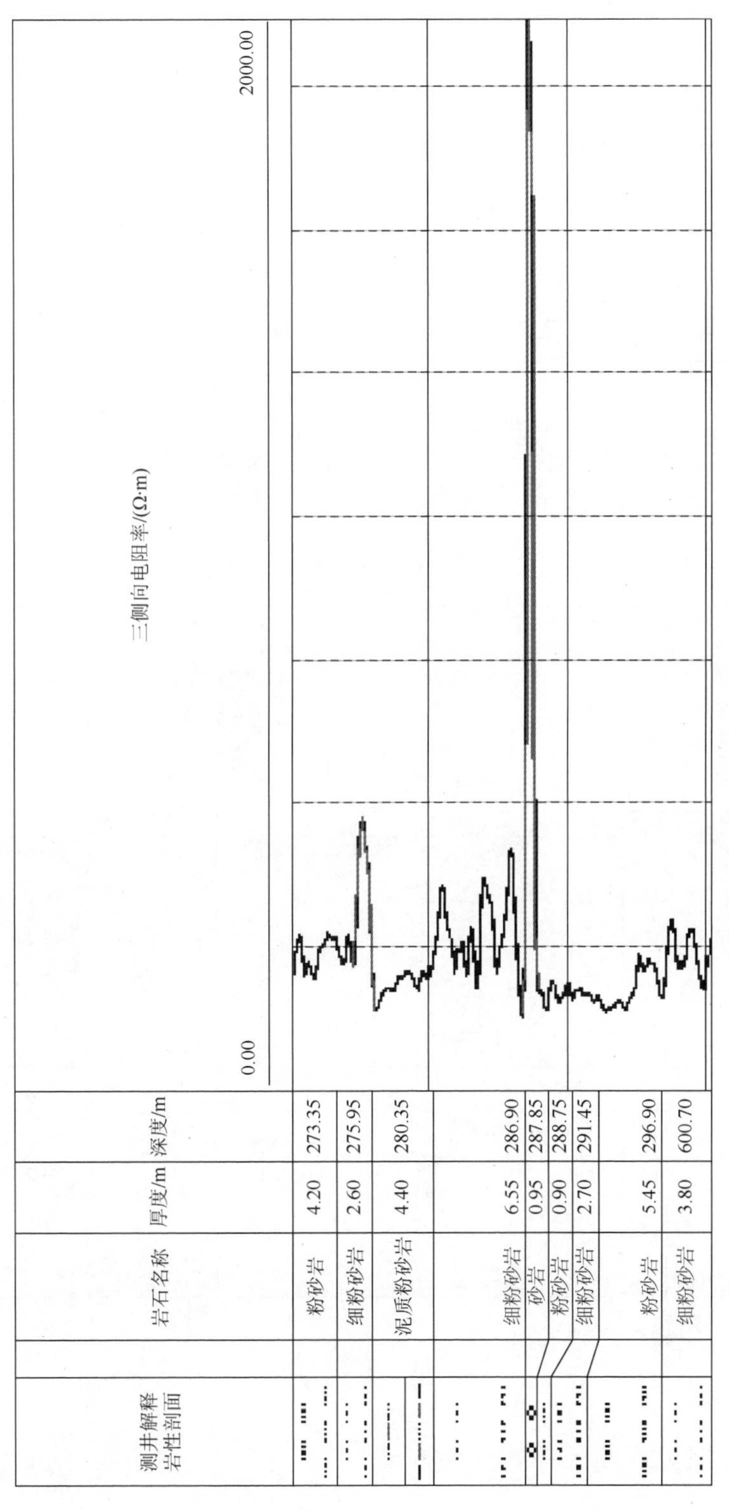

图 10.11　天然气水合物富冰型（哆嗦公马 24-1 号孔）

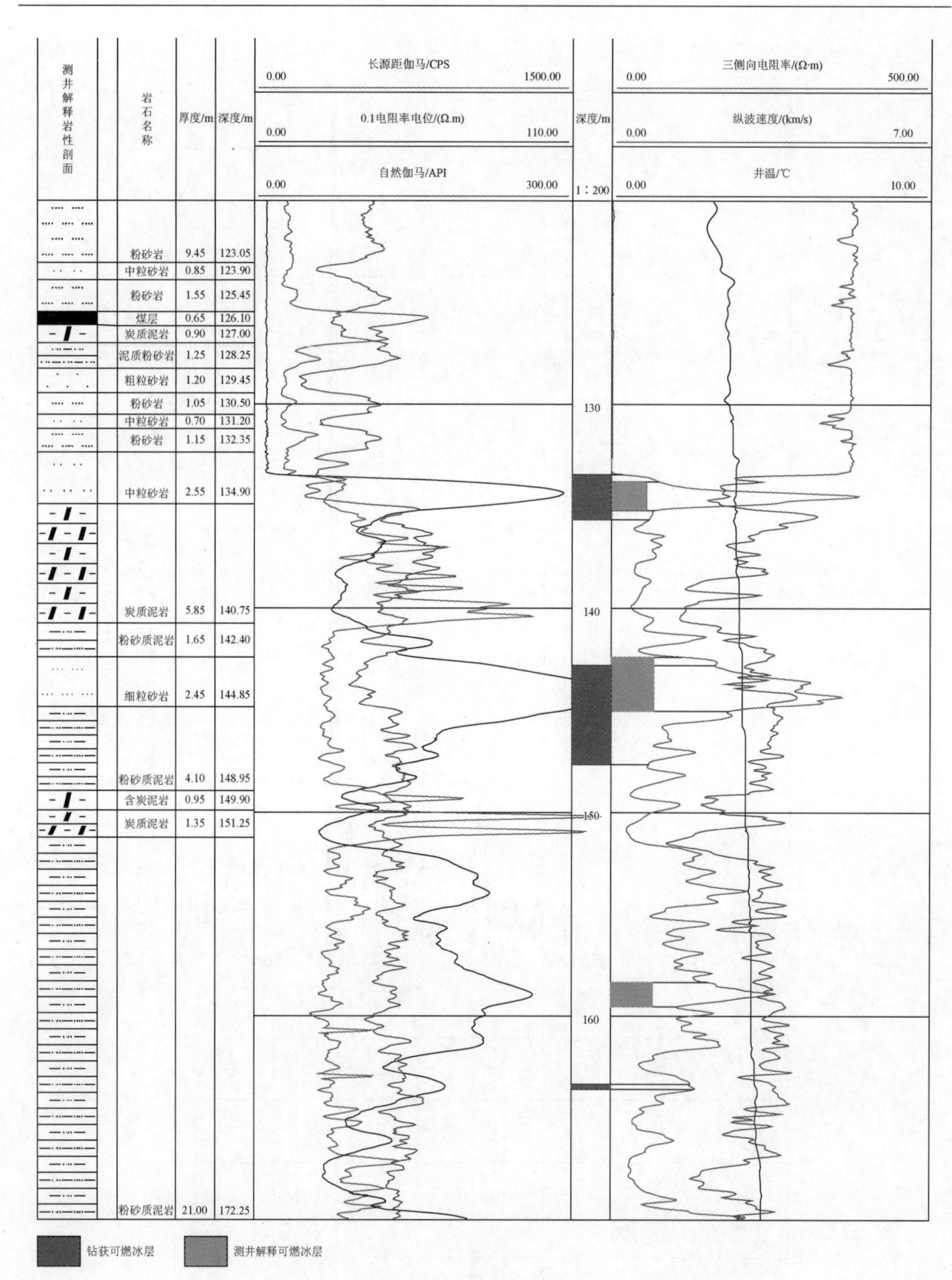

图 10.12　天然气水合物层理、裂隙、侵染型（二三露天 DK-1 孔）

（三）木里煤田天然气水合物测井解释

在对木里煤田范围内 120 多个钻孔测井资料分析，并重点对 66 个钻孔的测井解释情况进行了分析和整理，发现钻孔中有疑似天然气水合物的特征反应，分析统计情况见表 10.12。

表 10.12 木里煤田各井田钻孔测井资料分析成果表

井田名称	进行研究钻孔数	测井发现疑似天然气水合物的钻孔数	测井发现疑似天然气水合物的层数
一井田	10	5	15
二井田	0	0	0
三井田	29	9	16
四井田	4	4	13
二三露天	15	6	5
哆嗦公马	4	2	4
雪霍立	4	2	5
总计	66	28	58

1. 单孔天然气水合物储层累计厚度平面分布状态与断裂构造的关系

通过测井解释发现在不同的钻孔中分别出现一层或多层天然气水合物的情况。经过统计，采用单孔累计厚度这个参数，见表 10.12 和表 10.13。单孔累计厚度，最小值为 0.95m，最大值为 24.65m。分别选取 1m、5m、10m、15m 和 20m 为等值线值，进行单孔天然气水合物累计厚度与构造的关系叠合图件的编制与分析，单孔累计厚度平面分布如图 10.13 所示。通过统计单孔累计厚度值最大的位置有三处，分别分布在一井田的中西部、三井田的西南边界以及七井田的中西部；累计厚度值次大值区域有两处，分别位于三井田中南部和六井田中部。在位于五井田的西北部的科探井 DK-1 附近，测井曲线解释的该区域天然气水合物的单孔累计厚度较薄，并且，实际钻探结果和测井解释的结果是一致的，钻遇的三层天然气水合物均是薄层、倾染状产出的。研究表明，断裂构造对于天然气水合物的聚集有一定的控制作用，但不是最重要的控制作用，表现在断裂构造发育密度最大的区域与累计厚度最大值的区域是不重合的。单孔累计厚度最大值的位置均没有断裂系统的分布，说明气体的扩散作用可能是该煤田气体运移聚集的主要方式。在各井田边界，发育各种性质的走向上延伸比较远的断层，这些断层可能为深部气体的向上运移提供了通道。

表 10.13 木里煤田各井田测井疑似天然气水合物单孔累计厚度统计表

井田名称	最大值/m	最小值/m
一井田	24.65	1.35
二井田	0	0
三井田	23.85	1.5
四井田	5.2	3.35
二三露天	21.5	3.2
哆嗦公马	14.57	0.95
雪霍立	20.8	3.5

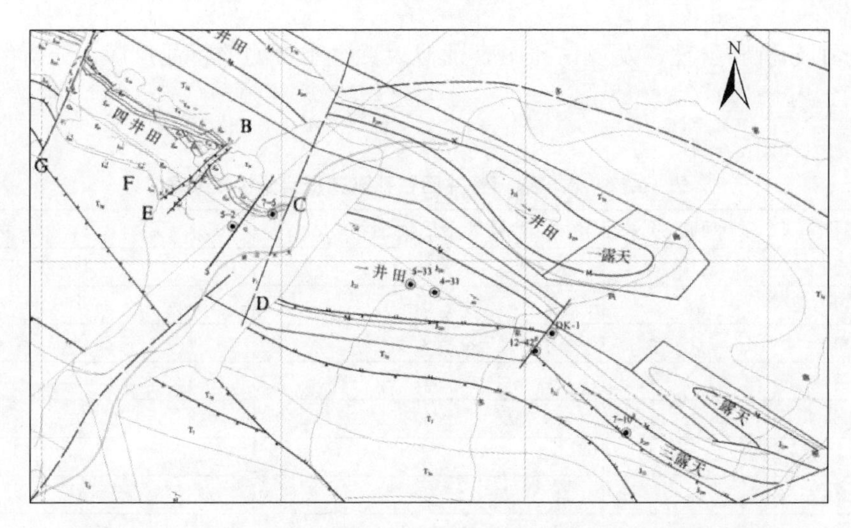

图 10.13　木里煤田测井解释疑似天然气水合物单孔累计厚度分布图

2. 测井解释资料确定天然气水合物埋深及其平面分布关系

通过测井对天然气水合物产出深度的解释，进行天然气水合物储层深度图件的编制，不同单孔天然气水合物产出的深度是不一致的，在不同的位置差异较大（表 10.14）。最浅埋深最浅值为 19.76m，最浅埋深最深值为 434m。分别选取 100m、200m、300m 和 400m 为等值线值，通过测井曲线解释天然气水合物，最浅埋深值在浅于 200m 范围内的单孔占到了发现天然气水合物单孔总数的 74%。结合天然气水合物赋存的稳定带以及冻土层等相关情况得出在冻土层中和冻土带下均有天然气水合物产出。

表 10.14　各井田测井疑似天然气水合物最浅埋深统计表

井田名称	最深值/m	最浅值/m
一井田	400	70.15
二井田	0	0
三井田	239.05	47.5
四井田	368.6	57
二三露天	434	71.9
哆嗦公马	286.9	19.76
雪霍立	307.4	74.5

第十一章　西北地区煤炭资源勘查实践

第一节　遥 感 技 术

受大地构造环境的影响，我国煤炭资源分布极不均匀，绝大部分集中于西北地区和华北地区，而西北地区自然地理条件差，交通条件差，常规煤炭资源调查手段的应用有诸多局限。利用遥感手段对区域赋煤条件进行评价是非常经济有效的方法。近年来，我国煤炭资源勘查开发“战略西移”。特别是对西北地区找矿工作程度的加强，遥感手段在解决此类地区构造格架方面已表现出显著的优势。已实施的多个项目已运用遥感地质解译配合野外调查验证等手段高效地确定了赋煤单元，并取得了初步的找煤成果。

根据西北地区煤系矿产资源调查中遥感技术的应用现状，本章主要以煤系能源矿产为主，对卫星遥感技术在西北地区煤系矿产资源调查的主要方法和应用效果进行系统梳理。

一、西北地区遥感应用条件分析

（一）西北地区概况

西北地区成矿地质条件优越，煤炭资源丰富，全区煤炭资源量占全国总资源的35.52%，在最新的全国矿产资源规划中，国家规划的162个煤炭矿区中，西北地区为63个，占比为39%，14个煤炭基地中，有5个位于西北地区，总之，西北地区在我国煤炭工业发展中占有重要地位。

本书的西北地区主要是指贺兰山—六盘山、昆仑—康瓦西—秦岭造山带所围限的面积约240万km^2的中国西北部地区，行政区划上主要指西北五省（自治区），包括陕西、甘肃、青海三省及宁夏、新疆两个自治区。

西北地区地域辽阔，人烟稀少，地理地质条件复杂。西北地区地势较高，海拔多在400m以上，主要地形以高原、盆地和山地为主，以剥蚀地貌为主，包括剥蚀中高山、低山丘陵、高原、平原，其中湖积、冲积、风积平原主要分布于地势低洼地带。西北地区以干旱气候为主，绝大部分地区年降水量小于200mm，而蒸发量超过1000mm，植被覆盖度相对较低。

（二）遥感应用条件分析

近年来，随着西部大开发战略的实施，针对西北地区煤系矿产资源进行了一系列的调查评价工作，尤其以新疆为主，作为国家的煤炭资源储备基地，新疆煤炭资源勘查开发程度有了显著的提升，但是在南疆为主的边远缺煤地区，煤田地质勘查程度仍较低。

从自然、地理、气候等条件分析，西北地区地域辽阔、气候恶劣、人烟稀少、交通不便，在该地区开展常规的煤炭地质调查工作，工作条件艰苦且成本极高。该区以干旱气候为主，地表植被覆盖度低，基岩和地质构造等裸露程度高，进行遥感解译时植被等干扰信息少，且该地区主要以荒漠、山地等为主，人类活动的干扰较小，有利于提高遥感解译的精度。

从地质条件分析，西北地区地层和岩石类型发育较齐全，相邻不同地层间的岩石类型差异明显，不同岩石地层和地质构造所呈现的微地貌、水系、土壤与植被类型等具有明显的独特性和规律性，不同岩石地层和地质构造所呈现的光谱反射特征及其微地貌、水系、土壤与植被发育特征差异较大，且受水流等因素影响相对小，控煤构造轮廓清晰且规律性明显，遥感图像的地质信息丰富，可解译程度高。

总体而言，西北地区地质工作程度相对较低，基岩裸露程度高，地层、构造等影像特征明显，地质体的解译标志明显，遥感图像地质信息丰富。遥感技术以其宽阔的视域、很少的野外工作量、成本低、工期短等优势，克服或减少了地理及交通不利因素的影响，大面积地查明了区域地质情况，圈定煤系赋存区域，为投资大、施工难度大的常规地质勘查手段提供勘查靶区，非常适合应用在该地区进行煤炭及煤系矿产资源调查工作。

二、遥感煤系调查的基础

遥感是通过空间传感器接收地面目标反射、散射外来电磁波或者目标自身发射的电磁波而获得目标物理参数的技术方法。煤系是富含有机质的层状地质体，具有特定的光谱特征和遥感图像识别标志，从而为遥感找煤提供了依据。遥感找煤是以煤炭遥感理论为基础，成矿理论为指导，采用遥感手段对找煤标志、控煤因素及煤田分布规律进行研究，从中提取煤矿床赋存信息的过程。

煤系地层一般呈深灰色，整体反射率较低，尤其是煤层的反射率又低于相邻岩石，具有独特的光谱曲线，裸露的煤系地层及煤层在可见光图像上具有独特的深色调和层状纹理特征，在白天的热红外图像上表现为高热异常，夜间红外图像上变现为低热异常。煤系一般以泥岩、粉砂岩等为主，机械强度普遍较低，在地壳运动和演化过程中被优先挤压、破碎、风化及剥蚀，从而为植被的发育创造了条件，因此，在覆盖地区，植被和地貌形态可成为找煤的间接标志。

含煤盆地、含煤地层、煤田构造等主要煤田地质体不仅具有较大的展布范围，而且具有一定的影像特征。含煤盆地大多具有盆地的地貌形态特征，边缘高内部低，边缘地层老，内部地层新，盆地的影纹图案与盆地外明显不同，解译标志明显。含煤地层是一种比较稳定的沉积地层，由特定的岩性组合而成，不仅有地表出露厚度和长度，而且具有一定的影像特征。含煤地层整体较松软，在地貌上构成负地形。地层中不同岩性的组合及软硬岩层的差异分化，在影像上形成特殊的纹理和色调、色彩组合。含煤地层多呈深灰色，其影像色调相应较暗。利用这些特殊的影像标志容易将含煤地层识别。

三、遥感煤系调查的工作程序与主要方法

（一）遥感煤系调查的工作程序

基于近年来西北地区遥感应用于煤系资源调查的成功实例，总结了西北地区煤系资源调查中遥感技术的应用条件及其工作流程。

首先，选择植被稀少季节的图像（通常是晚秋到早春之间）进行图像融合，充分利用全色图像的高清纹理、细节信息和多光谱图像的丰富色彩信息，综合分析前人研究资料，了解研究区内含煤地层、控煤构造，分析含煤地层及煤层的波谱特征和其在卫星图像上显示的特征，针对性地进行专题图像处理，对含煤地层的岩性及控煤构造等信息进行解译提取。然后，针对已知煤层及矿床（矿化点）不同的蚀变类型，进行多种图像增强处理及其叠加运算，最大限度地提取煤层信息及矿床信息，比较研究区的最佳遥感异常圈定方法。最后，在研究区内按1∶10万成图比例尺圈定遥感异常区，并辅以少量的野外调查验证，编制异常图（全区编制1∶10万、重点区编制1∶5万遥感异常图）。在此基础上结合煤田地质、区域地质等资料综合分析，进行含煤远景区划分和靶区预测、编写分析研究报告。

（二）遥感煤系调查的主要方法

1. 遥感数据源选择

含煤地层与煤层的赋存状态，是漫长地质演化历史中各种内、外动力地质作用综合的结果，其相关地质综合信息（地层、构造、岩相）的变化周期长，所需遥感信息源在时间分辨率上要求相对低，而在光谱分辨率方面，应选取光谱分辨率高，能够精细地反映岩石、矿物的特征光谱，区分出具有诊断性光谱特征的物质，因此煤系矿产资源调查中对遥感成像光谱数据的需求将逐步提高。

目前用于遥感地质调查的卫星数据主要有ETM、SPOT、ALOS及国产的高分遥感数据资源3号（ZY-3）、高分1号（GF-1）。常用地质调查遥感数据参数见表11.1。

ETM图像具有较高的光谱分辨率（8波段）和空间分辨率（15m），而且还具有覆盖面积大（185km×185km）、数据收集快捷等诸多优势，且不同的波段组合在分辨岩性、植被及区域构造等方面具有独特的应用价值，在岩石地层识别与划分、区域构造分析等方面均具有重要的应用价值，已在区域地质、矿产资源和环境地质调查中得到广泛应用。

表11.1　常用地质调查遥感数据参数

数据类别	空间分辨率/m	光谱波段	重访周期/d	单景价格/元	适用领域
ETM	15	8	16	5000	岩性识别与划分、蚀变岩检测及制图、区域构造分析等
SPOT	2.5	5	2～3	4900	测绘制图、城市规划、资源环境监测与管理等
ALOS	2.5	4	46	2300	测绘、区域环境观测、灾害监测、资源调查等
ZY-3	2.1	5	5	4000	资源调查、遥感监测等
GF-1	2.0	5	4	4000	国土资源调查，农业、环境及林业气候气象观测
IKONOS	1.0	5	3	10000以上	国防、军队制图、海空运输等

SPOT 卫星图像不仅具有 4 个多光谱波段和 1 个全色波段，空间分辨率可达 2.5m，单景覆盖面积最大为 6400km^2，尤其是其中的红谱段（610～680nm），在裸露的岩石和土壤表面的信息解译方面具有优势。另外，SPOT 卫星还可以用于地形图的制作，通过立体和高程观测，可以制作 1∶5 万的地形图。

IKONOS 卫星影像数据分辨率较高，全色波段分辨率可达 1m，多光谱波段分辨率为 4m；ALOS 卫星图像多光谱波段空间分辨率为 10m，全色波段空间分辨率为 2.5m，可用于 1∶1 万比例尺的煤田地质填图等。

近年来，随着我国卫星技术的发展，国产的卫星数据以质量高、价格低被大量应用，国产高分遥感数据应用于煤系矿产资源调查成为趋势，主要以国产的资源 3 号（ZY-3）和高分 1 号（GF-1）等分辨率达到亚米级的遥感影像数据为主，其中资源 3 号图像具有较高的光谱分辨率（5 波段）和空间分辨率（多光谱 5.8m，全色 2.1m），单景图像覆盖面积大（2704km^2），数据收集快捷，重访周期短，可获得不同季节、不同时相的卫星数据，在遥感地质调查数据选取时，可选择性较大，利于优选出最佳时相、最少云雪干扰的数据，从而保证遥感解译数据的清晰度和对地层、构造的分辨能力。资源 3 号影像的控制定位精度小于 1 个像素，前后视立体像对幅宽 52km，基线高度比为 0.85～0.95，完全可以满足 1∶50000 立体测图的要求，正视影像 2.1m，可满足 1∶25000 比例尺地形图的精度需求，且资源 3 号影像数据的量化比值多达 10 位，增加了影像的信息量，非常有利于影像的目视判读、自动分类和影像匹配精度的提高，在岩石地层识别与划分、区域构造分析等方面均具有良好的应用价值。

西北地区整体工作程度低，遥感可解译程度高，按照区域展开，重点突破原则，根据不同地貌-地质景观区遥感地质可解译性，结合遥感煤系矿产资源调查项目的技术精度要求，可选择不同分辨率的遥感数据源，总体上，前期大区域的遥感解译地质工作可以低、中分辨率的遥感数据为主，后期小范围的精细解译可主要选取高分辨率的遥感数据。针对西北地区特殊的自然地理和地质条件，充分发挥遥感技术直观、准确、高效的优势，以 ETM、SPOT 等为主要信息源，利用图像处理技术提取构造、地层（特别是含煤地层）等地质信息。一般前期开展区域扫面的 1∶10 万遥感地质调查，选用 TM 或 ETM 数据；重点区的 1∶5 万遥感煤炭地质填图等采用 SPOT 作为数据源；1∶1 万及更大比例尺的遥感煤田地质解译等可以选用 ALOS 等数据。深层次的遥感专题信息提取，可根据不同煤系资源的解译信息特征，针对性地选择数据源。

2. *遥感煤系解译的主要方法*

目视解译法（直判法、推断法）：西北地区的含煤地层及煤层主要以裸露或半裸露形态呈现，裸露区一般有煤层露头等出露，半裸露区一般局部以第四系风化物等覆盖，部分以基岩的形式出露。运用遥感手段在该地区进行遥感煤系资源调查时，针对不同的煤层赋存区域采取不同的方法，主要有直判法、推断法等。

对于在遥感图像上有明显标志的地质体，首先根据特定的解译标志可以直接判断或稍加分析即可确定其性质，并能快速、准确地勾绘其分布范围；之后根据地质体在图像上的细微特征以及地形、地貌、植被、水系、人类活动标志等间接特征，推断并勾绘地质界线；最后对于研究区内遥感影像多解性的解译单元，可将其影像特征与区域性解译标志进行分析对比，把相邻地区的明显标志特征引申入工作区，从已知到未知，从一般到特殊，从而确定其性质。现将两种判断方法叙述如下：

1）直判法

高分辨率遥感图像分辨率可以达到米级，因此，裸露区可采煤层一般可以通过目视解译的方法直接识别，有些地质体在遥感图像上非常明显，一目了然，根据某种特定的解译标志可以直接判断或稍加分析即可确定其性质，并能快速、准确地勾绘其分布范围。各个地层之间色彩、影纹截然不同，界线明显（图 11.1）；断裂两侧影纹结构、色调等明显不同、线性影像特征明显（图 11.2（a））；褶皱所包含的地层影纹呈有规律变化，具有明显的环形影像特征（图 11.2（b）），这些均可以用直判法进行遥感解译。在煤系矿产资源遥感调查中，作为容矿地层的煤系主要形成于潮湿温暖的气候条件下，主要以灰色、灰绿色及灰黑色等色调的岩性为主，富含有机质，其反射率较低。遥感影像上多呈暗色条带状分布，与周围岩层色调区别明显，无须进行信息增强处理即可直接解译出含煤地层与煤层露头的大致位置（图 11.3）。

2）推断法

主要应用于半裸露区，这些区域地表通常有少量的含煤地层出露，但是特征不显著，或者空间上不连贯。在此区域内寻找煤系地层，需要借助少量的直接标志，更主要的是借助间接标志，主要有地貌、植被及人类活动等标志。

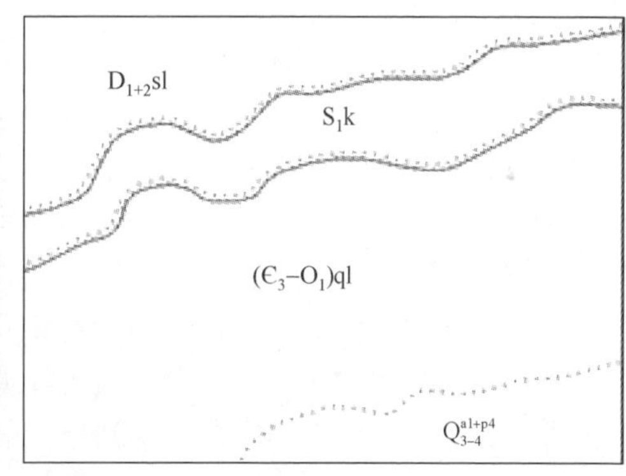

图 11.1　地层影像特征

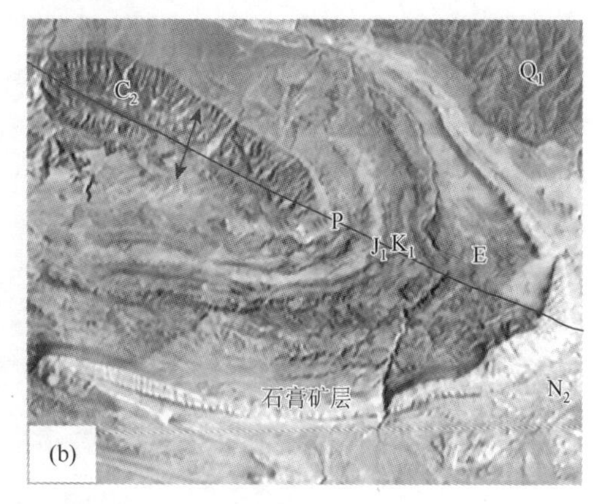

图 11.2　构造影像特征

（a）断裂；（b）褶皱

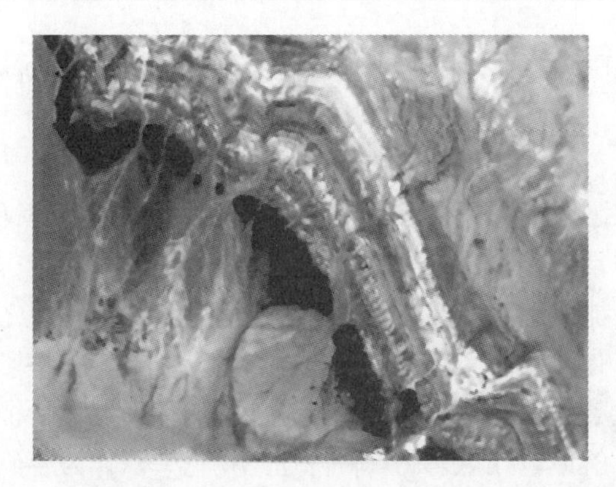

图 11.3　煤层露头影像特征

（1）地貌：含煤地层普遍是由泥岩、砂岩等组成，且粉砂质和泥质岩等软弱岩石占比较大，机械强度普遍较低，在地貌上一般构成负地形。地层中不同岩性的组合及软硬岩层的差异分化，在影像上形成特殊的纹理和色调、色彩组合。含煤地层在遥感影像上的反映与其所形成的地貌具有非常大的关联，可以说地貌的形态是含煤地层识别的关键标志。含煤地层的形成受沉积环境的控制，其保存必然受制于地貌发展演化过程。而地貌在遥感影像上是较易判别的地质形态，所以可以通过遥感影像上的地貌形态建立含煤地层解译标志（图 11.4（a））。

（2）植被：由于煤系松软易于风化且富含有机质，在地壳运动和演化过程中被优先挤压、破坏、风化和剥蚀，有利于土壤形成和植物生长，因此，煤系尤其是抗风化能力较弱的煤层通常被表土覆盖，植被发育，在遥感影像上构成特定的间接解译标志，易于与非煤系基岩区分。

（3）人类活动：西北地区地表植被稀少，以物理风化为主，含煤地层一般裸露或被浅层覆盖，沿厚煤层的露头，一般都有人工挖掘的露天采坑，地表多堆积灰黑色泥岩及煤层的风化物，在遥感影像上多呈现黑色斑点，据此可以判断出含煤地层层位与煤层的大致位置（图 11.4（b））。

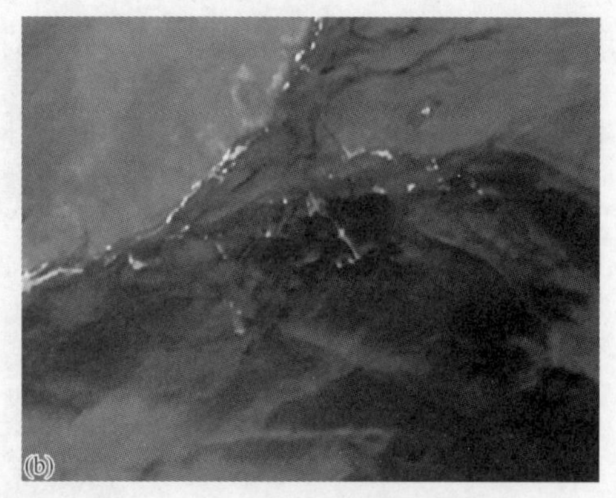

图 11.4　煤系影像特征

（a）地貌特征；（b）煤层露头采坑影像特征

3. 图像处理

利用影像进行初步解译后，对于遥感解译标志不明显的地质体，需要进行图像增强处理和专题信息提取，高分辨率遥感图像能够反映填图区的微地貌结构、区分地物类型，融合图像既有清晰的线性结构信息，又有丰富的色彩信息，在找煤、找矿方面都有其独特的优势。图像处理的目的是增强煤系地层在图像上的反差和色彩层次，扩大不同影像之间的差别，以改善解译效果为目的，使得煤系地层和含煤构造更加突出，以便增强地质工作预见性，有效地部署野外调查工作，提高调查速度、质量和深化区域地质认识。

目前比较有效的方法包括图像融合、合成、图像增强和变换处理，主要的图像增强和变换方法有彩色增强、空间域增强、波段比值、主成分分析、缨帽变换、植被指数（NDVI）变换、图像融合等。在实际的图像处理过程中需要根据地质调查资料等来调整图像处理的目标，并通过综合分析及后续的整饰处理来合成最终的远景区遥感图像。

西北地区以往的煤系矿产资源调查项目以煤炭资源调查评价为主，项目中遥感图像处理大部分以增强岩性和构造等主要地质体的可解译效果为目的。以ETM影像为例，普遍采用以下处理方法。首先，选用反差扩展和直方图均衡化处理方法进行初步处理；其次，采用突出岩性显示效果的主成分分析处理方法；最后，采用“主成分分析＋直方图均衡化”复合处理方法，突出岩性和断裂构造的显示效果（图11.5）。

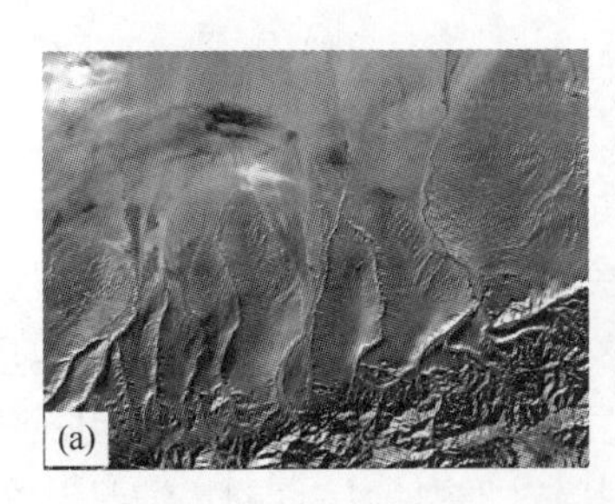

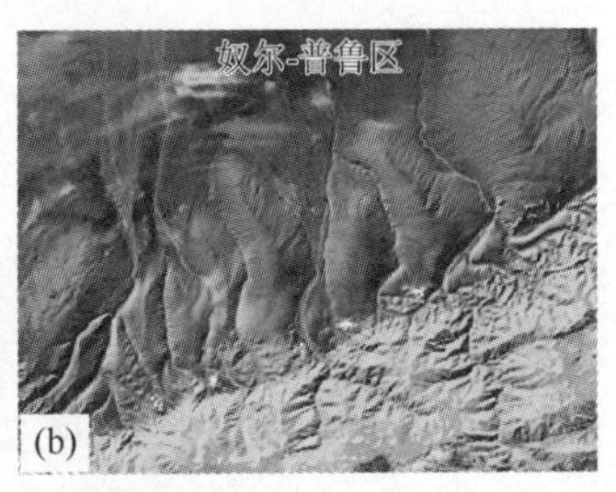

图11.5　图像增强处理效果

（a）处理前；（b）处理后

四、西北遥感煤系资源调查应用研究实例

（一）遥感煤系资源调查

遥感手段用于西北地区煤炭资源调查技术流程较为成熟，主要是针对我国西北地区以往煤田地质工作程度低、已知信息少、地形复杂、岩层裸露不均衡的特点，按照区域展开、重点突破、从面到线到点、逐步深化的原则，在充分收集、分析以往地质资料的基础上，利用遥感影像的地质与成矿信息提取技术，根据不同自然-地质景观，确定地质体的可解译性，根据不同的可解译程度分区进行针对性解译，最大限度地提取煤田地质与成矿信息，在此基础上，进行野外调查验证和重点区遥感煤田地质填图，通过对控煤构造、含煤盆地、煤系与煤层展布范围、性质及变化规律的分析研究，按照“探边定拗找方向”的思路，综合研究，圈定煤炭资源远景区，最终评价煤炭资源潜力，为下一步煤炭地质调查工作提供靶区。

国土资源大调查实施以来，西北地区多个煤炭资源调查及科研项目中使用了遥感技术，通过煤田遥感地质解译、野外实际验证和综合分析研究，圈定煤系赋存有利区段，为下一步地质填图、物探、钻探等地质工程提供依据，取得了良好的应用效果。

通过 1∶10 万遥感地质调查和 1∶5 万遥感煤田地质填图相结合的技术方法，结合物探、钻探及采样测试等方式，最后综合分析各种手段所取得的资料，系统总结调查区地质构造、含煤地层分布、煤层层数、煤层厚度及埋深、煤质等，估算煤炭资源量，总体评价了新疆阿勒泰地区的煤炭资源潜力。

本书重点运用遥感与物探资料相互验证的方式，进行控煤构造和含煤远景区研究。布格重力异常与区域地质构造关系密切，剩余重力异常反映浅部异常源，含煤远景区一般分布在盆地之中。首先通过遥感资料解译处理初步划分研究区构造格架（图 11.6），初步确定盆地的范围；其次依据含煤地层的分布情况，结合地质构造形态进一步确定含煤地层的分布范围；最后利用物探资料（布格重力异常、剩余重力异常）确定含煤远景的范围。

以遥感地质调查结果为基础，结合地质、重磁、地震、聚煤作用、含煤地层、含煤性等资料的综合分析研究，综合后期构造对含煤盆地、含煤地层及煤层的改造作用，对含煤地层进行了含煤远景区的圈定，共圈定含煤远景区 8 处，面积约 4768.50km^2（图 11.7），初步估算了新疆阿勒泰地区煤炭资源量，共获预测远景资源量（334 资源量）317931 万 t，其中预测可靠资源量 35354 万 t。

（二）遥感天然气水合物研究

利用遥感技术可以快速获取与水合物相关的信息，比如冻土区的温度分布信息、冻土厚度以及油气微渗漏等，通过对这些信息的多方位提取，综合物化探和地质资料，分析天然气水合物分布规律，实现资源勘探和气区优选，提高勘探成功率以及进行气藏资源评价。陆域天然气水合物形成于低温高压的冻土带中，对于温度信息的反演是一个非常重要的参量。同时，冻土带的划分也是以年平均地温为主要指标进行圈定，冻土分布的厚度与年平均地温间也存在内在的关联。因此，利用遥感技术对温度信息的反演是分析天然气水合物形成条件、保存条件中最关键的步骤。

图 11.6 新疆阿勒泰地区 ETM 影像处理

（a）Band 743；（b）Band 743 第 2 波段

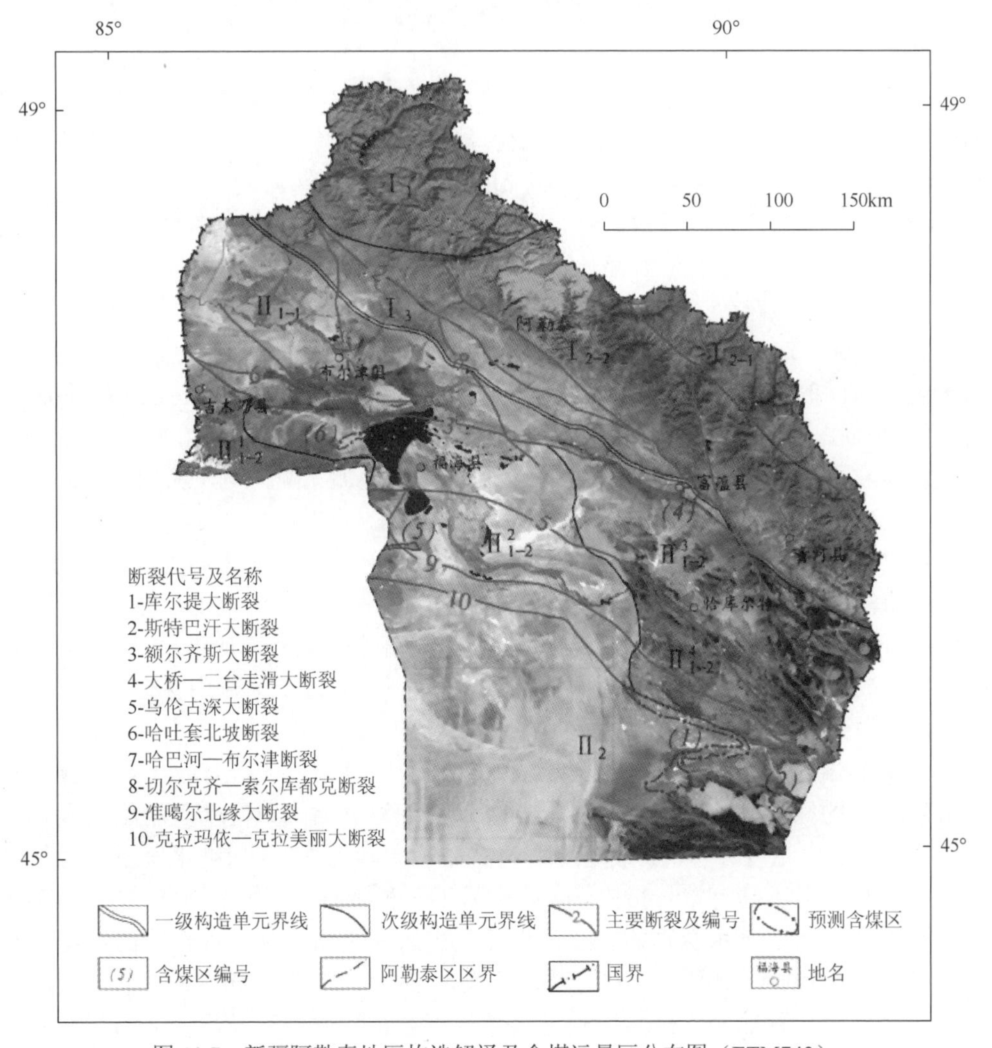

图 11.7 新疆阿勒泰地区构造解译及含煤远景区分布图（ETM743）

随着遥感新技术的开发与发展，在遥感图像特征的基础上，可以充分利用物质的光谱特性进行地物的直接识别。例如，MODIS 数据可以在大区域范围内识别圈定灰岩、泥灰岩等烃源岩的分布，地温异常提取、植被变异以及大气扩散异常等。ETM 影像相对于 MODIS 影像具有高的分辨率，对于某一地区地表温度反演具有独特的效果。ASTER 遥感数据能够很好地识别地表矿物成分，为探索天然气水合物物源信息提供依据。本节主要用 ETM 影像分析在青海木里地区天然气水合物探测中的异常反应点空间分布与实际天然气水合物空间分布的耦合关系。

由于木里煤田已经发现的天然气水合物分解后的气体主要为甲烷，甲烷气体逸散在空气中通常会引起较高的热效应，其引起的热效应相当于二氧化碳的 21 倍，主要原因有以下两点：一是甲烷本身具有较高的吸热能力，随着其不断从大气中吸收热量使温度升高；二是因为大气中已经具有相当多的二氧化碳，以至于许多波段的辐射早已被吸收殆尽，大部分新增的二氧化碳只能在原有吸收波段的边缘发挥其吸收效应。相反地，较少甲烷所吸收的是那些尚未被有效拦截的波段，所以每多一个分子都会提供新的吸收能力。

在聚乎更矿区 ETM 影像红外波段、热红外波段发现三个异常区（图 11.8～图 11.11），异常区内异常点均为水体中的高温异常，这可能是因为地表水体中背景温度值较低，而甲烷造成的地表空气异常与背景相比较为明显的缘故。

在对聚乎更矿区西部的异常点进行野外调查与验证时发现，地表水体中冒泡，气泡大量出现，有的气泡持续冒泡时间长达 5～6min。在对聚乎更矿区中部的异常点进行调查与验证发现，青海煤炭地质 105 勘探队在该地施工的 4 个钻孔在钻进中均见气体显示，深度分布在 100～300m，在对各个钻孔进行点火实验过程中，火苗高度为 0.3～0.5m，且随着燃烧时间的增加火苗高度都普遍增加，这可能由于原来稳定的温压条件使天然气水合物能够存在，但随着提钻，压强减小，破坏了原有水合物稳定存在的温压平衡条件，天然气水合物不断分解造成气体压强增大，火苗高度增加。观察火苗持续时间都在 5min 以上。

在距离某煤炭钻孔西北 500m 的位置，中国地质科学院进行了天然气水合物的钻探工作，该钻进深度为 260m，并成功获得天然气水合物实物样品，深度主要为 120～240m，水合物多分布于泥岩、油页岩和粉砂岩中。异常区东部的异常点对应于聚乎更矿区，由于聚乎更矿区属于露天开采，大量揭露侏罗系的含煤岩系，而含煤岩系中含有大量的甲烷气体，甲烷逸散到空气中，相对于地面水体产生明显的高温异常。

从 ETM 温度异常点的分布与天然气水合物空间分布的一一对应关系来看，ETM 对于温度异常的探测是准确高效的。但 ETM 遥感探测异常点只是基于温度差异背景下的异常反应，造成温度异常的原因很多，也就是说单独的 ETM 探测手段对于进行天然气水合物的勘查并不具有单一指向性，而是呈现一种多解的局面。因此，利用 ETM 温度异常影像进行天然气水合物的勘查，只能是大致圈定出天然气水合物的可能分布空间，欲获得天然气水合物准确可靠的勘查效果，必须将 ETM 勘查与其他勘查手段相结合，以多个限制条件的交集来共同确定天然气水合物，或进行异常区现场的钻探验证才是准确可靠的。

图 11.8　木里煤田聚乎更矿区遥感影像（ban7）

图 11.9　木里煤田聚乎更矿区遥感影像（ban7、ban6、ban1）

图 11.10　木里煤田聚乎更矿区遥感影像（ban7、ban6、ban5）

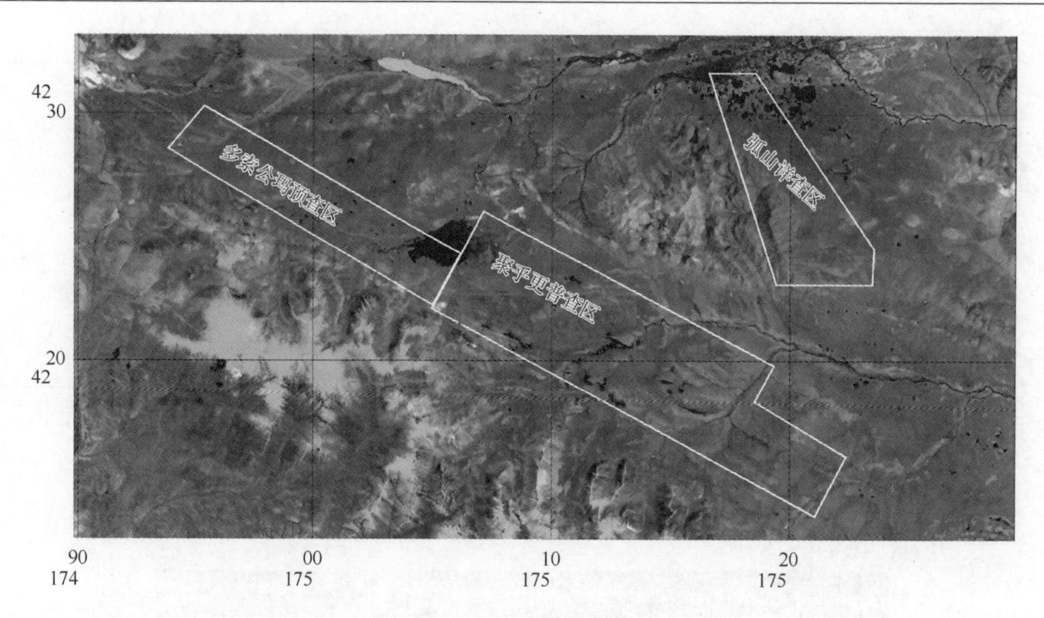

图 11.11　木里煤田西部 ETM 影像图（ban7、ban4、ban3）

（三）遥感油页岩调查

油页岩是一种高灰分的含可燃有机质的沉积岩，以资源丰富和开发利用的可行性而被列为 21 世纪非常重要的接替能源。油页岩的生成与湖泊体系发育密切相关，其成油能力往往比煤的成油能力大，纵向层位上油页岩与煤层互层，或者发育在煤层之上，是重要的煤系伴生矿产。

我国油页岩形成地质年代范围较宽，从石炭纪、二叠纪、三叠纪、侏罗纪、白垩纪到古近纪都有产出，主要分布在松辽盆地、鄂尔多斯盆地、准噶尔盆地等三个大型含煤盆地，涉及 22 个省（自治区、直辖市）48 个含煤盆地。煤与油页岩在盆地同时代地层中产出的地质现象从古生代到始新世均有发现，在新疆塔里木盆地南缘以侏罗系叶尔羌群为主的煤系中同时赋存有煤层及油页岩资源。

中国煤炭地质总局航测遥感局遥感信息有限公司在新疆塔里木盆地南缘以侏罗系煤系为目标层开展遥感油页岩调查选区工作，主要是在收集调查区各种地质资料的基础上，了解调查区的地质背景，开展调查区遥感初步解译，并针对可能的含矿地层进行矿化蚀变信息提取，针对遥感解译的疑点和难点、矿化蚀变信息提取结果进行野外地质验证。在野外地质调查验证和采样的基础上，进行光谱测试，建立调查区油页岩光谱库，进行光谱角填图，在此基础上进一步针对可能的含矿地层进行综合分析研究，最终圈定可能的找矿远景区。

在实际工作中，针对油页岩矿产的特性，对区内典型油页岩样品进行了光谱实测，明确不同岩性的波谱特征，建立不同岩性的光谱信息（图 11.12），在此基础上进行了 ETM 影像相应波段实验性和 Fe^{3+}、CO_3^{2-}、铝羟基离子的综合配比提取，针对油页岩的特征，本书运用主成分分析（PCI）、光谱角填图方法进行了遥感提取。这两种方法均是在对油页岩光谱特征进行分析的基础上，利用油页岩的光谱物理特性遥感数据选取相对应的波段进行处理，从而完成异常信息的提取。

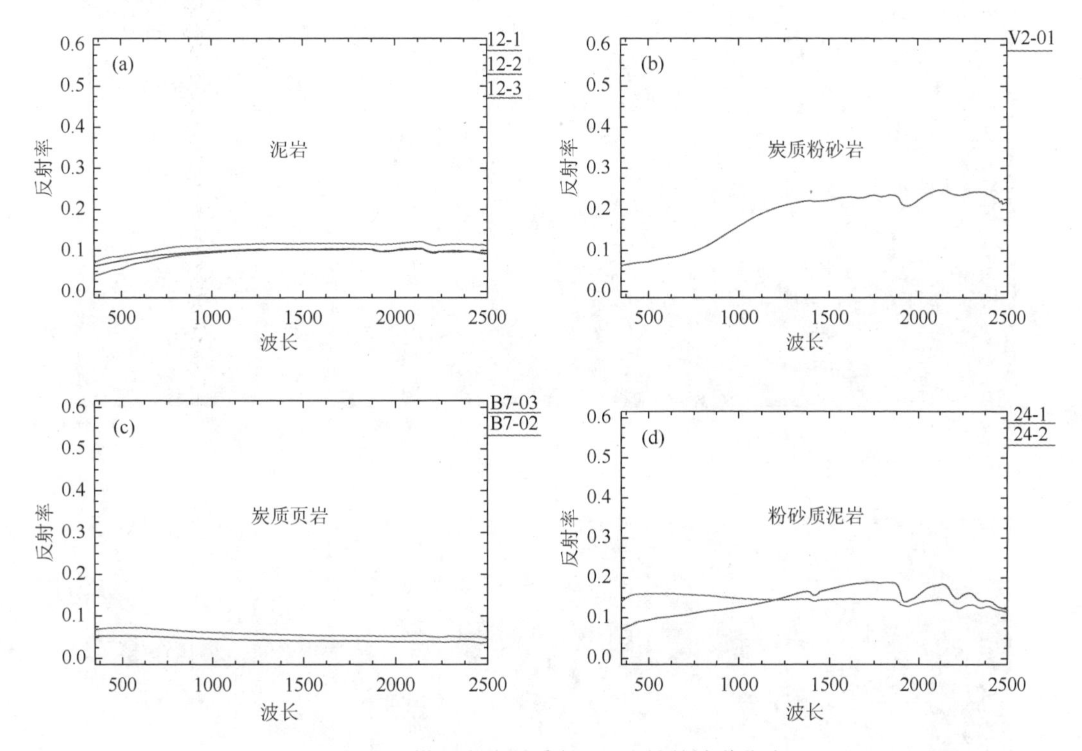

图 11.12　塔西南侏罗系中不同岩性的波谱曲线

油页岩的主要物质为黏土类矿物，并含有一定量的有机质，烃类物质在氧化环境下易形成碳酸盐岩，在还原条件下易形成二价铁离子矿物的富集。通过分析发现与油页岩信息相关的异常要素包括黏土化异常、碳酸盐岩化异常、铁离子异常以及烃类的异常，主要对这四类异常在 ETM + 数据的响应波段进行分析，从而选择合理波段进行波段比值，从而大致分析油页岩赋存的岩性信息，为深入进行油页岩的调查验证提供方向。

针对上述提取的 Fe^{2+}（图 11.13（a））、碳酸盐化、黏土矿物（图 11.13（b））蚀变信息异常图斑进行野外地质调查分析，具有油页岩异常点的主要地层为侏罗系，岩性为深灰色中-厚层状细砂岩、粉砂岩夹薄-中层状泥岩，具有油页岩赋存的潜力。

运用光谱角填图对油页岩异常信息提取结果表明（图 11.14），其异常主要分布于嘎斯煤田及其以东的侏罗系中，这与波段比值法提取的 Fe^{2+}的蚀变信息具有高度一致性。在后期的野外调查中在该异常区发现了具有一定资源潜力的页岩。

（四）遥感煤田灾害监测

西北地区烧变岩和煤田自燃灾害比较发育，遥感技术还可以用于煤田自燃灾害研究，以煤层自燃的地质规律为理论依据，以遥感技术为主要手段，以地理信息系统为平台，建立煤田火区动态监测系统，为煤矿防灾、减灾、环境监测和治理以及政府决策提供依据。

图 11.13　油页岩赋存异常信息提取结果（光谱角填图）

图 11.14　油页岩远景区岩性信息提取结果（(a) Fe^{2+}，(b) 黏土化、碳酸盐化）

以遥感技术手段为支撑，结合地面调查和测试，查明了中国北方煤田火区灾害，主要分布于侏罗系煤田特厚煤层地区，总的趋势是西强东弱，煤田火区共计56处，面积720km²，正在燃烧的面积约17～20km²，年损失煤炭资源量1000万～1360万t，破坏优质煤资源量约2亿t；分析了煤层自燃引发的环境污染现状，据估算，北方煤田火区每年向大气排放CO 49.02万m³、SO_2 51.47万m³、其他有害物质11.02万m³，严重污染大气层，在低空造成有害物质严重超标，在中空对流层形成大范围的酸雨，在高空形成地球的温室效应；建立了中国北方煤田火区信息系统，动态监测煤田火区燃烧范围，跟踪火势发展，检查灭火效果。

在宁夏汝箕沟煤田的煤火监测中以高空间分辨率的QuickBird卫星图像和高光谱分辨率的OMISI航空高光谱图像数据为信息源，结合细分光谱仪、红外测温计等地面遥感技术，对煤火现状进行了定量调查分析及动态监测，较为准确地查明了火区范围和燃烧强度，分析了不同时期煤田火区的变化规律，为火区治理提供了决策依据（图11.15）（王晓鹏等，2005）。

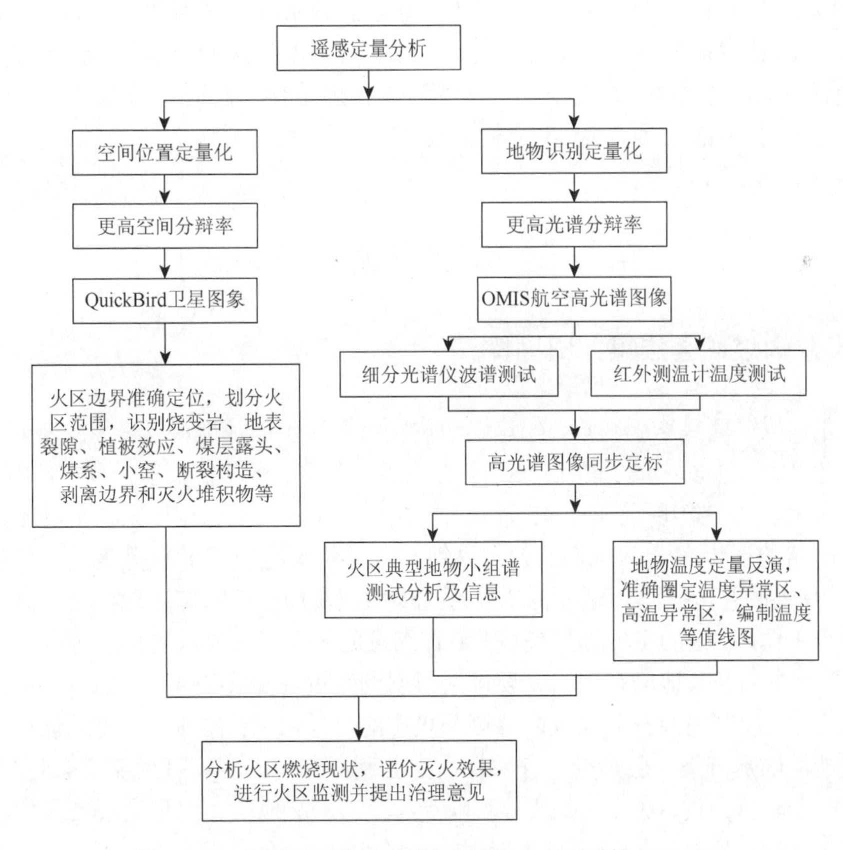

图11.15　多源遥感煤火调查技术路线（王晓鹏等，2005）

应用高分辨率的ASTER影像数据在新疆轮台县阳霞火区对煤火情况进行调查，主要通过ASTER热红外波段反演地表温度，并与实地测量得到的地表火区分布情况进行了对比验证。结果表明，从ASTER卫星图像上提取的温度异常区和实地测量圈定的煤田火区分布位置具有较好的对应关系，可利用卫星热红外遥感高效地发现新发火区及监测已有火区的变化情况。

五、应用前景

我国能源的自然特点是“富煤贫油少气”，同时，我国也是世界上最大的煤炭消费国。虽然国家能源结构向新能源、清洁能源等方向发展，但是出于维护国家能源战略和国家安全，保持国民经济稳定发展的需要，在未来一段时期内煤炭资源作为我国主体能源的地位基本不会改变。

实践表明，遥感手段在构造改造强烈的西北地区的控煤构造格架、各期次构造展布研究等方面具有快速、全面的优势，故在自然地理条件恶劣、交通不便的西部遥感技术仍具有较突出的优势。综合对比区域煤系资源勘查程度的分析，在煤田地质工作程度低，大多数含煤区依然停留在煤田预测阶段的西北边远地区，遥感技术仍具有较为广阔的应用空间。另外，随着传感器分辨率的不断提高，特别是高光谱技术的发展，利用高分辨率影像进行大比例尺高精度地质填图成为可能，特别是在人迹罕至的区域，甚至可以在影像上直接解译含煤地层。同时，随着 GPS、GIS 及计算机处理技术的不断发展，遥感技术在西北地区煤系资源调查方面的应用将会有新突破和良好的发展前景。

第二节 煤炭资源勘查实践

一、艾维尔沟煤矿区焦煤井田勘探

艾维尔沟煤矿区是新疆焦煤、配焦煤和焦炭的主要生产基地。焦煤井位于天山山系山间盆地，乌鲁木齐市以南的艾维尔沟矿区的东部，呈近东西向狭长条带分布，南、北、西三面高山围绕，2003 年以前年产 45 万 t，主要生产焦煤。2003 年以来，随着国家“西部大开发”战略的逐步实施，新疆电力与钢铁工业对焦炭的需求不断提高，需要建立年产 120 万 t 的焦煤矿井。据此新疆维吾尔自治区煤田地质局一五六煤田地质勘探队开展了井田地质勘查工作，确定的主要勘探任务为：详细查明先期开采地段内落差等于和大于 30m 的断层，控制先期开采地段范围内主要可采煤层的底板等高线变化；详细查明可采煤层层位及厚度变化，控制先期开采地段内各可采煤层的可采范围；详细查明可采煤层煤质特征和工艺性能，确定可采煤层煤类，评价煤的工业利用方向；估算可采煤层探明的（331）、控制的（332）、推断的（333）资源量，以及对井田水文地质、工程地质及其他开采技术条件的进一步控制研究。

艾维尔沟煤矿区于 1958 年被牧民发现后，先后进行了普查勘探、精查勘探工作，主要对第一水平初期的开采地段重点控制，对深部构造、煤层、煤质等仅进行适当控制，矿区开发能力受限。2009 年，新疆维吾尔自治区煤田地质局一五六煤田地质勘探队再次开展补充勘探，采用地质钻探、地球物理测井、采样测试等综合勘查方法，基本查清了煤层赋存特征，控制了煤层深度、厚度及其变化，测定了主采煤层顶底板岩石的物理力学性质，对主采煤层顶底板砂岩直接充水含水层进行稳定流抽水试验，评价其水文地质、工程地质条件。

（一）含煤地层主要特征

井田出露的地层从老到新为石炭系，三叠系小泉沟组，下侏罗统八道湾组、三工河组，侏罗系中统西山窑组。

1. 八道湾组（J_1b）

该组岩性主要为灰白色砾岩、砂砾岩、粗砂岩、中砂岩、细砂岩和煤层，局部夹薄层深灰色、灰黑色的粉砂岩、泥岩及炭质泥岩，属河湖沼泽相环境。本组为矿区内主要含煤地层，共含煤18层，为1-1、1-2、$1_下$、2-1、2-2、$2_下1$、$2_下2$、3、4、$5_上$、5、6、7、8、9、10、11、12号煤层。地层平均厚度602.46m。

2. 三工河组（J_1s）

该组岩性以深灰色厚层泥岩为主，上部夹薄层状砂质泥岩、粉砂岩及细至中粒砂岩，层理清晰，层面有波痕；下部含铁质结核或薄层菱铁矿，底部为灰色细至中粒砂岩、厚层灰色粉砂岩。地层厚度0～162.85m。

3. 西山窑组（J_2x）

该组主要由浅灰色粗粒砂岩、砂砾岩及砾岩等组成，灰绿色细砂岩、砂质泥岩，深灰色泥岩与薄煤层呈透镜体互层状组成，局部粉砂岩含菱铁矿结核。井田内该组地层大部分保存不完整，剥蚀严重。钻孔中仅有三个钻孔揭露西山窑地层，揭露厚度为236.45m。煤层的特征是含煤多而薄，不稳定并且变化大而不易对比，基本不可采。

（二）井田构造

井田处于断陷盆地东南端，地层走向略向南弯曲，总体构造形态为向南西倾斜的单斜构造。岩煤层倾角一般为7°～25°，除个别露头及受断层破坏影响处的煤层倾角局部变化稍大外，井田中部煤层倾角较东西两端平缓，深部倾角逐渐变陡。

井田内走向逆断层较发育，对煤层造成较大切割破坏的主要为F3、F4、F5、F6断层。

1. F3断层组

该组断层主要分布在井田东部，对3线以东1850m标高以下的1-1、1-2、2-1、2-2号煤层影响较大。由于该组断层平行密集出现，在F3-2断层上盘造成连续的破碎带，致使上盘储量无法利用。其中F3-2为逆断层，落差为10～30m，走向东南，倾向南西，倾角50°～70°。控制钻孔有2线的2-2孔、2-5孔，3线3-4孔，加1线加1-4孔，加2-1线加 2-4 孔，加 2-2 线加 2-2-2 孔，加 2 线加 2-2 孔，加 3 线加 3-3 孔、加 3-4 孔、加 3-5 孔。1、2 号煤组底板在等高线图上呈反“S”形，延展长度 2400m，断层落差 10～30m。

2. F4 断层组

该组断层主要有 F4-1 为下逆断层，落差为 20～50m，上部落差小，中部落差大，走向东东南，倾向南南西，倾角 34°～45°，主要分布于 6 线以西，7 线以东，控制钻孔有 6 线 6-7 孔、CK15 孔、6-4 孔和加 6 线加 6-3 孔。井田内延展长度 400～900m，呈向南弯曲的弧形。

F4-1 为上逆断层，落差为 15～60m，走向东东南，倾向南南西，倾角 33°～62°，主要分布在加 4 线以西，控制钻孔有 6 线 6-7 孔、CK15 孔，7 线 CK22 孔、7-3 孔、CK21 孔，加 6 线加 6-3 孔、加 6-2 孔，延展长度 2000m，6-7 线呈东西向，6-加 5 线转为近南北向。

F4-2 为逆断层，落差为 15～50m，走向东东南，倾向南南西，倾角 42°～62°，分布在 6 线以西，控制钻孔 6 线 7-3 孔、6-4 孔、6-6 孔、6-7 孔、CK12 孔、CK20 孔、CK18 孔，加 6 线加 6-1 孔。断层落差 6 线 6-6 号孔仅 6m，但 6-4 号孔落差达 27m。该断层延展长度为 900m。

3. F5 断层组

该断层组由纵贯井田走向的 F5-10 断层及其斜交派生的 F5-9 等断层组成。

F5-10 为逆断层，落差为 40～50m，走向东南，倾向南西，倾角 30°～60°，控制钻孔有加 4-5-3 孔，加 4 线加 4-6 孔，加 5 线加 5-5 孔，5 线 5-1 孔、CK3 孔，延展长度为 1900m，与 F5-9 断层近于平行，两者相交于加 4 线加 4-6 号孔南 130m 附近。

F5-9 为逆断层，落差为 20～70m，走向东南，倾向南西，倾角 25°～30°。4-5 线以西与 F5-10 断层近于平行，该断层主要影响并切割 8 号煤以下煤层，控制钻孔有加 4 线加 4-6 孔、6 线 6-2 孔、加 5 线 5-6 孔、4 线 4-1 号孔，延展长度为 3600m。

4. F6 逆断层

5 线 F6 断层由 5-5 孔、5-2 孔控制，走向北西向，倾向南西，延展长度约 540m，断层落差 0～60m，倾角 25°～30°。

（三）煤层

1. 含煤性

井田范围内煤层主要集中赋存在下侏罗统八道湾组地层内，共含煤 18 层，依次编为 1-1、1-2、$1_{下}$、2-1、2-2、$2_{下}1$、$2_{下}2$、3、4、$5_{上}$、5、6、7、8、9、10、11、12 号，可采煤层为 1-1、1-2、2-1、2-2、4、5、6、7、8、9、10 号煤，其中 2-2、5、6 号煤为主要可采煤层。

1-1 煤层：主要分布于井田的西部，不可采范围主要集中在 5 线以东一带。煤层结构简单，仅少量点见有 1～2 层薄夹矸。煤层属较稳定煤层。

1-2 煤层：煤层结构简单，个别点见 1～2 层夹矸，属较稳定煤层。

2-1 煤层：4 线以西大部分为沉积缺失区，4 线以东除 4 线、加 3 线以上不可采外，其他均可采。煤层厚度平均为 1.28m。煤层结构总体简单，仅个别点见有夹矸，最多为 4 层，属较稳定煤层。

2-2 煤层：全井田皆有分布，稳定可采。其中加 6-2 孔最厚，浅部加 4-5-1 孔最薄，为 0.67m。煤层结构较简单，半数见煤点具有 1～3 层夹矸。煤层属较稳定煤层。

3 煤层：分布于井田 5 线西部，属不稳定的不可采煤层，结构简单，偶见有 1 层夹矸。

4 煤层：分布在井田中部及西部，4 线、加 3 线浅部，加 4 线以西。无煤带集中在 3 线至 5 线以南。加 5 线北部不可采范围以天窗式分布。煤层结构较简单，少量钻孔点见有 1～3 层夹矸。煤层属较稳定煤层。

5 煤层：全井田分布，在 4 线以东的南部不可采范围集中分布。加 6-2 号孔最厚，加 3 线以东有一个冲刷条带，其中 2-5 孔煤层全部被冲刷。煤层总体厚度自西向东有所增加。煤层结构较简单，普遍见有 1 层夹矸。煤层属较稳定煤层。

6 煤层：全井田分布，不可采范围主要集中在加 2 线西南部。3 线浅部 CK75 孔最厚，加 2 线以东 1600m 标高以下不可采。4 线以东通常含有 1～3 层夹矸，4 线以西无夹矸，总体结构较简单。煤层属较稳定煤层。

7 煤层：分布在井田西部。可采点位于加 4-3 孔与 4-2 孔一线以北，两孔连线以南为冲刷不可采，厚度平均 1.67m。煤层结构简单，少量点见有 1～2 层夹矸。煤层属较稳定煤层。

8 煤层：分布在井田西部，可采区域集中在 6 线以东加 5-7 孔与加 4-6 号孔连线以北，厚度平均为 1.44m，井田中部 5-1 孔最厚。煤层结构简单，基本无夹矸。煤层属不稳定煤层。

9 煤层：分布在井田中西部，可采区域分别位于加 4 线以西的北部及加 4 线以东 F5-9 断层的上盘，厚度平均为 1.27m，中部 5-1 孔最厚。煤层结构较简单，见有 1～2 层夹矸，属不稳定煤层。

10 煤层：主要分布在井田西部，另在井田东端有少量赋存。可采范围主体在加 3 线以西及加 3 线-加 2 线之间的 F5-9 断层下盘，厚度平均为 1.78m，井田近边界的 6-2 孔最厚。煤层结构简单，基本无夹矸，属较稳定煤层。

2. 煤类

井田内煤层煤类主要为气肥煤、肥煤，局部见气煤、焦煤，各煤层由东南向西北方向，由煤层浅部向深部，煤的变质程度逐渐增大。井田内煤层分布范围主要为焦煤（25JM）：零星分布于井田西北边界 7 线一带的 5、6、7、9、10 号煤层深部；肥煤（26FM、36FM）：是井田内分布面积最广的煤类，集中分布在井田中部—西北部的各煤层中；气肥煤（46QF）：分布面积仅次于肥煤，主要分布在井田中部—东南部的各可采煤层中；气煤（45QM）：零星分布于井田东南部 2 线—加 1 线一带的 5、6、10 号煤层的浅部。

（四）井田水文地质条件

1. 地表水

艾维尔沟河在其西部边界沿地层倾向径流，至6线以后转变方向，开始沿地层走向延伸，成为井田地下水的主要补给来源。在局部地区，该河也是地下水的排泄处，地下水以泉的形式向河流补给。

2. 地下水含水层特征

1）下侏罗统八道湾组含水层

八道湾组是矿区的主要含煤地层，其中所含煤层本身透水性较弱，为隔水层。煤层直接顶底板多为中、细砂岩及粗砂岩或砾岩，少量为粉砂岩与炭质泥岩，在无构造破坏的情况下，富水性较弱，可以起到一定的隔水作用。各煤层之间的砂岩与砂砾岩层则为相对含水层，计有10层，分别以底板煤层号命名，具体特征详见表11.2。

表11.2　艾维尔沟煤矿区八道湾组含水层特征简表

编号	岩性组合	厚度/m	q/(L/(s·m))	K/(m/d)	水质类型	矿化度/(g/L)
Ⅱ	中砂岩、细砂岩	7.08～30.34	0.0045～0.028	0.355	$HCO_3·SO_4$-Na·Ca	＜0.500
Ⅲ＋Ⅳ	粗中细砂岩、砂砾岩	34.09～67.09	0.261～0.378	0.692～2741	HCO_3-Na·Ca	0.388
Ⅴ	粗砂岩、砂砾岩	18.08～59.29	0.00341～3.591	0.00289～2.941	$SO_4·HCO_3$-Na·Mg	3.408
Ⅵ	粗砂岩、砂砾岩	8.94～23.56	0.001～0.271	0.009～1.572	$HCO_3·SO_4$-Na·Ca	0.330
Ⅶ	粗砂岩、砂砾岩	7.98～41.53	0.0123～0.219	0.0590～1.882	HCO_3-Na·Ca	0.288
Ⅷ	细砂岩、粗砂岩	35.90～57.90	0.005～0.133	0.010～0.516	HCO_3-Na	0.696
Ⅸ	粗中砂岩、砂砾岩	5.23～48.54	0.238		$HCO_3·SO_4$-Na·Ca	0.543
Ⅹ	粗砂岩、砂砾岩	29.92～53.47	0.011～0.096	0.0023～0.024	$HCO_3·SO_4$-Na·Ca	0.190
Ⅺ	中砂岩、砂砾岩	7.60～37.52	0.0067～0.0528	0.044～0.550	$HCO_3·SO_4$-Na·Ca	2.010
Ⅻ	粗砂岩、砂砾岩	75.29～108.42	0.0153～0.0160	0.034～0.020	HCO_3-Na·Ca	2.400

注：表中数据为全部煤层数据，文中描述为可开采煤层数据。

各含水层在井田范围内的厚度变化不大，倾角远比井田以西平缓。据精查报告所述，6线以西为补给区，地下水位较高，水质类型以重碳酸盐钠型水为主，矿化度较低（一般小于1.0g/L）；6线以东为排泄区，地下水位较低，渗透性能较差，含水性能不及西部，水质类型以硫酸盐氯化物钠型水为主，局部有氯化物重碳酸盐钠型水。各含水层之间除局部因断层和浅部风化裂隙沟通外，一般无水力联系。钻孔单位涌水量一般小于0.1L/(s·m)，CK6孔1煤组顶板砂岩因处于基岩风化带，故单位涌水量为0.215L/(s·m)；CK10孔7煤顶板砂岩因位于基岩隐伏露头，故单位涌水量为0.219L/(s·m)。各含水层水质上部（4-8煤层）以重碳酸硫酸盐钠镁型为主，矿化度一般为1.04～3.42g/L；下部（10-12煤层）以硫酸盐氯化物钠钙型为主，矿化度则为1.224～2.40g/L。水质成果反映垂向上具有一定的差异性，越近矿井深部地下水越趋向滞流，但局部地下水沿断裂破碎带等交替运动。如CK22孔F4-1断层，埋深360m，20世纪60年代静水位超出地表2.85m，单位涌水量为0.411L/(s·m)，渗透系数为1.78m/d，富水性较强。此外，一部分未封闭钻孔可能促进其上下各含水层的水力联系。总体上看，直接充水含水层为煤层顶底板砂岩，富水性较弱，在局部构造发育地段富水性为弱至中等。

Ⅱ号含水层：由中、细砂岩组成，厚度7.08～30.34m，平均17.99m，底板为较好的隔水层，厚度8～23m。该层一般水量很小，如邻区西部2-1号采样井，$s = 2m$，$Q = 0.009L/s$，$q = 0.0045L/(s·m)$，2-3号采样井几乎无水，浅部风化裂隙带亦有略强之处，如5线CK6号孔，$q = 0.028L/(s·m)$，$K = 0.355m/d$。水质属重碳酸盐、硫酸盐钠钙型水，矿化度<0.5g/L。

Ⅲ＋Ⅳ号含水层：由中细砂岩、粗砂岩、砂砾岩组成，自东向西粒度变粗，厚度34.09～67.09m，平均50.65m。邻区西部$q = 0.261$～$0.378L/(s·m)$，$K = 0.629$～$2.741m/d$，富水性较强。9-4孔水位为＋15.31m。水质为重碳酸盐钠钙水，矿化度0.388g/L。

Ⅴ＋Ⅵ号含水层：由粗砂岩、砂砾岩组成，平均46.0m，厚18.08～103.61m，$q = 0.00102$～$0.0322L/(s·m)$，$K = 0.00289$～$0.0613m/d$，井田内富水性较弱。邻区西部如13线CK54孔$q = 3.591L/(s·m)$，$K = 2.941m/d$，而加7-1孔岩心完整，透水性较弱，$q = 0.0177L/(s·m)$，$K = 0.0381m/d$。水质属重碳酸盐、硫酸盐钠钙型或硫酸盐、重碳酸盐钠镁型水，矿化度1.04～3.42g/L。井田内总体特征是由西向东富水性由弱—更弱，水质重碳酸含量减少，而硫酸盐含量增加。

Ⅶ号含水层：由粗砂岩及砂砾岩级成，厚7.98～41.53m，平均23.75m。浅部局部富水性较强，CK10孔$q = 0.219L/(s·m)$，$K = 1.882m/d$，中深部（7-1孔深106.25m）较小，$q = 0.0123L/(s·m)$，$K = 0.598m/d$，7线以西水位高出地面。水质属重碳酸盐钠或重碳酸盐钙钠型水，矿化度为0.288g/L。

Ⅷ号含水层：由细砂岩、粗砂岩组成，厚35.90～57.90m，平均47.50m。7-1孔揭露深度132m，$q = 0.05L/(s·m)$，$K = 0.01m/d$，渗透性很差，浅部要略大些，裂隙带更大，邻区西部13-1号孔$q = 0.133L/(s·m)$，$K = 0.516m/d$。水质属重碳酸盐钠型水，矿化度为0.696g/L。

Ⅸ号含水层：近8煤层底板的中砂岩、粗砂岩，少量砂砾岩组成，厚5.23～48.54m，平均24.35m。邻区13线向西变粗加厚，到15线为含砾粗砂岩。该含水层与9煤层间有一段较厚细粒岩石为隔水层，浅部裂隙带，邻区CK86孔$q = 0.238L/(s·m)$。水质属重碳酸盐、硫酸盐钠钙型水，矿化度为0.543g/L。

Ⅹ号含水层：由粗砂岩及少量砂砾岩组成，厚29.92～53.47m，平均42.95m，渗透性较差。7-1孔水头较高，为＋14.03m，涌水试验资料显示$q = 0.011L/(s·m)$，$K = 0.0023m/d$，4-10孔$q = 0.0096L/(s·m)$，$K = 0.024m/d$。水质属重碳酸盐、硫酸盐钠钙型水，矿化度为0.19g/L，富水性均较弱。

2）中侏罗统西山窑组含水带

西山窑组岩性以中、细砂岩、粗砂岩及砾岩裂隙含水层为主，夹粉砂岩、砂质泥岩、泥岩、煤层等隔水层。井田内揭露厚度为236.45m，井田未见钻孔漏水。邻区浅井抽水试验，单位涌水量为0.021～0.025L/(s·m)，渗透系数为0.136～0.159m/d，富水性较弱。

3）第四系含水层

第四系强含水层主要分布在河床及河流两岸与主要支沟的沟谷内。含水层厚度最大46.95m（加6-1号孔），由砂砾、卵石与漂砾组成，宽度一般为40～220m。加4线加4-6孔东南方向127m浅4号孔，第四系含水层厚14.58m，抽水试验水位降低3.04m，涌水量3.462L/s，单位涌水量1.139L/(s·m)，渗透系数8.26m/d，富水性强。第四系含水层直接补给基岩，中间无明显隔水层可见，与河水之间亦连通互补，是矿井充水主要补给来源。

第四系弱含水层主要分布在高山台地上，以冰水沉积为主，由砂土、砾石等组成，厚10～42m，一般不含水或弱含水。

3. 构造破碎带裂隙承压水

矿区内分布大小断层数十条，一般断距不大，破碎带宽度亦较小，多数断层以层位重复为特征。断层的导水性也随切割地段与层位的不同呈现出差别。井田内切割煤层与含水层的主要断层为F4、F5断层组。据精查报告，各断层抽水试验成果如下所述。

1）F4断层

抽水四次，均在富水地段，因断点层位不同，导水性亦各异。其中距井田最近的8线两个钻孔在下盘8煤顶板含水层中穿过，岩性主要为砾岩，钻孔穿过断点，水即涌出，涌水量达12.20L/d。井田西界附近的7线两孔处于近河处，渗透性能较强，单位涌水量为0.117～0.411L/(s·m)，渗透系数为0.44～1.78m/d。

2）F5断层

井田内加5线5-6孔涌水，涌水量为4.16L/d。4线4-6孔断点层位在9煤层顶板，以泥岩与粉砂岩为主，单位涌水量为0.00194L/(s·m)，渗透系为0.00334m/d，富水性弱。加5-7孔施工至10煤下遇破碎带漏水，漏水量为1.45～2.80m^3/h，可能为F5-10断层附近局部富集地下水。

4. 小窑积水

精查阶段曾对该矿区当时生产的两个矿井进行了水文地质调查工作，主要成果如下所述。

1）七一平硐

该平硐年产21万t，采用木支护炮采工艺，主采5、6、7、8煤层，东西两翼采区各长2000m左右。井下可知，顶板无明显淋水；光明沟潜水渗入井下；西采区遇小断层，有水不大，遇F4断层水亦很小，但中央采区遇一废窑，长400m，积水排出量达6000m^3。

2）南山平硐

该平硐年产10万t，打眼放炮采煤，主采5、6、7煤层，平硐已掘至10煤层。西采区长1000m，掘至跃进沟下需穿雨衣工作；在9煤层顶板遇断层但有水不大；顶板无淋水。

精查工作结束以来，井田范围内又新增了几处废井，尤其废弃多年的小窑也没有得到很好的封闭，老窑积水对未来矿井开采的危害较大，故工作面接近老窑前需打超前探水钻。

5. 井田内主要隔水层

下侏罗统三工河组岩性上部以深灰色中厚层状泥岩隔水层为主，夹薄层状灰绿色细-中粒砂岩含水层；下部主要为厚层状粉砂岩隔水层，厚度162.85m，底部与八道湾组1煤层直接接触，井田内仅见下部地层。该地层是八道湾组上部的良好隔水层，由于它的存在，西山窑组砂岩、砂砾岩等裂隙含水层与八道湾组各可采煤层顶底板砂岩含水层无水力联系。

此外，八道湾组各煤层本身透水性微弱，属隔水层，煤层直接顶底板多为泥岩、粉砂岩或炭质泥岩，均属于隔水层范畴。

6. 井田地下水与地表水的水力联系

井田属大陆性气候，夏季多阵雨，冬季少雪，最高气温30.5℃，最低气温–26℃。当年10月至次年4月为冻结期，最大冻结深度1.5～2.0m。年降水量152.2mm，绝大部分集中在6～9月；年蒸发量2105.4mm，主要集中在5～9月。该区地形坡度较大，地形利于洪水排泄，地表水对该区地下水补给极弱。

1）区域含水层地下水

区域含水层地下水对矿区地下水的补给，由于工作区基岩含水层具成层性，其间只能通过地表的风化裂隙或层间裂隙补给，而且富水性弱，因而其补给量较小。

2）地表水

艾维尔沟河从井田西北角穿过，是唯一常年流水的地表水体，该河在3～4月为枯水期，6～8月为丰水期。河水动态变化较大，水源主要是天山冰川雪水，夏季雨洪季节有洪水现象。根据硐家山观测站资料，该河2～5月为枯水期，最小流量为0.11m^3/s；6～8月为丰水期，最大流量为4.271m^3/s；最大洪峰流量为334m^3/s，其余时间为平水期，属典型的干旱区内陆河水系，是该区井田地下水的主要补给源。

3）大气降水

大气降水对地下水的补给是很少的，一方面是由于矿区气候干旱，年降水量少而集中；另一方面由于地表坡度大易转为地表径流，不易补给地下水。

由于西区井巷已建成，该区的地下水流场已发生改变，地下水的排泄方式已变更为人工抽排。2008年和2009年焦煤井矿井涌水量情况见表11.3。

表11.3　2008年和2009年焦煤井矿井涌水量情况汇总表　（单位：m^3/h）

年份 月份	2008	2009
1月	219.54	212.79
2月	212.40	209.39
3月	235.11	239.70
4月	281.76	
5月	281.38	281.96

续表

月份 \ 年份	2008	2009
6 月	261.48	277.53
7 月	290.03	270.65
8 月	310.28	305.42
9 月	334.47	
10 月	304.67	
11 月	247.20	
12 月	290.63	
平均	264.54	252.64

该矿井出水点位置主要位于煤层顶板裂隙处，刚揭露时流量较大，后随时间稍渐变小，下水平延伸后流量显著变小，显示出裂隙充水矿床的特征，同时可以确定补给水源来自顶板。

根据以上情况，该区的地下水径流主要路线为：艾维尔沟河水通过地表风化裂隙、构造裂隙进入侏罗统八道湾组含煤岩系含水层，并随含水层中裂隙由西向东渗透，并在断层破碎带及裂隙发育集中区富集，最后进入矿井成为充水水源。另外，位于八道湾地层以北下伏的三叠系地层和上部的三工河组、二叠系的岩性均以细颗粒状的泥岩、粉砂岩等为主，其底层岩性组合与上述八道湾组赋煤地层岩性组合相似，不利于工作区地下水的形成，从而对工作区矿床充水作用意义不大。

4）井田水文地质类型

综上所述，开采煤层的直接充水含水层为中细砂岩、粗砂岩及砾岩等裂隙类，钻孔抽水试验单位涌水量一般小于 0.1L/(s·m)，预测先期开采水平 1600m 的矿井正常涌水量为 $514m^3/h$，按照《煤、泥炭地质勘查规范》（DZ/T 0215—2002），水文地质勘探类型为以裂隙含水层为主的水文地质条件简单的矿床，水文地质勘探类型为二类一型。考虑到部分煤层顶板砂岩含水层单位涌水量大于 0.1L/(s·m)，井田内地表水艾维尔沟河流对井田地下水有直接入渗补给的关系，井田水文地质条件局部偏中等。

7. 充水因素分析

井田水文地质煤层开采时的直接充水含水层总体富水性弱，平面上具有矿区西部大于东部，垂向上浅部大于深部的特点。矿井涌水量主要来自煤层顶板砂岩裂隙水及河流对浅部风化带的垂直入渗补给。

1）水源

直接充水水源：主采煤层顶底板砂岩裂隙水，由于沉积因素及构造切割，为分布面积有限的多层脉状裂隙水，当无外来水源导入时，水量较小，衰减很快。

间接充水水源：第四系砂砾层孔隙水，含水性不均一。

2）通道

第四系砂、砾石含水层：第四系砂、砾石含水层直接补给煤层露头部分顶板砂岩含水层。

基岩风化带：基岩风化带是第四系与基岩含水层取得水力联系的共用通道。

断层带：断层破碎带、导水断层与其他含水层有水力联系时，会成为开采煤层时的主要突水通道。断层两侧一般裂隙发育，往往成为富水带，并沟通上下含水层。

封闭不良钻孔：以往煤层顶板以上封闭段距远小于煤层采空后形成的裂隙带高度。本次施工钻孔基岩段均按封孔设计要求全封闭，并且提交封孔报告，不会波及上部含水层。

井下采掘时，邻近老孔要提高防范意识，以避免封闭不良钻孔沟通上下含水层，成为向矿井工作面充水的直接通道。

采掘活动：采掘过程可使工作面内的断层活化，增大冒裂带高度，并改变断层导水性质；还可能因长期排水，水位下降涉及新的补给源；此外已施工的井巷工程自然成为过水通道。

3）充水因素分析

水源与通道的自然组合即构成充水因素，水源以水量丰富程度和补给速度分为积水、裂隙水和孔隙水，以畅通程度分为管道类、裂隙类、孔隙类。封闭不良钻孔、断层带易形成管道流，破碎带、构造裂隙、基岩风化带往往形成裂隙流。

该井田第四系砂砾层主要分布于河流及其两侧1～2级阶地，底部砂砾含水层与地表河水可以直接补给煤层顶板砂岩含水层，其补给量决定于补给途径和含水层岩石的裂隙发育程度、渗透性能。

各主要可采煤层顶板砂岩的含水性一般较弱，如加3-5孔5、6煤层顶底板砂岩单位涌水量仅为0.00341L/(s·m)，当因断层与其他含水层对口接触时，则形成以砂岩裂隙为导水通道，以该含水层为侧向补给的充水因素，其对工作面的充水取决于渗透途径的距离，因顶板砂岩裂隙不甚发育，虽然水量稳定持久，但一般不会太大。

人为采掘活动也是矿井充水因素的重要方面，合理留设防水煤柱，超前探放水，执行有疑必探，先探后掘的原则，能有效地控制和防止水害。

4）井田地下水补、径、排关系

在矿区内各小煤窑开采以前，自然状态下遵循高水位补给低水位的原则，即地表水、潜水及基岩地下水互为补给的关系。如在艾维尔沟河流经地，河床相对平缓，河水直接覆于基岩含水层之上，则地表河水补给基岩地下水，反之如果河床坡度较大深切基岩，该基岩又是排泄处，这种情形便是基岩地下水补给地表水了；如河流位于第四系砂、砂砾及黏土组成的冲积层之上，那么，河水就会补给第四系潜水。但总体地表水及地下水是与艾维尔沟河流向一致的，而且地下水的补给量与排泄量是近于平衡的。

随着矿区内各小煤窑陆续沿煤层露头开采，地下水的流向及流场发生了变化，地下水随着井巷等地下构筑物的不断延伸而排出矿坑，在一定区域内形成降落漏斗，加剧了基岩地下水的运动速度，而且矿区及矿井地下水的排出量大于补给量，各含水层地下水位随着矿井延深而逐年下降，下降速率不等。

8. 矿井涌水量预测

1）预测要素

水文地质边界：井田水文地质块段东到 F3 断层，西北至 F5 断层，东南至 7 线，南到 F1 断层。

充水水源：5、6 煤层顶板导水裂隙带高度内的砂岩裂隙水。

预算方法：水动力学法、大井法（承压转无压）、水文地质比拟法。

预算水平：1600m。

2）水文地质参数

（1）导水裂隙带高度的确定

根据岩石物理力学的测试成果理论计算，井田内采取 5、6 煤顶板岩石抗压强度 34 组，其中粉砂岩类 3 组，抗压强度 47.2～75.6MPa；中砂岩、粗砂岩及砂砾岩类 31 组，抗压强度 53.2～83.9MPa，平均 73MPa，均属坚硬、半坚硬顶板岩石类型。

采用原煤炭工业部（85）煤炭字第 785 号《建筑物、水体、铁路及主要井巷煤柱留设与压煤开采规程》，坚硬砂岩、厚煤层分层开采的导水裂隙带高度计算公式为

$$H_{裂} = (100\Sigma M)/(1.2\Sigma M + 2.0) \pm 8.9 \text{ 或 } H_{裂} = 30(\Sigma M)1/2 + 10$$

式中，M 为 5 煤层平均厚度，为 3.77m。

计算结果：冒裂带高度为（57.8±8.9）～68.2m，推算出导水裂隙带最大高度为 66.7～68.2m，井田内顶板段统计砂岩层厚度占 90%以上，取其计算结果与推算结果平均值 68m 为导水裂隙带最大高度。矿井生产中在煤层露头附近，为留设防水煤柱，应根据该地段煤层实际厚度按公式分别计算，以确定导水裂隙带高度。

导水裂隙带高度内，5 煤顶板砂岩含水层厚度占 90%。

八道湾组 5、6 煤层顶板砂岩渗透系数，取加 3-5 孔、加 5-7 孔抽水成果，分别为 0.00289m/d、0.0613m/d，加 7-1 孔 6 煤顶板 0.0381m/d，取以上三孔算术平均值 K_{cp} 为 0.0341m/d。

（2）其他参数

顶板砂岩水位、水柱高度：井田 5 煤层顶板砂岩含水层平均水位标高取加 3-5 孔 1858.72m 与加 5-7 号孔 1898.13m 的平均值，即 1878.43m，1600m 水平时，水柱高度 $H = 278.43$m。

疏干降水时，含水层影响半径 R：以加 3 勘探线为界，以东为矿坑或井群平面图形近似为矩形，长（a）宽（b）分别为 3000m、600m（5、6 煤层 1600m 以上平均宽度）；以西一侧艾维尔沟河为供水边界，矿坑中心至河岸平均距离 d 取 570m。其中，$a = 3000$，$b = 600$，$b/a = 600/3000 = 0.20$，查《水文地质手册》表得 $\eta = 1.12$。

3）涌水量预算

加 3 勘探线以东承压转无压公式计算 5、6 煤顶板砂岩涌水量，计算结果见表 11.4。

表 11.4　东区矿井涌水量预算表

开采水平/m	渗透系数(K)/(m/d)	含水层厚度(M)/m	水柱高度(H)/m	残余水头值(h)/m	影响半径(R)/m	大井半径(r_0)/m	涌水量(Q)/(m^3/h)
1600	0.0341	46	278.43	0	1008	2724	106

加3勘探线以西承压转无压公式计算5、6煤顶板砂岩涌水量，西区矿井涌水量，见表11.5。

表11.5　西区矿井涌水量预算表

开采水平/m	渗透系数(K)/(m/d)	含水层厚度(M)/m	水柱高度(H)/m	残余水头值(h)/m	大井至河流距离(d)/m	大井半径(r_0)/m	涌水量(Q)/(m³/h)
1600	0.0341	46	278.43	0	570	874	395

比拟法预算矿井涌水量见表11.6。

表11.6　比拟法矿井涌水量预算表

序号	矿井名称	初始水位/m	开采水平/m	降深(S)/m	矿井涌水量(Q)/(m³/h)		
					最大	最小	正常
（1）	焦煤井	1800	1700	100	334.5	210	272.4

注：预算公式 $Q = KQ_0(S/S_0)^{1/2}$，式中，K 为煤层含水系数（取120/90）

4）矿井正常涌水量和最大涌水量

采用大井法计算的涌水量与比拟法计算结果接近，最大误差仅2.5%。大井法计算受抽水孔所处的位置影响，未能包括其他充水含水层。为使矿井排水留有余地，建议焦煤井1600m水平正常涌水量采用比拟法计算的514m^3/h。参照井田最大涌水量比正常涌水量增加23%的关系，建议以理论计算获得的矿井正常涌水量再增加40%为最大涌水量，即720m^3/h作为矿井排水设计的依据（表11.7）。

利用大井法计算涌水量受开采范围及形状影响较大。5、6煤顶板砂岩含水层受补给条件限制，加3-5孔、加5-7孔相距2346m，水位相差39.41m，可能是受区内断层以及距离采煤工作面的不同影响所致。此外，含水层富水性弱、渗透系数小也是影响因素。初期水量可能较大，但随开采时间延长会趋于减小，矿井开采5、6煤矿井正常涌水量采用514m^3/h较合适。

表11.7　涌水量预测成果表

类别	矿井名称及生产水平	最大涌水量/(m³/h)	正常涌水量/(m³/h)
生产矿井	焦煤井1700m	334.5	272.4
预测涌水量	焦煤井1600m	720	514

9. 计算结果评价

本节涌水量计算公式采用合理，采用抽水资料包含了该区及邻区，并充分利用了生产矿井的资料，故提供的计算结果可作为矿井生产设计的参考依据。水文地质比拟法预测矿井涌水量主要是深度因素一项，如果考虑下部裂隙随深度的增加而趋弱，则实际矿井涌水量比预测的还要小。2007年该矿的原煤产量及矿井月平均涌水量分别为44万t、

186.3m^3/h，2008 年原煤产量及矿井月平均涌水量分别为 90 万 t、276.3m^3/h，2007 年与 2008 年含水系数分别为 3.72m^3/t、2.69m^3/t。可见，随原煤产量的增大，矿井涌水量增长速度明显比原煤产量要慢。

（五）工程地质与其他开采技术条件

1. 煤层顶底板岩性特征

1-1 煤层：顶板以较厚层的粉砂岩为主，少量为极易冒落的炭质泥岩伪顶，厚 0.38～2.39m，2 线、5-4 孔与加 4-3 孔一线为泥岩。钻孔岩石 RQD 值加 4-5-1 孔为 9%～19%，原因之一是该层处于浅部风化带。底板以较稳定粉砂岩为主，厚 0.89～7.41m，其次为细砂岩，厚 1.03～7.81m，单轴抗压强度为 79.8MPa，少部分为泥岩、炭质泥岩，个别为粉细砂岩及粉砂质泥岩。

1-2 煤层：顶板以中厚层状粉砂岩为主，厚 0.34～7.01m，其次为不稳定的黑色炭质泥岩，厚 0.23～2.39m，其余为浅灰色中厚层状细砂岩，厚 1.00～6.61m，单轴抗压强度为 70.3MPa，深灰色泥岩，厚 0.80～6.83m。5 线以南为泥岩，加 5 线以北为粉砂岩。底板以深灰色粉砂岩为主，厚 0.60～7.52m，单轴抗压强度 53.4MPa，其次为深灰色泥岩，厚 0.20～6.51m，黑色炭质泥岩，厚 0.22～1.30m，偶见浅灰色细砂岩。

2-1 煤层：顶板以深灰色粉砂岩为主，厚 0.71～5.59m，其次为浅灰色中细砂岩，厚 0.40～9.03m，单轴抗压强度为 70.9～90.9/80.9MPa，少量为深灰色泥岩及黑色炭质泥岩。加 4 线与加 3 线为细砂岩。钻孔岩石 RQD 值为 10%～60%，完整度较差。底板以深灰色粉砂岩为主，厚 0.62～9.20m，其次为易冒落的黑色炭质泥岩，厚 0.33～2.13m，少量为深灰色泥岩，偶见浅灰色粉细砂岩、细砂岩或粗砂岩。

2-2 煤层：顶板以黑色易冒落的炭质泥岩为主，厚 0.28～2.54m，少量为浅灰色细砂岩及深灰色泥岩。6-7 孔、加 5-4 孔、CK6 孔一线附近为粉砂岩。底板以较软弱的黑色炭质泥岩为主，厚 0.27～0.88m，少量为深灰色泥岩及粉砂岩。其中细砂岩单轴抗压强度为 79.6～93.0/86.3MPa。

3 煤层：顶板以较坚硬的浅灰色、浅灰白色细砂岩、中砂岩及粗砂岩为主，厚 0.85～21.55m，少量为灰色粉砂岩。加 6-1 与加 5-3 一线以东煤层不可采。加 4-5-1 孔、加 4-5-2 孔岩石 RQD 值为 57%～58%，完整度中等。底板以较软弱的深灰色粉砂岩为主，厚 1.22～13.28m，其次为黑色较软弱的炭质泥岩，偶见粉细砂岩互层及砂质泥岩。

4 煤层：顶板以较坚硬的浅灰色、浅灰白色细砂岩、中砂岩及粗砂岩为主，厚 0.12～9.77m，其次为易冒落的深灰色泥岩或黑色炭质泥岩。加 6 线以西为细砂岩，加 4-5 至 4 线为泥岩，4-加 3 线为粗砂岩，3 线为中砂岩。加 3-6 孔、加 4-5-1 孔、加 4-5-2 孔岩石 RQD 值分别为 74%、58%、44%，完整度为较中等-较差。底板以灰色粉砂岩为主，厚 0.54～27.44m，少量为软弱的深灰色泥岩及炭质泥岩，偶见较坚硬的浅灰色砂砾岩。

5 煤层：顶板多以坚硬的浅灰色细砂岩、粗砂岩及砂砾岩为主，厚 0.27～32.73m，少量为灰色粉砂岩（厚 0.80～4.29m）和黑色易冒落的炭质泥岩。其中粉砂岩单轴抗压强度为 47.2MPa，细、中砂岩单轴抗压强度为 70.9～100.0/83.9MPa，粗砂岩、砾岩单轴抗压强度为 66.6～100.0/81.5MPa。4 线以北为粗砂岩，3-加 3 线为细砂岩，加 2-2-加 2 线为泥岩，2 线为粗砂岩。加 3-5 孔、加 4-5-1 孔、加 4-5-2 孔岩石 RQD 值为 50%～54%，完整度较中等；加 3-4、加 3-6、加 4-5-3 号孔岩石 RQD 值为 31%～34%，完整度较差。底板以灰色粉砂岩及黑色炭质泥岩为主，少量为深灰色泥岩、浅灰色细砂岩、中砂岩及粗砂岩。其中粉砂岩单轴抗压强度为 49.2MPa，细砂岩单轴抗压强度为 68.6～88.9/78.9MPa。

6 煤层：顶板多以坚硬的浅灰色粗砂岩及砂砾岩为主，厚 0.65～8.46m，少量为灰色粉砂岩及泥岩。其中中砂岩单轴抗压强度为 67.2MPa，粗砂岩、砾岩单轴抗压强度为 54.2～84.6/71.1MPa。4-9 孔、加 2-2-2 孔附近为粉砂岩，6-6 孔、加 4-1 孔附近为细砂岩，加 2-2 孔、2-4 孔一线为中砂岩。加 3-5 孔、加 4-5-1 孔岩石 RQD 值分别为 85%、70%，完整度较好；加 3-4 孔与加 4-5-3 孔岩石 RQD 值分别为 52%和 56%，完整度较中等；加 3～6 孔、加 4-5-2 孔岩石 RQD 值分别为 48%、41%，完整度较差。底板以灰色粉砂岩及黑色炭质泥岩为主，少量为深灰色泥岩。其中粉砂岩单轴抗压强度为 75.6MPa，细、中砂岩单轴抗压强度为 74.2～92.2/78.6MPa。

7 煤层：顶板多以坚硬的浅灰色中砂岩、粗砂岩及砂砾岩为主，厚 0.36～8.46m，少量为灰色或黑色粉砂岩、炭质泥岩及砂质泥岩。加 5-1 孔附近为细砂岩，加 4-2 孔附近为中砂岩，加 4-3 孔附近为泥岩。加 3-4 孔、加 3-5 孔、加 4-5-2 孔岩石 RQD 值为 63%～79%，完整度较好；加 4-5-1 孔岩石 RQD 值为 58%，完整度较中等；加 3-6 孔、加 4-5-3 孔岩石 RQD 值为 24%～30%，完整度较差。底板以灰色粉砂岩及黑色炭质泥岩为主，少量为深灰色泥岩及砂质泥岩。

8 煤层：顶板多以坚硬的浅灰色中砂岩、粗砂岩及砂砾岩为主，厚 0.47～19.16m，少量为灰色或黑色粉砂岩、炭质泥岩及砂质泥岩。加 5-1 孔附近为细砂岩，加 4-5-1 孔附近为中砂岩，加 4-3 孔附近为泥岩。4 线以东煤层不可采。加 3-5 孔、加 4-5-1 孔岩石 RQD 值分别为 84%、66%，完整度较好；加 3-6 孔、加 4-5-2 孔岩石 RQD 值分别为 59%、54%，完整度较中等；加 4-5-3 孔岩石 RQD 值为 37%，完整度较差。底板以灰色粉砂岩及黑色炭质泥岩为主，其中粉砂岩厚 5.47～16.45m，少量为深灰色泥岩及砂质泥岩。

9 煤层：顶板多以黑色炭质泥岩为主，厚 0.59～5.64m，少量为深灰色粉砂岩及砂质泥岩。加 3 线为中砂岩，煤层被冲刷。加 3-5 孔、加 3-6 孔岩石 RQD 值分别为 73%、70%，完整度较好；加 4-5-1 孔岩石 RQD 值为 58%，完整度较中等；加 4-5-2 孔、加 4-5-3 孔岩石 RQD 值分别为 0 和 28%，完整度差。底板以灰色粉砂岩为主，厚 0.80～1.90m，少量为浅灰色细砂岩、砂质泥岩及泥岩。

10 煤层：顶板以坚硬的浅灰色中砂岩、粗砂岩及砂砾岩为主，厚 0.48～12.24m，少量为深灰色粉砂岩及黑色炭质泥岩。井田西南部以中细砂岩为主。加 3-5 孔、加 4-5-2 孔、加 4-5-3 孔岩石 RQD 值分别为 55%、60%、60%，完整度较中等；加 3-6 孔、加 4-5-1 孔岩石 RQD 值分别为 22%、47%，完整度较差。底板以灰色粉砂岩及黑色炭质泥岩为主，其中粉砂岩厚 4.49～12.14m，炭质泥岩厚 0.17～0.63m，少量为深灰色泥岩及浅灰色砾岩。

依据现场调查的资料，与该井田临近的1930平硐顶板岩性主要为砂岩、砂砾岩、砾岩、含砾中粗砂岩、粗砂岩、中砂岩、细砂岩等，坚硬致密，煤层除局部有伪顶、直接顶外，一般煤层之上直接覆盖老顶，顶板节理、层理及裂隙较发育，煤层顶板分类为四级，其煤层顶板与该矿井条件相似。1930平硐顶板初次来压步距为32m，周期来压步距为21m。

2. *岩石物理力学性质*

本书在6个钻孔中采取2煤组、5、6煤层顶底板岩石做物理力学性质测试，岩石饱和状态单轴抗压强度、抗拉强度、凝聚力、内摩擦角、视密度、含水率、吸水率见表11.8。

表11.8　主要煤层顶底板岩石物理力学性质表

层位		岩性	力学性质				物理性质		
煤层号	顶底板		抗压强度/MPa	抗拉强度/MPa	内摩擦角	凝聚力/MPa	视密度/(kg/m^3)	含水率/%	吸水率/%
1-1	底板	细砂岩	79.8				2650	0.5	1.54
1-2	顶板	细砂岩	70.3				3020	0.3	1.19
	底板	粉砂岩	53.4				2950	0.5	0.68
2	顶板	细砂岩	70.9～90.9 80.9（2）	7.83	33°48′	14.00	2650（2）	0.4～0.5	0.91～1.09
		砾岩	65.4				2470	0.3	1.57
	底板	细砂岩	79.6～93.0 86.3（2）				2770～2970 2870（2）	0.5～0.6	1.24～1.35
		中砂岩	50.5	5.46	34°06′	9.32	2540	0.6	1.24
		粗砂岩	100.8	2.80	26°30′	3.74	3020	0.1	2.54
5	顶板	粉砂岩	47.2				2830	1.0	2.82
		中细砂岩	70.9～100 83.9（7）	2.28～7.91 5.60（5）	31°18′ 37°48′	8.66～14.00	2500～2970 2841（7）	0.3～0.5	0.88～1.78
		粗砂岩 砾岩	66.6～100.8 81.5（5）	3.75～7.91 5.99（3）	26°30′ 33°42′	3.74～11.3	2720～3020 2880（5）	0.1～0.6	1.29～2.45
	底板	粉砂岩	49.2				2500	0.5	1.78
		细砂岩	68.6～88.9 78.9（4）	4.50	29°00′	12.60	2770～2970 2850（4）	0.3～0.7	0.75～1.64
6	顶板	中砂岩	67.2		30°48′	12.10	2600	0.4	1.44
		粗砂岩 砾岩	54.2～84.6 71.1（6）	2.77～6.32 3.99（4）	32°06′ 37°36′	6.88～12.2	2620～2860 2785（6）	0.5～0.6	1.62～2.78
	底板	粉砂岩	75.6	3.54			2860		
		中细砂岩	74.2～92.2 78.6（5）	3.14	33°30′ 34°00′	8.30～11.4	2790～2970 2884（5）	0.5～0.6	1.14～2.04
		粗砂岩 砾岩	49.2～56.2 53.2（3）	1.76	33°06′	7.97	2500～2620 2570（3）	0.5	1.31～1.78

由表 11.8 可知，主采煤层顶底板岩性多为中细砂岩、粗砂岩、砾岩及粉砂岩，少数夹薄层状泥岩或炭质泥岩，多数为钙质胶结，视密度一般大于 2600kg/m^3，抗压强度 47.2～100.8MPa，一般大于 50MPa，抗拉强度为 1.76～7.83MPa，为坚硬岩石。顶底板中夹薄层状的泥岩或炭质泥岩一般易碎不完整，钻孔所见岩石完整度很低，该类岩石为较软岩或软岩。总体来说由不同岩体组成的各类岩体工程地质质量均属稳定或较稳定。

井田内断层均为压扭性逆断层，只有少数钻孔见挤压破碎带，裂隙多被泥岩物质充填，断层破碎带的厚度一般不足 10m，多数仅有 2～5m。

综上所述，该井田工程地质勘探类型为第三类层状岩类简单型，工程地质条件中等。

（六）资源储量估算结果

井田内累计探明煤炭资源储量总量 5777 万 t（气煤 326 万 t、气肥煤 1905 万 t、肥煤 3546 万 t），其中，探明的（可研）经济基础储量（111b）2973 万 t（气肥煤 1379 万 t、肥煤 1594 万 t），控制的经济基础储量（122b）1209 万 t（气煤 127 万 t、气肥煤 193 万 t、肥煤 889 万 t），推断的内蕴经济资源量（333）1595 万 t（气煤 199 万 t、气肥煤 333 万 t、肥煤 1063 万 t）。

二、三塘湖煤田勘查实践

根据新疆维吾尔自治区党委关于加快三塘湖煤田开发，推动资源转换的重大战略决策，2011 年新疆维吾尔自治区煤田地质局一六一煤田地质勘探队组织了疆内外 20 余家地勘单位 5500 多名勘查队员，共调动钻机 259 台，地震分队 5 个，地球物理测井分队 6 个，历时九个半月时间，在三塘湖煤田开展普查和详查工作。钻探和二维地震工作同步开展，全部外业工作于 2012 年 5 月底全部完成，并于 2012 年 6 月底提交了《新疆三塘湖煤田三塘湖勘查区汉水泉区详查报告》《新疆三塘湖煤田三塘湖勘查区库木苏区详查报告》《新疆三塘湖煤田三塘湖勘查区石头梅区详查报告》《新疆三塘湖煤田三塘湖勘查区条湖区详查报告》4 个详查报告。

（一）勘探类型确定与勘查工作

1. 位置

三塘湖盆地位于新疆的东北部，准噶尔盆地东端，行政区划隶属巴里坤哈萨克自治县管辖，为一呈北西—南东向条带状夹峙于莫钦乌拉山与大哈甫提克山—苏海图山—额仁山—克孜勒塔格山之间。矿区位于盆地中央拗陷带西部，东西长 200km，南部平均宽 26km，面积约 5291.47km^2，包括汉水泉凹陷、库木苏凹陷、石头梅凸起、条湖凹陷、岔哈泉凸起 5 个赋煤构造单元。

2. 矿区边界确定依据

东边界以 F3 逆断层为界，该断层位于矿区东端，淖毛湖西部岔哈泉凸起与马朗凹陷之间，为岔哈泉凸起东界，走向 52°～68°，区内延伸长度为 4500m，推测长度 27.6km；南边界以 DF1 断层为界，该断层为逆断层，为矿区南边界，走向为北西转东西转北西，区内延伸长度约 160km；西边界，北部以 37 煤，南部以 20 煤露头或隐伏露头为界；北边界，东部以 20 煤，西部以 37 煤露头或隐伏露头为界。

3. 勘查类型

矿区位于三塘湖盆地中央拗陷带西部，根据区内的主要褶皱及断裂可大致分为库木苏凹陷、巴润塔拉凸起、汉水泉凹陷、石头梅凸起、条湖凹陷、岔哈泉凸起 6 个次一级构造单元。矿区共控制褶皱 24 条，其中向斜 15 条，背斜 9 条，多为近东西向，断层 74 条，其中落差 50m 以上的断层 60 条，落差小于 50m 的断层 14 条，矿区构造复杂程度为中等型。

除巴润塔拉凸起不含煤外，其他构造单位均为含煤构造单元。库木苏凹陷位于巴润塔拉背斜南部，为一个由两个向斜和一个背斜组成的复式向斜，区内断层发育，有落差大于 50m 的断层 19 条，以北西西向为主。汉水泉凹陷位于巴润塔拉背斜北部，东至沙河坝断裂，为一个北缓南陡的不对称向斜，区内断层较发育，有落差大于 50m 的断层 22 条，以北西向为主。石头梅凸起位于沙河坝断裂（DF20）和疙瘩弯断裂（DF27）之间，由两条向斜和一条背斜构成，区内断层较发育，有落差大于 50m 的断层 7 条，以北东向为主。条湖凹陷位于疙瘩弯以东至岔哈泉凸起西端，为一个西北陡东南缓的不对称向斜，区内断层较发育，有落差大于 100m 的断层 15 条，以东北向为主。岔哈泉凸起位于 F3 断层以西，整体为南西倾向的单斜。

该煤田含煤 43 层，自上而下编号为 1～45 号，其中 1～22 号为西山窑组，23～25 号为三工河组，26～37 号为八道湾组上段，40～45 号为八道湾组下段。煤层最大总厚度为 106.11m，平均厚 40.94m。煤层在各分区间具有一定的变化，煤层稳定程度为较稳定。

根据上述勘查区的构造复杂程度和煤层稳定程度，勘查区总体勘查类型为二类二型。

4. 主要勘查工作

1）地质填图

全区 1∶5 万的地形地质测量工作包括三塘湖煤田预查阶段 6700km^2、淖毛湖预查 2854km^2 和三塘湖煤田详查阶段 4270km^2。1∶2.5 万地质测量包括三塘湖煤田 1980km^2、石头梅南勘查区 29.1km^2。1∶1 万地质测量仅石头梅勘探一区开展 120km^2、条湖勘探一区 80km^2。

2）二维地震勘探

全区共完成二维地震测线 255 条，物理点 325281 个，其中，2011 年三塘湖煤田三塘湖勘查区普查、详查共施工完成二维地震测线 144 条，主测线 118 条，联络测线 26 条，地震线上物理点 248505 个；2009 年三塘湖煤田三塘湖煤炭资源预查共完成地震测线 79 条，主测线 69 条，联络测线 10 条，共计物理点 51758 个；2009 年三塘湖盆地淖毛湖预查二维地震勘探工作井炮共完成 22 条线，剖面总长 595.12km，完成物理点 23368 个；2008 年石头梅南勘查区详查全区共布设地震测线 10 条，其中主测线 8 条，联络线 2 条，二维地震测线总长 33.2km，合计 1650 个物理点。

主要煤层底板深度解释误差不超过 9%，煤层露头位置误差在 200m 以内。

3）钻探及测井工程

从预查到勘探各阶段共施工钻孔 932 个/656259391m，由新疆维吾尔自治区煤田地质局一六一煤田地质勘探队、中国核工业地质局二一六大队、新疆地质矿产勘查开发局第九地质大队等单位施工。

所有钻孔均进行了地球物理测井，实测钻孔 932 个/632262.85m。测井曲线能够正常反映煤、岩层的物性变化及钻孔工程参数。煤层的定厚解释 1∶50 曲线，各煤层两种曲线解释的深度、厚度吻合较好。

采集各种煤样品 12554 件，测试内容为：工业分析包括水分（总水分、内水）、灰分、挥发分、固定碳、总硫；元素分析包括碳、氢、氮、硫、氧、氯、砷、磷、氟；发热量包括低热值、高热值；可磨指数（HGI）；灰熔点；灰组分分析；化学反应活性；焦渣特性、焦质层厚度、结焦指数；热稳定性；黏结指数；低温干馏特性；结渣性；机械强度；煤岩分析；煤样密度（真密度、视密度）；透光率分析。

开展水文地质填图，对勘查区及周边地表分布的井、泉等水体包括水位、流量、流向、形态做了详细的调查描述，并采集水化学全分析送实验室进行化验。所有钻孔进行了水位、冲洗液消耗量观测。完成了 25 个抽水试验钻孔，水文地质钻探 14499.42m。共计进行了 44 次抽水试验，抽水试验段分别是全孔混合（Q＋N＋J）、新近系和侏罗系混合（N＋J）、第四系（Q）三个段距，满足了对水文地质条件的评价。

另外，该矿区还开展了工程地质和环境相关的工作。

（二）对煤田地质特征的认识

1. 对三塘湖盆地总体地质构造的新认识

1）盆地结构

三塘湖盆地是一个中新生代的沉积盆地，属北天山—准噶尔构造区（Ⅰ级）北准噶尔构造带（Ⅱ级）三塘湖—淖毛湖华力西期后山间拗陷（Ⅲ级）。盆地以下石炭统地层为基底，经历了泥盆纪—早石炭世盆地形成阶段、晚石炭世—早二叠世雏形盆地发育阶段、晚二叠世前陆盆地发育阶段、中生界拗陷盆地发育阶段和新生界再生前陆盆地发育阶段共 5 个演化阶段。现今的构造格局由北至南可分为东北冲断隆起带、中央拗陷带、西南逆冲推覆带 3 个构造单元。东北冲断隆起带位于盆地东北部，呈北东向延伸，面积约 10000km^2；中央拗陷带夹峙于南北两个逆冲推覆体之间，西窄东宽（15～35km），由北西转向近东西向延伸，形成雁状排列的次一级凹凸相间的构造格局，表现为以侏罗系—新近系为主的中新生代地层形成一系列隐伏线状、短轴状、箱状宽缓褶皱，局部为穹窿。该盆地沉积较厚和较完整的中新生代盖层（3500m），面积约 9000km^2，是盆地煤炭资源的主要赋存区。西南逆冲推覆带位于盆地西南缘，具有明显的推覆性质，面积约 4000km^2。

晚二叠世以来盆地经历了前陆盆地—坳陷盆地—再生前陆盆地 3 个发育阶段，现今表现为在北东向呈隆、坳相间的三个一级构造单元，由北至南为东北冲断隆起带、中央坳陷带、西南逆冲推覆带。中央坳陷带由西向东发育有库木苏凹陷、巴润塔拉凸起、汉水泉凹陷、石头梅凸起、条湖凹陷、岔哈泉凸起、马朗凹陷、方方梁凸起、淖毛湖凹陷、韦北凸起、苏鲁克凹陷 11 个“六凹五凸”的次一级构造单元（图 11.16）。

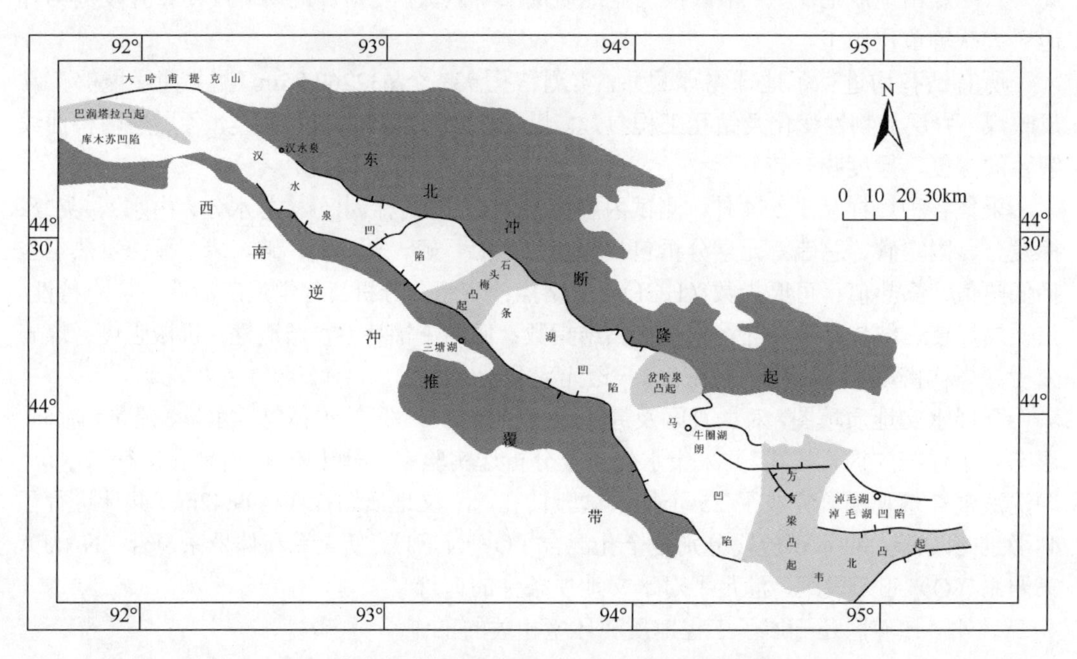

图 11.16　三塘湖盆地构造分区图（据中国煤炭地质总局，2017）

东北冲断隆起带位于盆地东北缘，北抵大哈甫提克山，向东延入蒙古，总体呈北西向，南以老爷庙大断裂与中央坳陷带为界，面积约为 10000km^2。该区带表现为重力和磁力强异常，主要由晚古生代地层组成。从构造发育历史看，隆起带形成于海西末期，燕山期有所活动，以持续隆升为主，燕山晚期和喜马拉雅期强烈活动，以大规模的逆冲叠覆为主。从组合特征上看，为典型的前展式逆冲叠瓦状冲断系。

西南逆冲推覆隆起带位于三塘湖盆地西南缘，卡拉麦里缝合线以北，总体延伸方向为北西向，面积约为 4000km^2，主要为晚古生代组成，中新生代仅残余出露，与下伏地层多呈角度不整合接触。本带为一系列南倾北冲的逆冲断层组成的冲断带，西段乌通至石板墩一带呈北西向延伸，地震剖面上表现为冲断褶皱及一系列断阶，石板墩以东地震剖面表现为明显的多期（海西期末—喜马拉雅期）前展式逆冲推覆。

中央坳陷带夹持于东北冲断隆起带和西南逆冲推覆隆起带之间，宽 15～40km，面积约 9000km^2，为三塘湖盆地的主要油气勘探区带。该带发育前二叠纪基底岩系，基底岩系可与北东和南西隆起露头区的前二叠纪地层对比。盆地盖层发育较全，包括二叠系、三叠系、侏罗系、白垩系、古近系、新近系和第四系。中新生界沉积较厚，一般为 2000～3600m。由西向东发育有库木苏凹陷、巴润塔拉凸起、汉水泉凹陷、石头梅凸起、条湖凹陷、岔哈泉凸起、马朗凹陷、方方梁凸起、淖毛湖凹陷、韦北凸起、苏鲁克凹陷 11 个“六凹五凸”的次一级构造单元。

库木苏凹陷：位于三塘湖西南端，面积约 390km^2，北与巴润塔拉凸起相接，大部分被第四系覆盖，边缘断续出露西山窑组地层，构造形态为复向斜，由三条向斜和两条背斜构成，北翼较缓，一般为 10°～20°，南翼较陡，一般为 15°～30°，受南翼边缘断裂冲断作用和凹陷褶曲应力作用影响，发育多条平行轴迹的逆断层。

巴润塔拉凸起：位于三塘湖西端，夹于北部的汉水泉凹陷和南部的库木苏凹陷之间，呈北西宽、东南窄的楔形，西端出露二叠系地层，面积约 220km^2，构造形态为一背斜，轴向北西西，延展长约 35km，幅值 300m，两翼基本对称，倾角 10°～45°。

汉水泉凹陷：位于三塘湖西部，西以断层（SDF16）与石头梅凸起相接，是盆地内规模最大的二级构造单元，基本被第四系覆盖，面积约 1820km^2，构造形态整体为一南陡北缓的向斜，北翼中部较缓，一般为 10°～25°，两端较陡，一般为 15°～30°，南翼陡，一般为 20°～45°，局部区域发育次一级褶皱。受南北两翼边缘断裂冲断作用影响，发育一系列次一级北西西向断裂，以逆断层为主。

石头梅凸起：夹于汉水泉凹陷和条湖凹陷之间，两侧以北东向逆断层为界，面积约 370km^2，构造形态为复式向斜构造，由东西两侧以北东向逆断层为一条向斜和一条背斜构成，北翼较陡，一般为 20°～40°，南翼缓，一般为 10°～25°，断裂发育较少，整体构造简单。

条湖凹陷：位于三塘湖中部，东临岔哈泉凸起，面积约 1160km^2，构造形态整体为一南陡北缓的向斜，北翼中部较缓，一般为 10°～25°，南翼陡，一般为 20°～65°，东北部发育次一级褶皱。受北翼边缘断裂和东西侧凸起作用影响，发育两组北西西向和两组北东向断层，以逆断层为主。

岔哈泉凸起：位于三塘湖盆地的中东部，夹于条湖凹陷和马朗凹陷之间，呈卵圆形、东南部有侏罗系出露，面积约 300km^2，构造形态为一穹窿状背斜，轴向北北西，轴向长约 10km，幅值 250m。背斜两翼基本对称，西南翼倾角为 5°～9°，北东翼倾角为 3°～9°。

马朗凹陷：位于三塘湖盆地中东部，西与条湖凹陷、岔哈泉凸起相接，东与方方梁凸起相接，地表大部分被第四系覆盖，北部零星出露侏罗系及白垩系地层，面积约 1430km^2，构造形态为一轴向北西西的向斜，即马朗向斜，北翼较陡，倾角 10°～20°，南翼平缓，倾角 3°～6°，以近东西向为主。

方方梁凸起：位于三塘湖盆地东部，西与马朗凹陷相接，东北与淖毛湖凹陷相接，东南与韦北凸起相接，北部有小面积侏罗系地层出露，中南部全部为新生代地层覆盖，面积约 970km^2，构造形态为一轴向北东的箱状背斜。

淖毛湖凹陷：位于三塘湖盆地东北端，西与方方梁凸起相接，南与韦北凸起相接，北部边缘出露侏罗系地层，南部被第四系覆盖，面积约 960km²，构造形态为向斜，两翼基本对称，西部较缓，倾角一般为 5°～20°，东部陡，倾角一般为 15°～45°。受北翼边缘断裂作用影响，发育断层多为北西西向，以逆断层为主。

韦北凸起：位于三塘湖盆地东部，东与方方梁凸起相接，北与淖毛湖凹陷相接，南与苏鲁克凹陷相接，面积约 650km²，凸起呈近东西向展布，主要受两侧相向倾斜的东西向断裂控制，为一反向冲断带，构成断隆块。凸起缺失三叠系及二叠系地层，中新生界盖层厚 450m 左右。凸起内发育一系列受断裂控制的断背斜构造凸起。

苏鲁克凹陷：位于三塘湖盆地东部，东与方方梁凸起相接，北与韦北凸起相接，面积约 730km²。该凹陷总体为一向斜格局，同时发育近东西向和北东向两组逆冲断层。凹陷北部的苏鲁克构造带位于向斜北翼斜坡带上，为一受近东西向逆冲断层控制的断褶带。位于凹陷带东端的苏南构造带则是受北东向逆冲断层控制的断皱带，发育断背斜构造。

2）断层

DF1 断层：逆断层，为矿区南边界，走向为北西转东西转北西，倾向南西转南转南西，倾角 70°左右，落差 500m，区内延伸长度约 160km，属较可靠断层（图 11.17）。

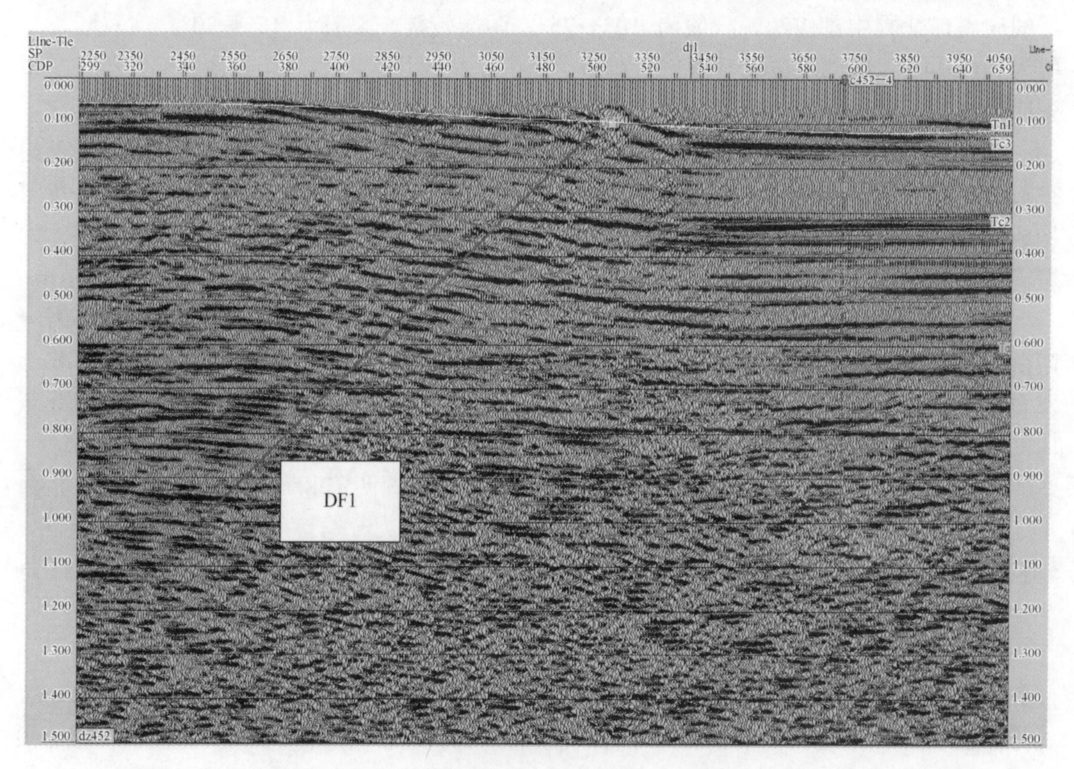

图 11.17　DF1 断层在时间剖面上的显示

DF20 断层（沙河坝断裂）：逆断层，位于矿区中部，为汉水泉凹陷东边界和石头梅凸起西边界，走向为北西西转东西转北东，倾向南南西转南转南东，倾角 55°左右，落差 60～360m，区内延伸长度 8900m，属较可靠断层（图 11.18）。

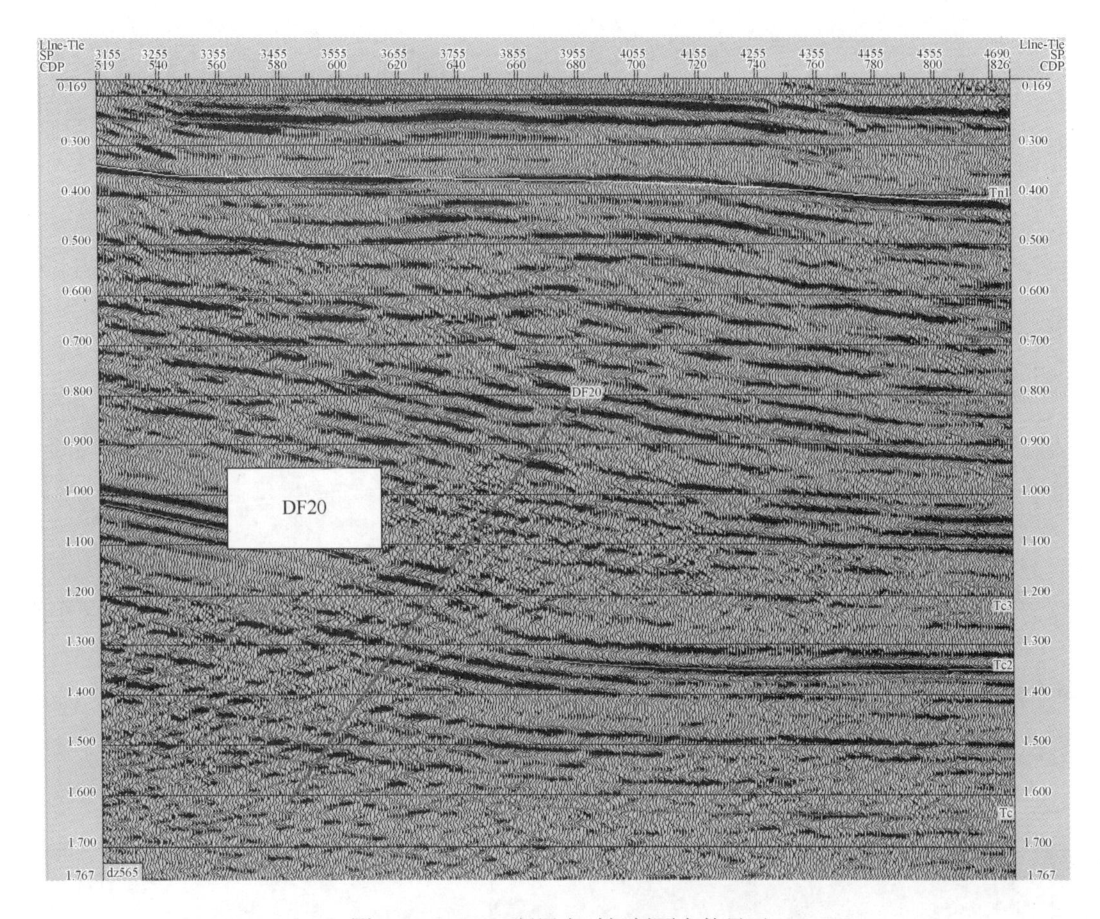

图 11.18　DF20 断层在时间剖面上的显示

DF27 断层（疙瘩弯断裂）：逆断层，位于矿区中东部，为石头梅凸起东边界和条湖凹陷西边界，走向为北东转东西转北西，倾向南东转南转南西，倾角 65°左右，落差 0～1500m，区内延伸长度 12530m，属可靠断层（图 11.19）。

F3 断层（新疆东疆地区三塘湖煤田淖毛湖煤炭资源预查中为 DF2 断层）：逆断层，位于矿区东端，淖毛湖西部岔哈泉凸起与马朗凹陷之间，为岔哈泉凸起东界，走向 52°～68°，倾向北西 304°，倾角 48°，落差 223m，区内延伸长度为 4500m，推测长度 27.6km。该断层由 4km×2km 网度的二维控制（图 11.20）。

F2 逆断层对两侧煤系地层及煤层影响较大，逆断层上盘使西侧的岔哈泉凸起一带煤系地层抬升了 223m，沉积的煤系地层变薄；下盘东侧使马朗凹陷煤系地层下降了 223m，沉积的煤系地层较厚。F2 逆断层是控制岔哈泉凸起区和马朗凹陷区两个构造单元的断裂构造，也是两个构造单元的分界线。

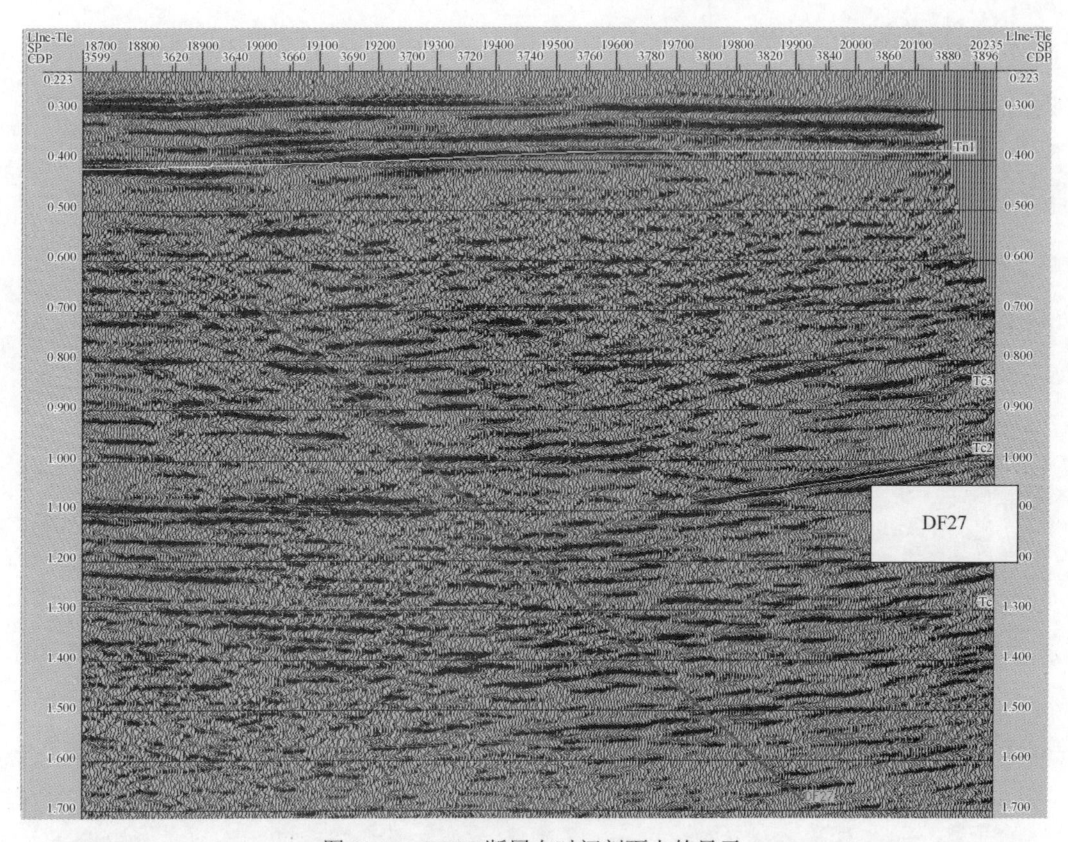

图 11.19　DF27 断层在时间剖面上的显示

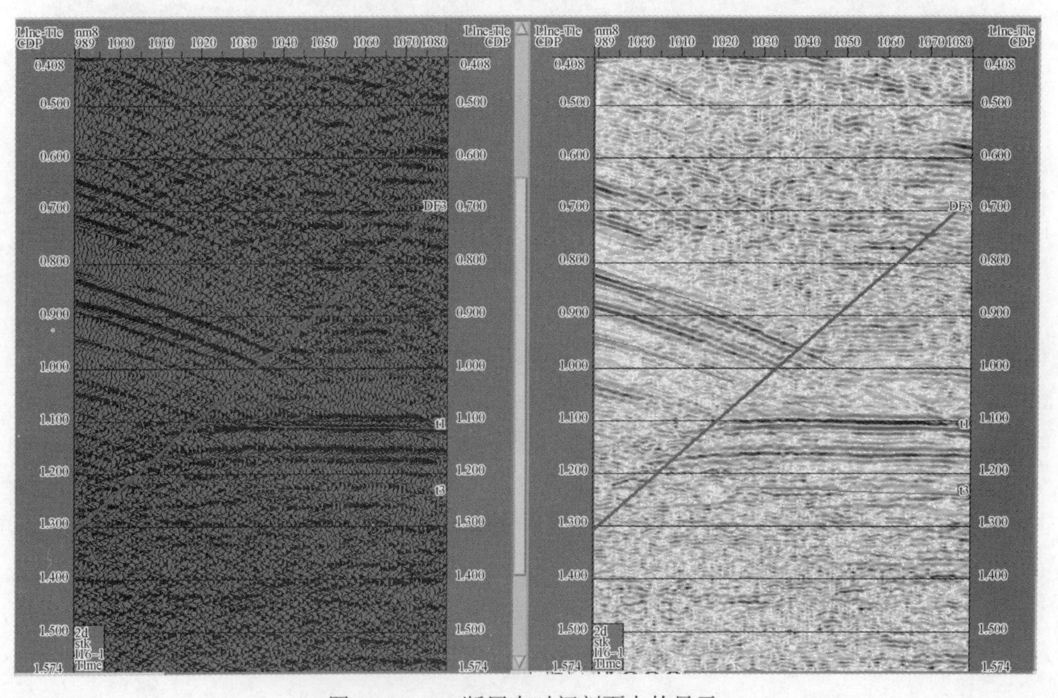

图 11.20　F3 断层在时间剖面上的显示

2. 矿区地层及含煤性综述

三塘湖矿区是一个以二叠纪—中、新生代陆相沉积为特点的上叠盆地，通过地质填图、二维地震和钻探等综合勘查方法的应用，确定矿区的地层层序为石炭系（C）、二叠系（P）、三叠系（T）、侏罗系（J）、白垩系（K）、古近系（E）、新近系（N）、第四系（Q），主要含煤地层时代为中侏罗统西山窑组（J_2x）和下侏罗统八道湾组（J_1b），各组厚度见表 11.9。

下侏罗统八道湾组（J_1b）广泛分布于盆地内部，多被新生代地层覆盖零星出露在石头梅凸起南部，以灰色、灰黑色粉细砂岩、泥岩为主，夹炭质泥岩、煤层，含煤 0～35 层，地层厚度由西向东逐渐变薄，局部与三叠系呈假整合接触。

八道湾组上段属扇三角洲相、湖滨相、湖沼相沉积，岩性上细下粗，上部以灰色、灰黑色粉细砂岩、泥岩为主，夹炭质泥岩、煤层，局部为红褐色的中粗砂岩，下部以灰色、灰白色粗砂岩、砂砾岩为主。

表 11.9 三塘湖煤田侏罗系地层各分区厚度一览表

地层	汉水泉区/m	库木苏区/m	石头梅区/m	条湖区/m
八道湾组（J_1b）	14～1163	80～220	0～180	90～470
三工河组（J_1s）	8～354	50～180	70～170	10～180
西山窑组（J_2x）	26～1050	309～932	300～940	170～500

八道湾组下段岩石颜色以灰色、灰黑色为主，岩性以粉砂岩、中砂岩为主，夹煤层、厚层砂砾岩。岩石成分以石英、长石为主，含植物化石和少量暗色矿物，仅在条湖区东北部含煤 1～13 层，其他区域不含煤。

下侏罗统三工河组（J_1s）为湖进期形成，为辫状河相、三角洲相、湖滨相沉积，广泛分布于盆地内部，多被新生代地层覆盖，主要岩性以灰绿色、黄灰色砂岩、泥岩与砂砾岩互层，夹煤线或薄煤层，含煤 1～3 层，多为不可采煤层。凹陷区地层较厚，凸起区地层较薄，地层厚度总体趋势由西向东逐渐变薄，与下伏八道湾组呈整合接触。

中侏罗统西山窑组（J_2x）为湖滨相、湖沼相沉积，其中含煤段主要为湖沼相沉积，广泛分布于盆地内部，多被新生代地层覆盖，仅在 54-484 线、600-676 线南部有零星出露，含煤 1～19 层，地层最大厚度 1050m，凹陷部位厚度较大，凸起部位厚度多在 200m 以上，与下伏三工河组呈整合接触。

汉水泉地区地层厚度由西向东逐渐变薄，含煤 1～12 层，自上而下煤层编号为 26～37 号煤层，属于大部分可采煤层，37 号煤层为局部可采煤层，与下伏石炭系、二叠系呈不整合接触关系，局部与三叠系呈假整合接触。

库木苏地区含煤 5～16 层，自上而下编号，编号为 5~20 号，其中 9 煤全区发育，6、7、11 煤为大部分可采，其他煤层为局部可采或不可采煤层，煤层厚度较大，总体变化趋势由沿走向东向西逐渐变薄，由倾向北向南变薄。

石头梅地区含煤 1～9 层，其中 9、12 煤全区发育，厚度变化较大。

条湖地区地层 L 线由北至南先变薄后增厚，西南部厚度最大，向东先变薄后增厚。该段为该区的主要含煤地层，全区含煤 2～20 层。

中侏罗统头屯河组（J_2t）零星出露于汉水泉凹陷 142-150 线南部，为一套湖相杂色碎屑岩沉积，主要由杂色泥岩、砂质泥岩夹凝灰岩、炭质泥岩、煤线组成，揭露地层厚度最大为 745.17m，一般为 200～500m，总体呈西厚东薄的特点。

各赋煤构造单元含煤情况详见表 11.10。

表 11.10　矿区各含煤地层含煤情况汇总表

位置	西山窑组	八道湾组	
		上段	下段
汉水泉凹陷	22 层	13 层	无
库木苏凹陷	20 层	1 层	无
石头梅凸起	9 层	无	无
条湖凹陷	21 层	7 层	6 层
岔哈泉凸起	7 层	5 层	无

全区含煤 43 层，自上而下编号为 1～45 号，其中 1～4 号为西山窑组上段，5～22 号为西山窑组下段，23～25 号为三工河组，26～37 号煤层为八道湾组上段，40～45 号为八道湾组下段，含可采煤层 27 层，煤层最大总厚度为 106.11m，平均厚 40.94m。

煤层主要赋存于西山窑组中下部，煤层编号为 1～22 号，全区分布，总厚 0.49～63.27m，平均厚 30.98m，含煤地层平均厚约 460m，含煤系数为 6.7%，含可采煤层 1～22 层，厚度 183～66.93m，平均厚 28.85m，含可采煤系数为 6.3%。上段在库木苏凹陷发育较好，一般为 1 层厚-特厚煤层，层位连续较稳定，在汉水泉凹陷南部和条湖凹陷中北部等区域仅在局部发育，且厚度不大，在其他区域零星发育不可采。下段煤层全区发育，含煤 18 层，自上而下编号为 4～22 号，一般由 1～2 层厚-特厚煤层和 5～15 层薄-中厚煤层组成，局部特厚煤层分叉为若干层薄-中厚煤层，煤层间距一般为 5～30m，含煤总厚 0.34～58.53m，平均厚 24.76m，最大单煤层厚度为 46.32m，含可采煤层 13 层，可采总厚 0.83～53.73m，平均厚 23.43m，总体变化趋势以石头梅凸起、岔哈泉凸起等区域为聚煤中心向外围分叉变薄。

八道湾组含煤 18 层，编号为 26～37、40～45，总厚 1.27～75.11m，平均厚 35.34m，含可采煤层 13 层，厚度 1.70～64.48m，平均厚 30.65m。上段煤层局部发育，含煤 12 层，自上而下编号为 26～37 号，一般由 2～4 层结构复杂的厚-特厚煤层和若干层薄-中厚煤层组成，局部由 2～5 层薄-中厚煤层组成，煤层较集中，煤层间距一般为 10～20m，含煤总厚 0.71～57.58m，平均厚 32.46m，含可采煤层 11 层，可采总厚 0.90～50.18m，平均厚 26.23m。在汉水泉凹陷西北部厚度较大，层数较多，一般为 15.23～57.58m，在条湖凹陷西部含煤层数较少，煤层较薄，总体变化趋势为西厚东薄，沿倾向由浅至深逐渐变薄。下段煤层编号为 40～45 号，仅在条湖凹陷东北部发育，面积约 15km^2。含煤 6 层，总厚 0.55～17.53m，平均厚 2.88m，含煤地层平均厚约 250m，含煤系数为 1.2%。该段煤层变化较大，规律不明显。

3. 主要可采煤层综述

矿区自上而下可划分为 2、6～8、9、11～12、14～15、17～19、20、26、27～30、31～35、37、40～45 共 12 个可采煤层（组），特征如下所述。

2 煤层：位于西山窑组上段下部，利用见煤钻孔 82 个，得到总厚 0.49～14.70m，平均厚 6.20m，可采见煤钻孔 64 个，可采总厚 1.00～13.20m，平均厚 5.42m。煤层结构简单，一般含夹矸 0～2 层，局部 3～5 层，岩性以粉砂岩、炭质泥岩为主，可采面积约 130km^2，可采厚度系数为 0.78，可采面积系数 48%，为局部可采煤层。煤层顶板岩性以粉砂岩、细砂岩为主，局部为中粗砂岩，煤层底板岩性以中砂岩、泥岩为主，局部为砂砾岩。该煤层在库木苏凹陷发育较好，一般为 1 层厚-特厚煤层，层位连续较稳定，在汉水泉凹陷和条湖凹陷等区域仅在局部发育，且多为不可采煤层，在其他区零星发育。

6～8 煤组：位于西山窑组下段上部，由 1～3 层薄-中厚煤层组成，煤层较集中，间距一般为 15～35m。利用见煤钻孔 320 个，得到总厚 0.20～23.76m，平均厚 3.25m。可采见煤钻孔 253 个，含可采煤层 1～3 层，可采总厚 0.8～22.95m，平均厚 3.90m。煤层结构简单-较简单，在库木苏凹陷含夹矸较多，一般含夹矸 1～3 层，在其他区一般含夹矸 0～2 层，岩性以粉砂岩、泥岩、炭质泥岩为主，可采面积约 780km^2，可采厚度系数为 0.79，可采面积系数 65%，为大部分可采煤组。煤层顶板岩性以细砂岩、中砂岩为主，局部为粗砂岩，煤层底板岩性以粉细砂岩、泥岩为主，局部为中粗砂岩。该煤组在汉水泉凹陷、库木苏凹陷、石头梅凸起等区厚度变化不大，仅在汉水泉凹陷局部厚度较大，在条湖凹陷、岔哈泉凸起厚度较小，仅在小范围内形成可采区域。

9 煤层：位于西山窑组下段中部，利用见煤钻孔 474 个，得到总厚 0.17～46.32m，平均厚 12.36m。可采见煤钻孔 450 个，可采总厚 0.82～46.32m，平均厚 11.73m。煤层结构较简单-复杂，一般含夹矸 2～4 层，岩性以泥岩、炭质泥岩为主，可采面积约 1140km^2，可采厚度系数为 0.95，可采面积系数 95%，为全区可采煤层。煤层顶板岩性以粉砂岩、细砂岩为主，局部为中粗砂岩，煤层底板岩性以粉砂岩、泥岩为主，局部为中粗砂岩。该煤层在石头梅凸起、岔哈泉凸起、条湖凹陷等区等发育较好，厚度大，结构较简单，在汉水泉凹陷、库木苏凹陷等区煤层厚度减少，夹矸增多。

11～12 煤组：位于西山窑组下段中部，由 1～2 层薄-厚煤层组成，煤层较集中，间距一般为 10～25m。利用见煤钻孔 307 个，得到总厚 0.39～14.93m，平均厚 5.99m。可采见煤钻孔 265 个，含可采煤层 1～2 层，可采总厚 0.8～14.93m，平均厚 6.15m。煤层结构简单-较简单，一般含夹矸 0～3 层，岩性以细砂岩、泥岩、炭质泥岩为主，可采面积约 720km^2，可采厚度系数为 0.86，可采面积系数 60%，为大部分可采煤组。煤层顶板岩性以细砂岩、粉砂岩为主，局部为中粗砂岩，煤层底板岩性以粉细砂岩、泥岩为主，局部为中粗砂岩。该煤组在汉水泉凹陷、库木苏凹陷、石头梅凸起等区发育较好，在条湖凹陷、岔哈泉凸起等区仅在局部发育可采区域，且厚度不大。

14～15 煤组：位于西山窑组下段下部，由 1～3 层薄-中厚煤层组成，煤层较集中，间距一般为 10～30m。利用见煤钻孔 271 个，得到总厚 0.25～11.29m，平均厚 2.17m。可采见煤钻孔 211 个，含可采煤层 1～2 层，可采总厚 0.82～10.79m，平均厚 2.58m。煤层结构简单，一般含夹矸 0～2 层，岩性以粉砂岩、炭质泥岩为主，可采面积约 730km^2，可采厚度系数为 0.78，可采面积系数 61%，为大部分可采煤组。煤层顶板岩性以细砂岩、中砂岩为主，局部为粗砂岩，煤层底板岩性以粉砂岩、泥岩为主，局部为中粗砂岩。该煤组在汉水泉凹陷发育较好，全区可采，在条湖凹陷发育次之，局部可采，在库木苏凹陷、石头梅凸起、岔哈泉凹陷等区发育较差，仅在小范围内形成可采区域。

17～19 煤组：位于西山窑组下段下部，由 1～3 层薄-中厚煤层组成，煤层较集中，间距一般为 5～20m。利用见煤钻孔 169 个，得到总厚 0.24～10.20m，平均厚 2.53m。可采见煤钻孔 128 个，含可采煤层 1～2 层，可采总厚 0.82～10.20m，平均厚 2.32m。煤层结构简单-复杂，含夹矸 0～5 层，岩性以炭质泥岩、粉砂岩为主，可采面积约 735km^2，可采厚度系数为 0.76，可采面积系数 61%，为大部分可采煤组。煤层顶板岩性以细砂岩、中砂岩为主，局部为粗砂岩，煤层底板岩性以粉砂岩、泥岩为主，局部为中粗砂岩。该煤组在汉水泉凹陷、库木苏凹陷等区含夹矸较多，煤层厚度较大，在条湖凹陷煤层简单，厚度较小，在库木苏凹陷、岔哈泉凸起等区发育较差，仅零星发育，多为不可采。

20 煤层：位于西山窑组下段下部，利用见煤钻孔 129 个，得到总厚 0.29～9.36m，平均厚 2.95m。可采见煤钻孔 88 个，可采总厚 0.82～8.66m，平均厚 3.76m。煤层结构简单，一般含夹矸 0～1 层，岩性以炭质泥岩、粉砂岩为主，可采面积约 630km^2，可采厚度系数为 0.68，可采面积系数 53%，为大部分可采煤层。煤层顶板岩性以粉砂岩、细砂岩为主，局部为中粗砂岩、砂砾岩，煤层底板岩性以细砂岩、泥岩为主，局部为中粗砂岩。该煤层条湖区发育较好，一般为厚煤层，在汉水泉凹陷、库木苏凹陷等区多为不可采煤层，在库木苏凹陷、石头梅凸起等区仅零星发育，多为不可采。

26 号煤层：位于下侏罗统八道湾组上段（J_1b^2），有 133 个钻孔控制层位，其中见煤钻孔 128 个，总厚 0.43～12.97m，平均厚 3.47m。可采见煤钻孔 107 个，可采总厚 0.80～12.97m，平均厚 2.99m。煤层结构简单，一般含夹矸 0～2 层，由西向东逐渐增加，岩性以粉细砂岩、炭质泥岩为主，煤类单一，为较稳定煤层。该煤层以 58-64 线和 88-90 线为聚煤中心，向外围变薄。煤层赋煤面积 501km^2，可采面积 435km^2，1000m 以上可采面积约 240km^2，可采厚度系数为 0.84，可采面积系数 87%，为大部分可采煤层。煤层顶板岩性以粉、细砂岩、炭质泥岩为主，煤层底板岩性以粉砂岩、细砂岩为主。该煤层仅在汉水泉凹陷、条湖凹陷等区的局部发育，厚度变化较大，结构较简单-中等。

27～30 煤组：位于八道湾组上段上部，一般由 1～2 层结构复杂的厚-特厚煤层及 2～3 层薄-中厚煤层组成，煤层较集中，局部由 2～4 层薄-中厚煤层组成，层间距一般为 5～15m。利用见煤钻孔 148 个，得到总厚 0.44～32.94m，平均厚 16.33m。可采见煤钻孔 136 个，含可采煤层 2～5 层，可采总厚 0.80～29.90m，平均厚 13.90m。煤层结构较简单-复杂，一般含夹矸 4～9 层，岩性以粉细砂岩、炭质泥岩为主，可采面积约 355km^2，可采厚度系数为 0.92，可采面积系数 30%，为局部可采煤组。煤层顶板岩性以细砂岩、粉砂岩为主，局部为中砂岩，煤层底板岩性以粉砂岩、泥岩为主，局部为中粗砂岩。该煤层组在汉水泉凹陷区发育较好，煤层总厚度较大，但结构复杂，在条湖凹陷，煤层厚度变化较大，在库木苏凹陷、石头梅凸起、岔哈泉凸起等区不发育。

31～35 煤组：位于八道湾组上段下部，由 1～2 层结构复杂的厚-特厚煤层及 2～3 层薄-中厚煤层组成，煤层较集中，间距一般为 6～12m。利用见煤钻孔 139 个，得到总厚 0.74～33.38m，平均厚 18.31m。可采见煤钻孔 137 个，含可采煤层 2～5 层，可采总厚 0.92～29.06m，平均厚 15.86m。煤层结构复杂，一般含夹矸 4～10 层，岩性以粉砂岩、炭质泥岩为主，可采面积约 270km^2，可采厚度系数为 0.95，可采面积系数 23%，为局部可采煤组。煤层顶板岩性以细砂岩、粉砂岩为主，局部为中砂岩，煤层底板岩性以细砂岩、泥岩为主，局部为中粗砂岩。该煤层组仅在汉水泉凹陷发育，在其他区不发育。

37 煤组：位于下侏罗统八道湾组（J_1b）上段，有 150 个钻孔控制层位，其中见煤钻孔 49 个，总厚 0.37～8.76m，平均厚 3.17m。可采见煤钻孔 42 个，可采总厚 0.85～7.22m，平均厚 13.15m。煤层结构简单，一般含夹矸 0～2 层，岩性以炭质泥岩、粉砂岩为主，有两种煤类，主要以长焰煤为主，在 44-58 线、60-66 线中部呈条带状分布小片气煤，为不稳定煤层。煤层厚度以 64-76 线为聚煤中心，沿倾向由浅至深变薄。煤层赋煤面积 550km^2，可采面积 164km^2，1000m 以上可采面积约 77km^2，可采厚度系数为 0.97，可采面积系数 30%，为局部可采煤层。煤层顶板岩性以粉、细砂岩、泥岩为主，煤层底板岩性以粉砂岩为主。该煤层组仅在汉水泉凹陷局部发育。

40～45 煤组：位于八道湾组下段，由 1～6 层薄-厚煤层组成，煤层较集中，间距一般为 10～25m。利用见煤钻孔 13 个，得到总厚 0.55～17.53m，平均厚 3.08m。可采见煤钻孔 5 个，含可采煤层 1～4 层，可采总厚 0.80～14.30m，平均厚 4.42m。煤层结构较简单，一般含夹矸 1～3 层，岩性以粉砂岩、炭质泥岩为主，可采面积约 15km^2，可采厚度系数为 0.63，可采面积系数 8%，为不可采煤组。煤层顶板岩性以泥岩、粉砂岩为主，煤层底板岩性以细砂岩、泥岩为主，局部为中粗砂岩。该煤层组仅在条湖凹陷局部发育较好，形成可采区域，在汉水泉凹陷多为不可采煤层，在其他区域不发育。

（三）资源量估算

1. 估算范围及工业指标

勘查区含煤地层划分为中侏罗统和下侏罗统，含煤 43 层，自上而下编号为 1～37 号和 40～45 号，其中 1～22 号为西山窑组，23～25 号为三工河组，26～37 号为八道湾组上段，40～45 号煤层为八道湾组下段。其中 2、6～8、9、11～12、14～15、17～19、20、26、27～30、31～35、37、40～45 号煤层（组）为主要可采煤层（组），参加资源量估算，其他煤层为局部可采或不可采煤层，不具工业意义，不参加资源量估算。

2. 资源类别

按地质可靠程度对全区资源量类别进行划分，结合矿区构造的实际情况、各煤层的稳定性，从经济意义、可行性评价和地质可靠程度三个方面进行划分。

目前可行性评价工作只进行了概略研究，尚不能确定其真实的经济意义，为内蕴经济资源量。控制的内蕴经济资源量（332）：勘查线距为 1000m，并具有相应工程点控制网度（1000m×1000m）的区段。推断的内蕴经济资源量（333）：勘查线距为 2000m，工程点控制网度（2000m×2000m）和（332）资源量外推 1/2 线距区段。预测资源量（334）：工程点控制网度大于 2000m。

3. 勘查区估算结果

通过对勘查区内已揭露可采煤层进行资源/储量的估算，该区共获得 1000m 以上资源/储量（332＋333＋334）5144356.30 万 t，勘查区可采煤层（组）分类别资源/储量汇总表见表 11.11。

4. 勘查区各分区资源量估算结果

通过对勘查区内已揭露可采煤层进行资源/储量的估算，将该区分为四个分区，各分区资源/储量煤层（组）汇总表见表 11.12。

5. 矿区资源/储量汇总

该区共获得 1000m 以上资源/储量（332＋333＋334）5144356 万 t，其控制的内蕴经济资源/储量（332）977864 万 t，推断的内蕴经济资源/储量（333）1687678 万 t，预测的内蕴经济资源量（334?）2478815 万 t，332 类资源/储量占总资源量的 19%，（332＋333）类资源/储量占总资源量的 52%，详见勘查区可采煤层（组）分类别资源/储量汇总表（表 11.13）。

表 11.11　勘查区可采煤层（组）分类别资源/储量汇总表

煤层编号	332/万 t	333/万 t	334/万 t	332＋333＋334/万 t	332/资源总量/%	(332＋333)/资源总量/%
2 煤	13736.37	46418.27	39185.68	99340.32	14	61
6～8 煤组	49555.61	177508.75	196793.82	423858.18	12	54
9 煤	313642.19	576025.07	985950.55	1875617.81	17	47
11～12 煤组	127538.26	161366.96	211622.43	500527.65	25	58
14～15 煤组	58447.19	103378.63	161633.04	323458.86	18	50
17～19 煤组	38160.79	126499.03	216717.52	381377.34	10	43
20 煤	38422.27	55746.50	40923.81	135092.58	28	70
25 煤		22400.00	80100.00	102500.00		
26～30 煤组	166411.54	190742.44	217576.76	574730.74	29	62
31～35 煤组	171949.76	215191.93	251335.80	638477.49	27	61
37 煤		12400.00	68904.16	81304.16		
40～45 煤组			8071.17	8071.17		
合计	977863.98	1687677.58	2478814.74	5144356.30	19	52

表 11.12　勘查区各分区资源/储量煤层（组）汇总表

煤层	查明资源/万 t			潜在资源/万 t	资源总量/万 t	332/资源总量/%	(332＋333)/资源总量/%
	控制的（332）	推断的（333）	合计	预测的（334?）			
汉水泉凹陷区	565900.31	1053032	1618932.31	1398097.15	3017029.46	19	54
库木苏凹陷区	164172.23	251503.47	415675.7	179130.29	594805.99	28	70
石头梅凸起区	102740.13	195678.14	298418.27	309038.77	607457.04	17	49
条湖凹陷区	145051.31	187463.97	332515.28	592548.52	925063.80	16	36
合计	977863.98	1687677.58	2665541.56	2478814.73	5144356.29	19	52

表 11.13　勘查区可采煤层（组）分类别资源/储量汇总表

煤层编号	332/万 t	333/万 t	334/万 t	(332＋333＋334)/万 t	332/资源总量/%	(332＋333)/资源总量/%
2 煤	13736	46418	39186	99340	14	61
6～8 煤组	49556	177509	196794	423858	12	54
9 煤	313642	576025	985951	1875618	17	47
11～12 煤组	127538	161367	211622	500528	25	58
14～15 煤组	58447	103379	161633	323459	18	50
17～19 煤组	38161	126499	216718	381377	10	43
20 煤	38422	55747	40924	135093	28	70
25 煤		22400	80100	102500	0	22
26～30 煤组	166412	190742	217577	574731	29	62
31～35 煤组	171950	215192	251336	638477	27	61
36 煤		12400	68904	81304	0	15
40～45 煤组			8071	8071	0	0
合计	977864	1687678	2478815	5144357	19	52

该区共获得 1000m 以上资源/储量 5858096 万 t，其中查明资源量 2993500 万 t，潜在资源量 2864596 万 t。

探明的内蕴经济资源量（331）25823 万 t，控制的内蕴经济资源量（332）1042127 万 t，推断的内蕴经济资源量（333）1925550 万 t，预测的资源量（334?）2864596 万 t，0～600m 资源/储量 2701263 万 t，600～1000m 资源/储量 3156833 万 t。

三、喀木斯特煤炭资源快速精准勘查

阿勒泰地区是新疆严重缺煤地区，随着经济不断增长，对煤炭资源的需求量越来越大，急需寻找煤炭资源，满足当地工农业的需要。地处祖国西北边陲的富蕴县含煤地层分布广泛，煤炭资源潜力巨大，但由于自然地理条件较差，经济落后，致使以往地质工作，尤其是煤田地质工作程度很低，影响了煤炭资源的合理开发利用，造成煤炭资源短缺。寻找和发现新的煤炭资源，对阿勒泰地区经济发展和矿产资源开发具有重要意义。为加快喀木斯特能源基地的开发和建设，新疆维吾尔自治区发展和改革委员会决定对喀木斯特矿区进行总体规划。富蕴县人民政府委托中国煤炭地质总局一二九勘探队对喀木斯特煤田进行煤田勘探。

（一）井田地质概况

喀拉萨依西井田位于新疆维吾尔自治区东北部，富蕴县南部，北距富蕴县城 210km，南距乌鲁木齐市 300km，行政区划属富蕴县管辖。申请登记范围极值地理坐标为：东经 89°21′00″～89°25′30″，北纬 45°24′00″～45°27′15″，由 12 个拐点圈定，勘查面积为 21.39km^2。

喀拉萨依西井田范围内大部分为第四系所覆盖，地层由老到新依次为下侏罗统八道湾组（J_1b）、三工河组（J_1s），中侏罗统西山窑组（J_2x），中-上侏罗统石树沟组（$J_{2-3}sh$），新近系中新统索索泉组（N_1s）和第四系（Q）。井田为一向东南扬起、向西北方向倾斜的单斜构造，地层较缓，地层倾角为 4°～6°，局部可达 7°。井田内地质构造简单，地质构造分类应为一类。

喀拉萨依西井田内的含煤地层有中侏罗统西山窑组（J_2x）和下侏罗统八道湾组（J_1b）。八道湾组含煤层数多、煤层薄，西山窑组含煤层数少、煤层厚度大，是区内主要含煤地层。经钻孔及二维地震控制，井田含煤地层共含煤 15 层，纯煤平均总厚 7.45m，含煤地层厚度按 273.50m 计，含煤系数为 2.72%。井田仅有 B1 煤层可采，B1 煤层位于中侏罗统西山窑组上部，全层煤厚 0.30～19.02m，平均煤厚 6.05m。

（二）地质任务

按设计要求对工作内容做了具体部署和具体要求，并明确了本次勘探的具体地质任务如下：

（1）控制井田边界构造，其中与矿井的先期开采地段有关的边界构造线的平面位置，控制在 150m 以内；

（2）详细查明先期开采地段内落差等于和大于 30m 的断层，详细查明初期采区内落差等于和大于 15m 的断层，对小构造的发育程度、分布范围及对开采的影响做出评述；

（3）控制先期开采地段范围内可采煤层的底板等高线，控制初期采区内等高距为 20m 的煤层底板等高线；

（4）详细查明可采煤层层位及厚度变化，确定可采煤层的连续性，控制先期开采地段内可采煤层的可采范围，对厚度变化较大的可采煤层，控制煤层等厚线；

（5）严密控制与先期开采地段或初期采区有关的可采煤层露头位置，在掩盖区，隐蔽煤层露头线在勘查线上的平面位置应控制在 75m 以内，控制先期开采地段范围内主要可采煤层的风氧化带界线；

（6）详细查明可采煤层的煤类、煤质特征及其在先期开采地段范围内的变化，着重研究与煤的开采、洗选、加工、运输、销售以及环境保护等有关的煤质特征和工艺性能，并做出相应的评价；

（7）详细查明井田水文地质条件，评价矿井充水因素，预算先期开采地段涌水量，预测开采过程中发生突水的可能性及地段，评述开采后水文地质、工程地质和环境地质条件的可能变化，评价矿井水的利用可能性及途径；

（8）详细研究先期开采地段和初期采区范围内主要可采煤层顶底板的工程地质特征、煤层瓦斯、煤的自燃趋势、煤尘爆炸危险性及地温变化等开采技术条件，并做出相应的评价；

（9）基本查明其他有益矿产赋存情况；

（10）估算各可采煤层的探明的、控制的、推断的资源量。

（三）勘探布置

喀拉萨依西井田大部分被第四系所覆盖，仅有少量基岩零星出露。根据区内地形、地质和物性条件，本次勘探工作选择以岩心钻探及物探测井为主，配以地质填图、二维地震、抽水试验、采样测试等多种勘探手段，进行综合勘探。各种勘查手段在实际运用中相互配合，并重视地质分析、研究，注重地质效果和勘探经济效益，对井田地层、构造、煤层、煤质、水文地质条件等进行最大程度的控制。

勘查阶段的钻探工程布置一般以500m为基本勘查线距。我们在选择勘查密度上，在遵循勘查类型对勘查网度要求的基本原则的同时，又充分考虑了对煤层基本控制的需要和技术经济的合理性。井田选择500m×500m的网度求取探明的资源量，1000m×1000m的网度求取控制的资源量，2000m×2000m的网度求取推断的资源量。全区共布置勘查线11条，满足现行《煤、泥炭地质勘查规范》对勘查阶段的要求。

本次勘探钻探施工选择XY-1000A钻机，NNB250/60泥浆泵，17.5m钻塔，动力为4135柴油机，取煤工具用DMD-1单动双管取心器，钻头类型主要有110mm外口钻头、110mm双管取心钻头、110mm肋骨钻头等。钻探设备按操作规程自开孔至终孔均严格进行质量验收。

施工钻孔共55个，穿见B1煤层的钻孔48个，其中44个钻孔B1煤层可采，综合评级优质44层次，优质点率为100%。施工的钻孔均进行了系统的孔斜测量，终孔斜度最大的为42-17孔，终孔深度864.59m，孔斜度9.9°，方位角140°；50-16孔终孔斜度最小，终孔深度580.49m，孔斜度1.07°，方位角337°。钻孔终孔斜度均达特、甲级孔质量标准。

（四）勘探成果

本次勘探施工钻孔55个，钻探工程量39817.53m，其中水文地质钻孔3个，钻探工程量2384.80m。其中特级孔43个，甲级孔11个，乙级孔1个，特、甲级孔率98%；物探测井工程量39498.10实测米，占钻探总工程量的99.06%，均为甲级孔，甲级孔率100%。B1煤层可采，综合评级优质44层次，优质点率为100%；完成1∶5000地形测量24.46km^2，震测线35条，测线总长度238.68km，生产物理点8067个，试验物理点81个，低速带调查物理点10个，总计物理点8158个，物理点合格率为99.83%。线上生产记录8067张，其中甲级 3628 张，甲级率 44.97%，乙级 4425 张，乙级率 54.86%，废品 14 张，废品率 0.17%；完成 1∶5000 及水文地质填图 24.46km^2，采集各类试验样品 10 类 233 组/件，其中煤心样 84 个，瓦斯样 9 件，岩石物理力学样 110 组，水样 5 个；布置抽水试验孔 3 个，抽水试验 5 层次，均合格。施工的钻孔全部按要求进行了简易水文观测，实际观测次数均为应观测次数的 100%。

井田范围内大部分为第四系所覆盖，钻孔揭露地层由老到新依次为下侏罗统八道湾组（J_1b）、三工河组（J_1s），中侏罗统西山窑组（J_2x），中-上侏罗统石树沟组（$J_{2-3}sh$），中新统索索泉组（N_1s）和第四系（Q）。井田为一向东南扬起、向西北方向倾斜的单斜构造，地层较缓，地层倾角为 4°～6°。地层走向约北东 75°，倾向约北西 15°。在井田中南部有一正断层 F2，一端延伸至区外，另一端延伸至无煤区内，走向近东西，倾向南，倾角约 60°，落差 0～40m。井田地质构造简单。

井田内含煤地层为侏罗系，含煤地层段厚约 273.50m，含煤 15 层，煤层累厚约 7.45m，含煤系数为 2.72%。可采煤层为 B1 煤层，赋存于西山窑组。施工的 55 个钻孔有 48 个孔穿过 B1 煤层层位，其中 41 孔煤层可采，可采指数为 85%。煤层最薄 1.25m，最厚 19.02m，平均煤厚 6.99m，煤厚变异系数 γ 为 68%。B1 煤层虽然全区厚度变化较大，但过度比较平稳，属较稳定煤层。B1 煤层为不黏煤。

井田内主要含水层自上而下分为四个含水层（组），即第四系冲洪积孔隙水、第三系孔隙水、侏罗系孔隙-裂隙水、泥盆系—石炭系坚硬岩层组成的构造裂隙水。根据井田特定的地质构造条件和地层分布特点，导致区内第四系砂土层不具含水条件，属透水不含水层，侏罗系基岩段含水微弱，整个井田水文地质条件简单。因此，只要在井田建设中增强井田水文地质资料的收集和分析，并对大气降水强度对井田水量的影响程度及相互关系引起注意，便不会对井田生产构成较严重威胁。

井田内可采煤层顶、底板岩体完整性和质量分级均为差-中等，属基本易于管理的顶、底板。在断层发育处，岩体结构遭到破坏，裂隙较发育，强度较低，易造成冒顶、底鼓及片帮，掘进、采煤时要加以注意。工程地质勘探类型为三类二型。煤层瓦斯含量较低，最高值为 3.48m^3/t，最低值为 1.28m^3/t，平均值为 2.39m^3/t。瓦斯成分中甲烷含量亦较低，井田处于氮气-沼气带。煤层煤尘具有爆炸危险性，容易自燃。井田平均地温梯度值为 2.20℃/100m（1.500℃/100m～2.90℃/100m），井田基本属于正常增温地区，无地温异常现象。

依据瓦斯采样化验结果，井田煤层瓦斯含量较低。由现有钻孔所采样分析，总含气量最高为 26.30m^3/t。从瓦斯成分分析，全部属于氮气-沼气带，甲烷含量较低，最高值为 0.78m^3/t。

喀木斯特煤田喀拉萨依西井田共获得煤炭资源量 13057 万 t，其中探明的资源量（331）为 3781 万 t，占总资源量的 28.9%；控制的资源量（332）为 3600 万 t，占总资源量的 27.6%；推断的资源量（333）5676 万 t，占总资源量的 43.5%。探明的和控制的资源量（331＋332）为 7381 万 t，占总资源量的 56.5%。

喀木斯特煤田喀拉萨依西井田是快速钻探应用于煤炭地质勘查工程的成功案例，包括普查、详查、勘探野外施工、地质报告编制工期 14 个月，工程质量优良。总之，喀木斯特煤田喀拉萨依西井田的勘查工作目的明确，重点突出，工程量布置合理，施工质量高，各种勘查手段配合有序，对井田开采影响较大的构造、煤层、煤质、水文地质及工程地质条件均已查明，煤炭资源储量估算方法合理，估算结果可靠，勘查报告质量和所提交的各项地质资料能够为井田建设可行性研究和初步设计提供地质资料，勘查程度符合规范要求。2011 年 10 月，《新疆富蕴县喀木斯特煤田喀拉萨依西井田煤炭勘探报告》在中国煤炭工业协会组织的第十五届优质地质报告评选中荣获地质勘查报告二等奖和新发现矿产资源报告奖。

四、青海鱼卡尕秀井田勘查实践

鱼卡煤田位于柴达木盆地北缘，大柴旦行政委员会鱼卡乡辖区的绿梁山北西侧青新公路 315 国道南北两侧，勘探区东距大柴旦镇 50～60km。区内煤炭资源丰富。青海煤炭地质勘查院在 2004 年青海省鱼卡煤田尕秀西段煤炭详查工作的基础上，开展煤炭地质勘探工作。

鱼卡煤田尕秀勘探区区内总体地形较平坦，地势南东高，北西低，南部及北西部有低山丘陵。区内最高海拔 3248.1m，位于最南部绿梁山高山地貌部位，最低海拔 3111.8m，最大高差 137m，平均海拔为 3150～3210m。勘探区内植被稀少，仅有少量耐旱植物骆驼草，中部广为第四系表土和砂砾石层所覆盖。

（一）勘探基本情况

该项目钻探工作最早开始于 2005 年 4 月初，截至 2005 年 9 月底完成了 10 个钻孔，工程量近 3500m。2005 年 9 月，甘肃煤田地质局综合普查队物探院进驻鱼卡尕秀西段，开始实施地震工作，至 11 月初完成野外数据的采集，2006 年 5 月至 11 月完成了项目设计剩余的野外工程量及增加的钻探工程量，2007 年 3 月底完成勘探报告。

通过 1∶5 千煤田地质填图工作，详细填绘了勘探区内地表各层段地质界线分布位置、褶皱形态、断层位置与形迹。将古近系路乐河组划分为上段砾岩夹泥岩段（$E_{1-2}l^2$）及下段粗-巨砾岩段（$E_{1-2}l^1$）两个岩性段。

施工钻孔 19 个，共采集煤心煤样 229 个，夹矸样 121 个，煤心瓦斯样 13 个，采集岩石力学样 12 组，水样 6 个。

地震勘探共完成了试验物理点 227 个，完成三维线束 40 束，生产物理点 6816 个，施工面积约 7.6km^2，控制面积 4.3km^2。完成二维地震线 14 条，物理点 3604 个，测线 67.6km。各物理点成品率 99.9%。地震勘探查明了三维区内落差大于 5m 的断层及二维区内落差大于 30m 的断层共 31 条，二维区断点 5 个；查明了 F1 断层在本区的延展及区内的褶曲形态；控制了勘探区内主要煤层 M5、M7 的底板标高，并编制出了底板等高线图，较好地反映出主要煤层沿不同深度的展布形态；对勘探区南部的煤层露头有了较好的控制。

ZK2-1 水文钻孔、ZK8-1 水文孔控制主要可采煤层 M5、M7 顶板含水岩组的富水情况，查明了先期开采地段的水文地质特征。查明了勘探区是一个相对封闭的承压水盆地，主要充水因素为可采煤层顶板裂隙含水岩组，直接充水含水层单位涌水量小于 0.01L/(s·m)。井田的水文地质类型为二类一型，即为裂隙充水水文地质条件简单的矿床。使用大井法及比拟法根据实际情况计算获得先期开采地段矿坑涌水量为1987m^3/d。

勘探工作查明了区内煤层、煤质情况，在先期开采地段以500m×500m的钻孔网度对含煤地层及煤层进行了控制，查明了该区可采煤层层数、厚度、结构和分布范围及煤质特征，确定了煤类。勘探区北部区域的ZK3-3孔、ZK8-2孔及ZK0-4孔表明，该区域M7煤层底板深度基本上在750m以上。

全区（勘探区）共估算获得2200m高程以上（111b＋122b＋333）资源储量51803万t，其中（111b）为6330万t，（122b）为24624万t，（333）为20849万t；另外估算获得（334?）预测煤炭资源量17349万t。第一水平2800m高程以上共估算了（111b＋122b＋333）资源储量12442万t，（111b）的比例为45.0%，（111b＋122b）的比例为76.4%，第一水平的比例达到了项目任务中先期开采地段的比例要求。

（二）主要地质成果

1. 煤

1）含煤地层

鱼卡尕秀西段与鱼卡东部勘探区同属鱼卡煤田的核心部位，含煤地层为中侏罗统大煤沟组（J_2d），按岩石组合特征可划分为四个岩性段（表11.14）。现选择勘探区内施工的典型钻孔ZK6-1，就其层序、岩性、厚度及相互组合关系，对四个岩性段按由新到老的顺序详细叙述如下。

表11.14　ZK6-1孔柱状剖面

上覆：上侏罗统采石岭组灰绿色砂泥岩段（J_3c^1）		
——整合接触——		
中侏罗统大煤沟组页岩段（J_2d^4）厚度53.75m		
3	浅褐色-灰褐色页岩，页片状，条痕浅褐色，夹灰白色粉砂岩	46.93m
4	深灰色泥岩，中厚层状，具微波状层理，富含瓣鳃类化石	6.82m
中侏罗统大煤沟组上含煤段（J_2d^3）厚度85.86m		
5～7	炭质泥岩夹粉砂质泥岩	6.11m
8	灰色-浅灰黑色粉砂岩，薄层状，致密坚硬，含植物化石碎片	0.51m
9～13	灰色粉砂岩、泥岩、炭质泥岩夹薄煤线	26.95m
14	浅黄色-浅褐色泥质粉砂岩，中厚层状	6.53m
15	浅褐黄色中粒长石石英砂岩，厚层状，孔隙发育，夹薄层灰色泥岩	13.27m
16	深灰色、褐红色粉砂质泥岩，厚层状，致密稍软	8.40m
17	炭质泥岩	0.39m
18	深灰色厚层状粉砂质泥岩，致密较硬	5.72m
19	煤，宽条带状结构，层状构造，沥青光泽贝壳状断口，条痕黑色，光亮型	0.39m
20	灰白色薄层状粉砂岩，具水平层理，致密坚硬，无裂隙	0.41m
21	灰色细粒砂岩	3.04m
22～27	灰白色薄层状粉砂岩、泥岩夹薄层细砂岩	11.51m
28	M5，黑色，碎块-粉末状，半亮型，夹亮煤条带	2.63m

续表

中侏罗统大煤沟组砂岩段（J_2d^2）厚度 47.09m		
29	灰色-深灰色泥岩，顶部含炭质，致密，具可塑性	0.77m
30	深灰色粉砂质泥岩，中厚层状，致密坚硬，具水平层理	2.50m
31	灰色-深灰色粉砂岩，中厚层状，含植物化石碎片	12.30m
32	灰色细粒砂岩	0.89m
33	灰色-深灰色粉砂岩，薄层状，致密较硬	2.18m
34	煤（测井成果）	0.67m
35	深灰色粉砂岩，中厚层状，具小型波状层理，含植物化石碎片	5.03m
36	灰白色粗粒长石石英砂岩，厚层状，胶结松散，遇水易碎	22.75m
中侏罗统大煤沟组下含煤段（J_2d^1）厚度 119.1m		
37	灰白色粉砂岩，薄层状，致密坚硬，含丰富的植物化石，底部含灰色泥岩	16.61m
38	煤，黑色，窄条带状，顶部碎块状，半亮型，条痕黑褐色	7.62m
39	黑色炭质泥岩，薄层状，致密较硬，条痕褐色	0.43m
40	煤，宽条带状结构，层状构造，半亮型	0.43m
41	炭质泥岩，黑色，薄层状，致密较硬	0.35m
42	煤，黑色、宽条带状，沥青光泽，亮煤夹丝炭，条痕褐黑色	0.39m
43	炭质泥岩	0.30m
44	煤，黑色，窄条带状，半暗型，见薄层丝炭	2.04m
45	炭质泥岩，浅灰黑色，薄层状，断口参差状	0.35m
46	煤，黑色，窄条带状	0.26m
47	炭质泥岩，浅灰黑色，薄层状，致密较软	0.30m
48	煤，黑色，粉末状，暗淡型，染手，松软	0.48m
49	炭质泥岩，灰黑色，中厚层状，致密较硬	1.43m
50	煤，黑色，碎块状，底部见薄层丝炭	0.30m
51	炭质泥岩，黑色，薄层状，炭泥质结构，含少量炭化植物茎化石，致密较硬	0.56m
52	煤，黑色，碎块状，半暗淡型，层面见丝炭	0.22m
53	炭质泥岩，黑色，薄层状，见少量丝炭化植物茎，致密较硬	0.26m
54	煤，黑色，宽条带状，暗煤为主，具少量丝炭，半暗淡型	2.68m
55	炭质泥岩，黑色，厚层状，炭泥质结构，致密较硬	0.74m
56	煤，黑色，窄条带状结构，以暗煤为主，少量亮煤，半暗淡型	0.26m
57～59	深灰色炭质泥岩、泥岩	2.73m
60～66	深灰色炭质泥岩夹 3～4 层薄煤层，煤呈黑色，暗淡型	0.30m
67	炭质泥岩，深灰色-灰黑色，薄层状，致密较硬	0.74m
68	煤，黑色、窄条带状结构，以暗煤为主，次为丝炭，属半暗淡型煤	0.25m
69	泥岩，深灰色-灰黑色，厚层状，泥质结构，局部夹细粒砂岩，含少量白云母碎片	1.51m
70～84	薄煤层与泥岩互层，煤呈黑色，暗淡型，易碎，染手，泥岩多深灰色，致密较硬	7.53m
85	泥岩，灰黑色，薄层状，致密较硬	0.25m
86	炭质泥岩，深灰色，薄层状，含少量白云母碎片，致密较硬	0.35m
87	灰白色粗粒石英砂岩，厚层砂状结构，分选中等，见充填有方解石细脉的裂隙	0.74m
88～94	深灰色炭质泥岩夹薄煤层	4.47m
95～96	泥岩、炭质泥岩	1.43m
97～103	深灰色细粒砂岩夹浅褐色中厚层状粉砂岩	7.05m
104	灰白色中粒砂岩，中厚层状，砂状结构，成分以石英为主，次为长石	4.03m

续表

中侏罗统大煤沟组下含煤段（J_2d^1）厚度 119.1m		
105	深灰色粉砂岩，中厚层状，粉砂状结构，致密较硬	0.61m
106	灰白色细粒砂岩，中厚层状，长石风化染手，具均匀层理，上下过渡接触	1.95m
107	深灰色粉砂岩，中厚层状，粉砂状结构，局部含菱铁质矿物，致密较硬	0.85m
108～110	泥质粉砂质夹薄层细粒砂岩	7.04m
111	灰黑色泥岩，厚层状，泥质结构，含白云母碎片，较软，底部为黑色炭质泥岩	1.40m
112	中粒砂岩（据测井）	0.47m
113	灰黑色泥质粉砂岩，中厚层状，含白云母碎片，局部含黄铁矿，致密较软	7.46m
114	灰白色细粒砂岩，薄层细粒砂状结构，见白云母碎片，泥质胶结，遇水变软	0.59m
115	灰黑色含炭泥岩，薄层状，泥质结构，断面显黑色，致密较软	0.47m
116～117	细粒砂岩、粉砂岩	30.87m
------角度不整合------		
118	上奥陶统滩间山群（O_3tj）：灰白色-灰绿色绿泥石片岩、黑云母片麻岩、灰黑色斜长石角闪片岩及灰色层状大理岩等	26.50m

大煤沟组（J_2d）主要依据其不同沉积体系下的岩石组合划分成四个岩性段。下含煤段以发育一套灰色-灰白色中厚层状中细粒砂岩、含砾粗砂岩、粉砂岩及泥岩等相互交叉出现的碎屑岩，反映扇三角洲及其前缘河流、河间洼地及河漫滩相的特征，其上发育厚度较大的复杂结构或复煤层 M7。和东部勘探区所不同的是，第 6 勘探线及其以东的煤层底板距离古老地层间距大，沉积的碎屑岩形成 2～3 个小旋回。该段从底到顶基本为一个完整的沉积旋回。砂砾岩段以灰白色中厚层状粗砂岩、含砾粗砂岩、细砂、粉砂岩、炭质泥岩夹薄煤层，是以扇三角洲河流相、河漫滩、扇间洼地为特征的一套较粗的碎屑岩建造。上含煤段以灰色、灰黑色粉砂岩夹少量含砾粗砂岩，含 M1～M5 不稳定煤层，是一套三角洲前缘相及滨湖沼泽相的含煤细碎屑岩建造。页岩段以含有厚度较大而且层位稳定的油页岩、泥质页岩为特征将其划分为一个岩性段，它代表了一套沉积盆地水体上涨阶段的前三角洲-深湖相沉积。

因属同一煤田，尕秀西段的沉积体系与鱼卡东部勘探区类似，从下含煤段到页岩段至采石岭组，反映了一个沉积湖盆从无到有，水体从浅到深，沉积相从冲洪积扇-扇三角洲-前三角洲-湖泊相到湖盆萎缩这样一个完整的陆相沉积旋回，含煤地层大煤沟组可划分成四个岩性段，即代表了四个比较明显的沉积相。根据钻探揭露的厚度、层位等，各沉积层段的沉积中心各不相同。

2）构造

鱼卡煤田位于柴达木准地台北缘断阶带达肯大坂山—绿梁山隆起间中生代凹陷盆地，尕秀西段勘探区位于向北西西方向倾伏的尕秀背斜北翼—尕秀向斜部分。该勘探区从南往北的褶皱有尕秀背斜、尕秀向斜、鱼卡背斜南翼。断层仅见北部的 F1 逆断层及南部的 F3 及 F4 逆断层。

该勘探区南部尕秀背斜比较紧闭，而尕秀向斜较宽缓。尕秀背斜向西延伸部分，曾经施工过较多的石油钻孔，说明该背斜的储油条件较好。北部鱼卡背斜南翼跨入勘探区，其中发育有次级褶皱。区内断层为逆性，断层带较宽，断层面较陡，靠近断层处的岩层产状一般很陡立。

（1）尕秀背斜

尕秀背斜位于勘探区南部边缘，背斜轴迹方向北西向，区内长度约3.0km，宽1～1.3km，向北北西方向倾覆。背斜核部地层比较紧闭，南北两翼宽缓，在剖面上浅部形成棱尖褶皱。背斜北东翼完整，南西翼东段局部层段如红水沟组及采石岭组缺失，大部分跨到勘探区以外。背斜核部到两翼地层单位依次为 O_3tj、J_2d^1、J_2d^2、J_2d^3、J_2d^4、J_3c、J_3h、$E_{1-2}l^1$、$E_{1-2}l^2$ 及 E_3g 等，地层出露比较齐全，但是核部地层尤其靠近老地层部位第四系掩盖严重。

尕秀背斜北翼缓，为15°～45°，南翼陡，为30°～60°，轴面倾向北北东，倾角40°～50°。背斜东段南西翼受F3断层的切割，含煤地层在地表出露甚少或未出露，核部地层直接逆掩于南翼第三系路乐河组之上。北翼岩层QK7-1孔、ZK3-1孔揭露浅部（200m以上）岩煤层极陡（65°～75°），深部变缓（40°～50°），在剖面上岩煤层形成犁式产状，这与F3断层上盘挤压有相当的联系。尕秀背斜整体上较完整，地层出露齐全，具有含煤及含油性质，较鱼卡背斜无次级构造而相对简单。

地震勘探在剖面上显示非常明显清晰（图11.21），为可靠构造。

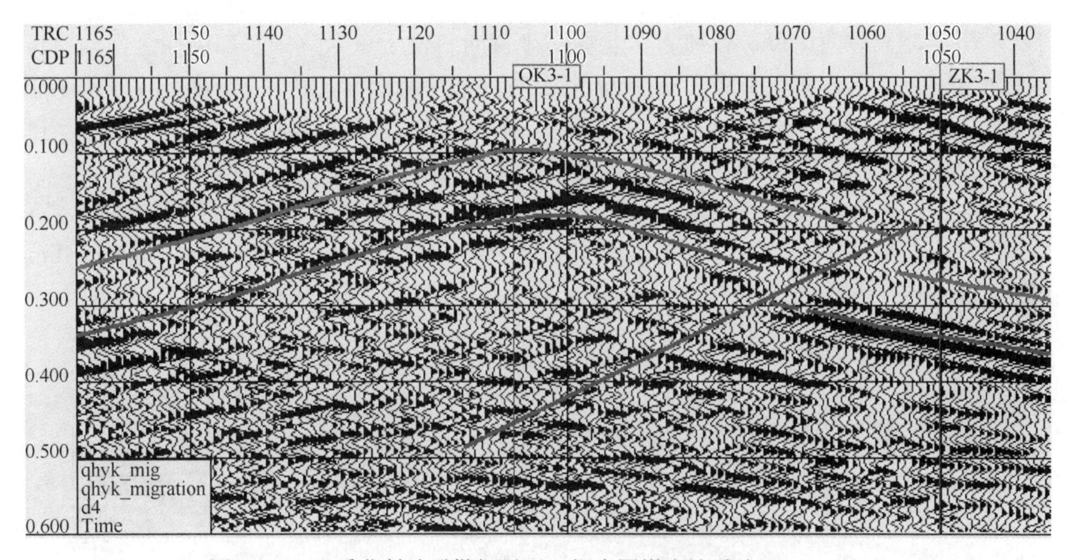

图11.21 尕秀背斜地震勘探显示（据中国煤炭地质总局，2017）

（2）尕秀向斜

尕秀向斜位于尕秀背斜的北侧，为该勘探区的主体部分。向斜出露宽度4.0～4.5km，长度大于6.5km，为宽缓向斜，向南东方向翘起于区外的尕秀精查区内。

地震勘探显示，该向斜位于三维区的中部，其轴位在0勘探线以西，位于L2测线南侧，至D6线、D7线轴位转向北东65°，过D7线近于DF1断层转为北西50°，向西倾伏，区内延展长度6600m，最大褶曲波幅320m。北翼倾角10°～20°，南翼倾角10°～14°。M7最大埋深1320m，M5最大埋深1160m（图11.22）。

（3）鱼卡背斜

鱼卡背斜位于勘探区北部F1断层以北，区内仅出露背斜南翼部分，核部及北翼部分跨入鱼卡煤田东部勘探区，背斜南北宽3～4km，东西长约6km。该勘探区内南翼有次级

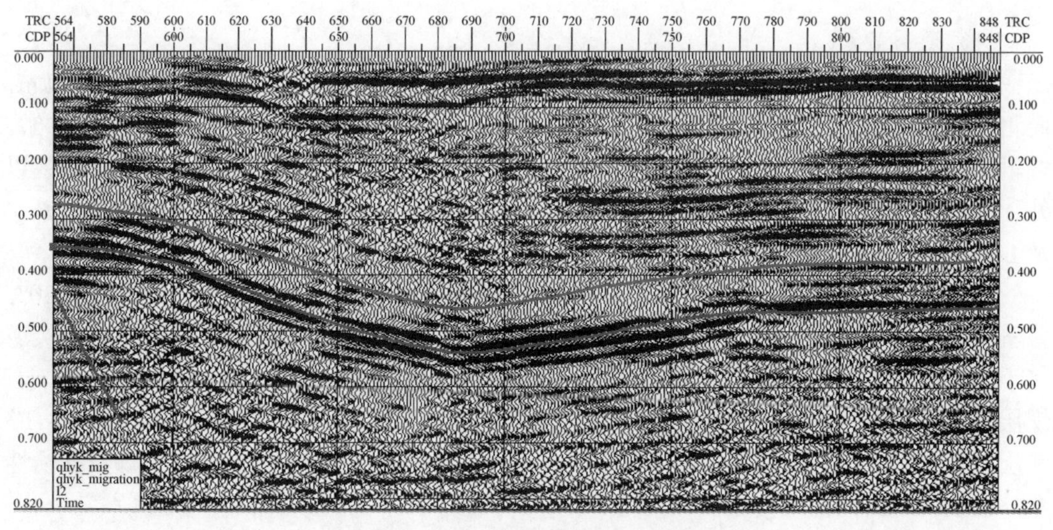

图 11.22　尕秀向斜地震勘探显示

背向斜构造，原称西山煤矿背向斜，北翼次级背向斜位于鱼卡煤田东部勘探区南西 11-7 勘探线南段。次级背向斜平面规模在 1km^2 左右，轴向北西向。跨入该勘探区的背斜南翼地表岩层倾角为 40°～80°，区外北翼倾角为 30°～65°，钻孔揭露深部的岩层倾角普遍变缓，一般为 10°～30°，这反映构造运动地表较深部剧烈的一般规律。

该勘探区内鱼卡背斜南翼仅受个别钻孔控制，钻探煤层底板等高线显示背斜南翼具有次级背斜。地震勘探反映鱼卡背斜南翼的次级背斜（图 11.23），轴部较宽缓，轴长 5.4km，两翼基本对称，地层倾角 8°～22°，在剖面上显示较清晰，为可靠构造。

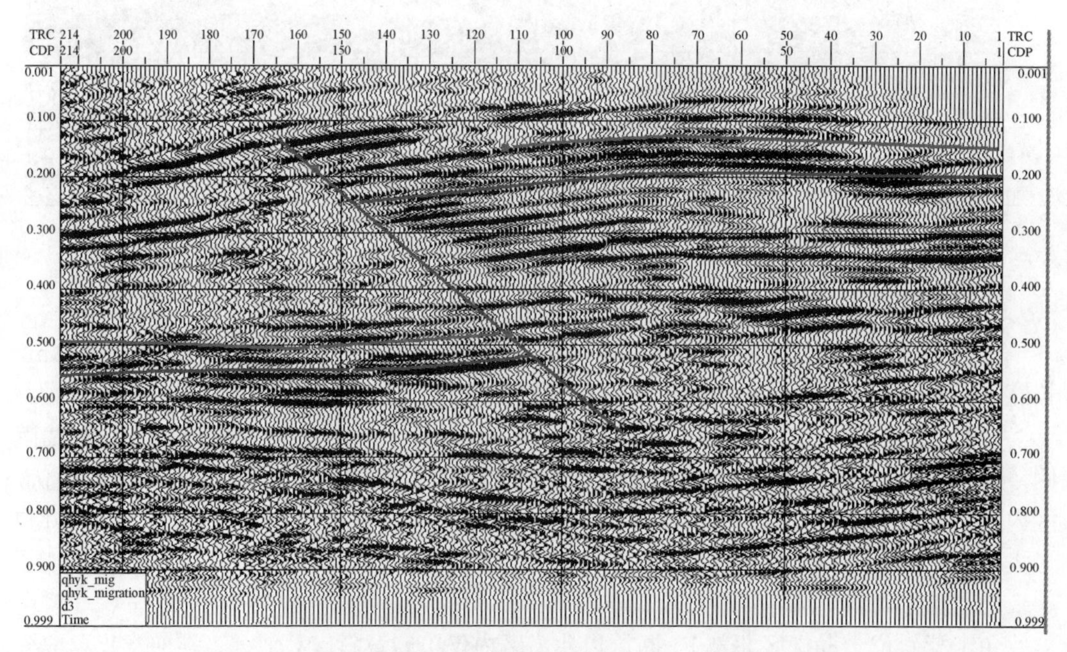

图 11.23　鱼卡背斜在二维地震剖面上的反映

（4）F1 逆断层

F1 逆断层位于勘探区北部，北西-南东走向，将鱼卡煤田切割为南北两个部分，形成一个自然井田边界。断层走向 300°～310°/110°～120°，倾向 30°～40°。断层上盘出露中侏罗统大煤沟组第一段到第四段（J_2d^1—J_2d^4）、上侏罗统采石岭组（J_3c）及红水沟组（J_3h）、古近系路乐河组（$E_{1-2}l$），地表侏罗系出露范围较大而且埋藏较浅。下盘地表大面积为第四系砂砾石层掩盖，钻孔揭露第四系下即为古近系下干柴沟组（E_3g），向深部依次为 $E_{1-2}l$、J_3c、J_2d^4、J_2d^3、J_2d^2、J_2d^1 及 O_3tj 等，大部分地区缺失 J_3h 地层。

地震勘探剖面 DF1 逆断层位于测区北部，鱼卡背斜的南翼，断层走向北西 30°，在 D3 线以西转向南西 70°。断面倾向北东，倾角 30°～66°。区内有 L3、D1～D11 共 12 条地震测线控制，断层由西向东断面变宽，区内延展长度 5250m，最大落差在 M5 煤层和 M7 煤层，分别为 440m 和 430m。

DF1 断层与 F1 断层实际上为一条断层，不过在地震底板等高线图上其断煤交线表现为舒缓波状，而且在第 0-2 勘探线部位被 DF11 切割，地表的断层形迹较平直（图 11.24）。

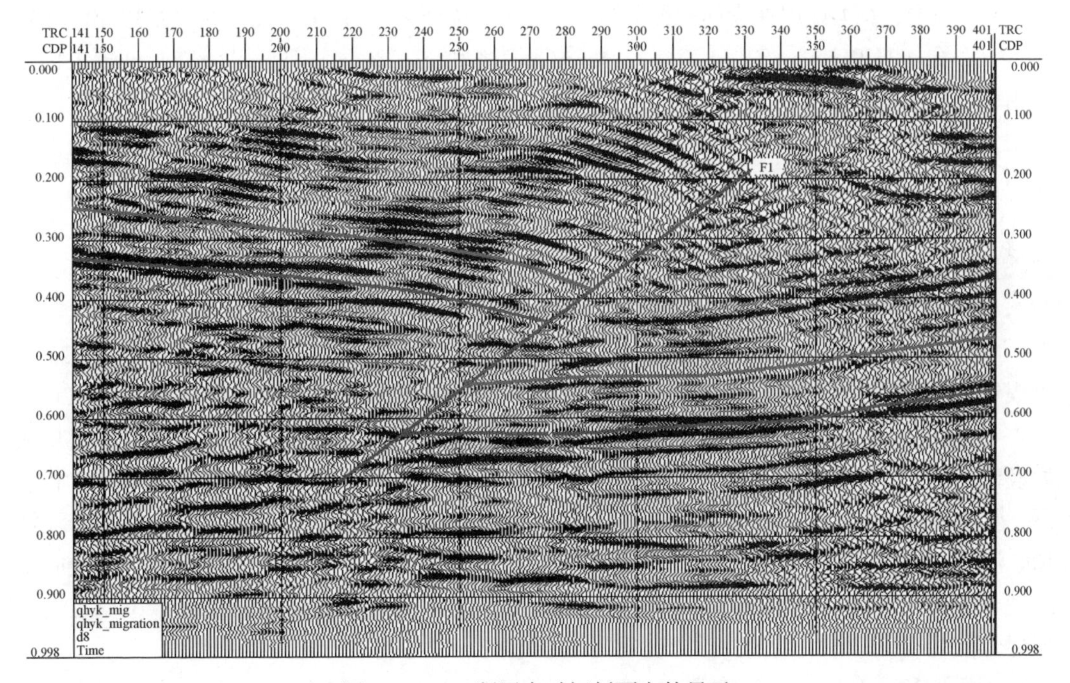

图 11.24　F1 断层在时间剖面上的显示

3）含煤性

鱼卡煤田尕秀西段勘探区含煤地层仅为中侏罗统大煤沟组，地层总厚度 59.57～388.55m，平均厚度 263.93m，划分为四个含煤岩性段下含煤段（J_2d^1）、砂砾岩段（J_2d^2）、上含煤段（J_2d^3）及页岩段（J_2d^4），含 M1～M7 共 7 层煤，煤层平均总厚度 6.27m（极值平均厚度 1.7～16.06m），含煤系数 2.38%。区内 M3 及 M4 可采块段分布零星，可采煤层为 M5 和 M7，其中 M7 可划分为 M7 上、M7 中和 M7 下三个分层；M6 煤层大部分为不可采薄煤层或煤线，仅于ZK8-2孔及ZK4-4孔中厚度较大。可采煤层平均总厚度为44.07m，可采煤层含煤系数19.67%。

大煤沟组上含煤段（J_2d^3）平均厚度78.60m（极值厚度5.60～120.50m），共含煤5层，即M1～M5。煤层平均总厚度9.05m（极值厚度1.14～30.26m），含煤系数11.51%。

M1及M2煤层：上含煤段M1及M2煤层在全区极不稳定，见煤点少而且基本不可采，仅于ZK0-4孔中同时达到可采厚度0.94m及2.20m，大部分为薄煤层或煤线，可采点极少，不计算资源储量。

M3煤层：M3煤层在全区39个钻孔中于24个钻孔中钻遇，其余为剥蚀或尖灭。而24个见煤钻孔仅有5个点可采（ZK0-4孔、ZK3-6孔、ZK0-3孔、ZK11-3孔及ZK5-1孔），可采点的比例仅12%，而且分布零星，故无法计算资源储量。M3煤层向北侧邻区鱼卡东部勘探区部分延伸，其可采范围扩大，但沿鱼卡东部勘探区南部边缘自东向西Y12孔、ZK1-1孔、ZK3-3孔、ZK7-2孔及其以北一带的东西向条带上，M3煤层局部可采，而且可以划分成上下两个煤组。东南部尕秀精查区M3煤层仍然为零星可采，尕秀精查勘探报告未计算资源量。

M4煤层：M4煤层在全区39个钻孔有25个见煤点，仅5个点可采（Y35孔、Y12孔、Y32孔、ZK0-3孔、ZK11-3孔），可采点的比例仅12%，个别点煤层总厚度较大但是利用厚度一般小于可采厚度。所以M4煤层零星可采，不计算资源储量。见M4煤层的钻孔中仅Y12孔、Y22孔中的利用厚度较大，分别为1.56m及1.52m。M4煤层全区南部厚度小，向北呈增厚之势。F1断层以南可采点极少，向北虽略有增厚但可采点仍然少，在ZK11-3孔、ZK0-3孔、ZK0-4孔范围形成厚度0.5～1.0m可采透镜体，向北东跨到鱼卡东部勘探区基本呈临界可采至可采厚度。M4煤层在东南部尕秀精查勘探区也属零星可采，尕秀精查勘探报告未计算资源储量。

M5煤层：该段内的M5煤层为全区可采煤层，煤层层位稳定而且结构较简单，25个见煤钻孔仅于Y40孔和Y28孔中的利用厚度为0.29m及0.42m，其余一般大于1.5～2.0m。

该勘探区上含煤段岩石性质一般以灰色-深灰色粉砂岩、粉砂质泥岩、泥岩、炭质泥岩及煤层组成，中下部含灰白色中-粗粒长石石英砂岩，局部含砾。该段发育小型波状层理、小型斜层理及交错层理等微沉积相层理，在扇三角洲上发育具有复杂古地貌的分流河道、沙坝、河间洼地、废弃河床、河流入湖口等微沉积相，扇三角洲及其微地貌的及时变迁使聚煤作用时间短暂而频繁，在漫长的地质历史时期只能形成结构复杂而且不稳定的多层薄煤层。

砂砾岩段（J_2d^2）平均厚度64.70m（极值厚度29.40～104.50m），含一至两层不可采薄煤层或煤线，在ZK8-2孔及ZK4-4孔含有益厚度12.71m及15.71m的煤层，对比为M6煤层。该段岩性以灰白色、灰色中-细粒长石石英砂岩为主，部分为粗粒砂岩及含砾粗砂岩。岩心中多见小型斜层理、波状层理，属于扇三角洲河流相、河漫滩、扇间洼地等沉积相，该勘探区西部区段继承M7上煤层的沉积条件，泥炭沼泽相环境持续到大煤沟组砂岩段（J_2d^2）的中后期。

大煤沟组下含煤段（J_2d^1）平均厚度86.06m（极值厚度1.90～127.00m），含M7煤层。M7煤层可划分为M7上、M7中及M7下三个分层，为该勘探区主要可采煤层。

M7 上煤层平均总厚度 14.81m（极值总厚度 0～28.79m），含煤系数 20.75%。该段 M7 上煤层在第 2 勘探线以西的钻孔中普遍可以划分出来，而且煤层总厚度较大，利用厚度一般大于 6m。第 2 勘探线及其以东部位 M7 上与 M7 中合并为一个煤层 M7 中。M7 中煤层平均总厚度 16.33m（极值厚度 1.87～40.72m），段内含煤系数 18.98%。M7 下煤层平均总厚度 11.40m（极值厚度 0～41.72m），段内含煤系数 13.25%。

M7 煤层顶部有一层厚薄不一的粉砂岩、粉砂质泥岩及少量炭质泥岩，其物性反映为高密度、高自然伽马、低电阻率和相对于煤层的自然电位正异常。煤层以下灰色-灰白色中细粒砂岩、含砾粗砂岩、粉砂岩及泥岩等相互交叉或互层出现，反映在扇三角洲及其前缘部分产生河流、河间洼地及河漫滩相的特征。在河口三角洲及河流入湖部位，适宜的环境使森林植物生长茂盛，为泥炭堆积提供了丰富的物源，长期稳定的成煤条件使 M7 煤层具有厚度大、结构较简单、分布广泛等特点。

4）可采煤层

前已述及，勘探区局部可采及全区可采煤层为 M5、M7 上、M7 中及 M7 下四层煤层，下面从上到下以其层位、顶底板岩性特征、厚度变化等逐一叙述。

M5 煤层位于上含煤段（J_2d^3）底部，上距 M4 煤层 4.02～40.50m，平均 26.79m。下距 M7 上及 M7 中煤层 16.3m 及 79.8m，平均 53.79m。

M5 煤层平均总厚度 3.28m，极值总厚度 0～12.55m，见煤点平均有益厚度 2.82m，极值有益厚度 0.48～9.44m。段内含煤系数 3.23%，组内含煤系数 1.21%。全区施工的 40 个钻孔有 24 个见煤点，其中可采点 22 个，不可采点 2 个（Y40 孔、Y28 孔），剥蚀点 5 个，煤层可采指数 55%。M5 煤层在 0～2 线范围内厚度稍大，在 4～6 勘探线范围厚度稍薄，最厚见煤点在 ZK0-4 孔内，利用厚度 7.20m，最薄点在 Y40 号孔，利用厚度仅 0.29m。M5 煤层煤类较单一，全区见煤点均为长焰煤。

M7 上煤层位于 M5 煤层以下，下含煤段（J_2d^1）中上部，在平面上仅在 0 线及其以西地区分布，上距 M5 煤层 5.50～22.20m，平均 16.3m，下距 M7 中煤层 9.10～62.10m，平均 37.45m。

M7 上煤层大部分可采，煤层层位较稳定。该煤层总厚度平均值为 14.81m，极值总厚度 0～28.79m，平均有益厚度 9.13m，极值有益厚度 1.59～19.23m，其利用厚度最小 0.80m，最大 19.23m。段内含煤系数 20.75%，组内含煤系数 5.59%，含煤率较高。0 线以西施工的 13 个钻孔都钻遇 M7 上煤层，而且全部达到可采厚度，煤层可采指数 100%。

该煤层结构复杂，一般含有 3～4 层夹矸，夹矸单层厚度一般为 0.3～0.7m，岩性为灰色-灰黑色泥岩及炭质泥岩，在 Y40 孔、ZK0-2 孔及 Y36 孔中夹矸厚度变大而变为复煤层。M7 上煤层虽然结构比较复杂，但是具有总厚度大、有益厚度及利用厚度都比较大的特点（Y40 孔厚 1.91m）。该煤层煤类较单一，全区见煤点均为长焰煤。

所以，M7 上煤层属于结构复杂的较稳定煤层，大部分可采，利用厚度也达到 27.75m，形成厚煤层的沉积中心。M7 中煤层全区见煤点均属长焰煤。M7 中煤层属于结构简单-复杂的较稳定煤层，全区可采。

M7 下煤层位于下含煤段（J_2d^1）中偏下部，上距 M7 中煤层 2.91～15.65m，平均 8.77m，下距 O_3tj 古老变质岩层 0.91～110m，平均距离 65.70m。结构从简单到复杂不等，含有 1 层至多层深灰色泥岩或炭质泥岩夹矸，厚度一般为0.2～1.0m，个别大于1.5m（Y36孔）而形成复煤层。ZK0-1孔、Y28孔、Y14孔及浅7孔中M7下为单一结构煤层。

该煤层平均总厚度11.40m，极值总厚度0～41.72m，见煤点平均有益厚度9.0m，极值有益厚度1.67～32.38m。段内含煤系数13.25%，组内含煤系数4.75%。该区前后施工40个钻孔，有33个见煤点，可采点34个，尖灭点6个（Y12孔、Y28孔、ZK8-1孔、ZK3-6孔、ZK0-3孔、ZK11-3孔），无断失点，煤层可采指数72.5%，见煤最深点为Y40孔（840.60m）。在2线浅部与8线浅部煤层厚度较大，一般总厚度大于10m，利用厚度也大于7.23m，其中ZK2-1孔揭露M7下厚度巨大，总厚度41.72m，利用厚度达32.38m。厚煤区域与M7上具有继承性。M7下煤层见煤点大部分为不黏煤，部分分层为长焰煤。

2. 油页岩

该勘探区内中侏罗统大煤沟组上部的页岩段（J_2d^4）中部以棕褐色、深灰色页岩为主夹串珠状及似层状菱铁矿结核，局部含油页岩，岩层水平层理发育，风化后呈纸片状-页片状，页岩段中下部产介形及瓣鳃类化石。页岩段地层在地表分布比较广泛，大部分钻孔中被揭露，但真正的含油页岩赋存层位比较薄，结构也较复杂。

鉴别油页岩层的方法是，颜色棕褐色，条痕褐色，表面似乎湿润，页理发育，易燃烧而且有烟。区内油页岩结构比较复杂，厚度变化大，含油率较高的层段难以确定。

从个别的采样分析成果显示(表11.15)，油页岩焦油产率一般小于10%，无工业价值，而且呈夹层状产出，圈定其赋存范围比较困难。

表11.15　油页岩分析测试成果表

孔号	采样深度/m	M_{ad}	A_d	V_{daf}	$S_{t,d}$	Q_b	ARD	总水分/%	焦油/%	半焦/%	气体/%
ZK3-6	147.65～157.65										
ZK8-2	506.15～510.00						3.01	26.90	4.30		
Y14	334.0～335.0	1.50	66.17	33.23	0.77	3600	2.39	1.9	6.0	90.7	2.2
Y15	198.35～198.55	2.42	69.48	29.53			1.95	3.5	6.5	88.2	1.8
Y15	199.0～201.20	3.22	70.49	28.72	0.79		1.97	4.0	7.1	86.7	2.1
Y15	202.0～203.0	1.65	65.91	29.64	0.39		2.18	2.2	3.7	92.5	1.6
Y15	213.0～214.0	2.98	87.38	11.44	0.21		2.21	3.2	3.0	91.8	2.0
Y15	222.0～223.0	2.15	85.64	13.52	0.10		2.23	4.0	0.9	92.1	3.0
Y15	234.0～234.5	1.64	86.07	13.53	0.11			2.5	1.5	92.4	3.6
Y15	243.5～245.0	1.68	84.03	14.90	0.16		2.28	2.5	2.2	91.9	3.4

3. 锗、镓、铀

在ZK3-1孔、ZK3-2孔、ZK4-2孔及ZK0-2孔中采样测试了煤层中的伴生元素锗、镓、铀，化验结果见表11.16。

从测试结果看出，锗含量为0～6μg/g，无工业价值。镓含量为1～25μg/g，虽然在ZK3-1

孔的 M7 中达到 22.5μg/g，但尚达不到 30μg/g 的工业可采品位，故 M7、M7 上煤层中的镓无工业价值。铀含量最高仅有 4.9μg/g，含量甚低，亦无工业价值。

表 11.16　煤中伴生元素试验结果表　（单位：μg/g）

序号	孔号	煤层号	锗（Ge）	镓（Ga）	铀（U）
1	QK2-1、ZK2-4	M7 上	2.2	6.5	4.9
2	ZK4-2、ZK0-2	M7 下	2.2	7.8	2.1
3	Y36	M7 中	3	19	
4	Y35	M7	2	14	
5	ZK3-1	M5	4	5	
6		M7 中	5	22.5	
7		M7	3	8	
8	ZK3-2	M7	1	3	
9	ZK4-2	M7 上	0.9	5.6	2.8
10		M7 下	2.6	7.1	1.6
11	ZK0-2	M7 下	3.6	12.2	2.0
最小～最大 平均			0.9～5.0 2.59	3.0～22.5 10.34	1.6～4.8 2.68

煤类是按现行《中国煤炭分类》（GB/T 5751—2009）方案烟煤的分类指标查表对照确定的，经 20 余点煤的透光率测试，M5 煤层平均为 80%，M7 上煤层平均为 85%，M7 中下分层平均为 84%，各煤层的透光率均大于 50%，平均为 83%左右，大类应属于烟煤类。

浮煤挥发分，M5 煤层为 36.74%～41.87%，平均为 39.85%，黏结指数为 0～2；M7 上煤层为 37.87%～41.99%，平均为 40.14%，黏结指数为 0；M7 中煤层为 29.86%～41.58%，平均为 38.66%，黏结指数为 0～1。从上述指标看，以上三层煤应属挥发分大于 37%，黏结指数≤5 的长焰煤类（CY41）。

这里应当指出，ZK0-4 孔 M7 中煤层挥发分为 36.31%，ZK3-6 孔挥发分为 29.86%，小于 37%，影响原因是两孔均靠近 F1 逆断层造成局部煤层挥发分减少之故还是其他原因不清。从全区变质规律考虑，将 M7 中煤层煤类定为长焰煤是合适的。

M7 下煤层挥发分为 31.82%～39.02%，平均为 35.44%，应属于不黏煤（BN31）。浅部 QK2-2 孔、ZK0-1 孔、ZK2-1 孔、ZK5-1 孔等孔局部出现挥发分大于 37.00%，而在 38.00%左右的点，出现原因为有的孔（QK2-2 孔）可能受风氧化的影响，有的孔（ZK4-3 孔、ZK2-1 孔）煤层顶部或中部出现挥发分偏高的薄层或高、低互层，在平面上挥发分也呈高、低混合展布，各点尚无法连成一片而单独圈出，故将 M7 下煤层按多数点及沉积变质规律，经综合分析为不黏煤（BN31）。

第十二章　西北地区煤层气勘查与开发实践

据第八章所述，西北地区煤层气资源大部分赋存在低煤阶的长焰煤与褐煤中，占全国低煤阶煤层气资源总量的53.1%，国内低煤阶煤层具有低渗、低压、低饱和的特点，开发难点主要有三个：一是渗透率低，渗透率普遍低于国外 2～4 个数量级，除个别矿区铁法（1.5mD）、阜新刘家地区（0.5～1.2mD）渗透性明显好于沁水盆地（0.02～0.58mD）外，其他低煤阶盆地渗透率优势并不明显。二是应力敏感性强。低煤阶应力敏感性比高煤阶强，在与高煤阶初始渗透率相差不大的情况下，低煤阶实际渗透率低于高煤阶。三是改造困难。低煤阶煤岩强度、硬度均比高煤阶低，常规水力压裂难以形成对称长缝，支撑剂镶嵌严重，易砂堵。除此之外，破裂压力低、煤层厚、倾角大等也加大了开发的难度，如吐哈盆地沙尔湖地区煤层破裂压力低，水基钻井液漏失严重，欠平衡空气钻增加了钻井成本；二连盆地吉尔嘎朗图地区Ⅲ煤厚度接近 100m，常规压裂难度大；新疆准南地区煤层倾角可达 65°，高倾角抑制水力裂缝的延伸。低含气饱和度、低渗是制约煤层气产量的最主要原因，排水降压的生产方式、双重孔隙介质的渗流机理以及高塑、低强度的力学特性都使得煤岩应力敏感性明显强于其他储层，应力敏感性进一步加剧了低渗的不利影响。

国外低煤阶煤层气的研究起步较早。20 世纪 90 年代，基于“生物气及次生生物煤层气”成藏理论，美国率先在以褐煤为主的粉河盆地实现了低煤阶储层煤层气的商业开发，并很快扩展到其他主要的低煤阶盆地。受美国影响，其他国家也相继开展了低煤阶储层煤层气的勘探开发，澳大利亚煤层气产量的 90%来自于有大量低煤阶区块的鲍温和苏拉特盆地，加拿大主要的煤层气产区也是阿尔伯盆地中部及北部的低阶煤。

我国煤层气勘探开发在中-高煤阶取得突破后得到迅猛发展，但低煤阶储层煤层气勘探开发在我国目前仍处于试验及小规模商业化阶段。按照“十三五”规划和 2020 年建成我国煤层气大产业的整体目标，煤层气勘探重点已由高煤阶向中、低煤阶转变，褐煤-肥煤广泛分布的新疆大型含煤盆地群、内蒙古二连盆地群、东北三江地区将是未来煤层气开发的接替区。

第一节　中国低阶煤储层煤层气资源

低阶煤主要指镜质组/腐殖组最大反射率（$R_{o,\max}$）介于 0.2%～0.65%的褐煤和长焰煤，我国低阶煤主要赋存在东北地区早白垩世和古近纪含煤地层中，以及西北和华北地区的早—中侏罗世含煤地层中。

一、褐煤及其煤层气资源量

我国褐煤资源储量约 4105.91×10^{8}t，主要分布在我国的东北和西南地区，大型褐煤盆地群有海拉尔盆地群、二连盆地群和昭通盆地群。内蒙古东部褐煤占全国褐煤总资源量的77.55%，云南褐煤占全国褐煤总量的11.88%。

我国褐煤主要分布区的煤层气资源量为17052.62×10^8m^3。从区域上看，二连盆地群的资源量最大，其次为海拉尔盆地群，占全国主要褐煤分布区煤层气资源总量的77.8%，新疆吐哈盆地占18.2%（表12.1）。

表12.1　我国褐煤盆地煤层气资源量统计表

褐煤盆地		煤炭资源量/×10^8t	煤层气原地资源量/×10^8m^3			
			合计	不同埋藏深度/m		
				＜1000	1000～1500	1500～2000
吐哈	艾丁湖	216.76	872.77			
	沙尔湖	246.27	561.84			
	大南湖	694.04	1663.36			
海拉尔盆地群		1193.97	5343.78	3119.61	689.51	1534.66
二连盆地群		1599.4	7924.82	6962.82	557.02	404.98
依兰—伊通裂谷		12.65	64.77	64.77		
敦化—梅河盆地		8.57	43.88	43.88		
辽河拗陷		44.95	290.8	136.38	68.1	86.32
黄县盆地		16.1	82.43	82.43		
昭通盆地		65.45	169.52	169.52		
百色盆地		7.75	34.65	17.05	17.6	
总计		4105.91	17052.62			

二、长焰煤及其煤层气资源量

我国长焰煤煤炭资源量丰富，总体分布趋势是西北、华北和东北含煤区长焰煤赋存量较多，而华南和滇藏赋煤区的长焰煤相对较少。估算西北新疆赋煤区、华北赋煤区以及东北赋煤区2000m以上长焰煤资源量分别为2395.64亿t、3595.22亿t和596.98亿t，新疆的准北、准南、准东、吐哈、伊犁、巴里坤—三塘湖、中天山和塔里木含煤区中，2000m以上的长焰煤储层煤层气资源总量为29350.33亿m^3（表12.2）。鄂尔多斯保德区块为1.36亿m^3，桌子山—贺兰山赋煤带为234.35亿m^3，内蒙古海拉尔盆地为4449亿m^3，二连盆地为679.96亿m^3，全国2000m以上煤层气总量估算为3.5万亿m^3（表12.3）。不同地区长焰煤储层含气量变化幅度较大，总体上西北新疆赋煤区煤储层气含量略高于华北赋煤区，华北地区鄂尔多斯盆地侏罗系实测煤层气含量为1.29～6.34m^3/t，海拉尔盆地和二连盆地分别为1.20～3.57m^3/t和1.21～4.45m^3/t，而新疆赋煤区侏罗系地层的西山窑组和八道湾组是主要的生气源岩层，西山窑组煤层含气量为9～11m^3/t，八道湾组煤层含气量为8～12m^3/t，这与煤层气保存条件有关。新疆准噶尔盆地、塔里木盆地、吐哈盆地、伊犁盆地等均被近东西走向的逆冲断层所夹持，北侧的褶皱带由北向南逆掩，南侧的褶皱带则由南向北逆掩，新疆绝大部分盆地，自晚侏罗世以来都已转化为挤压型盆地，比起侏罗系沉积后经历燕山运动和喜马拉雅期运动、构造破坏程度相对较低的华北地区更有利于煤层气的保存。鉴于此，气含量较高、保存条件较好的新疆地区长焰煤储层煤层气资源较华北地区更丰富，开发潜力广阔。

表 12.2　新疆长焰煤煤炭及煤层气资源量（2000m 以上）估算结果

赋煤带	煤矿区或煤产地	煤炭资源量/亿 t	煤层气资源量/亿 m^3
准北	和布克赛尔—福海托里—和什托洛盖	1022.53	6077.66
	克拉玛依	429.73	3254.16
准南	准南	945.62	2810.87
	达坂城	116.66	662.27
准东	卡姆斯特	294.7	742.5
巴里坤—三塘湖	三塘湖—淖毛湖	238.12	1382.97
伊犁	伊宁	2329.79	4742.47
	尼勒克	182.82	257.97
	昭苏—特克斯	118.26	278.91
	巩乃斯煤产地	2.94	3.55
吐哈	艾维尔沟煤产地	40.95	358.5
	托克逊	200.68	457.37
	鄯善	125.01	767.72
	吐鲁番	351.81	2667.91
	沙尔湖	670.41	548.74
中天山	焉耆	699.54	3823.1
	库米什	78.57	414.24
塔北	温宿	7.77	68.5
塔西南	阿克陶	0.94	4.98
	莎车—叶城	1.55	8.59
塔东南	白干湖煤产地	5.05	17.35
总计		7863.45	29350.33

表 12.3　2000m 以上长焰煤煤层气资源量

赋煤区	煤层气资源量/亿 m^3	煤储层含气量/(m^3/t)
准北	9331.82	2.50～15.81
准南	3473.14	1.7～8.0
准东	742.50	2.5～10.0
吐哈	4800.24	1.57～16.60
伊犁	5282.90	1.12～4.50
巴里坤—三塘湖	1382.97	3.24～16.65
中天山	4237.34	4.75～6.75
塔里木	99.42	5～14.95

续表

赋煤区	煤层气资源量/亿 m^3	煤储层含气量/(m^3/t)
鄂尔多斯保德	1.36	0～7.33
桌子山—贺兰山	234.35	1.34～7.25
海拉尔	4449	1.20～3.57
二连	679.96	1.21～4.45
总计	34715.00	

第二节　西北地区低煤阶煤盆地煤层气勘查实践

本节介绍准噶尔盆地南缘、准噶尔盆地东部、吐哈盆地、托里—和什托洛盖矿区等低煤阶煤盆地或矿区煤层气地质背景及勘探开发实践。

一、准噶尔盆地南缘

准噶尔盆地南缘位于准噶尔盆地与天山造山带结合部位，自二叠纪以来，该区经历了海西、印支、燕山、喜马拉雅等多期构造运动的叠加，形成了一系列近东西走向的压性断层和单斜构造，东西向呈带状分布，有着东西分段、南北分带的特点，从西到东可划分为七个区块：霍尔果斯河以西（Ⅰ）、霍尔果斯河—三屯河（Ⅱ）、三屯河—乌鲁木齐河（Ⅲ）、乌鲁木齐河—四工河（Ⅳ）、四工河—大黄山（Ⅴ）、水溪沟矿区（Ⅵ）、后峡地区（Ⅶ）（图 12.1）。

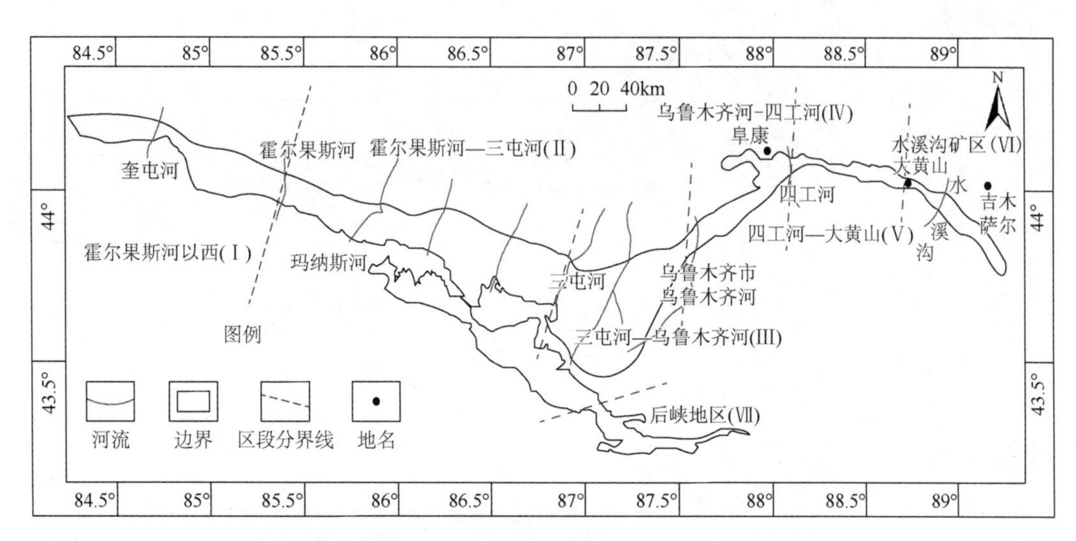

图 12.1　准噶尔盆地南缘区段划分图

区内发育地层有古生界二叠系、中生界三叠系、侏罗系及新生界古近系、新近系和第四系（图 12.2）。中生界侏罗系在矿区广泛出露，区内含煤地层主要发育在下、中侏罗统的八道湾组和西山窑组。

界	系	统	地方性地层名称	符号	柱状图 1∶50000	厚度/m	岩性描述
新生界	第四系			Q		0–317	冰积、洪积、风积及化学沉积，亚砂土、砂砾石、砾石等
中生界	白垩系	上统	东沟组	K_2d		75.7	上部为河流相，灰棕色、红褐色砂质泥岩，含有石膏脉； 下部为灰红色、灰色砾岩
		下统	吐谷鲁群	K_1tg		1100–1210	浅湖相褐红、灰红色、灰绿色砂质泥岩与粉砂岩，底部有暗红色角砾状砾岩，砾石成份复杂，由变质岩块、灰岩、砂岩组成
	侏罗系	上统	喀拉扎组	J_3k		123–224	河流相灰褐色砂砾岩，灰黄色或紫红色粉砂岩，交错层理发育，含铁质结核，风化面呈孔洞及蜂窝状结构
			齐古组	J_3q		535–724	河湖相紫红色、砖红色砂质泥岩，夹灰绿色薄层砂岩及少量的凝灰岩，含脊椎动物化石
		中统	头屯河组	J_2t		380–5743	河湖相，杂色、条带状泥岩、砂质泥岩，灰绿色砂岩和砾岩组成，含有植物化石
			西山窑组	J_2x		219–458	该区主要含煤地层之一，上段岩性为浅湖相灰绿色-灰色、灰黑色粉砂岩、泥岩、炭质泥岩，中部夹薄层状菱铁矿，含有煤层或煤线
						140	下段以沼泽相灰、深灰色粉砂岩、细砂岩互层为主，夹有菱铁矿透镜体，该区主要煤层或赋存于该段上部，煤层附近富含植物化石
		下统	三工河组	J_1s		516–715	上部为黄绿砂岩、灰黄色粉砂岩与砂质泥岩互层，夹炭质泥岩及煤线，含有植物化石，为滨湖相沉积，下部有2～3层灰黄、灰白色砂砾岩夹煤、粉砂岩和泥岩及煤线
			八道湾组	J_1b		340–410	该区主要含煤地层之一，为湖沼相灰绿色、黄绿色砂岩、粉砂岩、泥岩组成，含煤层8～18层，与下伏地层整合接触，化石有 *Ferganocon* cha elongata *conionpteris*

图 12.2　地层综合柱状图

下侏罗统八道湾组主要呈条带状分布于矿区四工河以东，是矿区内的主要含煤地层，由下而上沉积环境呈现出不同的相变模式。底部主要为湖泊-沼泽相沉积，向上逐渐伴有河流相的含煤粗粒碎屑岩建造。岩性主要以灰色-灰黑色泥岩、泥质粉砂岩、细砂岩、砾岩和煤层组成，夹少量厚层状中-粗砂岩。地层总厚为480～1379.42m，含煤层27层，煤层平均总厚68.48m（主采煤层有8层，表12.4），按地层平均厚1015.92m计算，含煤系数为6.7%，与下伏上三叠统郝家沟组（T_3h）呈平行不整合接触，与上覆三工河组（J_1s）为整合接触。下侏罗统八道湾组下段是矿区内主要含煤层段。八道湾组（J_1b）地层经历了湖沼相—河流相—湖沼相的沉积历程，湖沼相是重要的成煤期，形成的上、下含煤段层位稳定，尤其是下含煤段（J_1b^{1-1}），地层的含煤特征明显。

表12.4　八道湾组主要煤层情况表

煤层编号	总厚/m 两极值/平均值	可采厚度/m 两极值/平均值	层间距/m	夹矸层数	煤层结构	稳定性	可采性
35～36	$\frac{0.08\sim7.23}{2.22}$	$\frac{0.71\sim3.92}{1.77}$	$\frac{12.56\sim69.45}{43.75}$	0～2	简单	稳定	大部可采
37	$\frac{0.10\sim3.17}{1.09}$	$\frac{0.57\sim3.17}{1.44}$	$\frac{35.92\sim137.69}{73.98}$	1～2	简单-复杂	较稳定	大部可采
39	$\frac{0.5\sim17.2}{5.60}$	$\frac{0.64\sim17.2}{4.97}$	$\frac{7.46\sim22.32}{15.80}$	0～4	简单	较稳定	大部可采
41	$\frac{1.40\sim8.79}{5.18}$	$\frac{1.40\sim8.79}{5.15}$	$\frac{24.91\sim44.49}{31.47}$	1～2	简单	较稳定	大部可采
42	$\frac{8.11\sim44.30}{16.54}$	$\frac{5.22\sim34.54}{19.60}$	$\frac{10.01\sim40.2}{29.18}$	0～3	简单	稳定	全区可采
43	$\frac{2.38\sim10.52}{5.41}$	$\frac{0.57\sim10.17}{4.43}$	$\frac{20.01\sim66.97}{31.57}$	0～1	简单	稳定	大部可采
44	$\frac{2.53\sim34.23}{16.33}$	$\frac{1.40\sim33.15}{15.30}$	$\frac{9.87\sim45.52}{38.97}$	0～3	简单-复杂	较稳定	全区可采
45	$\frac{0\sim2.68}{1.96}$	$\frac{1.07\sim1.41}{1.27}$		0～1	简单	不稳定	局部可采

中侏罗统西山窑组分布在矿区西部八道湾向斜两翼、阜康向斜两翼，主要为一套在滨湖三角洲环境中形成的泥炭沼泽相、河流相、覆水沼泽相的含煤碎屑岩沉积。岩性为灰白色、黄绿色、灰黄色薄层砾岩、砂砾岩、砂岩、粉砂岩、泥质粉砂岩、粉砂质泥岩互层，夹煤层、煤线、泥岩及炭质泥岩薄层，含丰富植物茎、叶化石碎片。该组地层平均厚度724.95m，含28～45号煤层，主要可采煤层为38、40、41、43、45号煤层（表12.5），含煤系数为13.4%。

煤种以中低变质的长焰煤-气煤为主，受构造运动的改造，多为高倾角煤层，煤层层数多、单层厚度大，最大煤层厚度一般为20～30m。阜康—乌鲁木齐一带渗透率较高，一般为2.8～13mD，含气量平均为8m³/t左右。

根据各块段煤层气成分含量在垂向上的分布特征，各块段煤层气风化带的深度为250～450m（表 12.6）。准噶尔盆地南缘总的煤层气资源量为3618.68×10^8m^3，其中1000m以上的资源量为1651.97×10^8m^3，1500m以上的资源量为2942.98×10^8m^3。

表 12.5　西山窑组主要煤层情况表

<table>
<tr><td rowspan="2">煤层
编号</td><td>总厚/m</td><td>可采厚度/m</td><td>层间距/m</td><td rowspan="2">夹矸层数</td><td rowspan="2">煤层
结构</td><td rowspan="2">煤层
稳定性</td></tr>
<tr><td>极值
平均值</td><td>极值
平均值</td><td>极值
平均值</td></tr>
<tr><td rowspan="2">38</td><td rowspan="2">0～2.11
0.61</td><td rowspan="2">0.6～1.85
1.18</td><td></td><td rowspan="2">0～2</td><td rowspan="2">简单</td><td rowspan="2">稳定</td></tr>
<tr><td rowspan="2">55.23～62.69
59.42</td></tr>
<tr><td rowspan="2">40</td><td rowspan="2">0～4.33
1.96</td><td rowspan="2">0～1.94
1.29</td><td rowspan="2">0～1</td><td rowspan="2">简单</td><td rowspan="2">较稳定</td></tr>
<tr><td rowspan="2">12.36～28.99
20.56</td></tr>
<tr><td rowspan="2">41</td><td rowspan="2">0～13.36
6.74</td><td rowspan="2">0.74～5.32
3.18</td><td rowspan="2">0～5</td><td rowspan="2">简单</td><td rowspan="2">较稳定</td></tr>
<tr><td rowspan="2">41.75～56.17
48.52</td></tr>
<tr><td rowspan="2">43</td><td rowspan="2">2.53～31.92
18</td><td rowspan="2">1.45～16.81
7.31</td><td rowspan="2">0～3</td><td rowspan="2">简单-复杂</td><td rowspan="2">较稳定</td></tr>
<tr><td rowspan="2">31.11～47.91
39.21</td></tr>
<tr><td rowspan="2">45</td><td rowspan="2">20.66～48.41
33.24</td><td rowspan="2">4.45～40.87
20.76</td><td rowspan="2">0～3</td><td rowspan="2">简单-复杂</td><td rowspan="2">较稳定</td></tr>
<tr><td></td></tr>
</table>

表 12.6　各块段煤层气风化带的深度及资源量

区段		霍尔果斯河以西	霍尔果斯河—三屯河	三屯河—乌鲁木齐河	乌鲁木齐河—四工河	四工河—大黄山	水西沟矿区	后峡地区
煤层气风化带深度/m		350	350	500	400	450	250	300
地质条件	构造复杂程度	复杂	中等	中等	中等	中等	复杂	复杂
	煤层倾角/(°)	24	20	28	48	45	32	22
资源条件	煤层厚度/m	13.85	15.25	14.28	70.65	56.40	18.43	18.96
	气含量/(cm^3/g)	3.44	3.44	6.20	10.94	12.61	10.28	3.46
储层条件	V_L/(cm^3/g)	20.80	20.80	18.74	23.04	28.95	26.00	23.91
	渗透率/mD	3.10	3.10	3.10	7.42	3.86	3.86	3.00
	饱和度/%	27.08	27.08	48.60	70.11	54.88	54.88	20.04
煤层气预测资源量/×10^8m^3	J_2x	194.82	301.97	342.17	955.79			529.28
	J_1b	56.03	48.57	190.60	499.30	272.48	192.78	34.89

现煤层气勘探与开发集中在乌鲁木齐河—四工河（Ⅳ）和四工河—大黄山（Ⅴ）两区块内。乌鲁木齐河—四工河（Ⅳ）区块2005年施工参数井1口，2008年建新煤矿施工参数井1口，两口井累计进尺1225.88m，分别采集41、42、44号煤层和14～15、19～21号煤层进行测试，气含量0.08～13.48m^3/t，渗透率0.01～7.30mD，压力梯度0.53～0.94MPa/100m，储层压力1.86～7.56MPa。2008年又施工完成了阜试1井（钻井深度780m左右，实施了水力造穴，采用了高能气体压裂新技术，并对41号煤层进行了射孔压裂，

对 788m 以上（35m/2 层煤）进行试采，排水 7 天开始产气，共排采 22 天，开始产生套压）、ZN-1 井、阜试 3 井等生产试验井。施工了煤层气直井（丛式井）47 口，多分支水平井 1 口，投产井 24 口，2 口日产气大于 1 万 m^3，8 口日产气大于 $5000m^3$，11 口单井日产气大于 $2000m^3$，现平均单井产气量约 $3000m^3/d$，2012 年施工的 CSD01 井连续排采三年平均日产气量近万立方米，最高日产气量为 $17125m^3$（图 12.3）。现已建成 10MW 瓦斯发电厂。

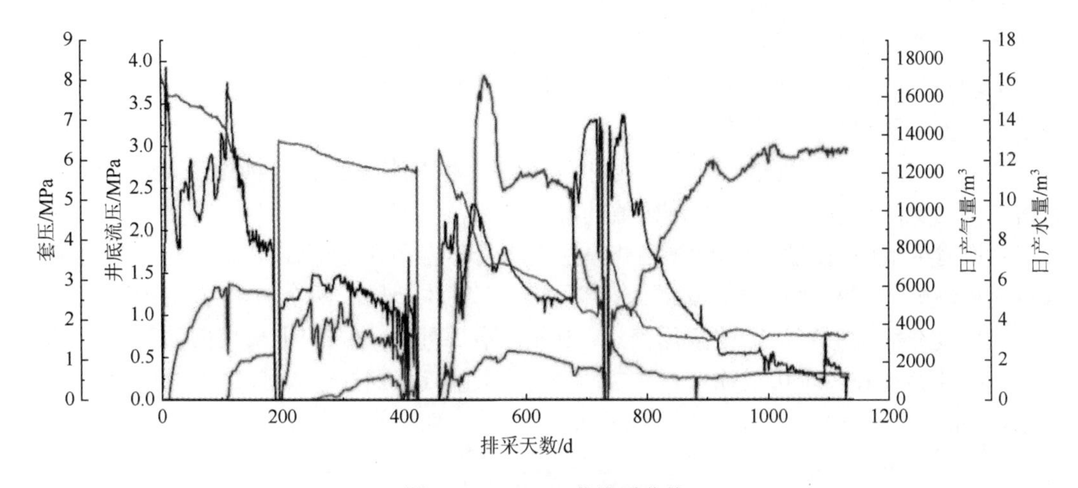

图 12.3　CSD01 井排采曲线

四工河—大黄山（Ⅴ）两区块内 2005 年 8 月至 2006 年 10 月共施工参数井 2 口，累计进尺 1363.72m，采集 41、43、45 号煤层进行了实验测试，气含量 0.42～$12.66m^3/t$，渗透率 0.85～13.48mD，压力梯度 0.84～0.9MPa/100m，储层压力 4.51～6.23MPa，气成分甲烷 7.67%～82.00%。

此外，在霍尔果斯河—三屯河（Ⅱ）的呼图壁县雀尔沟煤矿区，2006 年 9 月至 2006 年 10 月中国石油天然气集团有限公司施工了昌试 1 井、昌试 2 井参数 + 生产井，目的层均为中侏罗统西山窑组，累计进尺 2162m，实测煤层气含量 2.40～$4.45m^3/t$；在三屯河—乌鲁木齐河（Ⅲ）的昌吉市硫磺沟煤矿，2006 年共施工参数井 2 口，钻探进尺共 1073.06m，实测煤层含气量 0.85～$2.70m^3/t$；在后峡地区（Ⅶ），2008 年 8 月 7 日至 2008 年 11 月 8 日施工参数井 1 口，井深 802m，实测煤层含气量 0.80～$5.18m^3/t$，未试井。

二、准东煤田

准东煤田中部煤炭勘探程度较高，东部、西部、南部相对较低。煤炭勘探程度一般在预查、普查阶段，部分地区如西黑山矿区达到详查阶段，帐南西、红沙泉等矿区达到精查阶段。

准噶尔盆地东部地区（以下统称为准东地区）位于克拉美丽山和博格达山东段所夹持的三角区域，西起滴水泉—阜康一线，东至老君庙、梧桐窝子一带，面积约为 $23400km^2$，包括了准东隆起区和位于隆起区边缘的五彩湾凹陷、白家海凸起以及阜康凹陷与阜康断裂带靠近东部隆起区的部分。准东隆起区在晚石炭世准噶尔盆地进入陆内盆地演化以来，是一个在南北挤压力下的古隆起。晚石炭世成盆以来，受控于多期次、不同性质的构造演化过程，平面上呈现了极为特殊的，错落有致，且南北接近对称的棋盘状格局。以横贯东西的沙奇凸起为界，各个次级构造带南北对称分布。北部地区可划分出五彩湾凹陷、沙帐断褶带、石树沟凹陷、石钱滩凹陷、梧桐窝子凹陷、黄草湖凸起和黑山凸起，其南部地区可划分为吉木萨尔凹陷、古城凹陷、木垒凹陷、古西凸起、古东凸起和北三台凸起（图 12.4）。海西运动期间该地区主要形成了东西向的构造线，表现为边界断裂及古隆起；而印支运动—燕山运动则形成了在海西期所形成的东西向构造背景之上的诸多二级构造带。二者合力形成了目前隆、凹相间的构造格局。

准东地区主要含煤地层为八道湾组和西山窑组，其间的三工河及西山窑组之后沉积的石树沟群地层仅含数层无工业经济价值的薄煤层。

八道湾组地层底部为一套冲积扇相厚层灰绿色砾岩和含砾粗砂岩，向上过渡为河湖相褐黄色粉砂岩与深灰色泥岩，发育 2～3 层煤层，整体上构成两个粗-细的沉积旋回。八道湾组厚度在西部五彩湾凹陷最厚处达 350m，最薄处仅 90m，中部煤田钻孔完全揭示八道湾组的钻孔较少，山前次级构造带内厚度较大，达 245m，盆地边缘北塔山八道湾组厚 113m。

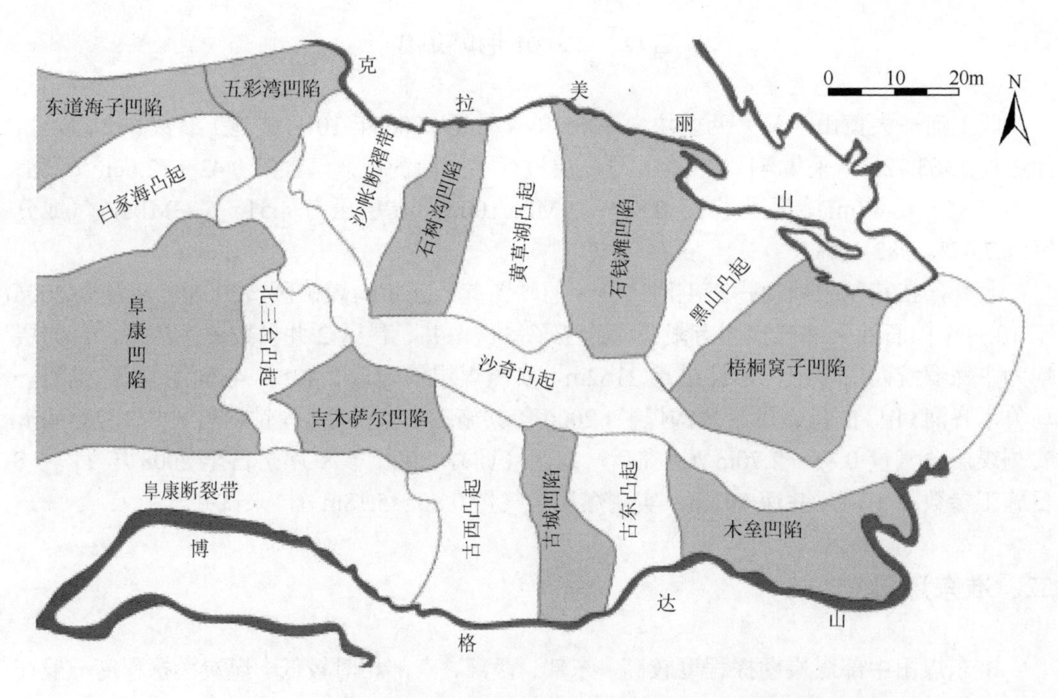

图 12.4　准噶尔盆地东部构造单元划分（据杨海波等，2004）

八道湾组主要出露在研究区南部边缘地带，北部在克拉美丽山前有部分出露，由西向东变薄，由盆缘至盆地内增厚，粒度变细。准东五彩湾凹陷中八道湾组含煤 3～15 层，煤层总厚2～12m，单层厚度较小，不具有可采性，向白家海—五彩湾地区和阜康凹陷方向煤层厚度增大，同时，煤层埋深也较深。吉木萨尔凹陷呈现出沉积中心主体呈北西向展布的单一沉积体，其影响范围向西扩展至青格达西一带，沉积中心厚达200m左右。八道湾组吉木萨尔凹陷准层序的岩性叠置是以退积为主的低水位体系域，煤层不甚发育，发育煤层2～10层，可采煤厚36m（表12.7）。

表12.7 准东八道湾煤层发育特征

矿区	含煤层数	含煤总厚/m	可采煤层数	可采煤层总厚度/m	最大单层厚度/m
吉木萨尔水西沟	2～10	36.43	8	35.7	12.69
北山煤窑—老君庙	1～4	0.98～7.22	1～2	0.98～6.72	
帐篷沟			1～3	1.6～8.0	
沙丘河	1～15	1.8～16.30	1～11	1.8～13.9	

西山窑组厚度70～390m，一般为100～150m，总体呈现从北部向南部、从盆地边缘向盆地方向加厚的特征，岩性主要以灰色、深灰色、灰黑色泥岩、粉砂岩、砂岩和砂砾岩以及煤层组成。下部发育一套灰绿色不均匀互层的粉砂岩和细砂岩，夹中砂岩，含炭泥岩，中间夹煤线和薄煤层，细砂岩夹大量岩屑，发育交错层理。上部地层为灰色-灰白色、灰绿色细碎屑沉积和煤层，中间夹3～4层数米至数十米不等的灰色-灰白色泥岩，向上为中-细粒砂岩和中-粗粒砂岩不均匀互层，夹薄层炭质泥岩或高炭泥岩，向上变为泥质粉砂岩、粉砂岩。这些岩石和煤层组合组成了多个沉积旋回，每个旋回以砂岩或砂质泥岩开始，向上岩石粒度逐渐变细，顶部发育煤层。

准东煤田东部木垒县老君庙勘查区，西山窑组中含单煤层8～22层，总厚度32.00～49.94m，平均厚度41.74m，含煤系数为20.68%，其中可采单煤层5～13层，总厚度27.74～48.97m，平均厚度39.50m，划分为7个煤层（组），自上而下编号为1～7煤，其中1煤、4煤、6煤为全区主要可采煤层，分别占可采煤层总厚度的58.97%、9.19%和14.81%。

准东煤田奇台县白砾滩露天煤矿勘探区主要发育8层煤。B5全层厚9.55～21.45m，平均17.75m；B4层厚0～5.06m，平均1.10m；B3层厚6.66～21.68m，平均15.63m；B2上层厚1.22～6.19m，平均2.41m；B2′层厚0～3.99m，平均1.15m；B2层厚1.72～8.86m，平均5.02m；B1层厚4.22～15.37m，平均10.96m。

吉木萨尔县芦草沟勘查区位于五彩湾矿区西部，主要含煤岩组是中侏罗统西山窑组含B煤组。西山窑组见大于0.30m的煤层8层，勘查区内控制全西山窑组地层的见煤钻孔13个，地层厚度11.73～46.59m，平均厚度25.29m，含煤系数35%，可采煤层3层，平均总厚33.90m，可采总厚32.81m。

吉木萨尔县五彩湾矿区帐南西井田位于五彩湾矿区东部，西山窑组地层发育巨厚煤层。该组中煤组大于0.30m的煤层（线）7层，平均纯煤总厚26.90m，按地层总厚88.80m计，含煤系数为30.29%。其中大于0.80m以上的可采、局部可采煤层3层，3层煤平均全层总厚25.83m，平均纯煤总厚24.07m，平均可采总厚24.52m。

奇台县奥塔乌克日什煤矿勘查北区，区内控制可采煤层 5 层，纯煤平均总厚 17.02m，地层平均厚度 82.14m。奇台县大井东南（潞安）勘探区，西山窑组总体厚度不大，勘查区可采煤层为 B1 和 B2。B2 煤层厚 1.84～20.88m，平均 4.27m，可采厚 1.84～20.49m，平均厚 9.82m；B1 煤层厚 0.72～36.93m，平均 21.43m，可采厚 6.43～36.93m，平均厚 21.73m。

奇台县大井北露天勘查区西山窑组含可采煤层 7 层，累计可采总厚 27.03m。奇台县大沙丘勘查区大于 0.30m 的煤层（线）9 层，全层总厚 57.63m，大于 0.80m 的煤层 6 层。奇台县石钱滩勘查区东区西山窑组地层中，各钻探工程控制该组大于 0.30m 的煤层 3 层，煤层全层厚 23.79m，纯煤平均总厚 21.35m，可采纯煤厚 22.12m，其中大于 0.80m 的可采煤层 3 层，3 层煤全层平均总厚 23.79m。

煤岩镜质组反射率测值绝大多数小于 0.65%（表 12.8），为褐煤和长焰煤。

表 12.8　准东地区煤岩镜质组反射率

编号	次级构造带位置	层位	(R_o/%)/样品数
DHS 煤矿	阜康断裂带	J_1b	0.65/4
JX 煤矿	阜康断裂带	J_2x	0.41/2
C504	五彩湾凹陷	J_2x	0.69
KY 煤矿	沙帐断褶带	J_2x	0.44/2
大成煤矿	沙帐断褶带	J_2x	0.43/2
芦草沟煤矿	沙帐断褶带	J_2x	0.49
帐篷沟煤矿	石树沟凹陷	J_2x	0.43
DJD-05	石树沟凹陷	J_2x	0.61
DJD-02	黄草湖凸起	J_2x	0.56
石钱滩煤矿	石钱滩凹陷	J_2x	0.47
红沙泉煤矿	西黑山凸起	J_2x	0.46
正格勒得煤矿	梧桐窝子凹陷	J_2x	0.52
老君庙煤矿	梧桐窝子凹陷	J_2x	0.72

区内专门的煤层气探井极少，实测含气量极低（表 12.9），低于 $0.5m^3/t$，沙煤 1 井煤层埋深大于 750m，实测含气量低于 $0.3m^3/t$（图 12.5）。

1999 年，煤炭科学研究总院西安研究院与中联煤层气有限责任公司对准东煤田煤层气资源做了初步评价，认为准东地区是煤层气开发中等程度有利区。2000 年，中国矿业大学对煤层气地质背景、储层发育特征、资源潜力、成藏机制等做了初步评价。2015 年，中国地质大学（北京）汤达祯等估算准噶尔盆地东缘西山窑组煤层气地质资源量约为 1596.82 亿 m^3。

表 12.9　准东地区煤层气实测含气量与煤层气成分统计表

地区	层位	煤层气含量/(m^3/t)			煤层气成分/%		
		N_2	CO_2	CH_4	N_2	CO_2	CH_4
大井东	J_2x	4.544～7.503 6.024	0.034～0.065 0.05	0.052～0.375 0.214	92.7～97.46 95.08	1.06～1.08 1.07	1.48～5.50 3.49
老君庙	J_2x		0.082～0.664 0.279	0～1.079 0.158	52.94～96.26 86.64	2.24～16.69 6.24	0～40.74 7.12
西黑山/ZK501	J_2x	3.37	0.33	0.50	97.68	1.00	1.34
五彩湾	J_2x	1.90	0.02	0.03	97.39	0.70	1.91

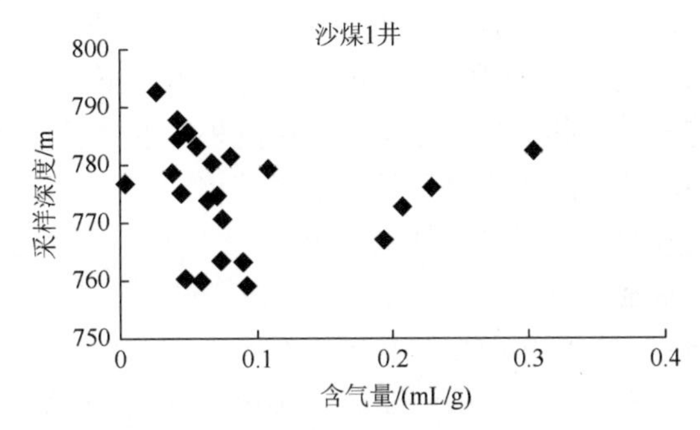

图 12.5　沙煤 1 井含气量与埋深的关系

2007 年，中国石油天然气股份有限公司新疆油田分公司在沙帐地区施工了沙煤 1 井一口参数井（进尺 820m，实测煤层含气量 0.073～0.371m^3/t），但没对该井进行试井及抽采测试；对钻探常规油气老井彩 504、沙南 3 进行了恢复试气；随后与澳大利亚合作勘探，因效果差而中止。2009 年，中国石油化工股份有限公司华东分公司在大井地区施工了大井 1 井参数井，进行了含气量和试井测试。

2005 年 9 月 29 日，彩 504 井（2567～2583m）压裂后自喷、抽汲 2 天后，煤层（R_o: 0.65%）开始产气，日产气稳定在 7300m^3 左右（图 12.6）。2007 年 5 月 1 日，液氮助排，同时开始自喷试产，初始日产气 20m^3 左右，6 月 6 日前后日产气约为 6000m^3，呈现出游离气的特点。

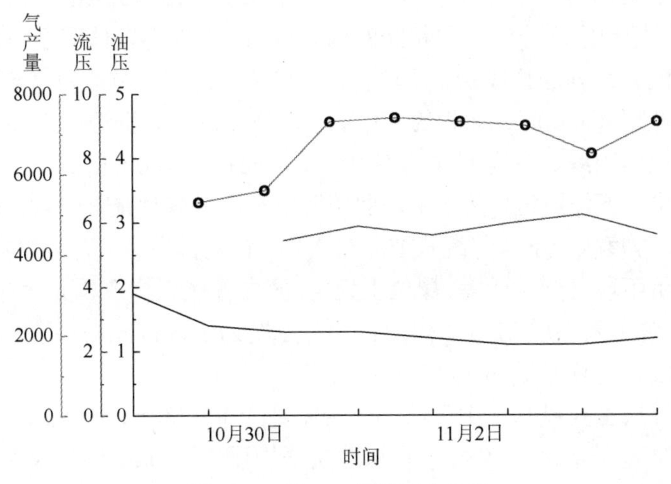

图 12.6　彩 504 井排采曲线图

三、吐哈盆地

吐哈盆地大地构造位置位于哈萨克斯坦板块的南缘，其基底是从准噶尔地块分裂出来的一个微地块，准噶尔地块是哈萨克斯坦板块的一部分。盆地基底由结晶的前寒武系和褶皱的变质岩系（主要是泥盆系和石炭系）组成，盖层由上二叠统到第四系构成，总厚度达5000m以上。

吐哈盆地是海西构造运动末期发展起来的大型中生代内陆山间拗陷盆地，盆地的构造机制表现为三叠纪前的挤压、侏罗纪的拉伸和侏罗纪后的挤压。其早中侏罗世煤系地层沉积历史与准噶尔盆地有一定的相似性，完全是陆相沉积，主要发育冲积扇、冲积平原、三角洲平原和湖泊等沉积环境，沉积物主要是碎屑岩沉积，包括砾岩、砂岩、粉砂岩、泥岩和煤。此外，菱铁矿结核及菱铁矿层也比较常见。

吐哈盆地位于新疆东部、天山山脉之中，呈近东西向狭长扁豆状，面积约49000km^2，是我国海拔最低（–155m，艾丁湖）的内陆山间盆地。吐哈盆地中下侏罗统的含煤岩系包括下侏罗统八道湾组（J_1b）和三工河组（J_1s）及中侏罗统下部的西山窑组（J_2x）。其中，八道湾组和西山窑组是该盆地主要含煤地层。

（一）三塘湖凹陷

三塘湖凹陷位于东天山北麓，北邻蒙古国中低山区，南与巴里坤含煤盆地隔山相望，呈北西-南东向条带状夹于莫钦乌拉山与苏海图山之间，东西长约220.46km，南北平均宽约32.59km，面积约7184.79km^2。

三塘湖凹陷现今的构造格局由北至南可分为东北冲断褶皱带、中央拗陷带、西南逆冲推覆带三个构造单元。东北冲断褶皱带位于盆地东北部，呈北东向延伸，面积约10000km^2。中央拗陷带夹峙于南北两个逆冲推覆体之间，西窄东宽（15～35km），由北西向转近东西向延伸，形成雁状排列的次一级凹凸相间的构造格局，表现为以侏罗系—新近系为主的中新生代地层形成的一系列隐伏线状、短轴状、箱状宽缓褶皱，局部为穹窿。沉积较厚和较完整的中新生代盖层（3500m）面积约9000km^2，是盆地煤炭资源的主要赋存区。西南逆冲推覆带位于盆地西南缘，具有明显的推覆性质，面积约4000km^2。

含煤地层有中、下侏罗统，其中中侏罗统西山窑组含煤性最佳，层位较稳定，全区发育，含煤层数多，厚度大；下侏罗统八道湾组次之，在局部发育，含煤层数少，厚度一般，下侏罗统八道湾组下段含煤性较差，层位不稳定。区内各赋煤构造单元含煤情况差异较大，含煤层数43层，含可采煤层27层，煤层最大总厚度为106.11m，平均厚40.94m，含煤地层平均厚约1200m，含煤系数为3.4%。

西山窑组：煤层主要赋存于中下部，煤层编号为1～22号，全区分布，含煤22层，总厚0.49～63.27m，平均厚30.98m，含煤地层平均厚约460m，含煤系数为6.7%。含可采煤层1～22层，厚度1.83～66.93m，平均厚28.85m，含可采煤系数为6.3%。下段煤层全区发育，含煤 18 层，自上而下编号为 4～22 号，一般由 1～2 层厚-特厚煤层和 5～15 层薄-中厚煤层组成，局部特厚煤层分叉为若干层薄-中厚煤层，煤层间距一般为 5～30m，含煤总厚 0.34～58.53m，平均厚 24.76m，最大单煤层厚度为 46.32m，含可采煤层 13 层，可采总厚 0.83～53.73m，平均厚 23.43m。

八道湾组：局部发育，编号为 26～37 号、40～45 号，面积约 1370km^2，含煤 18 层，总厚 1.27～75.11m，平均厚 35.34m，含煤地层平均厚约 650m，含煤系数为 5.4%，含可采煤层 13 层，厚度 1.70～64.48m，平均厚 30.65m，含可采煤系数为 4.7%。上段煤层局部发育，含煤 12 层，自上而下编号为 26～37 号，一般由 2～4 层结构复杂的厚-特厚煤层和若干层薄-中厚煤层组成，局部由 2～5 层薄-中厚煤层组成，煤层较集中，煤层间距一般为 10～20m，含煤总厚 0.71～57.58m，平均厚 32.46m，含可采煤层 11 层，可采总厚 0.90～50.18m，平均厚 26.23m。

下段煤层编号为 40～45 号，仅在条湖凹陷东北部发育，面积约 15km^2，含煤 6 层，总厚 0.55～17.53m，平均厚 2.88m。下段含煤地层平均厚约 250m，下段含煤系数为 1.2%。该段煤层变化较大，规律不明显。

该凹陷自上而下可划分为 2、6～8、9、11～12、14～15、17～19、20、26、27～30、31～35、37、40～45 号 12 个可采煤层（组）。

区内各煤层的物理性质基本相同，反映了煤层沉积环境大致相同，均为泥潭沼泽相沉积。煤呈黑色，均一状结构，块状构造为主，层状构造与条带结构次之；以亮煤、半亮煤为主，暗煤、半暗煤次之；条痕灰黑-黑褐色，暗淡光泽-沥青光泽，断口以平坦状、阶段状为主，参差状次之，可见少量的贝壳状断口；断面可见少量的黄铁矿薄膜。

根据反射率判定其变质阶段，镜质组反射率为 0.43%～0.66%，其变质阶段以 0 阶和Ⅰ阶为主，0 至Ⅰ、Ⅱ阶次之。

区内总体煤层气含量较低，多为 CO_2-N_2 带，部分为 N_2-沼气带，总体变化趋势为矿区东部大于西部，随着煤层埋藏深度增加煤层含气量增大。

（二）沙尔湖凹陷

沙尔湖凹陷西与吐鲁番矿区相邻，近东西向展布，行政区划属鄯善县、哈密市管辖。构造形态为呈北西西向延伸的复式向斜，南部断层较多，多为南倾的高角度正断层。

西山窑组是沙尔湖凹陷的主要含煤地层，其中煤层最大单层厚度为 7.21～258.70m，可采层数最多可达 25 层，一般为 8～14 层，最大可采煤厚度为 3.67～158.78m，平均总厚 2.0～145.63m，平均可采煤层厚度 22.74m，煤层层数总体为北多、南少，厚度为北厚、南薄，埋深情况为北深、南浅，其总体变化情况为由北向南煤层逐渐变薄尖灭。煤层中的夹矸层数与煤层厚度关系较为密切，薄煤层无或含 1～2 层夹矸，而厚煤层中夹矸较多，最多达 14 层。

煤岩类型以半亮煤和半暗煤为主，光亮煤和暗淡煤次之，具明显的条带状、线理状结构和层状构造。镜质组是沙尔湖凹陷煤田中煤的主要显微组分，一般含量为 45%～70%，以均匀基质体和不均匀基质体为主，次为木镜质体。木质体少见，镜质浑圆体，半镜质浑圆体和半镜质菌类体极少。惰性组主要为丝质体和半丝质体，一般含量为20%～50%，其次有少量微粒体、粗粒体及菌类体。稳定组含量一般为1.6%～4.6%，有孢子体、角质体、木栓质体、树脂体等。矿物组分以黏土矿物为主，充填植物胞腔或呈条带状、星点状分布，一般含量为0.3%～20%，其次为碳酸盐类矿物，呈团块状、星点状或呈细脉状充填于裂隙中。石英有碎屑石英和自生石英两种，前者为砂状，后者呈单晶分布于植物胞腔中。菱铁矿呈结核状、星点状分布。矿物总含量一般为 3%～24%。沙试1井12煤的镜质组反射率为0.53%，ZK1孔煤层镜质组反射率小于0.5%，处于未成熟阶段-低成熟阶段。

沙试1井位于沙尔湖凹陷中部，完钻井深635m，钻孔控制煤层主要分布在西山窑组，煤层共有10层，总厚150m，其中西山窑组主煤层12号煤层厚130m。采集20个样品进行了煤层含气量测定（表12.10），实测原煤含气量为0.73～3.09m^3/t，平均为1.46m^3/t，换算为干燥无灰基的煤层含气量为0.89～3.64m^3/t，平均为1.78m^3/t。煤层气成分以CH_4为主，浓度为60.54%～94.71%（表12.11），平均为78.24%；CO_2浓度为2.47%～5.28%，平均为4.06%；N_2浓度为6.36%～34.91%，平均为21.90%；重烃浓度为0.09%～0.51%，平均为0.18%。

表12.10　沙试1井煤层含气量测试综合成果表

样品编号	煤层编号	取样深度/m	水分/%	灰分/%	含气量/（m^3/t）	
					干燥无灰基	原煤
S-2-1	12#	500.00～500.23	11.70	5.02	2.04	1.69
S-3-1	12#	500.75～501.00	8.66	12.38	1.40	1.11
S-4-1	12#	517.62～517.90	11.40	7.88	1.52	1.22
S-5-1	12#	520.40～520.60	13.49	4.27	1.92	1.58
S-6-1	12#	521.62～521.80	17.50	3.10	1.33	1.05
S-7-1	12#	522.50～522.62	12.68	5.70	0.89	0.73
S-10-1	12#	527.10～528.10	13.04	7.10	1.64	1.31
S-11-1	12#	528.10～528.40	13.30	5.71	1.44	1.17
S-11-2	12#	528.90～529.10	15.08	5.78	1.16	0.92
S-12-1	12#	529.10～529.40	11.26	12.71	1.35	1.03
S-13-1	12#	575.12～575.42	11.76	5.45	1.42	1.18
S-13-2	12#	575.12～575.42	11.54	10.82	1.64	1.27
S-14-1	12#	576.29～576.59	11.36	5.48	1.29	1.07
S-14-2	12#	576.59～576.89	11.50	4.84	1.01	0.84
S-15-1	12#	577.14～577.44	9.92	5.21	3.64	3.09
S-16-1	12#	578.41～578.71	10.76	4.23	1.86	1.58
S-19-1	12#	596.30～596.60	11.28	5.94	3.03	2.51

续表

样品编号	煤层编号	取样深度/m	水分/%	灰分/%	含气量/（m^3/t）	
					干燥无灰基	原煤
S-19-2	12#	596.60～596.92	11.14	5.92	3.26	2.71
S-20-1	12#	597.29～597.62	10.10	4.98	2.12	1.80
S-20-2	12#	597.62～597.92	11.04	7.11	1.58	1.29

表 12.11　沙试 1 井煤层气组分测试成果表

样品号	井深	岩性	C_1/%	C_2/%	N_2/%	CO_2/%
S-19-1-1	596.30～596.60	气	91.07	0.09	6.36	2.47
S-19-2-1	596.60～596.92	气	73.26	0.10	23.31	3.32
S-15-1-1	577.14～577.44	气	60.54	0.10	34.91	4.45
S-15-1-2	577.14～577.44	气	71.60	0.10	23.01	5.28
S-5-1-1	520.40～520.60	气	94.71	0.51	/	4.79

近年来，新疆煤田地质局针对低煤阶矿区三塘湖凹陷淖毛湖、三塘湖预查区、艾丁湖、沙尔湖和大南湖 C 煤组专门进行了煤层气含量和成分测试（表 12.12）。

表 12.12　煤层气分析成果表

地区		煤层气含量/(cm^3/g)（干燥无灰基）		瓦斯成分/%		
		CH_4	CO_2	CH_4	CO_2	N_2
三塘湖凹陷	三塘湖	0.00～0.505 （6）	0.093～0.185 （6）	0.00～38.49 （6）	3.93～14.95 （6）	54.6～92.42 （6）
	淖毛湖	0.014～0.365 （5）	0.01～0.48 （5）	0.46～9.99 （5）	0.48～1.53 （5）	88.7～98.41 （5）
艾丁湖		0.00～0.19 （19）	0.07～0.52 （19）	0.00～5.12 （19）	0.78～9.21 （19）	86.46～99.22 （19）
沙尔湖		0.00～0.018 （7）	0.009～0.037 （7）	0.00～4.25 （7）	0.67～22.01 （7）	79.99～98.97 （7）
大南湖		0.039～1.20 （15）	0.017～0.239 （15）	0.61～56.59 （15）	0.15～10.82 （15）	33.14～95.10 （15）

三塘湖凹陷淖毛湖预查区所测的 5 件样品的瓦斯成分均以 N_2 为主，少量 CO_2，少量 CH_4。煤层瓦斯含量较低，CH_4 最高含量为 0.365m^3/t，CO_2 最高含量为 0.48m^3/t。

三塘湖预查区煤田地勘所测的 6 件样品的瓦斯成分均以 N_2 为主，少量 CO_2，少量 CH_4。煤层瓦斯含量较低，CH_4 最高含量为 0.505m^3/t，CO_2 最高含量为 0.185m^3/t（表 12.12）。在 ST88ZK1 孔和 ST152ZK2 孔进行了专门煤层气参数测试。ST88ZK1 井 C2 煤组空气干燥基气含量为 0.9～2.3cm^3/g，平均 1.8cm^3/g，干燥无灰基气含量为 1.1～2.7cm^3/g，平均为

2.1cm^3/g。ST152ZK2 井 C2 煤组空气干燥基气含量为 0.15cm^3/g，干燥无灰基气含量为 0.18cm^3/g；C1 煤组上部煤层空气干燥基气含量为 0.14～0.27cm^3/g，平均为 0.20cm^3/g，干燥无灰基气含量为 0.35～1.18cm^3/g，平均为 0.76cm^3/g；C1 煤组下部煤层空气干燥基气含量为 1.15～1.69cm^3/g，平均为 1.42cm^3/g，干燥无灰基气含量为 2.02～2.57cm^3/g，平均为 2.30cm^3/g。

艾丁湖：相邻普查区钻孔所测的 19 件样品的煤层气成分均以 N_2 为主，少量 CO_2，少量 CH_4。煤层气含量较低，CH_4 最高含量为 0.019m^3/t，CO_2 最高含量为 0.052m^3/t。

沙尔湖：三个钻孔针对 C 煤组，采取了 7 件煤样进行了煤层气成分及含量测试，采样深度为 174.00～870.50m，所测的 7 件样品的煤层气成分均以 N_2 为主，少量 CO_2，少量 CH_4。煤层气含量较低，CH_4 最高含量为 0.018m^3/t，CO_2 最高含量为 0.037m^3/t。

大南湖：所测的 15 件样品的煤层气成分均以 N_2 为主，少量 CO_2 气体，少量 CH_4。煤层气含量较低，CH_4 最高含量为 0.019m^3/t，CO_2 最高含量为 0.052m^3/t。

中国石油天然气集团有限公司在吐哈盆地哈密凹陷施工了哈试 1 煤层气试验井，进行了煤层含气量和解吸气的成分测定（表 12.13 和表 12.14）。在哈试 1 井 2 煤组共采集 7 个煤心煤样，4 煤组共采集 4 个煤心煤样进行了煤层含气量测试，2 煤组的原煤含气量为 1.37～1.88m^3/t，平均为 1.58m^3/t，干燥无灰基含气量为 1.51～2.06m^3/t，平均为 1.75m^3/t。4 煤组的原煤含气量为 1.56～2.01m^3/t，平均为 1.74m^3/t，干燥无灰基含气量为 1.70～2.19m^3/t，平均为 1.91m^3/t。2 煤组解吸气中 CH_4 含量较低，大多在 70%以下，为 53.22%～73.01%（表 12.14），平均为 62.40%；N_2 含量相对较高，为 26.32%～45.96%，平均为 36.82%；CO_2 为 0.52%～1.13%，平均为 0.78%。4 煤组解吸气中 CH_4 含量比 2 煤组稍高，为 55.23%～71.52%，平均为 63.69%；N_2 含量为 27.43%～43.86%，平均为 35.39%；CO_2 为 0.74%～1.08%，平均为 0.93%。

中国石油天然气集团有限公司吐哈油田公司在吐哈盆地的哈密凹陷、了墩隆起及艾丁湖斜坡完钻 7 口煤层气井，并在沙尔湖凹陷进行了排采试验。2006 年，在吐哈盆地艾丁湖地区施工了 2 口参数井，钻探进尺共 871.43m，实测煤层含气量为 0.07～0.15m^3/t，渗透率 0.0032mD，压力梯度 0.999MPa/100m，储层压力 4.65MPa。2006 年 9 月和 2008 年 6 月分别在托克逊县黑山、通盖各施工参数井 1 口，钻探进尺共 1629.27m，采集 13 号煤层，实测煤层含气量为 0.03～0.17m^3/t，渗透率 0.33mD，储层压力 4.52MPa。

表 12.13 哈试 1 煤层气试验井煤层含气量测试综合成果表

样品编号	煤层编号	取样深度/m	水分/%	灰分/%	含气量/(m^3/t)	
					干燥无灰基	原煤
HS1-1-1*	1 煤	957.91～958.25			0.34	0.34
HS1-1-2*	1 煤	958.25～958.44			0.69	0.69
HS1-2-1	2 煤	1022.05～1022.40	4.57	2.72	1.65	1.53
HS1-2-2	2 煤	1022.40～1022.80	5.94	5.36	1.75	1.55
HS1-3-1	2 煤	1028.42～1028.75	4.19	4.57	2.06	1.88

续表

样品编号	煤层编号	取样深度/m	水分/%	灰分/%	含气量/(m^3/t)	
					干燥无灰基	原煤
HS1-3-2	2 煤	1028.75～1029.07	5.49	7.06	1.77	1.54
HS1-3-3*	2 煤	1029.38～1029.63			0.69	0.69
HS1-4-1	2 煤	1031.82～1032.12	4.50	2.64	1.73	1.61
HS1-4-2	2 煤	1032.12～1032.42	5.65	3.48	1.51	1.37
HS1-5-1	4 煤	1085.55～1085.90	3.90	7.49	1.91	1.69
HS1-5-2	4 煤	1085.90～1086.25	4.92	3.38	1.70	1.56
HS1-5-3	4 煤	1086.25～1086.60	3.86	2.68	1.84	1.72
HS1-5-4	4 煤	1086.60～1086.90	4.00	4.27	2.19	2.01

注：标*的样品没有进行室内解吸和残余气解吸

表 12.14　哈试 1 煤层气试验井解吸气成分分析结果

样号	N_2/%	CO_2/%	CH_4/%	样号/%	N_2/%	CO_2/%	CH_4/%
HS1-2-1-1	39.955	0.907	59.137	HS1-4-2-1	39.328	1.010	59.662
HS1-2-1-2	45.477	0.522	54.001	HS1-4-2-2	42.402	1.132	56.466
HS1-2-1-3	40.103	0.647	59.250	HS1-4-2-3	39.355	0.979	59.667
HS1-2-2-1	38.274	0.532	61.194	HS1-5-1-1	40.297	0.737	58.966
HS1-2-2-2	32.434	0.620	66.946	HS1-5-1-2	40.141	0.771	59.087
HS1-2-2-3	28.944	0.618	70.438	HS1-5-1-3	38.592	1.020	60.388
HS1-3-1-1	26.315	0.672	73.013	HS1-5-2-1	35.041	0.987	63.972
HS1-3-1-2	36.525	0.837	62.639	HS1-5-2-2	38.695	0.921	60.384
HS1-3-1-3	33.957	0.794	65.250	HS1-5-2-3	31.475	0.873	67.652
HS1-3-2-1	30.065	0.775	69.160	HS1-5-3-1	30.871	0.862	68.267
HS1-3-2-2	35.289	0.760	63.951	HS1-5-3-2	43.861	0.909	55.230
HS1-3-2-3	34.844	0.731	64.425	HS1-5-3-3	30.725	0.993	68.281
HS1-4-1-1	32.882	0.741	66.377	HS1-5-4-1	35.613	0.916	63.471
HS1-4-1-2	40.705	0.848	58.447	HS1-5-4-2	31.888	1.081	67.031
HS1-4-1-3	45.960	0.825	53.216	HS1-5-4-3	27.430	1.049	71.520

沙尔湖凹陷施工的 4 口煤层气井，在未采用压裂、井组排采以及煤层气水平分支井等先进技术的条件下，初步排采 3～5 个月，产气量低，最高日产气 116m^3。2006 年，中联煤层气有限责任公司与新疆煤田地质局合作，在吐鲁番艾丁湖煤田施工了一口煤层气参数及生产试验井，获得了较好的试验参数，但经过 6 个月的排采试验，效果不理想。

四、新疆托里—和什托洛盖坳陷

托里—和什托洛盖坳陷为海西褶皱带的山间盆地，盆地南北两侧为古生界基底组成的中高山，盆地内广泛发育中新生代地层，出露地层主要有古生界的泥盆系、石炭系，中生界的侏罗系，新生界的古近系、新近系及第四系。

托里—和什托洛盖含煤盆地是在海西晚期构造运动形成，再经燕山期构造运动，使南北两侧基底断裂复活，产生不均匀升降运动形成的中新生代山间断陷盆地。中央拗陷区内发育了一系列北东东向为主的褶皱和断裂，中下侏罗统水西沟群地层在拗陷区内呈一复式向斜构造，即和什托洛盖向斜，主要构造线方向呈东西向，由若干个不同幅度的次级向背斜组成，北翼为和丰煤矿褶皱组，南翼为砂尔其很亚布拉—图拉背斜。

（一）煤层

全区含煤地层为下侏罗统八道湾组，含煤 14 层，煤层总厚度平均 15.65m，含煤率 9.8%，其中主要可采煤层 9 层（A2、A3、A4、A5、A7、A8、A9、A11、A13 煤）（表 12.15）。

表 12.15　八道湾组可采煤层特征一览表

煤层号	全层厚/m 两极值 平均值	与上层煤层间距/m	夹矸层数	结构	可采范围	煤层稳定程度
A13	0.32～1.97 0.77（114）		0～1	简单	局部可采	不稳定
		9.97～29.74 14.65（114）				
A11	0.36～2.87 0.94（120）		0～3	简单-复杂	局部可采	不稳定
		14.22～53.60 24.64（96）				
A9	0.20～1.99 0.82（100）		0～2	简单-复杂	局部可采	不稳定
		4.01～26.69 10.36（99）				
A8	0.39～3.73 1.78（130）		0～3	简单-复杂	大部分可采	较稳定
		4.39～23.09 11.04（119）				
A7	0.35～3.56 1.66（121）		0～4	简单-复杂	大部分可采	较稳定
		2.50～24.22 10.81（112）				
A5	0.26～5.37 1.38（121）		0～3	简单-复杂	大部分可采	较稳定
		1.01～23.83 9.24（119）				
A4	0.96～8.94 3.69（131）		0～6	简单-复杂	全区可采	较稳定
		7.25～33.69 18.30（128）				
A3	0.63～6.12 2.65（129）		0～5	简单-复杂	大部分可采	较稳定
		0.91～20.55 6.48（109）				
A2	0.21～3.92 1.16（111）		0～4	简单-复杂	局部可采	不稳定

南部西山窑组主要可采煤层 9 层，分别为 B4、B5、B7、B8、B9、B11、B12、B15、B18 煤（表 12.16），平均总厚度 39.95m，含煤率 6.9%，其中主要可采煤层平均厚度 34.79m。

表 12.16　西山窑组煤层特征一览表

煤层编号	煤层厚度/m	层间距/m	夹矸	可采性	稳定性
J_2x					
B25	2.24～4.19 3.55（9）		0～2	全区可采	较稳定
		12.99～24.47 21.58（9）			
B24	0.50～4.14 2.84（9）		0～2	大部可采	较稳定
		6.43～22.39 13.7（9）			
B22	1.51～4.49 2.51（10）		0～2	全区可采	较稳定
		71.76～85.01 78.38（10）			
B18	0.84～4.89 2.92（17）		0～3	大部可采	较稳定
		37.63～94.78 55.88（15）			
B15	1.13～6.30 3.71（24）		0～3	大部可采	较稳定
		86.13～116.42 94.56（21）			
B12	0.31～2.25 1.29（24）		0～1	大部可采	较稳定
		42.09～74.43 50.72（25）			
B11	0.40～3.40 1.97（30）		0～2	大部可采	较稳定
		11.22～34.70 21.36（30）			
B9	0.74～8.53 4.96（31）		0～2	全区可采	稳定
		7.11～25.03 13.41（31）			
B8	0.57～3.39 1.59（31）		0～1	大部可采	较稳定
		1.22～10.73 3.53（31）			
B7	0.59～2.93 1.46（31）		0～1	大部可采	较稳定
		10.16～31.83 20.02（30）			
B5	0.55～8.37 4.05（32）		0～6	大部可采	较稳定
		0.39～17.61 5.59（32）			
B4	2.13～9.59 3.94（32）		0～3	全区可采	稳定
J_1s					

（二）煤岩及煤质

各煤层的物理性质基本相同，黑色，条痕褐黑色，光泽暗淡，叶片状、线理状结构，层状构造，参差状断口，性脆易碎，受力后成不规则的碎块状。各煤层宏观煤岩类型基本相同，组分以暗煤为主，丝炭次之，亮煤少量，偶见镜煤。丝炭为叶片状、扁平体状，亮煤以条带状、凸镜状夹于暗煤之间，内生裂隙不发育，煤质较坚硬，宏观煤岩类型为半暗煤-半亮煤。

有机组分以镜质组为主，占总组分的 52.1%～94.4%；惰质组次之，占总组分的 2.8%～29.0%；壳质组少量，仅占总组分的 2.2%～15.5%；无机组分中以黏土类矿物为主，占总组分的 3.1%～17.1%；碳酸盐类占 0.1%～0.8%；硫化物类占 0.1%。

各主要可采煤层原煤水分（M_{ad}）为 4.77%～6.69%，灰分（A_d）为 13.28%～15.91%，原煤挥发分（V_{daf}）为 46.87%～47.91%。原煤的干燥基高位发热量（$Q_{gr.d}$）为 26.54～27.42MJ/kg，透光率平均值为 71%～76%，大多为 41 号长焰煤（41CY），局部有不黏煤（31BN）。各主采煤层的镜煤平均最大反射率为 0.40%～0.50%，平均 0.46%。

（三）煤层气含量

各主要可采煤层自然成分以 CH_4 为主，其平均浓度为 47.46%～70.42%，平均 58.14%；其次为 N_2，平均浓度为 14.47%～48.19%，平均 36.83%；CO_2 平均浓度为 4.33%～16.45%，平均 7.93%。

各主要可采煤层 CH_4 平均含量为 0.00～1.82cm^3/g（表 12.17），平均 1.06cm^3/g；CO_2 平均含量为 0.09～0.58cm^3/g，平均 0.21cm^3/g；N_2 为 2.75～7.41cm^3/g，平均 3.40cm^3/g。

表 12.17　主要可采煤层钻孔煤层气含量测定表　　（单位：cm^3/g）

煤层	采样深度/m	CH_4/%	CO_2/%	N_2/%	C_2H_6/%	C_3H_8/%
B25	198.33～462.94	0.00	0.23～0.27 0.25（4）	5.73～6.68 6.21（4）	微量	微量
B24	212.60～489.23	0.00	0.14～0.46 0.31（5）	6.46～9.57 6.93（5）	微量	微量
B22	223.54～501.61	0.00	0.19～0.78 0.54（5）	4.06～5.74 5.15（5）		
B18	68.18～589.03	微量	0.17～0.47 0.33（7）	3.69～5.42 4.47（7）	微量	微量
B15	53.50～630.15	0.00～0.03 0.01（7）	0.00～0.48 0.20（12）	3.41～6.70 4.55（10）	微量	微量
B12	304.40～723.94	0.02	0.16～0.63 0.33（7）	4.43～7.46 5.99（7）	0.02	0.01
B11	359.50～769.94	0.01～0.02 0.02（7）	0.17～0.50 0.27（9）	3.48～5.94 4.47（9）	0.02	0.01
B9	383.72～785.80	0.02～0.35 0.18（3）	0.05～0.95 0.31（15）	3.49～6.03 4.73（13）	微量	微量
B8	402.55～808.27	0.01～0.04 0.03（4）	0.21～0.52 0.37（13）	3.60～6.32 5.28（13）	微量	微量
B7	251.00～815.48	0.00～0.02 0.01（4）	0.00～0.41 0.22（9）	4.24～7.42 5.26（8）	微量	微量
B6	415.55～419.20	0.01	0.23	3.73	微量	微量
B5	282.00～845.15	0.00～0.04 0.02（8）	0.10～0.68 0.31（11）	5.06～13.33 7.41（10）	0.01	微量
B4	295.00～850.35	0.00～0.11 0.02（8）	0.00～0.49 0.19（10）	4.10～5.89 4.92（9）	0.01	0.02
A13	443.79～475.05	0.89～2.42 1.58（3）	0.10～0.19 0.13（3）	3.44～4.03 3.69（3）	微量	微量

续表

煤层	采样深度/m	CH_4/%	CO_2/%	N_2/%	C_2H_6/%	C_3H_8/%
A11	223.87～464.74	0.04～2.52 1.49（8）	0～0.18 0.11（8）	2.39～4.47 3.24（6）	微量	微量
A9	397.93～507.20	1.52～2.33 1.82（3）	0.14～1.44 0.58（3）	2.50～5.56 3.64（3）	0.01	微量
A8	256.25～752.00	0.07～2.67 0.93（23）	0～0.34 0.16（23）	1.72～4.72 3.10（15）	0.01～0.03 0.02（2）	0.01
A7	187.00～560.25	0.03～4.44 1.48（24）	0.02～0.64 0.22（25）	2.44～6.63 3.92（15）	0.03	0.01
A5	244.75～667.96	0.07～2.99 1.04（14）	0～0.55 0.21（14）	2.41～6.94 3.70（8）	0.01～0.03 0.02（3）	0.01
A4	213.40～790.15	0.01～4.88 1.50（35）	0.01～0.58 0.22（37）	1.67～4.68 3.34（15）	0.02	0.01
A3	239.00～703.49	0～5.42 1.74（25）	0.01～0.89 0.21（27）	1.98～4.68 3.26（14）	0.01（2）	微量
A2	489.31～840.00	0.02～5.46 1.56（6）	0.01～0.26 0.09（6）	1.81～4.51 2.75（3）	微量	微量

（四）煤层气勘探

区内施工了3个煤层气参数井，对A3、A4、A7煤层进行了注入/压降测试和原地应力测试，获得了区内主要可采煤层A3、A4、A7煤层的气含量、气成分、渗透率、储层压力、原地应力、表皮系数、调查半径、闭合压力及梯度等煤储层参数，为区内煤层气资源赋存及其可采性评价提供了基础地质参数。

测试煤层储层压力梯度为9.95～10.60kPa/m，浅部为正常储层压力，深部略高于静水压力，朗缪尔体积为4.09～10.13m^3/t（平衡水分基），朗缪尔压力为3.03～4.52MPa，平均宏观裂隙条数为11条/5cm。显微主裂隙平均长度0.31cm，平均高度0.24cm，平均密度8.97条/cm；次裂隙平均长度0.20cm，平均高度0.14cm，平均密度5.76条/cm。煤层渗透率为0.006～16.26mD，平均值为0.80mD（去极值）。

第三节　煤层气开发技术

一、井型及井身结构

我国目前的完井方式可分为三种：单煤层裸眼洞穴完井、单煤层套管射孔完井和多煤层组套管射孔完井。

单煤层裸眼洞穴完井技术即在裸眼完井后，在煤层裸露段人为地通过多次注空气或泡沫人为放喷产生煤储层“激励”，最后在煤层裸露段形成稳定的洞穴，在洞穴周围形成具有大面积张性裂隙的卸载区，提高井筒周围裂隙系统的导流能力。此工艺对煤储层原始渗透率和储层压力要求较高，但我国多数地区属低渗、低压储层，导致此工艺技术未得到大范围推广使用。目前，我国使用较多的完井工艺为单煤层套管射孔完井。此工艺一般为：一开多采用 Φ311mm 钻至基岩，下入 Φ244.5mm 表层套管；二开多采用 Φ215.9mm 钻具钻至完井，下入 Φ139.7mm 技术套管固井（图 12.7）。

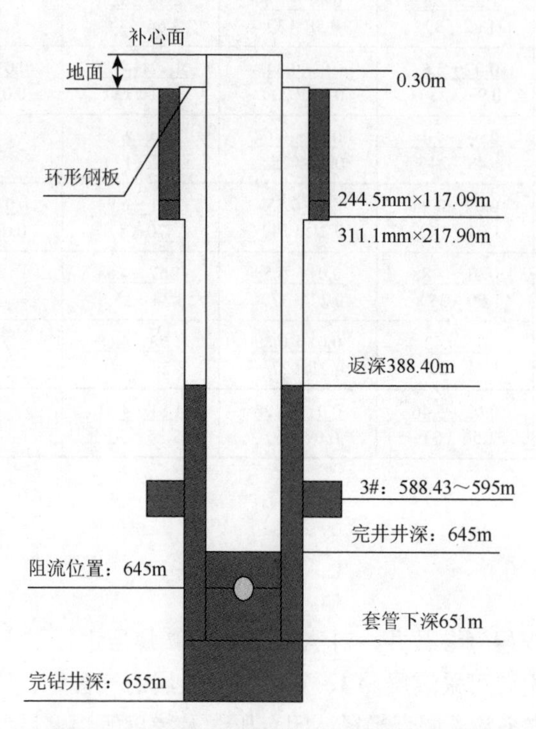

图 12.7　煤层气垂直井常见井身结构示意图

针对煤层层数较多，且煤层间距不大的情况，我国也尝试使用了多煤层套管射孔完井。此方法与单煤层套管射孔完井法基本一致，在此不再赘述。

分支井技术是 20 世纪 90 年代集地质设计、钻完井技术及储层增产强化技术于一体的新型的石油开发工艺，并成功移植到煤层气产业。煤层气多分支井对煤储层、构造、水文地质、煤层气资源等条件要求相对苛刻，加之目前技术成熟度低，造成成功率低、开发成本相对较高，难以成为我国进行地面开发煤层气的主流工艺。目前我国主要是以套管射孔压裂的垂直井为主，在此也仅以垂直井为例探讨。

二、煤层气井型选择

煤储层、地质条件等的不同决定了煤层气开发过程中井身结构的不同，因地制宜不仅可节约成本，减少不必要的资源消耗，更重要的是保证了成功率，增强了产业信心，促进了产业的发展。本节将在阐述垂直压裂井和多分支水平井差异基础上，应用安全系统工程的事故树理论，结合模糊综合评价方法，针对不同储层、地质条件选择不同的井型。

（一）两种煤层气井的异同

1. 两种井的差异性

1）井身结构引起核心技术的差异

垂直压裂井的井身结构一般是一开钻至基岩，二开钻过目的煤层之下40～50m后完井，井底“口袋”利于排采过程中的砂、煤粉等脏物掉落，减少修井次数，井身结构相对简单。

多分支水平井常见的井身结构是通过随钻测试技术和造斜技术沿着煤层钻进，在煤层中形成一定长度的主井眼后，撤出一定距离，大致呈45°再侧钻出一个个分支，增大了煤层的渗透率和采气面积，达到快速、有效开发煤层气的目的。

井身结构的不同，导致钻井过程中核心技术的差异。垂直压裂井从地面垂直钻进，防止井斜并尽可能地降低储层污染是其核心技术。在钻井中，井斜的大小主要取决于岩层的性质（岩层的倾角大小、强度差异等）和钻头给压方式。岩层性质是无法改变的，而钻头的给压方式可由人工来调节。钻头上的压力来自于井内的钻柱，给压钻柱的重心越靠近钻头，越有利于减小井斜。同时，采用合理的井底钻具组合和钻井参数是可以将井斜控制在一定范围内的。根据不同的煤岩物理力学性质、煤体结构及所钻井的岩性组合，选择不同的循环介质，降低储层污染。

多分支水平井钻井技术中不仅仅包括垂直压裂井中垂直井的防井斜技术，同时包括造斜技术、井眼轨迹控制技术、井壁稳定性控制技术、水平井与生产井对接技术等。水平井主要是沿着煤层钻进，沿煤层钻进首先需保证钻过的煤层井壁不坍塌，保证成孔。井壁较稳固后，能有效防止后期排采过程中煤粉运移，减少后期修井作业的次数。同时，井壁稳定技术与煤岩本身的岩石力学性质、地质构造条件、地应力等客观条件关系密切，而其他技术与工具、工作人员经验、知识联系紧密。

2）经济、外界环境的不同

从目前的钻井成本来看，垂直压裂井钻井成本相对较低，技术难度较小，开发风险相对较低；从生产成本看，单位面积垂直压裂井成本相对较高；从地形条件看，垂直压裂单井要求简单，但对井网开发而言钻井数量多，钻前要求很高，多分支水平井山地作业优势明显；从投资回收期及排采看，多分支水平井回收期短，井寿命短，采收率高。

2. 两种煤层气井的相同点

无论是垂直压裂井还是多分支水平井，投入资金量大、投资风险高、技术要求高、投资回收周期长，这是共性；同时，都是通过排水使煤储层的压力降低，改变了煤储层的力学平衡，物理吸附的气体发生解吸，扩散、运移到井筒产出的。

（二）井型选择的技术影响因素

煤层气井型选择可从以下几个方面考虑。

1. 资源丰度与规模

一定的资源丰度与规模是进行煤层气地面开发经济的有力保障。资源丰度由资源量和含气面积决定，资源量与煤层的含气量和煤层厚度有关。

2. 煤储层的渗透性和解吸能力

煤储层的渗透能力是煤层中流体导流能力的反映，它关系到甲烷气体在煤中的赋存状态和抽采难易程度。煤层气存在于煤的双孔隙系统中，即基质孔隙和裂缝孔隙。基质孔隙是煤层气赋存的空间，裂隙孔隙不仅是储气空间，还是煤层气运移产出的通道。

解吸能力的大小将直接影响煤层气的开采难易程度及采收率。饱和度越大，煤层气的运移潜势就越大，煤层气的产气潜势就越高。实验研究表明，煤层气的吸附-解吸过程可近似看成可逆过程。因此，吸附时间越长，对煤层气的解吸越不利。煤层气是靠降压解吸的，临/储压力比越低，越不利于煤层气的解吸。

3. 煤体结构

不同煤体结构的煤强度不同，进而决定了钻井过程中井壁的稳定性，煤的坚固性系数和煤的破坏类型是煤体结构的综合反映。

4. 水文地质条件

煤层气是通过排水降压解吸产出的，水动力活动的频繁程度不仅决定了煤层气的保存、运移及扩散，还对煤层气排采过程中压力传递及压降都有影响。地下水径流强的地区，利于煤层气的运移和扩散，不利于煤层气的保存，也不利于煤层气的排水降压；构造复杂区域，将不利于煤层气进行地面开发。

5. 外部环境

外部环境主要包括地形状况、市场需求及煤矿开采状况等。当地形比较复杂，或处于城市边缘，无法进行垂直井地面开发，且资源量与储层条件等能满足水平井开发时，可优先选择水平井。当市场需求矛盾成为主要矛盾时，开发初期的经济成本降为次要矛盾，可优选水平井。考虑到煤矿安全，无法进行垂直井地面开发，且资源量与储层条件等能满足水平井开发时，可优先选择水平井。考虑到煤矿安全，结合矿井建设周期及煤层气采收周期，可优选水平井，得出煤层气地面开发井型选择的事故树模型（图 12.8）。

（三）煤层气开发井型选择

煤层气地面开发井型选择评判体系建立后，则可根据各个地区实际情况计算出各评价指标的分值，从而建立煤层气地面开发井型选择模式。

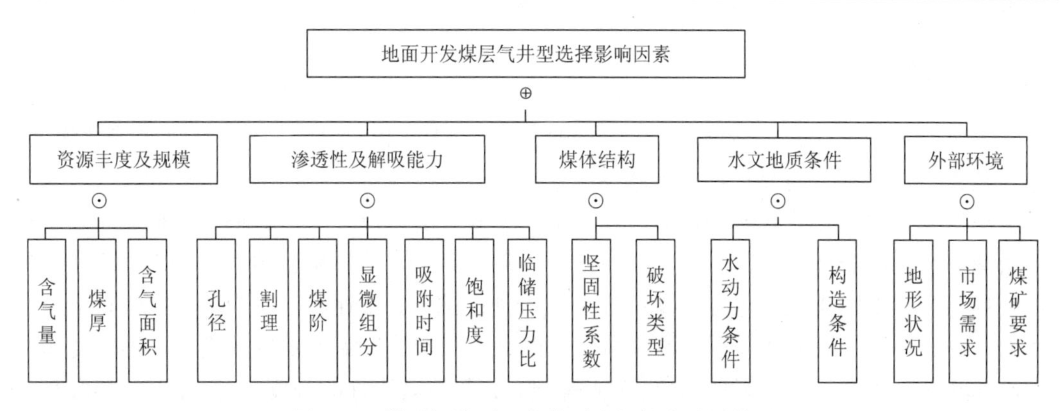

图 12.8　煤层气地面开发井型选择的事故树模型

三、煤层气钻井技术

煤层气井钻井是指利用专门的钻井设备和工具，在指定的地表向地下钻进，并使钻井井眼与目的煤层相沟通的工程。煤层气钻井与常规天然气钻井在程序设计、钻井工艺和取心技术等方面有着许多相似之处，但也存在一些差异。由于煤层是钻井的目的层，加之其具有特殊的地质力学和岩石学特性，故此煤层气钻井工艺设计上有其特殊性，技术核心应是以降低钻井成本、防止煤层污染、录取准确资料、创造稳定的测试与强化条件为目的进行钻井设计。煤层气井钻井的工艺过程大致分为钻井设计、钻前工程、钻进、完井四个阶段。

（一）煤层气井钻井设计

在钻井设计前，必须尽可能多地了解施工区的地质背景资料，包括地层、煤层、构造、水文地质条件等。这些资料通过以往的地质勘探、科研报告和现有的生产矿井获得，作为设计依据。煤层气井钻井设计依据主要有：①基本数据，包括该井地理位置、构造位置、井口坐标、井号、井的性质、完钻井深及层位、完井方式等；②钻井的目的和任务；③预计所钻遇地层层位、岩性、气水显示、地层压力及地层破裂压力；④该井的设计任务书、煤层气钻井工程标准。

煤层气井钻井设计是组织钻井生产和技术应用的基础，是进行单井成本预算和决算的重要依据，钻井设计应包括钻井地质设计、钻井工程设计、钻井施工进度和钻井成本预算4个部分。

1. 地质部分

提出对录取地质资料的要求，包括：①地质录井，包括岩屑录井，钻时录井，岩心录井，钻井液性能测定，气测录井，氯离子含量测定，气侵井涌、井漏等现象的观察；②地球物理测井，包括测井项目、层段、要求；③中途测试及完井测试，包括测试层位、测试内容及资料要求。

2. 工程部分

规定各项施工的具体措施，包括：①钻井设备选择，包括钻机型号、钻井液净化设备、井控装置。②井身结构及套管程序：各次开钻井眼尺寸及钻深；各层套管尺寸、下入深度及水泥返高；定向井井眼轨迹设计，包括剖面型式、造斜点井深、造斜率选择、井身垂直剖面图与水平投影图。③钻具组合，各次开钻钻具组合，防斜钻具组合，造斜、稳斜、降斜钻具组合。④钻头型号选择。⑤钻进参数设计：钻压、转速、水力因素（排量、泵压）、喷嘴直径。⑥钻井液设计：不同层段所使用的钻井液类型、配方及性能指标，维护处理要求，固相控制技术，气层保护措施。⑦固井设计：各层套管柱的强度设计、注水泥浆设计。⑧井控设计：选择井控设备；各次开钻和完井井口装置，以及井口装置试压要求。⑨井控技术措施：地层压力检测、破裂压力试验要求，压井措施，防喷、防火技术措施。⑩环境保护措施：各工艺环节的防止水污染措施，防止空气污染措施，防止土壤、农田污染措施，作业及生活污水处理装置，环境恢复措施等。⑪物资材料准备和施工进度计划。

（二）钻井工程

1. 钻进参数

钻进时，加在钻头上的钻压、带动钻具转动的转盘转速、循环钻井液时的排量和泵压，统称为钻进参数。

钻进速度的快慢、钻头总进尺的多少、每米钻进成本的高低等钻井技术指标与井径、井深、地层岩性、钻井液性能、钻头类型、钻进参数、操作水平等诸多因素有关。钻进技术的核心就是在井径、井深、地层岩性、钻井液性能、钻头类型等已知的条件下，如何选择合适的钻进参数以获得最优的技术指标，使每米钻进成本最低。这项钻进参数的优选技术已有较为成熟的理论和方法，正逐步在实际生产中应用。

机械钻速，即单位时间内的进尺数，一般情况下与钻压成正比关系。钻压大小的范围一般为10～20t，或每英寸[①]径钻头1～2t。

转速与机械钻速间呈指数（函数）关系。实际工作中，大多数情况下转速为60～80r/min。

排量和泵压统称水力因素。其作用是：①清洗井底，使岩屑及时离开井底，避免重复切削，并将岩屑携带返出至井口；②高速（每秒100m以上）射流从喷嘴射出，直冲井底，对井底施以巨大的冲击压力，产生直接或辅助的破岩作用。

钻井液射流的水力能量（水功率）越高，上述对井底的水力作用就越好，机械钻速也就越快。喷嘴射流的水力能量来自于泵，在已知的机泵、井眼、钻井液等条件下，选择合适的排量和喷嘴尺寸，以获得最大的射流水功率的技术叫喷射钻井。这项技术在生产中已普遍使用，并大大提高了钻进速度。

---

① 1in（英寸）= 2.54cm。

2. 钻井液

钻井液分为水基、油基和气体三大类。最常用的钻井液体系是水基钻井液，它由水、黏土、化学处理剂及加重剂等物质组成，习惯称为钻井泥浆。分散在钻井液中的黏土颗粒大部分小于 2μm，它具有带电、吸附、水化膨胀及分散、絮凝等特征，表现出了相当复杂的界面现象及流动特征，故钻井液属于胶体-悬浮体体系。

钻井液的功用很多，但最主要的功用有以下几方面：

（1）悬浮和携带岩屑，清洗井眼；

（2）传递水功率，高速钻井液射流可净化井底、辅助破岩；

（3）建立能平衡地层压力的液柱压力，以防止井下发生卡、塌、漏、喷等复杂问题；

（4）形成薄而韧的泥饼，增加井壁稳定性；

（5）通过返出井口的钻井液进行地质、气测录井。

为了满足安全、优质、快捷钻井的需要，必须在钻井液中加入各种有机和无机处理剂，以调整钻井液的密度、黏度、切力、失水、泥饼、固相含量、酸碱度等性能指标。

泵将钻井液注入井内，流经钻柱水眼、钻头喷嘴，再上返环形空间，直到地面。返出井口的钻井液中含有大量岩屑，为保持钻井液性能的稳定，必须及时清除这些岩屑，严格控制钻井液的固相含量。因此，钻井液地面循环系统中设置了沉淀池、振动筛、除砂器、旋流分离器等钻井液净化装置。此外，由于钻井液中通常加入了大量的化学处理剂及化学原材料，成分复杂，因而是钻井作业中的主要环境污染源。如果使用油基钻井液，将会加重环境污染。

煤层气井钻井液在选择时要注意钻井液对煤层的污染，在尽量保证钻井施工的前提下，可以采用低密度、低固相、低污染的水基泥浆，以保护煤层的渗透性。

3. 井控

井控的目的是控制气井的压力。煤层气井的压力包括目的煤层所在的地层具有一定的压力、井内钻井液静液柱压力、循环钻井液时的流动压力以及起下钻所产生的抽汲压力和激动压力等。当井内作用于煤层上的压力小于煤层的地层压力时，地层流体就会流入井内造成井喷；如作用于地层上的压力过大，则可能压漏地层，引起钻井液的大量漏失。如何建立井内的压力平衡，一旦平衡打破，又如何重新恢复平衡，就是井控技术所要解决的问题。

1）井喷的危害

当地层压力大于井底压力时，地层流体进入井内的现象叫溢流。溢流失去控制，地层流体无控制地大量流入井内，喷出井口的现象叫井喷。

井喷是钻井工程中的严重事故，主要有下列危害：

（1）井喷，尤其是长时间的井喷，气资源将受到严重损失和破坏；

（2）喷出的地层水及其中的有害物质（如硫化氢）会严重污染环境；

（3）井喷危及人身安全，容易造成人员伤亡，含硫化氢高的气井井喷，往往会使人中毒；

（4）井喷失控，极易失火，烧毁钻机，报废气井；

（5）恶性井喷，井喷失火，处理难度较大，既耽误时间，又耗费大量人力、物力、财力，损失巨大。

2）溢流发生的原因

作用在地层上的压力小于地层压力，地层流体就会流入井内。产生这种压力不平衡的原因有：

（1）地层压力的预告值（或设计值）较实际值低，因而钻开该层的钻井液密度值小，液柱压力不足以平衡地层压力，这在新探区和地质情况较复杂的地区容易出现；

（2）起钻未灌或未灌够钻井液，液面下降过多；

（3）井漏，不能保持井内足够的液面；

（4）气侵严重，排气不力等，使钻井液密度下降；

（5）由于起钻速度过快、钻头泥包、钻井液性能不好等原因，产生过大抽汲压力，降低了作用在地层上的压力。

3）溢流的发现和关井

地层流体流入井内，地面上将有各种显示出现，认真观察和监视这些显示，就可及时发现溢流。溢流的显示有：

（1）钻进中钻井液池液面增高，溢流入井，钻井液的总体积增加，因而钻井液池液面升高；

（2）钻井液出口管流速加快，流出井口的流体应等于注入井内的流体量，溢流入井增加了入井的流体量，出口流速就必然加快，同时气体随钻井液上返，受压减小，体积膨胀，越靠近井口，膨胀越加剧，故出口管流速明显加快；

（3）钻进时泵压下降，环空溢流有推动钻井液流动的能力，故泵压下降；

（4）起钻时，灌入钻井液量小于起出钻柱体积，下钻时返出钻井液体积多于下入钻柱体积。

钻井液池液面及出口管流速的变化可从液面指示器及流速测定仪上及时观察得到。溢流一经发现，应立即停止作业，迅速、正确控制井口——关井，防止井喷发生。关井越快，流出的钻井液越少，之后压井越容易。

钻进中发生溢流关井的程序是：停止作业，停泵，上提方钻杆出转盘面，关防喷器，关节流阀，然后观察和记录气、套压力。

如遇起下钻杆时，立即停止起下，在钻具上接止回阀，同时关井。起下到钻铤时，应设法在钻铤上接根钻杆和止回阀，下放钻杆，再关井。

4）井控设备

井控技术的实施必须借助于一套专用的设备与工具。

井控设备自上而下由环形防喷器、半闭闸板式防喷器、全闭闸板式防喷器和四通组成。在钻台上或蓄能器装置（放于井场）上扳动空气换向阀，蓄能器内的高压液油通过管线迅速驱动防喷器，在 3～8s 实现关井（环形防喷器在 30s 以内）。环形防喷器俗称万能防喷器，可封任何形状的钻具，但耐压能力低，只能应急，不能长期作业。半闭式闸板防喷器只能封闭相应尺寸的钻具。

为了适应不同井的需要，防喷器有不同的尺寸和工作压力。防喷器的尺寸指标为公称通径，指的是防喷器内通孔直径，常见的有 9″、11″、135/8″和 211/4″四种。防喷器的工作压力是指工作时所能承受的最大井口压力，常用的有 14MPa、21MPa、35MPa 和 70MPa 四种工作压力。

防喷器尺寸应与装于其下的套管尺寸相匹配，以使钻头、钻具能顺利通过。防喷器的最大工作压力应大于可能出现的预期井口最高压力。

5）压井

发现溢流关井后，向井内循环替入能平衡地层压力的钻井液，重建压力平衡的工艺技术叫压井。压井前应首先根据关井立套压及有关资料计算出实际的地层压力、压井所需钻井液密度、循环压井时保持压稳地层应有的循环立管压力及其变化、压井循环时可能发生的最大套压以及该套压是否会压漏地层、压井施工时间等，以指导施工。

压井有一次循环法和两次循环法两种。两次循环法是先用原浆循环调节节流阀控制立管压力，把井内溢流全部排出地面，井内全部充满不含地层流体的钻井液；然后替入重浆，调节节流阀，使立管压力按计算值变化，直至重浆返到井口。一次循环法是将预先配制好的压井重钻井液一开始就替入井内。排除溢流和压井在一个循环周期内完成。前者压力关系较为简单，便于控制，施工容易；后者施工中的压力变化较为复杂，但时间较短。

压井循环中的每时每刻，必须通过调节节流阀，控制立管压力或套管压力，使作用于地层上的压力平衡地层压力，不产生新的溢流。

四、水力压裂技术

（一）煤层气垂直井水力压裂的目的

孔隙是煤层气储集的主要空间，割理裂隙系统是煤层气运移的主要通道。我国煤孔隙与原始割理裂隙系统连通性较差，煤层微裂隙虽发育，但原始渗透性差，难以形成具有高导流能力的通道，因此必须进行储层改造，改善煤层的流动通道，才可能获得工业性气流。水力压裂的目的有以下几点。

1. 连通井筒与整个储层

目前，垂直井的完井方式一般是套管完井，完井后井筒成为一密闭系统，要想进行煤层气井的排采，必须进行射孔作业，使井筒与煤储层连通。因此，压裂的目的之一就是连通井筒与整个储层。

2. 穿透近井地带的伤害层

不管使用哪种钻井液进行煤层气钻井，钻井液中的滤液、聚合物和固相微粒等都会不同程度地侵入煤岩裂缝和孔隙中，引起储层的各种敏感性伤害，造成煤岩储层渗透率的下降。而且，固井和射孔工艺环节也会对煤储层造成一定的伤害。而压裂过程中注入的液体，可穿透近井地带的伤害层。

3. 加速排水和降压，提高产气量

压裂可以使煤原始裂缝中一些不连通的裂缝得以连通，也可以使原来一些连通的缝隙变得更宽，一定程度上改善了煤储层的导流能力，加速了排采过程中压力的有效传递，加快了压力传递速度，提高了产气量。

4. 分散压差，减少煤粉的产出

根据渗流理论，煤层气垂直井排采时，近井地带的压差最大，承受着压力传递过程中大部分的压降。压裂过程中大粒径支撑剂在近井地带的有效支撑，使近井地带储层导流能力明显增强，从一定程度上分散了近井地带的压差。导流能力的增强，使液体供给相对比较流畅，近井地带有效应力减小的幅度减慢，从一定程度上也减少了煤粉的产出，使排采井修井作业频度减小，便于管理。

（二）煤层气垂直井水力压裂的原理

煤层气井水力压裂是在借鉴石油压裂工艺的基础上，结合煤储层自身特点加以改进实施的。其压裂过程可表述为：在固井射孔后，采用密封措施把井筒作为一密闭系统，在地面采用高压大排量的泵，利用液体传压的原理，将具有一定黏度的液体，以大于煤储层吸收能力的速度向煤储层注入，使井筒内压力逐渐增高。随着外来力量的增加，在克服了煤层本身破裂时所需要的力量后，煤层在最薄弱的地方开始破损，之后，劈开形成一条或几条裂缝。继续向储层注入压裂液，裂缝就会继续向储层内部扩张，当把煤储层压出许多裂缝后，为了保持压开的裂缝处于张开状态，接着向储层加入带有支撑剂（通常是石英砂）的携砂液，携砂液进入裂缝之后，一方面可以使裂缝继续向前延伸，另一方面可以支撑已经压开的裂缝，使其不至于闭合。再接着注入顶替液，将井筒的携砂液全部顶替进入裂缝，用石英砂将裂缝支撑起来，使储层与井筒之间建立起一条新的流体通道。

水力压裂时包括三个主要技术环节：一是在煤层中劈开裂缝，二是把劈开的裂缝通过支撑剂支撑，三是把井筒中的支撑剂顶替到煤层中。水力压裂典型施工曲线示意图如图 12.9 所示。

（三）水力压裂的主要设备及施工工序

1. 水力压裂的主要设备

煤层气井压裂施工采用了石油行业的压裂设备，水力压裂的主要设备有压裂水罐、砂罐车、管线车、管汇车、混砂车、压裂车和仪表车等。

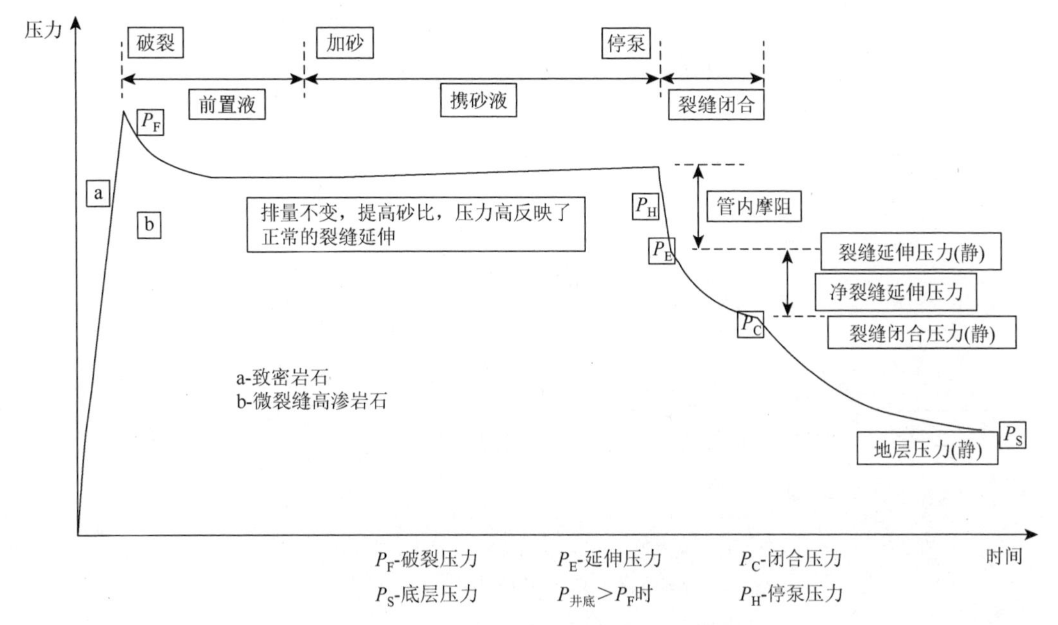

图 12.9　水力压裂典型施工曲线示意图

水力压裂时，水是主要的造缝和传输介质。压裂一旦开始，中间不能停顿，且整个压裂过程需时较短。压裂时若提前没有备充足的液体则会导致压裂过程供液不足，甚至可能造成压裂失败，因此压裂前需进行液体的储备。目前常用压裂水罐来盛装压裂液。当裂缝被劈开时，为防止裂缝闭合，则需要用支撑剂支撑裂缝，因现场施工排量较大，加砂时间短，需用砂罐车运载支撑剂。施工时的动力系统主要来自压裂车，即压裂车主要是增加压力、增大排量。压裂时为使压裂效果较好，仅用一台压裂车不能满足需要，需把几台压裂车并联，通过管汇把各个压裂车及井口汇集连接。管线车主要是运输压裂时所需要的各种管线。压裂前支撑剂与压裂液分别盛装，压裂时则需要把支撑剂及压裂液混合搅拌均匀，以便携带更远，这是混砂车的功能。为随时了解压裂过程中的压力变化，随时调整泵注程序，使压裂施工过程进展顺利，压裂效果最佳，这由仪表车来完成。水力压裂施工现场示意图如图 12.10 所示。

2. 水力压裂施工工序

当各种压裂设备依次连接后，就可以进行水力压裂了。地面进行水力压裂时，除了遇到特殊情况外，其压裂工序基本相同，大致分为以下 7 个步骤，技术流程图如图 12.11 所示。

1）循环

进行正式水力压裂前，需要对管路进行循环。循环的路径是循环液从水罐出来，经混砂车泵入各个压裂车，再经压裂车的作用顺着循环管返回到油罐或排污池中。

循环是排量由小到大逐车进行的，其目的有以下 3 个：

（1）检查各种设备工作是否正常；

（2）检查地面循环管线是否畅通；

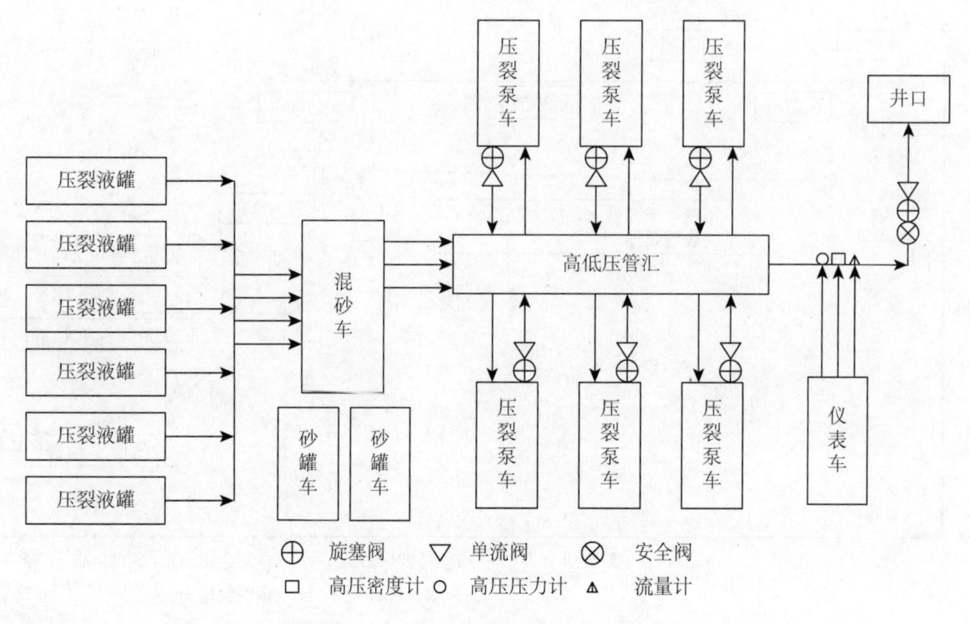

图 12.10　水力压裂施工现场示意图

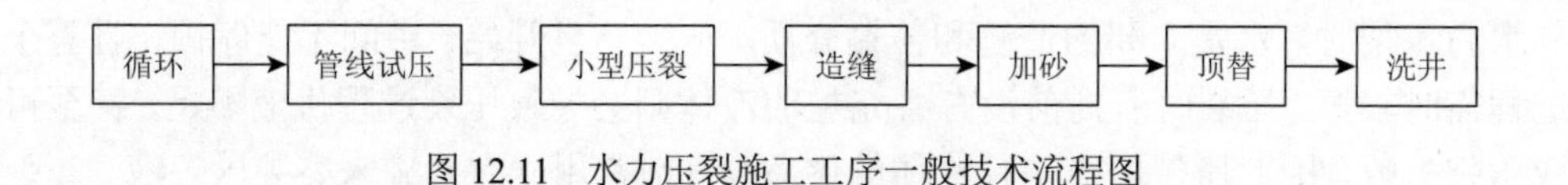

图 12.11　水力压裂施工工序一般技术流程图

(3) 压裂液得以搅拌，黏度混合均匀。

2）管线试压

循环液对管路循环后，各种设备工作正常时，就可以进行管线试压。管线试压就是将井口总阀门关闭，采用清水或压裂液，把压力提高到预测破裂压力的 1.2～1.5 倍，达到设计压力后保持 2～3min 压力不降为合格。

管线试压主要是检查设备、井口、地面及所有连接部分的丝扣等能否承受高压作用，以防在正式压裂过程中发生意外。

3）小型压裂

管线试压合格后，打开总阀门，这时启动一台或两台压裂车先将井内灌满压裂液，然后逐步启动其他压裂车逐渐加压，开始向煤层注入压裂液，施工压力逐渐增加，达到煤层破裂压裂后，再注入 2～3min，立即停泵，开始测压降。

小型压裂的目的是：

(1) 检查下井管柱各部件工作是否正常；

(2) 检查下井管柱及射孔位置是否正确；

(3)可以初步掌握煤层近井地带的滤失性及煤层的破裂压力，初步了解施工压力状况。

4）造缝

小型压裂施工停止后，煤层滤失系数不同，测压降时间不同，一般在现场测试 15min 压降后进行正式压裂。正式压裂的第一步为造缝。

正式压裂时，依次开启压裂泵车，迅速使排量达到设计值，随着压裂液的注入，施工压力逐渐上升，直到煤层破裂，继续注入压裂液，裂缝开始延伸，从而在煤层中形成许多裂缝。受现场施工设备性能、井场、压裂液性能、煤层自身物理力学性质、煤层厚度、上下围岩等条件的限制，裂缝不能无限延伸，当达到一定程度时，造缝阶段结束。

现场判定裂缝形成的方法一般有以下几种：

（1）根据压力和施工排量的变化判断

煤是一种特殊的 岩石——可燃有机岩，其破裂过程也基本符合岩石应力-应变一般关系曲线。煤中孔裂隙系统的非均质性决定了其与一般岩石应力-应变有所区别。在裂缝未形成时，根据岩石应力-应变曲线可知，压力与排量之间大致呈一定比值。但当裂缝形成时，这种比值关系被打破，这时可能出现两种情况。

①泵压迅速下降，排量上升

煤层未形成裂缝前，井筒及煤层中的压裂液处于一密闭状态，随着压裂液的注入，泵压势必不断增加。当裂缝形成后，井筒及煤层不再成为一密闭系统，而是出现了压裂液的流动，这时若形成的裂缝较多，施工泵压将迅速下降，排量上升，压力与排量间不再保持定比值。

②压力不变，排量上升

当煤储层原始渗透率相对较好，且裂缝在原有煤裂隙系统基础上进行延伸和扩展时，若排量不发生变化，压力将变小，不足以使裂缝延伸，这时需增加排量来维持原有裂缝的延伸扩展。这种情况下煤岩裂缝的形成、延伸扩展是一渐变过程，这在煤原始储层渗透率相对较好的情况下可能发生。

因我国煤储层原始渗透率相对较低，原始裂隙系统一般不发育，出现第一种的情况较多。

（2）根据机械设备的变化判断

煤层未形成裂缝时，井筒及煤层为一密闭系统，为使煤层破裂，施工压力一直上升，需要的动力相对较大，柴油机负荷大，声音沉重。裂缝形成后，砂罐车中的液体排量突然增加，形成很大的翻腾浪花，同时，一般情况下，维持煤层裂缝延伸的压力比破裂压力小，柴油机负荷相对减小，声音改变。

（3）根据煤层滤失系数的变化判断

裂缝形成前，煤层滤失系数相对较小，排量与压力的增加几乎为一定值；裂缝形成后，煤层滤失系数增加，比值改变。

5）加砂

煤层裂缝基本形成后，开始加砂。首先估算裂缝延伸的长度，然后根据排量、砂比、压裂液黏度、支撑剂密度等估算需多长时间支撑剂能到达裂缝的端部，接着采用逐级加砂技术，砂比由低到高依次加入，颗粒密度也由小到大依次加入，直到把劈开的裂缝几乎全部支撑，完成加砂阶段。

6）顶替

加砂阶段完成后，需把井筒中残留的支撑剂与压裂液的混合体顶替到煤层中。

7）洗井

正式压裂结束后，在井筒中将会残留部分支撑剂，需下井内管柱，进行冲砂洗井作业。

（四）水力压裂效果的影响因素

煤层气开发的目的层是煤层，水力压裂作用在煤层中。因此，煤的物理力学性质的差异、煤孔裂隙系统的不同等将影响裂缝形态进而影响水力压裂效果；而且，水力压裂是在三维空间进行的，上下围岩特性及与煤层物理力学性质的差异也将影响裂缝延伸形态；水平最大、最小主应力及垂直应力组合关系也对压裂裂缝延伸有重要影响；最后，不同的压裂施工工艺也会有不同的压裂效果。综上可得，影响煤层气垂直井水力压裂效果可从煤储层本身特性、上下围岩特性、地层三轴应力关系及压裂施工工艺四个方面进行分析。

1. 煤层本身特性对水力压裂效果的影响

煤岩是一种岩石，其应力-应变曲线在第二章已论述，在此仅探讨煤层本身特性对水力压裂效果的影响。

1）煤层的原始裂隙系统对压裂效果的影响

大量的观察研究表明，煤层中发育有不同规模的天然裂隙，这些天然裂隙构成了天然裂隙网络，把煤切割成一系列基质块。煤基质孔隙是煤层气的主要储集空间，而裂隙系统成为煤层气的运移通道。压裂改造的目的就是增加裂隙系统的连通性。因此，从某种程度上，原始裂隙的密度、条数、长度、宽度、连通性等都影响了储层压裂改造的效果。

2）煤的岩石力学性质对压裂效果的影响

一般而言，杨氏模量和泊松比是衡量岩石力学性质的两个重要参数。煤岩与煤层的上下围岩如粉砂岩、细砂岩相比，杨氏模量较低，泊松比较大。根据兰姆方程，水力压裂裂缝宽度与杨氏模量成反比，杨氏模量越小，裂缝宽度越大，因此，在煤层中容易形成宽缝，在压裂液总量一定的前提下，裂缝长度将受到限制，进而影响压裂效果。

不同的煤体结构反映了煤的岩石力学性质及原始孔裂隙系统的不同，基于此思想，在晋城矿区分别采集Ⅰ类和Ⅱ类煤进行了三轴应力实验，实验结果如图 12.12 和图 12.13 所示。

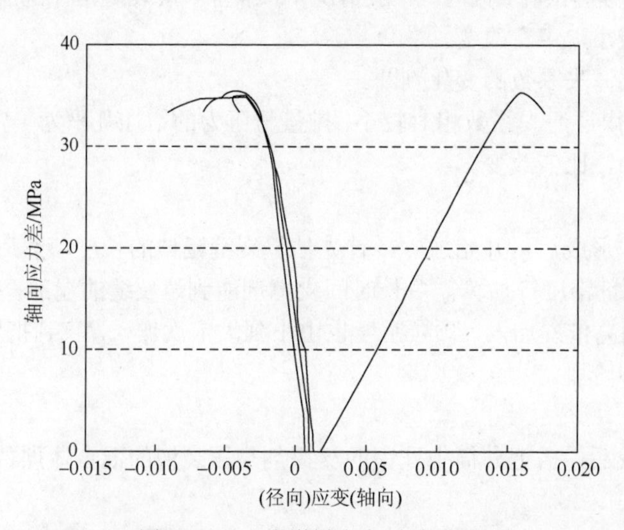

图 12.12　Ⅰ类煤样应力-应变曲线

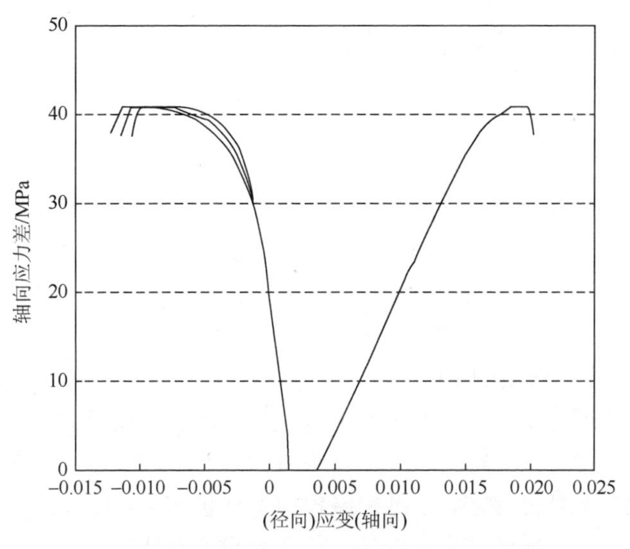

图 12.13　Ⅱ类煤样应力-应变曲线

从图 12.12 可看出，Ⅰ类煤原生裂隙条数少，在破裂前应力-应变几乎为直线，更像岩石的弹性变形。当达到煤体破裂压力后，应力急剧下降，峰值较明显。主要是Ⅰ类煤体强度相对较大，再加之煤原生裂隙条数少所致。

从图 12.13 可看出，Ⅱ类煤原生裂隙条数相对较多，在破裂前应力-应变与岩石的前两个阶段基本类似。当达到煤体破裂压力后，由于Ⅱ类煤体强度相对较低，再加之煤原生裂隙条数多，破裂峰值不明显。

3）煤原始储层渗透率大小对压裂效果的影响

在相同的施工排量和泵注程序条件下，煤原始储层渗透率越大，滤失量越大，支撑剂容易在近井地带堆积，压裂施工越困难。

4）水化膨胀敏感性对压裂效果的影响

煤层不仅富含黏土矿物易遇水膨胀，而且许多煤层其本身也往往易遇水膨胀甚至水化，进而影响压裂效果。实验研究结果表明，压裂液中加入 KCl 溶剂能较好防止黏土矿物膨胀。

2. 上下围岩岩石力学性质及煤层性质组合关系对压裂效果的影响

在被压裂层与上下岩层应力相差不大的条件下，杨氏模量的大小也是控制裂缝纵向扩展的一个因素。裂缝模拟结果表明，当被压裂层小于上、下岩层杨氏模量 5 倍以上时，裂缝高度将有可能被限制于压裂层中。

煤岩杨氏模量越大，煤体越容易发生脆性断裂，在相同的泵注总液量前提下，越有利于裂缝的延伸。煤岩泊松比越大，在压裂过程中煤体横向变形与纵向变形比值越大，越不利于裂缝延伸。

3. 地应力场对压裂效果的影响

水力压裂时，裂缝总是趋于弱面形成并延伸。在其他条件相同的前提下，当三轴应力差别不大时，在平面和剖面上都容易形成近似圆形的裂缝；三轴应力差别越大，形成的裂缝长轴与短轴差别越大；在其他条件相同的前提下，三轴应力椭球体的形态大致反映出裂缝的延伸形态。

4. 压裂施工工艺对压裂效果的影响

煤层气压裂施工效果好坏不仅取决于地质条件和储层条件，更取决于压裂技术和施工工艺。地质条件和煤储层条件是不可改变的，所能做的就是根据实际地层条件，制订合理的压裂技术方案，尽可能地来改善导流能力。而要进行压裂施工工艺优化，对各种施工参数对压裂效果的影响进行分析显得很有必要。

1）压裂规模对压裂效果的影响

压裂裂缝是煤层排水、降压、产气的主要通道。压裂规模越大，就意味着进入煤层的外来物质越多，裂缝在长度、宽度及高度三维方向均有不同程度的扩展，特别在长度方向延伸较大。由于煤层为低渗储层，根据裂缝模拟及评价结果，加大施工规模对提高增产效果是有利的。通常，压裂增产效果的好坏与施工规模成正比。但是，过大的规模将造成两种不利影响：裂缝扩展到煤层顶底板，沟通含水层，给排采带来困难；使煤体严重破碎，渗透率反而降低。

2）施工排量对压裂效果的影响

煤层气压裂施工排量不但决定了压裂液的携砂能力，同时也直接影响到压裂裂缝的形态。压裂施工排量的增加不可避免地造成裂缝净压力升高，从而引起裂缝高度、长度及宽度的变化，尤其对高度影响较大。

并非施工排量越大越好，针对不同煤体结构，需要不同的施工排量。当上下围岩与煤层杨氏模量相差不大时，施工排量的增加，无疑将可能突破围岩限制，进而影响压裂效果。

3）砂比对压裂效果的影响

砂比也是压裂的一个重要指标，砂比越大，缝内支撑剂的浓度就越高，裂缝导流能力就越强，越利于排水降压。但由于煤层杨氏模量较低（与普通砂岩相比相差一个数量级），嵌入的存在无疑影响了支撑裂缝的宽度。经研究分析认为，当裂缝闭合在支撑剂上后，支撑剂上受到的有效应力为最小地应力减去支撑带孔隙中流体压力。如果支撑剂有足够的强度没有被压碎，那么有部分支撑剂将嵌入到煤层，实际形成的支撑裂缝宽度将减小。

砂比增加，无疑为携砂带来困难，当砂子在某处堆积时，容易造成砂堵，严重时可能导致施工的失败。因此，需综合考虑，合理提高砂比。

第四节　西北地区低煤阶煤盆地煤层气开发实践

一、新疆阜康煤层气开发示范工程

（一）区域地质概况

1. 区域构造

区域大地构造位于准噶尔—北天山褶皱系（亚Ⅰ级）准噶尔拗陷（Ⅱ级）南缘的乌鲁

木齐山前拗陷（Ⅲ级）东段阜康凹陷（Ⅳ级）的东部区域内，其南部以F1断裂（水磨河-李家庄断裂）与北天山地槽褶皱带（Ⅱ级）博格达复背斜（Ⅲ级）相邻。

2. 地层与煤层概况

1）地层概况

示范区基岩为半出露状态，出露地层由老到新有下二叠统下芨芨槽子群（P_1jja）、上三叠统黄山街组（T_3hs）、下侏罗统八道湾组（J_1b）、三工河组（J_1s）和少量的第四系（Q_4），现由老到新分述如下：

（1）下二叠统下芨芨槽子群（P_1jja）

在示范区西南角、F1断层以南少量出露，呈近东西向长条带状展布，岩石类型主要为灰绿色、灰白色-深灰色石英砂岩、长石岩屑砂岩、粉砂岩、细砂岩等正常碎屑岩建造，局部可见浅红色泥质岩层，反映滨浅海环境。该套地层在示范区内未见下伏地层，与上覆地层下侏罗统三工河组（J_1s）呈断层接触。区内地层总厚度为121.25～232.74m。

（2）上三叠统黄山街组（T_3hs）

分布于示范区的北部边界，岩性主要由灰色、深灰色、灰绿色、灰黄色泥岩、粉砂岩组成，顶部夹炭质泥岩和薄煤线，为湖相沉积，含植物化石及菱铁矿结核，向东略微变粗。该组地层岩性比较稳定，厚度变化不大，在示范区内未见下伏地层，地层厚度在区内控制不全，最大厚度为103m，平均46m。

（3）下侏罗统八道湾组（J_1b）

八道湾组（J_1b）地层呈条带状分布于整个示范区，是示范区内主要的含煤地层，主要为湖泊-沼泽相沉积，伴有河流相沉积的含煤碎屑沉积岩建造，主要岩性为灰色-灰黑色的粉砂岩、细砂岩、砂砾岩和煤层，夹有少量中、粗砂岩。地层总厚为493.59～797.15m，与下伏三叠系黄山街组（T_3hs）呈整合接触。

该组地层根据岩性、岩相特征和含煤性的差异，可分为上、中、下三段，该示范区主要揭露中下段地层，也是示范区内主要含煤地层。现由老到新分述如下：

①八道湾组下段（J_1b^1）

该段位于工作区北部，八道湾组底部39号煤层顶板以下，主要岩性以湖沼相沉积的灰色-灰黑色的粉砂岩、细砂岩和煤层为主，夹有粗砂岩，是示范区内主要的含煤地层。其中全区可采煤层5层，编号自下而上为44、43、42、41和39号煤层，局部可采1层，编号为40号煤层。煤层平均总厚50.14m，平均可采总厚45.69m，地层厚度为190～295m，平均221.25m，含煤系数22.66%。39～43号煤层在地表全部火烧，在地表上呈现出狭长的红色烧变岩带，自西向东横贯该区北部。

②八道湾组中段（J_1b^2）

该段分布于工作区中部、南部，以34号煤层顶板一套中砂岩、粗砂岩与下侏罗统八道湾组上段分界。

该段以河流相沉积为主，主要岩性为灰白色-深灰色的砂砾岩、粗砂岩、粉砂岩及中、细砂岩和煤层，含煤4层，编号为38、37、35～36、34号，37号煤为大部可采煤层，35～

36 号煤为全区可采煤层，38、34 号煤层只有零星可采点。该段地层在全区均得以控制，其厚度为 147.59～194.15m，平均 172.35m。

③八道湾组上段（J_1b^3）

该段分布于工作区南部，34 号煤层顶板以上。主要岩性以灰色-深灰色的粉砂岩、细砂岩为主，粗砂岩次之，少量炭质泥岩，夹 4～5 层薄煤层，风化严重，不稳定，未编号。该段地层成煤环境差，控制地层厚度为 0～305m，平均 244.60m。

综上可知，示范区内的八道湾组地层经历了湖沼相—河流相—湖沼相的沉积过程，湖沼相环境是主要成煤期，形成八道湾组下段（J_1b^1）、中段（J_1b^2）和上段（J_1b^3），这三个含煤段层位稳定，尤其是八道湾组下段（J_1b^1）的含煤特征明显。

（4）下侏罗统三工河组（J_1s）

该组呈条带状分布在工作区的中南部，组成黄山—二工河倒转向斜构造的核部，岩性主要为粉砂质泥岩、泥质粉砂岩、细砂岩、砾岩，中下部以灰色中粗粒岩屑砂岩、灰色粉砂岩、灰黑色薄层状泥质粉砂岩为主，以平行层理及粒序层理发育为特征，并显示一定的韵律性，每一个韵律底部可见明显的冲刷侵蚀面，显示水动力条件较大的沉积—冲刷—再沉积的旋回类型，并常见厚-巨厚层砾岩沉积。由于水磨河—李家庄断裂(F1)的破坏，区内出露的三工河组已不完整，厚度自东向西逐渐变薄，地层厚 89.45～384.76m。底部以粗砂岩或砂砾岩与八道湾组（J_1b）分界，与下伏八道湾组地层整合接触。

（5）第四系

①上更新统（Q_3）

工作区内仅零星分布，主要在白杨河西阶地上，覆盖于侏罗系地层之上。

上更新统风积层（Q_3eol）形成黄土层，分布于山包上，以“黄土帽”形态出现，一般厚 0～5m。

上更新统洪积层（Q_3pl）在黄土层下及河流西岸的高阶地上分布，为灰色、黄灰色的砾石层或砂砾层，砾石由各种变质及火成岩构成，未胶结，砾径大小不一，一般为 3～10cm，分选性及磨圆度较差，一般厚 0～10m。上更新统与下伏基岩呈角度不整合接触，厚度为 0～15m。

②全新统（Q_4）

全新统冲洪积层分布于工作区内现代沟谷之中，由砾石、砂、沉积岩碎块等混杂堆积而成，直接覆盖于三叠系或侏罗系之上，与下伏地层呈角度不整合接触。

2）煤层特性

下侏罗统八道湾组（J_1b）为该区主要含煤地层，控制地层平均厚度为 569.34m，煤层平均总厚 32.79～106.34m，可采平均总厚 60.86m，含煤系数 11.3%，含煤 10 层，从下到上依次编为 45、44、43、42、41、40、39、37、35～36、34 号。

八道湾组下段（J_1b^1）地层含 45、44、43、42、41、40 和 39 号 7 层煤，其中 44、43、42、41 和 39 号为全区可采煤层。45 号煤层在示范区东部 144-1 和 146-2 号孔有控制，但均不可采，厚度仅为 0.45m 和 0.28m，向西逐渐尖灭；40 号为局部可采煤层。该段 44～39 号煤层全部火烧，在示范区北部形成了一条近东西向的烧变岩带。

八道湾组中段（J_1b^2）地层含 38、37、35～36、34 号 4 层煤，其中 35～36 号煤层全区可采，37 号为大部可采，38、34 号为不可采薄煤层，不稳定。

3. 煤岩物性

1）宏观煤岩特征

各煤层宏观煤岩成分大致相同，以暗煤为主，镜煤、丝炭次之，条带状结构。宏观煤岩类型为半亮型煤-半暗型煤。

2）显微煤岩特征

根据镜下观察，区内的煤均由有机质和无机质构成，有机质总含量平均为 62.3%～96.3%，无机质总含量平均为 3.8%～37.7%。

4. 水文地质概况

示范区地处准噶尔盆地东南缘的博格达山北麓低山-丘陵地带，地表植被稀疏，地形以白杨河为界东西各具特点。白杨河西为典型的阶地状地形，南高北低，西高东低，海拔一般为 1000～1100m，最高约 1244.50m，最低约 1045m，相对高差一般为 100m，最大为 200m，地形切割中等，属大陆性干旱-半干旱气候，降水量小而蒸发量大，年平均降水量为 205.0mm，年最大降水量为 337.3mm，年平均蒸发量达 1691mm。

区域含水层地下水对矿区地下水的补给，由于矿区基岩含水层具成层性，只能通过地表的风化裂隙或层间裂隙补给，而且富水性弱，因而其补给量较小。

5. 邻井钻探成果

该区浅部进行过煤田地质勘探，所以浅部钻探程度较高，且区内施工了 5 口生产试验井，证实该区块具有较厚的 39 号、41 号、42 号煤层，且含气量较高，埋深也具有很好的代表性。本井主要为获得产能。

（二）FS-7 井示范工程

1. 钻井工程

1）钻井依据及目的

（1）钻探依据：①附近有多口探煤井及阜试小井网，目的层组煤层厚度大且分布稳定，埋藏适中；②前期煤田地质勘探成果已证实了该区目的煤层厚度较大且相对稳定；③阜试小井网 5 口井日产突破 7000m^3/d，为示范区的产能建设提供依据。

（2）钻探目的：①获得煤层气产能；②进行区域地质规律研究及相关科学技术研究。

（3）完钻层位：完钻层位下侏罗统八道湾组；完钻原则钻穿 42 号煤底界下 55m 完钻。

2）施工设计

FS-7 井是丛式井组中的一口定向井，位于新疆维吾尔自治区阜康市白杨河矿区，基本数据见表 12.18。

表 12.18　FS-7 井基本数据表

地理位置	新疆维吾尔自治区阜康市白杨河矿区					
构造位置	黄山—二工河倒转向斜的北翼					
钻探目的	规模开发和产能建设					
井号	井别	坐标				设计井深/m
		位置	*X*/m	*Y*/m	*H*/m	
FS-7	定向井	井口	4879932.13	29619886.92	1165	1188.5
靶点坐标	42$^{\#}$煤层底板		4879729.1	29619961.33		
网格投影方位/(°)	159.87	靶点水平位移/m	216.23	靶点垂深/m	1107	
造斜点/m	70	稳斜角/(°)	15.33	设计造斜率/(°/m)	0.1	
第二稳斜角/(°)	3	第二稳斜长度/m	150	设计降斜率/(°/m)	0.1	
磁偏角/(°)	2.5	子午线收敛角/(°)	1.03	大门方向/(°)	122	
预测基本参数	垂深/m	一开井深	50			
		39$^{\#}$煤底	982			
		41$^{\#}$煤底	1025			
		42$^{\#}$煤底	1107			
	厚度/m	39$^{\#}$煤	20			
		41$^{\#}$煤	11			
		42$^{\#}$煤	32			
完钻原则	钻穿 42$^{\#}$煤层，留足 55m 口袋完钻			完井方法	套管完井	
录井项目	岩屑录井、钻时录井、钻井液录井					
完钻层位	奥陶系		目的层		39$^{\#}$、41$^{\#}$及 42$^{\#}$煤层	
井身结构	开钻次数	钻头/mm	井段/m	套管/mm	下深/m	水泥返深/m
	一开	*Φ*311.1	0～50	*Φ*244.5	50	地表
	二开	*Φ*215.9	50～1188.5	*Φ*139.7	1186.5	39$^{\#}$煤层以上 300m
备注	煤层埋深及厚度值仅供参考，实际施工时应根据地层条件实时调整					
井眼轨迹质量要求	1、直井段：0～50m，井斜不大于 1° 2、造斜段和稳斜段最大全角变化率分别不大于 5°/30m 与 3°/30m 3、造斜段和稳斜段全角变化率连续三点平均不大于 4°/30m 与 2°/30m 4、最大井斜角不大于 20.33° 5、最大井径扩大率不大于 15%，煤层段最大井径扩大率不大于 25% 6、靶点为 42$^{\#}$煤底板，中靶半径 25m。如遇到一开井深/靶点垂深与预测变化大于 25m，根据实际情况需要调整靶点位移和井眼轨迹，但需提前向甲方汇报情况					

3）钻井主要设备

DK104 钻井队配备了标准的 ZJ20 石油车载钻机，能够满足钻井要求。表 12.19 给出了 ZJ20 钻机及钻井主要设备性能，表 12.20 给出主要定向设备。

表 12.19　ZJ20 钻机及钻井主要设备性能表

序号	名称		型号	载荷/kN	功率/kW	备注
1	钻机		ZJ20			
2	井架		SJJ147/36	1470		
3	天车		TC135	1350		
4	游车		YC135	1350		
5	大钩		DG135	1350		
6	水龙头		SL135	1350		
7	钻井泵		3NB-1300		998	1 台
8	钻机柴油机		CAT		700	1 台
9	泵柴油机		12V190		1000	1 台
10	发电机	1#	VOLVO		400	1 台
		2#	6138		200	1 台
11	振动筛		XZS-2100×1150			1 台
12	除砂器		CS-250×2			1 台
13	泥浆性能测试仪					1 套
14	无磁钻铤		165mm			1 根

表 12.20　主要定向设备表

名称	规格	数量	备注
螺杆	Φ172mm	1	1.25°
随钻测量仪	Φ48mm	1	无线脉冲
定向接头	Φ165mm	1	

4）钻井施工工艺

（1）井身结构设计数据见表 12.21。

表 12.21　井身结构设计数据表

开钻次序	井段/m	钻头尺寸/mm	套管尺寸/mm	套管壁厚/mm	套管钢级	套管下深/m	环空水泥浆返深/m	备注
一开	0～50	Φ311.1	Φ244.5	8.94	J55	50	水泥浆返至地面	该井段以及套管下深根据地层情况确定，下入稳定基岩 15～20m

（2）钻具组合及钻井参数设计。

①一开钻具组合：Φ311.1mm 钻头 + Φ178mm 钻铤 4 根 + Φ133mm 方钻杆。

②二开造斜钻具组合：Φ215.9mm 钻头 + Φ172mm×1.25 单弯螺杆钻具 + Φ165mm 定向接头 + Φ165mm 无磁钻铤×1 根 + Φ127mm 加重钻杆 24 根 + Φ127mm 钻杆 + Φ133mm 方钻杆。

③稳斜段钻具组合：Φ215.9mm 钻头 + Φ172mm×1.25 单弯螺杆钻具 + Φ165mm 定向接头 + Φ165mm 无磁钻铤×1 根 + Φ127mm 加重钻杆 24 根 + Φ127mm 钻杆 + Φ133mm 方钻杆。

开钻前对所有钻具、井下工具和接头进行探伤检查，防止有伤钻具入井。

④钻井参数设计见表 12.22。

表 12.22　钻井参数设计表

开钻次序	井段/m	钻头尺寸/mm	钻压/kN	转速/(r/min)	排量/(L/s)	泵压/MPa
一开	0～50	Φ311.1	5～20	90～120	30～35	4～7
二开	50～1188.5	Φ215.9	20～100	30～60	25～35	5～12

（3）钻井液性能设计见表 12.23。

钻井工程的总结情况如下所述。

①施工难点

一开上部地层较松散，施工重点是防止钻头泥包和井塌，整个井段防斜、防卡工作应重视。

二开施工在煤层段要防止井壁坍塌、防止井漏，并且倾角大，直井段要注意防斜。

②钻井技术管理及工艺技术情况

A、井身质量控制情况

（a）井斜及全角变化率的控制

直井段施工过程中认真执行常规防斜打直技术措施，较好地控制了井斜和全角变化率，造斜段、稳斜段及降斜段采用 Φ172mm×1.25 单弯螺杆造斜，用无线脉冲随钻监测，有效地控制了井斜及全角变化率。

（b）井径扩大率的控制

二开平均井径扩大率为 7.96%，二开施工中，注意钻井液的日常维护，煤层段采用小排量钻进，有效地预防了水浸和井塌事故的发生，实现全井安全无事故。

B、钻井液

（a）一开井段使用膨润土钻井液体系。该钻井液体系具有很强的悬浮携带能力和稳定井壁能力，适合一开地层成岩性差、渗透性好、易坍塌且机械钻速快的特点，能够及时携带岩屑防止虚厚泥饼的形成。钻完进尺后，大排量循环彻底清洗井眼，循环干净后，起钻。下套管、固井作业顺利。

（b）二开钻井液配制维护与处理

配制：二开采用聚合物钻井液体系。

989.00～1200.00m 是全井钻井液工作重点，为保护好煤层气，降低煤层气损坏程度，该段采用低固相聚合物钻井液，有效地降低了对煤层气井段的破坏，使用 80 目振动筛布，除砂器全井使用，有效地减少了钻井液中的有害固相，从而降低钻井液密度。

表 12.23　钻井液性能设计表

层位	井段/m	钻井液类型	常规性能								流变参数				固相含量		滤液			备注
			密度/(g/cm^3)	黏度/s	失水量/mL	泥饼/mm	pH	含砂量/%	静切力/Pa		塑性黏度/(MPa·s)	动切力/Pa	N值	K值	固相含量/%	黏土含量/%	总矿化度/(mg/L)	Cl^-/(mg/L)	Ca^{2+}/(mg/L)	
									10/s	10/m										
一开	0～50	坂土浆	1.05～1.15	40～50																
二开	50～932	聚合物	1.05～1.10	30～40	15～20	≤2	8～9	≤0.5												
	932～1188.5	低固相聚合物	1.10～1.15	40～50	≤5	≤1.5	7.5～8.5	≤0.5			15～20				≤6	≤1～2				
说明	接近目的层后换低固相聚合物，钻井液性能以满足孔壁稳定为首要条件，可以根据现场实际情况进行调整，适当加大黏度，但是要严格控制含砂量和固相含量，以防止对煤层的污染																			

二开采用 215.9mm 钻头（45.85～1200.00m）平均井径 233.08mm，平均井径扩大率 7.96%。二开完钻通井后测井、下套管前通井、下套管顺利无阻卡现象。固井质量合格。

（c）认识

区块地层砂砾岩较厚，二开井段以防漏为主，使用好固控设备净化钻井液。

二开井段为八道湾组，岩性为粉砂岩、细砂岩、砂砾岩和煤层。地层造浆不严重，适当调整钻井液黏度，确保钻井液具有较强的悬浮和携砂能力。

C、固井质量

该井一开采用 Φ311.1mm 钻头实钻井深 45.85m，Φ244.48mm 表层套管下深 45.65m，采用常规固井工艺，水泥返至地面。二开 Φ215.9mm 钻头实钻井深 1200.00m，Φ139.7mm 生产套管下深 1197.87m，采用低密度常规固井，设计水泥返高 679.50m，实际水泥返高 593.00m，设计短套深度 949.89～952.13m，实测短套深度 949.96～952.25m，人工井底 1183.10m，固井质量合格。

D、井控工作

FS-7 井是一口煤层气生产井，抓好以井控为中心的安全工作，是打好该井的关键所在。先从人员培训入手，对每一个员工都进行岗位培训，切实加强了井控管理，保证了钻井安全。

E、钻井进度、时效分析

该井设计钻井周期 12.5 天，实际钻井周期 8 天 3 小时 30 分，比设计提前 4 天 8 小时 30 分。全井平均机械钻速 9.49m/h，机台月速 3775.73m/台月。

时效分析：该井在施工过程中，二开使用 PDC 钻头钻进，大大提高了机械钻速。

③评价及意见

钻井液性能设计二开非煤层段的钻井液密度为 1.05～1.10g/cm^3，黏度为 30～40s，煤层段密度为 1.10～1.15g/cm^3，黏度为 40～50s。由于该区块地层砂砾岩、粉砂岩、细砂岩较多，钻井液中固相含量较高，给密度控制造成难度。这不仅增加了钻井液处理剂的消耗，还导致了现场为达到设计密度要求配置钻井液的时间损失。

2. 测井工程

1）煤层测井曲线响应特征

补偿密度测井：低密度值是煤最重要的特征，也是测井对煤进行评价的重要手段。当然，密度曲线值与煤的组成、煤化程度、煤中灰分的成分及含量有关。

补偿中子测井：补偿中子仪器通过长、短源距计数率探测地层中热中子的分布，从而反映地层对中子的减速特性，氢核与中子的质量相同，对中子的减速最有效，因此，用含氢指数来指示地层对中子的减速特性。补偿中子曲线反映地层中的含氢量，表示为含氢指数，煤中富含氢元素，因此，含氢指数在煤层中的响应值特别高。另外，碳元素对热中子有很高的俘获截面，这也极大地影响了热中子的分布。

声波测井：声波时差反映介质的声传播速度，煤的密度值低、质松，声波传播性能差，故表现为较高的声波时差值。同时，因煤的层理发育，导致纵向声传播减慢，声波时差值变高。

双侧向电阻率测井：双侧向是以聚焦电流形式进入地层，适应于探测高阻地层的电阻率。一般情况下，煤表现为高电阻率特性。但是，受煤阶、煤中灰分、水分含量的影响，煤的电阻率会有很大的变化。

自然伽马测井：自然伽马探测的是地层的自然放射性，自然放射性小是煤的又一重要特征。但是受煤的沉积环境、煤中灰分含量的不同等影响，自然伽马测井响应值会有变化，一般情况下，煤的自然伽马值低于砂岩，高于灰岩、白云岩等。

自然电位测井：煤的自然电位产生于煤的氧化还原作用，称为氧化还原电位，因此，它不反映地层的渗透性，与煤的煤阶有关。

2）煤层数据划分

该井煤层划分数据见表 12.24。

表 12.24　FS-7 井煤层划分数据表

解释层号	井段/m	视厚度/m	煤层结构/m	解释结论	备注
1	717.10～718.40	1.30	/	煤层	
3	918.90～919.50	0.60	/	煤层	
4	979.10～982.30	3.20	/	煤层	39#煤
5	984.90～992.90	8.00	6.90（0.30）0.80	煤层	39#煤
6	1009.80～1013.00	3.20	1.80（0.80）0.60	煤层	
7	1019.30～1022.00	2.70	/	煤层	
8	1037.60～1049.90	12.30	0.80（0.40）11.10	煤层	41#煤
9	1067.60～1068.00	0.40	/	煤层	
10	1074.90～1075.50	0.60	/	煤层	
11	1107.40～1141.90	34.50	32.00（0.60）1.90	煤层	42#煤
12	1147.80～1148.50	0.70	/	煤层	
13	1149.00～1156.30	7.30	0.30（0.30）2.50（0.50）1.80（0.60）1.30	煤层	

3）解释成果描述

该井综合测量井段 700.00～1200.00m，该段地层测厚为 500.00m。根据测井曲线特征，该井段共解释煤层 12 层 74.80m，描述如下。

1 号层，顶界为 717.10m，底界为 718.40m，煤层总厚度为 1.30m。该层双井径扩径，自然伽马曲线数值在 45API 左右，密度曲线值为 1.42g/cm^3。计算的固定碳值为 73.98%，灰分含量较高，含气量为 13.82m^3/t。

3 号层，顶界为 918.90m，底界为 919.50m，煤层总厚度为 0.60m。该层双井径扩径，自然伽马曲线数值在 48API 左右，密度曲线值为 1.61g/cm^3。计算的固定碳为 67.64%，灰分含量较高，含气量为 11.50m^3/t。

4 号层，顶界为 979.10m，底界为 982.30m，煤层总厚度为 3.20m。该层双井径扩径，自然伽马曲线数值较低，在 11API 左右，密度曲线值为 1.29g/cm^3。计算的固定碳在 77.92%左右，灰分含量在 7.00%左右，含气量为 15.95m^3/t。

5 号层，顶界为 984.90m，底界为 992.90m，煤层总厚度为 8.00m。测井曲线显示该层厚度中等，煤质好。该层双井径扩径，自然伽马曲线数值在 14API 左右，密度曲线数值为 1.28～1.47g/cm^3。计算的固定碳值为 62.58%～77.77%，灰分含量为 7.17%～21.78%，含气量多在 15.00m^3/t 左右。

6 号层，顶界为 1009.80m，底界为 1013.00m，厚度为 3.20m。该层双井径扩径，自然伽马曲线数值为 35～55API，密度曲线数值为 1.55g/cm^3 左右。计算的固定碳值为 58.00%左右，灰分含量较高，含气量为 10.00m^3/t 左右。

7 号层，顶界为 1019.30m，底界为 1022.00m，厚度为 2.70m。该层双井径微扩径，自然伽马曲线数值较低，在 8API 左右，密度曲线数值为 1.28～1.52g/cm^3。计算的固定碳值为 64.66%～78.04%，灰分含量为 6.38%～26.91%，含气量为 11.83～16.11m^3/t。

8 号层，顶界为 1037.60m，底界为 1049.90m，厚度为 12.30m。测井曲线显示该层厚度大，煤质好。该层双井径扩径，自然伽马曲线数值集中在 11API 左右，密度曲线数值多为 1.26～1.30/cm^3。计算的固定碳值多为 77.29%～79.93%，灰分含量较低，多为 5.89%～9.34%，含气量多为 15.13～16.21m^3/t。

9 号层，顶界为 1067.60m，底界为 1068.00m，煤层总厚度为 0.40m。该层双井径扩径，自然伽马曲线数值在 15API 左右，密度曲线值为 1.62g/cm^3 左右。计算的固定碳为 64.10%左右，灰分含量较高，含气量为 10.98m^3/t 左右。

10 号层，顶界为 1074.90m，底界为 1075.50m，煤层总厚度为 0.60m。该层双井径扩径，自然伽马曲线数值在 50API 左右，密度曲线值为 1.5g/cm^3 左右。计算的固定碳为 68%左右，灰分含量较高，含气量为 11.90m^3/t。

11 号层，顶界为 1107.40m，底界为 1141.90m，厚度为 34.50m。测井曲线显示该层厚度大，煤质好。该层双井径扩径，自然伽马曲线数值集中在 10API 左右，密度曲线数值多为 1.26～1.36g/cm^3。计算的固定碳值多为 72.38%～82.04%，灰分含量多为 5.50%～8.92%，含气量多为 14.50～17.07m^3/t。

12 号层，顶界为 1147.80m，底界为 1148.50m，煤层总厚度为 0.70m。该层双井径微扩径，自然伽马曲线数值在 45API 左右，密度曲线值为 1.6g/cm^3 左右。计算的固定碳为 50%左右，灰分含量较高，含气量为 9m^3/t 左右。

13 号层，顶界为 1149.00m，底界为 1156.30m，煤层总厚度为 7.30m。测井曲线显示该层厚度中等。该层双井径微扩径，自然伽马曲线数值为 18～45API，密度曲线数值多在 1.42g/cm^3 左右。计算的固定碳值多为 66.73%左右，灰分含量较高，含气量多为 12.89m^3/t 左右。

4）煤层及其顶、底板解释分析

该井煤层及其顶、底板解释分析见表 12.25（图 12.14）。

表 12.25 FS-7 井煤层及其顶、底板解释分析表

解释层号	解释分层	井段/m	视厚度/m	岩性	含水性	渗透性
1	煤层顶板	715.00～717.10	2.10	砂质泥岩，泥岩	弱	差
	煤层	717.10～718.40	1.30	煤	弱	差
	煤层底板	718.40～720.40	2.00	泥岩，砂质泥岩	弱	差

续表

解释层号	解释分层	井段/m	视厚度/m	岩性	含水性	渗透性
3	煤层顶板	916.00～918.90	2.90	泥质砂岩	弱	差
	煤层	918.90～919.50	0.60	煤	弱	差
	煤层底板	919.50～922.00	2.50	泥岩，砂质泥岩	弱	差
4	煤层顶板	977.00～979.10	2.10	泥岩，炭质泥岩	弱	差
	煤层	979.10～982.30	3.20	煤	弱	差
	煤层底板	982.30～984.30	2.00	泥岩	弱	差
5	煤层顶板	982.90～984.90	2.00	泥岩	弱	差
	煤层	984.90～992.90	8.00	煤	弱	差
	煤层底板	992.90～994.90	2.00	泥岩	弱	差
6	煤层顶板	1007.80～1009.80	2.00	泥岩，泥质砂岩	弱	差
	煤层	1009.80～1013.00	3.20	煤	弱	差
	煤层底板	1013.00～1015.00	2.00	泥岩	弱	差
7	煤层顶板	1017.30～1019.30	2.00	泥岩，炭质泥岩	弱	差
	煤层	1019.30～1022.00	2.70	煤	弱	差
	煤层底板	1022.00～1025.00	3.00	炭质泥岩，泥岩，砂质泥岩	弱	差

3. 压裂工程（41#煤层为例）

1）工程设计

（1）压裂施工设计方案

①压裂井段：41#煤层，1110.0～1115.0m，1130.0～1135.0m。射孔厚度：10.0m/2 层。

②注入方式：光套管注入。

③施工排量：10.0～9.0m^3/min。

④液体类型：前置液（1%KCl + 0.5%CBM-12）+ 携砂液（0.3%CCZN-2 + 0.09% CCJL-2 + 0.4%CCFP-2）。

⑤支撑剂：用砂量 52m^3（其中，40～70 目中细砂 5m^3，20～40 目中砂 47m^3）。

⑥砂比：同等的加砂规模下较低的砂比可得到更长的裂缝长度，结合已压裂的经验，初定平均砂比为 14.0%，最高砂比为 19%。

⑦压裂井口：KY65/70 型压裂井口。

⑧施工最高限压：≤45MPa。

⑨液量：施工用液量 735m^3，其中活性水 404m^3，清洁压裂液 331m^3；备液 950m^3，其中活性水 550m^3，清洁压裂液 400m^3。

（2）压裂施工步骤及要求

①压裂施工步骤

（a）通井：通井规外径 116mm，长度 950mm，准备油管长度 1200m，通至人工井底。

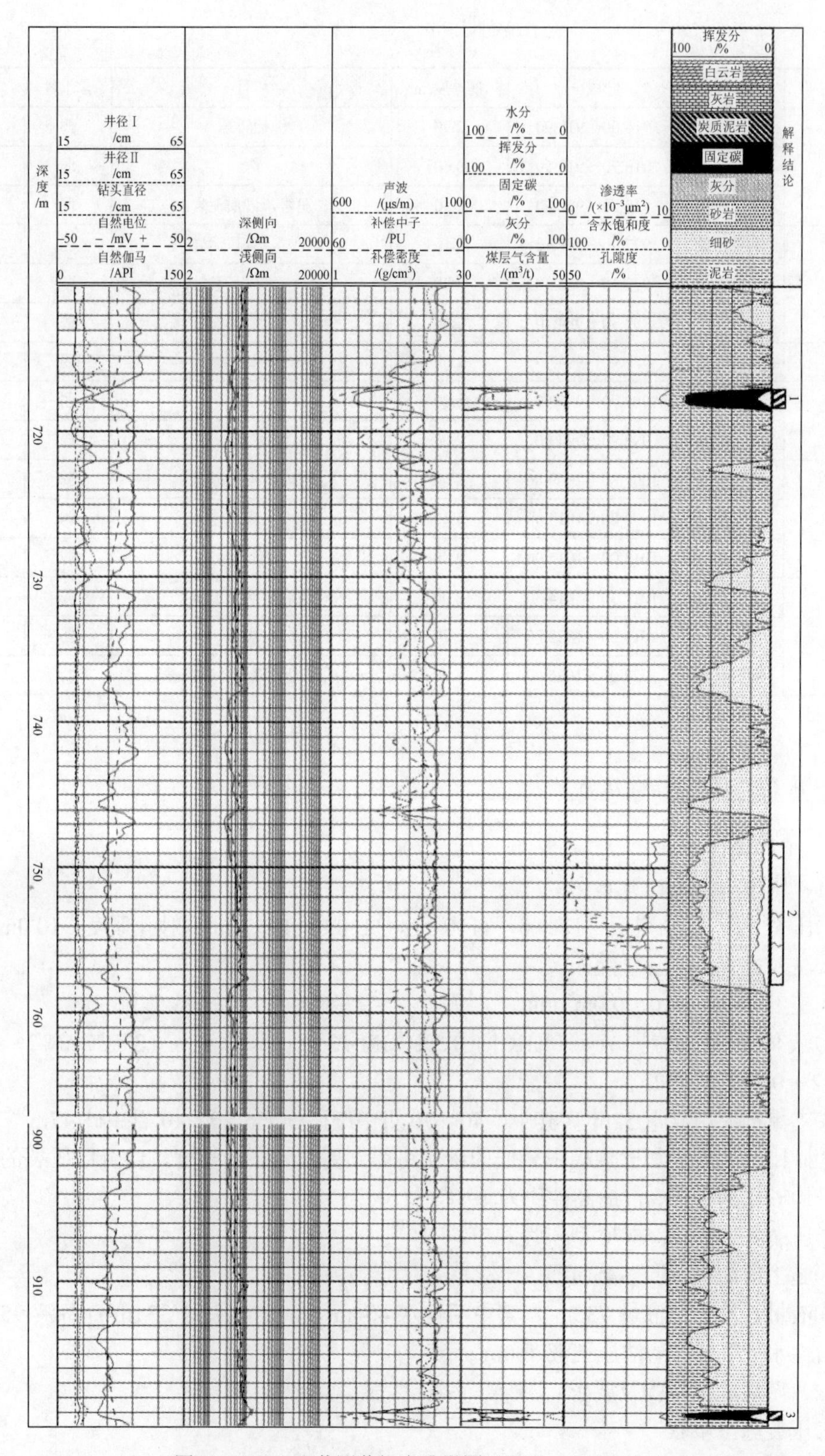

图 12.14　FS-7 井测井组合成果图（710～920.00m）

洗井：洗井液配方，清水，洗井液 38.0m^3，洗井排量 650L/min，返出洗井液浊度小于 30NTU，并再次实探人工井底。

试压：清水试压 20MPa，30min 压力下降小于 0.5MPa。

替射孔液：采用 1%KCl 溶液用作射孔液（配制 18m^3），洗井结束后正循环替入射孔液到井口，提出井内管柱后用射孔液将井筒罐满。

（b）按射孔通知单射孔 41#煤层，注意防喷。

（c）按设计要求上压裂液大罐，备水，配液。

（d）按照设计要求安装 KY65/70 型压裂井口，并对采油树进行固定；摆放施工车辆，连接高、低压管线。

（e）召开技术及安全交底会。

（f）地面高压管汇及井口试压 45MPa，稳压 3min 不渗漏为合格。

（g）按主压泵注程序对 41#煤层进行压裂施工，施工过程中可根据泵压及加砂难易情况对泵注程序做适当调整。

（h）排液要求：采用裂缝强制闭合技术，保证支撑剂在裂缝内的有效支撑，且使压裂液快速排出，减小对储层的伤害；压裂停泵后 4h 开始放喷返排；初期使用 1～3mm 油嘴，排量控制≤200L/min；根据压力和排量适时调整油嘴大小，排至井口无溢流。

②施工要求

（a）压前召开安全分工会，进行措施交底，使每个单位、施工人员岗位责任明确，团结协作。

（b）施工时由指挥人员统一指挥，施工时若发生特殊情况，负责人员应及时商议，果断处理。

（c）施工中指挥人员必须服从现场压裂监督的监督与指挥。

（d）仪表车、混砂车、砂罐车、井口、压裂液罐区必须保证通信畅通，严格按指令行事。

（e）施工最高限压 45MPa。

2）施工过程及结果

FS-7 井 41#煤层压裂施工见表 12.26。

表 12.26　FS-7 井 41#煤层压裂施工表

压裂井口	井下管柱	注入方式
KY65/70 型	光套管	套管注入

FS-7 井 41#煤层压裂设备见表 12.27。

表 12.27　FS-7 井 41#煤层压裂设备表

设备	数量	型号	备注
主压泵车/台	8	YLC2000 型	
仪表车/台	1	JR5142TBC	
混砂车/台	1	HSC210 型	

续表

设备	数量	型号	备注
管汇车/台	1	陕汽德龙（半挂）	
砂罐车/台	4	北奔	容积 $12m^3$、$17m^3$×3
大罐/具	24	$50m^3$×4　$40m^3$×20	
吊车/台	2	16t	

FS-7 井 41#煤层压裂施工阶段设计见表 12.28。

表 12.28　FS-7 井 41#煤层压裂施工阶段设计表

阶段名称	液体类型	阶段液量/m^3	泵注排量/(m^3/min)	砂量/m^3	砂比/%	备注
试压	1%KCl + 0.5%CBM-12	/	/	0	/	45MPa
前置液	1%KCl + 0.5%CBM-12	369.0	1.5～10.0	5.0	5～9	前置液末期加破胶剂 200kg
携砂液	0.3%CCZN-2 + 0.09%CCJL-2 + 0.4%CCFP-2	310.0	8.0	45.0	7～20	/
顶替液	0.3%CCZN-2 + 0.09%CCJL-2 + 0.4%CCFP-2	15.0	8.0	0	/	加 200kg 破胶剂
顶替液	1%KCl + 0.5%CBM-12	15.0	1.0～1.5	/	/	/
测压降	测压降 30min					

FS-7 井 41#煤层压裂施工泵注程序见表 12.29。

表 12.29　FS-7 井 41#煤层压裂施工泵注程序表

阶段	时间（分）		压力/MPa	排量/(m^3/min)	液量/m^3	砂比/%	砂量/m^3	备注
	始	止						
前置液	15:52	16:39	19.29～24.31	2.0～10.0	366.0	4～9	5.0	末期加 200kg 破胶剂
携砂液	16:39	17:22	21.09～23.04	8.0～5.0	334.0	7～20	45.0	
顶替液	17:22	17:24	23.11～23.89	8.0	15.0	/	/	加 200kg 破胶剂
	17:24	17:27	18.92～16.91	4.0	15.0	/	/	
合计					730.0		50.0	
破裂压力/MPa		31.06			停泵压力/MPa		16.91	

41＃煤层压裂施工曲线如图 12.15 和图 12.16 所示。

3）工程总结

FS-7 井施工层位 41#煤层，采用清洁压裂液。

根据 FS-7 井 41#煤层压裂曲线分析，前置液阶段地层破裂压力明显，后期压力呈下降趋势，携砂液前期压力继续呈下降趋势，后期有所上升。15:09～15:52 对裂机组进行

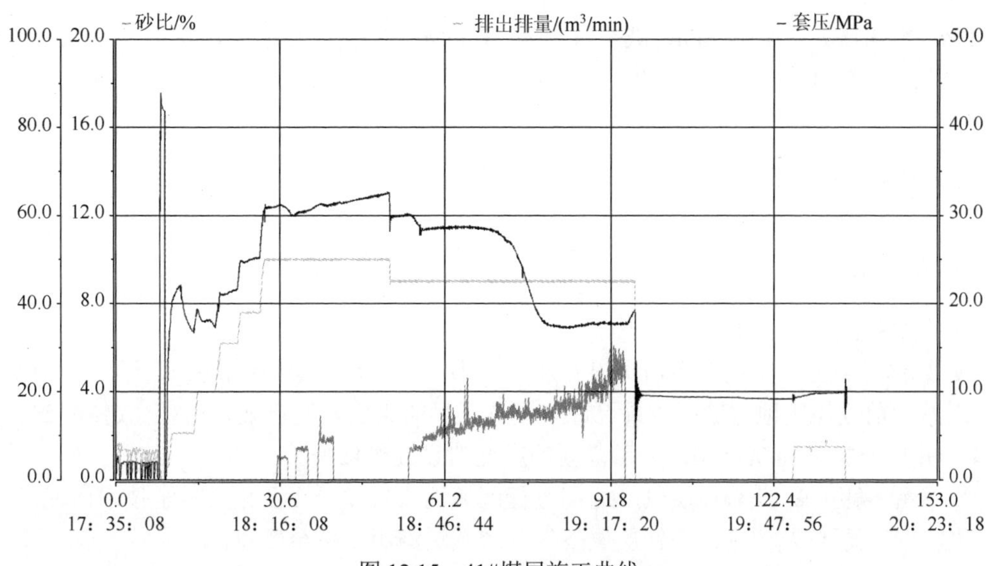

图 12.15　41#煤层施工曲线

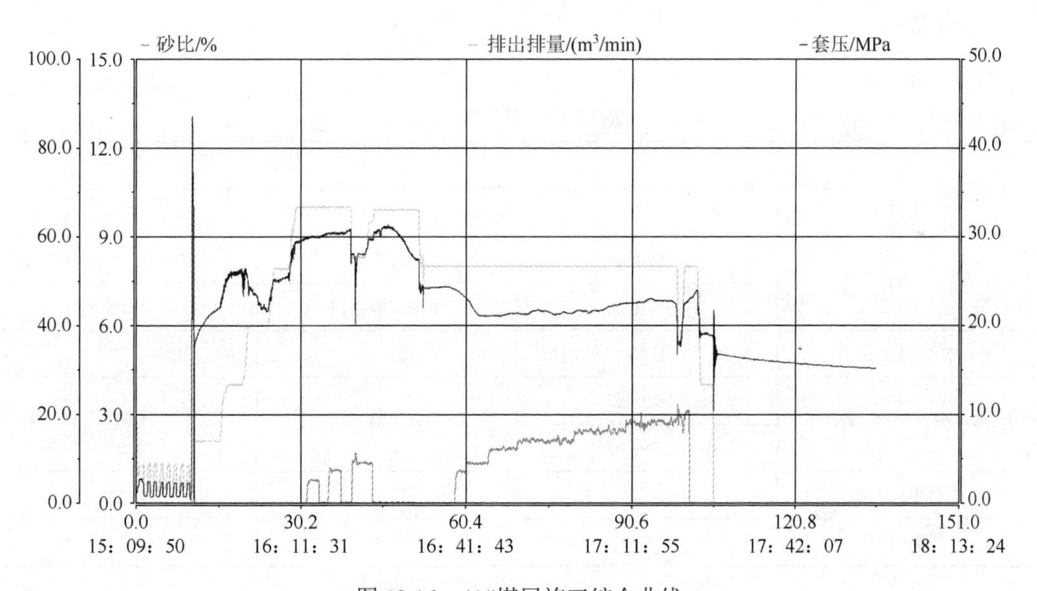

图 12.16　41#煤层施工综合曲线

排空并对高压管汇进行试压，试压合格。15:52 开始泵入前置液，16:12 开始以不同砂比连续打入三次段塞，16:20 供液不足导致排量下降，恢复排量后 16:26 施工压力呈明显下降趋势，施工指挥分析为地层破裂压力，16:39 开始泵入携砂液，压力呈下降趋势，压降为 3.3MPa，加砂至 17:19 供液不足导致压力下降，恢复排量后压力呈上升趋势，17:22 停止加砂开始顶替，17:27 停止供液，17:27～17:57 测压降，30min 后测得压力 15.15MPa，施工结束。

41#煤层压裂泵入压裂液 730m^3，40～70 目石英砂 5m^3，20～40 目石英砂 45m^3，总砂量为 50m^3，实际加砂/设计加砂×100%＝100%，平均砂比为 13.5%，施工压力为 16.91～

31MPa，平均压力为23.8MPa，破裂压力为31.06MPa，停泵压力为16.9MPa，30min测压降压力为15.15MPa。

（三）FSL-2井示范工程

1. 钻井工程

1）钻井依据及目的

（1）钻探依据：附近有多口探煤井及阜试小井网，目的层组煤层厚度大且分布稳定，埋藏适中；前期煤田地质勘探成果已证实了该区目的煤层厚度较大且相对稳定；阜试小井网5口井日产突破7000m^3/d，为示范区的产能建设提供依据。

（2）钻探目的：获得煤层气产能；进行区域地质规律研究及相关科学技术研究。

（3）完钻层位及原则：完钻层位下侏罗统八道湾组；钻至靶点。

2）井眼轨道设计

基础数据见表12.30。

表12.30　基础数据表

<table>
<tr><td>井名</td><td colspan="3">FSL-2井</td></tr>
<tr><td>构造</td><td colspan="3">黄山—二工河倒转向斜的北翼</td></tr>
<tr><td rowspan="2">井口大地坐标/m</td><td>E：15620907.15</td><td>坐标系统</td><td>GK 6°带-北京54坐标系</td></tr>
<tr><td>N：4879930.2</td><td>子午线收敛角</td><td>1.03°</td></tr>
<tr><td>井口海拔/m</td><td>1125</td><td>磁偏角</td><td>2.5°</td></tr>
<tr><td rowspan="2">42#煤底靶点坐标/m</td><td>E：15620667.75</td><td rowspan="2">磁方位修正角</td><td rowspan="2">1.47°</td></tr>
<tr><td>N：4879698.68</td></tr>
<tr><td>相对坐标参考</td><td>井口</td><td>垂深参考</td><td>地面</td></tr>
<tr><td>投影方位</td><td></td><td>方位参考</td><td>网格北</td></tr>
</table>

设计分段数据见表12.31。

表12.31　设计分段数据表

井深/m	段长/m	井斜/(°)	方位/(°)	垂深/m	南北/m	东西/m	水平偏移/m	狗腿度/(°/30m)
0		0	0	0	0	0	0	0
396.75	396.75	0	0	396.75	0	0	0	0
644.87	248.12	49.62	225.96	614.99	−70.14	−72.53	100.9	6
949.59	304.72	49.62	225.96	812.39	−231.52	−239.4	333.04	0

设计分点数据见表 12.32。

表 12.32　设计分点数据表

井深/m	井斜/(°)	方位/(°)	垂深/m	南北/m	东西/m	水平偏移/m	狗腿度/(°/30m)
0	0	0	0	0	0	0	0
30	0	0	30	0	0	0	0
60	0	0	60	0	0	0	0
90	0	0	90	0	0	0	0
120	0	0	120	0	0	0	0
150	0	0	150	0	0	0	0
180	0	0	180	0	0	0	0
210	0	0	210	0	0	0	0
240	0	0	240	0	0	0	0
270	0	0	270	0	0	0	0
300	0	0	300	0	0	0	0
330	0	0	330	0	0	0	0
360	0	0	360	0	0	0	0
390	0	0	390	0	0	0	0
396.75	0	0	396.75	0	0	0	0
405	1.65	225.96	405	−0.08	−0.09	0.12	6
420	4.65	225.96	419.97	−0.66	−0.68	0.94	6
435	7.65	225.96	434.89	−1.77	−1.83	2.55	6
450	10.65	225.96	449.69	−3.43	−3.55	4.93	6
465	13.65	225.96	464.36	−5.63	−5.82	8.09	6
480	16.65	225.96	478.83	−8.35	−8.63	12.01	6
495	19.65	225.96	493.09	−11.6	−11.99	16.68	6
510	22.65	225.96	507.07	−15.36	−15.88	22.09	6
525	25.65	225.96	520.76	−19.63	−20.29	28.23	6
540	28.65	225.96	534.1	−24.38	−25.21	35.08	6
555	31.65	225.96	547.07	−29.62	−30.63	42.61	6
570	34.65	225.96	559.63	−35.32	−36.52	50.81	6
585	37.65	225.96	571.74	−41.47	−42.88	59.66	6
600	40.65	225.96	583.37	−48.06	−49.69	69.13	6
615	43.65	225.96	594.49	−55.05	−56.93	79.19	6

续表

井深/m	井斜/(°)	方位/(°)	垂深/m	南北/m	东西/m	水平偏移/m	狗腿度/(°/30m)
630	46.65	225.96	605.07	−62.44	−64.57	89.82	6
644.87	49.62	225.96	614.99	−70.14	−72.53	100.9	6
660	49.62	225.96	624.79	−78.15	−80.81	112.42	0
690	49.62	225.96	644.23	−94.04	−97.24	135.28	0
720	49.62	225.96	663.66	−109.93	−113.67	158.13	0
750	49.62	225.96	683.1	−125.82	−130.1	180.99	0
780	49.62	225.96	702.53	−141.71	−146.53	203.84	0
810	49.62	225.96	721.96	−157.59	−162.96	226.7	0
840	49.62	225.96	741.4	−173.48	−179.39	249.55	0
870	49.62	225.96	760.83	−189.37	−195.81	272.4	0
900	49.62	225.96	780.27	−205.26	−212.24	295.26	0
930	49.62	225.96	799.7	−221.14	−228.67	318.11	0
949.59	49.62	225.96	812.39	−231.52	−239.4	333.04	0

轨迹投影图如图 12.17～图 12.19 所示。

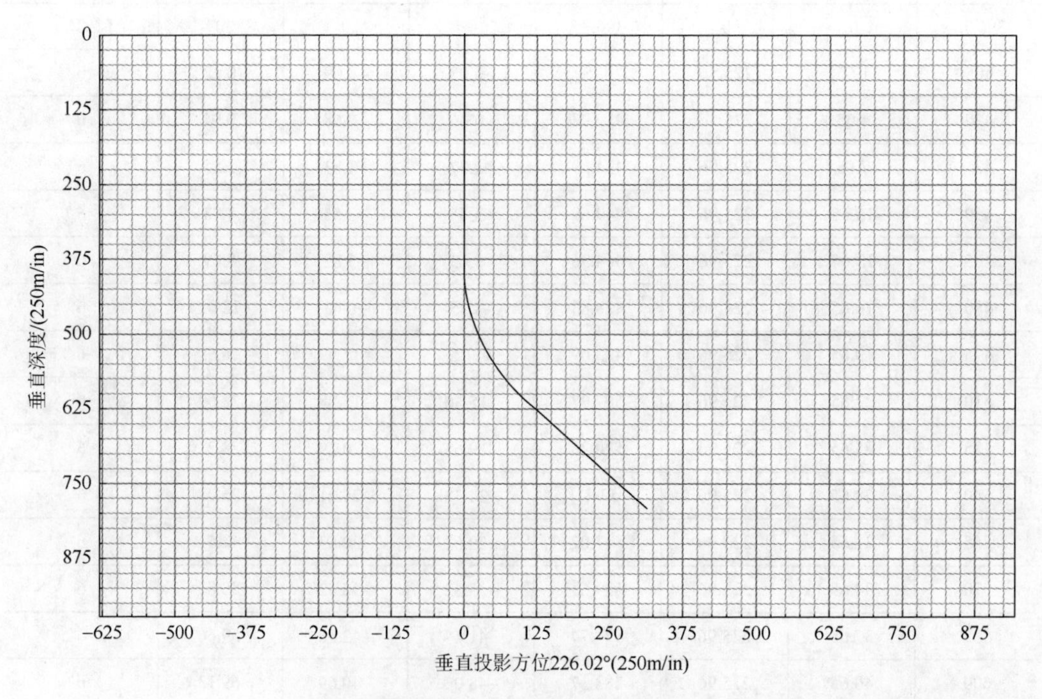

图 12.17　FSL-2 井井眼轨迹垂直投影图

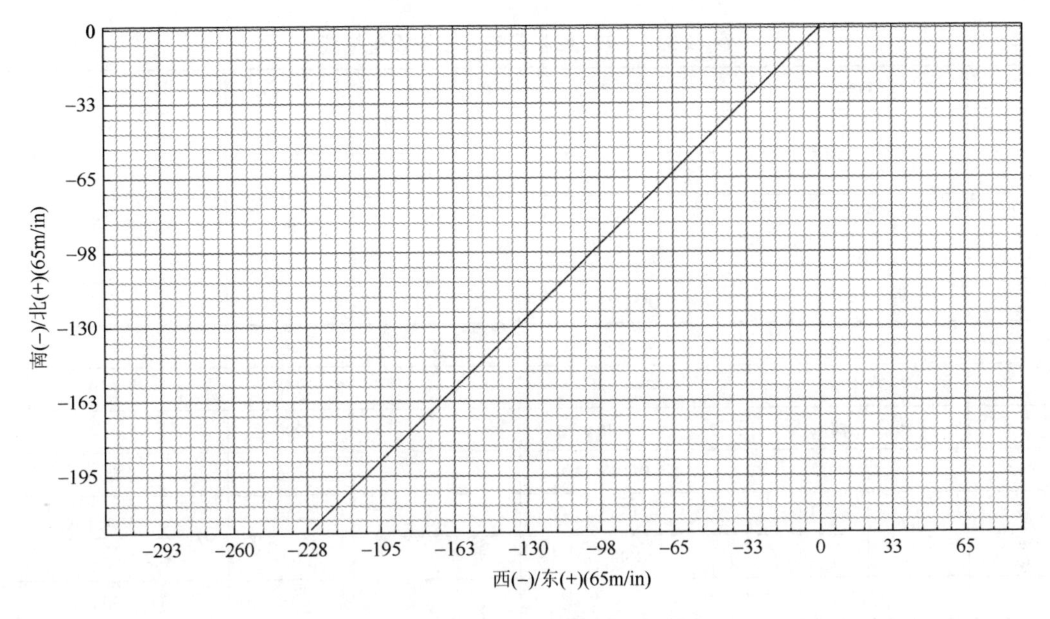

图 12.18　FSL-2 井井眼轨迹水平投影图

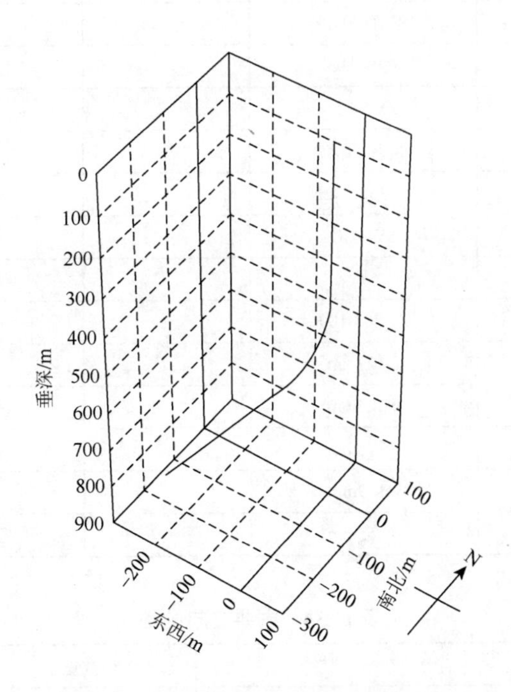

图 12.19　FSL-2 井井眼轨迹三维投影图

3）钻机选型及钻井主要设备

表 12.33 给出了 ZJ20 钻机及钻井主要设备性能，如果没有相应的钻机和设备，可选用其他型号能够满足钻井要求的钻机和设备。表 12.34 给出了主要的定向设备。

表 12.33　ZJ20 钻机及钻井主要设备性能

序号	名称		型号	载荷/kN	功率/kW	备注
1	钻机		ZJ20			
2	井架		JJ135/40-A	1350		
3	天车		TC135	1350		
4	游车		YC135	1350		
5	大钩		DG135	1350		
6	水龙头		SL135	1350		
7	钻井泵		3NB-1300		956	2 台
8	钻机柴油机		12V190		996	1 台
9	泵柴油机		12V190		996	2 台
10	发电机	1#	VOLVO		400	1 台
		2#	6138		200	1 台
11	泥浆罐					4 个 40m^3
12	搅拌器		TWPX		7.5kW	
13	加重漏斗		SLH150-40			1 台
14	电动加重泵		JQB6545			1 台
15	振动筛		ZYNS-D			2 台
16	除砂器		NQJ-250×2			1 台
17	离心机		LW450-842N			
18	除气器		SWACO			
19	泥浆性能测试仪					1 套
20	液压大钳		ZQ203-100			1 套
21	加重钻杆		Φ127mm			200m
22	钻杆		Φ127mm			1000m
23	钻铤		Φ178mm			6 根
24	钻铤		Φ159mm			6 根
25	无磁钻铤		Φ165mm			1 根

表 12.34　主要定向设备

名称	规格	数量	备注
螺杆	Φ203mm	1	1.5°
螺杆	Φ172mm	1	1.25°
随钻测量仪	Φ48mm	1	MWD
随钻测量仪	Φ48mm	1	LWD
定向接头	Φ165mm	1	

4）钻具组合

（1）一开钻具组合：Φ444.5mm 钻头 + Φ178mm 钻铤 + Φ133 方钻杆。

（2）二开造斜钻具组合：Φ311.1mmPDC 钻头 + Φ203mm×1.25 单弯螺杆钻具 + Φ165mm 定向接头 + Φ165mm 无磁钻铤×1 根 + Φ127mm 加重钻杆 + Φ127mm 钻杆 + Φ133 方钻杆。

（3）三开钻具组合：Φ215.9mm 钻头 + Φ172mm×1.25 单弯螺杆钻具 + Φ165mm 定向接头 + Φ165mm 无磁钻铤×1 根 + Φ127mm 加重钻杆 + Φ127mm 钻杆 + Φ133 方钻杆。

开钻前对所有钻具、井下工具和接头进行探伤检查，防止有伤钻具入井。

5）钻井液

钻井液性能见表 12.35。

6）施工难点

一开上部地层较硬，施工重点是防止井壁井塌，整个井段防斜、防卡工作应重视。

二开施工整个井段都不同程度地含有煤层，八道湾组煤层及泥岩地层要防止井壁坍塌、防止井漏。地层含砾石，可钻性差，研磨性强，防止出现钻头及钻具事故。

三开施工整个井段都是 42 号煤层，42 号煤层防止井壁坍塌和井漏。

7）钻井技术管理及工艺技术情况

（1）井身质量控制情况

①井斜及全角变化率的控制

严把安装质量关，天车、游车、转盘三点一线，偏差小于 10mm；加强井身质量的监测，加强单点测斜，随时掌握井斜变化情况；及时调整钻具组合和钻井参数。具体规定如下所述。

（a）打完表层进尺后单点测斜一次；二开、三开后使用随钻测斜仪进行实时监控。

（b）井斜如有增斜趋势，采用相关措施降斜。各次开钻先采用防斜吊打，再逐渐加至正常参数钻进，确保井眼的开正。钻井参数的确定以地层可钻性为依据，软地层不随便加压，硬地层要适当减压，做到送钻均匀。每次接单根开泵后，调整一次指重表灵敏针，保持灵敏准确。

②井径扩大率的控制：二开平均井径扩大率为 6.9%，三开未电测。二开、三开施工中，注意钻井液的日常维护，有效地预防了水浸和井塌的发生。实现全井安全无事故。

（2）钻井液

①一开井段使用膨润土聚合物钻井液体系。该钻井液体系具有很强的悬浮携带能力和稳定井壁能力，适合一开地层成岩性差、渗透性好、易坍塌且机械钻速低的特点，能够及时携带岩屑防止虚厚泥饼的形成。钻完进尺后，大排量循环彻底清洗井眼，循环干净后，起钻。下套管、固井作业顺利。

②二开钻井液配制维护与处理

配制：二开采用聚合物钻井液体系。

51～600m 是全井钻井液工作重点，为保护好煤层气，减少对煤层气损坏程度，使用 80 目振动筛布，除砂器、除泥器全井使用，有效地减少了钻井液中的有效固相，从而降低钻井液比重。

表 12.35 钻井液性能表

层位	井段/m	钻井液类型	常规性能								流变参数				固相含量		滤液			备注
			密度/(g/cm^3)	黏度/s	失水量/mL	泥饼/mm	pH	含砂量/%	静切力 Pa		塑性黏度/(MPa·s)	动切力/Pa	N值	K值	固相含量/%	黏土含量/%	总矿化度/(mg/L)	Cl^-/(mg/L)	Ca^{2+}/(mg/L)	
									10/s	10/m										
一开	0～50	坂土浆	1.05～1.10	40～60																
二开	50～570.5	聚合物	1.05～1.15	40～50	≤5	≤2	8～9	≤0.5												
三开	570.5～949.6	低固相聚合物	1.10～1.15	40～50	≤5	≤1.5	7.5～8.5	≤0.3			15～20				≤6	≤1～2				
说明	接近目的层后换低固相聚合物，钻井液性能以满足孔壁稳定为首要条件，可以根据现场实际情况进行调整，适当加大黏度，但是要严格控制含砂量和固相含量，以防止对煤层的污染																			

③三开钻井液配制维护与处理

配制：三开采用低固相钻井液体系。

600～1035m 是全井钻井液工作重点，为保护好煤层气，减少对煤层气损坏程度，使用 80 目振动筛布，除砂器、除泥器全井使用，有效地减少了钻井液中的有效固相，从而降低钻井液比重。二开 311.2mm 钻头（51～600m）平均井径扩大率 6.9%；三开 215.9mm 钻头（600～1035m）完钻后未电测，直接下套管。二开测井，二开下套管前通井，二开、三开下套管顺利无阻卡现象。固井质量合格。

（3）井控工作

FSL-2 井是一口煤层气生产井，抓好以井控为中心的安全工作，是打好该井的关键所在。接到这口井的钻探任务后，首先就明确了工作思路。先从人员培训入手，对每一个员工都进行岗位培训，抓井控设备的管理，从井控装备的安装到试压，层层把关，从井控九项管理制度的贯彻到“六不钻开油层”的落实，从井控演习的把关到“四·七”动作的熟练程度，都切实加强了井控管理，保证了钻井安全。井控要求更为严格，具体措施如下所述。

①严格按设计要求进行试压，并按设计储备充足的加重材料及加重钻井液。

②所有须持证人员必须持证上岗，严禁无证作业。钻台配备内防喷工具，方钻杆上下旋塞，并开关灵活。

③钻遇快钻时，必须停钻观察，进入煤层后，每趟钻坚持测好后效，准确掌握好第一手资料。

④严格坐岗制度，坚持每 15min 测量一次液面，有异常情况加密测量并及时汇报。

⑤坚持 24h 干部值班制度，及时解决生产中出现的问题。

⑥加强管理使井控各项制度得到落实。

（4）固井质量

该井一开 Φ444.5mm 钻头实钻井深 51m，Φ339.7mm 表层套管下深 50.35m，采用插入式固井工艺，水泥返至地面，固井未做质检。二开 Φ311.1mm 钻头实钻井深 600m，Φ244.5mm 表层套管下深 598.12m，采用插入式固井工艺，水泥返至地面，固井未做质检。三开 Φ215.9mm 钻头实钻井深 1035.00m，Φ139.7mm 生产套管下深 1031.28m，采用低密度常规固井，返高 286m，固井质量合格。

（5）钻头使用情况

该井使用全面钻进钻头共计 5 只，全井平均机械钻速 9.82m/h，全面机械钻速 9.82m/h。该井一开使用一只 Φ444.5mm MP2 型三牙轮钻头进尺 51m，机械钻速 1.66m/h。该井二开共使用五只 Φ311.2.mm 三牙轮钻头，钻进井段 51～600m，进尺 549m，机械钻速 1.14m/h。三开共使用一只 Φ215.9.mmPDC 钻头，钻进井段 600～1035m，进尺 435m，机械钻速 22.41m/h。

（6）钻井进度、时效分析

该井设计钻井周期 28 天，实际建井周期 47 天，比设计晚 19 天。

2. 测井工程

煤层测井曲线响应特征如前述工程实例 FS-7 井，在此不做赘述。根据测井曲线特征，该井共解释煤层 7 层 61.60m（图 12.20、表 12.36）。

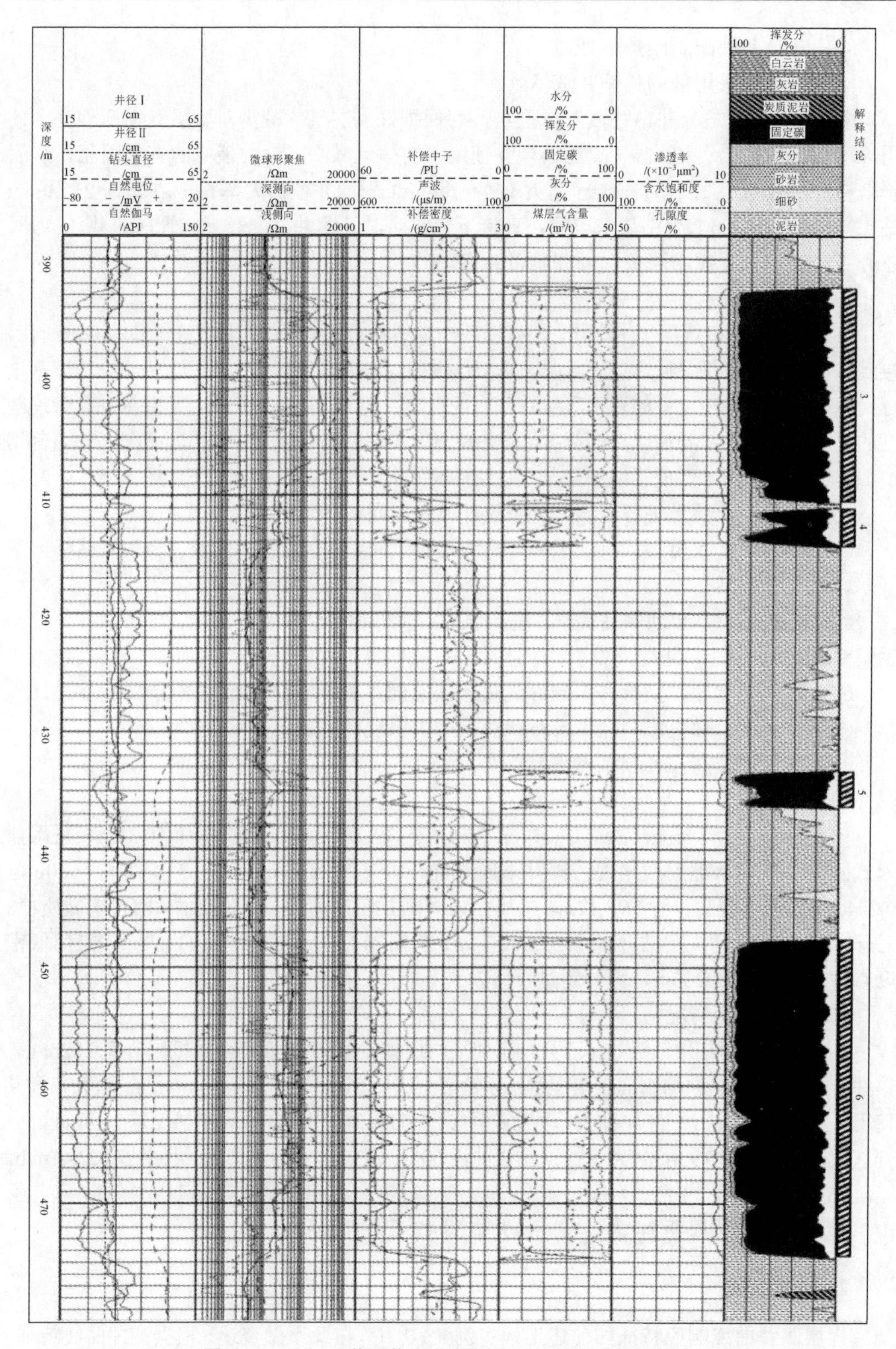

图 12.20　FSL-2 井测井组合成果图（388.00～480.00m）

表 12.36　FSL-2 井测井解释成果表（平均值）

层号	深度/井段/m	层厚/m	深侧向/Ω·m	密度/(g/cm^3)	中子/PU	孔隙度/%	渗透率/($\times10^{-3}\mu m^2$)	固定碳/%	灰分/%	挥发分/%	含气量/(m^3/t)	解释结论	煤号及煤层结构
1	191.50～193.50	2.00	105.54	1.46	53.71	4.40	0.025	71.13	15.81	13.06	11.68	煤层	
2	265.30～267.40	2.10	180.15	1.55	49.37	3.4	0.015	66.83	22.97	10.2	11.4	煤层	
3	392.50～410.50	18.00	5393.83	1.39	51.28	3.84	0.021	70.42	17.66	11.92	13.82	煤层	39-1#
4	411.10～414.30	3.20	216.37	1.59	52.33	4.07	0.020	55.57	28.42	16.02	9.93	煤层	39-2#
5	433.40～436.40	3.00	175.81	1.65	45.79	2.56	0.01	62.16	29.56	8.28	10.49	煤层	
6	447.60～474.50	26.90	7559.04	1.32	51.66	3.92	0.02	73.83	14.36	11.81	14.77	煤层	41#
7	593.40～599.80	6.40										煤层	42# 曲线不全 仅供参考

1）煤层数据划分

FSL-2 井煤层划分数据见表 12.37。

表 12.37　FSL-2 井煤层划分数据表

解释层号	井段/m	视厚度/m	煤层结构/m	解释结论	备注
1	191.50～193.50	2.00	/	煤层	
2	265.30～267.40	2.10	/	煤层	
3	392.50～410.50	18.00	39-1#	煤层	
4	411.10～414.30	3.20	39-2#	煤层	
5	433.40～436.40	3.00	/	煤层	
6	447.60～474.50	26.90	41#煤	煤层	
7	593.40～599.80	6.40	42#煤	煤层	

2）解释成果描述

该井综合测量井段 155.00～600.00m，该段地层测厚为 445.00m。根据测井曲线特征，该井段共解释煤层 7 层 61.60m，描述如下。

1 号层，顶界为 191.50m，底界为 193.50m，煤层厚度为 2.00m。测井曲线显示该层自然伽马数值为 35API，密度曲线特征值为 1.46g/cm^3 左右。计算的固定碳值为 71.13%，灰分含量为 15.81%，含气量为 11.68m^3/t。

2 号层，顶界为 265.30m，底界为 267.40m，煤层厚度为 2.10m。测井曲线显示该层自然伽马数值为 20API 左右，密度曲线特征值为 1.55g/cm^3 左右。计算的固定碳值为 66.83%，灰分含量较低，含气量为 11.4m^3/t。

3 号层，顶界为 392.50m，底界为 410.50m，煤层厚度较大，为 18.00m，为该井主要的目的煤层。双井径扩径，自然伽马曲线数值在 22API 左右，密度曲线数值为 1.39g/cm^3 左右。计算的固定碳值为 70.42%左右，灰分含量较低，含气量为 13.82m^3/t 左右。

4 号层，顶界为 411.10m，底界为 414.30m，煤层煤质较差，厚度为 3.20m。测井曲线显示该层自然伽马数值为 45API，密度曲线数值为 1.59g/cm^3 左右。计算的固定碳数值为 55.57%左右，灰分含量较高，含气量较低。

5 号层，顶界为 433.40m，底界为 436.40m，煤层厚度为 3.00m。自然伽马曲线数值为 40API 左右，井径扩径，密度曲线数值在 1.65g/cm^3 左右。计算的固定碳值在 62.16%左右，灰分含量略高，含气量为 10.49m^3/t 左右。

6 号层，顶界为 447.60m，底界为 474.50m，煤层厚度大，为 26.90m，中上部煤质好。中上部自然伽马数值为 15API，井径扩径，密度曲线数值为 1.28g/cm^3 左右。计算的固定碳数值为 79.91%左右，灰分含量低，含气量数值为 15.33m^3/t 左右。下部煤质稍差，自然伽马数值为 25API，井径扩径，密度曲线数值为 1.31g/cm^3 左右。计算的固定碳数值为 66.70%左右，灰分含量高，含气量数值为 13.65m^3/t 左右。

7 号层，顶界为 593.40m，底界为 599.80m，厚度为 6.40m。测井曲线不全，该层仅供参考。

3）煤层及其顶、底板解释分析

FSL-2 井煤层及其顶、底板解释分析见表 12.38。

表 12.38 FSL-2 井煤层及其顶、底板解释分析表

解释层号	解释分层	井段/m	视厚度/m	岩性	含水性	渗透性
1	煤层顶板	189.00～191.50	2.50	泥岩	弱	差
	煤层	191.50～193.50	2.00	煤	弱	差
	煤层底板	193.50～196.00	2.50	砂质泥岩、泥岩	弱	差
2	煤层顶板	262.00～265.30	3.30	砂质泥岩、泥岩	弱	差
	煤层	265.30～267.40	2.10	煤	弱	差
	煤层底板	267.40～270.00	2.60	泥岩、砂质泥岩	弱	差
3	煤层顶板	390.00～392.50	2.50	泥岩、砂质泥岩	弱	差
	煤层	392.50～410.50	18.00	煤	弱	差
	煤层底板	410.50～414.30	3.80	泥岩、煤	弱	差
4	煤层顶板	405.00～411.10	6.10	煤、泥岩	弱	差
	煤层	411.10～414.30	3.20	煤	弱	差
	煤层底板	414.30～417.00	2.70	泥岩	弱	差
5	煤层顶板	430.00～433.40	3.40	泥岩、砂质泥岩	弱	差
	煤层	433.40～436.40	3.00	煤	弱	差
	煤层底板	436.40～440.00	3.60	砂质泥岩	弱	差
6	煤层顶板	445.00～447.60	2.60	泥岩	弱	差
	煤层	447.60～474.50	26.90	煤	弱	差
	煤层底板	474.50～477.00	2.50	泥岩	弱	差
7	煤层顶板	590.00～593.40	3.40	泥岩、砂质泥岩	弱	差
	煤层	593.40～599.80	6.40	煤	弱	差

二、甘肃河西地区武威盆地煤层气勘探开发实践

武威盆地南倚祁连山，北以龙首山—北大山—巴音乌拉山为界，西抵桃葫芦山，东至贺兰山，总体呈近东西走向，所处大地构造位置为阿拉善地块、北祁连加里东褶皱带及贺兰山南北向褶皱带三个构造单元的交汇地带，盆地面积约 27500km^2，武威盆地石炭系现今构造格局为两拗夹一隆，即南部拗陷、中央隆起和北部拗陷，南部拗陷从东到西依次发育为中卫凹陷、营盘凹陷、大靖凹陷，北部拗陷从东到西发育为头道湖凹陷、儿马湖凹陷。

煤层气试井所在的黑山煤田位于武威盆地南部拗陷营盘凹陷的中部，该构造为长轴呈北东向背斜构造，构造的北翼被北东向逆断层封割。地理位置位于内蒙古自治区阿拉善左旗南部，地势中间高，东、西部低，为半荒漠区，属低山丘陵地貌，全区东西长约 55km，南北宽约 20km，面积约 1100km^2。近年来，有关部门对该区进行了煤炭普查工作，取得了丰富的地质资料。

（一）地质背景

1. 地层

武威盆地发育有多套地层，根据地层出露及分布包括中寒武统香山群（$\in_2$xs）、奥陶系（O）、志留系（S）、泥盆系（D）、石炭系（C）、二迭系（P）、上三迭统延长群（T_3s）、侏罗系磨骆山组（Jm）、白垩系（K）、古近系（E）、新近系（N）、第四系（Q）。主要的含煤地层分布在上石炭统太原群（C_2t）。

太原群分布于区域南部长岭山、大梁山间的大泉水、红水堡，白墩子盆地南部的三眼井、小营盘水一带。本群岩层由灰白色石英砂岩、灰黑色泥岩、页岩、砂质页岩、粉砂岩、灰色石灰岩及煤层等组成，其特征是底部以粗碎屑岩为主，中上部以海陆交替相为主。灰岩质不纯，厚度不稳定，常沿走向为砂岩或泥质岩，在区域内岩性变化不大，标志层明显而且较稳定。在黑山地区由下至上本统地层可分为 7 个层组（每一层组基本相当于一个三级旋回），含煤 22 层，地层厚度达 254m。

另外，在该区内，局部地区还发育有山西组地层，原则上山西组仍然是跨越了晚石炭世和早二叠世的地层，但由于后期构造抬升，使该地层大部分缺失。山西组也是重要的成煤期，因在该区内其与太原组煤层联系紧密，都是煤层气有利的产气和储气层，所以将其与太原组煤层一并进行综合研究。

2. 构造

武威盆地处于河西走廊东部，紧邻阿拉善地块南缘与华北地块北缘，构造单元上隶属于河西走廊过渡带，前后经历从前寒武系和早古生代构造强烈期及晚古生代、中新生代构造稳定期三个明显构造演化阶段。在含煤岩系形成时期，即前黑山至太原组时期前，武威

处于祁连海湾内，是一个海陆过渡相盆地，到了太原组及其之后，祁连海湾与华北陆表海联通，使武威盆地开始有类似华北地台的性质，慢慢表现为内陆断-拗叠合盆地。

从盆地内主要的断层、断裂大体的走向、规模及相互切割的关系来看，可将其主要分为两大不同时期的构造体系。一个是主要沿北西西走向分布的三条大的断裂带，伴随其周围还有一系列次一级同向小断裂分布，它们主要形成于加里东运动或之前强烈构造运动的影响；另一个则是沿北东走向三条次一级小的断裂，断层与断层之间为次一级的凹陷和隆起，该构造体系主要形成于侏罗纪至白垩纪燕山运动时期。

从褶皱的角度分析来看，武威盆地位于走廊复向斜带，该复向斜带又可概分为龙首山复背斜、走廊复向斜、走廊南山—冷龙岭复背斜。从整体看来，褶皱强烈，多呈紧密线状，延伸远，规模大。与褶皱平行伴生的压性断裂成群出现，并具强烈挤压兼有扭动的特征。这些大的褶皱构造则是在前寒武系及早古生代构造活动期产生的。从地形、地貌及其空间相对位置分析，盆地西北角北西向展布的龙首山断裂恰好与盆地的北边界对接，且走向相近；盆地南侧有北西向冷龙岭断裂带斜穿而过，武威盆地的主体恰好位于两大复背斜的中间，河西走廊东部过渡带上，构成走廊复向斜的一部分，是煤层气富集有利的潜在构造区。

（二）储层物性

1. 目标煤层

武威盆地内含煤地层为上石炭统太原组（C_2t），含煤地层厚度为65.83～367.01m，平均厚度为212.19m。单孔见煤层数3～33层，埋藏深度372.77～1405.15m，煤层累积厚度2.90～55.08m，平均煤层总厚度为13.32m，含煤系数为0.94%～13.60%，平均含煤系数为6.21%。单孔见可采煤层数为0～25层，可采煤层累积厚度为0～49.28m，平均可采煤层累积厚度为10.10m。

根据太原组煤层空间展布及组合特征，可将太原组煤层分为7个煤组15层煤，其中1-3、4-1煤层分布面积广、厚度较大、连续性较好，为目标煤层。1-3煤层埋藏深度448.79～1315.72m，平均859.54m；赋煤标高350.30～1261.97m，平均814.38m；煤层全层厚度为0.20～12.31m，平均3.15m；煤层顶板为泥岩、粉砂质泥岩、泥灰岩或砂岩，底板为泥岩、粉砂质泥岩或砂岩。4-1煤层埋藏深度为566.95～1369.04m，平均949.36m；赋煤标高为296.98～1029.46m，平均732.23m；煤层全层厚度为0.15～7.33m，平均2.08m；煤层顶板为泥岩、粉砂质泥岩、泥灰岩、砂岩或炭质泥岩，底板为泥岩、泥质粉砂岩、粉砂质泥岩、粉砂岩。

2. 煤岩煤质特征

1）煤类

镜质体平均最大反射率为1.05%～1.15%，镜质体平均随机反射率为0.99%～1.08%，为烟煤变质阶段。根据各煤层煤类分布，1-3煤层划分有焦煤、肥煤和1/3焦煤区块，4-1煤层、4-3煤层划分有焦煤、肥煤，其余煤层则均划分为焦煤区块（表12.39）。

表 12.39　全区目的煤层不同煤类煤岩组分一览表

煤类	煤层编号	去矿物质基/%			含矿物质基/%						反射率 R_{max}/%
		镜质组	惰质组	壳质组	显微总量	黏土组	氧化硅组	硫化物组	碳酸盐组	硫酸盐组	
全煤层统计	1-3	61.60	38.15	0.28	94.83	3.21	0.96	0.92	0.03	0.00	1.12
	4-1	66.79	33.05	0.18	95.12	3.19	0.91	0.52	0.00	0.00	1.15
	4-3	59.33	40.54	0.13	94.03	4.04	1.25	0.68	0.00	0.00	1.12
焦煤	1-3	69.99	29.95	0.10	95.01	2.68	1.13	1.10	0.03	0.00	1.17
	4-1	77.16	22.78	0.08	95.57	2.12	1.35	0.95	0.00	0.00	1.32
	4-3	83.20	16.76	0.05	93.03	3.99	2.07	0.91	0.00	0.00	1.23
肥煤	1-3	33.87	66.13	0.00	95.22	4.58	0.00	0.20	0.00	0.00	0.94
	4-1	75.13	24.25	0.63	94.25	4.77	0.40	0.74	0.00	0.00	0.96
	4-3	65.34	34.06	0.60	95.62	3.98	0.00	0.40	0.00	0.00	0.97

2）煤的物理性质

武威盆地煤呈黑色、灰黑色，条痕色为黑色，弱玻璃状光泽，主要为线理状-条带状结构，层状构造，次为均一状结构块状构造，内生裂隙发育，密度较小，性脆易碎，部分煤层呈碎裂状或粉末状，见少量星散状黄铁矿结核。

3）宏观煤岩特征

宏观煤岩成分以亮煤、半亮煤为主，次为暗煤镜煤，含少量丝炭，宏观煤岩类型为光亮-半亮型，半亮型次之，少量暗淡型。

4）显微煤岩特征

去矿物质基镜质组平均含量为 43.76%～69.40%，惰质组平均含量为 33.039%～56.24%，壳质组平均含量为 0.00～0.28%。

5）真密度、视密度

武威盆地主要煤层真密度、视密度统计见表 12.40，各煤层真密度两极值为 1.35～1.71t/m^3，平均为 1.51～1.63t/m^3，视密度两极值为 1.26～1.74t/m^3，各煤层平均为 1.42～1.51t/m^3。

表 12.40　武威盆地主要煤层真密度、视密度统计一览表

煤层号	全煤层统计		分煤类统计			
			焦煤		肥煤	
	真密度/TRD	视密度/ARD	真密度/TRD	视密度/ARD	真密度/TRD	视密度/ARD
	最小值～最大值 平均数（点数）					
1-3	1.35～1.67 1.54（23）	1.30～1.74 1.45（15）	1.49～1.67 1.56（11）	1.39～1.53 1.46（9）	1.41～1.64 1.52（4）	1.32（1）
4-1	1.37～1.60 1.51（16）	1.40～1.44 1.42（5）	1.43～1.60 1.53（8）	1.40～1.44 1.42（4）	1.60（1）	
4-3	1.45～1.67 1.56（8）	1.42～1.57 1.49（5）	1.45～1.67 1.58（4）	1.46～1.57 1.52（3）	1.54（1）	1.42（1）

（三）含气特征

根据含气量预测公式计算得出的含气量，黑山煤田 1-3 号煤层的含气量一般为 2～$10m^3/t$，平均为 $6.7m^3/t$，4-1 号煤层的含气量一般为 6～$13m^3/t$，平均为 $9.2m^3/t$。

总体上，对比分析预测图可以看出，各煤层含气量均随着埋深增大而增大，符合一般规律，该区中部含气量较低，四周含气量较高。1-3 号和 4-1 号煤层含气量分布特征如图 12.21 和图 12.22 所示。

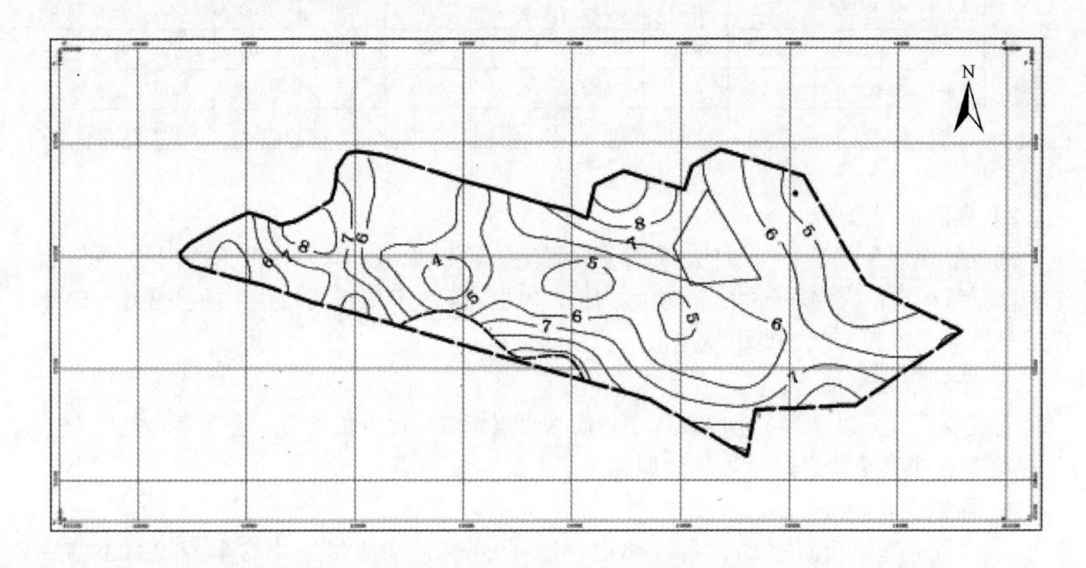

图 12.21　黑山煤田 1-3 号煤层含气量预测图（单位：m^3/t）

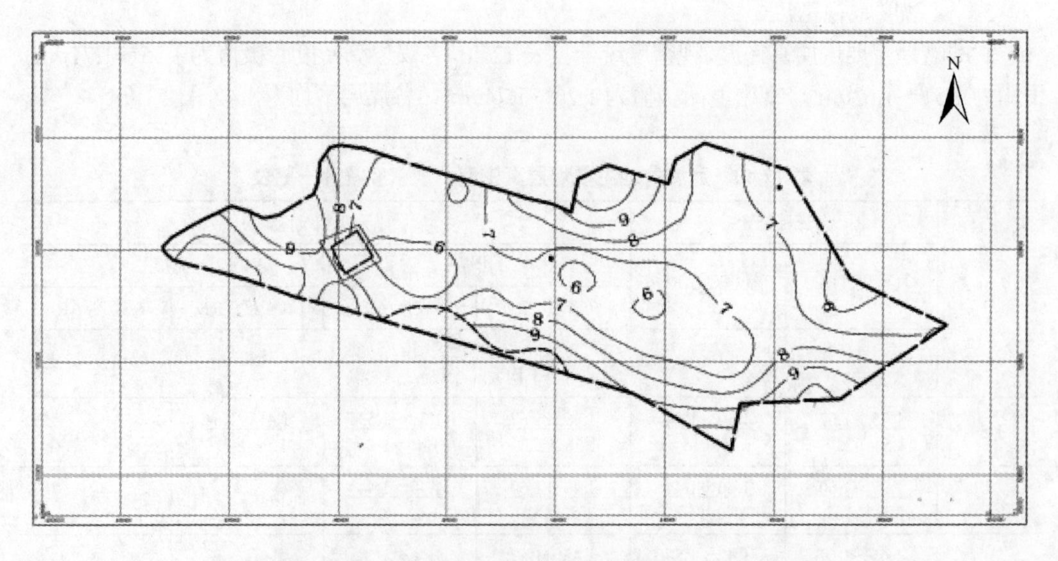

图 12.22　黑山煤田 4-1 号煤层含气量预测图（单位：m^3/t）

（四）盖层特征

黑山煤田煤层顶板岩性以泥岩、页岩、泥质粉砂岩或粉砂岩多见，盖层条件相对较好。另外，其岩性粒度比其他区域内岩性粒度明显偏细，即使是砂岩，也多以粉砂岩、细砂岩和泥质粉砂岩为主，可作为武威盆地内相对理想的煤层气富集有利区。

（五）钻探

在勘探目标区已经钻探有 2 口煤层气参数 + 试开发井——武试 1 井和武试 2 井，取全取准了煤层气储层的各项参数，如储层压力、渗透率、煤层含气量、储层温度，并进行了试气排采。

1. 武试 1 井

武试 1 井位于内蒙古阿拉善左旗温都尔图镇以北 12.2km，井点地面海拔 1662.77m。

一开：2012 年 11 月 21 日采用直径 311.1mm 三牙轮钻头、清水钻井液第一次开钻，补心高 1.20m。11 月 23 日钻至井深 31.18m，一开完钻，下入直径 244.5mm 表层套管至井深 30.77m，同日固井，注入九连山 G 级水泥灰量 6.0t，水泥浆平均密度 1.85g/cm^3，替清水 1.0m^3，水泥浆返至地面。

二开：2012 年 11 月 24 日采用直径 215.9mmPDC 钻头、水基钻井液第二次开钻，2013 年 1 月 14 日钻至井深 834.00m，接甲方指令采用直径 215.9mm 取心钻头连续取心，至 3 月 7 日共取心 58 回次至井深 899.00m，3 月 14 日钻至井深 1050.00m 完钻（图 12.23），完钻层位臭牛沟组，3 月 15 日完钻电测，3 月 17 日下入直径 139.7mm 生产套管至井深 1048.81m（表 12.41），3 月 17 日固井，注瀛海 G 级水泥灰量 48.0t，水泥浆平均密度为 1.81g/cm^3，3 月 19 日测固井质量，人工井底 1034.00m，水泥返高 239.80m。

表 12.41　武试 1 井套管程序表

序号	名称	产地	钢级	外径/mm	壁厚/mm	下深/m	水泥返高
1	表层套管	宝鸡	J55	244.5	8.94	30.77	地面
2	技术套管	宝鸡	J55	139.7	9.17	1048.81	239.80m

2. 武试 2 井

武试 2 井位于内蒙古阿拉善左旗温都尔图镇东北 19.7km，地面海拔 1594.32m。

井身结构、套管程序与武试 1 井类似，一开、二开深度和套管深度见表 12.42、图 12.24。

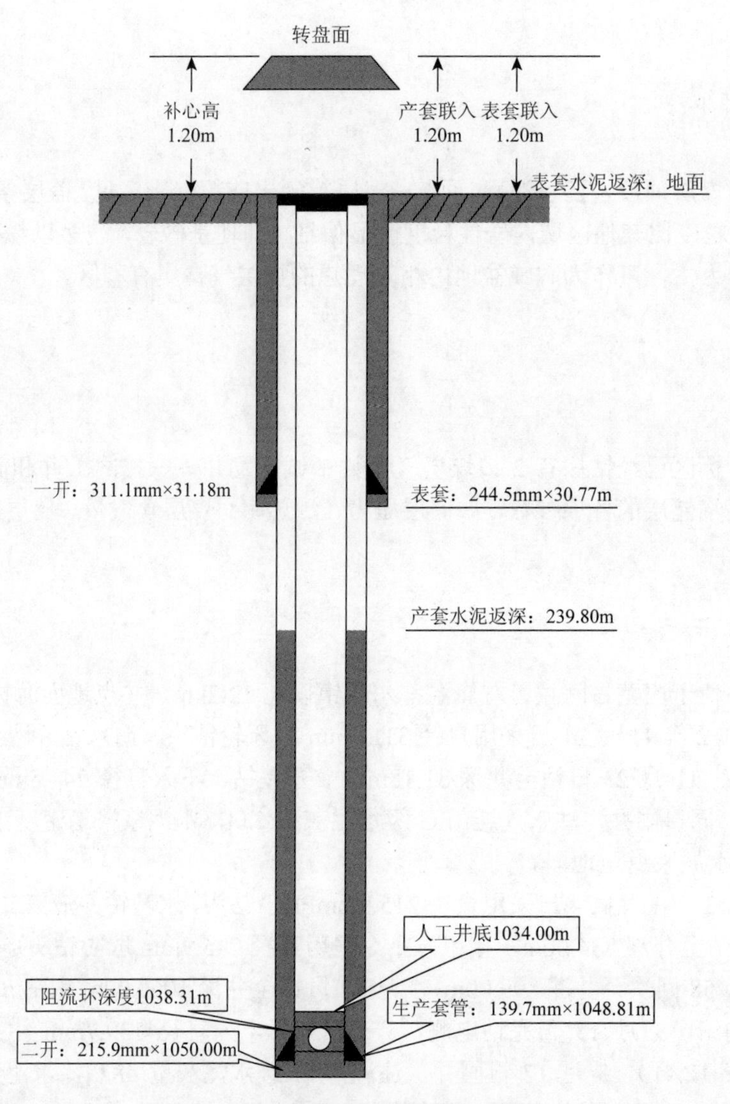

图 12.23　武试 1 井井身结构示意图

表 12.42　武试 2 井套管程序表

序号	名称	产地	钢级	外径/mm	壁厚/mm	下深/m	水泥返高
1	表层套管	宝鸡	J55	244.5	8.94	31.06	地面
2	技术套管	宝鸡	J55	139.7	7.72	895.16	230.85m

（六）压裂

1. 武试 1 井

该井选择 1-3 煤层作为压裂的目的煤层，鉴于该区煤层破碎，只针对其中夹矸层射孔。武试 1 井于 2013 年 10 月 29 开始进入压裂前施工准备，2013 年 11 月 3 日进行压裂施工。

破裂压力 24.35MPa，施工排量 6.69m^3/min，施工压力 20.09～28.76MPa，停泵压力 21.06MPa。该次施工共注入压裂液 786.5m^3，其中前置液 151.48m^3，携砂液 625.73m^3，顶替液 9.3m^3，共加入石英砂 50.1m^3，平均砂比 8%。压裂施工曲线如图 12.25 所示。

关井等待降压（其中 3 日 14：00～4 日 14：00 压力从 11MPa 降至 3.5MPa；4 日 14：00～7 日 14：00 压力从 3.5MPa 降至 1MPa；开始用 3mm 油嘴放喷至 0MPa。

冲砂：2013 年 11 月 7 日，下油管冲沙，冲砂至 860.27m。

下泵：2013 年 11 月 8 日，下进生产油管和泵油杆，开抽正常完井。

生产管柱组合：Φ89mm 母堵 + Φ73mm 眼管 + 泵挂短接 + 44 泵 + Φ73mm 油管 + 管挂。

11 月 9 日，试抽不刺不漏，清理井场完井。

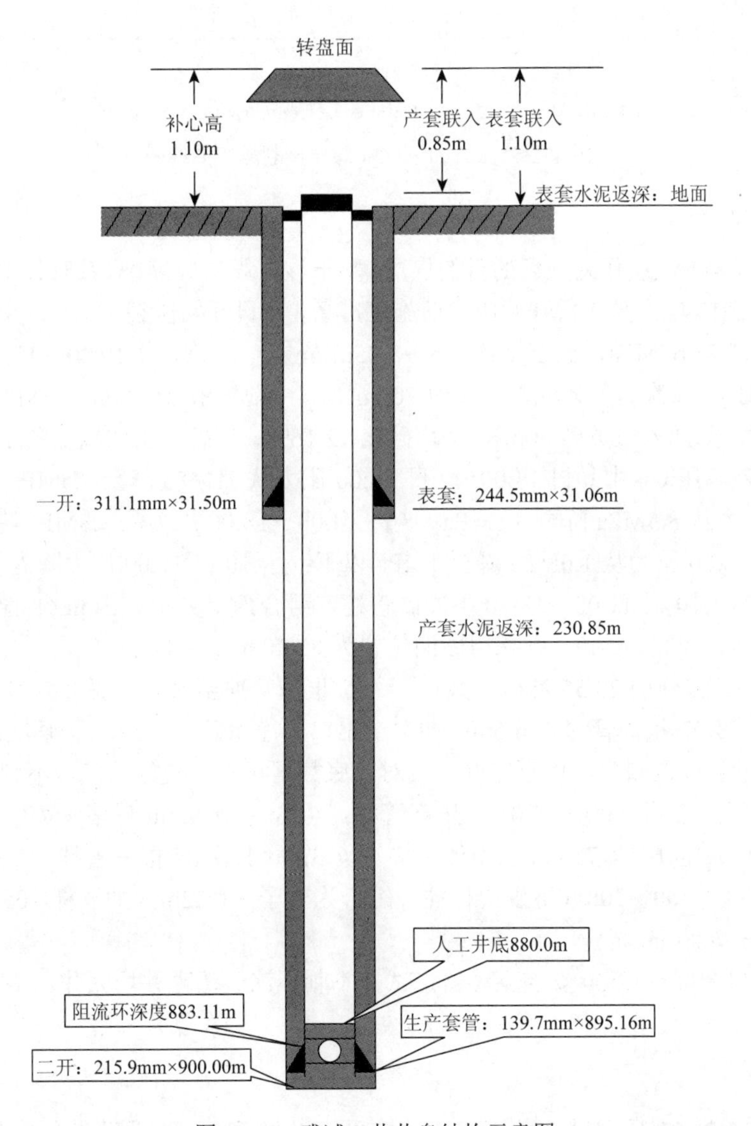

图 12.24　武试 2 井井身结构示意图

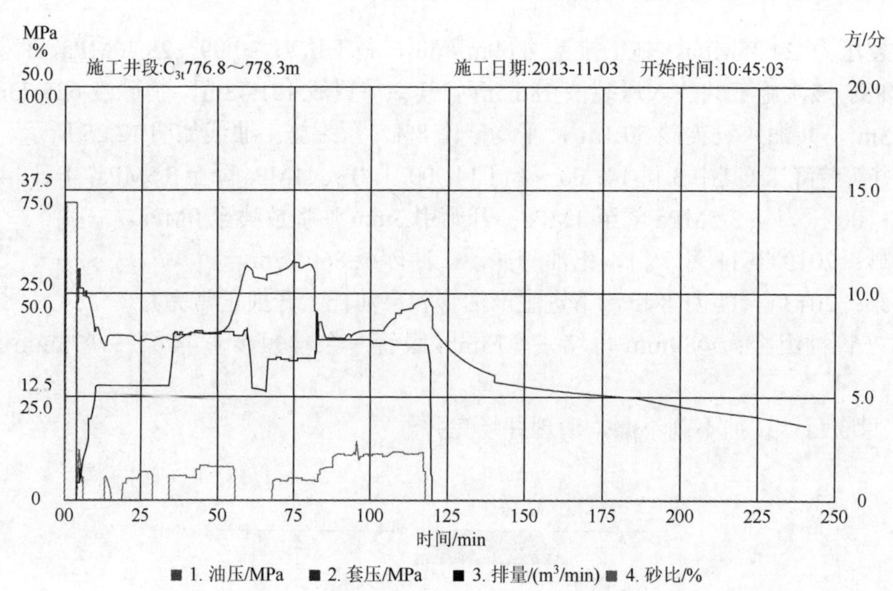

图 12.25　武试 1 井 C_2t 煤层压裂施工曲线图

2. 武试 2 井

该井选择 4-1 煤层作为压裂的目的煤层，鉴于该区煤层破碎，只针对其中夹矸层射孔。武试 2 井于 2013 年 7 月 4 日开始压裂前施工准备，6 日开始压裂。

破裂压力 26.67MPa，施工排量 7.5～8.05m^3/min，施工压力 19.40～17.40MPa，停泵压力 12.25MPa。该次施工共注入压裂液 702m^3，其中前置液 259.80m^3，携砂液 439.10m^3，顶替液 11m^3，共加入石英砂 50m^3，平均砂比 12.16%。压裂施工曲线如图 12.26 所示。

关井等待降压（其中 6 日 14:00～7 日 14:00 压力从 11MPa 降至 8.5MPa；7 日 14:00～8 日 14:00 压力从 8.5MPa 降至 3.8MPa；8 日 14:00～18:00 压力从 3.8MPa 降至 1.6MPa；18:00～9 日 10:00 压力从 1.6MPa 降至 1MPa 以下；于 10 日 11:00 压力降为 0MPa。

冲砂：7 月 10 日 11:00～13:00 下冲砂管柱，组合为斜尖 + Φ73mm 油管 85 根，下至第 85 根时遇阻，深入 6.1m，并探得砂面位置为 824.03m。

7 月 10 日 13:00～20:55 冲砂，共计下入 7 根油管冲至人工井底 880.77m，累计下入油管 92 根，第 92 根油管深入 6.6m；冲洗至出口干净无砂后停泵，复探井底无砂合格；提出全部冲砂管柱及斜尖，检查完好，校对井底数据正确。装好井口，不刺不漏。

下泵：7 月 12 日 9:00～15:00 下生产管柱，组合为 Φ89mm 母堵 + Φ73mm 眼管 + 泵挂短接 + 螺杆泵定子 + Φ73mm 压力计短接 + Φ73mm 油管 84 根 + 管挂。

7 月 12 日 15:00～20:00 下生产杆柱，组合为转子 + Φ22mm 抽油杆 105 根 + Φ22mm 抽油杆短接 + Φ28mm 光杆。

7 月 13 日 8:00～12:00 安装驱动器，试抽不刺不漏，清理井场完井。

（七）排采

2013 年 7 月 23 日武试 2 井正式启动排采，以每天 5m 的垂降速度排水，日产水量

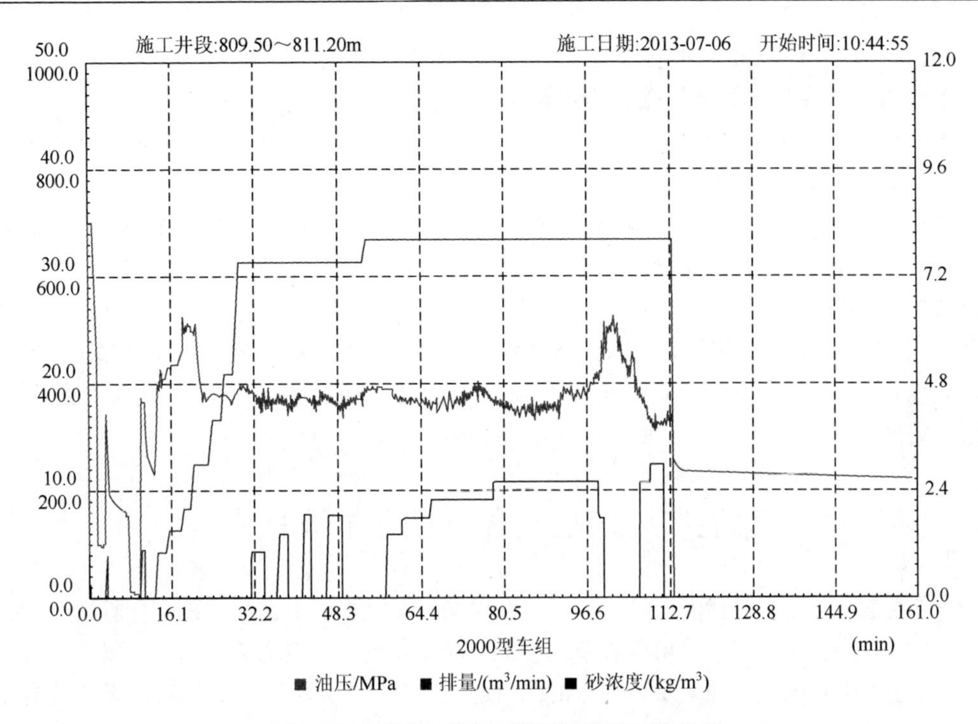

图 12.26　武试 2 井 4-1 煤层压裂施工曲线图

由最初的 $2m^3/d$ 左右逐渐增加到 $10m^3/d$。11 月 21 日出现套压，井内开始出气。此时，井底流压 3.11MPa，液柱高 316.92m，液面深度 497.94m。见套压后继续以每天 3～5m 的降幅持续排水，套压缓慢上升，2014 年 2 月 6 日达到最高 0.278MPa（图 12.27）。

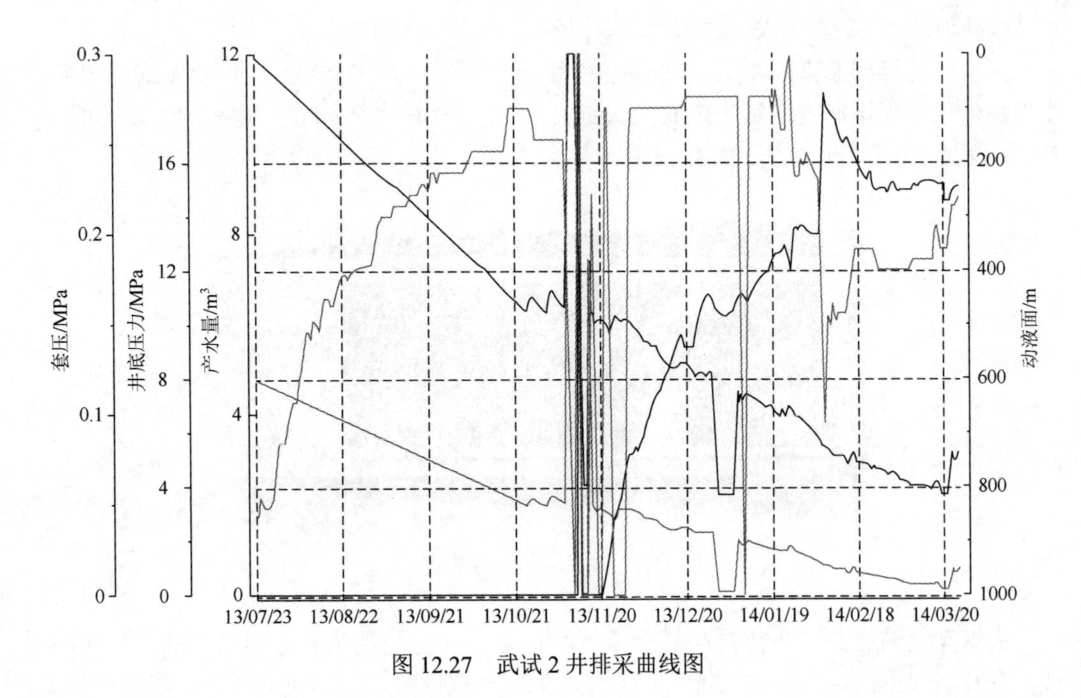

图 12.27　武试 2 井排采曲线图

2014 年 3 月 31 日点火不着，采样测试证明其成分以氮气为主，甲烷含量仅为 0.12%，随后将气体全部放掉，继续排采，新产气仍为氮气。

排采过程中先后采水样 4 个，气样 2 个，气体检测显示以氮气为主，占总成分的 75.73%，其次为氧气和二氧化碳，分别为 16.57%和 7.59%，甲烷和其他烃类仅占 0.11%。

实测结果显示，武试 2 井 4-1 煤层含气量为 0.75～4.09m^3/t，平均 2.24m^3/t，甲烷含量为 0.44～2.45m^3/t，平均 1.36m^3/t。根据等温吸附曲线计算甲烷含气饱和度为 3%～15%，临界解析压力在 0.3MPa 以下，已接近废弃压力。液面降至煤层附近时仍无甲烷解析。该区煤层为肥煤和 1/3 焦煤，理论上对甲烷的吸附能力是氮气的 2 倍，因此排采过程中首先获得解吸的是氮气。而由于该井甲烷含量及饱和度太低，井底流压降到最低仍无法获得解吸。

第五节　煤层气井下钻孔抽采技术

煤层气是十分清洁的能源资源，但如果在煤炭开发过程中不提前抽采，煤矿生产当中由于边界条件方式变化，煤层气可能重新运移，在局部富集，产生瓦斯突出引起爆炸。因此，必须研究建设矿井煤层气抽采系统，目前在靖远、乌东、屯宝等矿区成功实现煤与煤层气共采。以靖远矿区为例已建有地面永久和井下移动装机额定能力为 1200m^3/min 的两套抽采系统，形成了井上、下立体分源抽采格局，年煤层气（瓦斯）抽采量达 2600 万 m^3，煤层气（瓦斯）抽排率达 60%左右，主要采用顺层钻孔、穿层钻孔、高位大直径走向岩石钻孔、高抽巷封闭、地面立井等以煤层气（瓦斯）抽采为主的抽采技术措施，兼顾“4321”局部通风模式和 24 小时在线实时监测管控手段进行矿井瓦斯综合防治，实现了矿井采掘活动安全、高效、可持续稳步发展。矿井抽采方法示意列举如图 12.28 和图 12.29 所示。

顺层钻孔煤壁暴露面积大，钻进效率高，成本低。以煤巷掘进迈步间隔 20m 布置一个钻场，根据煤层厚度在钻场内放散状布置 1～2 排孔径为 94mm、孔深 70m 以上的 9～18 个钻孔，进行该煤层井下钻孔抽采。

图 12.28　顺层钻孔布置示意图

依据穿层钻孔与开采煤层呈正交或斜交，钻孔穿透煤层及其层理稳定抽放瓦斯的原理，在开拓巷道内经岩层进入施工穿透煤层的钻孔提前对采掘地点的原始煤层进行预抽。

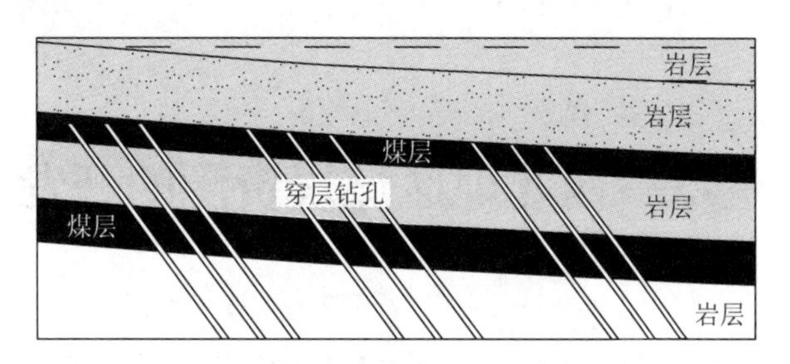

图 12.29　穿层钻孔布置示意图

在薄、中厚煤层走向长壁工作面回风顺槽平面上倾向内错 15～20m，走向间距 100～120m 布置位于煤层顶板 5m 以上的高位钻场，钻场内施工两排孔径为 133～153mm，孔深 180m 的 8～12 个近水平，走向终孔位于 3～5 倍采高抽采冒落带、裂隙带富集区高浓度瓦斯，起到替代高位抽采巷的作用。

根据采空区“O 型圈”分布理论，从地面向回采工作面定位施工孔径 Φ311～127mm，深度至煤层 5m 以内或煤层顶板裂隙带的地面钻井，钻孔间距 120～150m，钻孔内设置管径 108mm 的钢管，配合地面移动抽采泵提前预抽抽采煤层和采空区积聚瓦斯，达到回采工作面采前预抽、采中续抽、采后卸压抽放瓦斯的目的。

在现有瓦斯治理模式基础上，不断创新瓦斯防治举措，引进“两堵一注”带压封孔技术和四参数测定计量装置，选用大功率中深孔钻机施工抽采钻孔，确保矿井煤层气（瓦斯）稳抽、增抽，实现“零超限”。在煤层瓦斯含量高、埋藏深的接替回采区域将计划引进地面“L”型多分支水平定向钻孔抽采技术和底板岩石丛式钻孔抽采工程，进一步夯实瓦斯治理强本基础。

第十三章　西北地区煤炭资源的开发模式

我国是世界上煤炭生产和消费大国，煤炭在我国能源结构中具有举足轻重的作用。我国的煤炭储量中，厚煤层（厚度≥3.5m）的储量约占全部煤炭储量的 44%，厚煤层的产量也占总产量的 45%左右。厚煤层资源广泛分布在我国的大部分煤炭产区。目前厚煤层开采已是我国实现安全高效开采的主力技术，我国千万吨级的矿井也均以厚煤层开采为主。西北地区赋存有大量的侏罗系煤炭资源，且大多为厚煤层，根据其资源禀赋特点，选取合理的开采方法是实现我国西北地区矿区安全高效开采的必由之路，为建设大型煤炭基地、实现能源供应的接替提供有力支撑。

西北地区地质地貌条件复杂，生态环境脆弱，煤炭资源的开发一方面要考虑资源的赋存适宜程度、资源质量等，另一方面从勘查工作开始就要考虑环境保护。依据构造与地下水双重要素约束条件，形成了 5 类 9 型煤与煤层气资源开发模式和绿色矿山优先开发区块评价技术体系及煤矿区开发的环境地质评价技术方法。

考虑构造的复杂程度和地下水资源发育对煤与煤层气开发的影响的煤与煤层气 5 类 9 型开发模式：①近水平、缓倾斜特厚煤层类——构造简单+贫水+贫气为“济水采煤”模式、构造简单＋富水＋贫气为“保水采煤”模式；②近水平、缓倾斜特厚富气（高瓦斯）煤层类——构造简单＋富水＋富气“保水采气采煤”模式、构造简单＋贫水＋富气为“济水采煤采气”模式；③倾斜、急倾斜特厚煤层类——构造复杂＋富水＋贫气“保水限采煤”模式、构造复杂＋贫水＋贫气“限采煤”模式；④倾斜、急倾斜特厚富气（高瓦斯）煤层类——构造复杂＋富水＋富气“保水采气限采煤”模式、构造复杂＋贫水＋富气“济水采气限采煤”模式；⑤近水平、缓倾斜特厚地表出露或浅埋煤层类——“露天采煤”模式。

第一节　西北地区煤炭资源生产基地划分

国务院办公厅在 2014 年发布的《能源发展战略行动计划（2014—2020 年）》中确定，将重点建设晋北、晋中、晋东、神东、陕北、黄陇、宁东、鲁西、两淮、云贵、冀中、河南、内蒙古东部、新疆等 14 个亿吨级大型煤炭基地。数据显示，2013 年 14 个大型煤炭基地产量 33.6 亿 t，占全国总产量的 91%。《能源发展战略行动计划（2014—2020 年）》明确，到 2020 年，基地产量占全国的 95%。

2016 年 2 月 1 日，国务院以国发〔2016〕7 号印发《国务院关于煤炭行业化解过剩产能实现脱困发展的意见》（以下简称《意见》）。该《意见》分总体要求、主要任务、政策措施、组织实施 4 部分 22 条。工作目标是：在近年来淘汰落后煤炭产能的基础上，从 2016 年开始，用 3 至 5 年的时间，再退出产能 5 亿吨左右、减量重组 5 亿吨左右，较大幅度压缩煤炭产能，适度减少煤矿数量，煤炭行业过剩产能得到有效化解，市场供需基本平衡，产业结构得到优化，转型升级取得实质性进展。主要任务是：严格控制新增产能；加快淘汰落后产能和其他不符合产业政策的产能；有序退出过剩产能；推进企业改革重组；促进行业调整转型；严格治理不安全生产；严格控制超能力生产；严格治理违法违规建设；严格限制劣质煤使用。同时，该《意见》中明确提出利用3年时间，力争单一煤炭企业生产规模全部达到300万吨/年以上。

根据该《意见》，我国煤炭生产基地的新建及改扩建矿井应该结合当地的资源禀赋特点，选择合理的开采方法，深挖单井的产能提升潜力。

新疆煤炭预测储量2.19万亿t，占全国预测储量的四成以上。2009年，新疆原煤产量首次突破8000万t，不仅实现了新疆区内的煤炭供需平衡，还完成了向全国其他省份调出煤炭的任务，新疆煤炭工业在我国能源战略中的重要作用日益显现。后续将建设准东、伊犁、吐哈、库拜四大煤电、煤化工、煤焦化基地和乌鲁木齐、三道岭等13个重点矿区，打造千万吨矿井和亿吨级大型矿区的规划。根据国家关于新疆进一步发展的规划，到2020年，新疆煤炭年产量将占全国总产量的两成以上。可以说，新疆是未来西北地区煤炭生产的主战场。

第二节　典型煤层特征的资源开发方式

我国西北地区赋存着大量的侏罗系煤层，经过广泛调研、评估，以新疆等地的矿区为主要聚煤区归纳出具有代表性的五类侏罗系煤层：侏罗系近水平特厚构造简单煤层、侏罗系缓倾斜特厚高瓦斯煤层、侏罗系缓倾斜特厚地表露头煤层、侏罗系倾斜特厚构造复杂煤层、侏罗系急倾斜特厚构造复杂煤层。

一、近水平特厚构造简单煤层特征——以吐哈煤田大南湖一矿为例

吐鲁番、哈密地区地处新疆东部，煤炭资源丰富，预计煤炭储量在6000亿t左右，主要分布在沙尔湖、淖毛湖、大南湖、艾丁湖和三塘湖等地区，目前已探明的煤炭资源总量超过200亿t。随着大企业大集团的纷纷进驻、铁路运输条件的改善以及煤炭资源勘查的不断深入，素有新疆“东大门”之称的哈密地区目前已成为我国“西煤东运”工程的重要资源开发区，并将建成亿吨级煤炭生产基地。

目前吐哈煤炭基地规划了大南湖、沙尔湖、三塘湖、野马泉、淖毛湖、巴里坤及三道岭等几个大矿区。吐哈煤田内的国网能源哈密煤电有限公司大南湖一号矿井（以下简称大南湖一矿），位于新疆哈密市境内，行政区划归属哈密市南湖乡管辖。2015年，大南湖矿区西区大南湖一号矿井及选煤厂1000万t/a项目，通过国家发改委核准批复。哈密大南湖一号矿井是哈密—郑州±800kV特高压直流输电工程配套煤源项目，该矿井项目的开发建设对加快推进新疆大型煤炭基地建设、调整煤炭产业结构、延伸煤炭产业链等具有重要作用。

大南湖煤田属于吐哈盆地东端南缘大南湖盆缘拗陷的一部分，北依沙尔湖隆起带，南以F1断层与觉罗塔格复背斜相邻。井田内构造较简单，为一走向近东西的宽缓褶曲，断层不发育，且无岩浆岩影响。地层产状平缓，地层倾角一般为3°～13°，局部地段地层近水平，仅在南湖向斜南翼17～23线地层倾角相对较大，一般为14°～26°，形成局部陡坎，向南逐转平缓。

总体构造线方向为近东西向，由北向南，褶皱包括南湖北向斜（W2）、南湖背斜（M1）、南湖向斜（W1）、南湖南背斜（M2）、ZK204 孔西背斜、ZK204 孔东向斜，局部地段还发育有短轴倾伏褶曲。区内发育 6 条断层（表 13.1），其中井田南部边界断裂 F1 为区域性断裂。

大南湖矿区一号井井田内地层由中生界的侏罗系、新生界的第四系组成。自下而上的地层层序是下侏罗统三工河组（J_1s）、中侏罗统西山窑组（J_2x）、头屯河组（J_2t）、第四系。中侏罗统西山窑组（J_2x）为该井田的主要含煤地层，根据其岩性、含煤性及其他组合特征，可分为上、中、下三个岩性段。

表 13.1　断层情况一览表

序号	断层名称	位置	断层性质	落差/m	倾角/(°)	走向/m	区内延展长度/m	查明程度
1	F1 断层	南部边界	正	0～55	70	NE	7900	初步查明
2	F2 断层	23-5 孔西	正	0～100	72	NW	1000	详细查明
3	F3 断层	24-1 孔北	正	0～45	67	NW	1500	详细查明
4	F5 断层	13-2 孔北	正	0～10	65	EW	400	基本查明
5	F6 断层	25-1 孔东	正	0～15	70	NW	700	初步查明
6	F7 断层	ZK8-3 孔东	正	0～19	71	NW	900	详细查明

1. 上段（J_2x^3）

该段局部夹有少量薄煤层，含煤性差。一般含煤 0～2 层，煤层总厚 0～2.68m，含煤系数 0～2.0%。含零星可采煤层 1 层，厚 1.10～2.68m，平均厚 1.63m，仅有 3 个钻孔控制。该段以煤层层数少，薄而结构简单，煤层极不稳定，大部分不可采为特征，所含煤层不具备经济开采价值。

2. 中段（J_2x^2）

该段是该区西山窑组主要的含煤层段，煤层较为集中。含煤地层总厚 380～650m，平均厚度 526m。所含煤层自上而下编为 1～29 号，即 1、2、3、4、5、6、7、8、9、10、11、12、13、14、15、16、17、18、19、20、21、22、23、24、25、26、27、28、29 号煤层。煤层特征详见表 13.2。

钻孔所见煤层总厚度为 39.56～135.96m，平均厚度为 96.49m，含煤系数为 18.3%。

全区可采煤层有 15、18、19、23、25、28 号计 6 层，煤层总厚度为 33.38m。大部分可采煤层有 3、5、6、7、9、10、11、12、14、16、20、21、22、24、26、29 号计 17 层，煤层总厚度为 59.48m。局部可采煤层有 13 号，计 1 层，煤层总厚度为 2.02m。另有不可采煤层 1、2、4、8、17、27 号，计 6 层，煤层总厚 5.75m。

该井田各煤层沿走向、倾向均有一定的变化。在井田中部，南湖向斜轴附近煤层总厚、可采总厚度最大。向北，煤层逐渐呈收敛状态，煤层层间距逐渐缩小，煤层总厚、可采总厚有变薄趋势。向南地层厚度逐渐增大，煤层层间距变大，煤层层数减少，煤层总厚、可采总厚均有递减趋势。从走向看，地层厚度总体变化不大，但煤层总厚、可采总厚度呈中间厚、两头薄的特征。15～25 线为井田富煤中心，可采总厚度最大，向西、向东煤层层数减小，尤其上部煤层有变薄尖灭现象，煤层总厚有递减趋势。

3. 下段（J_2x^1）

该段含煤性差，以含煤层数少或不含煤为特征，含煤 0～4 层，层位不稳定，总厚 0～2.05m，含煤系数为 0～1.0%，仅在 ZK201 孔见一厚 1.29m 的可采煤层 1 层，结构简单。该段所含煤层不具备经济开采价值。

表 13.2　煤层特征一览表

煤层编号	煤层真厚/m 两极值/平均值（控制点）	煤层间距/m 两极值/平均值	结构	夹矸层数	煤层特性		面积可采系数/%	厚度变异系数/%
					稳定性	可采性		
1	0～3.01 / 1.09（37）	2.25～30.32 / 8.16	简单	0～1	不稳定	不可采	23	89
2	0～5.79 / 1.80（41）	11.37～67.91 / 33.80	简单至较简单	0～3	不稳定	不可采	22	83
3	0～15.75 / 4.76（43）	0.97～33.24 / 5.40	简单至复杂	0～4	较稳定	大部可采	62	40
4	0～3.81 / 0.72（47）	6.19～29.68 / 14.47	简单	0～2	不稳定	不可采	22	19
5	0～6.17 / 1.97（47）	3.48～21.00 / 10.89	简单	0～1	较稳定	大部可采	57	49
6	0～9.59 / 5.81（50）	1.52～20.49 / 7.39	较简单	0～3	较稳定	大部可采	79	30
7	0～8.91 / 4.37（46）	1.50～6.60 / 4.26	简单至较简单	0～2	较稳定	大部可采	66	41
8	0～2.05 / 0.88（47）	2.39～18.23 / 9.36	简单	0～1	不稳定	不可采	29	78
9	0～6.97 / 2.09（39）	0.20～1457 / 3.05	较简单	0～3	较稳定	大部可采	53	87
10	0～5.67 / 2.12（42）	2.69～52.27 / 18.55	简单	0～2	较稳定	大部可采	71	58
11	0～10.11 / 5.78（52）	2.52～24.57 / 12.16	简单至较简单	0～3	较稳定	大部可采	89	42
12	0～6.41 / 3.31（54）	1.29～19.19 / 7.37	简单	0～1	较稳定	大部可采	85	28
13	0～6.38 / 2.02（30）	0.50～10.18 / 2.77	简单	0～2	不稳定	局部可采	30	76
14	0～7.94 / 3.43（52）	0.39～22.58 / 7.12	简单	0～2	较稳定	大部可采	85	56
15	0～16.61 / 8.95（55）	0.75～5.13 / 2.02	简单至复杂	0～5	稳定	全区可采	95	37
16	0～3.77 / 1.41（37）	1.02～39.79 / 6.88	简单	0～2	较稳定	大部可采	61	52

续表

煤层编号	煤层真厚/m 两极值 平均值（控制点）	煤层间距/m 两极值 平均值	结构	夹矸层数	煤层特性		面积可采系数/%	厚度变异系数/%
					稳定性	可采性		
		1.02～39.79 6.88						
17	0～1.84 0.44（48）		简单	0～1	不稳定	不可采	6	104
		1.28～38.94 17.80						
18	0～10.63 5.12（57）		简单至较简单	0～3	较稳定	全区可采	95	37
		1.61～31.99 11.87						
19	0～8.96 5.28（57）		较简单	0～3	较稳定	全区可采	95	30
		3.00～36.30 21.93						
20	0～12.92 4.54（51）		简单至复杂	0～6	较稳定	大部可采	85	54
		1.14～40.29 8.79						
21	0～8.97 2.73（50）		简单至复杂	0～4	较稳定	大部可采	80	57
		1.35～42.33 14.52						
22	0～4.94 1.98（44）		较简单	0～2	较稳定	大部可采	73	56
		0.53～43.67 10.31						
23	0～11.15 3.92（56）		简单	0～2	稳定	全区可采	95	48
		0.24～15.57 3.37						
24	0～8.80 2.78（58）		简单	0～2	较稳定	大部可采	94	71
		0.60～17.30 4.87						
25	3.89～19.12 10.11（58）		简单至复杂	0～3	稳定	全区可采	100	26
		4.22～32.12 18.35						
26	0～1.73 1.12（54）		简单	0～1	较稳定	大部可采	53	40
		7.88～24.17 14.38						
27	0～4.49 0.82（47）		简单	0～1	不稳定	不可采	22	123
		7.02～33.14 20.76						
28	0～3.98 2.23（51）		较简单	0～1	较稳定	大部可采	78	47
		0.39～16.71 5.89						
29	0～3.73 1.72（44）		较简单	0～1	较稳定	大部可采	67	46

二、缓倾斜特厚高瓦斯煤层特征——以准南煤田硫磺沟矿区屯宝煤矿为例

准南煤田位于天山北麓、准噶尔盆地南缘，西起乌苏市四棵树煤矿以西，东至吉木萨尔县水西沟以东，东西长约450km，呈近东西向带状展布。煤田外部交通条件较为便利，道路四通八达，为新疆最主要含煤区。对该煤田加大勘查投入，开展大型整装煤田（煤矿区）勘查工作，对新疆成为国家煤炭资源重要战略接替区具有重大意义。

准南煤田构造上位于北天山优地槽褶皱系乌鲁木齐山前拗陷带，大部区域被上覆白垩系、古近系、新近系和第四系覆盖，在深达数百米至数千米的覆盖层之下，侏罗系普遍分布，且赋存工业煤层。含煤岩系为下中侏罗统水西沟群，分为下侏罗统八道湾组、三工河组，中侏罗统西山窑组，其上为中侏罗统头屯河组，上侏罗统齐古组和喀拉扎组。

受燕山运动和喜马拉雅运动的影响，乌鲁木齐山前拗陷的总体构造线方向以北西西为

主，中生界地层形成了一系列束状或短轴褶皱，由形态各异的背、向斜组成，主要有四棵树大向斜、头屯河—三屯河背斜、三屯河—宁家河单斜构造带、七道湾背斜、向斜，阜康背斜、向斜，水西沟向斜、背斜等，并伴随新的次级断裂的产生，对含煤岩系和煤层产生不同程度的改造和破坏作用。煤田内大部分煤矿区（井田）构造属简单或较简单类型。

八道湾组为下含煤组（含A煤组），为河湖沼泽相沉积，地层厚度一般为500～1000m，沿走向厚度变化较大。

在准南煤田中八道湾组含煤较好，但沿走向变化较大，含煤3～20层，煤层总厚3.58～52.76m，可采煤层5～18层，可采总厚7.94～50.89m。煤层结构简单-较简单，较稳定-不稳定。

西山窑组为上含煤组（含B煤组），以湖沼相沉积为主，少量河流相沉积，地层厚度一般为300～1000m，含煤6～48层，煤层总厚16.19~182.83m，一般40～60m，可采煤层5～35层，可采煤层总厚15.71～151.94m，平均可采总厚59m。煤层结构简单-较简单，煤层稳定-较稳定。

屯宝煤矿位于昌吉市硫磺沟，井田范围东西长约2.3km，南北宽约0.6km，面积1.3388km^2。中侏罗统西山窑组是该井田含煤地层，属简单单斜构造。

井田位于阿克德向斜南翼，地层走向为北东-南西向，为一向北西倾斜倾向310°的单斜构造，含煤地层倾角为15°～25°。地质勘探未发现其他断裂及挠曲褶皱构造，井田构造简单。首采区范围经过了三维地震勘探，勘探结果区内煤层赋存比较稳定，同时在首采区内共发现断层16条，其中落差小于5m的断层10条，落差大于5m的断层6条。首采区大于5m的断层特征见表13.3。

表13.3　首采区大于5m的断层特征表

编号	断层性质	走向	倾向	倾角/(°)	落差/m	长度/m
F_1	正	E-NE	N-NE	70	0～10	690
F_2	正	NW-E	SW-N	70	0～35	810
F_4	正	NE	N	70	0～10	490
F_5	正	NE-W	S	60	0～10	260
F_6	逆	NW	NE	60	0～10	290
F_{12}	逆	NW	SW	70	0～25	290

硫磺沟矿区屯宝煤矿井田范围内有大面积基岩出露与少量第四系覆盖层。基岩出露和钻孔揭露的地层有侏罗系中统西山窑组、头屯河组、上统齐古组及古近系和新近系地层。

1. 中侏罗统西山窑组（J_2x）

全区均有出露，可分为下段和上段。

下段（J_2x^1）：为一套湖泊相、湖滨相、泥炭沼泽相沉积含煤碎屑岩沉积建造，岩性为灰色、深灰色粉砂岩、砂岩、泥岩，炭质泥岩及煤层组成，是该区的主要含煤地层，含煤 5～16 层，煤层总厚度为 31.12～52.10m。其中可采煤层总厚度为 31.14～48.91m，平均可采总厚 37.73m。底部以一层灰白色中细砂岩与下伏三工河组整合接触，地层厚 225m。

上段（J_2x^2）：为一套河流相、湖滨相、沼泽相沉积建造，岩性为灰色、灰绿色砂砾岩、砂岩、粉砂岩及泥岩夹薄煤层，底部巨厚层的含砾层粉砂岩，俗称“豆腐渣砂岩”，为上下段分界标志，地层厚度为 296m。

2. 中侏罗统头屯河组（J_2t）

中侏罗统头屯河组（J_2t）主要分布于中部，局部被第四系覆盖，可分上下两段。

下段（J_2t^1）：由紫红色、褐红色、灰绿色粉砂岩、泥岩组成杂色条带，中夹黄绿色细砂岩，组成底部为一厚层状灰绿色含砾粗砂岩、砂砾岩，是与西山窑组分界的标志层，整合接触，地层厚度为 260m。

上段（J_2t^2）：以暗红色、褐红色粉细砂岩及泥岩互层为主，中夹凝灰质砂岩条带，地层厚度为 240m。

3. 上侏罗统齐古组（J_3q）

上侏罗统齐古组（J_3q）为一套山麓相和冲洪积相沉积，地层总厚 570m。

下段（J_3q^1）：由紫红色、暗红色中夹灰绿色泥岩、粉砂岩不均匀互层为主组成，夹多层蔷薇色凝灰质粉砂岩，底部一层凝灰质粉砂岩为与下伏头屯河组分界标志层，地层厚 350m，与下伏头屯河组地层呈整合接触。

上段（J_3q^2）：以砖红、褐红色粉砂岩、泥岩不均匀互层为主，夹有细砂岩，底部为粉红色凝灰质粉砂岩，为上下段分界标志层，地层总厚 220m。

4. 上更新统（N_2）

上更新统（N_2）在该区中部及西部出露。岩性以灰色、灰黄色泥岩、砂质泥岩、砾岩、细砂岩为主，地层厚度为 56～88m，与下伏地层呈角度不整合接触。

5. 第四系（Q_4）

第四系（Q_4）在区内分布较少，发育于现代河床、现代冲沟及河谷阶地，以松散矿土和砾石为主，分选差，次棱角状，透水性好，与下伏地层不整合接触。

中侏罗统西山窑组是该井田主要含煤地层，含煤 5～16 层，其煤层编号自上而下为 1、2、3、4、5、6、7、8、9、10、11、14、15、16 号，煤层总厚 31.23～52.10m，平均总厚 38.34m，含煤系数 7.9%。可采煤层 7 层，其编号为 4、5、7、9～10、11、14、15 号，其中 4～5 号煤层，在 33～40 线之间煤层合并，在 40～45 线之间煤层分叉，形成 4 号、5 号煤层两个分层，煤层间距逐渐增大。可采煤层总厚 31.14～48.91m，平均总厚 37.73m（表 13.4）。14～15 号煤层（组）均有由东向西逐渐分叉趋势，分层之间间距可由不到 1m 加大到 20m 左右，各分层厚度亦有一定变化。

表 13.4　各煤层特征一览表

33～39 线							
煤层编号	煤层真度/m	煤层间距/m	顶底板岩性		煤层可采性指数/km	煤层厚度变异系数 (r)/%	稳定性
	最小值～最大值 平均值（点数）	最小值～最大值 平均值（点数）	顶板	底板			
4～5	6.71～7.56 7.07（6）	5.50～6.38 5.82（3）	粉砂岩 细砂岩	粉砂岩 炭质泥岩	1	5	稳定
7	1.20～2.18 1.78（6）	8.82～13.10 11.37（6）	粉砂岩	粉砂岩 细砂岩 炭质泥岩	1	22	较稳定
9～10	8.93～11.23 10.26（6）	3.62～44.11 18.68（6）	粉砂岩 细砂岩 炭质泥岩	粉砂岩 炭质泥岩	1	9	较稳定
14	4.85～7.52 6.32（6）	0.22～5.96 2.40（6）	粉砂岩 炭质泥岩	粉砂岩 炭质泥岩	1	17	较稳定
15	10.69～13.09 11.94（6）		炭质泥岩 粉砂岩	炭质泥岩 粉砂岩	1	8	较稳定
4	1.94～5.45 3.01（16）	1.01～2.98 1.77（16）	细砂岩 中、粗砂岩 粉砂岩 泥岩	粉砂岩 细砂岩 粗砂岩 炭质泥岩	1	25	较稳定
5	3.72～5.45 4.83（16）	8.14～34.98 19.81（16）	粉砂岩 细砂岩 粗砂岩 炭质泥岩	粉砂岩 粗砂岩	1	15	稳定
7	1.10～2.14 1.49（16）	6.88～31.05 19.21（16）	粉砂岩 细砂岩 泥岩	细砂岩 粉砂岩 泥岩	1	28	较稳定
9～10	6.17～12.45 8.36（16）	3.42～11.73 6.04（9）	粉砂岩 细砂岩 粗砂岩	粉砂岩 炭质泥岩	1	24	较稳定
11	0.86～1.22 1.04（6）	6.37～31.75 22.42（9）	粉砂岩 炭质泥岩 细砂岩	粉砂岩 炭质泥岩	0.5	10	不稳定
14	4.47～13.25 8.89（16）	0.95～20.23 8.68（16）	粉砂岩 泥岩	粉砂岩 泥岩	1	34	较稳定
15	3.13～21.27 11.13（16）		粉砂岩 泥岩	粉砂岩 炭质泥岩 泥岩	1	44	较稳定

三、缓倾斜特厚地表露头煤层特征——以新疆准东煤田五彩湾矿区准东露天煤矿为例

“准东”是指准噶尔盆地东部从阜康市到木垒哈萨克自治县的一条狭长地带，东西长

约 220km。新疆准东煤田在 2005 年被勘探确认为地下储藏着上千亿吨的煤炭资源。准东煤田东西长达 220km 的茫茫戈壁下蕴藏着 3900 亿 t 煤炭资源，以现在我国煤炭年产量计算，一个准东煤田就够全国使用一百年。目前累计探明煤炭资源储量为 2136 亿 t，是我国目前最大的整装煤田。

2006 年，国家和自治区决定大规模开发准东煤田，铁路、公路、供水、供电、通信等各路建设开始紧锣密鼓地进行。目前，准东煤田基础设施一期工程基本竣工投运，已具备承载大型工业项目建设的条件和能力。

目前，准东煤田基础设施建设投资累计已达 35 亿元，其中 2009 年一年就接近 15 亿元。准东公路已投入运营，乌鲁木齐北站到五彩湾矿区的铁路已经通车，年货运能力为 1500 万 t。

神华、鲁能、紫金矿业、大唐、中煤等众多特大型企业纷纷投资准东，圈占资源。国内五大电力龙头企业及神华、潞安、鲁能等 43 家国内煤炭行业重点企业聚集昌吉准东从事煤炭开发。新疆准东煤田已累计完成公路铁路、供水供电等基础设施投资 35 亿元，目前具备 1 亿 m^3 供水能力。

数据显示，准东煤田成煤面积 1.4 万 km^2，已探明煤炭资源储量 2136 亿 t。

目前，准东煤田五彩湾矿区、西黑山矿区、大井矿区 3 个矿区的总体规划已得到国家批复，准东煤电煤化工产业带总体规划也通过了自治区人民政府的审批。

神华新疆能源有限责任公司准东露天煤矿地处新疆天山北麓准噶尔盆地南缘，目前是新疆境内最大的露天煤矿。矿区位于吉木萨尔县西北五彩湾地区，距吉木萨尔县 130km，距乌鲁木齐 220km，西距 216 国道 20km，交通便利。地理坐标为东经 89°28′，北纬 44°49′。

根据《新疆准东煤田五彩湾矿区总体规划》确定，该矿区东西长 9.35～36.39km，南北宽 10.59～ 38.75km，含煤面积为 901.05km^2，勘查面积 988.12km^2，共划分为五个露天矿和一个矿井，规划总规模为 115.0Mt/a。其中准东露天煤矿为规划中的三号露天矿，规划规模为 20.0Mt/a。

露天矿内煤层分为 A、B、C 三个煤组，其中西山窑组地层赋存的 B 煤组煤层厚度巨大，是露天煤矿开采的主采煤组。西山窑组地层仅在露天矿东部有少量出露，其余区段全被白垩纪地层超覆不整合覆盖，煤层在地表未见出露，地层含煤的基本特征为：由露天矿东部（浅部）的一层巨厚煤层向露天矿西部（深部）分叉成两层巨厚煤分层，局部由上分层的下部又分叉出一层中厚煤层，下分层又分叉成两层，局部地段在上述煤层之上、下各出现两层不可采薄煤层。西山窑组在露天矿内共含 3～8 层煤层，煤层平均总厚 72.58m，含煤系数为 50.22%。其中可采、局部可采煤层 1～5 层，平均可采总厚 65.83m，属稳定-较稳定、巨厚缓倾斜煤层，具有得天独厚的露天开采条件。

露天开采区内只有 Bm 煤层及其分叉煤层，可采煤层编号为：东部未分叉的单一煤层区编为 Bm；中部分叉成两个分叉双煤层区中，下分煤层编为 B1，上分煤层编为 B2；西部分叉成 3～4 个分煤层的分叉煤层区中，由上分层 B2 下部局部又分叉出的中厚煤层编为 B21、B22，由下分层 B1 又分叉成的两个薄-中厚煤层，自下而上编为 B11、B12。因此，在多煤层分叉区内自下而上共有 B11、B12、B21、B22 四个编号的煤层。

露天矿位于区域性褶曲构造-帐篷沟背斜的西翼，露天矿内的侏罗系地层呈向西北向斜的单斜构造。

地层产状：倾向 270°～295°，倾角 4°～31°，一般 8°～20°，露头段 11°～31°，表现为浅部陡、深部缓，16 线以北的 300m 水平以上最陡达 15°～31°，向南过渡至 L15 线 440m 水平以上只有 11°～20°，再向南浅部均小于 13°的变化规律。露天矿内未发现断距大于 20m 的断层。

因此，露天矿内为缓倾斜的简单单斜，沿走向和倾向产状变化不大，无断层破坏。整个露头矿构造复杂程度属简单型。

四、倾斜特厚构造复杂煤层特征——以靖远王家山煤矿为例

王家山矿区可采煤层顶板主要由细砾岩、粉砂岩、细砂岩、粗砂岩等岩石组成，平均厚度可达 40m。倾角大、硬顶、厚煤层是王家山矿煤层埋藏的 3 个基本特征。

王家山井田主要含煤地层为中侏罗统窑街组（J_2y），该层含煤 5 层，平均总厚度为 30.67m。王家山井田中侏罗统新河组（J_2x）含煤两层，平均总厚度为 2.99m。各煤层由上到下编号为 1#煤层、2$_{上}$煤层、2#煤层、2$_{下}$煤层、3#煤层和 4#煤层（表 13.5），其中，2#煤层和 4#煤层为主要可采煤层，厚度大，较稳定，且分布面积广；3#煤层局部可采，分布面积较大，厚度较薄，变化亦较大；其余煤层不稳定，多呈透镜状。

表 13.5　井田煤层特征

煤层	煤层真厚/m 最小～最大 平均（点数）	煤层间距/m	结构	稳定性	分布与可采情况
1#	0～1.60 0.70（14）	30～45	简单	极不稳定	呈透镜状、零星可采
2$_{上}$	0.11～6.32 2.29（19）	5～28.19	简单	极不稳定	零星可采
2#	0.05～45.33 8.74（131）	8～18.50	简单-复杂	较稳定	全区主要可采
2$_{下}$	0～5.81 0.63（11）	2.27～45.65	简单	极不稳定	零星分散且不可采
3#	0.11～21.27 3.33（60）	3.55～89.80 30～45	简单	不稳定	局部可采
4#	14.79（123）		简单-复杂	较稳定	全区基本可采

王家山井田主采的 2#煤层赋存于中侏罗统窑街组顶部，分布面广，厚度巨大，比较稳定。煤层厚度变化规律性比较明显，南薄北厚，西薄东厚，平均厚度为 8.74m。从底板等高线图及剖面图上可知，2#煤层沿走向有波状起伏变化。

王家山井田主采的 4#煤层赋存于中侏罗统窑街组下部，为井田主要可采煤层之一，北翼普遍发育，南翼主要分布于Ⅲ-Ⅵ勘探线深部。

全井田 4#煤层厚度变化情况为西薄东厚，南薄北厚。加Ⅵ勘探线以东的浅部和中深部煤层厚度绝大多数大于 10m，向西向南均变薄，加Ⅵ勘探线以西煤层厚度多小于 10m。总之，越靠近煤盆地边缘，厚度变化越大，全井田 4#煤层平均厚度为 13.79m。

4#煤层属结构复杂煤层，一些地段含 3～10 层夹矸，其余地段为单一结构或含 1～2 层夹矸。夹矸厚度一般为 0.20～1m，少数为 1～3m，个别大于 3m。夹矸岩性为泥岩、炭质泥岩、粉砂岩或砂质泥岩，偶夹中粒砂岩。

2#煤层与 4#层的间距最小为 3.55m，最大为 89.80m，一般为 25～60m，平均为 40m。

五、急倾斜特厚构造复杂煤层特征——以乌鲁木齐矿区乌东煤矿与青海省木里煤田江仓矿区为例

（一）乌鲁木齐矿区乌东煤矿

新疆地区位于中国的西北部。区内主要含煤地层为中、下侏罗统的西山窑组及八道湾组，塔里木盆地为阳霞组及塔里奇克组上段（表 13.6）。煤系地层主要分布于准噶尔盆地、吐哈盆地、塔里木盆地、三塘湖盆地及伊犁盆地等大型中生代含煤盆地之中。其中以准噶尔盆地的乌鲁木齐地区及吐哈盆地的大南湖、沙尔湖地区含煤最为丰富，含煤层 5～30 层，其煤层总厚度可达 174～182m。据中国煤田地质局预测，新疆地区中生代含煤地层含煤远景储量达 1.92 万亿 t。

表 13.6　新疆地区主要盆地煤系地层对比表

地层系统		准噶尔盆地 吐哈盆地	塔里木盆地	
			东缘及北缘	西缘及南缘
侏罗系	上统	喀拉扎组	喀拉扎组	库孜贡组
		齐古组	齐古组	
	中统	头屯河组	恰克马克组	塔尔尕组
		西山窑组	克孜勒努组	杨叶组
	下统	三工河组	阳霞组	康苏组
		八道湾组	哈合组	沙里塔组
三叠系	上统	郝家沟组	塔里奇克组	
		黄山街组	黄山街组	
	中统	克拉玛依组	克拉玛依组	

乌东煤矿位于乌鲁木齐东北部，距乌鲁木齐市 34km，行政区划隶属乌鲁木齐市东山区，东经 87°40′53″～87°47′57″，北纬 43°53′06″～43°56′30″。井田内地质资源量为 1280.75Mt，设计可采储量为 661.20Mt，其中 + 400m 以上（一水平）336.85Mt。

井田位于准噶尔盆地南缘，属博格达北麓的山前丘陵带，地势南高北低，地表标高 + 739.2～ + 934.0m，最大相对高差为 194.8m，一般高差为 60m。小型沟谷纵横交错，

大型沟谷以南北走向为主，区内地层出露甚少，大部分为第四系黄土及亚砂土覆盖。由于区内煤炭开采历史悠久，因此形成的采空区地表塌陷坑多有发育，地表植被稀少。

井田位于准南煤田东南段，区域内发育有石炭系、二叠系、三叠系、侏罗系、白垩系及古近系、新近系、第四系地层。井田内出露地层分布于八道湾向斜的南、北两翼，原铁厂沟煤矿位于八道湾向斜北翼（七道湾背斜南翼），原碱沟、原小红沟、原大洪沟煤矿位于八道湾向斜南翼。井田内出露地层由老至新有下侏罗统三工河组（J_1s）、中侏罗统西山窑组（J_2x）、头屯河组（J_2t）和第四系（Q），侏罗系中统头屯河组构成了八道湾向斜的核部地层。

1. 八道湾向斜北翼

八道湾向斜北翼的含煤地层是侏罗系中统的西山窑组，地层总厚度 762.65m，含煤层数多，共 47 个层（号）计 50 层（组），煤层总厚 164.29m，含煤系数为 21.54%，按煤层有益厚度 132.15m 计，则含煤系数为 17.33%。可采煤层有 B39、B37、B36、B32-33、B31、B30-1、B28-29、B24-27、B20、B19、B18、B17、B16、B15、B14-2、B14-1、B14、B13、B12、B9、B8、B6-1、B5-6、B3-4、B1-2 计 25 个层（组）。煤层总厚 141.73m，有益厚度 115.41m，其中主要可采煤层有 B32-33、B31、B24-27、B20、B19、B18、B17、B16、B15、B14-1、B9、B8、B6-1、B5-6、B3-4、B1-2 计 16 个层（组），煤层总厚 122.60m，有益厚度 102.56m，可采厚度 100.18m，主要可采煤层总厚占全区煤层总厚的 74.62%。次要可采煤层有 B39、B37、B36、B30-1、B28-29、B14-2、B14、B13、B12 计 9 个层（组），煤层总厚 19.13m，有益厚度 12.85m，煤层一般均较薄，除 B13 号煤层在东部发育成可采层外，其余煤层均在西部 14～20 线间发育，形成可采层，在可采区段内的平均可采总厚 13.97m。

局部可采-不可采煤层有 B44、B43、B42、B41、B40、B38、B35、B34、B30-2、B23、B22、B17-1、B17-2、B13-1、B13-2、B12-1、B11、B7、B4-1、B0-1、B0 计 21 层，煤层总厚 21.30m，有益厚度 15.48m。煤层总厚占全区煤层总厚的 12.96%。

B44-B47 号煤层仅在西部的 14～15 线间出露，总厚 1.26m，单层多为煤线，层位也不稳定。此外，还有 23 层煤，均属不稳定的薄煤层或煤线，平均总厚 19.76m。

2. 八道湾向斜南翼

八道湾向斜南翼的含煤地层是侏罗系中统的西山窑组，西山窑组地层呈北东-南西向带状展布，地层总厚度为 818.07m。含煤 54 层，煤层总厚度为 169.81m，含煤系数为 20.76%，经编号的煤层 46 层，自上而下编号为 B0～B46 号煤层，平均总厚度为 166.63m，含煤系数为 20.37%。其中可采、局部可采煤层 21 层，为 B33、B32、B30-31、B26-29、B21-25、B20、B19、B18、B17、B16、B15、B14、B13、B12、B11、B10、B9、B8、B7、B3-6、B1-2 号煤层，平均可采总厚度为 135.48m。含煤系数为 16.56%，其余煤层不可采或零星可采。

矿区地层为陆相沉积地层，主要为侏罗系及第四系地层，其中侏罗系分布最广，第四系次之。侏罗系地层有下统的八道湾组和三工河组，中统的西山窑组及头屯河组，上统的齐古组。西山窑组为区内主要含煤岩系。

乌鲁木齐矿区煤层总厚度为 117.07～175.45m，其中可采 27 层，可采总厚度为 120～

135m。煤层走向 52°～65°，倾向 322°～335°，煤层倾角 63°～88°（图 13.1）。曾先后包括六道湾煤矿、苇湖梁煤矿、碱沟煤矿、小红沟煤矿和大洪沟煤矿、铁厂沟矿。六道湾煤矿、苇湖梁煤矿、碱沟煤矿、小红沟煤矿和大洪沟煤矿均位于八道湾向斜南翼，煤层倾角在走向上由西向东有逐步变陡的趋势。矿区西部的六道湾煤矿和苇湖梁煤矿煤层倾角 60°～70°，一般 65°；东部的碱沟煤矿、小红沟煤矿和大洪沟煤矿煤层倾角 60°～89°，一般 87°。此外，铁厂沟矿原设计开采方式为露天开采，煤层平均倾角 45°，设计能力为 150 万 t/a。矿井开采过程中因为项目建设存在的诸多客观问题以及开采深度的加大，使露天开采的难度加大。2001 年，在原露天首采区对矿井实行技术改造，实现井工开采。六道湾煤矿在 2008 年关闭，碱沟煤矿、小红沟煤矿和大洪沟煤矿、铁厂沟矿合并为现在的乌东煤矿。

矿区煤层均有自燃发火危险性，一般发火期为 3～6 个月，有记载的最短发火时间仅仅只有 28 天，煤层具有爆炸危险性。

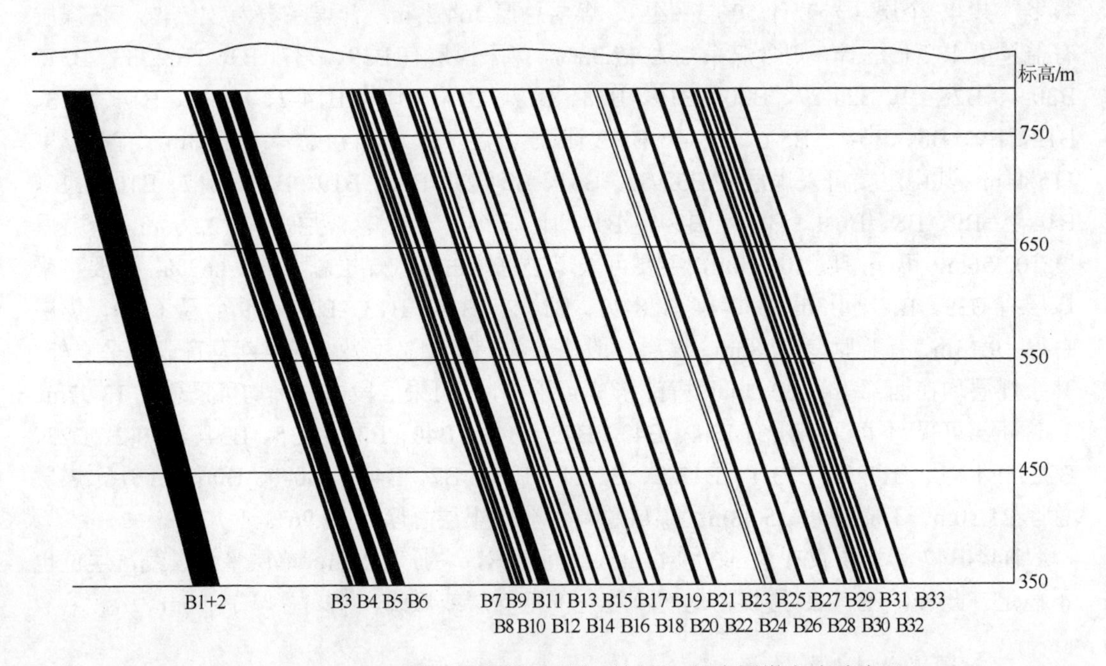

图 13.1 乌鲁木齐矿区六道湾煤矿急斜煤层群典型剖面（据中国煤炭地质总局，2017）

（二）青海省木里煤田江仓矿区

江仓矿区是青海最大的煤矿区，位于刚察县城西北 116km 处，大通河上游南侧，交通不便，海拔 3800m 左右，为中低山，气候严寒。矿区东西长 18km，南北宽 5km，面积 $90km^2$，由一个井田和一个勘探区组成。含煤地层为侏罗系中下统砂页岩及泥岩互层，夹薄层油页岩。

侏罗系中下统的窑街组（$J_{1-2}y$）为区内含煤地层，共含煤 20 层（组）。岩性主要为一套陆相的河流相、湖泊相、沼泽相、泥炭沼泽相的粗砂-粉砂岩及泥岩夹煤层的岩性组合。矿区属高原低山、丘陵地形，海拔为 3810～3910m，属典型的高原大陆性气候。依据含煤特征、岩性岩相组合、植物化石组合、碎屑和岩屑成分及胶结物特征，可将江仓含煤建造岩性分成上、下两个含煤岩性段及顶部砂泥岩岩性段三个岩性段。

侏罗系中下统下含煤岩性段（$J_{1\text{-}2}y^1$）：上界为 10 煤顶板粗砂岩，下界为上三叠统默勒群（TM）灰绿色砂岩、含砾砂岩之顶界面，局部地段为大西沟组（J_1d）的杂色泥岩、砂岩互层岩组。该段以河床、河漫相为主的灰色、灰白色砂岩，灰色、灰黑色粉砂岩、泥岩及菱铁矿结核等，含煤 9 个层组。该段内富产植物化石，16～20 号煤层间亦有叶肢介化石，厚 186～298m，一般为 280m。该岩性段为矿区内主要含煤段。

侏罗系中下统上含煤岩性段（$J_{1\text{-}2}y^2$）：上界为灰色-灰黑色互层状细砂岩，底界为 10 煤底板，以湖泊相粉砂岩为主，次为河漫相细砂岩、粉砂岩和黑色泥岩，夹数层油页岩及河床相灰白色中砂岩，煤层底板往往见有不规则菱铁矿结核，含煤 10 层组。底部为厚层灰白色粗-中粒砂岩，富含植物化石，并见有叶肢介动物化石，厚 235～356m，一般为 320m，为区内次要含煤段。

侏罗系中下统顶部砂泥岩性段（$J_{1\text{-}2}y^3$）：上界为享堂组（J_3x）灰白色粗砂岩，底界为上含煤段粉砂岩。上部为深灰色、灰黑色、赤紫色、赤灰色等杂色泥岩，粉-细砂岩及其互层，夹薄层中砂岩；下部为灰白、灰-灰黑色粉-细砂岩及其互层，夹泥岩及中砂岩薄层；底部 1～3m 的砂岩体中皆含泥岩及粉砂岩包裹体。

江仓矿区含煤面积约 50km^2，发育煤层共有 20 层，平均总厚 45.18m。可采煤层为 4、6、7、8、10、12、13、15、16、20 计 10 层，总厚 32.16m。煤层倾角为 50°～70°，属于急倾斜煤层。最大埋深达 1600m，各煤层间隔 2.35～108.49m，可采煤层中除 4、6、12 层结构简单，多数煤层结构复杂。区内最主要可采煤层为 16 号和 20 号煤层，16 号煤层厚 0.66～7.89m，20 号煤层厚 1.47～81.75m，具厚度大、稳定性好的特点。主要可采煤层 16 号和 20 号煤层的厚度、结构及其变化规律如下。

16 号煤层：距 15 号煤层 6.49～51.99m，东部间距略大于西部，厚 0.66～7.89m，平均 3.95m，结构复杂，含夹矸 0～6 层，夹矸最大厚度为 2.55m。顶板多为泥岩，夹矸及底板为泥岩、粉砂岩。

20 号煤层：距 16 号煤层 8.24～108.49m，间距为 60～70m，厚 1.47～81.75m，平均 18.20m，结构复杂，含夹矸 0～24 层，最大厚度为 10.84m。北端由上、下两分层组成，顶板为泥岩或粉砂岩，夹矸多为泥岩或炭质泥岩，底板为细砂岩或粉砂岩。

综观含煤性变化情况，江仓矿区可分为上、下两个含煤段，其与上述的含煤岩性段相一致。上含煤段共 10 个层组，其中 3 个层组全区可采，其余 7 个层组局部可采；下含煤段含 9 个层组，其中 5 个层组全区可采，其余局部可采。从上下含煤段含煤系数、可采含煤系数（K）、含煤密度（P）来看，下含煤段均好于上含煤段。全区最主要可采的 16 号和 20 号煤位于下含煤段的下部。

第三节　侏罗系特厚煤层开采方法综述

厚煤层除露天开采之外，在 20 世纪 80 年代中期以前，我国对厚煤层开采均采用分层开采。当时厚煤层的开采技术、装备、理论也都是针对分层开采的，由于分层开采巷道布置和生产系统复杂，人工假顶铺设和管理难度大，同时存在安全条件差和生产成本高等很多不利因素，因此我国厚煤层分层开采方法在进入 20 世纪 80 年代中期以后逐渐被放顶煤和大采高一次采全厚开采方法取代。目前，我国厚煤层中大采高开采技术与放顶煤开采技术并存。

大采高开采技术在早期由于受到支架、采煤机和运输机等设备制造水平的限制，加之设备运输困难、投资多，因此大采高开采技术的推广和应用发展缓慢。近年来，随着大采高开采技术的设备制造水平和质量的提高，以及相关技术问题的解决，加之煤矿企业经济效益好转，大采高开采技术一次采全厚开采方法已成为我国 3.5m 以上厚煤层实现高效开采的主要选择技术，在内蒙古、陕西、山西等矿区条件适宜的近水平厚煤层、缓倾斜厚煤层中取得了良好效果。

由中国煤炭科工集团有限公司等多家单位通过联合攻关，自主研发了 14～20m 特厚煤层开采关键技术及装备，机采高度由现在的 3.5m 提高到 5m，首次在全世界实现了井工煤矿 14～20m 特厚煤层安全、高效、高回收率一次开采。在同煤、大唐、塔山煤矿工作面资源回收率一直保持在 90%以上，采区回收率保持在 75%左右，达到了国内特厚煤层回收率的最高水平，荣获“2014 年国家科学技术进步奖一等奖”。

以王家山煤矿为代表的倾斜煤层（倾角 30°～51°，平均 45°）长臂综放开采，采用工作面非直线布置方法，实现了倾斜煤层的综放开采。

以乌东煤矿为代表的急倾斜（45°～87°）煤层水平分段综放开采技术，实现了乌鲁木齐矿区急倾斜特厚煤层安全高效开采与矿区快速建设，建成国内第一个急倾斜特厚煤层综放开采自动化控制工作面，第一个急倾斜煤层千万吨矿井，在发展现代放顶煤技术中走在我国煤炭行业前列。

可以说，通过不断努力提高设备配套的生产能力和开采技术的创新能力，我国的综采放顶煤开采技术目前处于世界领先水平。

结合归纳出的我国西北地区五类侏罗系煤层：侏罗系近水平特厚构造简单煤层、侏罗系缓倾斜特厚高瓦斯煤层、侏罗系缓倾斜特厚地表露头煤层、侏罗系倾斜特厚构造复杂煤层、侏罗系急倾斜特厚构造复杂煤层，以各自煤层的资源禀赋特征，概括出针对性的开采方法。

一、近水平特厚构造简单煤层开采方法

大南湖一号矿井井田中心北距哈密市区约 84km，距南湖乡约 45km，地理坐标为北纬 42°17′35″～42°23′56″，东经 92°58′01″～93°03′50″。大南湖一号矿井东起 29 线，西至 13 线，北起 25 煤露头，南至 F1 断层，南北长平均 9.4km，东西宽 8km，面积约 75.28km^2。主要含煤层段含煤层共计 29 层，可采煤层 23 层。井田内地层产状平缓，倾角一般为 3°～13°，煤层平均厚度为 96.49m，地质储量为 54.14 亿 t，可采储量为 29.36 亿 t，设计生产能力为 1000 万 t/a，服务年限为 195 年。根据国能哈密煤电公司的产能安排，近两年矿井产能暂定为 500 万 t/a。矿井开拓方式为综合开拓，布置有主斜井、副立井、风立井，采

用综合机械化两翼开采。井田构造较简单，为一组走向近东西的宽缓褶曲，断层不甚发育，且无岩浆岩影响。

大南湖一号矿井总体构造较简单，构造形态以褶曲为主，褶曲走向近东西，由北向南主要有南湖北向斜（W2）、南湖背斜（M1）、南湖向斜（W1）、南湖南背斜（M2）等。断裂构造不发育，一采区内有 2 条落差 15～45m 的断层。区内产状平缓，地层倾角一般为 3°～13°，局部地段近水平，仅在南湖向斜南翼 17～23 线地层倾角相对较大，一般为 14°～26°。但在 13～17 勘探线之间有已关闭的小煤窑和火烧区。

该井田含煤地层为侏罗系中统西山窑组，共含煤 29 层，一采区内局部可采、大部可采及全区可采煤层共 6 层，煤层倾角为 3°～6°。

该矿井前期可采煤层为第一煤组的 3、5、6、7 煤层，初期投产的一采区，3 煤层可采厚度为 2.4～8.27m，平均 5.66m，不计算靠近冲刷边界煤厚异常的钻孔，平均厚度为 6.13m，煤层结构简单至复杂，含 0～4 层夹矸，属较稳定煤层。

5 煤层可采范围内厚度为 1.64～2.63m，平均厚度为 2.05m，煤层结构简单，含 0～1 层夹矸，可采范围主要在 17 线以东，属较稳定煤层。

6 煤层可采厚度为 4.96～7.71m，平均厚度为 6.5m，煤层结构简单，含 0～3 层夹矸，属较稳定煤层。

7 煤层可采厚度为 3.55～7.92m，平均厚度为 6.1m，煤层结构简单，含 0～2 层夹矸，属较稳定煤层。

一采区 3 煤层距 5 煤层的平均间距为 19.24m；5、6 煤层的平均间距为 13.75～23.07m，平均 15.89m，西部较小，向东逐渐加大；6、7 煤层的平均间距为 7.39m。

该井田的煤矿床是以孔隙、裂隙充水的矿床。地下水以微弱大气降水为主要的充水水源，补给条件差，含水层组富水性弱，单位涌水量在 0.1L/s·m 以下。煤系地层岩性多为泥岩、泥质胶结的粉砂岩为主，各含水层组水力联系甚差，矿井水补给条件差，但矿井正常涌水量为 168.6m^3/h，且井田内火烧区、老空区富水性较强，存在火烧区、老空水水害，根据《煤矿防治水规定》，井田水文地质条件按照中等类型设计。

根据该矿井初期采区开采技术条件和国内外采煤技术的发展，针对第一煤组中 3、6、7 煤层的赋存特点，同时考虑该矿井煤层平均厚度大于 5.0m 的共有 9 层，根据上述原则及初期采区开采技术条件，参照国内外厚煤层开采的高产高效生产经验，有综采放顶煤、一次采全高和倾斜分层三种采煤工艺可供选择。

根据该矿井煤层的赋存条件，煤层及顶底板软（属于三软煤层），采用大采高开采支架容易插底、大采高工作面围岩难以控制等因素，先期开采的 3、6、7 煤层平均厚度均大于 6m，煤层及顶底板比较软，裂隙比较发育，为了少丢煤和更安全可靠、高产高效地生产，采用综采放顶煤采煤工艺。对于平均厚度小于 4.0m 的煤层（如 5 煤层）可采用一次采全高采煤工艺。该矿井下部各煤层平均厚度均在 10.2m 以下，采煤方法可参照第一煤组，小于 4.0m 的煤层可采用一次采全高采煤工艺，其余的采用综采放顶煤采煤工艺。

以矿井 1303 工作面为例，1303 工作面位于一采区西翼，3 煤胶带机大巷以西 2075m 范围内，西距老窑防隔水煤柱 27m，东距 1301 开切眼 545m，北距 1301 工作面采空区 18.6m，南为下区段 1305 工作面，尚未开采。井下标高 + 148.0～ + 233.0m，采面走向可采长度 1937m，倾斜长 240m，为一采区西翼第二个采面，上区段 1301 工作面于 2013 年 8 月回采完毕。上覆 1、2 煤层及下伏 5 煤未开采。

1303 工作面是综采放顶煤工作面，开采侏罗系中统西山窑组 3#煤层，上覆煤层为 1#、2#煤层不可采，3 煤层上距 2 煤层 11.37～67.91m，平均 33.8m；下距 5 煤层 7.16～63.64m，平均 20.5m，结构简单至复杂，含夹矸 3～6 层，夹矸厚度为 0.03～0.25m。煤层厚度为 6.2～8.9m，平均厚 6.3m，为较稳定至稳定煤层。煤层倾角 7°～16°，平均 9°。

本区域 3 号煤层顶板岩层为极不稳定围岩，为Ⅳ类、Ⅴ类围岩。煤层顶底板岩石测试力学强度较低，工作面煤层顶底板情况见表 13.7。

表 13.7　煤层顶底板情况表

顶底板	岩石名称	厚度/m	岩石特征
老顶	粉砂岩、泥岩、粉砂质泥岩，中夹煤线	3.62	泥岩、粉砂岩多为灰色-灰白色，层理明显，参差状断口，遇到外力作用易变形，局部裂隙发育，冒落性好
直接顶	泥岩、粉砂质泥岩、粉砂岩，中夹煤线	2.89	
伪顶	炭质泥岩	0.01～0.03	岩石力学强度小，极易破碎，随采随落
直接底	炭质泥岩、泥岩	1.85	岩石力学强度小，遇水泥化
老底	粉砂岩、局部细、中砂岩，夹煤线	2.70	质地较硬，属半坚硬岩石，局部裂隙发育

1303 工作面采煤层为 3 煤（图 13.2）。煤层厚度为 6.2～8.9m，平均厚 6.3m，属稳定至较稳定煤层。根据工作面较好的煤层赋存条件、设备配备及技术管理水平，确定 1303 工作面采煤工艺选用综采放顶煤采煤工艺，其中采煤机割煤高度为 2.8m，放煤高度为 3.5m，采放比约为 1∶1.25，循环进尺 0.8m，按“双轮放煤工艺”正规循环作业，放煤步距为 0.8m。

工作面采用液压支架支护，双滚筒采煤机割煤，依次由刮板输送机、转载机、皮带输送机运煤，从而实现落煤、装煤、运煤、支护、采空区处理的综采工作面全部工作流程。工作面中部采用 133 部 ZF10000/20/32 型低位放顶煤液压支架支护顶板。

1303 工作面上端头采用 3 部 ZFG10000/22/36H 型过渡支架，当最后一架过渡支架与巷帮间距大于 1000mm 时，在空顶处打设一字铰接顶梁配合单体支柱进行支护，柱距 1200mm，间距 500mm。上端头沿后溜后沿打设一排密集支柱配合一字铰接顶梁加强支护，铰接顶梁沿工作面方向铰接，柱距不大于 400mm，戗柱间距不大于 1.0m，戗柱角度为 75°～80°。

1303 工作面下端头采用 3 部 ZFG10000/22/36H 型过渡支架及 1 部 ZT15780/20/36 型端头支架，对下端头进行支护。当端头支架与巷帮间距大于 1.2m 时，在空顶处从切顶线位置，距巷道下帮 500mm 位置打设一排铰接顶梁配合单体支柱，对下端头进行加强支护。

地层时代				柱状	层号	厚度/m 两极厚/平均厚	岩性
界	系	统	组				
中生界	侏罗系	中侏罗统	西山窑组	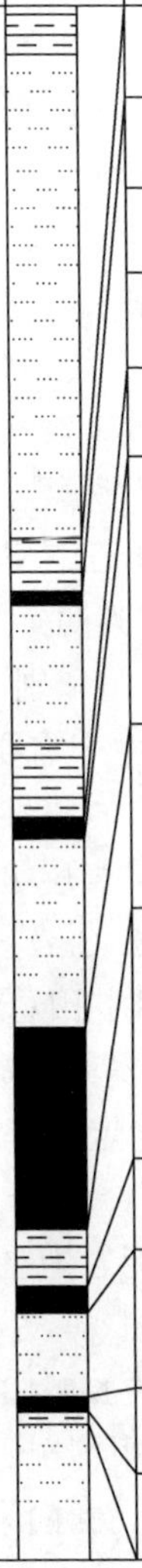		0.99～2.43/1.71	泥岩，灰黑色，块状，局部夹有植物化石及煤线
						0.39～0.5/0.44	煤，黑色，块状，质轻易碎，沫状，参差状断口
						2.55～5.47/4.51	粉砂岩，灰黑色，块状，粉砂质结构，含炭屑及煤屑
						1.30～3.36/2.33	泥岩，灰黑色，块状，局部夹有植物化石及煤线
						0.77～0.65/0.71	煤，黑色块状，质轻易碎，沫状，参差状断口
						5.79～6.38/6.08	粉砂岩或泥岩，灰色、灰黑色，中夹薄层泥岩、中砂岩。泥质-钙质胶结，粉砂状结构，具微波状-水平层理
						6.20～8.90/6.51	3煤，黑色，沥青光泽，参差状断口，裂隙较发育，夹1～3层薄层泥岩，煤厚为西厚东薄
					4	1.64～2.06/1.85	泥岩-粉砂岩，灰色，泥质胶结，具微波状-水平层理。1303工作面西部以泥岩为主，至东部逐渐相变为粉砂岩
						0.67～1.06/0.86	4煤，黑色，块状，属半暗型煤
						2.50～2.90/2.70	粉砂岩，灰色，灰黑色，中夹薄层细砂岩，泥质-钙质胶结，粉砂状结构
					5	0.38～0.60/0.49	煤，黑色，块状
						0.40～0.43/0.41	炭质泥岩，黑色，块状，局部夹植物化石

图 13.2　1303 工作面综合柱状图

二、缓倾斜特厚高瓦斯煤层开采方法

屯宝煤矿地处乌鲁木齐—昌吉区域，位于昌吉市准南煤田硫磺沟矿区。井田各煤层属低水、低中灰、高挥发分、特低-低硫、高发热量、低变质长焰煤（41CY）和不黏煤（31BN）特征，是良好的民用煤及工业用煤，也可作为低温干馏用煤的原料。乌鲁木齐—昌吉区域是自治区天山北坡经济带的中心区，经济发展速度快，工业行业集中，位于全疆前列，是新疆煤炭生产和消费量最大的区域，也是神新能源公司传统的产销基地。

屯宝煤矿设计能力为 120 万 t/a，主要系统留设 500 万 t/a 的能力。井田东南 2.5km 外沿头屯河西岸有沥青公路（由庙尔沟至硫磺沟）通过，并与 101 省道和 104 省道相接。向东 42km 至乌鲁木齐市；东北距乌鲁木齐火车西站 28km，距八一钢铁厂 22km；北距昌吉市 44km 均有沥青公路相连。规划的屯宝铁路专用线起于兰新线芨芨槽子车站，沿硫磺沟左岸阶地，经过硫磺沟镇直达屯宝煤矿，矿井对外交通便利。

屯宝煤矿为高瓦斯，矿井瓦斯储量相当丰富，瓦斯总储量为 167394.8Mm^3，可抽储量为 50218.43Mm^3。根据矿井瓦斯梯度变化到 + 450m 水平时瓦斯含量将逐步增大。为保证矿井深部水平的正常回采，必须在开采前对深部水平进行瓦斯治理，保障深部水平的安全生产。

矿井采用斜井-集中石门开拓方式，设有主、副、风三个井筒，主、副斜井设置于工业场地之内，回风立井布置在井田浅部中央。井下共划分两个开采水平，一水平标高为 + 850m，二水平标高为 + 600m。井下煤炭实行胶带输送机连续化运输。目前，矿井生产集中在一采区。采掘机械化装备为一个综合机械化采煤工作面，一个综合机械化掘进工作面和二个普通掘进工作面。采煤方法为走向长壁全部冒落法。矿井的通风方式为中央分列式，主、副斜井进风，回风立井回风。地面原煤分为四级，煤炭对外运输采用汽车运输。

矿井现生产井下主要巷道为 + 850m 水平主石门和副石门，两石门平行布置，间距 35m。已有的井下大巷及石门已满足矿井 5.00Mt/a 生产需要。

井田内可采煤层（组）由上而下依次为 4-5 号、7 号、9-10 号、14-15 号。其中 4-5 号煤层（组）可分为 4、5 号煤层两个分层；14-15 号煤层（组）可分为 14-1、14-2、15-1、15-2 号煤层四个分层。井田可采煤层总厚 31.23～46.48m，平均总厚 38.24m。根据新疆准南煤田昌吉市硫磺沟矿区四号井田勘探报告提供的四井田总资源量为 97840.84 万 t，其中探明内蕴经济资源量（331）为 14025.5 万 t，控制的内蕴经济资源量（332）为 35090.25 万 t，推断的内蕴经济资源量（333）为 48725.09 万 t。稳定和较稳定煤层占矿井能利用储量的 80.99%。9-10 号煤层倾角 15°～18°，平均 17°。

井田煤层顶底板岩性多以粉砂岩、泥岩和炭质泥岩为主，煤层顶底板饱和状态下单向抗压强度一般为 5～30MPa，属较软岩类。

以屯宝煤矿 I01091002 综放工作面为例，开采的 M9-10 煤层平均厚度为 8.76m。煤层坚硬系数 f 值不大于 1.5，顶煤期顶板易冒落，顶底板情况见表 13.8，适合放顶煤的要求。1193 下运巷为进风巷并兼做运煤巷，长度为 1301m。断面为矩形，宽 4.7m、高 3.3m，采用锚杆、锚网、锚索、钢带支护。帮锚杆间排距为 1000mm×1000mm，顶锚杆间排距为 900mm×1000mm，顶板锚索间排距为 2000mm×3000mm。

表 13.8　煤层顶底板情况

顶板名称	岩石名称	厚度/m	岩石特征
老顶	粉砂岩	大于 2.00	灰白色，厚层状，中硬，泥钙质胶结，层理明显，易被地下水溶解，岩石强度低
直接顶	粉砂岩	0.5～1.0	灰色，中硬，泥钙质胶结，层理明显，易被地下水溶解，岩石强度低
直接底	泥质粉砂岩	0.1～0.5	灰色，松散，泥质胶结
老底	粉砂岩、细砂岩	5.5	灰白色，块状，中硬，泥钙质胶结，易被地下水溶解，岩石强度低

按采煤机割煤高度 2.8m 计算，顶煤厚度平均 5.96m，采放比 2.8∶5.96 = 1∶2.13。从煤层厚度和采放比来看，M9-10 号煤层适合后退式综合机械化放顶煤方法回采，顶板管理采用全部垮落法。

根据该工作面实际情况，工作面选用工作阻力≥4944kN 支架。工作面安装 100 架 ZF5600/19/38 型放顶煤液压支架、27 架 ZF5000/17/35 型放顶煤液压支架和 6 架 ZFG5600/19/35 型放顶煤过渡液压支架，支架中心距为 1.5m，工作面在正常工作时期采用支架有效地支撑顶板、支护煤壁，防止冒顶及控制煤壁片帮等事故，满足顶板支护的要求。工作面设备配置见表 13.9。

表 13.9　工作面设备配置

序号	名称	型号规格	单位	数量	生产厂家
1	采煤机	MG300/700-QWD	台	1	上海创立矿山设备有限公司
2	刮板机（前、后溜）	SGZ730/2×315	台	2	
3	液压单体支柱	DW28-330/100	个	60	
4	液压单体支柱	DW28-280/110	个	60	
5	液压单体支柱	DW31.5-200/100	个	60	
6	液压单体支柱	DW45-200/110	个	30	
7	刮板机（转载机）	SZZ800/160	台	1	
8	903 顺槽带输送机	DSJ100/120/2×160	台	1	新疆煤机公司
9	903 石门带输送机	DSJ100-100/2×90	台	1	新疆煤机公司
10	破碎机	PLM1500	台	1	
11	液压支架	ZF5600/19/38	架	100	郑州煤机公司
12	液压支架	ZF5000/17/35	架	27	郑州煤机公司
13	液压过渡支架	ZFG5600/19/35	架	6	郑州煤机公司
14	超前支护液压支架	ZCH12164/20/38	架	2	林州重机集团股份有限公司
15	乳化液泵站	BRW315/31.5X4A	套	2	
16	无极绳牵引绞车	SQ-90 型	台	1	北京中纺锐力机电有限公司
17	回柱绞车	JH-20	台	2	
18	回柱绞车	JH-14	台	1	

工作面放煤步距 1.2m，割煤回采率 95%，放顶煤回采率 75%。放煤方法采用多轮、间隔、顺序、等量放煤，即先按 1、3、5、7……号支架顺序放煤，再按 2、4、6、8……号支架放煤，反复多次放煤，每次放煤量不宜过大，时间不宜超过 5min，放煤口出现矸石时应停止放煤。根据矿井综采放顶煤开采经验确定放煤步距 1.2m（滚筒截深 0.6m），即“二采一放”采煤工艺。

其主要工艺流程为：生产检修→割煤→移架→推前溜→拉后溜→割煤→移架→推前溜→放煤→拉后溜。

依据 9-10 号煤层瓦斯涌出特点和参数及邻近工作面开采时瓦斯涌出情况分析，结合 I01091001 综放工作面开采瓦斯治理取得的成功经验，确定对 I01091002 综放工作面的瓦斯治理采取边采边抽的采空区抽放方案。工作面回采前，自回风巷钻场向采空区打钻孔抽放采空区的瓦斯。

1. 钻井井场情况

1）钻场施工规格

5.0m×2.8m×4.5m（深×高×宽），钻场底板比回风巷底板高出 1.2m。

2）钻场施工位置

在回风巷开采帮布置钻场，钻场间距 90m 左右。

3）钻场支护

支护为锚网，锚杆间排距 1.0m，锚杆为 2.2m×Φ18mm 无筋螺纹钢，使用冷拔丝金属网。每排顶板锚杆 6 根，每侧帮锚杆 3 根，顶锚杆 3 支锚固剂，帮锚杆 2 支锚固剂，锚固剂型号为 CK2335。网与网搭接处每间隔 0.2m 用 14 号铁线连接。

2. 钻孔情况

1）施工参数设计

依据 I01091001 综放工作面瓦斯治理经验，工作面正式回采后，在钻场内布置长距离、大直径高位抽放钻孔。钻孔的终孔点距综放工作面底板高度 40m，钻孔终孔点平面位置距回风巷开采侧帮 30m 以内。每个钻场布置 10 个直径 113mm，间距 0.3～0.6m 的钻孔，孔口以里 5m 扩为直径 133mm。根据工作面推进度，抽放钻孔施工必须提前一个钻场进行，钻孔长度超过前方相邻钻场 60m。

2）钻孔施工组织

钻孔施工由矿通风队主要负责，通风队下设钻孔施工班组，共 12 人，实行 4 班 2 运转。

3）钻孔施工机具

钻孔施工选用煤炭科学研究总院西安研究院的 ZDY4000S 钻机。

钻机技术参数：钻孔深度 350m，终孔直径 150～200mm，最大转矩 4000N·m，给进能力、起拔能力 150kN，泵电机功率 55kW。

3. 钻孔封孔与连接

钻孔打完后，孔口下直径 108mm 套管，每根套管长度 5.0m，套管与孔壁间用马丽散封严。煤孔时，封孔长度至少 5.0m。岩孔时，封孔长度至少 3.0m，孔口上堵盘，做到严密不漏气。需要连接抽放时，拆除堵盘用直径 108mm 骨架胶管将套管与汇合器连接，汇合器与支管路用直径 400mm PE 管连接。

4. 瓦斯抽放管路选择和布设

依照抚顺煤科院提交的《屯宝煤矿煤层瓦斯抽放设计》，瓦斯抽放主管路外径 500mm 的 PE 管，支管路外径 400mm 的 PE 管。

工作面管路布设路线：地面瓦斯泵房—立风井—＋997m 总回风巷—＋1007m 回风石门—专用回风上山—＋968m 区段石门—I01091002 回风巷。

抽放管路在上、下巷的巷口处各安设一个支管路阀门，在抽放钻场外的支管路处安设孔板流量计和负压表。每个抽放钻场处，预留一个管路三通。根据钻场的抽放进度，及时前移孔板和负压表至最前方的抽放钻场前，进行支管路的流量测定。

5. 抽放管路放水器安设

巷道的低洼点和变坡点处，必须安装放水器，每个放水器离地高度要大于 30cm，上架管理。

6. 抽放泵选型

选用 ZWY260/315-G 型瓦斯抽放泵，最大抽气量 260m^3/min，能够满足抽放瓦斯的需要。

7. 瓦斯抽放泵房

在距立风井井口 58m 外为瓦斯抽放泵房，建筑面积 550m^2。

8. 钻场的交替

（1）当钻场距工作面 10m 时，废弃该钻场，以保证抽放到高浓度的瓦斯。

（2）钻场内钻孔施工完毕后，即对钻场内的钻孔连接进行瓦斯抽放。

（3）钻场废弃时，钻孔用马丽散加固剂进行封堵，防止孔内瓦斯涌出到钻场内。

（4）废弃钻场门口设一个全断面栅栏，并悬挂“禁止人员入内”的警示牌。

9. 监测监控

（1）瓦斯抽放泵房内安设甲烷传感器，检测泵房内的瓦斯浓度，瓦斯浓度≥0.5%时，切断抽放泵电源。传感器复电浓度＜0.5%。

（2）在抽放管路上安装瓦斯传感器、一氧化碳浓度传感器、压力表、水柱计和孔板。

（3）在抽放泵安设缺水自动断电装置，当进入抽放泵体内水量减少或水压不足时，自动停止抽放泵运转。

（4）打钻的钻场内，设置甲烷传感器。

10. 瓦斯抽放系统管理措施

（1）瓦斯检查工对抽出的混合气体浓度进行检查和汇报，每 15min 检查汇报一次。

（2）抽放期间，经常检测管道内的气体浓度，每 10d 对抽出的气体进行 1 次检测分析。

（3）瓦斯抽放期间，必须指派专人对抽放管路进行巡回检查，发现管路泄漏必须立即停机处理直至正常。

（4）瓦斯抽放工必须按照规定巡回检查抽放泵的运行情况，仔细观察电机轴温、抽放量、抽放浓度、负压等情况，发现问题立即汇报调度室，并采取措施进行处理。

(5)瓦斯抽放工必须由经培训考试合格，取得上岗资格证的人员担任，并严格按照《瓦斯抽放泵操作规程》操作。

(6)在地面泵房设一台与矿调度能直通的电话。抽放泵上必须装负压表、水压表、停水断电传感器。吸气管路上必须装孔板流量计、玻璃U形管压差计。

(7)在巷道的低洼处要加设一个“三通”管和放水器，放水器与抽放管间必须有阀门。

(8)抽放管路跨巷道或拐弯处必须制作管弯头，过巷道采用U形管贴巷道顶板通过。拐弯拐角超过45°以上处必须制作弯头通过。

(9)通车巷道内抽放管路距地面高度≥1.8m，每隔3m用直径≥5mm钢丝绳或卡子固定在巷帮上，要求吊挂平直，变坡处平缓过渡。

(10)每隔500m安装一个阀门、流量计、负压表。

(11)瓦斯管路铺设完毕后必须进行漏气打压试验。给管路打1.5MPa正压，持续时间24h，则管路为合格。

三、缓倾斜特厚地表露头煤层开采方法

神华新疆能源有限责任公司准东露天煤矿是一座新建的大型现代化露天煤矿。露天煤矿所采煤层为卡拉麦里山中生代侏罗系西山窑组煤系，开采面积24.21km^2，采区范围内煤层平均厚度为65.38m，可采储量为17亿t。煤质具有特低灰、低硫、高热值等特点，是优质的工业动力用煤、气化用煤和民用煤。

准东露天煤矿设计年生产能力为2000万t，投资总额为58.6亿元，2011年达到2000万t生产能力。露天矿由采场生产系统、地面生产运输系统、筛分系统、铁路专用线、供电、供水、生活服务等系统设施组成。露天矿一期生产剥采比为2.41m^3/t，全区平均剥采比为3.14m^3/t。设计结合煤层的赋存特点，确定浅部首采区、二采区深部宽度为1200m，三采区按1200～1500m。

露天矿采用煤层底板拉沟，移动坑线的开拓方式，经可研阶段经济技术比较，采煤采用单斗电铲-汽车-半固定破碎机-井巷输煤半连续开采工艺。剥离采用单斗电铲-自移式破碎机-胶带输送机-排土机半连续工艺与单斗电铲-汽车开采工艺组成的联合开采工艺。

四、倾斜特厚构造复杂煤层开采方法

甘肃靖远煤电股份有限公司王家山矿为省属国有重点煤矿、靖煤集团的骨干矿井，于1982年12月30日正式成立，井田走向长8.5km，倾斜宽3.5km，煤田总面积25km^2，探明地质储量4.2亿t，前期开发煤田北翼浅部（1550m水平以上），设计五对片盘斜井开拓，自东向西依次为一、二、三、四、五号井。五对矿井从1982年12月至1992年9月陆续建成投产，2000年11月三号井并入二、四号井，随后五号井由于资源枯竭和为了阻隔地方小窑向井田深部延伸而关闭，目前全矿保留三对矿井生产。

矿井主采中侏罗系煤层两层（其中二层煤厚7～30m，平均20m，四层煤厚10～35m，

平均 25m），煤层倾角 28°～55°，平均 41°，属倾斜特厚易燃煤层（自燃发火期为 3～5 个月，最短为 28 天，煤尘具有爆炸性），为低灰、低硫、低磷、高发热量的不黏结优质动力和民用煤。

矿井投产以来，针对煤层倾斜特厚的赋存特点，先后进行了三次采煤方法改革，由最初的正倒斜切分层开采到水平分层摩擦支柱、滑移支架放顶煤，到目前的水平分层综采放顶煤和大倾角走向长壁综采放顶煤。轻放工作面主要分布在一、二号井，大倾角走向长壁综采放顶煤工作面主要分布在四号井。

大倾角走向长壁综采综放工作面的布置方式较为特殊。两顺槽分别分布在顶板侧、底板侧。顶板侧通常为运输顺槽，底板侧通常为回风顺槽。工作面呈 J 形布置，其长度通常为 90～110m。要求两顺槽按照中线掘进，运输顺槽紧靠顶板而回风顺槽紧靠底板。工作面采用“顶板-降坡段-底板”的非直线布置方式，防止了装备下滑、倾倒，实现了工作面快速稳定推进，保证了工作面下端头安全。

合理地选择一套能够实现防倒、防滑、抗偏载、抗扭性强的液压支架，直接关系到大倾角综采能否实现安全高效开采。2003 年，靖远煤业集团公司王家山煤矿 44407 工作面采用 ZFQ3600/16/28 型四柱支撑掩护式低位放顶煤液压支架，在倾角 38°～49°的大倾角特厚易燃煤层进行了工业性试验并获成功，首次采用工作面下部圆弧段（“顶板-降坡段-底板”）布置方式，解决了大倾角综采放顶煤工作面下端头设备配套与安全的技术难题。44407 工作面长 115m，平均倾角 43.5°，存在 4 条断层，采高 2.6m，放顶煤高度 12.9m，采放比 1∶5。根据工作面实际情况确定工作阻力为 3600kN，支架质量降至 12.3t，窄顶梁结构和全长加宽（400mm）双侧双活侧护结构加大了支架调架范围，同时可有效防止支架倒架、挤死、悬架，可适应工作面起伏变化。160mm 缸径的推移千斤顶倒向安装提供了较大的拉架力。100mm 缸径的侧推千斤顶及带防滑梁的双调底座千斤顶实现了支架主动防滑和调架功能。在 3 个月的工业性试验期内，工作面支架性能基本良好，工作面生产原煤 19.29 万 t，平均月产 64304.3t，采出率 82.27%。

五、急倾斜特厚构造复杂煤层开采方法

急斜煤层是指赋存角度 45°～90°的煤层。由于煤层赋存角度大（45°～87°），煤层宽度小，实际采煤工作面倾向长度就是煤层的水平宽度。为增大产量不得不通过加大放煤高度来实现，所以水平分段放顶采煤法一直是该类采煤方法的主导。乌鲁木齐矿区从 20 世纪 80 年代中期应用和研究水平分段放顶煤开采技术，随着采煤机械化的发展，放煤技术也经历了落后的仓储式放煤法、中深孔爆破放煤法、滑移顶梁放顶煤法，最后发展到机械化综采放顶煤法，即水平分段综合机械化放顶煤技术（图 13.3）。

现代放顶煤技术是从 20 世纪 80 年代中期引进、研究和发展的，在 30m 以上的特厚煤层开采中取得成功。放顶煤工作面采高为 3.0～3.5m，水平分段的高度为 15～30m，由于放煤高度、硬度大，支架上方顶煤除依靠矿山压力的作用并辅以顶煤弱化的手段，将支架上方处于整体状态的高阶段顶煤破碎成便于流动、放出的松散体，以提高顶煤的回收率，实现急倾斜特厚煤层的安全高效开采。

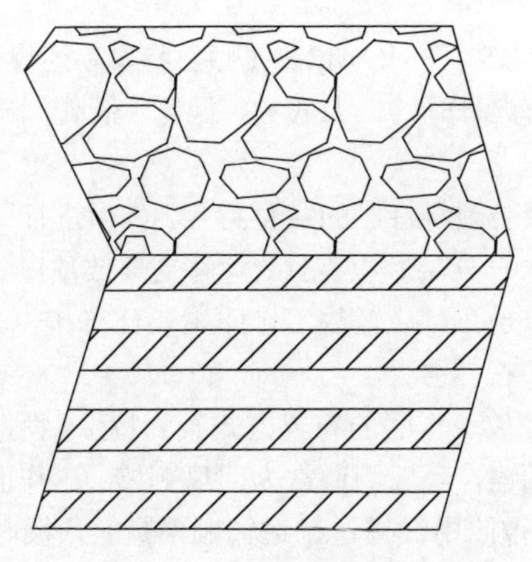

图 13.3　水平分段综放开采

根据可采煤层倾角、厚度、层间距、经济等因素，目前矿区主采 B1-2、B3-6 煤层，开采模式的优化分析表明（表 13.10），采用大段高水平分段综采放顶煤开采是减少工作面个数、降低掘进费用、提高生产效率的有效途径。

表 13.10　开采模式优化分析及对比

序号	开采方案或段高/m	工作面数/个	工作面走向长/km	顺槽数目/条	巷道掘进总长/km	备注
1	水平分层	120/2.5 = 48	4	96	384	煤柱自燃发火与采空区遗煤自燃
2	段高 10	120/10 = 12	4	24	96	
3	段高 20	120/20 = 6	4	12	48	
4	段高 30	120/30 = 4	4	8	32	

“大段高”综放开采技术是随着急斜煤层开采方法的逐步发展而逐渐成熟起来的。现将几种常用的急斜煤层采煤方法介绍如下。

（一）分层开采

急斜特厚煤层长期沿用的正规采煤方法是水平分层采煤法（图 13.4）和斜切分层采煤法，由于工作面长度短，都用单体支柱支护，每个分层高度在 2m 左右。每个分层分别沿顶板和底板布置运输平巷和回风平巷，掘进量大，分层间需铺金属网，或留煤柱，成本较高，基本已被淘汰。

（二）仓储采煤法

仓储采煤法是急斜煤层利用倾角大，煤炭可自溜的特点，将采落的煤炭暂留于已采空间内，待仓房内的煤体采完后，再有计划地依次放出存煤的采煤方法。这种采煤方法工艺

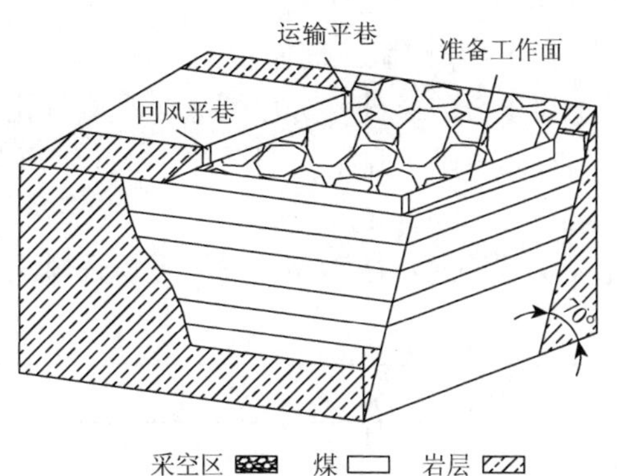

图 13.4 水平分层采煤法

过程简单，操作技术易于调整，由于工作面采落的煤炭大部分储存在仓房内，落煤和放煤工作可互不干扰，产量也容易控制。一般在区段内划分为若干个仓房，仓房高度一般在15～30m，区段高度一般在40～60m。仓房的宽度取决于顶板允许暴露的面积和时间，一般在8～10m。每个仓房内回采工作面采落的煤炭都要放出一部分（实体煤破碎而体积膨胀部分），保证人员能进入工作面作业，其余大部分碎煤留在采空区，作为工人进入工作面的立脚点，当顶板破碎时可适当进行支护。当到本仓的实体煤全部破碎后，再由溜煤口把仓房里的煤全部放空。新疆苇湖梁煤矿（煤层平均倾角67°）曾应用该方法进行开采。其一组、二组煤为厚煤层，巷道布置为沿煤层倾向上布置两个仓，在煤层走向和倾向上都留煤柱，一般煤柱宽4～6m。运输巷和回风巷布置在煤层底板侧，两个仓共用一条运输巷和回风巷，回采时先采顶板侧的仓房，后采底板侧的仓房（图13.5）。该方法曾主要应用于倾角50°以上，顶底板稳定的薄及中厚急斜煤层。由于回采率偏低，空顶范围大，顶板不易控制，同时人员一般位于松散煤体上作业，一旦下方放煤形成空洞，易出现掉仓情况，此种采煤方法自八十年代后逐渐被淘汰。

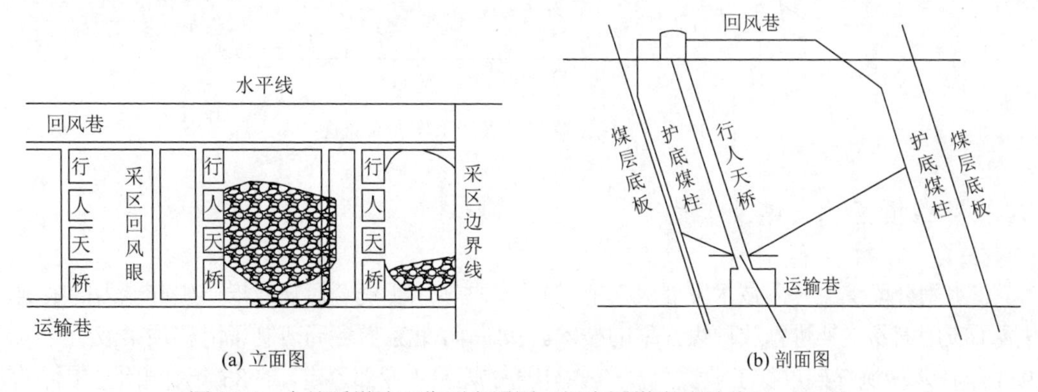

图 13.5 仓储采煤法工作面布置图（据中国煤炭地质总局，2017）

（三）中深孔爆破采煤法

中深孔爆破采煤法一般取阶段高度30～40m，走向上30m分为一带，工作面布置为每 6m 布置一个下煤眼，并在两个下煤眼之间布置两个深孔，孔要和上分层的回风巷打通（图 13.6）。装药时采取从上往下分段装药，分段爆破，一般每孔分 3 次装药，3 次爆破。在爆破第二段时，下一个孔的第一段才开始装药爆破，如此依次爆破，此采煤方法最主要是量孔装药，但第二段爆破完后，有时第三段就很少了，在装第三段时存在与采空区冒通的危险，属踏空作业，此采煤方法逐步被滑移顶梁放顶煤采煤法所代替。

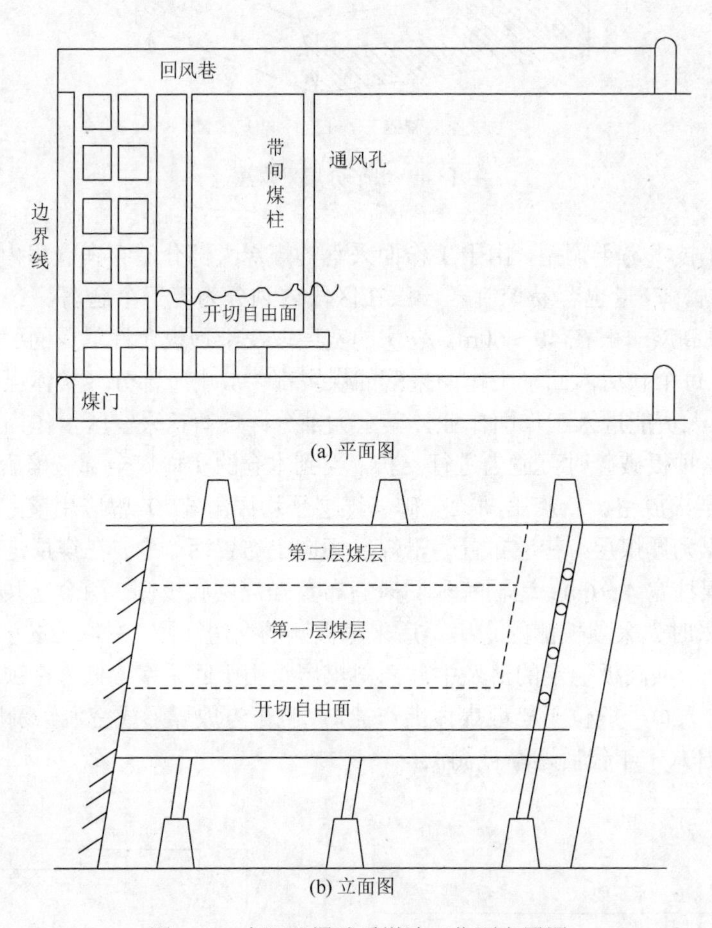

图 13.6　中深孔爆破采煤法工作面布置图

（四）滑移顶梁放顶煤采煤法

在水平分段综放开采技术发展成熟前，国内某些矿由于资金短缺或煤层生产能力的限制，发展了应用简易支架进行放顶煤开采的技术。1982 年，北京矿务局研制了滑移顶梁液压支架，1983 年在木城涧煤矿进行工业试验，1985 年通过煤炭工业部鉴定。1986 年甘肃地方国有华亭矿与甘肃煤研所合作试验应用滑移顶梁液压支架铺金属顶网水平分段放顶煤，取得成功，成为当时地方煤矿依靠先进技术改革采煤方法的典范（煤层倾角平均 45°，平均厚度 51.5m）。与此同时，甘肃煤研所还与靖远矿务局王家山煤矿合作，成功试验了滑移顶梁液压支架铺金属顶网水平分段放顶煤。王家山煤矿煤层倾角 50°～60°，煤层平均厚度 10m。至 20 世纪 90

年代初，这一技术在甘肃、新疆、内蒙古、湖南的许多开采急斜煤层的矿井应用。应用状况较好的如新疆苇湖梁煤矿，煤层倾角72°，平均厚度27m，月产量达到8000～10000t。设计时沿煤层垂高每8～10m分为一个小阶段，回采时从最上一个分层开始，在每个分层下部从开切眼处布置采高为2.0m左右的短壁工作面，工作面成水平布置（图13.7）。

工作面采用爆破落煤，采用HDY-1B型迈步式滑移顶梁液压支架支撑顶板，工作面每推0.8m左右，移一次支架，并在架后放一次顶煤，顶煤靠松动爆破进行破碎，在工作面向前推进过程中，采用预挂金属网托住顶煤，形成人工假顶，防止顶煤散落。工作面铺设刮板运输机担负工作面和顶煤的运输。但通过一段时期的应用，各矿认识到简易支架放顶煤很难形成较大的生产能力，滑移顶梁液压支架稳定性差，铺顶网不仅工序复杂，且材料消耗大，应用的矿井越来越少。

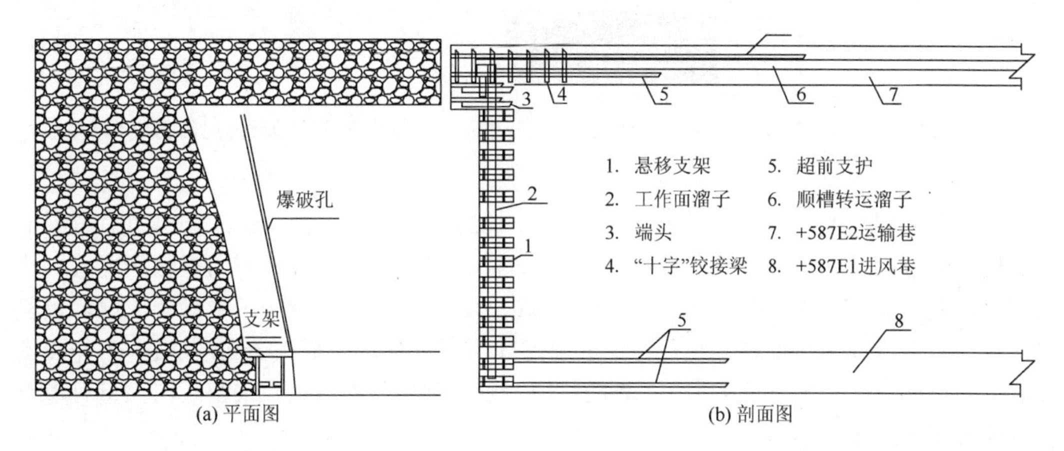

图13.7　滑移顶梁放顶煤采煤法工作面布置图（据中国煤炭地质总局，2017）

（五）巷道放顶煤采煤法

20世纪90年代，湖南理工大学的学者与一些现场合作，提出和发展了巷道放顶煤采煤法。这种采煤方法的特点是，巷道形成了完整的通风系统，工人在巷道作业，不进入开采空间。采煤依靠向开采空间布置炮眼，爆破松碎煤炭，从巷道开掘放煤口放出。该方法先后在梅田、开滦、淮南、资兴等局矿进行了工业性试验，取得了“三高、五低、一好”的显著效果，即单产高（为原来的150%～250%）、采出率高（80%～90%）、工效高（2～3倍）、掘进率低（降低50%～75%）、含矸率低、材料消耗低（降低50%以上）、成本低（降低30%～50%）、劳动强度低、安全条件好，因而在广东和河北都获得了科技进步奖。但工作面回采初期准备工作量大，结束时收尾工作量大，只是在条件适合的、顶底板稳定、煤层冒放性好的矿井，可推广应用该种采煤方法。

针对倾角60º以上和厚度20～50m的近直立特厚煤层，受煤层赋存条件制约，工作面最大长度为50m左右，实现高产高效难度大，只能在加大水平分段高度方面寻求突破。

从技术、经济及安全等方面统筹考虑，确定了采放比满足1∶8规定的大段高综放开采水平分段高度为25m（图13.8）。相对采放比1∶3规定，工作面搬家次数减少了1/2，巷道万吨掘进率降低55%，减少了生产成本，提高了开采效率。

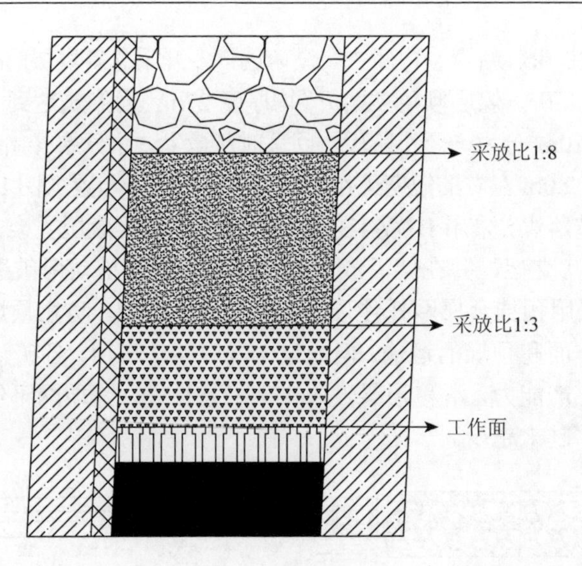

图 13.8　巷道放顶煤采煤法高水平分段综放开采示意（据中国煤炭地质总局，2017）

工作面分层高度为 25m，机采 3.5m，放顶煤 21.5m，采放比 1∶6.1，放煤步距 1.6m。采煤机完成进刀循环停机后开始放顶煤，放煤方法采用由底板向顶板方向多轮间隔式顺序放煤，即先按 1、3、5、7……号支架顺序放煤，再按 2、4、6、8……号支架放煤，反复多次放煤，每次放煤量不宜过大，每架放煤时间不宜过长，控制在 5min 左右。工作面支架后方不得放空，必须留有不少于 5m 的垫层，以防顶板突然冒落，采空区内大量有毒有害气体被压入工作面。

工作面采用超前预爆 + 注水软化 + 工作面补孔处理顶煤工艺。超前爆破煤体及顶底板岩石和煤层注水软化预裂煤体，辅助架间补孔的方式回采。后期在该分层准备工作面井巷工程施工和上分层工作面回采前，提前在本分层上方布置 1 条专用爆破巷，首先用其进行瓦斯抽放、煤层注水软化，之后再将其作为爆破巷，在上分层回采前对该分层进行预裂爆破。上分层回采过程中，利用采动应力再次对下分层预爆的煤体进行 2 次破碎，为后期连续回采创造条件。

工作面爆破采用乳胶基质炸药，在工作面北巷内扇形布置，孔径 *D*108mm，眼排距 4m，共计布置 8 个爆破孔；南巷布置 2 个爆破孔对顶板岩石进行处理，爆破孔排距 10m。工作面在南北巷距工作面煤壁 10～30m 内进行爆破。

根据煤层注水软化实施方案，从理论上确定注水软化的各项技术参数。遵照水力致裂软化技术设计指导思想，注水方式分三阶段。第一阶段采用沿煤层走向长距离软化关键层钻孔压裂浸透为软化主体方式，协调超前支承压力的破煤作用，完成顶煤的软化；第二阶段采用垂直煤层走向方式，通过回采巷道向顶煤布置扇形孔，协调超前支承压力的破煤作用，完成顶煤的软化；第三阶段通过支架反复支撑作用，实现工作面中部架后顶煤的破碎垮落，从时空道向顶煤布置扇形孔，协调超前支承压力的破煤作用，完成顶煤的软化；第四阶段通过支架反复支撑作用，实现工作面中部架后顶煤的破碎垮落，从时空整体上实现工作面的顶煤充分破碎和及时垮落。

1. 采煤工艺

采煤工艺流程：采煤机斜切进刀→割煤→移架→拉后部刮板运输机→推前部输送机→放顶煤→生产检修，具体步骤如下所述。

采煤机斜切进刀：采煤机在前部刮板机机尾进入割顶刀向机头方向推进，割机头位置停，将煤机滚筒切入底刀位置开动采煤机。由前部刮板机机头向机尾方向推进割底刀，并利用采煤机滚筒螺旋叶片旋转时自行装煤，两端头采用人工处理，采煤机截深 0.6m。

移架：采煤机在割顶刀同时，滞后 3m（两副支架）按顺序由前部刮板运输机机尾向机头追机移架，及时支护顶板，移架时，要求带压擦顶移架。当采煤机反向割底刀时推移前部刮板机，推刮板机时要求几副支架同时推移，以保证前部刮板机的弯曲度和推刮板机的推力。在推移前部刮板机的同时采煤机完成中部斜切进刀，直至前部刮板机、支架成一条直线，一个循环完成。下一循环则由机头向机尾移架推溜，保证前部刮板机、支架不上下窜动。

拉后部刮板运输机：移架完成后开始拉后部刮板运输机，拉刮板机时要求几副支架同时推移，以保证后部刮板机的弯曲度和推刮板机的推力，直至后部刮板机、支架成一条直线，一个循环完成。

放顶煤：在完成移架后，停机开始放顶煤，放顶煤方法由 B2 向 B1 方向多轮间隔顺序放煤，即先按 1、3、5……号支架放顶煤，再按 2、4、6……号支架顺序放煤，要求每次放煤量不宜过大，放煤均匀，放煤时间不宜过长，每架放煤时间 3～5min，放煤口出现矸石应停止放煤，处理完毕继续放煤。采煤机切割下部的松散煤体和人工放出的顶煤，分别利用前部刮板机和后部刮板运输机运至皮带巷转载机，再由皮带运出工作面到采区煤仓。采煤机割下的煤由采煤机旋转滚筒和铲煤板装到前部刮板机上运出工作面，对不能通过破碎机的大块，要采取停机人工处理。

生产检修：每班必须对设备进行维护，检修时间定在两班交接班时间，早班有 2h 检修时间，检修班必须对所有设备进行全面细致的检查和维护，跟班维修工要认真填写当班设备运转情况记录，当班发现问题及时处理。

2. 顶煤超前预裂工艺

顶煤超前预裂工艺：对现场施工预裂眼进行测设→加强预裂眼段支护→施工超前预裂眼（同时地面下放乳胶基质至工作面）→检查装药机→验孔→准备输药管路→制作起爆药包→准备炮泥→固定逆止器→注药→封孔→清洗输药管→标准化工作→回收乳剂基质箱→炮眼参数写实→爆破。

顶煤超前爆破孔由轨道巷向皮带巷，成扇形布置，其采用 ZDY-800 型液压钻机施工，当爆破孔采用乳胶基质炸药，爆破预先施工，以保证预裂爆破孔超前工作面 20m 以外爆破（采动影响区域以外）。

工作面采用 12 副 ZFY10000/22/40 中间支架、2 副 ZFG10000/29/38 过渡支架和 1 组（3 架）ZFT18000/23/38 型端头支架和 1 组（3 架）ZCH18000/23/38 型超前支架支护顶板，采用全部垮落法管理顶板。工作面南巷端头支护由端头支架和 20m 双排单体联合支护。

北巷超前支护采用超前支架加 20m 双排 DW31.5 型单体支柱和“一”字铰接梁顺巷道走向支护，柱距 1m，排距北、南巷 1m。单体工作阻力不得小于 90kN。南北巷采用锚网、钢带和锚索联合支护的方式进行顶板管理。

考虑到急倾斜煤层赋存条件复杂，瓦斯、动力等灾害均时常发生，制定了针对性的急倾斜煤特厚构造复杂煤层水平分段综放开采灾害防治方法。

乌东煤矿开采煤层为一向斜构造，共分为三个采区，分别为北采区、南采区、西采区，北采区位于向斜的北翼，南采区和西采区为向斜南翼，矿井主采煤层 B3 + 6 煤层和 B1 + 2 煤层。瓦斯总体分布情况北采区瓦斯含量较大，南采区瓦斯含量较低，西采区西翼瓦斯含量较大，东翼瓦斯含量较低。瓦斯参数测定结果如下所述。

北采区：B1-2 煤层的相对瓦斯压力在 + 500m 水平为 0.2MPa；B3-6 煤层 + 500m 水平为 0.35～0.38MPa；+ 400m 水平为 0.89～1.01MPa。B1-2 煤层的瓦斯含量 + 500m 水平为 2.75m^3/t；B3-6 煤层 + 500m 水平为 3.35～3.51m^3/t；+ 400m 水平为 5.59～5.96m^3/t。B1-2 煤层钻孔自然瓦斯流量衰减系数为 0.02～0.04d^{-1}；B3-6 煤层钻孔自然瓦斯流量衰减系数为 0.03～0.05d^{-1}。B1-2 煤层的透气性系数为 0.35m^2/MPa2.d，B3-6 煤层的透气性系数为 0.1m^2/MPa2.d。

西采区：B4-6 号煤层在 + 495m 水平 B3 运输巷 290m 处测点煤层标高 + 508m 处的瓦斯含量为 6.75m^3/t，钻孔瓦斯流量衰减系数为 0.048d^{-1}；在 + 495m 水平 B3 瓦斯抽放巷 300m 处测点煤层标高 + 505m 处的绝对瓦斯压力为 0.62MPa，煤层的瓦斯含量为 7.08m^3/t，透气性系数为 0.05676m^2/MPa2.d，钻孔瓦斯流量衰减系数为 0.021～0.010d^{-1}；在 + 495m 水平 B3 瓦斯抽放巷 500m 处测点煤层标高 + 505m 处的瓦斯含量为 7.10m^3/t，钻孔瓦斯流量衰减系数为 0.008d^{-1}。

1）瓦斯含量

从乌东煤矿地勘期间测定煤层瓦斯含量结果分析，沿煤层倾向上瓦斯含量随采深的增加而增大，当矿井瓦斯涌出量大幅度增加，再加上矿井开采强度的加大、老采空区的增多，矿井瓦斯涌出量将会有较大的增幅，靠通风方法无法解决工作面回风和上隅角瓦斯超限问题。因此，对乌东矿来说，为彻底有效地解决瓦斯问题，保证矿井的高效、安全生产，进行瓦斯抽放是非常必要的。急倾斜矿井瓦斯涌出构成关系如图 13.9 所示。

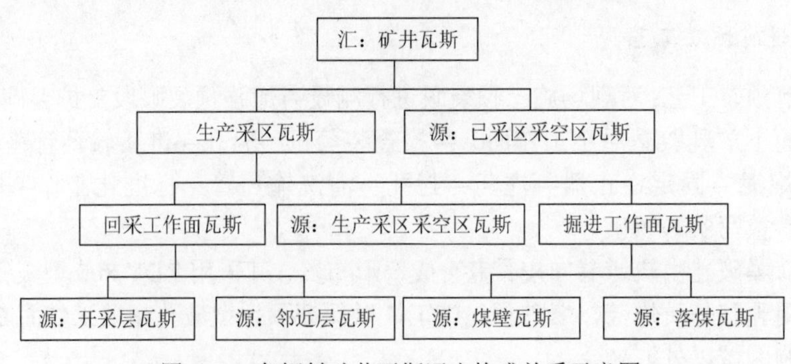

图 13.9　急倾斜矿井瓦斯涌出构成关系示意图

（1）建立完善瓦斯治理机构及制度

配齐人员，成立以矿长为组长、总工程师为技术负责人的“一通三防”管理机构，设置瓦斯抽放专业队伍，设置专职人员进行通风、瓦斯治理、监测监控、瓦斯地质、防火防尘等工作。进一步细化矿井瓦斯治理和安全生产责任体系，责任分解落实人，建立完善瓦斯防治各项管理制度并严格执行。

（2）完善通风系统，加强通风管理

严格落实以风定产方针，从设计、施工、验收到投入使用，充分考虑通风系统的科学性、可靠性、合理性和合规性，从优化通风系统、完善通风设施、建立监控系统、简化通风网络入手，提高矿井通风系统的稳定性和安全性。

（3）建立完善瓦斯抽放系统

北采区和西采区分别建立两套独立抽放瓦斯系统，一套高负压抽放系统服务巷道钻孔预抽；一套低负压抽放系统服务上隅角插管抽放采空区瓦斯。选择淄博水环真空泵厂有限公司生产的2BEC80矿用瓦斯抽放泵，共两套系统，每套各2台，一台工作，一台备用。预抽和采空区抽采的备用泵可实现互为备用。

考虑到乌东煤矿瓦斯抽采系统的服务年限比较长，因此瓦斯抽采管路在能满足强度及安装、维护等方面要求的前提下，选用耐腐蚀的煤矿许用管材。地面抽放瓦斯泵房和风井内管道选用螺旋焊缝钢管，壁厚10mm，抽采管路选用PE（聚乙烯）管新型双抗管材，其中井下回风上山、回风石门干管路管径均选用DN630mm，壁厚28.6mm。工作面巷道内抽放瓦斯支管路管径均选用DN400mm，壁厚18.1mm，采用法兰盘螺栓紧固连接，中间夹橡胶密封垫密封的方法。

（4）综合抽放措施确保抽采达标

通过采取本分层采前预抽、边采边抽和下分层拦截抽放等综合抽放措施，确保有效解决瓦斯问题，具体抽放方法如下所述。

①本分层采前预抽

开采分层瓦斯预抽按其钻孔布置方式有二种布置方式：一是采用顺层钻孔预抽，二是采用穿层钻孔预抽。

②顺层钻孔预抽

在运输巷和回风巷之间，每隔300m施工一条联络巷，在联络巷两帮分别施工顺层上向钻孔，预抽开采分层瓦斯。顺层钻孔采用平行钻孔布置如图13.10所示。

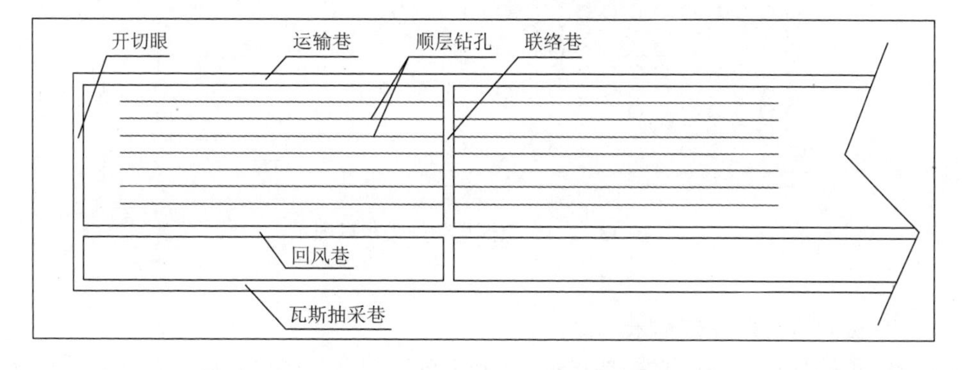

图13.10　顺层抽采钻孔布置示意图

③穿层钻孔预抽

在开采水平瓦斯抽采巷施工穿层钻孔预抽煤层瓦斯（图 13.11）。

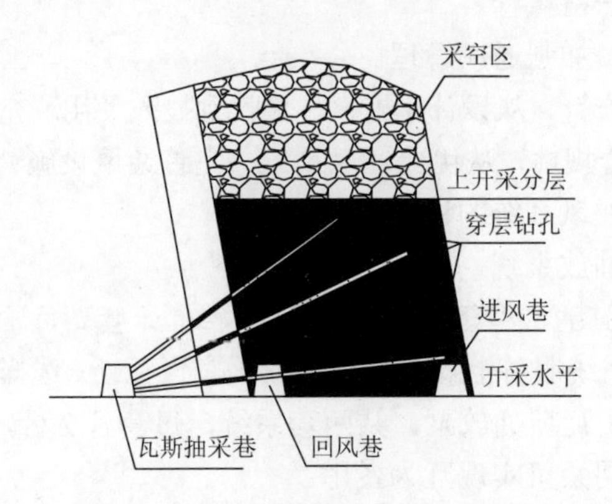

图 13.11 穿层预抽钻孔布置示意图

④采空区抽放

回风巷高位钻孔抽放：为解决工作面放顶前架后上方空间瓦斯积聚的问题，在工作面回风巷施工卸压抽采钻孔对架后空间的积聚瓦斯进行抽采。

采空区埋管抽放：在回风巷敷设抽放管路，埋管前端 1m 长的管子段每隔 0.1m 沿管壁钻四个直径为 10mm 的钻孔，对采空区瓦斯进行抽放（图 13.12）。

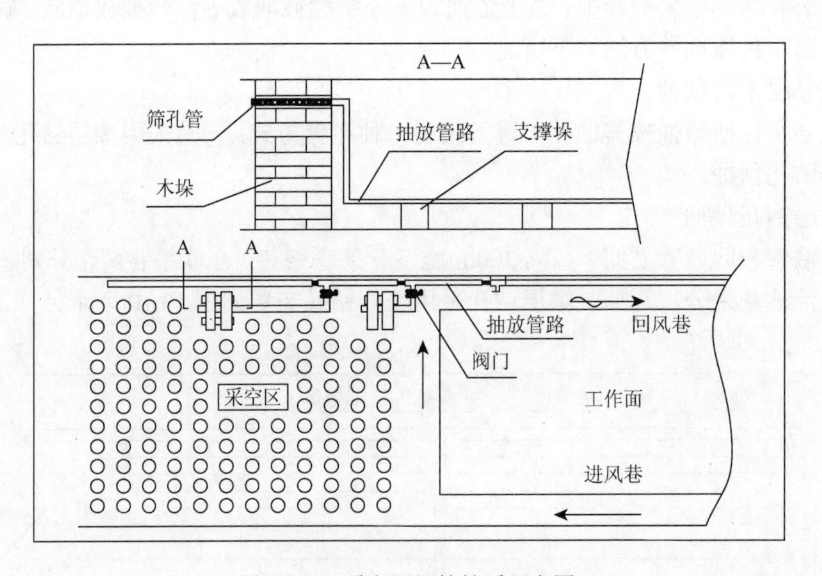

图 13.12 采空区埋管抽采示意图

⑤下分层卸压瓦斯拦截抽采

下分层预抽是瓦斯治理的主要方式，在开采分层的下分层提前施工瓦斯抽采巷道，并在巷道内施工穿层卸压钻孔抽采卸压瓦斯（图 13.13）。

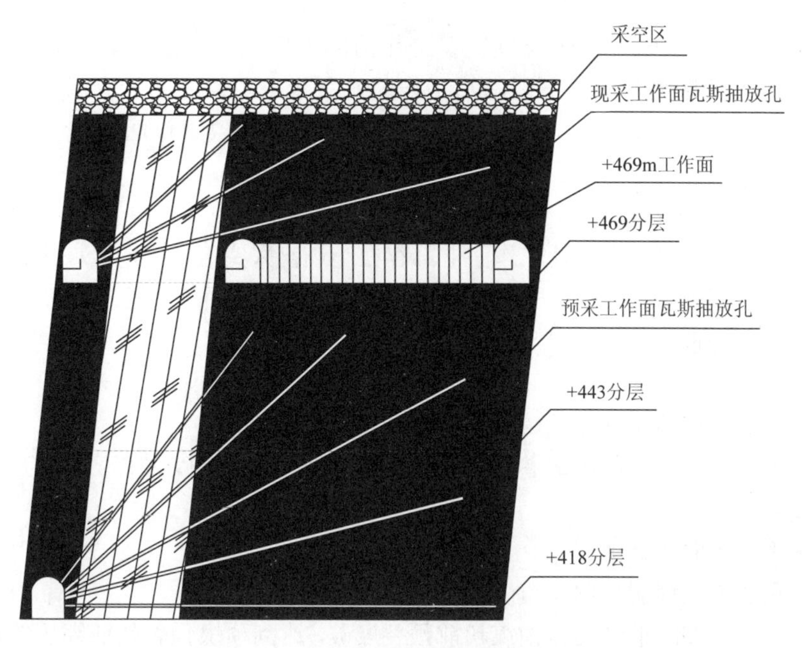

图 13.13　下分层卸压瓦斯拦截抽放布置示意图

（5）抽采参数

抽采率：根据《煤矿瓦斯抽采基本指标》（AQ 1026—2006）的规定，矿井的瓦斯抽采率不应小于 40%。

抽采时间：从保证回采工作面的安全需要，结合矿井采掘计划安排，确定煤层的预抽时间不少于 12 个月。

抽采负压：按国内矿井瓦斯抽采经验，回采工作面抽采瓦斯孔口负压不低于 13kPa，掘进工作面抽采孔口负压为 7～10kPa，采空区抽采负压不低于 5kPa。

抽采钻孔参数：瓦斯抽采钻孔的直径采用 90～120mm，回采工作面顺层预抽钻孔长度为 150m 左右，回采工作面穿层钻孔的钻孔长度为 40～60m，回采工作面顺层钻孔间距暂定为 6m，穿层钻孔间距暂定为 6m。

通过该分层采空区高位孔抽放、煤层顺层和穿层抽放、采空区埋管抽放、下分层穿层预抽的立体抽放措施，有效减少煤层瓦斯含量和涌出量，并实现煤层抽采达标要求，通过加强通风管理与瓦斯抽放相结合的综合防治措施，真正控制和消除开采煤层瓦斯隐患，从源头上超前治理，由富含瓦斯煤层转化为低瓦斯煤层，直至达到无瓦斯煤层条件，从根本上实现急倾斜煤层开采本质安全，最终达到矿井本质安全生产状态。

实施顶板灾害三位一体综合立体防治，控制动力灾害的衍生。

2）北采区（45°煤层）

乌东煤矿北采区位于八道湾向斜北翼，基本构造形态呈一向南倾斜的单斜构造，地表被第四系堆积物大面积覆盖。煤层走向北东 67°，倾向南东 157°，倾角西陡东缓，煤层倾角 43°～51°。在北采区开采范围内有多个小煤窑，现已全部停产关闭，但小窑全部采用仓储式开采方式，采仓与煤柱不均匀间隔分布。工作面回采区域存在高阶段，生产期间存在重大顶板灾害。45°煤层顶板在工作面回采期间，顶板垮落具有一定的滞后性和不规律性，不能随采随冒，一般滞后工作面几百米，更长时间的会滞后一两个分层。因此，容易引起采场应力集中，顶板大面积突然垮冒，导致工作面面临气体灾害、冲击地压灾害。

（1）地面开挖顶板处理

针对高阶段回采工作面，且工作面上部存在小煤窑采空区，一定区域内存在煤柱。为了做好工作面顶板处理工作，及早解放综采工作面，采用地面开挖处理顶板和地面大药量高强度钻孔爆破处理小窑煤柱等隐患。

（2）井下顶板处理

①在工作面顶板巷实施钻孔爆破，切断顶板，促使垮落。

②在顶板巷上施工上部爆破巷，对上部煤体和顶板进行爆破。在工作面上部布置爆破巷处理顶板。

（3）井下顶煤弱化处理

①超前预爆破顶煤弱处理

在工作面回采期间继续实施顶煤超前预裂爆破，达到顶煤预裂超前卸压的目的。超前预爆破炮孔在北巷扇形布孔，爆破孔采用液压钻机施工，超前爆破炮孔爆破覆盖整个综采工作面。

②煤层注水弱化

在工作面两巷间每隔 300m 施工联络巷或上方注水专用巷，采用液压钻机实施小孔径长距离钻孔，使用高压注水泵持续高压注水，促使煤层层理、节理进一步发育和高压压裂原始煤体，达到注水弱化顶煤效果，提高顶煤冒落性，防止工作面大面积悬顶（图 13.14）。

3）南采区与西采区（87°～89°煤层）

煤层倾角在 87°～89°的综采工作面，其上方主要是原始煤体，由于乌东南、西采区煤层自身层理节理不发育，冒放性较差，仅依靠工作面支架反复支撑不能有效破坏原始煤体自身结构，不采取有效措施，放顶煤工作面架后易形成大面积悬顶，突然垮落，工作面将面临气体灾害及矿压冲击等危害。

（1）超前预爆破顶煤弱处理

在工作面回采期间继续实施顶煤超前预裂爆破，达到顶煤预裂超前卸压的目的。超前预爆破炮孔在北巷扇形布孔，爆破孔采用液压钻机施工，超前爆破炮孔爆破覆盖整个综采工作面。另外，高配液压支架选择 8000～10000kN 支架甚至更高阻力支架装配放顶煤工作面，加强支架反复支撑破坏顶煤效果。

（2）煤层注水弱化

在工作面两巷间每隔 300m 施工联络巷或上方注水专用巷，采用液压钻机实施小孔径长距离钻孔，使用高压注水泵持续高压注水，促使煤层层理、节理进一步发育和高压压裂原始煤体，达到注水弱化顶煤效果，提高顶煤冒落性，防止工作面大面积悬顶。

乌东矿区煤层倾角为 45°～68°，顶板垮落具有一定的滞后性和不规律性，不能随采随冒，一般滞后工作面几百米，更长时间的会滞后一两个分层。因此，容易引起采场应力集

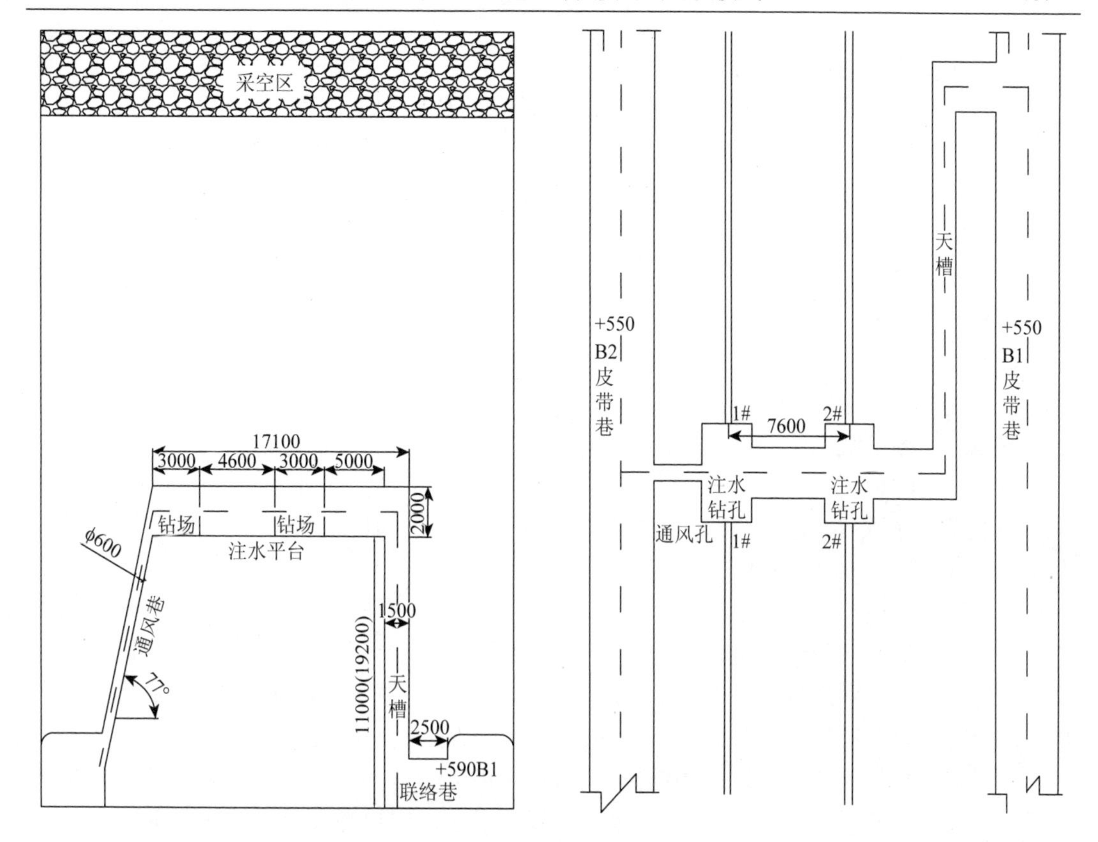

图 13.14　煤层注水弱化示意图（单位：m）

中，导致矿井发生冲击地压灾害。实施六位一体综合措施，即基础评价、监测预警、解危措施、效果检验、安全防护和防冲管理，治理冲击地压。

（3）基础评价

乌东煤矿煤层、顶板与底板均具有弱冲击倾向性。地应力以构造应力为主。

（4）监测预警

采用多种监测预警系统实时监测、预警预报。矿井装备 ARAMIS M/E 微震监测系统、KJ377 型顶板矿压在线监测系统、KBD-5 型便携式电磁辐射监测系统、KJ21 煤体应力监测系统和巷道顶板在线监测系统及工作面钻屑监测。

（5）解危措施

①急倾斜煤层强矿压危险区段采取煤层高压稳流方式注水软化措施，煤层高压注水超前回采工作 1～2 个月，采取在运输、回风两巷道内向煤体打高位孔，在联络巷内沿煤层走向打平行孔。钻孔的间距、长度和方位、角度等根据地质条件、放顶高度、联络巷间距、煤层特点、技术条件等具体情况科学确定。

②顶板高压注水。顶板为坚硬或较坚硬岩层时，采取顶板高压注水软化措施，减弱矿压显现程度。

③顶底板卸压爆破。沿工作面走向在工作面上部布置爆破巷处理顶板或采取向顶板打钻、装药爆破处理顶板。

④工作面端头切顶爆破。

⑤优化开采设计，合理开拓、调整采掘顺序，避免应力集中和采掘相互影响。

⑥矿压明显的区域根据现场实际适当加大巷道断面，以防止矿压灾害发生时顶底板和巷道两帮瞬间大量移近、煤（岩）压（抛）出造成对人员的伤害和生产的严重影响。

⑦优选支护方式，增加支护强度。

（6）效果检验

实施解危处理后，按规定的效果检验方法和相关规定进行实际效果检验。目前采用钻屑、钻孔窥视两种方法同时检验，以确定解危实际效果。如经效果检验冲击地压危险未解除，不得生产，必须再重新采取相应的解危措施进行处理，直至经效果检验矿压灾害危险彻底解除后，方可组织生产。

（7）安全防护

加强工作人员个体防护管理。进入具有强矿压显现的区域人员，必须穿戴个体防护服装。

（8）防冲管理

成立矿压防治专门组织机构，配备足够的业务管理人员及专业技术人员，明确职责，编制矿压防治中长期规划，制定矿压防治管理办法、矿压灾害应急预案和管理制度，建立监督、检查、验收机制，加强矿压防治队的装备，加强对全体从业人员的矿压知识培训。

乌东煤矿煤层具有自然发火倾向性，其中 B4 + 6 和 B1 + 2 煤层为易自燃-极易燃发火煤层，自然发火期 3～6 个月。另外，采空区漏风引起煤炭自燃发火，威胁安全生产。

实施地面回填、黄泥灌浆、注氮、均压等为主的综合防灭火措施及监测，提高矿井自燃火灾防治及应急处理能力。各采区均安装注浆防灭火、供水防灭火系统，配套氮气防灭火系统，制定落实完善的综合防灭火措施，各采煤工作面均安装 JSG6 型红外束管检测系统，对采煤工作面自然发火进行连续实时监测预警。

4）矿井水文地质类型

乌东煤矿北采区地表无常年性流水，区内主要河流为铁厂沟河、芦草沟河，仅在春季融雪期及夏季暴雨期流量较大，为季节性河流。含煤岩系含水层富水性弱，而孔隙潜水富水性较强，导水断层不发育，是以裂隙含水层为主的裂隙充水矿床。区内废井老窑采空甚多，由于接受了沟谷、河流、大气降水直接或间接补给，大多都有积水，对矿井的开拓延深都具有较大威胁。2011 年矿井平均实际涌水量为 $1345.7m^3/d$。矿井水文地质类型划分为中等。

乌东煤矿西采区井田属一河间地块，井田内的矿井水涌水主要来源于芦草沟及碱沟的河床潜水。含煤岩系含水层富水性弱，第四系覆盖较薄，井田西侧的煤矿床是孔隙裂水为主的矿床，受采矿活动的影响，煤矿床与地表水体联系渐趋密切，老窑采空区存有大量积水。老窑采空积水及农田灌溉对矿井安全生产有较大威胁，2011 年矿井平均实际涌水量为 $2462m^3/d$，地面截流工程排水量为 $4346.7m^3/d$。矿井水文地质类型划分为中等。

乌东煤矿南采区井田位于山前凹陷带中，地势西南高，东北低，无大的地表水系。井田内浅部孔隙水、地表水的补给源分布于芦草沟、小洪沟、大洪沟、铁厂沟一带，其中铁厂沟河床由南向北贯穿井田东部，是该矿区的主要含水层补给源。2011 年矿井平均实际涌水量为 $1538.2m^3/d$。矿井水文地质类型划分为中等。

（1）完善矿井集中排水系统，为矿井防治水提供系统保障能力。矿井采用一级排水系统，设备选用 PJ150×6 型节能耐磨多级离心泵 8 台，单台排水能力为 $1401.15m^3/h$，达到矿井排水能力。

（2）采用地质雷达等多种手段探测和确定断层、顶底板砂岩富水区、老空区分布范围和裂隙密集带等地质异常体的位置、大小、分布范围情况，实施钻孔释放空区积水，针对性地对各掘进、回采工作面进行水情水害预报，指导安全生产，确保无水害事故发生。

（3）针对急倾斜煤层特点，提前施工下部泄水巷工程，对上部煤层内的含水进行有效疏水。

（4）地面修筑排洪渠、拦洪坝及芦草沟截流井截流排水工程，堵住地表水流向开采沉陷区的通道。加强芦草沟截水工程的管理，雨季、化雪季节前进行检查，保证水泵的完好，确保正常发挥其作用，防止水涌入井下。

（5）健全防治水的组织机构，配套专业设备、专业人员，加强防治水专业队伍的建设，引进、吸收、培养一批高素质的专业人才，形成满足从决策、方案制订、工程实施及日常防治水工作需要的专业队伍。

5）爆炸倾向

乌东煤矿煤尘具有爆炸性。在工作面割煤、放煤期间、原煤前后溜转载等环节产生粉尘浓度较大，需要加强粉尘治理，降低粉尘浓度，改善职工工作环境，消除粉尘灾害。

目前各区域均采用各转载点及采掘工作面主要巷道安装净化水幕、定期洒水降尘、湿式作业、佩戴防尘口罩个体防护、防尘水中添加 GE 粉尘抑制剂等常规防尘手段，对防尘工作取得了一定的效果。在此基础上，采区合理配风措施，通过风的流动将井下作业点的悬浮矿尘带出，降低作业场所的矿尘浓度，推广应用机械捕尘装备捕获粉尘的技术措施改善作业环境。采用煤层注水湿润煤体，预先均匀湿润，水通过孔隙对煤尘进行包裹，使其失去飞扬能力，同时煤层高压注水使湿润煤的塑性增强，脆性减弱。当煤体受到外力作用时，脆性破坏变为塑性变形，减少了煤被破碎为尘粒的可能，从根本消除或减少粉尘产生。

五大安全生产信息系统建设：

1）安全监控系统

煤矿配备 KJ352 型安全监控系统，安全监控系统的监测监控范围基本满足相关国家标准要求，通过传感器和监控器将井下各项指标及设备运行情况直接以数字信号传送到地面主机，数据传输准确，系统运行稳定，有力地保障了“一通三防”工作。同时以企业网络作为基础，对公司安全监控系统进行了全面普及。

2）综合自动化系统

目前神新能源公司各矿均上线综合自动化系统，系统主要包括采煤工作面监测系统、主井胶带运输监控系统、副斜井提升监测系统、矿井通风机监控系统、生活污水处理站监控系统、井下胶带运输监控系统、洗煤厂集控系统等子系统。

3）工业电视系统

应用于神新能源公司各生产矿井，应用情况良好。通过摄像头（彩色和白色）将井下、地面关键位置的生产场景反映到煤矿调度室。

4）井下人员定位系统

应用于神新能源公司各井工煤矿，系统主要是通过在井下建立多个基站，实现定位井下工作人员等主要功能。

5）运输线集中控制系统

为了有效解决综采面 H_2S 等有毒有害气体对工作面回风区域作业人员的伤害，装备了一套运输设备视频监视系统，利用运输设备转载点监视，远程操作控制综采面前后部刮板运输机、转载机、顺槽皮带运输机和石门运输机，生产时工作面回风及上隅角设备实现了无人值守操作，提高工作面的安全性和生产效率。

通过采用大段高水平分段综放开采技术与装备，实现了急倾斜特厚煤层安全高效规模化开采，建成了第一个急倾斜特厚煤层自动化工作面，单工作面年产达到 300 万 t，打造出我国第一个近直立特厚煤层千万吨级井工开采示范矿井。

参 考 文 献

敖卫华，黄文辉，姚艳斌，等. 2012. 华北东部地区深部煤炭资源特征及开发潜力[J]. 资源与产业，14（3）：84-90.
蔡忠贤，陈发景，贾振远. 2000. 准噶尔盆地的类型和构造演化[J]. 地学前缘，7（4）：431-440.
曹代勇，张守仁，穆宣社，等. 1999. 中国含煤岩系构造变形控制因素探讨[J].中国矿业大学学报，28（1）：25-28.
常丽萍，XIE Zongli，谢克昌，等. 2003. LoyYang 褐煤热解过程中 HCN 和 NH_3 形成的主要影响因素[J]. 化工学报，54（6）：863-867.
车长波，李玉喜，杨虎林，等. 2009. 煤层气资源评价报告[M]. 北京：地质出版社.
陈多福，王茂春，夏斌. 2005. 青藏高原冻土带天然气水合物的形成条件与分布预测[J]. 地球物理学报，48（1）：165-172.
陈海泓，侯泉林，肖立交. 1999. 中国碰撞造山带研究[M]. 北京：海洋出版社.
崔军文，朱红，武长得，等. 1992. 青藏高原岩石圈变形及其动力学：亚东-格尔木岩石圈地学断面综合研究[M]. 北京：地质出版社.
符俊辉，周立发. 1998. 南祁连盆地石炭—侏罗纪地层区划及石油地质特征[J]. 西北地质科学，19（2）：47-54.
傅小康，霍永忠，叶建平. 2006. 低阶煤煤层气富集模式初探[J]. 中国煤层气，3（3）：20，25-26.
傅雪海，焦宗福，秦勇，等. 2005. 低煤级煤平衡水条件下的吸附实验[J]. 辽宁工程技术大学学报，24（2）：161-164.
傅雪海，彭金宁. 2007. 铁法长焰煤储层煤层气三级渗流数值模拟研究[J]. 煤炭学报，32（5）：494-498.
傅雪海，秦勇，权彪，等. 2008. 中煤级煤吸附甲烷的物理模拟与数值模拟研究[J]. 地质学报，82（10）：1368-1371.
傅雪海，秦勇，王万贵，等. 2005. 煤储层水溶气研究及褐煤含气量预测[J]. 天然气地球科学，16（2）：153-156.
傅雪海，秦勇，韦重韬. 2007. 煤层气地质学[M]. 徐州：中国矿业大学出版社.
傅雪海，秦勇，韦重韬，等. 2010. QNDN1 井煤层气排采的流体效应分析[J]. 天然气工业，30（6）：48-51.
傅雪海，田继军，木合塔尔·扎日，等. 2012. 新疆煤与煤层气资源地质研究现存问题分析[J]. 新疆大学学报，29（2）：137-141.
傅雪海，邢雪，刘爱华，等. 2011. 华北地区各类煤储层孔隙、吸附特征及试井成果分析[J]. 天然气工业，31（12）：51-55.
傅雪海，张万红，范炳恒，等. 2005. 吐哈盆地与粉河盆地煤储层物性对比分析[J]. 天然气工业，25（4）：38-39.
傅雪海. 2012. 我国煤层气勘探开发现存问题及发展趋势[J]. 黑龙江科技学院学报，22（1）：1-5.
高锐. 1995. 青藏高原地壳上地幔地球物理调查研究成果综述（上）[J]. 中国地质，（4）：26-28.
高永进，田苗，姜振学，等. 2009. 东营凹陷南坡多参数约束的流体压力场演化特征[C]. 油气成藏机理与油气资源评价国际学术研讨会.
郭华. 2002. 板内造山带主要构造特征研究[M]. 北京：地质出版社.
郭秋麟，米石云，石广仁，等. 1998. 盆地模拟原理方法[M]. 北京：石油工业出版社.
韩元佳. 2012. 东营凹陷沙河街组砂岩成岩作用与超压流体的关系[D]. 武汉：中国地质大学.

何登发，尹成，杜社宽，等. 2004. 前陆冲断带构造分段特征——以准噶尔盆地西北缘断裂构造带为例[J]. 地学前缘，11（3）：91-101.
何登发，周新源，杨海军，等. 2009. 库车坳陷的地质结构及其对大油气田的控制作用[J]. 大地构造与成矿学，33（1）：19-32.
何国琦. 2005. 中国新疆及邻区大地构造图[M]. 北京：地质出版社
胡森清，赵陵. 2002. 南盘江盆地油气资源评价中类比法的应用[J]. 中国石油勘探，（4）：81-86.
胡圣标，张容燕. 1998. 油气盆地地热史恢复方法[J]. 中国石油勘探，（4）：52-540.
黄第藩，李晋超，张大江. 1984. 干酪根的类型及其分类参数的有效性、局限性和相关性[J]. 沉积学报，（3）：21-36+138-139.
黄第藩，李晋超，周翥虹，等. 1983. 陆相有机质演化和成烃机理[M]. 北京：石油工业出版社.
黄第藩，熊传武. 1996. 含煤地层中石油的生成、运移和生油潜力评价[J]. 勘探家，（2）：6-11.
黄克兴，夏玉成. 1991. 构造控煤概论[M]. 北京：煤炭工业出版社.
黄汲清，任纪舜，姜春发，等. 1977. 中国大地构造基本轮廓[J]. 地质学报，51（2）：19-37.
黄朋，潘桂棠，王立全，等. 2002. 青藏高原天然气水合物资源预测[J]. 地质通报，21（11）：794-798.
贾承造. 1997. 中国塔里木盆地构造特征与油气[M]. 北京：石油工业出版社.
贾建称，张妙逢，龙亚平. 2009. 中国含煤区地质背景与构造变形特征[J]. 安徽理工大学学报，29（4）：1-8.
坚润堂，李峰，王造成. 2009. 青藏高原冻土区活动带天然气水合物异常特征[J]. 西南石油大学学报（自然科学版），31（2）：13-17.
简阔. 2016. 低阶煤生物成因气与热成因气模拟及其结构演化研究[D]. 徐州：中国矿业大学.
江涛，刘占勇，王佟. 2011. 准北山前带东段侏罗系煤层变形的断裂控制因素分析[A]//煤矿安全高效开采地质保障技术国际研讨会论文集[C]. 北京：科学出版社.
姜春发. 1992. 昆仑开合构造[M]. 北京：地质出版社.
姜在兴. 2010. 沉积体系及层序地层学研究现状及发展趋势[J]. 石油与天然气地质，31（5）：535-541.
姜在兴，吴明荣，陈祥，等. 1999. 焉耆盆地侏罗系沉积体系[J]. 古地理学报，1（3）：19-27.
蒋向明. 2009. 天然气水合物的形成条件及成因分析[J]. 中国煤炭地质，21（12）：7-11.
景晓霞，杨云龙，李志强，等. 2014. 褐煤物化结构对水分复吸的影响[J]. 洁净煤技术，20（1）：29-33.
康安，朱筱敏，王贵文，等. 2000. 古水深曲线在测井资料层序地层分析中的应用[J]. 沉积学报，18（1）：63-67.
库新勃，吴青柏，蒋观利. 2007. 青藏高原多年冻土区天然气水合物可能分布范围研究[J]. 天然气地球科学，18（4）：588-592.
李国富，雷崇利. 2002. 潞安矿区煤储层压力低的原因分析[J]. 煤田地质与勘探，30（4）：30-32.
李国平. 1996. 测井地质及油气评价新技术[M]. 北京：石油工业出版社.
李洪革，韩宇春. 2003. 塔中地区中上奥陶统有利油气富集的地震相特征及分布[J].石油地球物理勘探，（02）：194-198 + 220-110.
李明杰，胡少华，王庆果，等. 2006. 塔中地区走滑断裂体系的发现及其地质意义[J]. 石油地球物理勘探，41（1）：116-121.
李明杰，郑孟林，冯朝荣，等. 2004. 塔中低凸起的结构特征及其演化[J]. 西安石油大学学报（自然科学版），19（4）：43-45.
李庆钊，赵长遂. 2007. O_2/CO_2气氛煤粉燃烧特性试验研究[J]. 中国电机工程学报，27（35）：39-43.
李延兴，李智，张静华，等. 2004. 中国大陆及周边地区的水平应变场[J]. 地球物理学报，47（2）：222-231.
李仲东，周文，吴永平. 2004. 我国煤层气储层异常压力的成因分析[J]. 矿物岩石，24（4）：87-92.
梁金强，吴能友，杨木壮，等. 2006. 天然气水合物资源量估算方法及应用[J]. 地质通报，25（9-10）：1205-1210.

廖静娟. 1993. 油气盆地生烃史模拟的动力学方法[J]. 地球物理学进展，8（2）：117-127.
刘爱华，傅雪海，王可新，等. 2010. 支持向量机预测煤层含气量[J]. 西安科技大学学报，30（3）：309-313.
刘爱华，傅雪海，王可新. 2012. 褐煤储层含气量计算[J]. 西安科技大学学报，32（3）：306-313.
刘柏根. 2013. 准东煤田西山窑组煤层气成藏条件探讨[J]. 中国煤层气，10（4）：19-22.
刘刚，王越之. 1994. 声波时差法预测地层压力分析[J]. 石油钻探技术，（2）：5-8.
刘和甫. 1993. 沉积盆地地球动力学分类及构造样式分析[J]. 地球科学，（6）：699-724.
刘洪林，李贵中，王红岩，等. 2006. 西北低煤阶盆地生物成因煤层气成藏模拟研究[J]. 石油实验地质，28（6）：600-603.
刘洪林，李景明，王红岩，等. 2006. 水动力对煤层气成藏的差异性研究[J]. 天然气工业，26（3）：35-37.
刘洪林，李景明，王红岩，等. 2008. 水文地质条件对低煤阶煤层气成藏的控制作用[J]. 天然气工业，28（7）：20-22.
刘洪林，王红岩，赵群，等. 2010. 吐哈盆地低煤阶煤层气地质特征与成藏控制因素研究[J]. 地质学报，84（1）：133-137.
刘俊霞，钱承康. 1996. 伊犁盆地侏罗系初探分析[J]. 断块油气田，3（1）：9-11，69.
刘天绩，邵龙义，曹代勇，等. 2013. 柴达木盆地北缘侏罗系煤炭资源形成条件及资源评价[M]. 北京：地质出版社.
刘新月. 2005. 焉耆盆地构造变形与沉积-构造分区[J]. 新疆石油地质，26（1）：50-53.
刘训. 2004. 中国西北盆山地区中-新生代古地理及地壳构造演化[J]. 古地理学报，6（4）：448-457.
刘训. 2005. 从新疆地学断面的成果讨论中国西北盆-山区的地壳构造演化[J].地球学报，26（2）：105-112.
刘占勇，江涛，宋洪柱，等. 2013. 中国煤炭资源勘查开发程度分析[J]. 煤田地质与勘探，41（5）：1-5.
卢双舫，黄文彪，李文浩，等. 2017. 松辽盆地南部致密油源岩下限与分级评价标准[J]. 石油勘探与开发，44（3）：473-480.
卢振权，Sultan N，金春爽，等. 2008. 天然气水合物形成条件与含量影响因素的半定量分析[J]. 地球物理学报，51（1）：125-132.
陆克政. 1997. 渤海湾新生代含油气盆地构造模式[M]. 北京：地质出版社.
陆克政. 2001. 含油气盆地分析[M]. 青岛：中国石油大学出版社.
吕向前，刘炯天. 2005. 浮选精煤中水的存在形式与脱除[J]. 煤炭技术，24（01）：47-49.
罗晓容. 2000. 数值盆地模拟方法在地质研究中的应用[J]. 石油勘探与开发，27（2）：6-10.
马德文，邱楠生，许威. 2011. 鄂尔多斯盆地苏里格气田异常低压成因机制研究[J]. 地质科学，46（4）：1055-1067.
马辉树，杜社宽，何登发，等. 2002. 准噶尔盆地西北缘逆冲断裂构造与油气聚集特征[C]// 中国石油天然气股份公司前陆盆地冲断带勘探技术研讨会.
马辉树，孙宇，杨玉珍，等. 2014. 新疆油田 PUD 储量信息化研究[J]. 中国石油和化工，（11）：54-56.
莽东鸿，杨丙中，林增品，等. 1994. 中国煤盆地构造[M].北京：地质出版社.
潘桂棠，肖庆辉，陆松年，等. 2009. 中国大地构造单元划分[J]. 中国地质，36（1）：1-4.
潘语录，田贵发，栾安辉，等. 2008. 测井方法在青海木里煤田冻土研究中的应用[J]. 中国煤炭地质，20（12）：7-9.
庞雄奇，金之钧，左胜杰. 2003. 油气藏动力学成因模式与分类[C]. 北京：中国石油大学.
彭苏萍，张博，王佟. 2014. 煤炭资源与水资源[M]. 北京：科学出版社.
漆家福. 2005. 准噶尔盆地构造演化与重点区带构造变形机制研究[R]. 北京：中国石油大学.
乔雨. 2015. 吐哈盆地褐煤中水对煤吸附性的影响及流体压力演化研究[D]. 徐州：中国矿业大学.
秦长文，庞雄奇，蒋兵. 2004. 吐哈盆地煤层气富集的地质条件[J]. 天然气工业，24（2）：8-11.
秦胜飞，宋岩，唐修义，等. 2005. 流动的地下水对煤层含气性的破坏机理[J]. 科学通报，50（s1）：99-104.

秦勇，傅雪海，韦重韬，等. 2012. 煤层气成藏动力条件及其控藏效应. 北京：科学出版社.
秦勇，桑树勋，刘焕杰，等. 1998. 煤层气生成与煤层气密集Ⅱ. 有效生气阶段生气景的估算[J]. 煤田地质与勘探，26（2）：19-21.
邱楠生. 2005. 沉积盆地热历史恢复方法及其在油气勘探中的应用[J]. 海相油气地质，10（2）：45-51.
冉启贵，胡国艺，陈发景. 1998. 镜质体反射率的热史反演[J]. 石油勘探与开发，25（6）：29-34.
任建业，张俊霞，阳怀忠，等. 2011. 塔里木盆地中央隆起带断裂系统分析[J].岩石学报，27（1）：219-230.
任拥军，纪友亮，李瑞雪. 2000. 南祁连盆地石炭系可能烃源岩的甾萜烷地球化学特征及意义[J]. 石油实验地质，22（4）：341-345.
任战利. 1998. 构造热演化史恢复及其对比研究[D]. 西安：西北大学.
荣延善. 2004. 准噶尔盆地柴窝堡凹陷生排烃史模拟和油气资源评价[D]. 武汉：中国地质大学.
桑树勋，刘焕杰，李贵中，等. 1997. 煤层气生成与煤层气密集Ⅰ. 有效阶段生产量与煤层气富集[J]. 煤田地质与勘探，25（6）：14-17.
桑树勋，秦勇，范炳恒，等. 2001. 陆相盆地低煤级煤储层特征研究——以准噶尔、吐哈盆地为例[J]. 中国矿业大学学报，30（4）：342-345.
桑树勋，秦勇，傅雪海，等. 2001. 陆相盆地煤层气地质——以准噶尔、吐哈盆地为例[M]. 徐州：中国矿业大学出版社.
桑树勋，秦勇，郭晓波，等. 2003. 准噶尔和吐哈盆地侏罗系煤层气储集特征[J]. 高校地质学报，9（3）：365-372.
邵龙义，鲁静，汪浩，等. 2009. 中国含煤岩系层序地层学研究进展[J]. 沉积学报，27（5）：904-914.
石广仁，李阿梅，张庆春. 1997. 盆地模拟技术新进展（一）——国内外发展状况[J]. 石油勘探与开发，（3）：38-40.
石广仁，李阿梅，张庆春. 1997. 盆地模拟技术新进展（二）——油气运聚平面分层模拟方法[J]. 石油勘探与开发，（4）：33-37.
石广仁，李惠芬. 1989. 一维盆地模拟系统 BAS1[J]. 石油勘探与开发，（6）：1-11.
史斗，郑军卫. 1999. 世界天然气水合物研究开发现状和前景[J]. 地球科学进展，14（4）：330-339.
宋革. 2015. 吐哈盆地大南湖褐煤生物气和热成因气模拟研究[D]. 徐州：中国矿业大学.
苏现波，张丽萍. 2004. 煤层气储层压力预测方法[J]. 天然气工业，24（5）：88-90.
孙平，刘洪林，巢海燕，等. 2008. 低煤阶煤层气勘探思路[J]. 天然气工业，28（3）：19-22.
孙万禄. 2005. 中国煤层气盆地[M]. 北京：地质出版社.
汤济广. 2007. 柴达木北缘西段中、新生代多旋回叠加改造型盆地构造演化及对油气成藏的控制作用[D]. 武汉：中国地质大学.
汤济广，李祺. 2008. 中国中西部前陆冲断带构造变形与油气成藏模式[J]. 油气地质与采收率，15（3）：1-5.
汤良杰. 1994. 塔里木盆地构造演化与构造样式[J]. 地球科学，19（6）：742-754.
唐丙寅. 2012. 烃类高压物性参数对排烃史模拟影响的研究与应用[D]. 武汉：中国地质大学.
唐书恒，马彩霞，袁焕章，等. 2003. 华北地区石炭二叠系煤储层水文地质条件[J]. 天然气工业，23（1）：32-35.
滕吉文. 1991. 塔里木地球物理场与油气[M]. 北京：科学出版社.
田忠坤. 2009. 管式气流干燥器提质低阶煤理论与技术的研究[D]. 北京：中国矿业大学.
田忠坤. 2010. 直管式气流干燥器干燥褐煤的试验研究[J]. 选煤技术，（3）：16-20.
万锦峰，鲜本忠，佘源琦. 2011. 基于伽马能谱测井信息的古水深恢复方法——以塔河油田 4 区巴楚组为例[J]. 石油天然气学报，33（6）：98-103.
万天丰. 2004. 中国大地构造纲要[M].北京：地质出版社.
万永周. 2012. 褐煤热压脱水工艺及机理研究[D]. 徐州：中国矿业大学.

汪素云，陈培基. 1980. 中国及邻区现代构造应力场的数值模拟[J]. 地球物理学报，23（1）：35-40.
王勃，巢海燕，郑贵强，等. 2008. 高、低煤阶煤层气藏地质特征及控气作用差异性研究[J]. 地质学报，82（10）：1396-1401.
王步清，黄智斌，马培岭，等. 2009. 塔里木盆地构造单元划分标准、依据和原则的建立[J].大地构造和成矿学，33（1）：86-93.
王桂梁，琚宜文，郑孟林，等. 2007. 中国北部能源盆地构造[M].徐州：中国矿业大学.
王红岩，张建博，刘洪林，等. 2001. 沁水盆地南部煤层气藏水文地质特征[J]. 煤田地质与勘探，29（5）：33-36.
王鸿祯，莫宣学. 1996. 中国地质构造述要[J]. 中国地质，（8）：4-9.
王怀勐，朱炎铭，李伍，等. 2011. 煤层气赋存的两大地质控制因素[J]. 煤炭学报，36（7）：1129-1134.
王家澄，李树德. 1983. 青藏公路沿线多年冻土下限面附近的热状况分析[A]//青藏冻土研究论文集[C]. 北京：科学出版社.
王俊民. 1998. 准噶尔含煤盆地构造演化与聚煤作用[J]. 新疆地质，16（1）：25-30.
王可新，傅雪海，秦勇，等. 2011. Adsorption characteristics of lignite in China. Journal of Earth Science，22（3）：371-376.
王敏芳，李平平. 2007. 地质学方法估算准噶尔盆地西山窑组剥蚀厚度[J]. 地球科学与环境学报，29（1）：30-33.
王佟，刘天绩，邵龙义，等. 2009. 青海木里煤田天然气水合物特征与成因[J]. 煤田地质与勘探，37（6）：26-30.
王佟，邵龙义. 2013. 中国西北地区侏罗纪煤炭资源形成条件及资源评价[M]. 北京：地质出版社.
王佟，王庆伟，傅雪海. 2014. 煤系非常规天然气的系统研究及其意义[J]. 煤田地质与勘探，（1）：24-27.
王佟，夏玉成，韦波，等. 2017. 新疆侏罗纪煤田构造样式及其控煤效应.煤炭学报，42（2）：436-443.
王佟，田野，邵龙义，等. 2013. 新疆准噶尔盆地早—中侏罗世层序-古地理及聚煤特征[J].煤炭学报，1（38）：114-121.
王晓鹏，万余庆，张光超，等. 2005. 多源遥感技术在汝箕沟煤田火区动态监测中的应用[J]. 中国煤炭地质，17（5）：28-31.
王信国，曹代勇，占文锋，等. 2006. 柴达木盆地北缘中、新生代盆地性质及构造演化[J]. 现代地质，20（4）：592-596.
王震亮，张立宽，孙明亮，等. 2004. 鄂尔多斯盆地神木—榆林地区上石盒子组-石千峰组天然气成藏机理[J]. 石油学报，25（3）：37-43.
韦重韬，姜波，傅雪海，等. 2007. 宿南向斜煤层气地质演化史数值模拟研究[J]. 石油学报，28（1）：54-57.
韦重韬，秦勇，满磊. 2005. 沁水盆地中南部上主煤层超压史数值模拟研究[J]. 天然气工业，25（1）：81-84.
魏砾宏，姜秀民，李爱民，等. 2007. 矿物成分对超细化煤粉燃烧特性影响的实验研究[J]. 中国电机工程学报，27（8）：5-10.
吴斌. 2012. 典型天然气藏温压关系研究[D]. 北京：中国石油大学.
吴斌，邱楠生. 2013. 川南地区温压演化与天然气成藏的关系[J]. 煤炭学报，38（5）：840-844.
吴冲龙，张洪年，周江羽. 1993. 盆地模拟的系统观与方法论[J]. 地球科学，（6）：741-747.
吴孔友，查明，王绪龙，等. 2005. 准噶尔盆地构造演化与动力学背景再认识[J]. 地球学报，26（3）：217-222.
吴青柏，程国栋. 2008. 多年冻土区天然气水合物研究综述[J]. 地球科学进展，23（2）：111-119.
吴永平，李仲东，王允诚. 2007. 构造抬升过程中煤储层压力的定量分析[J]. 煤田地质与勘探，35（2）：32-34.
吴自成，吕新彪，王造成. 2006. 青藏高原多年冻土区天然气水合物的形成及地球化学勘查[J]. 地质科技情报，25（4）：9-14.
夏玉成，侯恩科. 1996. 中国区域地质学[M]. 徐州：中国矿业大学出版社.

夏玉成，黄克兴. 1986. 对应分析在控煤因素研究中的应用[J].西安矿业学院学报，（1）：83-93.
肖序常，汤耀庆，冯益民，等. 1992. 新疆北部及其邻区大地构造[M].北京：地质出版社.
肖序常，汤耀庆，李锦铁，等. 1990. 试论新疆北部大地构造演化[C].新疆地质科学，第 1 辑.北京：地质出版社.
谢克昌. 2002. 煤的结构与反应性[M]. 北京：科学出版社.
新疆石油管理局勘探开发研究院. 2000. 准噶尔盆地地震大剖面综合解释[R]. 新疆：新疆石油管理局.
徐思煌，何生，袁彩萍. 1995. 烃源岩演化与生、排烃史模拟模型及其应用[J]. 地球科学，（3）：335-341.
徐学祖，程国栋，俞祁浩. 1999. 青藏高原多年冻土区天然气水合物的研究前景和建议[J]. 地球科学进展，14（2）：201-204.
徐燕丽. 2009. 川中地区震旦系—寒武系油气成藏条件研究[D]. 成都：成都理工大学.
许忠淮. 2001. 东亚地区现今构造应力图的编制[J]. 地震学报，23（5）：492-501.
薛愚群. 1977. 地下水动力学[M]. 北京：地质出版社.
闫宝珍，朱炎铭，赵洪，等. 2006. 盆地埋藏史恢复的计算机模型建立——面向对象方法的应用初探[J]. 天然气工业，26（1）：37-39.
杨海波，陈磊，孔玉华. 2004. 准噶尔盆地构造单元划分新方案[J]. 新疆石油地质，25（6）：686-688.
杨竞红，蒋少涌，凌洪飞. 2001. 天然气水合物的成因及其碳同位素判别标志[J]. 海洋地质动态，17（8）：1-4.
杨克绳. 2005. 塔里木盆地的构造演化[J].海洋地质动态，21（2）：25-29.
叶建平. 1995. 煤岩特性对平顶山矿区煤储层渗透性的影响初探[J]. 中国煤炭地质，（1）：82-85.
叶建平，武强，王子和. 2001. 水文地质条件对煤层气赋存的控制作用[J]. 煤炭学报，26（5）：459-462.
叶欣. 2007. 中国西北低煤阶煤层气成藏地质特征研究[D]. 成都：成都理工大学.
余江龙，Arash Tahmasebi，李先春，等. 2012. 褐煤干燥提质和无粘结剂成型技术的研究现状及进展[J]. 洁净煤技术，18（2）：35-38.
占文锋. 2008. 含煤岩系变形特征及其对区域构造进程的响应[D]. 北京：中国矿业大学.
占文锋，曹代勇，刘天绩，等. 2008. 柴达木盆地北缘控煤构造样式与赋煤规律[J]. 煤炭学报，33（5）：500-504.
张传绩. 1982. 准噶尔盆地西北缘克乌断裂带地震勘探效果[J]. 新疆石油地质，（3）：48-59.
张国俊，杨文孝. 1983. 克拉玛依大逆掩断裂带构造特征及找油领域[J]. 新疆石油地质，（1）：1-5.
张国伟，李三忠，刘俊霞，等. 1999. 新疆伊犁盆地的构造特征与形成演化[J]. 地学前缘，6（4）：203-214.
张泓，熊存为，李恒堂，等. 1998. 中国西北侏罗纪含煤地层及聚煤规律[J]. 煤田地质与勘探，28（3）：57.
张泓，张群，曹代勇，等. 2010. 中国煤田地质学的现状与发展战略[J]. 地球科学进展，25（4）：343-352.
张慧君，司文. 2011. 不同温度下煤的等温吸附实验研究[J]. 中国科技论文在线：1-4.
张冀，韦波，田继军，等. 2015. 新疆哈密三塘湖特大症状煤田中-下侏罗统煤层煤质及煤相特征[J]. 地质学报，89（5）：917-930.
张俊凡，傅雪海，周荣福. 2010. 煤层气含量测试方法进程分析[J]. 中国煤层气，7（4）：40-44.
张立新，徐学祖，马巍. 2001. 青藏高原多年冻土与天然气水合物[J]. 天然气地球科学，12（z1）：22-26.
张鹏飞. 1997. 吐哈盆地含煤沉积与煤成油[M]. 北京：煤炭工业出版社.
张庆玲，崔永君，曹利戈. 2004. 煤的等温吸附实验中各因素影响分析[J]. 煤田地质与勘探，32（2）：16-19.
张韬. 1995. 中国主要聚煤期沉积环境与聚煤规律[M]. 北京：地质出版社.
张文忠，许浩，傅小康，等. 2010. 利用等温吸附曲线估算柳林区块煤层气可采资源量[J]. 东北石油大学学报，34（1）：29-32.
张馨元，王晓东，张俊凡，等. 2011. 影响煤储层吸附性能因素探究[J]. 中国石油和化工标准与质量，（7）：85.
张燕，徐建华，曾刚，等. 2009. 中国区域发展潜力与资源环境承载力的空间关系分析[J]. 资源科学，

31（8）：1328-1335.

赵文智. 2000. 中国西北地区侏罗纪原型盆地形成与演化[M]. 北京：地质出版社.

赵文智，何登发. 2002. 中国含油气系统的基本特征与勘探对策[C]. 21世纪中国油气勘探国际研讨会.

赵文智，沈安江，胡素云，等. 2012. 塔里木盆地寒武-奥陶系白云岩储层类型与分布特征[J]. 岩石学报，28（3）：758-768.

赵新生，田继军，杨曙光. 2012. 三塘湖盆地煤层气资源评价[J]. 新疆地质，30（2）：226-228.

中国煤炭地质总局. 2017. 中国煤炭资源赋存规律与资源评价[M]. 北京：科学出版社.

中国煤田地质总局. 1999. 中国煤炭资源预测与评价[M]. 北京：科学出版社.

中国石油新疆油田公司. 2007. 准噶尔盆地侏罗系煤层气勘探进展及技术需求[R]. 新疆克拉玛依：中国石油新疆油田公司.

中英青藏高原综合地质考察队. 1990. 青藏高原地质演化[M]. 北京：科学出版社.

祝有海，刘亚玲，张永勤. 2006. 祁连山多年冻土区天然气水合物的形成条件[J]. 地质通报，25（1-2）：58-63.

佐藤干夫. 1999. 天然气水合物甲烷量及资源量的计算[J]. 海洋地质动态，（9）：15-19.

Allardice D J. 1968. The water in Brown Coal[M]. Melbourne Australia：The University of Melbourne.

Allardice D J，Evans D G. 1971. The brown-coal/water system：Part 2. Water sorption isotherms on bed-moist Yallourn brown coal[J]. Fuel，50（3）：236-253.

Burnham A K，Sweeney J J. 1989. A chemical kinetic model of vitrinite maturation and reflectance[J]. Geochemica et Cosmochemica，53（2）：2649-2657.

Collett T S. 1993. Permafrost-associated gas hydrate accumulations[A]. In：Sloan E D，Happer J，Hnatow M eds. International conference on natural gas hydrates[C]. Annals of the New York Academy of Science，715：247-269.

Deevi S C，Suuberg E M. 1987. Physical changes accompanying drying of western US lignites[J]. Fuel，66（4）：454-460.

Fu X，Qin Y，Wang G G X，et al. 2009. Evaluation of coal structure and permeability with the aid of geophysical logging technology. Fuel，88（11）：2278-2285.

Fu X H，Kexin W. 2010. Coalbed natural gas resources and exploration in China（Invited）[M].New York：Nova Science Publishers.

Fu X H，Liang W Q，Zhao X S. 2012. A survey of paragenetic and associated resources in lignite of China[J]. Advanced Materials Research，524-527：106-110.

Fu X H，Qin Y，Zhang W H. 2005. Fractal classification and natural classification of coal pore structure based on migration of coal bed methane[J]. Chinese Science Bullletin，50（S）：66-71.

Harding T P，Lowell J D. 1979. Structural styles，their plate tectonic habits and hydrocarbon traps in petroleum provinces[J]. Bulletin of the American Association of Petroleum Geologists，69（7）：1016-1058.

Karthikeyan M，Zhonghua W，Mujumdar A S. 2009. Low-rank coal drying technologies-current status and new developments[J]. Drying Technology，27（3）：403-415.

Levy J H，Day S J，Killingley J S. 1997. Methane capacities of Bowen Basin coals related to coal properties[J]. Fuel，76（9）：813-819.

Mraw S C，Naas-O'Rourke D F. 1979. Water in coal pores：Low-temperature heat capacity behavior of the moisture in wyodak coal[J]. Science，4409（205）：901-902.

Naaso'Rourke D F. 1979. Water in coal pores：Low-temperature heat capacity behavior of the moisture in wyodak coal[J]. Science，205（4409）：901-902.

Rao C R N，Karthikeyan J. 2012. Removal of fluoride from water by adsorption onto lanthanum oxide[J]. Water Air and Soil Pollution，223（3）：1101-1114.

Schenk O，Peters K，Burnham A. 2017. Evaluation of alternatives to easy%Ro for calibration of basin and petroleum system models[C]. Eage Conference and Exhibition.

Shen J，Qin Y，Wang G X. 2011. Relative permeabilities of gas and water for different rank coals[J]. International Journal of Coal Geology，86：266-275.

Sloan E D. 1998. Clathrate Hydrates of Natural Gases. 2nd ed [M]. New York：Marcel Dekker Inc.

Trofimuk A A.1983.Possible origin of natural gas hydrates at floor of seas and oceans[J]. International Geology Review，16（5）：553-556.

Wygrala B P. 1989. Integrated Study of an Oil Field in the Southern Po Basin，Northern Italy[J]. Jülich：Forschungszentrum Jülich GmbH，Berichte der Kernforschungsanlage Jülich 2313：328.

Yukler M A，Cornford C，Welte D H. 1978. One-dimensional model to simulate geologic，hydrodynamic and thermodynamic development of a sedimentary basin[J]. Geol Rundschau，67（3）：960-979.